生物多样性优先保护丛书——大巴山系列

# 四川花萼山国家级自然保护区生物多样性

邓洪平 等 著

U0302923

科学出版社

北 京

## 内 容 简 介

四川花萼山国家级自然保护区位于四川省东部的万源市境内,地处川陕鄂渝4省(市)交界的秦岭——大巴山腹心地带。受地质构造影响,保护区为中、低山地貌,局部区域喀斯特地貌发育,多为溶沟、溶洞、峰丛、洼地景观,境内最高处花萼山主峰海拔2380m,最低处海拔780m,相对高差达1600m。独特的地理位置和优越的环境条件,使得生物物种、自然景观都呈现出极其丰富的多样性。世界自然基金会"Ecoregion 200"、《中国生物多样性保护行动计划》、《中国生物多样性国情研究报告》等都已将该地区列入我国生物多样性保护的关键地区和优先、重点保护区域。

本书以区域内地质地貌、气候、水文、土壤、植物多样性、动物多样性、植被类型及生态系统多样性、社区经济状况等方面的调查研究为基础,阐述了花萼山国家级自然保护区的资源现状。同时,结合以往科学考察的基础将保护区内资源的动态变化进行比对,并对其主要保护对象管理的有效性进行分析与评价。本书可为从事区域生物多样性研究、保护区科学考察和管理以及自然科普教育的科学工作者提供参考。

**图书在版编目(CIP)数据**

四川花萼山国家级自然保护区生物多样性/邓洪平等著. —北京:科学出版社,2017.3

(生物多样性优先保护丛书. 大巴山系列)

ISBN 978-7-03-052350-1

Ⅰ. ①四… Ⅱ. ①邓… Ⅲ. ①自然保护区-生物多样性-研究-万源 Ⅳ. ①S759.992.714 ②Q16

中国版本图书馆 CIP 数据核字(2017)第 054172 号

责任编辑:张 展 刘 琳/责任校对:刘 琳
责任印制:罗 科/封面设计:墨创文化

科 学 出 版 社 出版
北京东黄城根北街 16 号
邮政编码:100717
http://www.sciencep.com

成都锦瑞印刷有限责任公司 印刷
科学出版社发行 各地新华书店经销
*
2017 年 3 月第 一 版 开本:889×1194 1/16
2017 年 3 月第一次印刷 印张:17.5
字数:450 000
定价:148.00 元
(如有印装质量问题,我社负责调换)

# 《四川花萼山国家级自然保护区生物多样性》
# 编委会

主　编：邓洪平

副主编：陶建平　王志坚　梁文科　胡明珠　王　茜　陈　锋

编　者：谢嗣光　张家辉　巴罗菊　李运婷　黄　琴　孟　波

　　　　何怀泉　郑兴平　郭纯波　黄　华　司　强　梁明全

　　　　吕　云　王承见　郝　光　彭　月　甘小平　钱　凤

　　　　党成强　宗秀虹　张华雨　王　鑫　成晓霞　喻奉琼

　　　　刘　钦　蒋庆庆　李丘霖　万海霞　倪东平　顾　梨

　　　　何　松　瞿欢欢　陈立登　夏常英

# 前　言

四川万源花萼山国家级自然保护区位于四川省东北部的万源市境内，地处大巴山南麓的川陕鄂渝 4 省（市）交界处，地理坐标东经 108°00′~108°27′，北纬 31°55′~32°12′，东接重庆市城口县，南连宣汉县，西抵巴中市的平昌、通江县，北邻陕西省镇巴、紫阳县，属于四川盆地东北部山地地貌类型。保护区涉及花萼、曹家、官渡、皮窝、白沙、庙坡、白果、茶垭、梨树、大竹和八台 11 个乡镇，总面积 48203.39hm²，其中核心区面积为 11600.36hm²，缓冲区面积为 12987.79hm²，实验区面积为 23615.24hm²。境内最高处花萼山主峰海拔 2380m，最低处蒋家河坝海拔 780m，相对高差达 1600m。保护区属森林生态系统类型保护区，主要保护对象为珍稀濒危动植物、北亚热带森林生态系统和独特的自然景观。

花萼山自然保护区具明显的南北方及华东区、西南区动植物区系交汇特征，区内生物物种丰富度高，聚集多种古老、孑遗、特有、珍稀、濒危动植物，堪称"物种避难所"。区域内不仅具有丰富的物种资源，生态系统也较为原始。世界自然基金会"Ecoregion 200"、《中国生物多样性保护行动计划》、《中国生物多样性国情研究报告》等都已将该地列入我国生物多样性保护重要区域。

在四川省生态功能区划中，花萼山自然保护区属于秦巴山地常绿阔叶——落叶林生态区，大巴山生物多样性保护与水土保持生态功能区。在生物多样性保护、水源涵养、水土保持方面起到了重要的生态作用。地处长江中上游两大支流——汉江、嘉陵江发源地和分水岭的花萼山，其自然生态系统的稳定性对嘉陵江和汉江流域乃至长江流域中下游地区的生态安全都起着关键性作用。

花萼山自然保护区面积大、生物资源丰富，但对境内物种资源了解并未透彻，仅有的科学考察资料距今也有 10 年之久，为及时掌握区内野生动植物资源的生存现状，研究区域内人文地理与自然环境的关系，制订及调整保护区相关政策，编制保护区发展规划，再次进行了综合科学考察。2012~2015 年，考察组先后对花萼山自然保护区进行了多次生物多样性综合考察，考察内容主要包括自然地理环境、植物、动物、植被、生态系统及社区建设等，特别是红豆杉、金钱槭、金钱豹等珍稀濒危动植物资源。基本弄清区域内资源现状，分析了保护区管理现状并提出相应的发展策略。

此著作是在前人工作的基础上开展并撰写的，本底数据对本次考察提供了较大帮助。野外考察的顺利进行也离不开万源市环保局和四川花萼山国家级自然保护区管理局工作人员的参与和支持。在此，表示衷心的感谢！

限于时间和业务水平，错漏之处，敬请批评指正。

著　者

2017 年 1 月

# 目 录

第1章 自然地理概况 ································································································ 1

  1.1 地理位置 ································································································ 1

  1.2 地质与地貌 ································································································ 1

    1.2.1 地质 ································································································ 1

    1.2.2 地貌 ································································································ 1

  1.3 气候类型与特征 ································································································ 1

  1.4 水系与水文 ································································································ 2

    1.4.1 水系 ································································································ 2

    1.4.2 主要河流与水文情势 ································································································ 2

    1.4.3 地表水和地下水 ································································································ 2

  1.5 土壤与植被 ································································································ 2

    1.5.1 土壤 ································································································ 2

    1.5.2 植被 ································································································ 5

  1.6 灾害性因子 ································································································ 5

第2章 调查内容和方法 ································································································ 6

  2.1 调查内容 ································································································ 6

    2.1.1 植物物种多样性调查 ································································································ 6

    2.1.2 植被调查 ································································································ 6

    2.1.3 动物物种多样性调查 ································································································ 6

    2.1.4 生态系统调查 ································································································ 6

    2.1.5 社会经济调查 ································································································ 6

  2.2 调查方法 ································································································ 7

    2.2.1 植物物种多样性调查方法 ································································································ 7

    2.2.2 植被调查方法 ································································································ 7

    2.2.3 动物物种多样性调查方法 ································································································ 8

    2.2.4 社会经济调查方法 ································································································ 9

  2.3 调查时间 ································································································ 9

  2.4 调查线路 ································································································ 9

第3章 植物物种多样性 ································································································ 10

  3.1 物种组成及区系分析 ································································································ 10

    3.1.1 大型真菌 ································································································ 10

    3.1.2 维管植物 ································································································ 13

  3.2 资源植物 ································································································ 19

    3.2.1 大型真菌资源 ································································································ 19

    3.2.2 维管植物资源 ································································································ 20

  3.3 珍稀濒危及保护植物 ································································································ 24

    3.3.1 保护植物概念的说明 ································································································ 24

    3.3.2 IUCN 名录物种 ································································································ 24

    3.3.3 CITES 名录物种 ································································································ 29

    3.3.4 国家重点保护野生植物名录物种 ································································································ 31

3.3.5 中国植物红皮书名录物种 ·········································· 32

3.4 特有植物 ··········································································· 36

3.5 模式植物 ··········································································· 36

3.6 孑遗植物 ··········································································· 36

第4章 植被 ·············································································· 38

4.1 植被总体特征 ···································································· 38

4.2 植被类型及特征 ································································ 39

4.2.1 植被分区地位 ···························································· 39

4.2.2 植被分类原则 ···························································· 40

4.2.3 植被分区概述 ···························································· 41

4.2.4 植被类型及特征 ························································ 41

第5章 动物物种多样性 ·························································· 59

5.1 无脊椎动物物种多样性 ······················································ 59

5.1.1 昆虫物种多样性 ························································ 59

5.1.2 软体动物物种多样性 ·················································· 64

5.2 脊椎动物物种多样性 ·························································· 66

5.2.1 脊椎动物区系 ···························································· 66

5.2.2 哺乳类 ····································································· 66

5.2.3 鸟类 ········································································ 67

5.2.4 爬行类 ····································································· 69

5.2.5 两栖类 ····································································· 70

5.2.6 鱼类 ········································································ 71

5.3 珍稀濒危及特有动物 ·························································· 72

5.3.1 珍稀濒危脊椎动物 ······················································ 72

5.3.2 特有脊椎动物 ···························································· 82

第6章 生态系统 ······································································ 85

6.1 生态系统类型 ···································································· 85

6.1.1 自然生态系统 ···························································· 85

6.1.2 人工生态系统 ···························································· 86

6.2 生态系统主要特征 ······························································ 86

6.2.1 食物网和营养级 ························································ 86

6.2.2 生态系统稳定性 ························································ 87

6.3 影响生态系统稳定的因素 ···················································· 88

6.3.1 自然因素 ·································································· 88

6.3.2 人为因素 ·································································· 88

6.3.3 旅游潜在因素 ···························································· 88

第7章 主要保护对象 ······························································ 89

第8章 社会经济与社区共管 ···················································· 91

8.1 花萼山自然保护区及周边社会经济状况 ···································· 91

8.1.1 乡镇及人口 ······························································ 91

8.1.2 交通与通信 ······························································ 92

8.1.3 土地利用现状与结构 ·················································· 92

8.1.4 社区经济结构 ···························································· 92

8.1.5 科教文化卫生体育 ······················································ 93

8.2 社区共管 ··········································································· 94

8.2.1 社区环境现状 ···························································· 94

8.2.2　社区共管措施 ································································ 94

8.2.3　基于替代生计项目分析 ················································· 94

8.2.4　社区共管中存在的问题 ················································· 95

**第9章　花萼山自然保护区评价** ··············································· 96

9.1　花萼山自然保护区管理评价 ············································· 96

9.1.1　花萼山自然保护区历史沿革 ········································ 96

9.1.2　花萼山自然保护区范围及功能区划评价 ························ 96

9.1.3　组织机构与人员配备 ·················································· 96

9.1.4　保护管理现状及评价 ·················································· 97

9.2　花萼山自然保护区自然属性评价 ······································ 98

9.2.1　物种多样性 ····························································· 98

9.2.2　生态系统类型多样性 ·················································· 98

9.2.3　稀有性 ··································································· 98

9.2.4　脆弱性 ··································································· 99

9.3　花萼山自然保护区价值评价 ············································· 99

9.3.1　科学价值 ································································ 99

9.3.2　生态价值 ································································ 99

9.3.3　社会价值 ······························································ 100

9.3.4　经济价值 ······························································ 100

**第10章　管理建议** ································································· 102

10.1　花萼山自然保护区存在的问题 ······································ 102

10.2　保护管理建议 ·························································· 102

**参考文献** ············································································ 104

**附表1　四川花萼山国家级自然保护区植物名录** ···························· 108

**附表2　四川花萼山国家级自然保护区样方调查记录表** ··················· 184

**附表3　四川花萼山国家级自然保护区昆虫名录** ···························· 210

**附表4　四川花萼山国家级自然保护区软体动物名录** ······················ 230

**附表5　四川花萼山国家级自然保护区脊椎动物名录** ······················ 231

**附图1** ················································································ 247

**附图2** ················································································ 251

**附图3** ················································································ 256

**附图4** ················································································ 260

**附图5** ················································································ 265

# 第1章 自然地理概况

## 1.1 地 理 位 置

花萼山自然保护区位于四川省东北部达州市的万源市境内，地处大巴山南麓的川陕鄂渝4省（市）交界处，东经108°00'～108°27'，北纬31°55'～32°12'，东接重庆市城口县，南连宣汉县，西抵巴中市的平昌、通江县，北邻陕西省镇巴、紫阳县；属于四川盆地东北部山地地貌类型。保护区涉及花萼、曹家、官渡、皮窝、白沙、庙坡、白果、茶垭、梨树、大竹和八台11个乡镇（附图Ⅰ）。总面积48203.39hm²，其中核心区面积11600.36hm²，缓冲区面积12987.79hm²，实验区面积23615.24hm²。

## 1.2 地质与地貌

### 1.2.1 地质

在泥盆纪以前，该区域处于海侵期，经过加里东运动，大巴山隆起成为陆地。至上三叠纪时，由于燕山运动，大巴山陆续抬升，同时因长期产生不均匀的径向推挤作用，并受到米仓山岩块的阻挡，形成大巴山弧形构造骨架。保护区处在这一弧形构造带内，其形迹以褶皱为主的构造线呈西北—东南走向，褶皱强度由东北向西南渐次减弱，即东北褶皱紧密，幅度大，向西南方向逐渐稀松、宽缓。按照构造形态的摅布，它同西南面的巴中市平昌县的莲花状构造及南部的新华夏系构造（川东褶皱带）相互掺杂和相互干扰。

根据地质勘查资料，万源市地层出露复杂，从元古界至新生界的地层都有出露，主要地质时期有震旦系、寒武系、奥陶系、志留系、二叠系、三叠系、侏罗系、白垩系和第四系，其间仅缺石炭系和泥盆系。地层出露的趋势是由西向东，从新到老，在保护区所处的后河、中河和任河两岸主要分布的是第四系全新统（$Q_4$）地层。而新生界地层在本地区发育不明显，堆积作用不强。

### 1.2.2 地貌

由于地处四川盆地东北缘山地的大巴山南缘，处于北方岩溶和南方岩溶的分界线，所显示出的南方湿润气候条件下的岩溶、地貌和景观极具特色。受地质构造影响，保护区内呈现出中、低山地貌，其东北部边缘乃大巴山主脉。随着褶皱从东北向西南由密到疏的变化，褶皱强度在东北部最大。境内最高处即花萼山主峰，海拔2380m，最低处位于后河上游支流白沙和中段的蒋家河坝，海拔780m，相对高差达1600m。大部分山脊和峰岭海拔均在1700～2200m。其中，保护区东北部的大部分因地质构造属大巴山内弧构造带，基岩是由古生界碳酸盐夹碎屑组成，质地坚硬，抗风化侵蚀力强，褶皱紧密，断裂较多，山峦叠嶂、峰高谷深，故属侵蚀深切割中山峰丛峡谷地貌；而保护区东南部，在地质构造上位于大巴山弧形构造与川东新华夏系构造直交复合部位，基岩主要由三叠系灰岩和厚层砂页岩组成，山顶海拔一般为1300m左右，相对高差700～800m，局部区域喀斯特地貌发育，溶沟、溶洞、峰丛、洼地景观屡有所见，崩塌、滑落等现代地貌作用较强，多数地段坡陡谷深，坡积层、残积层较薄，常见基岩裸露。

## 1.3 气候类型与特征

万源市属北亚热带润湿季风气候区，主要特点是气候温和、四季分明、雨热同季、雨量充沛。据万源市气象站30年资料统计，年平均气温14.7℃，最冷月为1月，平均气温3.5℃，最热月为7月，平均气温25.3℃，日极端最低气温-9.4℃，日极端最高气温39.2℃；≥0℃的年总积温为5397℃，≥10℃的年总积温为 4534℃，变幅为 4930～4068℃；光照充足，年日照数时达 2158.7h，全年日照时数 1395.8h，日照率为 33.7%，太阳辐射年总量为 92.84cal/cm²；年霜期为 129 天，最长为 165 天，最短为 88 天；雨水充沛，年降水量为 1169.3mm，最多年（1983 年）为 2218mm，最少年（1962 年）为 772mm。同时，气候随海拔高度变化较大，山地立体气候特征明显。据万源市八台山气象观测资料，海拔每升高 100m，年平均气温下降 0.55℃，变幅为 0.47～0.66℃。降水量随海拔升高而呈抛物线变化，海拔 1900m 以下，每升高 100m，年降水量增加约 50mm；海拔 1900m 以上，降水量又随海拔升高而减少。

## 1.4　水系与水文

### 1.4.1　水系

因为地处大巴山暴雨中心地带，雨量充沛，同时石灰岩分布较广，地下水蕴藏量丰富，加之地貌起伏变化大，相对高差大，形成该区域溪河遍布，水系发达，因此保护区所在的万源市正是以"万水之源"而得其名。全市流域面积在 20km² 以上的河流有 51 条；20～50km² 的有 30 条；50～100km² 的有 7 条；100km² 以上的 14 条。河流总汇水面积为 7690km²，其中境外面积 4125.11km²，境内面积 3564.89km²。这些河流恰以花萼山为分水岭，其东北角河流属汉江水系，流域面积 4516.6km²，呈叶脉状分布，出境后于陕西省注入汉江干流；其余广大区域属嘉陵江水系，流域面积 3173.4km²，呈树枝状分布，从东北向西南注入嘉陵江的支流渠江。保护区所涉及的河流主要有属于汉江流域的任河和属于嘉陵江水系的后河及其支流白沙河。

### 1.4.2　主要河流与水文情势

后河是万源市境内最大的一条河流，属渠江上游二级支流，发源于皮窝乡大横山白龙洞，源头海拔 1480m，由北向南纵贯全市，全长 148km（万源市境内 104.3km），流域面积 643.6km²，自然落差 1128m，平均比降 10.8‰，多年平均流量 34.43m³/s，水力资源理论蕴藏量为 8.56 万 kW，可开发量为 2.18 万 kW，已开发三处电站（均距保护区甚远），装机总量为 1290kW。

白沙河是后河的主要支流，发源于保护区核心区万树坪，经白沙镇蒋家河坝流出保护区，并于长坝乡汇入后河干流，河道全长 61.84km。

任河发源于重庆市城口县、巫溪县及陕西省镇坪县交界的大燕山，至万源市钟亭乡入境，并流经花萼山自然保护区东北部边沿，从临河木兰洞出境，并于陕西省紫阳县汇入汉江，全长 135.6km，境内 35km，控制流域总面积 2849.4km²。任河上游称为"城口河"，在万源市境内称为"大竹河"，发源地海拔 2360m，出境处海拔 450m，境内自然落差 90m，平均比降 2.6‰，多年平均流量 82.64m³/s，在境内水力资源理论蕴藏量 8.95 万 kW，可开发量 3.4 万 kW，已开发茶园电站（位于保护区外），装机总量为 450kW。

### 1.4.3　地表水和地下水

全市地表水多年平均径流深 793.3mm，年径流总量 28.3 亿 m³。保护区的大部分区域处于东北部暴雨中心地带，多年平均降水量达 1307.8mm；出露地层以二叠纪、三叠纪灰岩为主，岩溶发育，枯水期以岩溶水补给，地下水丰富；洪水峰高量大，枯期稳定，径流系数 0.7，径流深 915.5mm。

全市地下水储量达 3.177 亿 m³，已利用 0.65 亿 m³，占地下水总储量的 20%。地下水主要包括碳酸盐溶洞水、碎屑岩裂隙水和基岩裂隙水三种类型，保护区区域的地下水主要是碳酸盐溶洞水。

## 1.5　土壤与植被

### 1.5.1　土壤

根据以往万源市完成的土壤普查资料，全市土壤有 6 个土壤类型，13 个亚类，29 个土属，64 个土种。

而保护区范围则主要涉及其中三类土壤，但这不包括海拔 2000m 以上尚有的少量棕壤、灰化土和山地草甸土。

## 1. 黄壤

黄壤是花萼山自然保护区内海拔 760～1400m 地带分布最广的土壤类型，主要包括矿质黄泥土、粗骨性黄泥土和山地黄泥土三个土属。

### 1）矿质黄泥土

矿质黄泥土是较广泛分布于保护区边沿的官渡、茶垭、梨树、皮窝、嵩坝等乡镇的土壤类型，分布地海拔 900～1350m，地貌类型一般为深切割中山峡谷和中切割中山窄 "V" 形谷。该类土壤由三叠系嘉陵江组、大冶组灰岩残积母质发育而成，质地黏重，土层厚 30～100cm，pH 6.2～6.5，土性冷，保蓄性能好，耐旱（表 1-1）。

表 1-1　矿质黄泥土代表剖面理化性状

| 深度/cm | 层次 | 碳酸钙/% | pH | 有机质/% | 全氮/% | 全磷/% | 全钾/% | 碱解氮/ppm | 速效磷/ppm | 速效钾/ppm |
|---|---|---|---|---|---|---|---|---|---|---|
| 0～16 | A | 0.7 | 6.5 | 2.54 | 0.144 | 0.048 | 2.18 | 184 | 2.1 | 216 |
| 16～33 | B₁ | 0.5 | 5.6 | 0.55 | 0.050 | 0.046 | — | 51 | — | — |
| 33～100 | B₂ | 0.5 | 5.7 | 0.46 | 0.046 | 0.044 | 2.22 | 42 | — | — |

### 2）死黄泥土

死黄泥土俗称黄泥土或黄糯泥土，分布于保护区北部的庙坡乡一带。土壤微酸性，有机质、氮、磷、钾含量低，速效磷严重缺乏，土壤黏重、板结，保蓄性能差（表 1-2）。

表 1-2　死黄泥土代表剖面理化性状

| 深度/cm | 层次 | 碳酸钙/% | pH | 有机质/% | 全氮/% | 全磷/% | 全钾/% | 碱解氮/ppm | 速效磷/ppm | 速效钾/ppm |
|---|---|---|---|---|---|---|---|---|---|---|
| 0～18 | A | 0.5 | 6.2 | 1.36 | 0.102 | 0.071 | 1.98 | 110 | <0.2 | 93 |

### 3）粗骨性黄泥土（砾石土）

粗骨性黄泥土（砾石土）是分布于保护区东北部大竹、白果、中亭、庙子等深切割中山峡谷地带的主要山地土壤类型，分布区海拔一般达 1000m 以上，而且区域坡度大。这类土壤是由二叠系以老的砂岩、页岩、片岩坡-残积母质发育而成。土层浅，碎屑含量高，多为砾石土，水土流失严重。砾石土呈中性偏酸，无碳酸盐反应，养分含量变化较大，有机质、碱解氮、速效钾含量丰富，但全磷、速效磷贫乏，通透性强，保蓄性差（表 1-3、表 1-4）。

表 1-3　砾石土代表剖面颗粒分析结果

| 深度/cm | 发育层次 | 颜色 | 结构 | 颗粒组成/% | | | | 砾石/% | | 质地 |
|---|---|---|---|---|---|---|---|---|---|---|
| | | | | 砂粒 | 粗粉粒 | 粉粒 | 黏粒 | 细砾 | 粗砾 | |
| | | | | 1～0.05mm | 0.05～0.01mm | 0.01～0.001mm | <0.001mm | 1～3mm | >8mm | |
| 0～15 | A | 淡棕 | 粒状 | 21.3 | 22.4 | 36.6 | 19.7 | 5.4 | 51.6 | 中粗砾石土 |
| 15～34 | B | 淡棕 | 团块状 | 23.8 | 20.4 | 40.1 | 15.7 | 8.5 | 48.2 | 中粗砾石土 |
| 34～47 | C | — | — | — | — | — | — | — | — | |

**表 1-4　砾石土代表剖面理化性状**

| 深度/cm | 层次 | 碳酸钙/% | pH | 有机质/% | 全氮/% | 全磷/% | 全钾/% | 碱解氮/ppm | 速效磷/ppm | 速效钾/ppm |
|---|---|---|---|---|---|---|---|---|---|---|
| 0～15 | A | 0.5 | 5.7 | 4.09 | 0.132 | 0.062 | 2.32 | 440 | 4.6 | 200 |
| 15～34 | B | — | 5.4 | 1.96 | 0.122 | 0.163 | — | 192 | — | — |

## 2. 山地黄棕壤

山地黄棕壤是保护区内核心区和缓冲区的重要土壤类型，由各种地层的砂岩、页岩和坡、残积母质发育而成，主要分布在保护区北面和东北面以及腹心地带海拔 1400m 以上山地缓坡。土层厚达 100cm，土体颜色上深下浅，暗黄棕至淡黄棕色，土壤质地上轻下黏，微酸性肥力较高但土性冷。该土属在此地只有黄泡泥土（表 1-5、表 1-6）。

**表 1-5　黄泡泥土代表剖面颗粒分析结果**

| 深度/cm | 发育层次 | 颜色 | 结构 | 颗粒组成/% | | | | 砾石/% | | 质地 |
|---|---|---|---|---|---|---|---|---|---|---|
| | | | | 砂粒 | 粗粉粒 | 粉粒 | 黏粒 | 细砾 | 粗砾 | |
| | | | | 1～0.05mm | 0.05～0.01mm | 0.01～0.001mm | <0.001mm | 1～3mm | >8mm | |
| 0～11 | A | 暗黄棕 | 粒状 | 1.6 | 41.0 | 43.0 | 14.4 | 2.8 | 无 | 轻砾质粉砂质重壤 |
| 11～20 | B | 黄棕 | 小棱柱状 | 1.8 | 36.9 | 36.9 | 24.4 | 1.2 | 无 | 轻砾质粉砂质轻黏 |
| 20～60 | C | 淡红黄 | 棱块状 | 1.9 | 34.8 | 43.0 | 20.3 | 1.3 | 无 | 轻砾质粉砂质黏土 |

**表 1-6　黄泡泥土代表剖面理化性状**

| 深度/cm | 层次 | 碳酸钙/% | pH | 有机质/% | 全氮/% | 全磷/% | 全钾/% | 碱解氮/ppm | 速效磷/ppm | 速效钾/ppm |
|---|---|---|---|---|---|---|---|---|---|---|
| 0～11 | A | 0.6 | 6.7 | 3.52 | 0.206 | 0.149 | 2.30 | 232 | 6.6 | 334 |
| 11～20 | $B_1$ | 0.5 | 5.8 | 2.06 | 0.132 | 0.117 | 2.28 | 158 | — | — |
| 20～60 | $B_2$ | 0.5 | 6.0 | 0.80 | 0.062 | 0.078 | 2.57 | 68 | — | — |

## 3. 石灰岩土壤

石灰岩土壤是石灰岩土石在石灰岩母质上发育而成的一类岩性土，它在该地区与地带性黄壤、黄棕壤呈复区分布，主要存在于保护区的周边地带以及核心区的局部。保护区北面的这类土壤的成土母质是二叠系中统的多种灰岩，而保护区南部的这类土壤是由二叠系上统和三叠系中下统的普通灰岩、泥质灰岩和白云质灰岩发育而成。其中主要土种包括黑色石灰土属的大眼泥土、黄色石灰土属的大土泥和红色石灰土属的红砂土。

### 1）大眼泥土

大眼泥土分布于保护区西面和南面周边地带，土体颜色上深下浅，呈暗棕色或栗棕色，质地为重砾质或重砾质轻黏土，中性偏碱，有机质丰富，氮、磷含量较高，全钾含量低，速效钾丰富，质地黏重，土壤紧实（表 1-7）。

**表 1-7　大眼泥土代表剖面理化性状**

| 深度/cm | 层次 | 碳酸钙/% | pH | 有机质/% | 全氮/% | 全磷/% | 全钾/% | 碱解氮/ppm | 速效磷/ppm | 速效钾/ppm |
|---|---|---|---|---|---|---|---|---|---|---|
| 0～22 | A | 0.8 | 6.8 | 2.02 | 0.126 | 0.105 | 1.02 | 106 | 6.4 | 125 |
| 22～50 | C | 0.9 | 6.9 | 1.79 | 0.108 | 0.119 | 1.14 | 90 | — | — |

### 2）大土泥

大土泥分布于保护区周边试验区的低海拔地带。土体为暗黄棕色，轻砾质或中砾质重壤，土壤紧实，酸碱度呈中性偏碱，氮、磷、钾全低，严重缺磷（表1-8）。

**表1-8　大土泥代表剖面理化性状**

| 深度/cm | 层次 | 碳酸钙/% | pH | 有机质/% | 全氮/% | 全磷/% | 全钾/% | 碱解氮/ppm | 速效磷/ppm | 速效钾/ppm |
|---|---|---|---|---|---|---|---|---|---|---|
| 0~20 | A | 0.8 | 7.4 | 2.14 | — | 0.046 | 1.60 | 122 | 2.8 | 121 |
| 20~43 | B | 0.6 | 7.4 | 1.50 | 0.050 | 0.044 | 1.62 | 94 | — | — |

### 3）红砂土

红砂土分布于保护区周边的低、中海拔地带，由二叠系吴家坪组、震旦系郧西群组的紫红色岩坡-残积母质发育而成。土壤表层呈紫棕、暗红棕或红黄色不等，中砾质或重砾质重壤，微碱性，有机质和氮、磷、钾含量高，速效磷和速效钾贫乏，土壤剖面下层养分急剧降低，土质疏松，通透性强，保蓄能力差（表1-9）。

**表1-9　红砂土代表剖面理化性状**

| 深度/cm | 层次 | 碳酸钙/% | pH | 有机质/% | 全氮/% | 全磷/% | 全钾/% | 碱解氮/ppm | 速效磷/ppm | 速效钾/ppm |
|---|---|---|---|---|---|---|---|---|---|---|
| 0~28 | A | 0.8 | 7.1 | 1.80 | 0.106 | 0.110 | 2.20 | 108 | 2.1 | 46 |
| 28~49 | B | 0.6 | 7.2 | 0.58 | 0.047 | 0.044 | 2.03 | 40 | — | — |

## 1.5.2　植被

保护区植被区划属亚热带常绿阔叶林区，川东盆地偏湿性常绿阔叶林亚带，盆地东北部中山植被地区，大巴山植被小区。花萼山自然保护区植被类型多样、结构复杂、原始性较强、植被垂直分布特点突出、植被过渡性质明显、具有一定次生性。按照《中国植被》的分类系统，花萼山自然保护区现已知8个植被型、14个植被亚型、24个群系组、50个群系。

# 1.6　灾害性因子

保护区主要灾害因子为冰雪、霜冻、干旱、火灾等。

# 第 2 章　调查内容和方法

## 2.1　调　查　内　容

### 2.1.1　植物物种多样性调查

（1）植物物种组成及区系。
（2）资源植物组成。
（3）珍稀濒危、重点保护、模式植物及特有植物种类及保护现状。

### 2.1.2　植被调查

样地概况：地理位置（包括地理名称、经纬度、海拔和部位等），坡形、坡度、坡向，群落结构。
乔木层：高度大于 5m 的木本，每木检测，记录植物种名、高度（m）、胸径（围）（cm）、枝下高（m）及冠幅等。
灌木层：高度小于 5m 的木本植物及乔木树种的幼树，采用分株（丛）调查，记录种名、株（丛）数、盖度（冠幅）、高度（m）等。
草本层：草本植物，测定记录所有种类的种名、平均高度（m）、多度和盖度（%）等。
绘制保护区内植被类型分布图。

### 2.1.3　动物物种多样性调查

#### 1. 昆虫

调查花萼山自然保护区内昆虫物种种类、数量、分布、习性、生境状况以及国家重点保护昆虫、特有昆虫、珍稀濒危昆虫、资源昆虫情况。

#### 2. 脊椎动物

调查花萼山自然保护区内野生脊椎动物的物种种类、数量、分布、习性、生境状况以及国家重点保护动物、四川省省级重点保护动物、特有动物、珍稀濒危动物情况。

#### 3. 软体动物

调查软体动物区系组成、数量分布、密度和生物量。

### 2.1.4　生态系统调查

采用与土地资源调查类似的方法进行生态系统空间位置及面积调查，生态系统的种类、面积调查以资料收集为主，并结合野生动植物资源调查设置的样方与线路调查生态系统特征。线路调查主要用于调查生态系统的动物种类、生态环境情况；样方调查主要用于调查生态系统植物物种组成成分、生态系统结构、植物生产力等方面。

### 2.1.5　社会经济调查

社会经济与生态旅游，重点对社区共管以及存在的主要问题做分析评价。

# 2.2　调　查　方　法

## 2.2.1　植物物种多样性调查方法

### 1. 大型真菌

采用踏查、样地调查和访谈相结合的方法，并采集标本。依据标本彩色照片及形态分类学结构特征、生态分布及生活习性，结合制作孢子印、孢子的显微观察等方法进行鉴定。

大型真菌名录的编制采用近代真菌学家普遍承认和采用的 *Dictionary of the Fungi*（第十版）分类系统，部分种类根据传统的分类习惯作了少许修正。在此基础上，对花萼山自然保护区大型真菌的经济价值及其生态习性等进行统计分析。

### 2. 维管植物

维管植物的调查采用野外实地调查与资料收集相结合的方法。野外实地调查以线路调查法、样方调查法为主，辅以问询法进行现场观察与记录，详细记录花萼山自然保护区内分布的植物种类。现场能确认的物种，记录种名、分布海拔、生境和盖度等信息；现场不能确定的物种，采集标本，根据《中国植物志》《四川植物志》《中国高等植物图鉴》等专著对其进行鉴定。最终将样地内出现的物种与样地外沿途记录的物种汇总，得到保护区的植物名录。

珍稀濒危及保护植物，参照《国家重点保护野生植物名录》（第一批，1999）、《IUCN 物种红色名录》（2015）、《中国植物红皮书》（第一册，1992）、《濒危野生动植物种国际贸易公约》（CITES，2011）相关规定。

## 2.2.2　植被调查方法

### 1. 调查地点的选取原则

根据项目组前期工作基础及对保护区植被分布状况的初步了解，确定具体的调查地点。对于一般地域采取线路调查，对植被人为破坏较少的地域进行详细调查，调查时兼顾植物的垂直分布。样线选择以经过地海拔落差尽量大，植被破坏程度尽量小，植物多样性尽量丰富为标准；样线遍及整个保护区，样线间生态环境各具特色，以期全面反映保护区的植被特点。

### 2. 植被类型划分依据

根据《中国植被》以及《四川植被》来划分植被类型。

### 3. 陆生植被调查与分析方法

线路调查：线路调查中，根据保护区的地形、地势特点，分别设置水平样线和垂直样线。水平样线的线路调查内容包括记录保护区内生境、典型植被类型和人为干扰现状，记录方式有现场调查、咨询记录、数码拍摄记录等。同时通过沿线踏查选择合适的垂直样线，并为样地调查提供参考。垂直样线分别以花萼、曹家、白果、庙坡乡、鱼泉山为起点，或顺着山坡垂直向上，或行至山顶垂直下行，并沿线记录植被类型的变化，同时选择典型的群落样地，进行样地调查。

样地调查：在垂直样线的线路调查基础上，根据地形、海拔、坡向坡位、地质土壤，以及植物群落的形态结构和主要组成成分的特点，采取典型选样的方式设置样地。

样方设置：根据不同植被类型，采用种−面积的方法确定调查面积，并运用相邻格子法和十字分割法对保护区的森林、灌木及草本群落分别进行典型样方取样，具体方法主要分为以下几种。

#### 1）森林群落

含常绿阔叶林、常绿落叶阔叶混交林、落叶阔叶林、针叶阔叶混交林、针叶林等森林群落类型，常绿阔叶林、常绿落叶阔叶混交林样方面积设置为40m×20m，其他森林群落类型的样方面积设置为20m×20m，每个样方划分成8个或4个10m×10m的相邻格子作为乔木层物种调查小样方，每个10m×10m的格子中又分别划分出1个5m×5m的灌木层小样方作灌木层物种调查，在每个灌木层样方内，设置2个2m×2m的草本层小样方作草本物种调查。

#### 2）灌丛群落

样方面积统一设置为10m×10m，每个样方采用十字分割法等分成4个5m×5m的样方作为灌木层多样性调查小样方，同时在每个小样方中划分出1个1m×1m的草本层小样方作草本物种调查。

#### 3）草本群落

样方面积统一设置为2m×2m，同样采用十字分割法等分成4个1m×1m的样方作为多样性调查。

#### 4）竹林

对于保护区的竹林，样方面积均设置为10m×10m，采用十字分割法等分成4个5m×5m的样方调查竹子及其他灌木、草本植物。

## 2.2.3　动物物种多样性调查方法

### 1. 昆虫

采集昆虫主要是利用野外直接网捕和诱虫灯诱集相结合的方法。所采标本杀死后，带回实验室整理并初步鉴定后，分送国内有关的专家，作进一步鉴定，除少数种类鉴定到属外（标本不完整、仅有雌性标本或仅有幼体），绝大多数种类鉴定到种。

### 2. 软体动物

陆地软体动物直接在枯枝落叶或腐殖质中用镊子翻找；水体中的软体动物用水网捞起。标本均放入标本瓶中，窒息法处死后用75%~80%的酒精固定。

### 3. 脊椎动物

#### 1）鱼类

捕获所得，包括用网捕、适当电捕等。如在个别地段水流不太急、地势平缓的地方还可使用手网捕鱼。访问当地农民和管理局职工，获得鱼类的种类组成情况。

#### 2）两栖爬行类

根据两栖爬行类的生活习性，主要选择在溪流、水塘、草丛、灌丛、乱石堆、洞穴等环境下采用样方法进行调查，同时采集不同生活史阶段的动物进行后期的鉴定。

#### 3）鸟类

主要采用样线法完成，调查时观察记录所见鸟类种类、数量以及痕迹，对鸟类的数量等级采用路线统计法进行常规统计，一些调查未见种则依据有关文献判断。

#### 4）兽类

大中型兽类主要通过走访评价区范围内及其周边附近的村民，对照动物图鉴向他们核实曾经所见动物种类、数量、时间、地点等信息。同时也采用样线法沿途观察，样线布置与鸟类调查样线一致，根据观察到的兽类足迹、粪便以及兽类实体等判断种类；小型兽类采用铗夜法进行调查。针对数量稀少、活动规律特殊、在野外很难见到其踪迹或活动痕迹的物种[如黑熊（*Selenarctos thibetanus*）、野猪（*Sus scrofa*）、小麂（*Muntiacus reevesi*）等]，还借用保护区布设的红外自动数码照相机的资料。

## 2.2.4 社会经济调查方法

采用 PRA 评估法，主要调查花萼山自然保护区内人口、民族、收入、产业结构等。重点调查花萼山自然保护区范围内社区现有经济活动及与保护区的关系。

# 2.3 调 查 时 间

西南大学考察组于 2012～2014 年，先后对花萼山自然保护区进行了 5 次野外考察。

# 2.4 调 查 线 路

调查路线应涉及花萼山自然保护区的实验区、缓冲区和核心区各个区域，各种生态环境，各种海拔梯度，兼顾均匀性和重要性布设原则。重点对植被覆盖率较高、保存完好、珍稀濒危保护动植物较丰富的区域进行调查。主要涉及重要乡镇为花萼乡、曹家乡、庙坡乡、官渡乡、白果乡、梨树乡等地（附图 I-III）。

# 第3章　植物物种多样性

## 3.1　物种组成及区系分析

花萼山自然保护区位于华中地区西侧，是北亚热带地区的典型代表区域。自然环境复杂，地质、地貌、气候、土壤、植被、生物区系和自然景观资源都显现出极其丰富的多样性。该区地质历史古老、地层发育完整、地貌复杂多样、生态系统原始，其自然综合体具有重大的科学意义和保护价值。因此，《全国生态环境保护纲要》《中国生物多样性保护行动计划》《中国生物多样性国情研究报告》等都已将该地区列入我国生物多样性保护的关键地区和优先、重点保护区域。由于地处川东北边远山区，人口密度和开发强度低，至今保留着较为完整和原始的自然生态系统，孕育、分化和栖息了丰富的野生动、植物种类，其动植物区系具有我国南北方及华东区与西南区交汇的显著特征，特别是许多古老、孑遗、特有、珍稀、濒危动植物种类存在于保护区内，堪称"物种避难所"。

### 3.1.1　大型真菌

#### 1. 大型真菌的组成与数量

花萼山自然保护区内较充沛的降水使得区内林木繁茂，枯枝落叶层及土壤腐殖质肥厚，树种繁多且根系复杂，为大型真菌的繁衍提供了优越条件。而大型真菌在长期的系统发育和演变过程中，与外界的生态环境相互作用、制约，也形成了相对稳定的种类，使得大型真菌成为衡量该地区生物多样性丰富度的一个重要指标。

通过调查、鉴定及统计分析，花萼山自然保护区的大型真菌种类有 118 种，隶属于 2 门、15 目、46 科、86 属。其中子囊菌门（Ascomycota）3 目 8 科 12 属 12 种，占总种数的 10.17%；担子菌门（Basidiomycota）12 目 38 科 74 属 106 种，占总种数的 89.83%（表 3-1）。

表 3-1　花萼山自然保护区大型真菌科属种数量统计

| 科名 | 拉丁名 | 属数 | 种数 | 科名 | 拉丁名 | 属数 | 种数 |
|---|---|---|---|---|---|---|---|
| 虫草科 | Cordycipitaceae | 1 | 1 | 侧耳科 | Pleurotaceae | 1 | 1 |
| 蛇头虫草科 | Ophiocordycipitaceae | 1 | 1 | 膨瑚菌科 | Physalacriaceae | 3 | 3 |
| 炭角菌科 | Xylariaceae | 2 | 2 | 脆柄菇科 | Psathyrellaceae | 3 | 5 |
| 羊肚菌科 | Morchellaceae | 1 | 1 | 裂褶菌科 | Schizophyllaceae | 1 | 1 |
| 核盘菌科 | Sclerotiniaceae | 1 | 1 | 球盖菇科 | Strophariaceae | 3 | 4 |
| 盘菌科 | Pezizaceae | 1 | 1 | 口蘑科 | Tricholomataceae | 1 | 1 |
| 火丝菌科 | Pyronemataceae | 4 | 4 | 木耳科 | Auriculariaceae | 3 | 4 |
| 肉杯菌科 | Sarcoscyphaceae | 1 | 1 | 胶耳科 | Exidiaceae | 1 | 1 |
| 伞菌科 | Agaricaceae | 6 | 11 | 牛肝菌科 | Boletaceae | 2 | 2 |
| 鹅膏菌科 | Amanitaceae | 1 | 2 | 桩菇科 | Paxillaceae | 1 | 1 |
| 珊瑚菌科 | Clavariaceae | 1 | 1 | 硬皮马勃科 | Sclerodermataceae | 1 | 1 |
| 囊韧革菌科 | Cystostereaceae | 2 | 2 | 蛇革菌科 | Serpulaceae | 1 | 1 |
| 轴腹菌科 | Hydnangiaceae | 1 | 1 | 乳牛肝菌科科 | Suillaceae | 2 | 2 |
| 蜡伞科 | Hygrophoraceae | 1 | 1 | 鸡油菌科 | Cantharellaceae | 1 | 1 |
| 丝盖菇科 | Inocybaceae | 2 | 2 | 花耳科 | Dacrymycetaceae | 3 | 3 |
| 小皮伞科 | Marasmiaceae | 3 | 4 | 地星科 | Geastraceae | 1 | 1 |
| 小伞科 | Mycenaceae | 2 | 4 | 钉菇科 | Gomphaceae | 1 | 1 |

| 科名 | 拉丁名 | 属数 | 种数 | 科名 | 拉丁名 | 属数 | 种数 |
| --- | --- | --- | --- | --- | --- | --- | --- |
| 刺革菌科 | Hymenochaetaceae | 3 | 6 | 韧革菌科 | Stereaceae | 1 | 2 |
| 裂孔菌科 | Schizoporaceae | 1 | 1 | 银耳科 | Tremellaceae | 1 | 2 |
| 鬼笔科 | Phallaceae | 2 | 2 | 拟层孔菌科 | Fomitopsidaceae | 3 | 4 |
| 耳匙菌科 | Auriscalpiaceae | 1 | 1 | 灵芝科 | Ganodermataceae | 1 | 3 |
| 齿菌科 | Hydnaceae | 1 | 1 | 干朽菌科 | Meruliaceae | 2 | 2 |
| 红菇科 | Russulaceae | 2 | 7 | 多孔菌科 | Polyporaceae | 8 | 14 |
| 合计 | | 46 科 | | | 86 属 | | 118 种 |

## 2. 大型真菌的生态类型

通过分析大型真菌获得营养的方式和生长基质或寄主的类型，可有效地反映大型真菌的生态类型。调查结果显示，花萼山自然保护区 118 种大型真菌中，木生真菌（包括生于木材、树木、枯枝、落叶、腐草等基质上的腐生真菌）所占比例最大，有 65 种，占总数的 55.08%；寄生真菌 2 种，即垂头虫草（*Cordyceps nutans*）和蝉棒束孢（*Isaria cicadae*），占总数的 1.69%；生长于土壤的腐生真菌有 51 种，占总数的 43.22%，其中粪生真菌 1 种，即粪缘刺盘菌（*Cheilymenia coprinaria*），外生菌根菌 20 种，主要是牛肝菌科、乳牛肝菌科、鹅膏菌科和红菇科等的一些种类。

## 3. 优势科属分析

花萼山自然保护区内大型真菌的优势科（种数≥5 种）有 5 科，种类最多的科是多孔菌科，有 14 种，占全部种类的 11.86%；第二大科是伞菌科，共有 11 种，占全部种类的 9.32%；其余三科依次是红菇科、刺革菌科和脆柄菇科。该 5 科仅占总科数 1.09%，所包含种数达 43 种，占整个花萼山自然保护区大型真菌总种数的 36.43%。可以看出，花萼山自然保护区大型真菌优势科明显（表 3-2）。

表 3-2　花萼山自然保护区大型真菌优势科（≥3 种）的统计

| 科名 | 种数 | 占总数的百分比% |
| --- | --- | --- |
| 多孔菌科（Polyporaceae） | 14 | 11.86 |
| 伞菌科（Agaricaceae） | 11 | 9.32 |
| 红菇科（Russulaceae） | 7 | 5.93 |
| 刺革菌科（Hymenochaetaceae） | 6 | 5.08 |
| 脆柄菇科（Psathyrellaceae） | 5 | 4.24 |
| 合计 | 43 | 36.43 |

花萼山自然保护区大型真菌共有 86 属，其中子囊菌有 12 属，担子菌有 74 属。据统计，优势属（种数≥3 种）有多孔菌属（*Polyporus*）、红菇属（*Russula*）、鬼伞属（*Coprinus*）、马勃属（*Lycoperdon*）等 8 个属，除灵芝属（*Ganoderma*）为泛热带成分外，其他 7 属均为世界分布属，这 8 个属仅占总属数的 9.30%，含有大型真菌 29 种，占总种数的 24.58%；含 2 种的属有 11 个属，占总数属的 12.79%，含有大型真菌 22 种，占总种数的 18.64%；仅含 1 种的属有 67 属，占总属数的 77.91%，占总种数的 56.78%，其中裂褶菌属（*Schizophyllum*）为单种属（表 3-3）。

表 3-3　花萼山自然保护区大型真菌优势属（≥4 种）的统计

| 科名 | 种数 | 占总数的比例/% |
| --- | --- | --- |
| 多孔菌属（Polyporus） | 6 | 5.08 |
| 红菇属（Russula） | 5 | 4.24 |

| 科名 | 种数 | 占总数的比例/% |
|---|---|---|
| 鬼伞属（Coprinus） | 3 | 2.54 |
| 马勃属（Lycoperdon） | 3 | 2.54 |
| 小菇属（Mycena） | 3 | 2.54 |
| 小鬼伞属（Coprinellus） | 3 | 2.54 |
| 木层孔菌属（Phellinus） | 3 | 2.54 |
| 灵芝属（Ganoderma） | 3 | 2.54 |
| 合计 | 29 | 24.58 |

## 4. 区系成分

从科的地理分布型上看，花萼山自然保护区仅有虫草科、蛇头虫草科、灵芝科等少数科为热带亚热带成分，齿菌科为东亚–北美分布型，其余的科均为世界分布科或北温带分布科，缺少特有科的分布。同时由于目前人们对真菌的科的概念和范围划分上没有统一的标准，而且科级的分类单位比较适合于讨论大面积的生物区系特点，所以科的分布型很难体现出大巴山的真菌区系特点。因此，本部分将只重点讨论属的区系特征。

### 1）广布成分

指广泛分布于世界各大洲而没有特殊分布中心的属。在花萼山自然保护区 86 属中，子囊菌有 *Cheilymenia*、*Daldinia*、*Dicephalospora*、*Isaria*、*Ophiocordyceps*、*Peziza*、*Tarzetta*、*Xylaria*；担子菌有 *Amanita*、*Armillaria*、*Auricularia*、*Auriscalpium*、*Boletinus*、*Calocera*、*Calvatia*、*Cantharellus*、*Clavaria*、*Coltricia*、*Coprinellus*、*Coprinopsis*、*Coprinus*、*Crepidotas*、*Crucibulum*、*Dacrymyces*、*Exidia*、*Funalia*、*Geastrum*、*Gymnopilus*、*Gymnopus*、*Hexagonia*、*Hydnum*、*Hyphodontia*、*Laccaria*、*Laetiporus*、*Lepiota*、*Lepista*、*Lopharia*、*Lycoperdon*、*Marasmius*、*Microporus*、*Mycena*、*Naematoloma*、*Paxillus*、*Phallus*、*Phellinus*、*Phlebia*、*Phlogiotis*、*Phylloporus*、*Pleurotus*、*Polyporus*、*Postia*、*Pseudohydnum*、*Pycnoporus*、*Ramaria*、*Russula*、*Schizophyllum*、*Scleroderma*、*Serpula*、*Stereum*、*Strobilomyces*、*Stropharia*、*Trametes*、*Tremella*、*Xeromphalina*；共计 64 属，占总属数的 74.42%。

### 2）泛热带成分

泛热带成分指分布于东、西两半球热带或可达亚热带至温带，但分布中心仍在热带的属。此成分在花萼山自然保护区内有 12 属，全为担子菌类，占 13.95%。包括 *Campanella*、*Entoloma*、*Ganoderma*、*Hygrocybe*、*Hymenochaete*、*Lacrymaria*、*Lentinus*、*Leucocoprinus*、*Lysurus*、*Oudemansiella*、*Rhodophyllus*、*Trichaptum*。

### 3）北温带成分

北温带成分指广泛分布于北半球（欧亚大陆及北美）温带地区，个别种类可以到达南温带，但其分布中心仍在北温带的属。此成分在花萼山自然保护区内有 10 属，占 11.63%。包括 *Aleuria*、*Bjerkandera*、*Flammulina*、*Guepinia*、*Inocybe*、*Lactarius*、*Morchella*、*Sarcoscypha*、*Scutellinia*、*Suillus*。

从以上分析可以看出，花萼山自然保护区大型真菌属以广布成分为主，除广布成分外，花萼山大型真菌泛热带成分属较北温带成分多，这与花萼山自然保护区地处亚热带地区是相一致的，但二者之间差异性不大，也显示出花萼山自然保护区大型真菌的分布具备从亚热带向北温带过渡的区系特征。

大型真菌区系的地理成分主要是按照属或种的分布类型来划分的，但由于目前对各属、种的现代分布区未必知道得很清楚，所以地理成分分析的准确性只能说是相对的。以上分析仅是作者根据现有文献资料进行的初步分析和研究的结果，难免有不足之处。但随着有关研究的不断开展和研究资料的积累，花萼山自然保护区大型真菌区系研究将得到不断的修正和深化。

## 3.1.2 维管植物

### 1. 生活型组成

植物的生活型是植物长期适应外界综合环境在形态上的表型特征,是对环境的综合反映。生活型是植物群落外貌、季相结构特征的决定因素。因此,研究植物生活型能有助于了解和掌握植物的群落特征和资源状况。在 2815 种维管植物中,以分布广、抗逆性强的草本植物最多,1633 种,占总种数的 58.01%;灌木次之,有 659 种,占总种数的 23.41%;乔木 362 种,占总种数的 12.86%;藤本 161 种,占总种数的 5.72%(表 3-4)。

表 3-4 花萼山自然保护区维管植物生活型组成

| 类型 | 乔木 | 灌木 | 草本 | 藤本 |
| --- | --- | --- | --- | --- |
| 蕨类植物 | 0 | 1 | 189 | 0 |
| 裸子植物 | 36 | 0 | 0 | 0 |
| 被子植物 | 326 | 658 | 1444 | 161 |
| 合计 | 362 | 659 | 1633 | 161 |
| 占总种数/% | 12.86 | 23.41 | 58.01 | 5.72 |

### 2. 维管植物区系组成

花萼山自然保护区共有维管植物 193 科 992 属 2815 种(野生植物 2576 种,隶属于 178 科、879 属;栽培种、外来种 239 种,隶属于 70 科、175 属),其中蕨类植物有 34 科 67 属 191 种,裸子植物有 9 科 20 属 36 种,被子植物有 150 科 905 属 2588 种(表 3-5)。

花萼山自然保护区维管植物物种约占四川省维管植物物种总数的 30.32%,充分说明花萼山自然保护区维管植物物种的丰富性。

表 3-5 花萼山自然保护区维管植物物种统计表

| 种类 | 花萼山自然保护区 | | | 四川 | | | 中国 | | |
| --- | --- | --- | --- | --- | --- | --- | --- | --- | --- |
| | 科 | 属 | 种 | 科 | 属 | 种 | 科 | 属 | 种 |
| 蕨类植物 | 34 | 67 | 191 | 52 | 128 | 730 | 63 | 227 | 2200 |
| 裸子植物 | 9 | 20 | 36 | 9 | 28 | 100 | 10 | 34 | 193 |
| 被子植物 | 150 | 905 | 2588 | 182 | 1474 | 8453 | 191 | 3135 | 25581 |
| 合计 | 193 | 992 | 2815 | 243 | 1630 | 9283 | 364 | 3396 | 27974 |
| 保护区所占比例/% | — | — | — | 79.42 | 61.29 | 30.32 | 53.02 | 29.21 | 10.06 |

### 3. 科的区系分析

#### 1)科的数量级别统计及分析

根据李锡文《中国种子植物区系统计分析》中对科大小的统计,花萼山自然保护区内种子植物的科可被划分为 4 个等级:单种科(含 1 种)、少种科(含 2~10 种)、中等科(含 11~600 种)、大科(>600 种)。

统计结果表明:中等科所占比例最大,共 107 科,占总科数的 74.31%(107/144),如:马兜铃科、五加科、桦木科、小檗科等。少种科 19 科,如:三尖杉科、杉科、三白草科、马桑科、蜡梅科等。单种科 7 科,如:连香树科、水青树科、领春木科、杜仲科、菱科、透骨草科等。少种科和单种科共占总科数的 18.06%。大科包括毛茛科、茜草科、玄参科、杜鹃花科、唇形科、蔷薇科、豆科、菊科、莎草科、禾本科、兰科,共 11 科，仅占保护区种子植物总科数的 7.64%（11/144），但共包含了种子植物 951 种，占保护区种子植物总数的 39.84%（951/2387），说明该区大科的优势明显（表 3-6）。

表 3-6 花萼山国家级自然保护区种子植物科的级别统计

| 级别 | 数量 | 占总科数比例/% |
| --- | --- | --- |
| 单种科（1 种） | 7 | 4.86 |
| 少种科（2～10 种） | 19 | 13.19 |
| 中等科（11～600 种） | 107 | 74.31 |
| 大科（＞600 种） | 11 | 7.64 |
| 合计 | 144 | 100.00 |

注：植物区系分析仅针对野生植物而言。

### 2）科的区系成分分析

花萼山自然保护区种子植物科分为 11 个分布区类型，其中世界分布 31 科。热带分布（2-7 型）69 科，占非世界分布科的 61.06%。温带分布科（8-14 型）43 科，占非世界分布科的 38.05%。中国特有科 1 科——杜仲科，占非世界分布科的 0.88%。从科的水平上看，该区种子植物区系热带成分大于温带成分，可见本植物区系种子植物科的分布类型具有明显热带区系性质的同时，有向温带过渡的趋势（表 3-7）。

表 3-7 花萼山自然保护区种子植物科的分布区类型

| 分布区类型 | 科数 | 占非世界科总数百分比/% |
| --- | --- | --- |
| 1 世界分布 Cosmopolitan | 31 | — |
| 2 泛热带分布 Pantropic | 56 | 49.56 |
| 2-1 热带亚洲，大洋洲（至新西兰）和中、南美（或墨西哥）间断分布 Trop.Asia, Australasa（to N.Zeal.）&C. to S. Amer.（or Mexico）disjuncted | 2 | 1.77 |
| 2-2 热带亚洲，非洲和中南美间断分布 Trop. Asia，Africa &C. to S. Amer. disjucted | 1 | 0.88 |
| 3 热带亚洲和热带美洲间断分布 Trop. Asia & Trop. Amer. Disjuncted | 4 | 3.54 |
| 4 旧世界热带 Old World Tropics | 2 | 1.77 |
| 4-1 热带亚洲，非洲（或东非，马达加斯加）和大洋洲间断分布 Trop. Asia, Africa（or E. Afr., Madagascar）and Australasia disjuncted | 1 | 0.88 |
| 5 热带亚洲至热带大洋洲分布 Trop. Asia to Trop. Australasia | 1 | 0.88 |
| 7 热带亚洲（印度—马来西亚）分布 Trop. Asia（Indo-Malaysia） | 2 | 1.77 |
| 8 北温带分布 North Temperate | 20 | 17.70 |
| 8-4 北温带和南温带间断分布 "全温带" N. Temp. & S. Temp. disjuncted（"Pan-temperate"） | 6 | 5.31 |
| 8-5 欧亚和南美温带间断分布 Eurasia & Temp. S. Amer. disjuncted | 2 | 1.77 |
| 8-6 地中海，东亚，新西兰和墨西哥——智利间断分布 Mediterranea, E. Asia, New Zealand and Mexico-Chile disjuncted | 1 | 0.88 |
| 9 东亚和北美间断分布 E. Asia & N. Amer. disjuncted | 6 | 5.31 |
| 10-3 欧亚和南部非洲（有时也在大洋洲）间断分布 Eurasia & S. Africa（sometimes also Australasia）disjuncted | 2 | 1.77 |
| 14 东亚分布 E. Asia | 4 | 3.54 |
| 14-1 中国—喜马拉雅分布 Sino-Himalaya（SH） | 1 | 0.88 |
| 14-2 中国—日本分布 Sino-Japan（SJ） | 1 | 0.88 |
| 15 中国特有分布 Endemic to China | 1 | 0.88 |
| 总科数（不含世界分布）Total（Excluded the cosmopolitan） | 113 | 100.00 |

注：植物区系分析仅针对野生植物而言。

种子植物科的分布区类型分述如下。

（1）世界分布科。

世界分布 31 科，多为草本类群，如：苋科、石竹科、藜科、菊科、旋花科、车前科、景天科、鼠李科、蔷薇科等。其中，藜科是一个广布于世界，但以温带、亚热带为主，尤其喜生于盐土、荒漠和半荒漠的较大自然科，容易成为新垦地、工程矿地的先锋植物。蔷薇科由南北温带广布而成世界分布，尤以北半球温带至亚热带为主，是河谷、山地灌丛的重要优势类群。菊科长期在东亚分化、发展，因此在东亚，菊科区系较为古老，种类也最为丰富。

（2）热带分布科。

共 69 科，占非世界分布科的 61.06%。其中泛热带分布及其变型共计 59 科，是本分布区类型的主要成分，如：漆树科、夹竹桃科、天南星科、五加科、蛇菰科、茄科、山茶科、榆科、荨麻科、马鞭草科、安息香科、大戟科、豆科、杜英科、防己科、凤仙花科、壳斗科、苦苣苔科、兰科、木犀科、葡萄科、荨麻科、茜草科等。热带亚洲和热带美洲间断分布 4 科：木兰科、省沽油科、椴树科、桤叶树科。旧世界热带分布及其变型共 3 科：海桐花科、紫金牛科、紫葳科；热带亚洲至热带大洋洲分布 1 科：百部科；热带亚洲（印度—马来西亚）分布包含的 2 科为姜科和清风藤科。

（3）温带分布科。

温带分布共 43 科，占非世界分布科的 38.05%。代表性的科如：报春花科、胡颓子科、松科、柏科、蓼科、毛茛科、槭树科、忍冬科、伞形科、紫草科。其中毛茛科以温带分布为主，是草本方面体现东亚特色的大科；紫草科是地中海到中亚分化较大的草本科，体现中国区系中有不少地中海—中亚成分。桔梗科南北温带间断分布，较为古老。罂粟科多分布于北温带，较原始，属古地中海起源。杨柳科以东亚和北温带为主，东亚是其第一个分布中心。

北温带分布及其变型共 29 种。北温带分布共 20 科，包括忍冬科、山茱萸科、桔梗科、杜鹃花科、罂粟科、报春花科等。在该区包含了 3 种变型：北温带和南温带间断分布共 6 科：柏科、败酱科、虎耳草科、桦木科、金缕梅科、柳叶菜科；欧亚和南美温带间断分布 2 科：木通科、七叶树科；地中海，东亚，新西兰和墨西哥—智利间断分布 1 科：马桑科。

东亚和北美间断分布 6 科：小檗科、蓝果树科、三白草科、杉科、透骨草科、蜡梅科。小檗科也是一个起源古老的类群，反映出该地区种子植物区系有着较悠久的演化历史。

地中海分布类型只有一种变型：欧亚和南部非洲（有时也在大洋洲）间断分布 2 科：川续断科、菱科。

东亚分布及其变型共 6 科：猕猴桃科、领春木科、连香树科、旌节花科、水青树科、三尖杉科。

（4）中国特有分布科。

花萼山自然保护区内共有中国特有分布科 1 科：杜仲科。

### 4. 属的区系分析

在植物分类学上，属的生物学特征相对一致而且比较稳定，占有比较稳定的分布区和一致的分布区类型。一个属内的物种起源常具有同一性，演化趋势上常具相似性，所以属比科更能反映植物区系系统发育过程中的物种演化关系和地理学特征。

#### 1）属的数量级别统计及分析

保护区内种子植物共 812 属。可根据各属所含物种的数量将其分为 4 个等级：单种属（1 种）、少种属（2～10 种）、中等属（11～40 种）、大属（40 种以上）（表 3-8）。少种属所占比例最大，共 368 属，占总属数的 45.32%。其次是中等属，共 225 属，占总属数的 27.71%。单种属 104 属，占总属数的 12.81%。大属 115 属，占总属数的 14.16%，包含 1005 种，占保护区种子植物总数的 42.14%（1005/2385），可见该区大属优势较为明显。

表 3-8　花萼山自然保护区内种子植物属的级别统计

| 级别 | 该区包含的属数 | 占该区所有属的比例/% |
| --- | --- | --- |
| 单种属（1 种） | 104 | 12.81 |
| 少种属（2～10 种） | 368 | 45.32 |

续表

| 级别 | 该区包含的属数 | 占该区所有属的比例/% |
|---|---|---|
| 中等属（11~40 种） | 225 | 27.71 |
| 大属（40 种以上） | 115 | 14.16 |
| 合计 | 812 | 100.00 |

注：属的大小是就我国境内该属所含的物种数而言；植物区系分析仅针对野生植物而言。

### 2）属的区系成分分析

根据吴征镒关于中国种子植物属分布区类型划分，区内 812 属分属于 15 种类型及 23 种变型。中国种子植物属的 15 种分布区类型在花萼山自然保护区均有分布，体现了该区系地理成分的复杂性。热带、亚热带分布 284 属，占总属数的 37.82%，其中泛热带分布的属最多，约占总属数的 15.98%，如紫金牛属（*Ardisia*）、羊蹄甲属（*Bauhinia*）、黄杨属（*Buxus*）、金粟兰属（*Chloranthus*）、卫矛属（*Euonymus*）、楠属（*Phoebe*）等。温带成分有 424 属，占总属数的 56.46%，其中以北温带分布较多，约占总属数的 22.90%，如槭属（*Acer*）、鹅耳枥属（*Carpinus*）、榆属（*Ulmus*）、乌头属（*Aconitum*）、胡颓子属（*Elaeagnus*）、鸢尾属（*Iris*）、忍冬属（*Lonicera*）、芍药属（*Paeonia*）、松属（*Pinus*）、栎属（*Quercus*）、杜鹃花属（*Rhododendron*）、蔷薇属（*Rosa*）、小檗属（*Berberis*）等。中国特有分布属 41 属，占总属数的 5.46%，如喜树属（*Camptotheca*）、杉木属（*Cunninghamia*）、珙桐属（*Davidia*）、香果树属（*Emmenopterys*）、血水草属（*Eomecon*）、大血藤属（*Sargentodoxa*）、通脱木属（*Tetrapanax*）等（表 3-9）。

**表 3-9　花萼山自然保护区种子植物属的分布区类型**

| 分布区类型 | 属数 | 占非世界属总数百分数/% |
|---|---|---|
| 1 世界分布 Cosmopolitan | 61 | — |
| 2 泛热带分布 Pantropic | 111 | 14.78 |
| 2-1 热带亚洲、大洋洲和南美洲（墨西哥）间断 Trop. Asia, Astralasia &S. Amer. disjuncted | 3 | 0.40 |
| 2-2 热带亚洲、非洲和南美洲间断 Trop. Asia, Africa & Trop. Amer. disjuncted | 6 | 0.80 |
| 3 热带亚洲—美洲分布 Trop. Asia & Trop. Amer. disjuncted | 17 | 2.26 |
| 4 旧世界热带分布 Old World Tropics | 25 | 3.33 |
| 4-1 热带亚洲、非洲和大洋洲间断 Trop. Asia, Africa & Australasia disjuncted | 6 | 0.80 |
| 5 热带亚洲—大洋洲分布 Trop. Asia & Trop. Australasia | 26 | 3.46 |
| 5-1 中国（西南）亚热带和新西兰间断 Chinese（SW.）Subtropics & New Zealand disjuncted | 1 | 0.13 |
| 6 热带亚洲—非洲分布 Trop. Asia to Trop. Africa | 27 | 3.60 |
| 6-1 华南、西南到印度和热带非洲间断 S., SW. China to India & Trop. Africa disjuncted | 1 | 0.13 |
| 6-2 热带亚洲和东非间断 Trop. Asia & E. Afr. | 1 | 0.13 |
| 7 热带亚洲分布 Trop. Asia（Indo-Melesia） | 42 | 5.60 |
| 7-1 爪哇、喜马拉雅和华南、西南星散 Java, Himalaya to S. SW. China diffused | 7 | 0.93 |
| 7-2 热带印度至华南 Trop. India to S. China | 4 | 0.53 |
| 7-3 缅甸、泰国至华西南 Burma, Thailand to SW. China | 2 | 0.27 |
| 7-4 越南（或中南半岛）至华南（或西南）Vietnam（or Indo-Chinese Peninsula）to S. China（or SW. China） | 5 | 0.67 |
| 8 北温带分布 North Temperate | 133 | 17.71 |
| 8-2 北极–高山 Actic-alpine | 2 | 0.27 |
| 8-4 北温带和南温带（全温带）间断 N. Temp. & S. Temp. disjuncted（"Pan-temperate"） | 33 | 4.40 |
| 8-5 欧亚和南美温带间断 Eurasia & Temp. S. Amer. disjuncted | 2 | 0.27 |
| 8-6 地中海区、东亚、新西兰和墨西哥到智利间断 Mediterranea, E. Asia, New Zealand and Mexico-Chile disjuncted | 2 | 0.27 |
| 9 东亚、北美间断分布 E. Asia & N. Amer. disjuncted | 59 | 7.86 |
| 9-1 东亚和墨西哥间断 E. Asia and Mexico disjuncted | 1 | 0.13 |

续表

| 分布区类型 | 属数 | 占非世界属总数百分数/% |
|---|---|---|
| 10 旧世界温带分布 Old World Temperate | 38 | 5.06 |
| 10-1 地中海区、西亚和东亚间断 Mediterranea. W. Asia（or C. Asia）&E. Asia disjuncted | 10 | 1.33 |
| 10-2 地中海区和喜马拉雅间断 Mediterranea & Himalaya disjuncted | 2 | 0.27 |
| 10-3 欧亚和南非洲(有时也在大洋洲)间断 Eurasia & S. Africa（Some-times also Australasia）disjuncted | 4 | 0.53 |
| 11 温带亚洲分布 Temp. Asia | 10 | 1.33 |
| 12 地中海区、西亚至中亚 Medterranea，W Asia to C. Asia | 1 | 0.13 |
| 12-3 地中海区至温带、热带亚洲、大洋洲和南美洲间断 Mediterranea to Temp.-Trop. Asia, Australasia & S. Amer. disjuncted | 2 | 0.27 |
| 12-4 地中海区至热带非洲和喜马拉雅间断 Mediterranea to Trop. Africa & Himalaya disjuncted | 1 | 0.13 |
| 13 中亚 C. Asia | 2 | 0.27 |
| 13-1 中亚东部（亚洲中部） | 1 | 0.13 |
| 14 东亚分布 E. Asia | 55 | 7.32 |
| 14（SH）中国−喜马拉雅（SH）Sino-Himalaya（SH） | 32 | 4.26 |
| 14（SJ）中国−日本（SJ）Sino-Japan（SJ） | 36 | 4.79 |
| 15 中国特有分布 Endemic to China | 41 | 5.46 |
| 总属数（不含世界分布）Total（Excluded the cosmopolitan） | 751 | 100.00 |

注：世界分布未列入统计。

种子植物属的具体分布区类型分述如下。

（1）世界分布属。

花萼山自然保护区内种子植物中，世界分布 61 属。这些属的存在体现了花萼山自然保护区系与其他地区区系的广泛联系。这些属大多数在我国普遍分布，如鼠李属（*Rhamnus*）、悬钩子属（*Rubus*）、鬼针草属（*Bidens*）、千里光属（*Senecio*）、早熟禾属（*Poa*）、灯心草属（*Juncus*）、薹草属（*Carex*）、碎米荠属（*Cardamine*）、蔊菜属（*Rorippa*）、毛茛属（*Ranunculus*）、蓼属（*Polygonum*）、黄芩属（*Scutellaria*）及鼠麴草属（*Gnaphalium*）等。其中千里光属（*Senecio*）分布于除南极洲之外的全球，在我国其分布以西南为多；薹草属（*Carex*）是我国第二大属，种类丰富；悬钩子属（*Rubus*）是全温带和热带、亚热带山区的亚热带至温带森林中的主要下木之一，或在次生灌草丛中更占优势；灯心草属（*Juncus*）多生于草甸或沼泽，水边或林下阴湿处，以西南山地（中国−喜马拉雅）为多样性中心；蔊菜属（*Rorippa*）是一个极广布的大属，多为杂草，该属在北大西洋扩张后期分化较烈，但起源和早期分化似仍在东北亚至澳大利亚东部；碎米荠属（*Cardamine*）为早期扩散到世界性分布很广的大属，但以北半球寒温带和热带高山为主；毛茛属（*Ranunculus*）分布于各大洲，包括北极和热带高山；蓼属（*Polygonum*）为北温带广布，但在新世界南达西印度群岛和热带南美，是蓼科中的骨干大属，有许多常见种和杂草。

（2）热带分布属。

该地热带分布属共284属，占花萼山自然保护区总属数的37.82%。其中泛热带分布及其变型共120属，占花萼山保护区总属数的 15.98%。属于这一分布类型的有：铁苋菜属（*Acalypha*）、紫金牛属（*Ardisia*）、鸭跖草属（*Commelina*）、菝葜属（*Smilax*）、黄杨属（*Buxus*）、冬青属（*Ilex*）、天胡荽属（*Hydrocotyle*）、卫矛属（*Euonymus*）、大戟属（*Euphorbia*）、榕属（*Ficus*）、扁莎草属（*Pycreus*）、狗牙根属（*Cynodon*）等。其中铁苋菜属（*Acalypha*）为热带、亚热带广布，以热带亚洲至太平洋岛屿为主；菝葜属（*Smilax*）为北半球古热带山地及亚热带森林中的重要组成，为层间藤本植物的重要组成部分。

热带亚洲-美洲分布属在花萼山自然保护区内有17属，占总属数的2.26%，如：草胡椒属（*Peperomia*）、柞木属（*Xylosma*）、无患子属（*Sapindus*）、木姜子属（*Litsea*）、楠属（*Phoebe*）等。其中木姜子属（*Litsea*）主产热带、亚热带亚洲，东南亚和东亚为其分化中心。但据李锡文的研究，木姜子属可能起源于我国南部至印度、马来西亚。因此，这一分布型的起源可能比过去所认为的更复杂。

旧世界热带分布及其变型共 31 属，占花萼山自然保护区总属数的 4.13%（不包括世界分布），如：千金藤属（*Stephania*）、爵床属（*Rostellularia*）、山姜属（*Alpinia*）、八角枫属（*Alangium*）、楼梯草属（*Elatostema*）、海桐花属（*Pittosporum*）及乌蔹莓属（*Cayratia*）等。其中爵床属（*Rostellularia*）主要分布于亚洲热带。

热带亚洲至热带大洋洲分布及其变型 27 属，占花萼山自然保护区总属数的 3.60%，包括：新耳草属（*Neanotis*）、樟属（*Cinnamomum*）、通泉草属（*Mazus*）、野牡丹属（*Melastoma*）、梁王茶属（*Nothopanax*）、荛花属（*Wikstroemia*）、旋蒴苣苔属（*Boea*）、崖爬藤属（*Tetrastigma*）。其中通泉草属（*Mazus*）主产我国，是印度洋扩张的产物。

热带亚洲至热带非洲分布及变型共 29 属，占花萼山自然保护区总属数的 3.86%，如：大豆属（*Glycine*）、铁仔属（*Myrsine*）、莠竹属（*Microstegium*）、荩草属（*Arthraxon*）、水团花属（*Adina*）、杠柳属（*Periploca*）、芒属（*Miscanthus*）、水麻属（*Debregeasia*）、鱼眼草属（*Dichrocephala*）等。其中芒属（*Miscanthus*）为河岸及多数山坡灌丛的优势草本类群。

热带亚洲分布及变型共 60 属，占花萼山自然保护区总属数的 7.99%，如：绞股蓝属（*Gynostemma*）、山茶属（*Camellia*）、草珊瑚属（*Sarcandra*）、木荷属（*Schima*）、构属（*Broussonetia*）、含笑属（*Michelia*）、山胡椒属（*Lindera*）、润楠属（*Machilus*）、箬竹属（*Indocalamus*）、蛇莓属（*Duchesnea*）、半蒴苣苔属（*Hemiboea*）等。

（3）温带分布属。

北温带分布类型一般是指那些广泛分布于欧洲、亚洲和北美洲地区的属，由于地理历史的原因，有些属沿山脉向南延伸到热带地区，甚至远达南半球温带，但其原始类型或分布中心仍在温带。

温带分布共计 424 属，占保护区总属数的 56.46%。其中，北温带分布及变型共计 172 属，占总属数的 22.90%，包括：松属（*Pinus*）、荚蒾属（*Viburnum*）、活血丹属（*Glechoma*）、婆婆纳属（*Veronica*）、葱属（*Allium*）、柳属（*Salix*）、槭属（*Acer*）、蓍属（*Achillea*）、乌头属（*Aconitum*）、蓟属（*Cirsium*）、胡颓子属（*Elaeagnus*）、杨属（*Populus*）、栎属（*Quercus*）、鸭儿芹属（*Cryptotaenia*）、柳叶菜属（*Epilobium*）、草莓属（*Fragaria*）、鸢尾属（*Iris*）、忍冬属（*Lonicera*）、芍药属（*Paeonia*）、杜鹃花属（*Rhododendron*）、蔷薇属（*Rosa*）、小檗属（*Berberis*）及看麦娘属（*Alopecurus*）等。其中松属（*Pinus*）起源较早，在白垩纪晚期就已较广泛地在北半球的中纬度地区扩散开来；杨属（*Populus*）分布限于北温带，生态适应和进化水平方面都不如柳属；柳属（*Salix*）在起源后自东向西传播，欧亚大陆是它的分布中心；栎属分布于整个环北区、东亚区、印度—马来以及北美至中美；杜鹃花属（*Rhododendron*）从"小三角"地区早期起源后，在第三纪和第四纪许多次变动中逐渐向喜马拉雅和环北地区扩散，并向东南亚热带高山发育，达到了最进化的顶极；小檗属（*Berberis*）较进化和特化，喜生于石灰岩上，为林下标识或刺灌丛的常见种；忍冬属（*Lonicera*）北温带广布，但亚洲种类最多，多样性尤以中国为最，为山地灌丛的组成成分。

东亚至北美间断分布及其变型共 60 属，占花萼山自然保护区总属数的 7.99%，如：十大功劳属（*Mahonia*）、鼠刺属（*Itea*）、黄水枝属（*Tiarella*）、漆树属（*Toxicodendron*）、络石属（*Trachelospermum*）、勾儿茶属（*Berchemia*）、胡枝子属（*Lespedeza*）、楤木属（*Aralia*）、枫香树属（*Liquidambar*）、鹅掌楸属（*Liriodendron*）、山蚂蝗属（*Podocarpium*）、三白草属（*Saururus*）及腹水草属（*Veronicastrum*）等。其中勾儿茶属（*Berchemia*）分布于旧世界，从东非至东亚，与北美西部的种对应分化，在东亚作中国—喜马拉雅和中国—日本的分化，并向高原高山延伸；胡枝子属（*Lespedeza*）在温带亚洲分布偏北偏低海拔，显系古北大陆早期居民。

旧世界温带分布及其变型共计 54 属，占花萼山自然保护区总属数的 7.19%。花萼山自然保护区内属于该分布型的有：旋覆花属（*Inula*）、重楼属（*Paris*）、火棘属（*Pyracantha*）、淫羊藿属（*Epimedium*）、鹅观草属（*Roegneria*）、天名精属（*Carpesium*）、沙参属（*Adenophora*）、侧金盏花属（*Adonis*）、筋骨草属（*Ajuga*）、菊属（*Dendranthema*）、川续断属（*Dipsacus*）、香薷属（*Elsholtzia*）、益母草属（*Leonurus*）、女贞属（*Ligustrum*）及萱草属（*Hemerocallis*）等。其中鹅观草属（*Roegneria*）于旧世界温带分布，尤以东亚为主，以林缘或林间草甸常见；天名精属（*Carpesium*）由欧亚大陆，南经印度—马来达热带澳大利亚，后者多在山地，我国占多数，且均在东亚林区范围内，西南尤为集中。

温带亚洲分布共计 10 属，占花萼山自然保护区总属数的 1.33%。包括：繁缕属（*Stellaria*）、大油芒属（*Spodiopogon*）、附地菜属（*Trigonotis*）、马兰属（*Kalimeris*）、粘冠草属（*Myriactis*）、大黄属（*Rheum*）、山牛蒡属（*Synurus*）等。

地中海区、西亚至中亚分布及其变型主要有：番红花属（*Crocus*）、木犀榄属（*Olea*）、黄连木属（*Pistacia*）等，占花萼山自然保护区总属数的 0.53%。

中亚分布主要有：大麻属（*Cannabis*）、诸葛菜属（*Orychophragmus*），占花萼山自然保护区总属数的 0.40%。

东亚分布是被子植物早期分化的一个关键地区。该地区东亚分布及其变型共 123 属，占花萼山自然保护区总属数的 16.38%。包括：金发草属（*Pogonatherum*）、桃叶珊瑚属（*Aucuba*）、无柱兰属（*Amitostigma*）、栾树属（*Koelreuteria*）、莸属（*Caryopteris*）、紫苏属（*Perilla*）、败酱属（*Patrinia*）、黄鹌菜属（*Youngia*）、四照花属（*Dendrobenthamia*）、青荚叶属（*Helwingia*）、柳杉属（*Cryptomeria*）、枫杨属（*Pterocary*）、泡桐属（*Paulownia*）、半夏属（*Pinellia*）等。

（4）中国特有属。

中国特有属共 41 属，占花萼山自然保护区总属数的 5.46%。如杉木属（*Cunninghamia*）、喜树属（*Camptotheca*）、异野芝麻属（*Heterolamium*）、华蟹甲属（*Sinacalia*）、紫伞芹属（*Melanosciadium*）、血水草属（*Eomecon*）、大血藤属（*Sargentodoxa*）、盾果草属（*Thyrocarpus*）、通脱木属（*Tetrapanax*）等。其中喜树属（*Camptotheca*）广布于巴山以南，南岭以北各省，尤以成都平原和赣东南较常见。通脱木属（*Tetrapanax*）广布于秦岭、长江以南，南岭以北，台湾、华东、华中至西南特有，是一类古老植被（常绿阔叶林）中的旗帜成分；血水草属（*Eomecon*）是第四纪冰川后的孑遗类群，为第三纪古热带起源，在花萼山自然保护区内分布较多。

### 5. 种子植物区系特征

综上所述，花萼山自然保护区种子植物区系特征如下。

（1）区系成分复杂，类型丰富。区内共有野生种子植物 144 科 812 属 2385 种，其中裸子植物 5 科 12 属 25 种，被子植物 139 科 800 属 2360 种。保护区科、属、种总数分别占四川省科、属、种的 79.42%、61.29%、30.32%；占全国科、属、种的 53.02%、29.21%、10.06%。区内共有 11 个科的分布区类型，占中国范围内科分布区类型的 73.33%；有 15 个属的分布区类型，占中国范围内属的分布类型的 100.00%。这在一定程度上体现了保护区种子植物资源丰富、区系成分复杂的特点。

（2）大科及大属的优势明显。保护区内占总科数 7.64% 的大科（600 种以上）共包含种子植物 951 种，占保护区种子植物总数的 39.84%；占总属数 14.16% 的大属（40 种以上）共包含种子植物 1005 种，占保护区种子植物总数的 42.14%（1005/2385）。可见保护区种子植物中大科及大属优势明显。

（3）种子植物区系具有明显的过渡性质。从科级水平上看，热带成分占 61.06%，温带成分占 38.05%；从属级水平上看，热带成分仅占 37.82%，温带成分占 56.46%。体现了该区从热带向温带过渡的性质。

（4）种子植物区系较为古老，特有属比较丰富。保护区内单种科、单种属、少种属、形态上原始的类型、间断分布等类型在该区均有分布，体现了种子植物区系较为古老。特有属较为丰富，中国特有科 1 科，特有属 41 属，占花萼山自然保护区总属数的 5.46%。

（5）同周边 6 个地区进行比较表明：花萼山与大巴山相似性最大，与伏牛山、青木川和小陇山相似性较小，其特有现象更明显，热带性质更明显。花萼山的区系组成比大巴山、阴条岭和伏牛山简单，与五里坡和小陇山接近，比青木川复杂。

## 3.2　资　源　植　物

### 3.2.1　大型真菌资源

根据大型经济真菌的利用价值，将保护区内各种大型真菌的资源类型简略分为四大类：食用大型真菌、药用大型真菌、有毒大型真菌和腐生大型真菌；除此之外，还有一些用途不明的种类。当然，这几类大型真菌之间的界限不是绝对的，有的食用菌和有毒菌也兼具有药用价值或是木腐作用（分解作用）。

**1）食用大型真菌资源**

食用大型真菌是具有肉质或胶质的子实体，并具有食用价值的大型真菌类群。根据文献资料进行初步统计，保护区内有食用大型真菌 51 种。当地采食的美味食用菌有羊肚菌（*Morehella esculenta*）、松乳菇（*Lactarius deliciosus*）、美味红菇（大白菇）（*Russula delica*）、糙皮侧耳（*Pleurotus ostreatus*）、巨大韧伞（*Lentinus giganteus*）以及牛肝菌科和乳牛肝菌科的一些种类；网纹马勃（*Lycoperdon perlatum*）、长柄梨形马勃（*Lycoperdon pyriforme* var. *excipuliforme*）等大型真菌幼嫩子实体也可食用，但基本没人采食；脆珊瑚菌（*Clavaria fragilis*）、红蜡蘑（*Laccaria laccata*）以及小菇属（*Mycena*）的菌类体积相对其他菌类弱小，虽然具有一定的食用价值，但难于采集作为食材；而一些菌类，如花脸香蘑（*Lepista sordida*）、毛木耳（*Auricularia polytricha*），毛柄金钱菌（*Flammulina velutipes*）和美味齿菌（*Hydnum repandum*）等因外形、色彩等较奇特，虽然美味却无人采食。

**2）药用大型真菌资源**

广义的药用菌指一切可用于制药的真菌种类。根据文献资料进行初步统计，保护区内有药用价值的大型真菌 37 种。已经开发用于临床治疗和保健的大型真菌种类有灵芝（*Ganoderma lucidum*）、云芝栓孔菌（*Trametes versicolor*）、裂褶菌（白参）（*Schizophyllum commne*）等被马勃属（*Lycoperdon*）的长刺马勃（*L. echinatum*）、长柄梨形马勃（*L. pyriforme* var. *excipuliforme*）等被报道有抗癌作用和抑菌作用等；此外，保护区内分布较为广泛的药用大型真菌资源还有红鬼笔（*Phallus rubicundus*）、胶质刺银耳（*Pseudohydnum gelatinosum*）、橙黄硬皮马勃（*Scleroderma citrinum*）、裂蹄木层孔菌（*Phellinus linteus*）等；有的真菌兼具有食用和药用价值，如木耳（*Auricularia auricula-judae*）等。

**3）有毒大型真菌资源**

有毒大型真菌，即通常所说的毒蘑菇，是指能引起人和动物产生中毒反应甚至死亡的大型真菌。保护区内记载有毒性的大型真菌统计有 9 种。鹅膏菌属（*Amanita*）一般有毒，如豹斑毒鹅膏菌（*A. pantherina*）含有与毒蝇鹅膏菌相似的毒素及豹斑毒伞素等毒素；此外，紫盖粉褶菌（*Entoloma madidum*）、土味丝盖伞（*Inocybe geophylla*）、绿褐裸伞（*Gymnopilus aeruginosus*）、毒红菇（*Russula emetica*）等有毒大型真菌分布也较多，但因色彩艳丽或气味难闻，一般无人采食；黑胶耳（*Exidia glandulosa*）因具有和木耳类相似的子实体，应提防误采误食而导致中毒。一些牛肝菌类在加工熟透后可以放心食用。有的真菌，如橙黄硬皮马勃虽含有微毒，但兼具食用和药用价值，子实体在幼时食用，其孢子粉具有消炎作用。

**4）腐生大型真菌资源**

木腐真菌是腐生大型真菌资源中的一类重要组成部分，包括多孔菌科的所有种类在内的木腐菌类，具有或强或弱的木材分解能力，能够分解保护区内的枯木、朽木，对维持保护区的生态平衡具有重要的作用；但同时也要防止裂蹄木层孔菌（*Phellinus linteus*）等木腐菌对活立木造成的损失。

除了上述类群外，保护区内的一些共生真菌，如牛肝菌科、红菇科的一些种类作为菌根菌，对于森林繁衍具有重要作用；蜜环菌属（*Armillaria*）真菌对于野生天麻资源的可持续利用具有重要的意义。

### 3.2.2 维管植物资源

目前，植物资源类型的分类还没有统一的标准，本书参照《中国资源植物》（朱太平），以资源植物的用途及其所含化合物为主要分类标准，将保护区内各种植物的资源类型分为五大类（表 3-10）：药用资源、观赏资源、食用资源、蜜源及工业原料。据粗略统计，花萼山自然保护区内共有资源植物 1842 种（不重复统计）。本处仅列出典型例子简要说明，具体用途详见附表 1.2。

**表 3-10　花萼山自然保护区维管植物资源类型统计**　　　　　　单位：种

| 资源类型 | 蕨类植物 | 裸子植物 | 被子植物 | 合计 | 占本区物种总数（2815）的比例/% |
|---|---|---|---|---|---|
| 药用资源 | 104 | 14 | 1343 | 1461 | 51.90 |
| 观赏资源 | 26 | 33 | 572 | 631 | 22.42 |

续表

| 资源类型 | 蕨类植物 | 裸子植物 | 被子植物 | 合计 | 占本区物种总数（2815）的比例/% |
|---|---|---|---|---|---|
| 食用资源 | 4 | 2 | 282 | 288 | 10.23 |
| 蜜源 | 0 | 0 | 26 | 26 | 0.92 |
| 工业原料 | 0 | 0 | 169 | 169 | 6.00 |

**1）药用资源**

花萼山自然保护区内有 1461 种药用植物，占花萼山自然保护区内维管植物物种总数的 51.90%。不仅包含大量民间常用药，还有黄连（*Coptis chinensis*）、淫羊藿（*Epimedium sagittatum*）、龙眼独活（*Aralia fargesii*）、天麻（*Gastrodia elata*）等名贵中药材。

毛茛科包含众多药用植物，为重要的药用植物大科，花萼山自然保护区内分布有：乌头（*Aconitum carmichaeli*），母根叫乌头，为镇痉剂，治风庳、风湿神经痛；侧根（子根）入药，叫附子，有回阳、逐冷、祛风湿的作用，治大汗亡阳、四肢厥逆、霍乱转筋、肾阳衰弱的腰膝冷痛、形寒爱冷、精神不振以及风寒湿痛、脚气等症。升麻（*Cimicifuga foetida*）根茎含升麻碱、水杨酸、鞣质、树脂等，用于治疗风热头痛、齿痛、口疮、咽喉肿痛、麻疹不透、阳毒发斑、脱肛、子宫脱垂等。天葵（*Semiaquilegia adoxoides*），块根药用，有清热解毒、消肿止痛、利尿等作用，治乳腺炎、扁桃体炎、痈肿、瘰疬、小便不利等症；全草又作土农药。

紫金牛科包含了许多药用植物，本地分布有：百两金（*Ardisia crispa*），根、叶有清热利咽、舒筋活血等功效，用于治疗咽喉痛、扁桃体炎、肾炎水肿及跌打风湿等症。紫金牛（*Ardisia japonica*），为民间常用中药，全株及根供药用，治肺结核、咯血、咳嗽、慢性支气管炎等；亦治跌打风湿、黄疸肝炎、睾丸炎、白带、闭经等症。

唇形科也包含了许多药用植物，本地分布有夏枯草（*Prunella vulgaris*）和紫背金盘（*Ajuga nipponensis*）等。夏枯草味苦、微辛，性微温，治口眼歪斜，止胫骨疼、舒肝气、开肝郁等。紫背金盘全草入药，治肺炎、扁桃腺炎、咽喉炎、气管炎、腮腺炎、急性胆囊炎、肝炎、痔疮肿痛等；外用治金创、刀伤、外伤出血、跌打损伤、骨折、狂犬咬伤等症。

五加科的白簕（*Acanthopanax trifoliatus*）、楤木（*Aralia chinensis*）及常春藤（*Hedera nepalensis* var. *sinensis*）等都具有重要的药用价值。白簕为民间常用草药，有祛风除湿、舒筋活血、消肿解毒之效，治感冒、咳嗽、风湿、坐骨神经痛等症。楤木为常用中草药，有镇痛消炎、祛风行气、祛湿活血之效，根皮治胃炎、肾炎及风湿疼痛，亦可外敷刀伤。常春藤全株药用，能够祛风利湿，活血消肿，平肝，解毒。

三叶崖爬藤（*Tetrastigma hemsleyanum*）全株供药用，有活血散瘀、解毒、化痰的作用，临床上用于治疗病毒性脑膜炎、乙型肝炎、病毒性肺炎、黄胆性肝炎，特别是块茎对小儿高烧有特效。

八角莲（*Dysosma versipellis*）根和根茎含抗癌成分鬼臼毒素和脱氧鬼臼毒素等，是民间常用的中草药，有其特殊的解毒功效，化痰散结、祛瘀止痛、清热解毒，用于治疗咳嗽、咽喉肿痛、瘰疬、瘿瘤、痈肿、疔疮、毒蛇咬伤、跌打损伤、痹证。

阔叶十大功劳（*Mahonia bealei*）全株供药用，滋阴强壮、清凉、解毒；根、茎、叶含小檗碱等生物碱，清热解毒；叶：滋阴清热，主治肺结核、感冒；外用治眼结膜炎，痈疖肿毒，烧、烫伤。

飞龙掌血（*Toddalia asiatica*）根或叶入药，散瘀止血、祛风除湿、消肿解毒，根皮：治跌打损伤、风湿性关节炎、肋间神经痛、胃痛、月经不调、痛经、闭经等症；外用治骨折，外伤出血。叶：外用治痈疖肿毒，毒蛇咬伤。

积雪草（*Centella asiatica*）全草入药，清热利湿、消肿解毒，治痧氙腹痛、暑泄、痢疾、湿热黄疸、砂淋、血淋、吐血、咳血、目赤、喉肿、风疹、跌打损伤等。

花萼山自然保护区内还有一些名贵药材，如杜仲科植物杜仲（*Eucommia ulmoides*），干燥树皮入药，具补肝肾、强筋骨、降血压、安胎等诸多功效。兰科植物天麻（*Gastrodia elata*），可治疗头晕目眩、肢体麻木、小儿惊风等症。

### 2）观赏资源

自然界可作为观赏的植物资源十分丰富。有草本花卉、灌木花卉及观赏树木花卉；有观花植物、观叶植物还有观果植物。花萼山自然保护区内可供观赏的植物有 631 种，占花萼山自然保护区内维管植物物种总数的 22.42%。蕨类植物多以观叶为主，铁线蕨（*Adiantum capillus-veneris*）、海金沙（*Lygodium japonicum*）、乌蕨（*Stenoloma chusanum*）、瓦韦（*Lepisorus thunbergianus*）等常用于盆栽或者造景。裸子植物树干笔直，树形优美，大多数都可作为观赏植物，如银杏（*Ginkgo biloba*）、柏木（*Cupressus funebris*）等常被栽培作为行道树。被子植物具有各式的花，蔷薇科、杜鹃花科、锦葵科、报春花科、虎耳草科、豆科、茜草科、菊科、百合科等科有许多花大且颜色多样的种类，是常见的观赏植物。

根据生活型，观赏的乔木类有柳杉（*Cryptomeria fortunei*）、樟（*Cinnamomum camphora*）、灯台树（*Bothrocaryum controversum*）、枫香（*Liquidambar formosana*）等，树形优美，是良好的观赏树种，可作行道树或园林观赏树种。灌木类有小檗科、金缕梅科、蔷薇科、杜鹃花科、紫金牛科、木犀科的许多植物，形态各异，包含了南天竹（*Nandina domestica*）、六月雪（*Serissa japonica*）、火棘（*Pyracantha fortuneana*）等制作盆景的良好材料。草本类如凤仙花科、报春花科、龙胆科、苦苣苔科、百合科、石蒜科及兰科植物，往往花色艳丽，形态优美，是良好的观花植物。

### 3）食用资源

食用植物主要包括粮、果、菜和饮料用植物资源。花萼山自然保护区内的野生植物中共有 288 种可作为食用资源。特别是花萼山自然保护区内生长着大量野生的中华猕猴桃（*Actinidia chengkouensis*）。该物种已作为一种营养价值极高的水果被选育出来，并大量种植。其果实中含亮氨酸、苯丙氨酸、异亮氨酸、酪氨酸、缬氨酸、丙氨酸等十多种氨基酸，含有丰富的矿物质，还含有胡萝卜素和多种维生素，其中维生素 C 的含量达 100mg（每百克果肉中）以上，是柑橘的 5～10 倍，苹果的 15～30 倍，有"水果之王"的美誉。

枳椇（*Hovenia acerba*）果序轴肥厚，含糖丰富，可生食。紫花地丁（*Viola philippica*）嫩叶可做蔬菜。胡颓子属（*Elaeagnus*）植物果实可直接食用或酿酒。珍珠花（*Lyonia ovalifolia*）也称乌饭树，其果实成熟后酸甜，可食。

缫丝花（*Rosa roxburghii*）别名刺梨，是滋补健身的营养珍果。刺梨的果实是加工保健食品的上等原料，成熟的刺梨肉质肥厚、味酸甜，果实富含糖、维生素、胡萝卜素、有机酸、过氧化物歧化酶和 20 多种氨基酸及 10 余种对人体有益的微量元素。尤其是维生素 C 含量极高，是当前水果中最高的，每 100g 鲜果中含量 841.58～3541.13mg，是柑橘的 50 倍，猕猴桃的 10 倍，具有"维生素 C 之王"的美称。刺梨汁具有阻断 N-亚硝基化合物在人体内合成和防癌作用；对治疗人体铅中毒有特殊疗效。刺梨提取物中有效成分维生素 C 具抗衰老、延长女性青春期等作用，其果实可加工果汁、果酱、果酒、果脯、糖果、糕点等。

鸡桑（*Morus australis*）果可生食、酿酒、制醋。尖叶四照花（*Dendrobenthamia angustata*）等四照花属植物，果实成熟时味甜，可食用，亦可酿酒。紫苏（*Perilla frutescens*）以食用嫩叶为主，可生食或做汤，嫩叶营养丰富，含有蛋白质、脂肪、可溶性糖、膳食纤维、胡萝卜素、维生素 B1、维生素 B2、维生素 C、钾、钙、磷、铁、锰和硒等成分。紫苏不仅可食叶，其种子也可食用，富含高蛋白、谷维素、维生素 E、维生素 B1、亚麻酸、亚油酸、油酸、甾醇、磷脂等成分。

蕺菜（*Houttuynia cordata*）（俗名鱼腥草、折耳根）可炒食、凉拌或做汤。其气味特异，是贵州一大野菜，具有浓厚的地方特色，"折耳根炒腊肉"是贵州十大名菜之一。蕺菜有特异气味，营养价值较高，含有蛋白质、脂肪和丰富的碳水化合物，同时含有甲基正壬酮、羊脂酸和月桂油烯等，可入药，具有清热解毒、利尿消肿、开胃理气等功用。折耳根和腊肉加作料烹制，折耳根绵中带脆，腊肉香醇，腊肉的美味和折耳根的异香浑然一体，别有风味，是贵阳人情有独钟的一道美味佳肴。

### 4）蜜源

能分泌花蜜供蜜蜂采集的植物，叫狭义蜜源植物；能产生花粉供蜜蜂采集的植物，叫粉源植物。蜜蜂主要食料是花蜜和花粉，在养蜂实践上，常把它们通称为蜜源植物。蜜源植物主要包括：主要蜜源植物、辅助蜜源植物、特殊蜜源植物。无论是野生植物或栽培植物凡能提供大量商品蜜的，称为主要蜜源植物；

仅能维持蜂群生活和繁殖的，称为辅助蜜源植物。蜜源植物是发展养蜂业的物质基础，一个地区蜜源植物的分布和生长情况，对蜜蜂的生活有着极为重要的影响。

据统计该区共有蜜源植物 26 种，占该区物种总数的 0.92%。蜜源植物主要集中于蔷薇科、豆科、杜鹃花科、忍冬科、山茶科、十字花科、唇形科、玄参科、菊科、兰科等植物，如：

杜鹃花科杜鹃花属（*Rhododendron*）植物其蜜色浅淡，蜜质优良，蜜为淡琥珀色，味甘甜纯正，适口。

山茶科柃木属（*Eurya*）植物泌蜜量大，蜜蜂喜欢采集。蜜水白色，结晶细腻，有浓郁香气，属上等蜂蜜。故柃木属植物是我国生产优质商品蜜的主要蜜源，所产蜂蜜品质极佳，被视为蜜中珍品。

唇形科香薷属（*Elsholtzia*）植物开花沁蜜约 30 天，新蜜浅琥珀色，味纯正、芳香。广泛分布于我国西北和西南地区。

豆科胡枝子属（*Lespedeza*）植物花多、花期长、泌蜜量大。花粉中含有 17 种氨基酸，各类矿物质 16 种，微量元素铁、锰、硫、锌含量也较高。我国南北皆有分布。

菊科许多属植物的开花沁蜜期长，蜜粉丰富，头状花序有利于蜜蜂的繁殖和采蜜。新蜜气味芳香，甜度较高，颇为适口。

菜花蜜浅琥珀色，略混浊，有油菜花的香气，略具辛辣味，贮放日久辣味减轻，味道甜润；极易结晶，结晶后呈乳白色，晶体呈细粒或油脂状。性温，有行血破气、消肿散结的功能。

枣花蜜呈琥珀色、深色，因品种不同，蜜汁透明或略浊，有光泽。质地黏稠，不易结晶，有时在底部可见少量粗粒结晶。气味浊香，有特殊的浓郁气味（枣花香味）。味道甜腻，甜度大，略感辣喉，回味重。有清肺、泄热、化痰、止咳平喘等保健功效，是伤风感冒、咳嗽痰多患者的理想选择。

益母草（*Leonurus artemisia*）蜜含有多种维生素、氨基酸、天然葡萄及天然果糖，常饮有活血去风、滋润养颜的功效。

### 5）工业原料

可做工业原料的植物包括：工业用材植物、纤维植物、鞣料植物、染料植物、芳香植物、油料植物、树脂植物及树胶植物等。花萼山自然保护区内共有工业原料植物 169 种。

用材植物：如泡花树（*Meliosma cuneifolia*）木材红褐色，纹理略斜，结构细，质轻，为良材之一。刺楸（*Kalopanax septemlobus*）木质坚硬细腻、花纹明显，是制作高级家具、乐器、工艺雕刻的良好材料。山桐子（*Idesia polycarpa*）木材松软，可作为建筑、家具、器具等的用材。南紫薇（*Lagerstroemia subcostata*）木材坚硬、耐腐，可作农具、家具、建筑等用材。各种榆属（*Ulmus*）植物木材坚重，硬度适中，力学强度高，具花纹，韧性强，耐磨，为上等用材。

纤维植物：如田麻（*Corchoropsis tomentosa*），茎皮可代黄麻制作绳索及麻袋。山杨（*Populus davidiana*），茎皮纤维色白，具光泽，可编织麻袋、搓绳索、编麻鞋等纺织材料。梧桐（*Firmiana platanifolia*），树皮纤维洁白，可用以造纸和编绳等。小黄构（*Wikstroemia micrantha*），茎皮纤维是制作蜡纸的主要原料。

鞣料植物：如杉木（*Cunninghamia lanceolata*）、构树（*Broussonetia papyrifera*）、青榨槭（*Acer davidii*）等，其果实、壳斗、树（*Toxicodendron*）皮或根，均含有较丰富的单宁，经加工后可供制造栲胶。

染料植物：如栾树（*Koelreuteria paniculata*）的叶做蓝色染料，花可做黄色染料。异叶鼠李（*Rhamnus heterophylla*），果实为黄色染料。栀子（*Gardenia jasminoides*）果实含栀子黄，为黄色系染料。栀子黄色素为栀子果实提取物，具有着色力强、色泽鲜艳、色调自然、无异味、耐热、耐光、稳定性好、色调不受 pH 的影响、对人体无毒副作用等优点。

芳香植物：如川桂（*Cinnamomum wilsonii*），枝叶和果均含芳香油，川桂皮为提取芳香油的好材料。大叶醉鱼草（*Buddleja davidii*）和牛至（*Origanum vulgare*）等，花可提芳香油。山桐子（*Idesia polycarpa*），果实、种子均含油。粗糠柴（*Mallotus philippensis*），种子可提油。红椋子（*Swida hemsleyi*），种子榨油可供工业用。油茶（*Camellia oleifera*），种子可榨油，茶油色清味香，营养丰富，耐储藏，是优质食用油；也可作为润滑油、防锈油用于工业。

树脂植物：如马尾松（*Pinus massoniana*）、野漆（*Toxicodendron succedaneum*）等。

树胶植物：如桃（*Amygdalus persica*）等。

# 3.3　珍稀濒危及保护植物

## 3.3.1　保护植物概念的说明

关于保护植物，出处多样，既有来自国家层面的，也有地方层面的；既有国家部委制定的，也有研究机构制定的；既有国内的，也有国外的。常见的有《药用动植物资源保护名录》（国家中医药管理总局，1987）、《国家重点保护野生植物名录（第一批）》（国家林业局、农业部令，1999）、《IUCN 物种红色名录》（2013）等。每个名录制定的依据有所差别，罗列物种、保护级别多样。因此，在使用过程中也常模糊不清。

保护植物名录在空间尺度上分为国际、国家和省级三个层次。本书主要就国家层面保护植物做一说明。有关国家保护植物的名录有 4 个出处。

依次如下：

第一个是 1975 年原农林部发布的《关于保护、发展和利用珍贵树种的通知》，珍贵树种名录列有 132 种，其中国家 I 级保护野生植物 37 种，国家 II 级保护野生植物 95 种。

第二个是 1987 年国家中医药管理总局公布的《药用动植物资源保护名录》，其中 168 种药用植物被列为保护对象。

第三个名录是原国务院环境保护委员会和中国科学院植物研究所于 1982 年确定了我国第一批《国家重点保护植物名录》354 种。1984 年 10 月，国务院环境保护委员会在《中国环境报》上公布了我国第一批《珍稀濒危保护植物名录》354 种。经征求意见后，1991 年出版的《中国植物红皮书》共列 388 种。20世纪八九十年代，我国保护植物工作的依据就是这个"名录"。

第四个名录是 1999 年 9 月 9 日国家林业局、农业部令（第 4 号）发布的《国家重点保护野生植物名录（第一批）》，包括 8 类和 246 种。

以上名录中，第一和第二个名录可能由于专业不同或宣传力度不够等方面的原因，基本没有应用。目前应用较多的是《中国植物红皮书》和《国家重点保护野生植物名录》，两个名录既有区别，又有联系，均体现了物种的保护，有共同保护物种，区别在于前者主要依据植物灭绝风险和科研方面，分 3 级保护；后者主要根据濒危程度、经济价值，综合人力、财力、物力以及当时技术手段等制定且具有一定法律效力，分 2 级保护。

## 3.3.2　IUCN 名录物种

依据《IUCN 物种红色名录》（2015），花萼山自然保护区共分布有 IUCN 物种红色名录（2015）收录种 152 种，其中，濒危（EN）17 种、易危（VU）19 种、近危（NT）7 种、无危（LC）109 种（表 3-11，表 3-12）。包括蕨类植物 7 种，如荚囊蕨（*Struthiopteris eburnea*）为易危种；裸子植物 25 种，如麦吊云杉（*Picea brachytyla*）、铁杉（*Tsuga chinensis*）、大果青扦（*Picea neoveitchii*）、红豆杉（*Taxus chinensis*）、南方红豆杉（*Taxus chinensis* var. *mairei*）等；被子植物 120 种，如八角莲（*Dysosma versipellis*）、连香树（*Cercidiphyllum japonicum*）、领春木（*Euptelea pleiospermum*）、楠木（*Phoebe zhennan*）、杜仲（*Eucommia ulmoides*）等。

此外，崖柏（*T. sutchuenensis*）隶属于柏科（Cupressaceae）崖柏属（*Thuja*）植物，灌木或小乔木，枝条密，开展，生鳞叶的小枝扁。1999 年前已被评定为野外灭绝的物种，但同年 8 月人们在重庆市东北部的城口县和开县等山区又重新发现了崖柏，并采集到带球果的标本。此后，在 2000 年中国《植物杂志》第 3期发布了"崖柏没有灭绝"的公告，2003 年世界自然保护联盟（IUCN）重新将其评定为极度濒危物种。2005～2006 年四川省北部花萼山自然保护区和湖北省五道峡自然保护区先后报道发现了崖柏野生种群，但未经正式核实。在本次科考调查中，科学考察组通过 3 年的野外调查，同时结合访问调查的方式对崖柏分布情况进行了访问，花萼山自然保护区工作人员及当地村民并未发现该物种的分布。因此，本次科考结果仍将崖柏作为保护区内无该物种处理。

**表 3-11　花萼山自然保护区 IUCN 物种保护级别数量统计**

| 种类 | 濒危（EN） | 易危（VU） | 近危（NT） | 无危（LC） |
|---|---|---|---|---|
| 蕨类植物 | 0 | 1 | 0 | 6 |
| 裸子植物 | 5 | 4 | 1 | 15 |
| 被子植物 | 12 | 14 | 6 | 88 |
| 合计 | 17 | 19 | 7 | 109 |
| 占保护区 IUCN 物种总数比例/% | 11.18 | 12.5 | 4.61 | 71.71 |

**表 3-12　四川花萼山国家级自然保护区 IUCN（2015）植物名录**

| 序号 | 科名 | 科拉丁名 | 中文名 | 学名 | IUCN |
|---|---|---|---|---|---|
| 一 | 蕨类植物 | | | | |
| 1 | 木贼科 | Equisetaceae | 笔管草 | *Equisetum ramosissimum* Desf. subsp. *debile*（Roxb. ex Vauch.）Hauke. | LC |
| 2 | 木贼科 | Equisetaceae | 犬问荆 | *Equisetum palustre* L. | LC |
| 3 | 木贼科 | Equisetaceae | 节节草 | *Equisetum ramosissimum* Burm. f. | LC |
| 4 | 凤尾蕨科 | Pteridaceae | 蜈蚣草 | *Pteris vittata* L. | LC |
| 5 | 铁线蕨科 | Adiantaceae | 铁线蕨 | *Adiantum capillus-veneris* L. | LC |
| 6 | 乌毛蕨科 | Blechaceae | 荚囊蕨 | *Struthiopteris eburnea*（Christ）Ching. | VU |
| 7 | 满江红科 | Azollaceae | 满江红 | *Azolla imbricata*（Roxb.）Nakai. | LC |
| 二 | 裸子植物 | | | | |
| 1 | 苏铁科 | Cycadaceae | *苏铁 | *Cycas revoluta* Thunb. | LC |
| 2 | 银杏科 | Ginkgoaceae | *银杏 | *Ginkgo biloba* L. | EN |
| 3 | 松科 | Pinaceae | 秦岭冷杉 | *Abies chensiensis* Tiegh. | LC |
| 4 | 松科 | Pinaceae | 巴山冷杉 | *Abies fargesii* Franch | LC |
| 5 | 松科 | Pinaceae | 铁坚油杉 | *Keteleeria davidiana*（Bertr.）Beissn. | LC |
| 6 | 松科 | Pinaceae | 麦吊云杉 | *Picea brachytyla*（Franch.）Pritz. | VU |
| 7 | 松科 | Pinaceae | 大果青扦 | *Picea neoveitchii* Mast. | EN |
| 8 | 松科 | Pinaceae | 青扦 | *Picea wilsonii* Mast. | LC |
| 9 | 松科 | Pinaceae | 马尾松 | *Pinus massoniana* Lamb. | LC |
| 10 | 松科 | Pinaceae | 铁杉 | *Tsuga chinensis*（Franch.）Pritz. | VU |
| 11 | 杉科 | Taxodiaceae | 杉木 | *Cunninghamia lanceolata*（Lamb.）Hook. | LC |
| 12 | 杉科 | Taxodiaceae | *红桧 | *Chamaecyparis formosensis* Matsum. | EN |
| 13 | 杉科 | Taxodiaceae | *日本花柏 | *Chamaecyparis pisifera*（Sieb. et Zucc.）Endl. | LC |
| 14 | 杉科 | Taxodiaceae | *落羽杉 | *Taxodium distichum*（L.）Rich. | LC |
| 15 | 杉科 | Taxodiaceae | *柳杉 | *Cryptomeria fortunei* Hooibrenk ex Otto et Dietr. | NT |
| 16 | 柏科 | Cupressaceae | 柏木 | *Cupressus funebris* Endl. | DD |
| 17 | 柏科 | Cupressaceae | 刺柏 | *Juniperus formosana* Hayata | LC |
| 18 | 罗汉松科 | Podocarpaceae | *罗汉松 | *Podocarpus macrophyllus*（Thunb.）D. | LC |
| 19 | 三尖杉科 | Cephalotaxaceae | 绿背三尖杉 | *Cephalotaxus fortunei* var. *concolor* Franch. | LC |
| 20 | 三尖杉科 | Cephalotaxaceae | 三尖杉 | *Cephalotaxus fortunei* Hook. f. | LC |
| 21 | 三尖杉科 | Cephalotaxaceae | 粗榧 | *Cephalotaxus sinensis*（Rehd. et Wils.）Li. | LC |
| 22 | 南洋杉科 | Araucariaceae | *异叶南洋杉 | *Araucaria heterophylla*（Salisb.）Franco. | VU |
| 23 | 红豆杉科 | Taxaceae | 红豆杉 | *Taxus chinensis*（Pilger）Rehd. | EN |
| 24 | 红豆杉科 | Taxaceae | 南方红豆杉 | *Taxus chinensis* var. mairei（Lemee et Levl.）Cheng et L. K. | EN |
| 25 | 红豆杉科 | Taxaceae | 榧树 | *Torreya grandis* Fort. et Lindl. | LC |
| 26 | 红豆杉科 | Taxaceae | 巴山榧树 | *Torreya fargesii* Franch. | VU |

| 序号 | 科名 | 科拉丁名 | 中文名 | 学名 | IUCN |
|---|---|---|---|---|---|
| 三 | 被子植物 | | | | |
| 1 | 杨柳科 | Salicaceae | 大叶柳 | *Salix magnifica* Hemsl. | VU |
| 2 | 胡桃科 | Juglandaceae | 胡桃 | *Juglans regia* L. | NT |
| 3 | 桦木科 | Betulaceae | 桤木 | *Alnuscremastogyne* Burk. | LC |
| 4 | 桦木科 | Betulaceae | 狭翅桦 | *Betula chinensis* var. *fargesii*（Franch.）P. C. Li | LC |
| 5 | 桦木科 | Betulaceae | 糙皮桦 | *Betula utilis* D. Don. | LC |
| 6 | 桦木科 | Betulaceae | 多脉鹅耳枥 | *Carpinus polyneura* Franch. | LC |
| 7 | 桦木科 | Betulaceae | 川榛 | *Corylus heterophylla* var. *sutchuenensis* Franch. | LC |
| 8 | 壳斗科 | Fagaceae | 水青冈 | *Fagus longipetiolata* Seem. | VU |
| 9 | 桑科 | Moraceae | *无花果 | *Ficus carica* L. | LC |
| 10 | 马兜铃科 | Aristolochiaceae | 马蹄香 | *Saruma henryi* Oliv. | EN |
| 11 | 蓼科 | Polygonaceae | 密毛酸模叶蓼 | *Polygonum lapathifolium* L. var. *lanatum*（Roxb.）Stew. | LC |
| 12 | 蓼科 | Polygonaceae | 酸模叶蓼 | *Polygonum lapathifolium* L. | LC |
| 13 | 蓼科 | Polygonaceae | 习见蓼 | *Polygonum plebeium* R. Br. | LC |
| 14 | 苋科 | Amaranthaceae | 莲子草 | *Alternanthera sessilis*（L.）DC. | LC |
| 15 | 金鱼藻科 | Ceratophyllaceae | 金鱼藻 | *Ceratophyllum demersum* L. | LC |
| 16 | 领春木科 | Eupteleaceae | 领春木 | *Euptelea pleiospermum* Hook. f. et Thoms. | LC |
| 17 | 连香树科 | Cercidiphyllaceae | 连香树 | *Cercidiphyllum japonicum* Sieb. et Zucc. | NT |
| 18 | 毛茛科 | Ranunculaceae | 驴蹄草 | *Caltha palustris* L. | LC |
| 19 | 小檗科 | Berberidaceae | 八角莲 | *Dysosma versipellis*（Hance）M. Cheng ex Ying. | VU |
| 20 | 小檗科 | Berberidaceae | 单叶淫羊藿 | *Epimedium simplicifolium* Ying. | VU |
| 21 | 木兰科 | Magnoliaceae | *紫玉兰 | *Magnolia liliflora* Desr. | EN |
| 22 | 木兰科 | Magnoliaceae | *厚朴 | *Magnolia officinalis* Rehd. | NT |
| 23 | 樟科 | Lauraceae | 楠木 | *Phoebe zhennan* S. Lee | VU |
| 24 | 樟科 | Lauraceae | *天竺桂 | *Cinnamomum japonicum* Sieb. | NT |
| 25 | 金缕梅科 | Hamamelidaceae | 山白树 | *Sinowilsonia henryi* Hemsl. | NT |
| 26 | 杜仲科 | Eucommiaceae | 杜仲 | *Eucommia ulmoides* Oliver. | NT |
| 27 | 蔷薇科 | Rosaceae | *杏 | *Armeniaca vulgaris* Lam. | EN |
| 28 | 蔷薇科 | Rosaceae | 湖北海棠 | *Malus hupehensis*（Pamp.）Rehd. | DD |
| 29 | 豆科 | Leguminosae | 胡枝子 | *Lespedeza bicolor* Turcz. | LC |
| 30 | 豆科 | Leguminosae | 截叶铁扫帚 | *Lespedeza cuneata* G. Don | LC |
| 31 | 豆科 | Leguminosae | 多花胡枝子 | *Lespedeza floribunda* Bunge | LC |
| 32 | 豆科 | Leguminosae | *含羞草 | *Mimosa pudica* L. | LC |
| 33 | 豆科 | Leguminosae | *刺槐 | *Robinia pseudoacacia* L. | LC |
| 34 | 豆科 | Leguminosae | 广布野豌豆 | *Vicia cracca* L. | LC |
| 35 | 凤仙花科 | Balsaminaceae | 湖北凤仙花 | *Impatiens pritzelii* Hook. f. | EN |
| 36 | 鼠李科 | Rhamnaceae | *枣 | *Ziziphus jujuba* Mill. | LC |
| 37 | 葡萄科 | Vitaceae | *葡萄 | *Vitis vinifera* L. | LC |
| 38 | 仙人掌科 | Cactaceae | *仙人掌 | *Opuntia stricta*（Haw.）Haw. var. *dillenii*（Ker-Gawl.）Benson. | EN |
| 39 | 仙人掌科 | Cactaceae | *蟹爪兰 | *Schlumbergera truncata*（Haw.）Moran. | EN |
| 40 | 石榴科 | Punicaceae | *石榴 | *Punica granatum* L. | LC |
| 41 | 千屈菜科 | Lythraceae | *千屈菜 | *Lythrum salicaria* L. | LC |
| 42 | 千屈菜科 | Lythraceae | 圆叶节节菜 | *Rotala rotundifolia*（Buch.-Ham. ex Roxb.）Koehne | LC |

续表

| 序号 | 科名 | 科拉丁名 | 中文名 | 学名 | IUCN |
|---|---|---|---|---|---|
| 43 | 柳叶菜科 | Onagraceae | 柳叶菜 | *Epilobium hirsutum* L. | LC |
| 44 | 柳叶菜科 | Onagraceae | 小花柳叶菜 | *Epilobium parviflorum* Schreber | LC |
| 45 | 小二仙草科 | Haloragaceae | 狐尾藻 | *Myriophyllum verticillatum* L. | LC |
| 46 | 五加科 | Araliaceae | 楤木 | *Aralia chinensis* L. | VU |
| 47 | 玄参科 | Scrophulariaceae | 泥花草 | *Lindernia antipoda*（L.）Alston. | LC |
| 48 | 玄参科 | Scrophulariaceae | 旱田草 | *Lindernia ruellioides*（Colsm.）Pennell. | LC |
| 49 | 玄参科 | Scrophulariaceae | 母草 | *Lindernia crustacea*（L.）F. Muell. | LC |
| 50 | 玄参科 | Scrophulariaceae | 石龙尾 | *Limnophila sessiliflora*（Vahl）Blume. | LC |
| 51 | 玄参科 | Scrophulariaceae | 北水苦荬 | *Veronica anagallis-aquatica* L. | LC |
| 52 | 爵床科 | Acanthaceae | 八角筋 | *Acanthus montanus*（Nees）T.Anderson. | LC |
| 53 | 爵床科 | Acanthaceae | 水蓑衣 | *Hygrophila salicifolia*（Vahl）Nees. | LC |
| 54 | 茜草科 | Rubiaceae | 小牙草 | *Dentella repens*（Linn.）J. R. et G. Forst. | LC |
| 55 | 菊科 | Compositae | 狼杷草 | *Bidens tripartita* L. | LC |
| 56 | 菊科 | Compositae | 除虫菊 | *Pyrethrum cinerariifolium* Trev. | LC |
| 57 | 菊科 | Compositae | 杯菊 | *Cyathocline purpurea*（Buch.-Ham. ex De Don）O. Kuntze. | LC |
| 58 | 菊科 | Compositae | 鳢肠 | *Eclipta prostrata*（L.）L. | DD |
| 59 | 香蒲科 | Typhaceae | 水烛 | *Typha angustifolia* L. | LC |
| 60 | 香蒲科 | Typhaceae | 香蒲 | *Typha orientalis* Presl. | LC |
| 61 | 眼子菜科 | Potamogetonaceae | 眼子菜 | *Potamogeton distinctus* A. Benn. | LC |
| 62 | 泽泻科 | Alismataceae | 泽泻 | *Alisma plantago-aquatica* L. | LC |
| 63 | 泽泻科 | Alismataceae | 欧洲慈姑 | *Sagittaria sagittifolia* L. | LC |
| 64 | 禾本科 | Gramineae | 看麦娘 | *Alopecurus aequalis* Sobol. | LC |
| 65 | 禾本科 | Gramineae | 光稃野燕麦 | *Avena fatua* L. var. *glabrata* Peterm. | DD |
| 66 | 禾本科 | Gramineae | 野燕麦 | *Avena fatua* L. | DD |
| 67 | 禾本科 | Gramineae | 燕麦 | *Avena sativa* L. | DD |
| 68 | 禾本科 | Gramineae | 假苇拂子茅 | *Calamagrostis pseudophragmites*（Hall. f.）Koel. | LC |
| 69 | 禾本科 | Gramineae | 稗 | *Echinochloa crusgalli*（L.）Beauv. | LC |
| 70 | 禾本科 | Gramineae | 无芒稗 | *Echinochloa crusgalli*（L.）Beauv. var. *mitis*（Pursh）Peterm. | LC |
| 71 | 禾本科 | Gramineae | 西来稗 | *Echinochloa crusgalli*（L.）Beauv. var. *zelayensis*（H. B. K.）Hitchc. | LC |
| 72 | 禾本科 | Gramineae | 牛筋草 | *Eleusine indica*（L.）Gaertn. | LC |
| 73 | 禾本科 | Gramineae | 高山梯牧草 | *Phleum alpinum* L. | LC |
| 74 | 禾本科 | Gramineae | 芦苇 | *Phragmites australis*（Cav.）Trin. ex Steud. | LC |
| 75 | 禾本科 | Gramineae | 早熟禾 | *Poa annua* L. | LC |
| 76 | 禾本科 | Gramineae | 法氏早熟禾 | *Poa faberi* Rendle | LC |
| 77 | 禾本科 | Gramineae | 金发草 | *Pogonatherum paniceum*（Lam.）Hack. | LC |
| 78 | 禾本科 | Gramineae | *高粱 | *Sorghum bicolor*（L.）Moench. | LC |
| 79 | 禾本科 | Gramineae | 三毛草 | *Trisetum bifidum*（Thunb.）Ohwi | LC |
| 80 | 莎草科 | Cyperaceae | 丝叶球柱草 | *Bulbostylis densa*（Wall.）Hand.-Mzt. | LC |
| 81 | 莎草科 | Cyperaceae | 中华薹草 | *Carex chinensis* Retz. | DD |
| 82 | 莎草科 | Cyperaceae | 风车草 | *Cyperus alternifolius* L. | LC |
| 83 | 莎草科 | Cyperaceae | 扁穗莎草 | *Cyperus compressus* L. | LC |
| 84 | 莎草科 | Cyperaceae | 异型莎草 | *Cyperus difformis* L. | LC |
| 85 | 莎草科 | Cyperaceae | 碎米莎草 | *Cyperus iria* L. | LC |

续表

| 序号 | 科名 | 科拉丁名 | 中文名 | 学名 | IUCN |
|---|---|---|---|---|---|
| 86 | 莎草科 | Cyperaceae | 香附子 | *Cyperus rotundus* L. | LC |
| 87 | 莎草科 | Cyperaceae | 复序飘拂草 | *Fimbristylis bisumbellata*（Forsk.）Bubani | LC |
| 88 | 莎草科 | Cyperaceae | 两歧飘拂草 | *Fimbristylis dichotoma*（L.）Vahl | LC |
| 89 | 莎草科 | Cyperaceae | 蔗草 | *Scirpus triqueter* L. | LC |
| 90 | 莎草科 | Cyperaceae | 短叶水蜈蚣 | *Kyllinga brevifolia* Rottb. | LC |
| 91 | 莎草科 | Cyperaceae | 单穗水蜈蚣 | *Kyllinga monocephala* Rottb. | LC |
| 92 | 莎草科 | Cyperaceae | 短叶水蜈蚣 | *Kyllinga brevifolia* Rottb. | LC |
| 93 | 莎草科 | Cyperaceae | 类头状花序蔗草 | *Scirpus subcapitatus* Thw | LC |
| 94 | 天南星科 | Araceae | 菖蒲 | *Acorus calamus* L. | LC |
| 95 | 天南星科 | Araceae | 金钱蒲 | *Acorus gramineus* Soland. | LC |
| 96 | 天南星科 | Araceae | *芋 | *Colocasia esculenta*（L）. Schott. | LC |
| 97 | 天南星科 | Araceae | 大薸 | *Pistia stratiotes* L. | LC |
| 98 | 天南星科 | Araceae | 马蹄莲 | *Zantedeschia aethiopica*（L.）Spreng. | LC |
| 99 | 浮萍科 | Lemnaceae | 浮萍 | *Lemna minor* L. | LC |
| 100 | 浮萍科 | Lemnaceae | 品藻 | *Lemna trisulca* L. | LC |
| 101 | 浮萍科 | Lemnaceae | 紫萍 | *Spirodela polyrrhiza*（L.）Schleid. | LC |
| 102 | 浮萍科 | Lemnaceae | 芜萍 | *Wolffia arrhiza*（L.）Wimmer. | LC |
| 103 | 灯心草科 | Juncaceae | 小灯心草 | *Juncus bufonius* L. | LC |
| 104 | 灯心草科 | Juncaceae | 灯心草 | *Juncus effusus* L. | LC |
| 105 | 灯心草科 | Juncaceae | 片髓灯心草 | *Juncus inflexus* L. | LC |
| 106 | 百合科 | Liliaceae | 无毛粉条儿菜 | *Aletris glabra* Bur. et Franch. | LC |
| 107 | 百合科 | Liliaceae | *薤头 | *Allium chinense* G. Don. | LC |
| 108 | 石蒜科 | Amaryllidaceae | *黄水仙 | *Narcissus pseudonarcissus* L. | EN |
| 109 | 雨久花科 | Pontederiaceae | 鸭舌草 | *Monochoria vaginalis*（Burm. f.）Pres. | LC |
| 110 | 兰科 | Orchidaceae | 头序无柱兰 | *Amitostigma capitatum* T. Tang et F. T. Wang. | EN |
| 111 | 兰科 | Orchidaceae | 直唇卷瓣兰 | *Bulbophyllum delitescens* Hance. | LC |
| 112 | 兰科 | Orchidaceae | 天府虾脊兰 | *Calanthe fargesii* Finet. | VU |
| 113 | 兰科 | Orchidaceae | 独花兰 | *Changnienia amoena* S. S. Chien. | EN |
| 114 | 兰科 | Orchidaceae | 对叶杓兰 | *Cypripedium debile* Franch. | VU |
| 115 | 兰科 | Orchidaceae | 毛瓣杓兰 | *Cypripedium fargesii* Franch. | EN |
| 116 | 兰科 | Orchidaceae | 黄花杓兰 | *Cypripedium flavum* P. F. Hunt et Summerh. | VU |
| 117 | 兰科 | Orchidaceae | 毛杓兰 | *Cypripedium franchetii* E. H. Wilson | EN |
| 118 | 兰科 | Orchidaceae | 紫点杓兰 | *Cypripedium guttatum* Sw. | LC |
| 119 | 兰科 | Orchidaceae | 绿花杓兰 | *Cypripedium henryi* Rolfe. | VU |
| 120 | 兰科 | Orchidaceae | 小花杓兰 | *Cypripedium micranthum* Frarch. | EN |
| 121 | 兰科 | Orchidaceae | 火烧兰 | *Epipactis helleborine*（L.）Crantz | LC |
| 122 | 兰科 | Orchidaceae | 天麻 | *Gastrodia elata* Bl. | VU |
| 123 | 兰科 | Orchidaceae | 手参 | *Gymnadenia conopsea*（L.）R. Br. | DD |
| 124 | 兰科 | Orchidaceae | 雅致玉凤花 | *Habenaria fargesii* Finet | VU |
| 125 | 兰科 | Orchidaceae | 对耳舌唇兰 | *Platanthera finetiana* Schltr. | VU |
| 126 | 兰科 | Orchidaceae | 美丽独蒜兰 | *Pleione pleionoides*（Kraenzl. ex Diels.）Braem et H. Mohr. | VU |
| 127 | 兰科 | Orchidaceae | 绶草 | *Spiranthes sinensis*（Pers.）Ames | LC |

注：*表示栽培。

### 3.3.3　CITES 名录物种

根据《濒危野生动植物种国际贸易公约》（CITES，2011），花萼山自然保护区共分布有 CITES 收录植物物种 87 种，其中，"附录 I" 0 种、"附录 II" 86 种，"附录 III" 1 种（表 3-13，表 3-14）。包括蕨类植物 1 种，小黑桫椤（*Alsophila metteniana*）；裸子植物 3 种，红豆杉（*Taxus chinensis*）、南方红豆杉（*Taxus chinensis* var. *mairei*）等；被子植物 83 种，如水青树（*Tetracentron sinense*）等。

**表 3-13　花萼山自然保护区 CITES 名录物种保护级别数量统计**

| 种类 | 附录 I | 附录 II | 附录 III |
|---|---|---|---|
| 蕨类植物 | 0 | 1 | 0 |
| 裸子植物 | 0 | 3 | 0 |
| 被子植物 | 0 | 82 | 1 |
| 合计 | 0 | 86 | 1 |
| 占保护区 CITES 物种比例/% | 0.00 | 98.85 | 1.15 |

**表 3-14　四川花萼山国家级自然保护区 CITES 植物名录**

| 序号 | 科名 | 科拉丁名 | 中文名 | 学名 | CITES |
|---|---|---|---|---|---|
| 一 | 蕨类植物 | | | | |
| 1 | 桫椤科 | Cyatheaceae | 小黑桫椤 | *Alsophila metteniana* Hance. | 附录 II |
| 二 | 裸子植物 | | | | |
| 1 | 苏铁科 | Cycadaceae | *苏铁 | *Cycas revoluta* Thunb. | 附录 II |
| 2 | 红豆杉科 | Taxaceae | 红豆杉 | *Taxus chinensis*（Pilger）Rehd. | 附录 II |
| 3 | 红豆杉科 | Taxaceae | 南方红豆杉 | *Taxus chinensis* var. *mairei*（Lemee et Lévl.）Cheng et L. K. | 附录 II |
| 三 | 被子植物 | | | | |
| 1 | 水青树科 | Tetracentraceae | 水青树 | *Tetracentron sinense* Oliv. | 附录III |
| 2 | 大戟科 | Euphorbiaceae | 泽漆 | *Euphorbia hetioscopia* L. | 附录 II |
| 3 | 大戟科 | Euphorbiaceae | 地锦草 | *Euphorbia humifusa* Willd. ex Schlecht. | 附录 II |
| 4 | 大戟科 | Euphorbiaceae | 续随子 | *Euphorbia lathyris* L. | 附录 II |
| 5 | 大戟科 | Euphorbiaceae | 湖北大戟 | *Euphorbia pekinensis* var. *hupehensis* Hand.-Mazz. | 附录 II |
| 6 | 大戟科 | Euphorbiaceae | 甘青大戟 | *Euphorbia micractina* Boiss. | 附录 II |
| 7 | 大戟科 | Euphorbiaceae | 黄苞大戟 | *Euphorbia sikkimensis* Boiss. | 附录 II |
| 8 | 仙人掌科 | Cactaceae | *昙花 | *Epiphyllum oxypetalum*（DC.）Haw. | 附录 II |
| 9 | 仙人掌科 | Cactaceae | *仙人掌 | *Opuntia stricta*（Haw.）Haw. var. *dillenii*（Ker-Gawl.）Benson | 附录 II |
| 10 | 仙人掌科 | Cactaceae | *蟹爪兰 | *Schlumbergera truncata*（Haw.）Moran | 附录 II |
| 11 | 柿树科 | Ebenaceae | 罗浮柿 | *Diospyros morrisiana* Hance | 附录 II |
| 12 | 柿树科 | Ebenaceae | *柿 | *Diospyros kaki* Thunb. | 附录 II |
| 13 | 柿树科 | Ebenaceae | *油柿 | *Diospyros oleifera* Cheng | 附录 II |
| 14 | 柿树科 | Ebenaceae | 君迁子 | *Diospyros lotus* L. | 附录 II |
| 15 | 百合科 | Liliaceae | *芦荟 | *Aloe vera* var. *chinensis*（Haw.）Berg. | 附录 II |
| 16 | 薯蓣科 | Dioscoreaceae | 三角叶薯蓣 | *Dioscorea deltoidea* Wall. | 附录 II |
| 17 | 兰科 | Orchidaceae | 头序无柱兰 | *Amitostigma capitatum* T. Tang et F. T. Wang. | 附录 II |
| 18 | 兰科 | Orchidaceae | 无柱兰 | *Amitostigma gracile*（Bl.）Schltr. | 附录 II |
| 19 | 兰科 | Orchidaceae | 少花无柱兰 | *Amitostigma parceflorum*（Finet）Schltr. | 附录 II |
| 20 | 兰科 | Orchidaceae | 小白及 | *Bletilla formosana*（Hayata）Schltr. | 附录 II |
| 21 | 兰科 | Orchidaceae | 黄花白及 | *Bletilla ochracea* Schltr. | 附录 II |

| 序号 | 科名 | 科拉丁名 | 中文名 | 学名 | CITES |
|---|---|---|---|---|---|
| 22 | 兰科 | Orchidaceae | 白及 | *Bletilla striata*（Thunb. ex A. Murray）Rchb. f. | 附录II |
| 23 | 兰科 | Orchidaceae | 城口卷瓣兰 | *Bulbophyllum chrondriophorum*（Gagnep.）Seidenf. | 附录II |
| 24 | 兰科 | Orchidaceae | 直唇卷瓣兰 | *Bulbophyllum delitescens* Hance. | 附录II |
| 25 | 兰科 | Orchidaceae | 广东石豆兰 | *Bulbophyllum kwangtungense* Schltr. | 附录II |
| 26 | 兰科 | Orchidaceae | 密花石豆兰 | *Bulbophyllum odoratissimum*（J. E. Smith）Lindl. | 附录II |
| 27 | 兰科 | Orchidaceae | 球茎卷瓣兰 | *Bulbophyllum sphaericum* Z. H. Tsi et H. Li | 附录II |
| 28 | 兰科 | Orchidaceae | 泽泻虾脊兰 | *Calanthe alismaefolia* Lindl. | 附录II |
| 29 | 兰科 | Orchidaceae | 剑叶虾脊兰 | *Calanthe davidii* Franch. | 附录II |
| 30 | 兰科 | Orchidaceae | 天府虾脊兰 | *Calanthe fargesii* Finet. | 附录II |
| 31 | 兰科 | Orchidaceae | 流苏虾脊兰 | *Calanthe alpina* Hook. f. ex Lindl. | 附录II |
| 32 | 兰科 | Orchidaceae | 细花虾脊兰 | *Calanthe mannii* Hook. f. | 附录II |
| 33 | 兰科 | Orchidaceae | 城口虾脊兰 | *Calanthe sacculata* Schltr. var. *tchenkeoutinensis* T. Tang et F. T. Wang. | 附录II |
| 34 | 兰科 | Orchidaceae | 三棱虾脊兰 | *Calanthe tricarinata* Lindl. | 附录II |
| 35 | 兰科 | Orchidaceae | 银兰 | *Cephalanthera erecta*（Thunb. ex A. Murray）Bl. | 附录II |
| 36 | 兰科 | Orchidaceae | 金兰 | *Cephalanthera falcata*（Thunb. ex A. Murray）Bl. | 附录II |
| 37 | 兰科 | Orchidaceae | 独花兰 | *Changnienia amoena* S. S. Chien. | 附录II |
| 38 | 兰科 | Orchidaceae | 凹舌兰 | *Coeloglossum viride*（L.）Hartm. | 附录II |
| 39 | 兰科 | Orchidaceae | 建兰 | *Cymbidium ensifolium*（L.）Sw. | 附录II |
| 40 | 兰科 | Orchidaceae | 蕙兰 | *Cymbidium faberi* Rolfe. | 附录II |
| 41 | 兰科 | Orchidaceae | 春兰 | *Cymbidium goeringii*（Rchb. f.）Rchb. f. | 附录II |
| 42 | 兰科 | Orchidaceae | 对叶杓兰 | *Cypripedium debile* Franch. | 附录II |
| 43 | 兰科 | Orchidaceae | 毛瓣杓兰 | *Cypripedium fargesii* Franch. | 附录II |
| 44 | 兰科 | Orchidaceae | 黄花杓兰 | *Cypripedium flavum* P. F. Hunt et Summerh. | 附录II |
| 45 | 兰科 | Orchidaceae | 毛杓兰 | *Cypripedium franchetii* E. H. Wilson. | 附录II |
| 46 | 兰科 | Orchidaceae | 紫点杓兰 | *Cypripedium guttatum* Sw. | 附录II |
| 47 | 兰科 | Orchidaceae | 绿花杓兰 | *Cypripedium henryi* Rolfe. | 附录II |
| 48 | 兰科 | Orchidaceae | 小花杓兰 | *Cypripedium micranthum* Frarch. | 附录II |
| 49 | 兰科 | Orchidaceae | 细叶石斛 | *Dendrobium hancockii* Rolfe. | 附录II |
| 50 | 兰科 | Orchidaceae | 石斛 | *Dendrobium nobile* Lindl. | 附录II |
| 51 | 兰科 | Orchidaceae | 大叶火烧兰 | *Epipactis mairei* Schltr. | 附录II |
| 52 | 兰科 | Orchidaceae | 火烧兰 | *Epipactis helleborine*（L.）Crantz | 附录II |
| 53 | 兰科 | Orchidaceae | 单叶厚唇兰 | *Epigeneium fargesii*（Finet）Gagnep. | 附录II |
| 54 | 兰科 | Orchidaceae | 毛萼山珊瑚 | *Galeola lindleyana*（Hook. f. et Thoms.）Rchb. f. | 附录II |
| 55 | 兰科 | Orchidaceae | 天麻 | *Gastrodia elata* Bl. | 附录II |
| 56 | 兰科 | Orchidaceae | 小斑叶兰 | *Goodyera repens*（L.）R. Br. | 附录II |
| 57 | 兰科 | Orchidaceae | 斑叶兰 | *Goodyera schlechtendaliana* Rchb. f. | 附录II |
| 58 | 兰科 | Orchidaceae | 光萼斑叶兰 | *Goodyera henryi* Rolfe. | 附录II |
| 59 | 兰科 | Orchidaceae | 手参 | *Gymnadenia conopsea*（L.）R. Br. | 附录II |
| 60 | 兰科 | Orchidaceae | 西南手参 | *Gymnadenia orchidis* Lindl. | 附录II |
| 61 | 兰科 | Orchidaceae | 雅致玉凤花 | *Habenaria fargesii* Finet | 附录II |
| 62 | 兰科 | Orchidaceae | 粉叶玉凤花 | *Habenaria glaucifolia* Bur. et Franch. | 附录II |
| 63 | 兰科 | Orchidaceae | 小羊耳蒜 | *Liparis fargesii* Finet. | 附录II |
| 64 | 兰科 | Orchidaceae | 裂瓣羊耳蒜 | *Liparis fissipetala* Finet. | 附录II |

续表

| 序号 | 科名 | 科拉丁名 | 中文名 | 学名 | CITES |
|---|---|---|---|---|---|
| 65 | 兰科 | Orchidaceae | 羊耳蒜 | *Liparis japonica*（Miq.）Maxim. | 附录Ⅱ |
| 66 | 兰科 | Orchidaceae | 圆唇对叶兰 | *Listera oblata* S. C. Chen. | 附录Ⅱ |
| 67 | 兰科 | Orchidaceae | 花叶对叶兰 | *Listera puberula* Maxim. var. *maculata*（T. Tang et F. T. Wang）S. C. Chen. | 附录Ⅱ |
| 68 | 兰科 | Orchidaceae | 风兰 | *Neofinetia falcata*（Thunb. ex A. Murray）H. H. Hu. | 附录Ⅱ |
| 69 | 兰科 | Orchidaceae | 兜被兰 | *Neottianthe pseudodiphylax*（Kraenzl.）Schltr. | 附录Ⅱ |
| 70 | 兰科 | Orchidaceae | 广布红门兰 | *Orchis chusua* D.Don. | 附录Ⅱ |
| 71 | 兰科 | Orchidaceae | 长叶山兰 | *Oreorchis fargesii* Finet. | 附录Ⅱ |
| 72 | 兰科 | Orchidaceae | 硬叶山兰 | *Oreorchis nana* Schltr. | 附录Ⅱ |
| 73 | 兰科 | Orchidaceae | 山兰 | *Oreorchis patens*（Lindl.）Lindl. | 附录Ⅱ |
| 74 | 兰科 | Orchidaceae | 二叶舌唇兰 | *Platanthera chlorantha* Cust. ex Rchb. | 附录Ⅱ |
| 75 | 兰科 | Orchidaceae | 对耳舌唇兰 | *Platanthera finetiana* Schltr. | 附录Ⅱ |
| 76 | 兰科 | Orchidaceae | 舌唇兰 | *Platanthera japonica*（Thunb. ex A. Marray）Lindl. | 附录Ⅱ |
| 77 | 兰科 | Orchidaceae | 白花独蒜兰 | *Pleione albiflora* Cribb et C. Z. Tang. | 附录Ⅱ |
| 78 | 兰科 | Orchidaceae | 独蒜兰 | *Pleione bulbocodioides*（Franch.）Rolfe. | 附录Ⅱ |
| 79 | 兰科 | Orchidaceae | 美丽独蒜兰 | *Pleione pleionoides*（Kraenzl. ex Diels.）Braem et H. Mohr. | 附录Ⅱ |
| 80 | 兰科 | Orchidaceae | 朱兰 | *Pogonia japonica* Rchb. f. | 附录Ⅱ |
| 81 | 兰科 | Orchidaceae | 绶草 | *Spiranthes sinensis*（Pers.）Ames. | 附录Ⅱ |
| 82 | 兰科 | Orchidaceae | 蜻蜓兰 | *Tulotis fuscescens*（L.）Czer. Addit. et Collig. | 附录Ⅱ |
| 83 | 兰科 | Orchidaceae | 小花蜻蜓兰 | *Tulotis ussuriensis*（Reg. et Maack）H. Hara. | 附录Ⅱ |

注：*表示栽培。

### 3.3.4 国家重点保护野生植物名录物种

根据《国家重点保护野生植物名录》（第一批），花萼山自然保护区共分布有国家重点野生保护植物 19 种（不包括栽培种）（表 3-15，表 3-16）。其中Ⅰ级 4 种，如红豆杉（*Taxus chinensis*）、南方红豆杉（*Taxus chinensis* var. *mairei*）、珙桐（*Davidia involucrata*）等；Ⅱ级 15 种，黄檗（*Phellodendron amurense*）、润楠（*Machilus pingii*）、水青树（*Tetracentron sinense*）、连香树（*Cercidiphyllum japonicum*）、野大豆（*Glycine soja*）等。

此外，《四川花萼山自然保护区科学考察集》（2006 年）记录有毛茛科（Ranunculaceae）独叶草属（*Kingdonia*）独叶草（*K. uniflora*）和茄科（Solanaceae）山莨菪属（*Anisodus*）山莨菪（*A. tanguticus*），但未说明分布地点。根据《中国植物志》《四川植物志》及相关科研文献，该种在四川主要分布于西部海拔 2750～3900m 区域。根据地理分布，此区域不应有该物种的分布，且本次综合考察没有调查到独叶草和山莨菪，因此未将两物种列入。

表 3-15 花萼山自然保护区国家重点保护野生植物保护级别数量统计

| 种类 | Ⅰ | Ⅱ |
|---|---|---|
| 蕨类植物 | 0 | 1 |
| 裸子植物 | 2 | 3 |
| 被子植物 | 2 | 11 |
| 合计 | 4 | 15 |
| 占保护区保护物种比例/% | 21.05 | 78.95 |

表 3-16 四川花萼山国家级自然保护区国家重点保护野生植物名录

| 序号 | 科名 | 科拉丁名 | 中文名 | 学名 | 等级 |
|---|---|---|---|---|---|
| 一 | 蕨类植物 | | | | |
| 1 | 桫椤科 | Cyatheaceae | 小黑桫椤 | *Alsophila metteniana* Hance. | Ⅱ |

续表

| 序号 | 科名 | 科拉丁名 | 中文名 | 学名 | 等级 |
|---|---|---|---|---|---|
| 二 | 裸子植物 | | | | |
| 1 | 松科 | Pinaceae | 秦岭冷杉 | *Abies chensiensis* Van Tiegh. | II |
| 2 | 红豆杉科 | Taxaceae | 红豆杉 | *Taxus chinensis*（Pilger）Rehd. | I |
| 3 | 红豆杉科 | Taxaceae | 南方红豆杉 | *Taxus chinensis* var. *mairei*（Lemee et Lévl.）Cheng et L. K. | I |
| 4 | 红豆杉科 | Taxaceae | 榧树 | *Torreya grandis* Fort. et Lindl. | II |
| 5 | 红豆杉科 | Taxaceae | 巴山榧树 | *Torreya fargesii* Franch. | II |
| 三 | 被子植物 | | | | |
| 1 | 榆科 | Ulmaceae | 榉树 | *Zelkova serrata*（Thunb.）Makino. | II |
| 2 | 连香树科 | Cercidiphyllaceae | 连香树 | *Cercidiphyllum japonicum* Sieb. et Zucc. | II |
| 3 | 水青树科 | Tetracentraceae | 水青树 | *Tetracentron sinense* Oliv. | II |
| 4 | 樟科 | Lauraceae | 楠木 | *Phoebe zhennan* S. Lee | II |
| 5 | 樟科 | Lauraceae | 润楠 | *Machilus pingii* Cheng ex Yang. | II |
| 6 | 豆科 | Leguminosae | 野大豆 | *Glycine soja* Sieb. et Zucc. | II |
| 7 | 芸香科 | Rutaceae | 黄檗 | *Phellodendron amurense* Rupr. | II |
| 8 | 芸香科 | Rutaceae | 川黄檗 | *Phellodendron chinense* Schneid. | II |
| 9 | 楝科 | Meliaceae | 红椿 | *Tonna ciliata* Roem. | II |
| 10 | 玄参科 | Scrophulariaceae | 呆白菜 | *Triaenophora rupestris*（Hemsl.）Soler. | II |
| 11 | 茜草科 | Rubiaceae | 香果树 | *Emmenopterys henryi* Oliv. | II |
| 12 | 蓝果树科 | Nyssaceae | 珙桐 | *Davidia involucrata* Baill. | I |
| 13 | 蓝果树科 | Nyssaceae | 光叶珙桐 | *Davidia involucrata* Baill. var. *vilmoriniana*（Dode）Wanger. | I |

## 3.3.5　中国植物红皮书名录物种

依据《中国植物红皮书名录》，花萼山自然保护区共分布有红皮书收录物种 25 种。其中濒危种 1 种，即大果青扦（*Picea neoveitchii*）；渐危种 11 种，如八角莲（*Dysosma versipellis*）、黄连（*Coptis chinensis*）、麦吊云杉（*Picea brachytyla*）、野大豆（*Glycine soja*）等；稀有种 13 种，如独花兰（*Changnienia amoena*）、杜仲（*Eucommia ulmoides*）、青檀（*Pteroceltis tatarinowii*）等（表 3-17，表 3-18）。

表 3-17　花萼山自然保护区中国植物红皮书名录物种保护级别数量统计

| 类群 | 濒危 | 渐危 | 稀有 |
|---|---|---|---|
| 蕨类植物 | 0 | 0 | 0 |
| 裸子植物 | 1 | 2 | 0 |
| 被子植物 | 0 | 9 | 13 |
| 合计 | 1 | 11 | 13 |
| 占保护区中国植物红皮书名录物种比例/% | 4.00 | 44.00 | 52.00 |

表 3-18　四川花萼山国家级自然保护区中国植物红皮书植物名录

| 序号 | 科名 | 科拉丁名 | 中文名 | 学名 | 红皮书 |
|---|---|---|---|---|---|
| 一 | 裸子植物 | | | | |
| 1 | 松科 | Pinaceae | 秦岭冷杉 | *Abies chensiensis* Van Tiegh. | 渐危种 |
| 2 | 松科 | Pinaceae | 麦吊云杉 | *Picea brachytyla*（Franch.）Pritz. | 渐危种 |
| 3 | 松科 | Pinaceae | 大果青扦 | *Picea neoveitchii* Mast. | 濒危种 |
| 二 | 被子植物 | | | | |

续表

| 序号 | 科名 | 科拉丁名 | 中文名 | 学名 | 红皮书 |
|---|---|---|---|---|---|
| 1 | 杨柳科 | Salicaceae | 大叶柳 | *Salix magnifica* Hemsl. | 渐危种 |
| 2 | 榆科 | Ulmaceae | 青檀 | *Pteroceltis tatarinowii* Maxim. | 稀有种 |
| 3 | 领春木科 | Eupteleaceae | 领春木 | *Euptelea pleiospermum* Hook. f. et Thoms. | 稀有种 |
| 4 | 连香树科 | Cercidiphyllaceae | 连香树 | *Cercidiphyllum japonicum* Sieb. et Zucc. | 稀有种 |
| 5 | 毛茛科 | Ranunculaceae | 黄连 | *Coptis chinensis* Franch. | 渐危种 |
| 6 | 小檗科 | Berberidaceae | 八角莲 | *Dysosma versipellis* Cheng ex Ying. | 渐危种 |
| 7 | 水青树科 | Tetracentraceae | 水青树 | *Tetracentron sinense* Oliv. | 稀有种 |
| 8 | 樟科 | Lauraceae | 楠木 | *Phoebe zhennan* S. Lee. | 渐危种 |
| 9 | 金缕梅科 | Hamamelidaceae | 山白树 | *Sinowilsonia henryi* Hemsl. | 稀有种 |
| 10 | 杜仲科 | Eucommiaceae | 杜仲 | *Eucommia ulmoides* Oliver | 稀有种 |
| 11 | 豆科 | Leguminosae | 野大豆 | *Glycine soja* Sieb. et Zucc. | 渐危种 |
| 12 | 芸香科 | Rutaceae | 黄檗 | *Phellodendron amurense* Rupr. | 渐危种 |
| 13 | 楝科 | Meliaceae | 红椿 | *Tonna ciliata* Roem. | 渐危种 |
| 14 | 省沽油科 | Staphyleaceae | 银鹊树 | *Tapiscia sinensis* Oliv. | 稀有种 |
| 15 | 槭树科 | Aceraceae | 金钱槭 | *Dipteronia sinensis* Oliv. | 稀有种 |
| 16 | 蓝果树科 | Nyssaceae | 珙桐 | *Davidia involucrata* Baill. | 稀有种 |
| 17 | 蓝果树科 | Nyssaceae | 光叶珙桐 | *Davidia involucrata* Baill. var. *vilmoriniana*（Dode）Wanger. | 稀有种 |
| 18 | 五加科 | Araliaceae | 刺五加 | *Acanthopanax senticosus*（Rupr.）Maxim. Harms | 渐危种 |
| 19 | 茜草科 | Rubiaceae | 香果树 | *Emmenopterys henryi* Oliv. | 稀有种 |
| 20 | 忍冬科 | Caprifoliaceae | 蝟实 | *Kolkwitzia amabilis* Graebn. | 稀有种 |
| 21 | 百合科 | Liliaceae | 延龄草 | *Trillium tschonoskii* Maxim. | 渐危种 |
| 22 | 兰科 | Orchidaceae | 独花兰 | *Changnienia amoena* S. S. Chien. | 稀有种 |

部分国家重点保护野生植物生物学形态特征及分布描述如下。

### 榧树（*Torreya grandis*）

国家Ⅱ级保护野生植物，乔木，高达 25m，胸径 55cm；树皮浅黄灰色、深灰色或灰褐色，不规则纵裂；一年生枝绿色，二、三年生枝黄绿色、淡褐黄色或暗绿黄色，稀淡褐色。叶条形，列成两列，长 1.1～2.5cm，宽 2.5～3.5mm，先端凸尖，上面光绿色，无隆起的中脉，下面淡绿色，气孔带常与中脉带等宽，绿色边带与气孔带等宽或稍宽。雄球花圆柱状，长约 8mm，基部的苞片有明显的背脊，雄蕊多数，各有 4 个花药，药隔先端宽圆有缺齿。种子呈椭圆形、卵圆形、倒卵圆形或长椭圆形，长 2～4.5cm，径 1.5～2.5cm，熟时假种皮淡紫褐色，有白粉，顶端微凸，基部具宿存的苞片，胚乳微皱；初生叶三角状鳞形。花期 4 月，种子翌年 10 月成熟。

榧树为中国特有树种，产于江苏南部、浙江、福建北部、江西北部、安徽南部，西至湖南西南部及贵州松桃等地，生于海拔 1400m 以下，温暖多雨，黄壤、红壤、黄褐土地区。模式标本采自浙江。

花萼山自然保护区海拔 1000m 以上山地均有榧树的分布。

### 巴山榧树（*Torreya fargesii*）

国家Ⅱ级保护野生植物，乔木，高达 12m；树皮深灰色，不规则纵裂；一年生枝绿色，二、三年生枝呈黄绿色或黄色，稀淡褐黄色。叶条形，稀条状披针形，通常直，稀微弯，长 1.3～3cm，宽 2～3mm，先端微凸尖或微渐尖，具刺状短尖头，基部微偏斜，宽楔形，上面亮绿色，无明显隆起的中脉，通常有两条较明显的凹槽，延伸不达中部以上，稀无凹槽，下面淡绿色，中脉不隆起，气孔带较中脉带窄，干后呈淡褐色，绿色边带较宽，约为气孔带的一倍。雄球花卵圆形，基部的苞片背部具纵脊，雄蕊常具 4 个花药，花丝短，药隔三角状，边具细缺齿。种子卵圆形、圆球形或宽椭圆形，肉质假种皮微被白粉，径约 1.5cm，顶端具小凸尖，基部有宿存的苞片；骨质种皮的内壁平滑；胚乳周围显著地向内深皱。花期 4～5 月，种子 9～10 月成熟。

巴山榧树为中国特有树种,产于陕西南部、湖北西部、四川东部、东北部及西部峨眉山海拔 1000～1800m 地带。散生于针、阔叶林中。模式标本采自四川城口。

花萼山自然保护区 1000m 以上山地均有巴山榧树的分布。

### 红豆杉 （*Taxus chinensis*）

国家 I 级保护野生植物,常绿乔木,小枝秋天变成黄绿色或淡红褐色,叶条形,雌雄异株,属浅根植物,其主根不明显、侧根发达,高 30m,干径达 1m。叶螺旋状互生,基部扭转为二列,条形略微弯曲,长 1～2.5cm,宽 2～2.5mm,叶缘微反曲,叶端渐尖,叶背有 2 条宽黄绿色或灰绿色气孔带,中脉上密生有细小凸点,叶缘绿带极窄。雄球花单生于叶腋；雌球花的胚珠单生于花轴上部侧生短轴的顶端,基部有圆盘状假种皮。种子扁卵圆形,有 2 棱,假种皮杯状,红色,可用来榨油,也可入药。

在中国仅见于甘肃南部、陕西南部、湖北西部和四川,海拔 1500～2100m 的山地。分布区气候特点为夏暖冬凉,四季分明,冬季有雪覆盖。年平均温 10℃左右,最高温 16～18℃,最低温 0℃。年降水量 800～1000mm,年平均湿度 50%～60%,能耐寒,并有较强的耐阴性,多生于河谷和较湿润地段的林中。主要群落为针阔混交林。

红豆杉在天然药物的开发上有较大经济价值。种胚休眠期较长,采种后在低温下用湿沙层积贮,春季播种期可延至第二年；扦插法亦能繁殖。

花萼山自然保护区海拔 1000m 以上山地均有红豆杉（*Taxus chinensis*）分布。

### 南方红豆杉 （*Taxus chinensis* var. *mairei*）

国家 I 级保护野生植物。红豆杉的变种,本变种与红豆杉的区别主要在于叶常较宽长,多呈弯镰状,通常长 2～3.5（～4.5）cm,宽 3～4（～5）mm,上部常渐窄,先端渐尖,下面中脉带上无角质乳头状突起点,或局部有成片或零星分布的角质乳头状突起点,或与气孔带相邻的中脉带两边有一至数条角质乳头状突起点,中脉带明晰可见,其色泽与气孔带相异,呈淡黄绿色或绿色,绿色边带亦较宽而明显；种子通常较大,微扁,多呈倒卵圆形,上部较宽,稀柱状矩圆形,长 7～8mm,径 5mm,种脐常呈椭圆形。

南方红豆杉是中国亚热带至暖温带特有成分之一,在阔叶林中常有分布。耐荫树种,喜阴湿环境。自然生长在山谷、溪边、缓坡腐殖质丰富的酸性土壤中,中性土、钙质土也能生长。很少有病虫害,生长缓慢,寿命长。产于中国长江流域以南,常生于海拔 1000～1200m 的山林中,星散分布。

其在花萼山自然保护区主要分布于曹家乡、花萼乡、庙坡乡、白果乡等地海拔较低地方。

### 连香树 （*Cercidiphyllum japonicum*）

国家 II 级保护野生植物,稀有种。连香树在中国残遗分布于暖温带及亚热带地区。其结实率低,幼树极少,加之历年来只伐不植,致使分布区逐渐缩小,成片植株更为罕见。

落叶乔木,高 10～20（～40）m,胸径达 1m；树皮灰色,纵裂,呈薄片剥落枝无毛,有长枝和距状短枝,短枝在长枝上对生；在短枝上单生,近圆形或宽卵形,长 4～7cm,宽 3.5～6cm,先端圆或锐尖,基部心形、圆形或宽楔形,边缘具圆钝锯齿,齿端具腺体,上面深绿色,下面粉绿色,具 5～7 条掌状脉；叶柄长 1～2.5cm。雌雄异株,花先叶开放或与叶同放,腋生；每花有 1 苞片,花萼 4 裂,膜质,无花瓣；雄花常 4 朵簇生,近无梗,雄蕊 15～20 枚,花丝纤细,花药红色,2 室,纵裂；雌花具梗,心皮 2～6,长 8～18mm,直径 2～3mm,微弯曲,熟时紫褐色,上部喙状,花柱宿存；种子卵圆形,顶端有长圆形透明翅。

主要分布于山西南部、河南西部、陕西南部、甘肃南部、浙江西部及南部、江西及湖北、湖南、四川、贵州。生于海拔 400～2700m 的向阳山谷或溪旁的阔叶林中。此外,日本也有分布。分布区的气候特点是冬寒夏凉,多数地区雨量多,湿度大。本种耐阴性较强,幼树须长在林下弱光处,成年树要求一定的光照条件。

连香树为第三纪子遗植物,为中国和日本间断分布种。其对阐明第三纪植物区系起源以及中国与日本植物区系的关系,均有较大科研价值。

其在花萼山自然保护区分布于大竹河、鱼泉山等地海拔 1400～1900m 阔叶林中。

### 红椿 （*Tonna ciliata*）

国家 II 级保护野生植物,渐危种。落叶或半落叶乔木,小枝初时被柔毛,渐变无毛,有稀疏的苍白色皮孔。叶为偶数或奇数羽状复叶,通常有小叶 7～8 对,边全缘,两面均无毛或仅于背面脉腋内有毛。

　　红椿为阳性树种，不耐庇荫，但幼苗或幼树可稍耐阴，在土层深厚、肥沃、湿润、排水良好的疏林中，生长较快。

　　其在花萼山自然保护区内分布于海拔 400～1500m 的山坡，沟谷林中，河边，村旁。

### 香果树（*Emmenopterys henryi*）

　　国家Ⅱ级保护野生植物，稀有种。落叶大乔木；树皮灰褐色，鳞片状；小枝有皮孔，粗壮，扩展。叶纸质或革质，阔椭圆形、阔卵形或卵状椭圆形。圆锥状聚伞花序顶生；花芳香，裂片近圆形，具缘毛，脱落，变态的叶状萼裂片白色、淡红色或淡黄色，纸质或革质，匙状卵形或广椭圆形；花冠漏斗形，白色或黄色，被黄白色绒毛，裂片近圆形；花丝被绒毛。蒴果长圆状卵形或近纺锤形；种子多数，小而阔翅。

　　产于中国陕西、甘肃、江苏、安徽、浙江、江西、福建、河南、湖北、湖南、广西、四川、贵州、云南东北部至中部；生于海拔 430～1630m 处山谷林中，喜湿润而肥沃的土壤。

　　树干高耸，可作庭园观赏树。树皮纤维柔细，是制蜡纸及人造棉的原料。木材无边材和心材的明显区别，纹理直，结构细，供制家具和建筑用。耐涝，可作固堤植物。

　　其在花萼山自然保护区分布于花萼乡、曹家乡等山地沟谷中。

### 珙桐（*Davidia involucrata*）

　　国家Ⅰ级保护野生植物，濒危种。为落叶乔木，可生长到 15～25m 高，叶子广卵形，边缘有锯齿。本科植物只有一个属两物种，两种相似，一种叶面有毛，另一种叶光面。花奇色美，是 1000 万年前新生代第三纪留下的孑遗植物，在第四纪冰川时期，大部分地区的珙桐相继灭绝，成了植物界今天的"活化石"，被誉为"中国的鸽子树"，又称"鸽子花树"、"水梨子"，野生种只生长在中国中部湖北省和周边地区。该物种已被列为国家Ⅰ级重点保护野生植物，为中国特有的单属植物，属孑遗植物，也是全世界著名的观赏植物。

　　落叶乔木，高 15～20m；胸高直径约 1m；树皮深灰色或深褐色，常裂成不规则的薄片而脱落。幼枝圆柱形，当年生枝紫绿色，无毛，生枝深褐色或深灰色。叶纸质，互生，无托叶，常密集于幼枝顶端。两性花与雄花同株，由多数的雄花与 1 个雌花或两性花成近球形的头状花序，直径约 2cm，着生于幼枝的顶端，两性花位于花序的顶端，雄花环绕于其周围，基部具纸质、矩圆状卵形或矩圆状倒卵形花瓣状的苞片 2～3 枚，初淡绿色，继变为乳白色。雄花无花萼及花瓣，有雄蕊 1～7；雌花或两性花具下位子房，6～10 室，与花托合生，子房的顶端具退化的花被及短小的雄蕊，花柱粗壮，分成 6～10 枝，柱头向珙桐花果叶（11 张）外平展，每室有 1 枚胚珠，常下垂。果实为长卵圆形核果，紫绿色具黄色斑点，外果皮很薄，中果皮肉质，内果皮骨质具沟纹，种子 3～5 枚；果梗粗壮，圆柱形。花期 4 月，果期 10 月。

　　其在花萼山自然保护区主要分布于鱼泉山海拔约 1600m 沟谷落叶阔叶林中。

### 楠木（*Phoebe zhennan*）

　　国家Ⅱ级保护野生植物，渐危种。大乔木，高达 30m，树干通直。小枝通常较细，有棱或近于圆柱形，被灰黄色或灰褐色长柔毛或短柔毛。叶革质，椭圆形，少为披针形或倒披针形，先端渐尖，基部楔形，上面光亮无毛或沿中脉下半部有柔毛，下面密被短柔毛，叶柄细，被毛。聚伞状圆锥花序十分开展，在中部以上分枝，每伞形花序有花 3～6 朵，一般为 5 朵；花中等大，花梗与花等长；花被片近等大，外轮卵形，内轮卵状长圆形，先端钝，两面被灰黄色长或短柔毛，内面较密；子房球形，无毛或上半部与花柱被疏柔毛，柱头盘状。果椭圆形；果梗微增粗；宿存花被片卵形，革质、紧贴，两面被短柔毛或外面被微柔毛。花期 4～5 月，果期 9～10 月。

　　楠木为中国特有种，是驰名中外的珍贵用材树种。由于历代砍伐利用，致使这一丰富的森林资源近于枯竭。现存林多系人工栽培的半自然林和风景保护林，在庙宇、村舍、公园、庭院等处尚有少量的大树，但病虫危害较严重，也相继在衰亡。

　　其在花萼山自然保护区分布于鱼泉山、大竹河、花萼乡等地河谷边常绿阔叶林中。

### 水青树（*Tetracentron sinense*）

　　国家Ⅱ级保护野生植物。属落叶乔木，高可达 30m，胸径达 1.5m，全株无毛；树皮灰褐色或灰棕色而略带红色，片状脱落；长枝顶生，细长，幼时暗红褐色，短枝侧生，基部有叠生环状的叶痕及芽鳞痕。叶片卵状心形，两面无毛；叶柄长 2～3.5cm。

水青树为深根性、喜光的阳性树种，幼龄期稍耐荫蔽。喜生于土层深厚、疏松、潮湿、腐殖质丰富、排列良好的山谷与山腹地带，在陡坡、深谷的悬岩上也能生长。零星散生于常绿、落叶阔叶林内或林缘。

其在花萼山自然保护区分布于曹家乡、鱼泉山等地海拔 1400～1800m 等地落叶阔叶林中。

### 黄檗（*Phellodendron amurense*）

国家 II 级保护野生植物，渐危种。枝扩展，成年树的树皮有厚木栓层，浅灰或灰褐色。花序顶生，萼片细小，阔卵形，长约 1mm，花瓣紫绿色；雄花的雄蕊比花瓣长，退化雌蕊短小。果圆球形，蓝黑色；种子通常 5 粒。

主产于东北和华北各省，河南、安徽北部、宁夏也有分布，内蒙古有少量栽种。多生于山地杂木林中或山区河谷沿岸，适应性强，喜阳光，耐严寒，宜于平原或低丘陵坡地、路旁、住宅旁及溪河附近水土较好的地方种植。

木栓层是制造软木塞的材料，木材坚硬，边材淡黄色，心材黄褐色，是枪托、家具、装饰的优良材，亦为胶合板材；果实可作驱虫剂及染料；种子含油 7.76%，可制肥皂和润滑油；树皮内层经炮制后入药，称为黄檗、味苦、性寒，清热解毒、泻火燥湿。

其在花萼山保护区分布于白果乡、大竹河、花萼乡等地，多为人工栽培。

### 川黄檗（*Phellodendron chinensis*）

国家 II 级保护野生植物。高 10～12m，树干皮暗灰棕色，幼枝皮暗棕褐色或紫棕色，皮开裂，有白色皮孔。叶对生，奇数羽状复叶，小叶通常 7～15 片，长圆形至长卵形，先端渐尖，基部平截或圆形，上面暗绿色，下面浅绿色。花单性，淡黄色，顶生圆锥花序。花期 5～6 月，果期 6～10 月。

川黄檗气候适应性强，苗期稍能耐荫，成年树喜阳光，野生多见于避风山间谷地，混生在阔叶林中，喜深厚肥沃土壤、喜潮湿、喜肥、怕涝、耐寒；川黄檗幼苗忌高温、干旱，种子具有休眠期。

其在花萼山自然保护区分布于白果乡、大竹河、花萼乡等地，多为人工栽培。

### 野大豆（*Glycine soja*）

国家 II 级保护野生植物。一年生缠绕性草本，主根细长，可达 20cm 以上，侧根稀疏，蔓茎纤细。叶互生，3 小叶，总叶柄长 2～5.5cm，被浅黄色硬毛；小叶片长卵状披针形，披针状长椭圆形或为卵形。花蝶形，淡红紫色，腋生总状花序，花萼钟状，5 裂，旗瓣近圆形，雄蕊常为 10 枚，荚果线状长椭圆形，略弯曲，种子 2～4 粒。

野大豆分布在中国从寒温带到亚热带广大地区，喜水耐湿，多生于山野以及河流沿岸、湿草地、湖边、沼泽附近或灌丛中，稀见于林内和风沙干旱的沙荒地。山地、丘陵、平原及沿海滩涂或岛屿可见其缠绕它物生长。

野大豆在中国从南到北都有生长，甚至沙漠边缘地区也有其踪迹，但都是零散分布。中国野大豆虽物种资源丰富，但由于一些地方大规模的开荒、放牧、农田改造、兴修水利以及基本建设等原因，植被破坏严重，致使野大豆自然分布区日益缩减。

其在花萼山保护区主要分布于花萼乡、白果乡等地路边。

## 3.4 特有植物

花萼山自然保护区分布有中国特有植物 1284 种，如肾羽铁角蕨（*Asplenium humistratum*）、中华对马耳蕨（*Polystichum sino-tsus-simense*）、城口蔷薇（*Rosa chengkouensis*）等。

## 3.5 模式植物

产自保护区的模式植物仅 1 种，巴山细辛（*Asarum bashanense*）。

## 3.6 孑遗植物

花萼山自然保护区位于北亚热带，北边有秦岭山脉阻挡，受第四纪冰期影响较小，保留了众多第四纪冰期以前的孑遗物种。如起源于新生代的红豆杉（*Taxus chinensis*）、珙桐（*Davidia involucrata*）、领春木（*Euptelea pleiospermum*）、水青树（*Tetracentron sinense*）等。这些植物曾经不同程度地经历过第四纪冰期气候变迁的干扰，在全球目前仅存于少数地区。但在花葶山自然保护区，这些物种仍有集群或散生分布，保存较为完好，是十分珍贵的植物资源和生态记录，为研究古植物、古地理、古气候提供了重要的原始证据，具有重要的科研价值。

# 第4章 植 被

## 4.1 植被总体特征

四川花萼山自然保护区地处大巴山南麓，秦巴山腹地，处于我国中亚热带和北亚热带的过渡区域，是中国华东、日本植物区系西行，喜马拉雅植物区系东衍，华南植物区系北上与华北的温带植物区系南下的交汇场所，同时还是第四纪冰川期多种生物的"避难所"。生物多样性极高，是我国生物多样性保护的关键区域之一。区内山高沟狭，海拔高差变化大，生境差异明显，气候多样，发育形成了多样性极高的独特原始的植被类型。

植被的主要特点有：

### 1. 植被类型多样，原生性植被保存较好

保护区共有 8 个植被型、14 个植被亚型、24 个群系组、50 个群系。地势险要的峡谷段及海拔较高的区域原始植被保存较为良好，在保护区的低山谷地分布有典型常绿阔叶林，如多脉青冈林、山楠、宜昌润楠林，包果柯林，在中山地段还有巴山松林，在中山以上分布有较多的落叶阔叶林及常绿针叶林，如巴山水青冈林、巴山松林、华山松林等森林类型，山顶分布有一定面积的矮林，如杜鹃矮曲林和胡颓子矮林。这些植被保存较好，原生性较强，充分体现了保护区的森林植被多样性及原始性的特点。

### 2. 植被垂直分化明显

保护区内山地石灰岩分布较广，岩溶地貌发达，经过强烈的褶皱断裂，又经过侵蚀，形成高耸的山地，地形变化较大，以中山地貌为主；此外，境内花萼河、大竹河、白水河等渠江和汉江部分支流均发育于此，各河出山处均切割成峡谷，峡谷幽深，增加了地貌的复杂性。区内相对海拔高差较大，近 1600m。复杂的地形变化造就了保护区内明显的植被垂直分布特点。

植被组合主要反映在垂直带谱的变化上，可划为常绿阔叶林带、常绿阔叶与落叶阔叶混交林带、落叶阔叶林带、山顶矮林带（图4-1）。

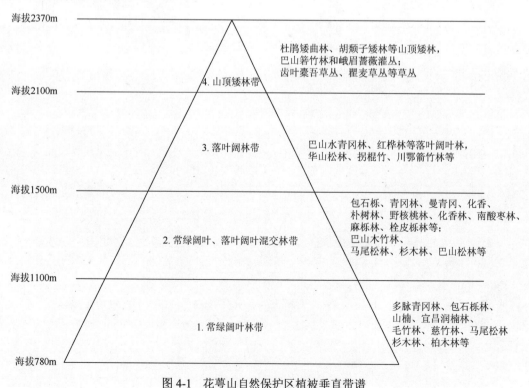

图4-1 花萼山自然保护区植被垂直带谱

（1）海拔 780～1100m 为常绿阔叶林带。由于本带海拔较低，与盆地底部植被地区相接，仅在沟谷及人为干扰较少区域残存小片常绿阔叶林，以多脉青冈林、山楠林、宜昌润楠林为主。早前人为干扰较为严重，山地荒坡分布着大面积的马尾松林、杉木林、小果蔷薇灌丛、火棘灌丛以及零星分布的柏木林、毛竹林、慈竹林以及各种草丛等植被类型。

（2）海拔 1100～1500m 为常绿、落叶阔叶混交林带。本林带是以水青冈（*Fagus longipetiolata*）、化香（*Platycarya strobilacea*）、朴树（*Celtis sinensis*）等树种为优势的常绿、落叶阔叶混交林为主，同时在该林带也分布有大面、栓皮栎林，化香林、野核桃林、南酸枣林等次生性较强的落叶阔叶林类型，这些类型海拔分布跨度较大。此外该林带还有巴山松林、杉木林、华山松林等常绿针叶林分布，巴山木竹林、粉花绣线菊灌丛、黄栌灌丛等也分布于此带。

（3）海拔 1500～2100m 为落叶阔叶林带。由于本地区地处温带与亚热带的临界区域，因此在中山区段以温带成分为主，植被垂直分布的落叶阔叶林带以巴山水青冈林、红桦林为典型代表，同时本林带还分布着大量中山类型的植物群落，如华山松林、拐棍竹林等植被类型。

（4）海拔 2100～2370m 为山顶矮林带。由于我国亚热带山地常绿阔叶林和热带山地季风常绿阔叶林的上限，随着海拔逐渐上升至山脊或山顶地带，特别是高于云雾线以上的山顶地段，生境条件特殊，以山风强烈、气温低、日照少、气温日变化大、云雾多、湿度大、山顶岩石碎块多、土层浅薄、成土过程差等特点著称，因此常常形成特殊的植被。保护区花萼山海拔 2100m 以上的区域，由于具备上述特点，因此形成了特殊的山顶矮曲林，包括两种杜鹃林和一种胡颓子林。此外还有峨眉蔷薇灌丛、瞿麦草丛、齿叶橐吾草丛等植物群落也分布于此带。

### 3. 主要植被类型突出，植被过渡性质明显

保护区处于中亚热带和北亚热带的过渡区域，是我国温带和亚热带的分界线，植被分区为中亚热带常绿阔叶林北部亚地带，其常绿阔叶林以典型的山楠林、宜昌润楠林、多脉青冈林为典型代表，中山及以上由于垂直分布特点，其植被分布带有暖温带植被的特点，如中山落叶阔叶林以巴山水青冈林、红桦林为典型代表，同时有多种槭属、鹅耳枥属、桦木属参与形成各类落叶阔叶林和常绿、落叶阔叶混交林。除森林植被类型体现植被过渡性质外，在灌丛中也有此特点，如从低山的暖性落叶灌丛枹栎–短柄枹栎灌丛、马桑灌丛开始到中山的黄栌灌丛也充分体现了保护区植被的过渡性质。

### 4. 植被次生性质明显

由于历史原因，保护区海拔 1500m 以下的区域，有十分明显的人为干扰痕迹，河流冲击扇、冲击平谷以及坡度较为平缓的坡地均已被开垦为农田及耕地，得益于保护区积极推进的退耕还林和植树造林、封山育林等政策，使得零星的常绿阔叶林、针叶林等原生植被得到保存，但由于次生恢复演替进展十分缓慢，至今，保护区植被整体上仍然具有十分明显的次生性质。

保护区内人工松林分布面积广，如在花萼乡、曹家乡、庙坡乡、官渡乡、白沙镇等境内有分布着大面积的人工林（包括人工种植和飞机播种），包括马尾松、杉木林、华山松林等。此外，由于早前砍伐后形成的次生栎类林及栎类灌丛较多，主要分布于中低山地段，受人为干扰较大，主要类型有栓皮栎林、白栎、短柄枹栎萌生灌丛。另外大量耕地弃耕后形成各种类型的次生草丛，如萱草草丛、菖蒲草丛、五月艾草丛、一年蓬草丛、鹅观草草丛等类型。

综上所述，四川花萼山国家级自然保护区植被总体上具有：植被类型多样、结构复杂、原始性较强、植被垂直分布特点突出、植被过渡性质明显以及具有一定次生性等特点。

## 4.2 植被类型及特征

### 4.2.1 植被分区地位

从植被分区角度而言，由于保护区面积较小，植被进行深入分区意义不大。本书植被分区主要依据《中

国植被》和《四川植被》的植被分区原则进行。按《中国植被》划分，本自然保护区的植被属于四川盆地，栽培植被、润楠、青冈林区，按《四川植被》的标准划分，其属于大巴山植被小区。

按《中国植被》分区构成如下：

亚热带常绿阔叶林区

　　东部（湿润）常绿阔叶林亚区域

　　　中亚热带常绿阔叶林地带

　　　　中亚热带常绿阔叶林南部亚地带

　　　　　四川盆地，栽培植被、润楠、青冈林区

按《四川植被》分区构成如下：

亚热带常绿阔叶林区

　　川东盆地及川西南山地常绿阔叶林地带

　　　川东盆地偏湿性常绿阔叶林亚带

　　　　盆边北部中山植被地区

　　　　　大巴山植被小区

## 4.2.2　植被分类原则

本次考察结果主要按照吴征镒所著《中国植被》中的分类原则并结合《四川植被》的植被分类原则进行划分。按照植物群落学原则，或植物群落学–生态学原则，主要以植物群落本生特征作为分类依据，但又十分注意群落的生态关系，力求利用所有能够利用的全部特征。具体来说，我们进行群落划分的依据有以下几个方面。

### 1. 植物种类组成

一定种类组成是一个群落最主要的特征，所有其他特征几乎全由这一特征所决定。因此，在进行植被分类时考虑群落的种类组成是很自然的。我们选择优势种作为划分类型的标准。把植物群落中各个层或层片中数量最多、盖度最大、群落学作用最明显的种作为优势种。其中，主要层片（建群层片）的优势种称作建群种，如在建群层片中有两个以上的种共同占优势，则使用这些共建种来划分群落类型。

优势种（尤其是建群种）是群落的主要建造者，它们创造了特定的群落环境，并决定其他成分的存在，他们的存在是群落存在的前提。尤其是在自然植被中，这种关系是非常明显的，一旦建群种遭到破坏，它所创造的群落环境也就随之改变，适应特定群落环境的那些生态幅狭窄的种，也将随之消失。优势种与群落是共存亡的，优势种的改变常常使群落由一个类型演替为另一类型。可见，采用优势种原则是符合自然分类要求的。

### 2. 外貌和结构

外貌和结构相似的植物群落常常存在于环境条件相似的不同生境中，这种分隔区内植被结构和外貌的趋同性，是建立外貌分类的主要依据。但是不应该把结构、外貌的趋同性看成是绝对的，由于植物区系发生的历史不同，在非常相似的生态条件下可能存在种类组成上很不相同的群落。尽管如此，我们仍然将群落的结构和外貌作为植被分类中的重要依据。植被的外貌和结构主要取决于优势种的生活型，因而我们本次在群落类型的划分中，特别是在较高级的分类单位的划分中，重点考虑优势种的外貌以及由其决定的群落结构。

### 3. 生态地理特征

任何植被类型都与一定的环境特征联系在一起。它们除具有特定的种类成分和特定的外貌、结构外，还具有特定的生态幅度和分布范围。由于历史原因，有时生活型和外貌不一定完全反映现代环境条件，按外貌原则划分的植被类型常常包括了异质的类群，因此，我们在植被类型划分中，也考虑群落的生态地理特征。

### 4. 动态特征

由于分类时采用了优势种原则，并着重群落现状，没有特别分出原生类型（顶级群落）和次生类型（或演替系列类型）。但在具体分类时，特别是在一些小斑块、次生性较强的情况下，我们考虑了群落动态的特征。

综上所述，本次考察按照《中国植被》中的分类原则和要求，以群落本身特征作为依据。但又充分考虑到它们的生态关系和植被动态关系，这是符合植被分类的群落学–生态学原则的。上述指标力图在不同方面反映植物群落的固有特征及其与环境的关系。此外，保护区人工栽培植被较少，且大部分具有一定的自然性质，于是我们并未将人工植被单独列出，只是在详述群系特征之时特别指出。

## 4.2.3 植被分区概述

大巴山植被小区位于大巴山东部，其东端以长江为界，西端以万源明月河为界，包括巫溪、巫山、奉节、城口等县和万源市部分地区（即包括了保护区全境）。

保护区境内石灰岩分布较广，岩溶地貌颇为发育，由于白沙河、花萼河、大竹河等河流深切，因此地形破碎，谷坡陡峭。由于地势较低，又受长江河谷气流影响，气候较为温暖湿润。

自然植被主要特征是包果柯（*Lithocarpus cleistocarpus*）、小叶青冈（*Cyclobalanopsis myrsinifolia*）、白楠（*Phoebe neurantha*）组成的常绿阔叶林，林中混有小花八角（*Illicium micranthum*）、大八角（*Illicium majus*）、小果润楠（*Machilus microcarpa*）、黑壳楠（*Lindera megaphylla*）等湿润性常绿阔叶树种。在常绿与落叶阔叶混交林中，普遍分布着漆树（*Toxicodendron vernicifluum*）和多种槭树，还有光叶水青冈（*Fagus lucida*）以及一些樟科植物。海拔 1500m 以下地区普遍分布着马尾松林、巴山松林、杉木林、柏木林，海拔 2000m 以上分布着次生草丛。

栽培植被中作物以旱作的玉米、红薯和马铃薯为主，玉米可分布至海拔 1800m。水稻分布在浅丘平坝地区，面积不大。

## 4.2.4 植被类型及特征

### 4.2.4.1 自然植被

本书采用《中国植被》的三级分类系统，即植被型、群系、群丛的分类系统对保护区植被进行分类，但由于群丛类型较多，且变化较为丰富，由于篇幅所限，本书对植被的描述到群系一级，群系是本书在植被类型上描述的主要对象。

根据中国植被的划分标准，四川万源花萼山国家级自然保护区植被类型可以划分为 8 个植被型、14 个植被亚型、24 个群系组和 50 个群系，群系以下并未再进行划分，表 4-1 是群系及群系以上的各级分类单位简表。分类序号连续编排按《中国植被》编号所用字符，植被型用罗马字母Ⅰ、Ⅱ、Ⅲ……，植被亚型用一、二、三……，群系组用（一）、（二）、（三）……，群系用 1、2、3……表示。

表 4-1　花萼山自然保护区植被类型简表

| 植被型 | 植被亚型 | 群系组 | 群系 |
|---|---|---|---|
| Ⅰ. 温性针叶林 | 一、温性常绿针叶林 | （一）温性松林 | 1. 华山松林 |
| | | | 2. 巴山松林 |
| Ⅱ. 暖性针叶林 | 二、暖性常绿针叶林 | （二）暖性松林 | 3. 马尾松林 |
| | | （三）杉木林 | 4. 杉木林 |
| | | （四）柏木林 | 5. 柏木林 |
| Ⅲ. 落叶阔叶林 | 三、典型落叶阔叶林 | （五）栎林 | 6. 麻栎林 |
| | | | 7. 栓皮栎林 |

续表

| 植被型 | 植被亚型 | 群系组 | 群系 |
|---|---|---|---|
| III. 落叶阔叶林 | 三、典型落叶阔叶林 | （六）水青冈林 | 8. 巴山水青冈林 |
| | 四、山地杨桦林 | （七）桦木、桤木林 | 9. 红桦林 |
| | | | 10. 桤木林 |
| | 五、石灰岩山地落叶阔叶林 | （八）化香、南酸枣林 | 11. 化香林 |
| | | | 12. 南酸枣林 |
| | | | 13. 野核桃林 |
| IV. 常绿、落叶阔叶混交林 | 六、山地常绿、落叶阔叶混交林 | （九）水青冈、常绿阔叶树混交林 | 14. 水青冈、包果柯林 |
| | 七、石灰岩常绿、落叶阔叶混交林 | （十）青冈、落叶阔叶混交林 | 15. 曼青冈、化香、朴树林 |
| V. 常绿阔叶林 | 八、典型常绿阔叶林 | （十一）青冈林 | 16. 多脉青冈林 |
| | | （十二）石栎林 | 17. 包果柯林 |
| | | | 18. 白楠、宜昌润楠林 |
| | 九、山顶矮曲林 | （十三）杜鹃矮曲林 | 19. 大白杜鹃矮林 |
| | | | 20. 四川杜鹃矮林 |
| | | （十四）胡颓子矮林 | 21. 宜昌胡颓子矮林 |
| VI. 竹林 | 十、温性竹林 | （十五）山地竹林 | 22. 巴山箬竹林 |
| | | | 23. 箭竹林 |
| | | | 24. 拐棍竹林 |
| | | | 25. 巴山木竹林 |
| | 十一、暖性竹林 | （十六）丘陵山地竹林 | 26. 毛竹林 |
| | | | 27. 桂竹林 |
| | | （十七）河谷平地竹林 | 28. 慈竹林 |
| VII. 落叶阔叶灌丛 | 十二、温性落叶阔叶灌丛 | （十八）山地中生落叶阔叶灌丛 | 29. 峨眉蔷薇灌丛 |
| | | | 30. 粉花绣线菊灌丛 |
| | | | 31. 川榛灌丛 |
| | | | 32. 黄栌灌丛 |
| | | | 33. 高丛珍珠梅灌丛 |
| | 十三、暖性落叶阔叶灌丛 | （十九）低山丘陵落叶阔叶灌丛 | 34. 白栎、短柄枹栎萌生灌丛 |
| | | | 35. 长叶水麻灌丛 |
| | | （二十）石灰岩山地落叶阔叶灌丛 | 36. 马桑灌丛 |
| | | | 37. 火棘灌丛 |
| | | | 38. 小果蔷薇灌丛 |
| | | | 39. 山麻杆灌丛 |
| | | | 40. 盐肤木灌丛 |
| VIII. 灌草丛 | 十四、暖性灌草丛 | （二十一）禾草灌草丛 | 41. 丝茅草丛 |
| | | | 42. 鹅观草草丛 |
| | | | 43. 狼尾草草丛 |
| | | （二十二）蕨类灌草丛 | 44. 金星蕨草丛 |
| | | （二十三）菊科类灌草丛 | 45. 一年蓬草丛 |
| | | | 46. 五月艾草丛 |
| | | | 47. 橐吾草丛 |
| | | （二十四）杂草类灌草丛 | 48. 瞿麦草丛 |
| | | | 49. 萱草草丛 |
| | | | 50. 菖蒲草丛 |

主要植被类型概述如下。

**Ⅰ. 温性针叶林**

温性针叶林从分布和形成原因上可以分为两种类型，一种是分布于暖温带地区平原、丘陵及低山的针叶林，另一种是分布于亚热带和热带中山的针叶林，前者是由地理气候带所控制形成水平地带性植被类型，后者是由于地区地形地貌差异所形成的山地垂直地带性植被类型。

保护区地处四川盆地东部的大巴山南麓，华山松林和巴山松林是本地区温性针叶林的典型代表，均属于我国亚热带西部地区的山地针叶林。华山松（*Pinus armandii*）和巴山松（*Pinus henryi*）均具有很强的适应性，形成广阔的分布区，华山松是西南山地分布最广的针叶树，巴山松是秦岭、大巴山、鄂西的中山特有针叶树种。

### 1. 华山松林（Form. *Pinus armandi*）

华山松林在四川、重庆一带的大巴山地区分布较广，多为小块状。保护区内华山松林一般分布于海拔1500～2100m 的阴坡或半阴坡，保护区内华山松林分布最广的常绿针叶林，在花萼乡、曹家乡等乡镇境内分布较为集中。

群落外貌绿色，树冠呈塔形或圆锥形，树形美观，乔木层高度一般为 15～20m，群落郁闭度视不同分布地段略有差异，一般郁闭度为 0.5～0.7。此外华山松（*Pinus armandii*）还与当地栽培经济树种栗（*Castanea mollissima*）等组成混生群落，低山地段乔木层中常有马尾松（*Pinus massoniana*）渗入，落叶阔叶树种亮叶桦（*Betula luminifera*）、灯台树（*Bothrocaryum controversum*）、川陕鹅耳枥（*Carpinus fargesiana*）、槲栎（*Quercus aliena*）、野漆（*Toxicodendron succedaneum*）等混生其中，灌木层种类较多，主要有湖北山楂（*Crataegus hupehensis*）、箭竹（*Fargesia spathacea*）、楤木（*Aralia chinensis*）、宜昌胡颓子（*Elaeagnus henryi*）、陕西卫矛（*Euonymus schensianus*）、长叶胡颓子（*Elaeagnus bockii*）、栗（*Castanea mollissima*）、猫儿屎（*Decaisnea insignis*）、细枝茶藨子（*Ribes tenue*）、异叶榕（*Ficus heteromorpha*）、马醉木（*Pieris japonica*）、披针叶胡颓子（*Elaeagnus lanceolata*）、马棘（*Indigofera pseudotinctoria*）、江南越桔（*Vaccinium mandarinorum*）、杜鹃（*Rhododendron simsii*）、构树（*Broussonetia papyrifera*）等物种。草本层种类较少，主要有芒萁（*Dicranopteris dichotoma*）、里白（*Hicriopteris glauca*）、丝茅（*Imperata koenigii*）、干旱毛蕨（*Cyclosorus aridus*）等。

### 2. 巴山松林（Form. *Pinus henryi*）

巴山松林是一种分布范围较狭窄的亚热带山地常绿针叶树种，仅见于川鄂山地海拔 1000～1900m 的地区。保护区内巴山松林主要分布于海拔 800～1500m 的半阴坡。上界与落叶、常绿阔叶混交林相接，下界常与马尾松或山地马桑灌丛相邻。

巴山松林在花萼乡、曹家沟境内有分布。群落外貌翠青色，群落郁闭度为 0.6 左右，群落高度约 20m。保护区内巴山松林主要以两种主要群落类型存在，其一是以巴山松（*Pinus tabulaeformis* var. *henryi*）形成的近纯林，该群落类型较小，其二是以巴山松为主的，林内含有少量枫香（*Liquidambar formosana*）等落叶阔叶树的混交林。此外，巴山松林的乔木层组成树种还有亮叶桦（*Betula luminifera*）、川陕鹅耳枥（*Carpinus fargesiana*）、巴东栎（*Quercus engleriana*）、化香树（*Platycarya strobilacea*）、槲栎（*Quercus aliena*）等。灌木层物种种类较多，主要有盐肤木（*Rhus chinensis*）、牛奶子（*Elaeagnus umbellata*）、箭竹（*Fargesia spathacea*）、卫矛（*Euonymus alatus*）、毛黄栌（*Cotinus coggygria* var. *pubescens*）、宜昌荚蒾（*Viburnum erosum*）、广东山胡椒（*Lindera kwangtungensis*）、杜鹃（映山红）（*Rhododendron simsii*）、铁仔（*Myrsine africana*）、豪猪刺（*Berberis julianae*）、猫儿刺（*Ilex pernyi*）、南方六道木（*Abelia dielsii*）等。草本层比较稀疏，主要是蕨类植物，有金星蕨（*Parathelypteris glanduligera*）、狗脊（*Woodwardia japonica*）等。层间植物在林隙及林缘处分布较多，主要有中华猕猴桃（*Actinidia chinensis*）、菝葜（*Smilax china*）、五味子（*Schisandra chinensis*）等。

### Ⅱ. 暖性针叶林

暖性针叶林主要分布在亚热带低山、丘陵和平地。暖性针叶林分布区的基本植被类型属常绿阔叶林或其他类型阔叶林，但在现状植被中，针叶林较阔叶林而言面积较大，分布也十分广泛。暖性针叶林多分布于丘陵山地的酸性红黄壤，少数分布于平地及河岸，或适应石灰岩土壤。

保护区地处四川盆地东北区，低山丘陵区域本属于常绿阔叶林分布的地区，但由于人为开发较早，地带性常绿阔叶林基本都被破坏殆尽，飞机播种和人工种植的速生林面积分布较大，因此马尾松林、杉木林成为保护区低山区域分布最广的森林类型。林内常常混生大量阔叶树种，生境较好的阴坡和海拔较低的低山区段，常绿成分居多，而干旱和山脊地段落叶阔叶成分则较多。

### 3. 马尾松林（Form. *Pinus massoniana*）

马尾松林是我国东南部湿润亚热带地区分布最广、资源最大的森林群落。马尾松性喜温暖湿润气候，所在地的土壤为各种酸性基岩发育的黄褐土、黄棕壤，经淋溶已久的石灰岩上也能生长。马尾松生长快，能长大成径材。当阔叶林屡遭砍伐或火烧后，光照增强，土壤干燥，马尾松首先侵入，逐渐形成天然马尾松林。但马尾松作为一种先锋植物群落，发展到一定阶段，它的幼苗不能在自身林冠下更新，阔叶林又逐渐侵入，代替了马尾松而取得优势。

保护区内马尾松林在海拔 1200m 以下沿峡谷的山坡呈块状分布，区内马尾松纯林在花萼乡等境内分布较多，为保护区内早前飞机播种的人工林，林相十分整齐。群落中乔木层高度一般较矮，约 10m，林内除以马尾松（*Pinus massoniana*）占优势外，在阳坡山脊、山顶等地段常与华山松（*Pinus armandi*）组成混交针叶林类型，此外马尾松乔木层还常有槲栎（*Quercus aliena*）、栓皮栎（*Quercus variabilis*）、亮叶桦（*Betula luminifera*）等混生其中。灌木层种类中盐肤木（*Rhus chinensis*）、宜昌荚蒾（*Viburnum erosum*）、檵木（*Loropetalum chinense*）、山胡椒（*Lindera glauca*）、毛叶木姜子（*Litsea mollis*）、火棘（*Pyracantha fortuneana*）、川榛（*Corylus heterophylla* var. *sutchuenensis*）占优势地位，其他还有川陕鹅耳枥（*Carpinus fargesiana*）幼树、山莓（*Rubus corchorifolius*）、野鸦椿（*Euscaphis japonica*）、桦叶荚蒾（*Viburnum betulifolium*）等。草本层以芒萁（*Dicranopteris pedata*）、狗脊（*Woodwardia japonica*）占优势，另外草本成中还有丝茅（*Imperata koenigii*）、五节芒（*Miscanthus floridulus*）等物种。

### 4. 杉木林（Form. *Cunninghamia lanceolata*）

杉木群系广泛分布于东部亚热带地区，它和马尾松、柏木林组成我国东部亚热带的三大常绿针叶林类型。目前大多是人工林，少量为次生自然林。杉木适生于温暖湿润、土壤深厚、静风的山凹谷地。土壤以土层深厚，湿润肥沃，排水良好的酸性红黄壤、山地黄壤和黄棕壤最适宜，石灰性土上生长不良。杉木林一般结构整齐，层次分明。

保护区内杉木林主要分布于海拔 800～1200m 的山坡中下部，区内杉木林均有分布，主要为人工种植。

此群落中乔木层高度约 13m，除杉木外还混生有少量马尾松（*Pinus massoniana*）、四川山矾（*Symplocos setchuanensis*）等乔木树种，林下层植物较丰富，灌木层主要有细枝柃（*Eurya loquaiana*）、湖北杜茎山（*Maesa hupehensis*）、山胡椒（*Lindera glauca*）、山莓（*Rubus corchorifolius*）、盐肤木（*Rhus chinensis*）、算盘子（*Glochidion puberum*）、白栎（*Quercus fabri*）、楤木（*Aralia chinensis*）等；草本层由狼尾草（*Pennisetum alopecuroides*）、山麦冬（*Liriope spicata*）、里白（*Diplopterygium glaucum*）、山姜（*Alpinia japonica*）、浆果薹草（*Carex baccans*）、江南卷柏（*Selaginella moellendorffii*）等成分组成。

### 5. 柏木林（Form. *Cupressus funebris*）

柏木林是四川盆地东部地区主要的森林植被类型之一，保护区由于地处大巴山山脉，基准海拔较高，区内柏木林分布较少，偶有小斑块分布于海拔 1000m 以下的低山丘陵地段，主要分布于山地农用地附近，在石灰岩发育形成的土壤基质生长良好，保护区内在庙坡乡大竹河两岸有分布。

群落外貌苍翠，林冠整齐，群落结构简单，层次分明。群落高度一般为 15m，乔木层盖度为 0.5～0.7，种类组成和群落结构随生境的变化和人为因素的影响而异。乔木层一般以柏木（*Cupressus funebris*）为主要优势种，其他还有马尾松（*Pinus massoniana*）、化香树（*Platycarya strobilacea*）、野漆（*Toxicodendron succedaneum*）等，灌木层种类较多，主要有马桑（*Coriaria nepalensis*）、城口黄栌（*Cotinus coggygria* var. *chengkouensis*）、毛黄栌（*Cotinus coggygria* var. *pubescens*）、火棘（*Pyracantha fortuneana*）、黄荆（*Vitex negundo*）等。草本层盖度较高，在 0.5 左右，主要种类有十字薹草（*Carex cruciata*）、中日金星蕨（*Parathelypteris nipponica*）、蜈蚣草（*Pteris vittata*）等。

### III. 落叶阔叶林

落叶阔叶林多由常绿阔叶林、常绿针叶林、亚高山针叶林等砍伐或火烧后所形成，其分布地区的自然环境条件与这些森林植被类型所处的自然环境条件相一致，仅局部小环境的光照变得更加充足，土壤变得较干燥，这些变化为落叶阔叶林的形成创造了适合的生态条件。落叶阔叶林的群落外貌具有明显的季相变化，春夏乔木树种新叶生出，群落外貌呈现一片绿色、浅绿色；入秋气温下降，叶片变黄；冬季树种大部分或全部落叶，树冠则是一片白色的景观。

落叶阔叶林是亚热带地区的一种非地带性的、不稳定的森林植被类型，保护区地处亚热带与温带交界区域，气候带上属于北亚热带，因此保护区内落叶阔叶林分布较广，主要有 9 种类型，包括温带性质的红桦林、巴山水青冈林，次生性质的麻栎林、栓皮栎林，石灰岩山地生长的化香林、盐肤木林等群落类型。

组成保护区内落叶阔叶林的种类成分，主要是壳斗科栎属（*Quercus*）、水青冈属（*Fagus*）、桦木科的桤木属（*Alnus*）、桦木属（*Betula*）、鹅耳枥属（*Carpinus*）、胡桃科化香属（*Platycarya*）、枫杨属（*Pterocarya*）、漆树科的南酸枣属（*Choerospondias axillaries*）等落叶乔木。

## 6. 麻栎林（Form. *Quercus acutissima*）

麻栎林在大巴山自然保护区内各个乡镇几乎都有分布，主要分布于海拔海拔 800-1500m 之间的广大山地区域。群落外貌呈黄绿色，林冠整齐，林分组成简单，除麻栎（*Quercus acutissima*）外，其他物种还有栓皮栎（*Quercus variabilis*）、白栎（*Quercus fabri*）、马尾松（*Pinus massoniana*）等，郁闭度在 0.8 左右，林下灌木层和草本层物种较少，灌木主要有檵木（*Loropetalum chinense*）、肖菝葜（*Heterosmilax japonica*）、小果蔷薇（*Rosa cymosa*）、算盘子（*Glochidion puberum*）、盐肤木（*Rhus chinensis*）、南烛（*Lyonia ovalifolia*）等；草本层主要由芒（*Miscanthus sinensis*）、香青（*Anaphalis sinica*）等物种组成。

## 7. 栓皮栎林（Form. *Quercus variabilis*）

栓皮栎（*Quercus variabilis*）主要分布于保护区内庙坡乡、曹家乡、花萼乡等乡镇的低山、浅丘地带，海拔 800~1500m 的向阳山坡中、上部及近山脊部。群落外貌黄绿色，林木分布较均匀。乔木层栓皮栎（*Quercus variabilis*）占绝对优势外，伴生树种还有短柄枹栎（*Quercus serrata.* var. *brevipetiolata*）、川陕鹅耳枥（*Carpinus fargesiana*）、槲栎（*Quercus aliena*）、黄檀（*Dalbergia hupeana*）以及马尾松（*Pinus massoniana*）、杉木（*Cunninghamia lanceolata*）等物种。灌木层较稀疏，优势种不明显，主要有毛黄栌（*Cotinus coggygria* var. *pubescens*）、中华胡枝子（*Lespedeza chinensis*）、桦叶荚蒾（*Viburnum betulifolium*）、皱叶荚蒾（*Viburnum rhytidophyllum*）、探春花（*Jasminum floridum*）、山胡椒（*Lindera glauca*）、粉花绣线菊（*Spiraea japonica*）、马棘（*Indigofera pseudotinctoria*）、野蔷薇（*Rosa multiflora*）等物种；草本层主要有丝茅（*Imperata koenigii*）、川鄂淫羊藿（*Epimedium fargesii*）、七叶鬼灯擎（*Rodgersia aesculifolia*）、甘肃楼斗菜（*Aquilegia oxysepala* var. *kansuensis*）等物种。

## 8. 水青冈林（Form. *Fagus longipetiolata*）

保护区内巴山水青冈林分布在花萼河、曹家沟等支流的峡谷两岸，分布海拔大约为 1800m，除巴山水青冈林外，巴山水青冈与川陕鹅耳枥（*Carpinus fargesiana*）的混交林较多。

群落内乔木层中还有其他物种如糙皮桦（*Betula utilis*）、华山松（*Pinus armandii*）、大白杜鹃（*Rhododendron decorum*）、锐齿槲栎（*Quercus aliena* var. *acuteserrata*）、枹栎（*Quercus serrata*）等参与组成，层高为 15~18m。灌木层主要物种为棣棠（*Kerria japonica*）、小果珍珠花（*Lyonia ovalifolia* var. *elliptica*）、榕叶冬青（*Ilex ficoidea*)、卫矛（*Euonymus alatus*)、短柄枹栎（*Quercus serrata*. var. *brevipetiolata*)、杭子梢（*Campylotropis macrocarpa*）等，草本层主要由齿叶橐吾（*Ligularia dentata*)、糙苏（*Phlomis umbrosa*)、秋海棠叶蟹甲草（*Parasenecio begoniaefolia*)、铜钱细辛（*Asarum debile*)、活血丹（*Glechoma longituba*）等组成，在不同地段其生长情况有较大差异。

## 9. 红桦林（Form. *Betula albosinensis*）

红桦林是一种次生的落叶阔叶林，保护区内主要见于花萼乡、曹家乡等乡镇境内海拔 1800～2300m 的亚高山区域。

群落外貌夏季呈绿色，渐入秋冬季则群落外貌也渐近黄色，林冠较整齐，群落高度约 16m，郁闭度 0.6 左右。红桦为乔木层建群种，其他还有糙皮桦（*Betula utilis*)、巴山冷杉（*Abies fargesii*)、石灰花楸（*Sorbus folgneri*)、华山松（*Pinus armandii*)、五裂槭（*Acer oliverianum*)、野漆（*Toxicodendron succedaneum*)、川陕鹅耳枥（*Carpinus fargesiana*）等物种；灌木层种类较多，阴湿地段常有巴山箬竹（*Indocalamus bashanensis*)、箭竹（*Fargesia spathacea*）等小径竹类组成灌木层优势种，其他较干旱地段以白檀（*Symplocos paniculata*)、黄杨（*Buxus sinica*)、杜鹃（*Rhododendron simsii*)、峨眉蔷薇（*Rosa omeiensis*)、竹叶花椒（*Zanthoxylum armatum*)、木帚栒子（*Cotoneaster dielsianus*)、近轮叶木姜子（*Litsea elongata*)、川榛（*Corylus heterophylla* var.*sutchuenensis*)、三桠乌药（*Lindera obtusiloba*)、湖北小檗（*Berberis gagnepainii*)、山梅花（*Philadelphus incanus*）等物种组成；林下草本层主要由七叶鬼灯檠（*Rodgersia aesculifolia*)、盾叶唐松草（*Thalictrum ichangense*)、风毛菊（*Saussurea japonica*）等种类组成。层间植物有三叶木通（*Akebia trifoliata*)、华中五味子（*Schisandra sphenanthera*）等种类。

## 10. 桤木林（Form. *Alnus cremastogyne*）

保护区内桤木林分布较少，仅在庙坡乡发现一片桤木林，是早前人工种植，所以群落结构较为简单，以桤木为单优势种的纯林，生长茂盛。由于生长迅速，尽管群落平均高度接近 15m，但胸径却仅为 10～20cm。林下灌木层和草本层种类组成较为丰富，灌木层包括长叶水麻（*Debregeasia longifolia*)、山麻杆（*Alchornea davidii*)、小果蔷薇（*Rosa cymosa*)、竹叶花椒（*Zanthoxylum armatum*)、黄荆（*Vitex negundo*）等物种，草本层包括狗牙根（*Cynodon dactylon*)、假酸浆（*Nicandra physaloides*)、丝茅（*Imperata koenigii*)、车前（*Plantago asiatica*)、龙牙草（*Agrimonia pilosa*)、爵床（*Rostellularia procumbens*)、金星蕨（*Parathelypteris glanduligera*)、井栏边草（*Pteris multifida*）等物种。

## 11. 化香林（Form. *Platycarya strobilacea*）

保护区内化香林主要分布于石灰岩基质地区，海拔 800～1500m 的中山地带。在干旱坡地则是化香（*Platycarya strobilacea*）为优势建群种，群落高度一般为 15～18m。

乔木层主要树种有包果柯（*Lithocarpus cleistocarpus*)、锐齿槲栎（*Quercus aliena* var. *acuteserrata*)、糙皮桦（*Betula utilis*)、中华槭（*Acer sinense*)、椴树（*Tilia tuan*)、川陕鹅耳枥（*Carpinus fargesiana*）等物种；灌木层主要由盐肤木（*Rhus chinensis*)、小果冬青（*Ilex micrococca*)、城口桤叶树（*Clethra fargesii*)、胡枝子（*Lespedeza bicolor*)、蜡莲绣球（*Hydrangea strigosa*)、杜鹃（*Rhododendron simsii*)、湖北小檗（*Berberis gagnepainii*)、三桠乌药（*Lindera obtusilobum*)、棣棠（*Kerria japonica*)、中国旌节花（*Stachyurus chinensis*)、猫儿刺（*Ilex pernyi*）等种类组成；林下草本层主要由窃衣（*Torilis scabra*)、细辛（*Asarum sieboldi*)、大火草（*Anemone tomentosa*)、香青（*Anaphalis sinica*)、薄片变豆菜（*Sanicula lamelligera*）等组成。层间植物有华中五味子（*Schisandra sphenanthera*)、中华猕猴桃（*Actinidia chinensis*）和四叶葎（*Galium bungei*)。

## 12. 南酸枣林（Form. *Choerospondias axillaris*）

保护区南酸枣林主要分布于海拔 1200m 以下开阔河谷两岸的山坡，面积较小，乔木层郁闭度 0.6 左右，乔木层高度 10m 左右，乔木层中常绿、落叶阔叶树种均有，包括化香（*Platycarya strobilacea*)、盐肤木（*Rhus chinensis*)、野桐（*Mallotus japonicus* var. *floccosus*）、山桐子（*Idesia polycarpa*）、栗（*Castanea mollissima*）、油桐（*Vernicia fordii*）等落叶树种，大果冬青（*Ilex macrocarpa*）、滇青冈（*Cyclobalanopsis glaucoides*）、竹叶山楠（*Phoebe faberi*）等常绿树种；灌木层盖度较低，一般为0.2～0.4，主要以盐肤木（*Rhus chinensis*）、铁仔（*Myrsine africana*）、栀子（*Gardenia jasminoides*）、冬青（*Ilex purpurea*）、球核荚蒾（*Viburnum propinquum*）、川康枸子（*Cotoneaster ambigus*）等物种为主；草本层物种盖度一般为0.5，以禾本科和蕨类植物为主，包括竹叶草（*Oplismenus compositus*）、荩草（*Arthraxon hispidus*）、细柄草（*Capillipedium parviflorum*）、金星蕨（*Parathelypteris glanduligera*）、狗脊（*Woodwardia japonica*）、干旱毛蕨（*Cyclosorus aridus*）等物种。

### 13. 野核桃林（Form. *Juglans cathayensis*）

保护区庙坡乡境内有大面积野核桃林，海拔分布范围为700～1300m，林龄较短，为早前开矿砍伐常绿阔叶林和常绿、落叶阔叶林后形成的次生性落叶阔叶林。

乔木层以野核桃（*Juglans cathayensis*）为主，平均高度6～10m，层盖度较低，约0.5，群落中常混生化香（*Platycarya strobilacea*）、毛花槭（*Acer erianthum*）、房县槭（*Acer franchetii*）、色木槭（*Acer mono*）、盐肤木（*Rhus chinensis*）、青钱柳（*Cyclocarya paliurus*）、猫儿屎（*Decaisnea insignis*）、尖叶四照花（*Dendrobenthamia angustata*）等多种落叶树种，除此之外，林内还常有杉木（*Cunninghamia lanceolata*）、马尾松（*Pinus massoniana*）、柏木（*Cupressus funebris*）等针叶树种。林下灌木层和草本层不发达，灌木层在低海拔地段常由冬青（*Ilex purpurea*）、猫儿刺（*Ilex pernyi*）、细枝茶藨子（*Ribes tenue*）、猫儿屎（*Decaisnea insignis*）、野核桃（*Juglans cathayensis*）幼树、光滑高粱泡（*Rubus lambertiamus* var. *glaber*）、异叶榕（*Ficus heteromorpha*）等物种组成，高海拔地段则有大量巴山箬竹（*Indocalamus bashanensis*）生于林下。草本层中常由凤仙花（*Impatiens balsamina*）、花南星（*Arisaema lobatum*）、竹叶草（*Oplismenus compositus*）、细风轮菜（*Clinopodium gracile*）等物种组成。

#### Ⅳ. 常绿、落叶阔叶混交林

常绿、落叶阔叶混交林是保护区垂直带普中常见的一种植被类型，常常与常绿阔叶林和落叶阔叶林相间分布，因此某种程度而言，该植被类型其实是一种过渡类型。保护区内分布于海拔1300（1500）～1800（2000）m的中山地带，是以落叶阔叶树为主的常绿、落叶阔叶混交林。常绿树种以壳斗科石栎属（*Lithocarpus*）、青冈属（*Cyclobalanopsis*）为优势种，落叶树种以壳斗科水青冈属（*Fagus*）、栎属（*Quercus*）、槭树科槭属（*Acer*）为优势种。保护区内本类型包括水青冈（*Fagus longipetiolata*）林、化香（*Platycarya strobilacea*）、朴树（*Celtis sinensis*）林三种群系。

### 14. 包果柯、水青冈林（Form. *Lithocarpus cleistocarpus*、*Fagus* spp.）

包果柯（*Lithocarpus cleistocarpus*）、水青冈（*Fagus longipetiolata*）林是保护区内中、高海拔地带的重要森林群落类型，分布于海拔1300～2100m的中山区域，其上限与针、阔叶混交林或以水青冈（*Fagus longipetiolata*）为主的落叶阔叶林相交，下限同常绿阔叶林或低山栎类落叶阔叶林连接。群落外貌呈暗绿色但秋后多落叶。林冠较整齐，层次分明，乔木层盖度为0.5～0.6。常见乔木层第Ⅰ亚层的树种有多脉青冈（*Cyclobalanopsis multinervis*）、小叶青冈（*Cyclobalanopsis myrsinifolia*）、光叶水青冈（*Cyclobalanopsis lucida*）、台湾水青冈（*Fagus hayatae*）、鸡爪槭（*Acer palmatum*）、川鄂鹅耳枥（*Carpinus hupeana* var. *henryana*）等；第Ⅱ亚层的树种有漆树（*Toxicodendron vernicifluum*）、三桠乌药（*Lindera obtusilobum*）、野核桃（*Juglans cathayensis*）、红桦（*Betula albo-sinensis*）、栓皮栎（*Quercus variabilis*）、化香树（*Platycarya strobilacea*）、枫杨（*Pterocarya stenoptera*）、领春木（*Euptelea pleiospermum*）、檫木（*Sassafras trumu*）、巴山松（*Pinus abulaeformis* var. *henryi*）、华山松（*Pinus armandii*）、红豆杉（*Taxus chinensis*）等。灌木层盖度在不同地段的差异很大，为0.2～0.7，以巴山木竹（*Bashania fargesii*）为主，其他灌木有川榛（*Corylus heterophylla* var. *sutchuanensis*）、宜昌荚蒾（*Viburnum erosum*）、粉红杜鹃（*Rhododendron fargesii*）、四川杜鹃（*Rhododendron sutchuenense*）、银叶杜鹃（*Rhododendron argyrophyllum*）、映山红（*Rhododendron simsii*）、长蕊杜鹃（*Rhododendron stamineum*）、南烛（*Lyonia ovalifolia*）、冬青（*Ilex purpurea*）、湖南悬钩子（*Rubus hunanensis*）等。草本层盖度20%～30%，常见植物有日本蹄盖蕨（*Athyrium pachyphlebium*）、中华水龙骨（*Polypodium chinensis*）、阔鳞鳞毛蕨（*Dryopteris championii*）、淫羊藿（*Epimedium sagittatum*）、七叶鬼灯擎（*Rodgersia aesculifolia*）、黄水枝（*Tiarella polyphylla*）、落新妇（*Astilbe chinensis*）、单穗升麻（*Cimicifuga simplex*）、细辛（*Asarum sieboldi*）、川党参（*Codonopsis tangshen*）、山酢浆草（*Oxalis griffithii*）、大百合（*Cardiocrinum giganteum*）、鹿药（*Smilacina japonica*）等。苔藓植物较少，层外植物仅有薯蓣（*Dioscorea opposita*）、菝葜（*Smilax china*）、五味子（*Schisandra chinensis*）等少数几种。

## 15. 化香、朴树林（Form. *Platycarya strobilacea & Celtis sinensis*）

该群落类型主要分布于保护区海拔 1300～1600m 的石灰岩坡地，呈小片分布，由于缺少水分、土壤贫瘠，群落结构和种类组成均较简单。

乔木层中以落叶树为主，除化香（*Platycarya strobilacea*）和朴树（*Celtis sinensis*）外，还有枫香（*Liquidambar formosana*）、川陕鹅耳枥（*Carpinus fargesiana*）、黄连木（*Pistacia chinensis*）、尖叶四照花（*Dendrobenthamia angustata*）、色木槭（*Acer mono*）、毛樱桃（*Cerasus tomentosa*）、野鸦椿（*Euscaphis japonica*）、山桃（*Amygdalus davidiana*）等，一般生长较差，平均高度为 12～15m，胸径 10cm 左右。常绿树种有小叶青冈（*Cyclobalanopsis myrsinifolia*）、川桂（*Cinnamomum wilsonii*）、飞蛾槭（*Acer oblongum*）、香叶树（*Lindera communis*）、棕榈（*Trachycarpus fortunei*）等物种。

灌木层盖度较低，为 0.3～0.5。物种组成大多以喜阳、喜钙的树种为主，如南天竹（*Nandina domestica*）、小蜡（*Ligustrum sinense*）、球核荚蒾（*Viburnum propinquum*）、异叶榕（*Ficus heteromorpha*）、马甲子（*Paliurus ramosissimus*）、小叶六道木（*Abelia parvifolia*）、十大功劳（*Mahonia fortunei*）、竹叶花椒（*Zanthoxylum armatum*）、尾叶远志（*Polygala caudata*）、金花小檗（*Berberis wilsonae*）等。

草本层盖度在峡谷地段较大，物种组成以蕨类植物为主，如狗脊（*Woodwardia japonica*）、顶芽狗脊（*Woodwardia unigemmata*）、大叶贯众（*Cyrtomium macrophyllum*）、瓦韦（*Lepisorus thunbergianus*）、野雉尾金粉蕨（*Onychium japonicum*）、凤尾蕨（*Pteris cretica* L. var. *nervosa*）、虎尾铁角蕨（*Asplenium incisum*）、翠云草（*Selaginella uncinata*）、细叶卷柏（*Selaginella labordei*）等，另有垂盆草（*Sedum sarmentosum*）、川鄂淫羊藿（*Epimedium fargesii*）等石灰岩地区常见植物。

此群落层间植物较为发达，一般有凸脉猕猴桃（*Actinidia arguta*）、五味子（*Schisandra chinensis*）、合蕊五味子（*Schisandra propinqua*）、葛藤（*Pueraria lobata*）、常春油麻藤（*Mucuna sempervirens*）、中华栝楼（*Trichosanthes rosthornii*）、乌蔹莓（*Cayratia japonica*）、牛姆瓜（*Holboellia grandiflora*）等分布于各层之间，甚至覆盖于群落冠层间。

### Ⅴ. 常绿阔叶林

常绿阔叶林是我国亚热带地区中具有代表性的森林植被类型。保护区内常绿阔叶林阔叶分为两种类型，一种为典型常绿阔叶林，它是保护区的地带性植被类型，包括多脉青冈林和白楠、宜昌润楠林等三种类型；另外一种是由于特殊地形地貌所形成的山顶矮林，是热带、亚热带地区由于特殊地形所造成的一类特殊的常绿阔叶林类型，包括大白杜鹃矮林、四川杜鹃矮林、宜昌胡颓子矮林三种类型。

典型常绿阔叶林以樟科楠属（*Phoebe*）、润楠属（*Machilus*）、壳斗科青冈属（*Cyclobalanopsis*）、石栎属（*Lithocarpus*）等常绿物种为优势组成成分，其他如交让木科、安息香科等科物种亦常参与乔木层建成，灌木层物种组成丰富，以樟科、山茶科、山矾科、冬青科、紫金牛科等科为主，草本层以多种蕨类植物、茜草科、鸢尾科、报春花科等科的植物为主。

常绿阔叶林的分布主要分为两个海拔段，典型常绿阔叶林主要分布于海拔 1500m 以下的阴湿沟谷和背阴坡段，而山顶矮曲林则集中分布于海拔 2100m 左右的肖家垭口、花萼山百花园附近以及大锅凼和小锅凼沿线。

## 16. 多脉青冈林（Form. *Cyclobalanopsis multinervis*）

保护区内多脉青冈林呈小斑块状分布，残存于廖家河、曹家沟、大竹河等的阴湿沟谷，海拔 700～1100m。群落外貌绿色，林冠波浪形，但由于分布区地形陡峭，林相不齐。群落乔木层、灌木层、草本层分层明显，层间植物不发达。

乔木层郁闭度 0.6～0.8，以多脉青冈（*Cyclobalanopsis multinervis*）为主，此外小叶青冈（*Cyclobalanopsis myrsinaefolia*）、宜昌润楠（*Machilus ichangensis*）、香叶树（*Lindera fragrans*）等常绿树种也是重要的组成成分，海拔段较高或生境较为干燥的区域零星分布有短柄枹栎（*Quercus serrata.* var. *brevipetiolata*）、槲栎（*Quercus aliena*）、枫香（*Liquidambar formosana*）等落叶阔叶林树种。

灌木层物种在生境较好的区域组成较为丰富，在坡度较陡、岩石较多、土壤层较薄的区域物种较少，多以多脉青冈（*Cyclobalanopsis multinervis*）、小叶青冈（*Cyclobalanopsis myrsinaefolia*）等的幼树为主，另有湖北杜茎山（*Maesa hupehensis*）、阔叶十大功劳（*Mahonia bealei*）、小叶六道木（*Abelia parvifolia*）、宜昌荚蒾（*Viburnum erosum*）、硃砂根（*rdisia crenata*）、胡颓子（*Elaeagnus pungens*）、映山红（*Rhododendron simsii*）等物种参与组成。

草本层盖度在峡谷地段，水热条件较好的区域生长良好，层盖度为 0.33～0.6，以狗脊蕨（*Woodwardia japonica*）、顶芽狗脊蕨（*Woodwardia unigemmata*）为主，另有贯众（*Cyrtomium fortunei*）、柔毛路边青（*Geum japonicum* var. *chinense*）等。层间植物有菝葜（*Smilax china*）。

### 17. 包果柯林（Form. *Lithocarpus cleistocarpus*）

包果柯（*Lithocarpus cleistocarpus*）又称包槲柯，属壳斗科石栎属（*Lithocarpus*）植物，常将这类林称为石栎林，在亚高山地带较为常见，在保护区内较为成片分布于海拔 1000～1500m 背阴的沟谷或陡坡。群落外貌深绿夹杂浅绿，林冠为不整齐波浪形。由于有一定数量的落叶树种存在，故外貌季相变化明显。群落总盖度 0.65～0.75，高度 18～25m。群落在垂直方向上分为乔木层、灌木层、草本层和层间植物四层。

群落内乔木层混生物种种类丰富，主要有多脉青冈（*Cyclobalanopsis multinervis*）、小叶青冈（*Cyclobalanopsis myrsinifolia*）、领春木（*Euptelea pleiospermum*）、巴山榧（*Torreya fargesii*）、少脉椴（*Tilia paucicostata*）、糙皮桦（*Betula utilis*）、锐齿槲栎（*Quercus aliena* var. *acuteserrata*）等物种，亚乔木层中主要由小果珍珠花（*Lyonia ovalifolia*），灌木层主要物种由南烛（*Lyonia ovalifolia*）、杭子梢（*Campylotropis macrocarpa*）、猫儿屎（*Decaisnea insignis*）、绒叶木姜子（*Litsea wilsonii*）、山梅花（*Philadelphus incanus*）、湖北小檗（*Berberis gagnepainii*）、绣线菊（*Spiraea salicifolia*）、细枝柃（*Eurya loquaiana*）等物种组成。草本层主要由大百合（*Cardiocrinum giganteum*）、橐吾（*Ligularia sibirica*）、盾叶唐松草（*Thalictrum ichangense*）、山麦冬（*Liriope spicata*）、贯众（*Cyrtomium fortunei*）等物种组成。

层间植物有常春藤（*Hedera nepalensis* var. *sinensis*）、城口猕猴桃（*Actinidia chengkouensis*）、南五味子（*Kadsura longepeduoculata*）、日本薯蓣（*Dioscorea japonica*）。

### 18. 白楠、宜昌润楠林（Form. *Phoebe neurantha*、*Machilus ichangensis*）

白楠、宜昌润楠林是常绿阔叶林在本地区的代表性群落类型之一，分布于保护区花萼乡、曹家乡、庙坡乡等乡镇的局部山溪峡谷和陡峭地段的坡地，海拔 700～1100m。主要是由于地方陡峭未经历人为干扰而残留下来的原始常绿阔叶林，面积较小，群落外貌终年绿色，林冠参差不齐，总盖度 0.55～0.75。群落结构在垂直方向上分为乔木层、灌木层、草本层三层，层间植物不发达。

乔木层又可分为两个亚层，第 I 亚层高 15～25m，主要由建群种白楠（*Phoebe neurantha*）、宜昌润楠（*Machilus ichangensis*）、细齿稠李（*Padus obtusata*）、湖北枫杨（*Pterocarya hupehensis*）等构成；第 II 亚层除了宜昌润楠（*Machilus ichangensis*）的幼树外，主要树种有香叶树（*Lindera fragrans*）、领春木（*Euptelea pleiospermum*）、多脉青冈（*Cyclobalanopsis multinervis*）、香叶树（*Lindera communis*）等常绿树种。

### 19. 大白杜鹃矮林（Form. *Rhododendron decorum*）

保护区大白杜鹃矮林仅见于花萼乡百花园附近区域，为典型的山顶矮林植被类型，群落生境十分原始，杜鹃树龄较大，群落高度一般为 10m，郁闭度 0.7 左右，几乎为纯林。林下灌木层分为两层，第一层为匙叶黄杨（*Buxus harlandii*），高度 3～4m，稀疏分布，由于山顶的恶劣生境，生长十分缓慢，第二层为箭竹（*Fargesia spathacea*）和巴山箬竹（*Indocalamus bashanensis*），高度 0.6～0.8m，竹竿较为密集，但非连续分布，呈斑块状分布于杜鹃林下，林下草本层盖度较低，但物种组成较为特别，局部地段有大量火烧兰（*Epipactis helleborine*）、天蓝韭（*Allium cyaneum*）、天蒜（*Allium paepalanthoides*）分布，其他物种还有南川鼠尾草（*Salvia nanchuanensis*）、春兰（*Cymbidium goeringii*）等，林内十分湿润，大型真菌种类繁多。

### 20. 四川杜鹃矮林（Form. *Rhododendron sutchuenense*）

四川杜鹃矮曲林亦属于山顶矮林类型，该群落主要分布于花萼山九龙池附近。乔木层盖度约 0.5，乔木层物种组成十分简单，除四川杜鹃外，偶有灯台树（*Cornus controversa*）、石灰花楸（*Sorbus folgneri*）等高于四川杜鹃形成的乔木层。林下灌木层盖度较小，坡度较陡的区域分布少量巴山箬竹（*Indocalamus bashanensis*）和箭竹（*Fargesia spathacea*），平缓区域则以卫矛（*Euonymus alatus*）、金花小檗（*Berberis wilsonae*）、猫儿刺（*Ilex pernyi*）、榕叶冬青（*Ilex ficoidea*）等为主，草本层盖度较低，一般不超过 0.3，以大叶金腰（*Chrysosplenium macrophyllum*）、中华金腰（*Chrysosplenium sinicum*）、湖北繁缕（*Stellaria henryi*）、透茎冷水花（*Pilea pumila*）等为主，林下还有大量四川杜鹃幼苗或幼树，说明此群落类型具有持续更新能力。

### 21. 宜昌胡颓子矮林（Form. *Elaeagnus henryi*）

宜昌胡颓子矮林也是保护区内典型的山顶矮林，同杜鹃矮林类似，均出现在花萼山海拔 2100m 以上的区段。一般而言，宜昌胡颓子常以灌木状出现于森林群落中，但由于本区域的特殊生境，且人为干扰极少，形成了特殊的矮林群落。此外，宜昌胡颓子在保护区其他地段形成宜昌胡颓子灌丛，该灌丛类型是秦巴山区较常出现的植被类型，在保护区内分布于海拔 1600m 左右的缓坡、山间平地或低矮平坦的区域。除宜昌胡颓子外，常还有披针叶胡颓子（*Elaeagnus lanceolata*）等胡颓子属（*Elaeagnus*）物种在该灌丛中占据优势，盖度通常为 0.6～0.8。其他灌木成分常见有红叶（*Cotinus coggygria* var. *cinerea*）、重瓣棣棠花（*Kerria japonica*）、多花胡枝子（*Lespedeza floribunda*）、杭子梢（*Campylotropis macrocarpa*）、湖北山楂（*Cotoneaster hupehensis*）、木帚栒子（*Cotoneaster dielsianus*）等。常见草本植物有堇菜（*Viola verecunda*）、败酱（*Patrinia scabiosaefolia*）、龙牙草（*Agrimonia pilosa*）、川甘火绒草（*Leontopodium chuii*）、黄背草（*Themeda japonica*）、大油芒（*Spodiopogon sibiricus*）等。

### VI. 竹林

我国竹类资源丰富，分布十分广泛，主要分布在热带、亚热带地区。保护区又地处我国山地竹类的分布中心，区内竹类资源丰富，除毛竹（*Phyllostachys heterocycla*）、慈竹（*Neosinocalamus affinis*）、桂竹（*Phyllostachys bambusoides*）等栽培竹类外，野生竹类如巴山箬竹（*Indocalamus bashanensis*）、箭竹（*Fargesia spathacea*）、拐棍竹（*Fargesia robusta*）、巴山木竹（*Bashania fargesii*）等也常常形成一定面积的群落，且常常形成单优群落。

保护区内竹类群落分布有几个特点，第一，毛竹、慈竹、斑竹等大茎竹类由于具有较高的经济价值，所以基本为人工种植的竹林，而巴山箬竹（*Indocalamus bashanensis*）、箭竹（*Fargesia spathacea*）、拐棍竹（*Fargesia robusta*）、巴山木竹（*Bashania fargesii*）等小径竹是自然分布的竹林。第二，本区低海拔区域人工活动范围较大，因此毛竹林、慈竹林、斑竹林均分布于海拔 1200m 以下的低山区域，而海拔 1200m 以上基本为自然竹林的分布范围，巴山木竹林分布的海拔较低，为 1000～1400m，巴山箬竹林、川鄂箭竹林、拐棍竹林的分布范围基本在 1500m 以上。

竹类的克隆生长习性，使其在群落中的竞争能力较强，因此群落内灌木层物种种类较少，基本不形成盖度，草本层物种也是以耐阴和一些广适性物种为主，草本层盖度低，物种组成种类少。

### 22. 巴山箬竹林（Form. *Indocalamus bashanensis*）

巴山箬竹林在保护区内分布较为狭窄，呈斑块状分布于花萼乡百花园、九龙池处。巴山箬竹林，群落平均高度 1～1.5m，竹杆密度较大，80～150 株/m²，最高可达 200 株/m²，林下物种近无，仅有杏叶沙参（*Adenophora hunanensis*）、春兰（*Cymbidium goeringii*）、黄花油点草（*Tricyrtis maculata*）等物种零星分布于竹杆密度较小的巴山箬竹林中。

### 23. 箭竹林（Form. *Indocalamus wilsonii*）

保护区也是箭竹（*Fargesia spathacea*）的分布中心，区内主要分布于海拔 1800～2300m 的山地，与拐棍竹林、巴山木竹林的形成方式类似，大多是由于人为破坏原有森林后形成的次生性竹林。

箭竹（*Fargesia spathacea*）平均高度 2～3m，径较细，一般为 1～2cm，竹杆密度也较大，一般 40～100 株/m²，林下灌木层物种较为简单，偶有百齿卫矛（*Euonymus centidens*）、大白杜鹃（*Rhododendron decorum*）、匙叶黄杨（*Buxus harlandii*）等灌木物种混生其中，草本层盖度较大，一般为 0.3～0.6，物种主要由西南银莲花（*Anemone davidii*）、西南唐松草（*Thalictrum fargesii*）、莲叶点地梅（*Androsace henryi*）、多花繁缕（*Stellaria nipponica*）、管花鹿药（*Smilacina henryi*）等物种组成。

### 24. 拐棍竹林（Form. *Fargesia robusta*）

拐棍竹又名三月竹，是我国西南地区分布较广的天然竹林，省内主要分布于盆地北缘大巴山地区和盆地西缘及西南缘山地及川西高山峡谷的亚高山地区。保护区内主要分布于海拔 1500～1800m 的范围，下限常与巴山木竹林相接，上限常与川鄂箭竹林相衔接，常常是常绿与落叶阔叶混交林破坏后林下拐棍竹扩张并同林内原有灌木层物种组成的次生植被。

拐棍竹一般高 1～5m，径粗 0.5～2cm，竹杆较密，一般为 30～70 株/m²。由于竹杆较密，绝大多数地段的拐棍竹群落内部灌木层和草本层盖度较低，种类稀少，灌木层由川陕鹅耳枥（*Carpinus fargesiana*）、化香（*Platycarya strobilacea*）等的幼树及山梅花（*Philadelphus incanus*）、领春木（*Euptelea pleiospermum*）、猫儿屎（*Decaisnea insignis*）、野核桃（*Juglans cathayensis*）等物种组成，而草本层则以贯众（*Cyrtomium fortunei*）、细穗腹水草（*Veronicastrum stenostachyum*）、春兰（*Cymbidium goeringii*）、细叶卷柏（*Selaginella labordei*）、翠云草（*Selaginella uncinata*）、西南唐松草（*Thalictrum fargesii*）等物种为主。

### 25. 巴山木竹林（Form. *Bashania fargesii*）

保护区也是巴山木竹的分布中心，区内常分布海拔 1000～1400m 山地，通常成为常绿阔叶林及常绿、落叶阔叶混交林的灌木层主要层片，但在沟边、林缘也能发展成单优种群落。林相整齐，盖度 0.8，高度 2.5～4.5m。若为单优群落则伴生种很少，仅有宜昌悬钩子（*Rubus ichangensis*）、细枝茶藨子（*Ribes tenue*）等沿边缘散布。林下草本极少。

### 26. 毛竹林（Form. *Phyllostachys heterocycla*）

毛竹又名楠竹，是我国亚热带主要竹种，广布于南方各省，四川除川西高原外，基本都有分布，保护区内零星分布于海拔 1000m 以下的低山地段的居民点附近。

保护区内楠竹林均为人工群落，结构简单，由于林内环境较为干燥，灌木层和草本层物种组成均较为简单，且盖度较低，灌木层盖度 0.1～0.3，以山莓（*Rubus corchorifolius*）、粉花绣线菊（*Spiraea japonica*）、异叶榕（*Ficus heteromorpha*）、油茶（*Camellia oleifera*）、小花八角（*Illicium micranthum*）、球核荚蒾（*Viburnum propinquum*）、山梅花（*Philadelphus incanus*）、长叶胡颓子（*Elaeagnus bockii*）、寒莓（*Rubus buergeri*）、小槐花（*Desmodium caudatum*）等物种为主。草本层盖度 0.05～0.25。主要以干旱毛蕨（*Cyclosorus aridus*）、竹叶草（*Oplismenus compositus*）、淡竹叶（*Lophatherum gracile*）、楼梯草（*Elatostema aumbellatum*）、江南卷柏（*Selaginella moellendorffii*）、里白（*Hicriopteris glauca*）、狗脊（*Woodwardia japonica*）、芒萁（*Dicranopteris dichotoma*）、蝴蝶花（*Iris japonica*）等为主，阴湿沟谷还有华南紫萁（*Osmunda vachelii*）等喜湿热环境的植物。

### 27. 桂竹林（Form. *Phyllostachys bambusoides*）

桂竹林，广泛分布于长江流域各省，保护区内同斑竹林和楠竹林类似，均为人工种植，零星分布于海拔 1200m 以下的低山、丘陵。

桂竹林结构简单，林冠整齐。乔木层基本以斑竹为绝对优势，林冠郁闭度为 0.6～0.9，竹杆高一般为 9～16m，胸径 3～5cm。由于竹竿较密，林下灌木层和草本层均不发达。灌木层盖度 0.05～0.1，几乎没有什么灌木物种，局部地段与落叶阔叶林和针叶林较为靠近，林下会有桂竹（*Phyllostachys bambusoides*）、盐肤木（*Rhus chinensis*）、八角枫（*Alangium chinense*）、铁仔（*Myrsine africana*）、山莓（*Rubus corchorifolius*）、小槐花（*Desmodium caudatum*）等分布。草本层物种和盖度变化较大，生境较好的区域，林下草本层盖度可以达到 0.5 以上，以麦冬（*Ophiopogon japonicus*）、蝴蝶花（*Iris japonica*）、牛膝（*Achyranthes bidentata*）、求米草（*Oplismenus undulatifolius*）、竹叶草（*Oplismenus compositus*）、渐尖毛蕨（*Cyclosorus acuminatus*）、马兰（*Kalimeris indica*）等为主。

### 28. 慈竹林（Form. *Neosinocalamus affinis*）

慈竹是四川分布普遍，栽培历史悠久的竹种之一。保护区内慈竹林主要分布于海拔 1000m 以下的低山地区，在居民点附近分布较为集中，其为合轴型的竹种，慈竹林结构简单，林相整齐，但丛生现象十分明显。

慈竹林同楠竹林和斑竹林类似，均为人工种植，竹林高度 5～10m，径粗 4～7cm，郁闭度 0.5～0.9，郁闭度较高的慈竹林，林下灌木层草本层物种种类较少，一般以耐阴物种为主，包括苎麻（*Boehmeria nivea*）、竹叶草（*Oplismenus compositus*）、蝴蝶花（*Iris japonica*）、山姜（*Alpinia japonica*）、黄鹌菜（*Youngia japonica*）等物种。郁闭度较低或近自然状态下的慈竹林乔木层和灌木层中常常混有八角枫（*Alangium chinense*）、黄连木（*Pistacia chinensis*）、枫香（*Liquidambar formosana*）、栓皮栎（*Quercus variabilis*）、马尾松（*Pinus massoniana*）、柏木（*Cupressus funebris*）、映山红（*Rhododendron simsii*）等物种。

### Ⅶ. 落叶阔叶灌丛

保护区内的落叶阔叶灌丛是常绿阔叶林和常绿、落叶阔叶混交林分布范围内的不稳定的植被类型。由于各种形成原因多样，加之其常常在复杂的群落类型间镶嵌分布，所以形成的群落类型和物种组成也显得十分丰富。保护区内共有落叶阔叶灌丛 12 种类型，主要包括三类，第一类是由于海拔较高形成的带温带性质的阔叶灌丛，如峨眉蔷薇灌丛、粉花绣线菊灌丛、川榛灌丛、黄栌灌丛等；第二类是由于石灰岩土壤基质形成的石灰岩山地灌丛，如马桑灌丛、火棘灌丛、盐肤木灌丛；第三类是由于人为干扰形成的次生性灌丛，如白栎、短柄枹栎萌生灌丛、山麻杆灌丛、盐肤木灌丛。

区内落叶阔叶灌丛除个别类型有特殊的海拔要求外，其余垂直分布差异不明显。海拔 2000m 以上分布有峨眉蔷薇、高丛珍珠梅灌丛、川榛灌丛；海拔 1500m 以下主要分布着火棘灌丛、盐肤木灌丛、山麻杆灌丛、长叶水麻灌丛等类型；白栎、短柄枹栎萌生灌丛和黄栌灌丛在 2000m 以下均有分布。

由于本区区系组成较为复杂，群落中物种组成十分丰富，灌木层物种以蔷薇科蔷薇属（*Rosa*）、火棘属（*Pyracantha*）、栒子属（*Cotoneaster*），漆树科黄栌属（*Cotinus*），壳斗科栎属（*Quercus*）、榛属（*Corylus*）、小檗科小檗属（*Berberis*），大戟科山麻杆属（*Alchornea*），马鞭草科牡荆属（*Vitex*）等科属为优势成分，草本层以禾本科、菊科、大戟科、蔷薇科等科的物种为优势成分。

### 29. 峨眉蔷薇灌丛（Form. *Rosa omeiensis*）

峨眉蔷薇灌丛是四川主要分布于川西高原和盆地边缘山地的一种灌丛类型，保护区有小面积分布，主要分布于海拔 2000m 以上的区域。

群落外貌绿色，参差不齐，显得异常杂乱。灌木层总盖度 0.5～0.8，除以峨眉蔷薇为绝对优势种外，常常还有木帚栒子（*Cotoneaster dielsianus*）、平枝栒子（*Cotoneaster horizontalis*）、亮叶鼠李（*Rhamnus hemsleyana*）、小叶六道木（*Abelia parvifolia*）、金花小檗（*Berberis wilsonae*）、西南悬钩子（*Rubus assamensis*）、棣棠（*Kerria japonica*）等参与灌木层建成。草本层总盖度较低，一般在 0.3 以下，以金星蕨（*Parathelypteris glanduligera*）、糙苏（*Phlomis umbrosa*）、早熟禾（*Poa annua*）、西南唐松草（*Thalictrum fargesii*）、繁缕（*Stellaria media*）等物种为主。

### 30. 粉花绣线菊灌丛（Form. *Spiraea japonica*）

粉花绣线菊灌丛在保护区内主要分布于海拔 1500～2000m 的山坡地段，呈斑块状分布于常绿、落叶阔叶林和杜鹃矮林的间隙。

灌木层盖度 0.5～0.7，平均高度 0.8～1.3m，物种组成较为简单，以粉花绣线菊（*Spiraea japonica*）

为主，其他常见物种包括金花小檗（*Berberis wilsonae*）、豪猪刺（*Berberis julianae*）、湖北山楂（*Cotoneaster hupehensis*）、四川茶藨子（*Ribes setchuense*）、栓翅卫矛（*Euonymus phellomanus*）、巴山箬竹（*Indocalamus bashanensis*）、箭竹（*Fargesia spathacea*）等，草本层盖度 0.2～0.5，物种组成较为丰富，以禾本科、菊科和蕨类植物为主，包括鹅观草（*Roegneria kamoji*）、早熟禾（*Poa annua*）、橐吾（*Ligularia sibirica*）、西南银莲花（*Anemone davidii*）、瞿麦（*Dianthus superbus*）、披针叶蟹甲草（*Parasenecio lancifolius*）等物种。

### 31. 川榛灌丛（Form. *Corylus heterophylla* var. *sutchuenensis*）

川榛灌丛分布于保护区海拔 2000m 以上的阳坡或半阳坡地段。

群落中有小梾木（*Cornus paucinervis*）、石灰花楸（*Sorbus folgneri*）等乔木物种混生其中，突出于川榛之上，灌木层总盖度 0.4～0.7，高度 1.5～2.5m，灌木层其他物种较少，常见的包括金花小檗（*Berberis wilsonae*）、卫矛（*Euonymus alatus*）、蜡瓣花（*Corylopsis sinensis*）、西南绣球（*Hydrangea davidii*）等物种，林下小梾木（*Cornus paucinervis*）幼树也较为密集。草本层在灌木层盖度较低的群落中盖度较大，但种类组成较为简单，一般以大叶金腰（*Chrysosplenium macrophyllum*）、早熟禾（*Poa annua*）、糙苏（*Phlomis umbrosa*）等物种为主。

### 32. 黄栌灌丛（Form. *Cotinus coggygria* spp.）

黄栌灌丛主要分布于保护区内海拔 1000～1500m 的干旱河谷地段。盖度一般较大，约 0.5 以上，个别地段可达 0.8。区内黄栌灌丛在局部地段形成以黄栌属（*Cotinus*）植物为建群种的灌木群落，但也有与火棘（*Pyracantha fortuneana*）、马桑（*Coriaria nepalensis*）、小果蔷薇（*Rosa cymosa*）等物种形成的混交灌丛，但这种类型基本小斑块状分布于上述几种物种为建群种形成的灌丛之间，分布面积也较小。

灌木层中除城口黄栌（*Cotinus coggygria* var. *chengkouensis*）、火棘（*Pyracantha fortuneana*）、马桑（*Coriaria nepalensis*）、小果蔷薇（*Rosa cymosa*）外，常见的还有醉鱼草（*Buddleja lindleyana*）、棣棠（*Kerria japonica*）、金花小檗（*Berberis wilsonae*）、竹叶花椒（*Zanthoxylum armatum*）、豪猪刺（*Berberis julianae*）、平枝栒子（*Cotoneaster horizontalis*）、泡叶栒子（*Cotoneaster bullatus*）等物种。草本层盖度 0.3～0.5，种类较少，主要由丝茅（*Imperata koenigii*）、三脉紫菀（*Aster ageratoides*）、垂盆草（*Sedum sarmentosum*）、凹叶景天（*Sedum emargintum*）、苦荬菜（*Ixeris polycephala*）、蒲公英（*Taraxacum mongolicum*）、野棉花（*Anemone tomentosa*）、川续断（*Dipsacus asperoides*）、攀倒甑（*Patrinia villosa*）、白及（*Bletilla striata*）等物种组成，层外植物较为丰富，常见的有美味猕猴桃（*Actinidia chinensis* var. *deliciosa*）、革叶猕猴桃（*Actinidia rubricaulis* var. *coriacea*）、狗枣猕猴桃（*Actinidia kolomikta*）、粗齿铁线莲（*Clematis argentilucida*）、中华栝楼（*Trichosanthes rosthornii*）、海金沙（*Lygodium japonicum*）、八月瓜（*Holboellia latifolia*）、野大豆（*Glycine soja*）、川党参（*Codonopsis tangshen*）等物种。

### 33. 高丛珍珠梅灌丛（Form. *Sorbaria arborea*）

高丛珍珠梅灌丛仅在花萼乡百花园、九龙池附近有小片分布。群落外貌黄绿色，丛状生长，群落高度 1.8m，灌木层盖度 0.6 左右，且物种组成简单，仅以高丛珍珠梅为主要组成成分，其他如金花小檗（*Berberis wilsonae*）、四川茶藨子（*Ribes setchuense*）、峨眉蔷薇（*Rosa omeiensis*）等较少，草本层盖度达到 0.7 左右，物种组成丰富，包括鹅观草（*Roegneria kamoji*）、小蓟（*Cirsium setosum*）、泽漆（*Euphorbia hetioscopia*）、西南银莲花（*Anemone davidii*）、繁缕（*Stellaria media*）、瞿麦（*Dianthus superbus*）、川鄂蟹甲草（*Parasenecio vespertilio*）、齿叶橐吾（*Ligularia dentata*）等 20 余种。

### 34. 白栎、短柄枹栎灌丛（Form. *Quercus fabri*、*Quercus serrata* var. *brevipetiolata*）

白栎（*Quercus fabri*）、短柄枹栎灌丛主要分布于保护区海拔 1500m 以下的低山丘陵区域，在干旱的阳坡地段较为集中，主要由于人为砍伐后形成的萌生灌丛、白栎和短柄枹栎（*Quercus serrata.* var. *brevipetiolata*）的萌生能力较强，因而虽然受到强烈的干扰，但常常能保持较大盖度，区内此类型盖度常在 0.6 以上。

灌木层中除白栎（*Quercus fabri*）、短柄枹栎（*Quercus serrata.* var. *brevipetiolata*）为优势组成物种外，其他如榕叶冬青（*Ilex ficoidea*）、多花胡枝子（*Lespedeza floribunda*）、映山红（*Rhododendron simsii*）、铁仔（*Myrsine africana*）、檵木（*Loropetalum chinense*）、算盘子（*Glochidion puberum*）、桦叶荚蒾（*Viburnum betulifolium*）、宜昌荚蒾（*Viburnum erosum*）、无梗越橘（*Vaccinium henryi*）、细齿叶柃（*Eurya nitida*）、油桐（*Vernicia fordii*）等物种亦是组成该群落的常见物种，草本层盖度视灌木层盖度不同而呈现不同，部分地段保持在 0.5 左右，物种主要有里白（*Hicriopteris glauca*）、白茅（*Imperata koenigii*）等物种，层外植物常由海金沙（*Lygodium japonicum*）、粗齿铁线莲（*Clematis argentilucida*）、忍冬（*Lonicera japonica*）等物种组成，但一般不发达。

### 35. 长叶水麻灌丛（Form. *Debregeasia longifolia*）

长叶水麻灌丛分布于保护区海拔 1000m 以下的山溪沟谷两岸和生境较好的阴面中下坡位。呈丛状分布，灌木层高度一般为 2m 左右，层盖度 0.3～0.5，除长叶水麻（*Debregeasia longifolia*）外，另有山麻杆（*Alchornea davidii*）、构树（*Broussonetia papyrifera*）、盐肤木（*Rhus chinensis*）、火棘（*Pyracantha fortuneana*）、毛桐（*Mallotus barbatus*）等物种混生其中。草本层盖度较低，一般在 0.4 以下，主要以荩草（*Arthraxon hispidus*）、求米草（*Oplismenus undulatifolius*）、细柄草（*Capillipedium parviflorum*）、金星蕨（*Parathelypteris glanduligera*）、干旱毛蕨（*Cyclosorus aridus*）、野菊（*Dendranthema indicum*）、千里光（*Senecio* scandens）等物种为主。

### 36. 马桑灌丛（Form. *Coriaria nepalensis*）

保护区内马桑灌丛分布于海拔 1500m 以下的低山区域，大多在坡度较陡的山溪、河谷两岸，呈丛状分布，参差不齐。

灌木层盖度 0.3～0.6，生境较好的地段甚至可以形成 0.8 左右的盖度，灌木层除马桑外，其他如城口黄栌（*Cotinus coggygria* var. *chengkouensis*）、火棘（*Pyracantha fortuneana*）、小果蔷薇（*Rosa cymosa*）等也是主要组成成分，群落内常见的还有醉鱼草（*Buddleja lindleyana*）、木帚栒子（*Cotoneaster dielsianus*）、匍匐栒子（*Cotoneaster adpressus*）、短序荚蒾（*Viburnum brachybotryum*）、马甲子（*Paliurus ramosissimus*）、盐肤木（*Rhus chinensis*）等物种，草本层盖度 0.3～0.5，以丝茅（*Imperata koenigii*）、茅、细柄草（*Capillipedium parviflorum*）、金发草（*Pogonatherum paniceum*）、丛毛羊胡子草（*Eriophorum comosum*）、黄茅（*Heteropogon contortus*）等为主，层外植物与黄栌灌丛组成类似，地榆和湖北羊蹄甲常常在盖度较低的马桑灌丛中形成较大盖度。

### 37. 火棘灌丛（Form. *Pyracantha fortuneana*）

火棘灌丛是石灰岩地区常见的群落类型，主要分布于保护区内山溪河滩及较为干旱的山坡谷地，海拔 1500m 以下，土壤为钙质土，土层瘠薄，岩石裸露率较高。

群落中的灌木多具刺，外貌绿色，呈团块状，灌木层盖度一般 0.5～0.8，平均高度 1～2m，群落中除火棘（*Pyracantha fortuneana*）外，常常还有小果蔷薇（*Rosa cymosa*）、南天竹（*Nandina domestica*）、竹叶花椒（*Zanthoxylum armatum*）、大叶醉鱼草（*Buddleja davidii*）、马桑（*Coriaria nepalensis*）等物种参与组成，且视不同地段生境差异，由不同物种参与形成小斑块混交灌丛。草本层盖度 0.2～0.4，主要有荩草（*Arthraxon hispidus*）、槲蕨（*Drynaria roosii*）、蜈蚣草（*Pteris vittata*）、细柄草（*Capillipedium parviflorum*）、野古草（*Arundinella anomala*）、狼尾草（*Pennisetum alopecuroides*）、三脉紫菀（*Aster ageratoides*）、一年蓬（*Erigeron annuus*）、千里光（*Senecio* scandens）、野菊（*Dendranthema indicum*）等物种参与组成。层外植物较为发达，以湖北羊蹄甲（*Bauhinia hupehana*）、云实（*Caesalpinia decapetala*）、八月瓜（*Holboellia* latifolia）、威灵仙（*Clematis chinensis*）、葎草（*Humulus scandens*）、鸡矢藤（*Paederia scandens*）、茜草（*Rubia cordifolia*）等物种为主。

### 38. 小果蔷薇灌丛（Form. *Rosa cymosa*）

小果蔷薇灌丛在保护区的分布范围及群落物种组成与火棘灌丛较为类似，只是由于生境不同，小果蔷薇（*Rosa cymosa*）也常常与城口黄栌（*Cotinus coggygria* var. *chengkouensis*）、火棘（*Pyracantha fortuneana*）等其他物种组成共优群落，在较为干旱的阳坡地段形成绝对优势群落，因而本书将其单独列为一种群落类型，但具体群落物种组成和群落结构在火棘灌丛已进行详细描述，本群落中不再累述。

### 39. 山麻杆灌丛（Form. *Alchornea davidii*）

山麻杆灌丛是石灰岩地区原生植被遭到破坏后形成的次生性灌丛，保护区内山麻杆灌丛在公路两旁呈片段化带状分布，物种组成以中生性耐旱物种为主，灌木层高度 1.5～3m，盖度一般为 0.5～0.7，除山麻杆外，另有构树（*Broussonetia papyrifera*）、盐肤木（*Rhus chinensis*）、假奓包叶（*Discocleidion rufescens*）、紫弹树（*Celtis biondii*）、朴树（*Celtis sinensis*）等物种参与组成。草本层由求米草（*Oplismenus undulatifolius*）、狼尾草（*Pennisetum alopecuroides*）、细柄草（*Capillipedium parviflorum*）、荩草（*Arthraxon hispidus*）、柔毛路边青（*Geum japonicum* var. *chinense*）、野棉花（*Anemone tomentosa*）、紫菀（*Aster tataricus*）等物种组成。局部地段层间植物较为发达，常见的有美味猕猴桃（*Actinidia chinensis* var. *deliciosa*）、狗枣猕猴桃（*Actinidia kolomikta*）、大血藤（*Sargentodoxa cuneata*）、威灵仙 *Clematis chinensis*、粗齿铁线莲（*Clematis argentilucida*）、八月瓜（*Holboellia latifolia*）、中华栝楼（*Trichosanthes rosthornii*）、茜草（*Rubia cordifolia*）等。

### 40. 盐肤木灌丛（Form. *Rhus chinensis*）

保护区内盐肤木灌丛主要分布于海拔 1800m 以下的阳坡地段，生境较为干旱，局部地段可以发育形成乔木森林，一般在公路两旁较多，灌木层高度一般 3～5m，盖度 0.4～0.7，除盐肤木（*Rhus chinensis*）外，另有化香（*Platycarya strobilacea*）幼树、毛桐（*Mallotus barbatus*）、青麸杨（*Rhus potaninii*）、朴树（*Celtis sinensis*）、铁仔（*Myrsine africana*）、冻绿（*Rhamnus utilis*）、冬青（*Ilex purpurea*）等物种。草本层盖度较大，一般以禾本科植物为主，包括细柄草（*Capillipedium parviflorum*）、荩草（*Arthraxon hispidus*）、野青茅（*Deyeuxia arundinacea*）、五节芒（*Miscanthus floridulus*）、画眉草（*Eragrostis pilosa*）、狼尾草（*Pennisetum alopecuroides*）等物种。

#### Ⅷ. 灌草丛

保护区内灌草丛类型十分丰富，包括白茅草丛、鹅观草草丛、瞿麦草丛、萱草草丛、鸢尾草丛等 10种群系。依据其形成原因的不同可以分为三类，第一类为自然形成的类型，如狼尾草丛、白茅草丛；第二类为人为干扰形成的次生类型，如瞿麦草丛、鹅观草草丛、齿叶橐吾草丛；第三类为原有农田或农地弃耕后自然生长形成的草丛，如萱草草丛和菖蒲草丛。

保护区内的草丛类型在垂直分布上也有一定的特点，1800m 以下的低海拔地区以白茅草丛、五月艾草丛、一年蓬草丛、金星蕨草丛为主，组成这些群落的物种主要以禾本科、菊科及蕨类植物为主，唇形科、报春花科、蔷薇科、玄参科、紫草科等科的广布种也是其常见成分，草丛中灌木物种极少，基本不形成盖度。1800m 以上的海拔地区草丛分布较少，偶有斑块状的鹅观草草丛、瞿麦草丛等类型分布镶嵌于各种森林群落之间。

### 41. 丝茅草丛（Form. *Imperata koenigii*）

保护区内丝茅草丛分布较广，分布于海拔 800～1500m 的阳坡地段，此草丛主要是由于人为干扰较大形成的次生性草丛，在路边、弃耕地等地段十分常见。群落无明显层次，总盖度在 0.5 以上，草本层平均高度 0.5~1.2m，以丝茅（*Imperata koenigii*）为绝对优势物种，其他如金发草（*Pogonatherum paniceum*）、香青（*Anaphalis sinica*）、风轮菜（*Clinopodium chinense*）、鱼腥草（*Houttuynia cordata*）、三脉紫菀（*Aster ageratoides*）、龙牙草（*Agrimonia pilosa*）、荩草（*Arthraxon hispidus*）、野古草（*Arundinella anomala*）等也是常见成分，其他物种如瓜子金（*Polygala japonica*）、苦荬菜（*Ixeris polycephala*）、败酱（*Patrinia scabiosaefolia*）、蒲公英（*Taraxacum mongolicum*）等也常伴生其中，层外植物如茜草（*Rubia cordifolia*）、海金沙（*Lygodium japonicum*）、中华栝楼（*Trichosanthes rosthornii*）等常见于该群落。

### 42. 鹅观草草丛（Form. *Roegneria kamoji*）

保护区鹅观草草丛主要是由于人为砍伐常绿、落叶阔叶混交林后形成的次生性草丛，呈斑块状分布于海拔 1800m 以上的森林群落间隙。群落平均高度为 0.3~0.6m，草本层盖度在 0.6 以上，物种组成除以鹅观草（*Roegneria kamoji*）为主外，还有瞿麦（*Dianthus superbus*）、小蓟（*Cirsium setosum*）、金星蕨（*Parathelypteris glanduligera*）、蛇含委陵菜（*Potentilla kleiniana*）、黄毛草莓（*Fragaria nilgerrensis*）、泽漆（*Euphorbia hetioscopia*）、川陕金莲花（*Trollius buddae*）等。

### 43. 狼尾草草丛（Form. *Pennisetum alopecuroides*）

保护区内狼尾草草丛主要分布于海拔 1500m 以下的区域，群落呈带状分布于路旁，群落高度在 1m 左右，盖度 0.6~0.8，物种组成较为简单，除狼尾草外，还有丝茅（*Imperata koenigii*）、龙牙草（*Agrimonia pilosa*）、柔毛路边青（*Geum japonicum* var. *chinense*）、金星蕨（*Parathelypteris glanduligera*）、一年蓬（*Erigeron annuus*）、白酒草（*Conyza japonica*）等物种参与组成。

### 44. 金星蕨草丛（Form. *Parathelypteris glanduligera*）

金星蕨草丛在保护区内主要分布于海拔 1000~1800m 的阴湿沟谷，常常是由弃耕地发展而来，群落外貌整齐，生长均匀，草本层盖度一般为 0.5~0.8，高度 0.3~0.5m，物种组成丰富，以金星蕨（*Parathelypteris glanduligera*）、悬铃叶苎麻（*Boehmeria tricuspis*）、赤车（*Pellionia radicans*）、冷水花（*Pilea notata*）、小蓟（*Cirsium setosum*）、斑花败酱（*Patrinia punctiflora*）、香青（*Anaphalis sinica*）、纤细草莓（*Fragaria gracilis*）、细风轮菜（*Clinopodium gracile*）、早熟禾（*Poa annua*）等物种为主，偶见龙牙草（*Agrimonia pilosa*）、柔毛路边青（*Geum japonicum* var. *chinense*）、垂盆草（*Sedum sarmentosum*）、蒲公英（*Taraxacum mongolicum*）等物种。

### 45. 一年蓬草丛（Form. *Erigeron annuus*）

一年蓬（*Erigeron annuus*）为入侵植物，在保护区海拔 1800m 以下均有分布，在生境较好的弃耕地、路旁常常形成单优草丛，其他物种几乎无法生长。群落外貌较整齐，生长均匀，群落高度 0.8~1.5m，盖度常在 0.6 以上，偶有小蓟（*Cirsium setosum*）、柔毛路边青（*Geum japonicum* var. *chinense*）、龙牙草（*Agrimonia pilosa*）、白花草木犀（Melilotus *albus*）、珠光香青（*Anaphalis margaritacea*）、鼠麴草（*Gnaphalium affine*）等物种生于其中。

### 46. 五月艾草丛（Form. *Artemisia indica*）

五月艾草丛分布于保护区海拔 1000m 以下的弃耕地和路旁，常常在溪流两旁形成连片的草丛，群落盖度常达 0.6~0.8，高度 1~1.8m，草丛中常有白苞蒿（*Artemisia lactiflora*）、艾蒿（*Artemisia argyi*）、一年蓬（*Erigeron annuus*）、千里光（*Senecio* scandens）、野菊（*Dendranthema indicum*）、丝茅（*Imperata koenigii*）

等其他物种参与形成优势层片，其他还有柔毛路边青（*Geum japonicum* var. *chinense*）、鼠麴草（*Gnaphalium affine*）、香青（*Anaphalis sinica*）等物种参与组成。

### 47. 齿叶橐吾草丛（Form. *Ligularia dentata*）

齿叶橐吾草丛主要见于花萼乡九龙池、百花园处，由于天然形成的漏斗状地形，窝档处湿度较大，从而形成了大片的橐吾草丛，群落外貌较整齐，生长均匀，群落高度 0.5～0.8m，盖度在 0.6 以上。草丛中常见物种有小蓟（*Cirsium setosum*）、瞿麦（*Dianthus superbus*）、早熟禾（*Poa annua*）、紫背蟹甲草（*Parasenecio ianthophyllus*）等，群落边缘有西南银莲花（*Anemone davidii*）、川鄂凤仙花（*Impatiens fargesii*）、糙苏（*Phlomis umbrosa*）等物种，另外还有匍匐栒子（*Cotoneaster adpressus*）、金花小檗（*Berberis wilsonae*）、巴山箬竹（*Indocalamus bashanensis*）等灌木物种零星分布于群落中。

### 48. 瞿麦草丛（Form. *Dianthus superbus*）

瞿麦草丛与齿叶橐吾草丛类似，见于花萼乡九龙池、百花园处，分布于橐吾草丛外围，生长环境较橐吾草丛而言更为中生，群落高度在 0.5m 以下，盖度一般为 0.7～0.9。组成瞿麦草丛的物种大多花色艳丽，开花时节十分漂亮，主要由瞿麦（*Dianthus superbus*）、泽漆（*Euphorbia helioscopia*）、橐吾（*Ligularia sibirica*）、空心柴胡（*Bupleurum longicaule* var. *franchetii*）、密花龙胆（*Gentiana densiflora*）、川续断（*Dipsacus asperoides*）、小蓟（*Cirsium setosum*）、鹅观草（*Roegneria kamoji*）等物种组成。

### 49. 萱草草丛（Form. *Hemerocallis fulva*）

萱草草丛仅见于花萼乡一处弃耕地处，是早前居民种植撂荒后繁衍扩张形成的，草本层高度 1m 左右，层盖度为 0.8，群落内几乎无其他物种。

### 50. 菖蒲草丛（Form. *Acorus calamus*）

菖蒲草丛毗邻于萱草草丛，也是由于早前居民修建的水塘弃用而形成，草本层高度 1m 左右，盖度 0.8，群落中仅有野艾蒿（*Artemisia lavandulifolia*）、早熟禾（*Poa annua*）、鹅观草（*Roegneria kamoji*）、毛茛（*Ranunculus japonicus*）等少数物种。

#### 4.2.4.2　栽培植被

保护区地处四川盆地边缘，以丘陵、山地为主，农耕地类型包括水田和旱地，水田仅分布于海拔较低且水利较为便利的低山丘陵冲击扇和冲击平坝处，面积极少。在中山及水利设施较差的区域以旱地为主。除满足日常生活需要所种植的粮食、蔬菜作物外，由于该区独特的地理优势，近年来大力发展中草药种植及山区林木经济，保护区栽培植被具有以下几个特点。粮食作物以旱生的玉米、马铃薯、冬小麦为主，蔬菜以瓜类、茄类、豆类等中生性物种为主要栽培对象；经济果园和经济林发挥山地优势，主要种植落叶经济树种核桃（*Juglans regia*）、栗（*Castanea mollissima*）、杜仲（*Eucommia ulmoides*）等；充分发挥山地优势，种植心叶党参（*Codonopsis cordifolioidea*）、太白贝母（*Fritillaria taipaiensis*）等适宜生长于山区的中草药。

栽培植被根据栽培对象生活型和用途，可以划分为 4 种型、5 种组合型和 6 种组合，分类系统序号连续编排按《中国植被》的编号用字，型用一、二、三……，组合型用（一）、（二）、（三）……，组合用 1、2、3……。具体见表 4-2。

**表 4-2　花萼山自然保护区栽培植被分类系统**

| 型 | 亚型（组合型） | 组合 |
|---|---|---|
| 一、大田作物型 | （一）旱地作物亚型：一年两熟作物组合型 | 1. 以冬小麦、玉米、马铃薯或荞麦为主的作物组合轮作 |
| | （二）水田作物亚型：一年两熟作物组合型 | 2. 以稻、麦为主的作物组合 |
| 二、蔬菜作物型 | （三）一年三作的蔬菜组合型 | 3. 春、夏季植瓜类、茄类蔬菜，秋冬季种植青菜、菠菜等耐寒蔬菜组合 |
| 三、经济林型 | （四）落叶经济林亚型 | 4. 杜仲林 |
| 四、果园型 | （五）落叶果园亚型：温性果树组合型 | 5. 核桃园 |
| | | 6. 板栗园 |

# 第5章  动物物种多样性

## 5.1  无脊椎动物物种多样性

### 5.1.1  昆虫物种多样性

为了进一步完善万源市花萼山国家级自然保护区生物资源本底调查，进而为保护好北亚热带常绿落叶阔叶林森林生态系统、丰富的生物资源提供基础数据；为有效管理和保护该保护区提供理论依据，考察组先后5次对保护区的昆虫进行了考察，并结合有关科研单位和大专院校收集的该保护区的昆虫调查资料，对万源市花萼山自然保护区昆虫多样性进行分析。

#### 5.1.1.1  昆虫物种组成

据2006年《花萼山自然保护区综合考察报告》记载，保护区内有昆虫11目62科194属230种。通过本次调查和查阅文献，现知花萼山自然保护区昆虫有820种，隶属于19目161科612属，增加了8个目99个科418个属590个种。各个目的科、属、种数见表5-1。

从各目种类数量上看，鳞翅目最多，347种，占花萼山自然保护区昆虫总种数的42.32%，隶属32科257属；鞘翅目次之，124种，占15.12%，隶属26科91属；膜翅目种类数量第三，79种，占9.63%，隶属19科54属；其余依次为直翅目61种，隶属16科43属；半翅目59种，隶属17科50属；同翅目49种，隶属14科42属；双翅目49种，隶属11科36属；蜻蜓目有18种，隶属6科12属；螳螂目8种，隶属3科5属；脉翅目5种，隶属3科4属；广翅目5种，隶属1科3属；毛翅目4种，隶属4科4属；蜉蝣目4种，隶属2科3属；革翅目2种，隶属2科2属；缨翅目2种，隶属1科2属。种类数量最少是襀翅目、䗛目、蜚蠊目和长翅目，各仅1科1属1种。

表 5-1  花萼山自然保护区昆虫物种组成

| 目 | 科数 | 百分比/% | 属数 | 百分比/% | 种数 | 百分比/% |
|---|---|---|---|---|---|---|
| 蜉蝣目 Ephemeroptera | 2 | 1.24 | 3 | 0.49 | 4 | 0.49 |
| 蜻蜓目 Odonata | 6 | 3.73 | 12 | 1.80 | 18 | 2.20 |
| 襀翅目 Plecoptera | 1 | 0.62 | 1 | 0.16 | 1 | 0.12 |
| 螳螂目 Mantodea | 3 | 1.86 | 5 | 0.82 | 8 | 0.98 |
| 䗛目 Phasmaodea | 1 | 0.62 | 1 | 0.16 | 1 | 0.12 |
| 蜚蠊目 Blattodea | 1 | 0.62 | 1 | 0.16 | 1 | 0.12 |
| 直翅目 Orthoptera | 16 | 9.94 | 43 | 7.03 | 61 | 7.44 |
| 革翅目 Dermaptera | 2 | 1.24 | 2 | 0.33 | 2 | 0.24 |
| 缨翅目 Thysanoptera | 1 | 0.62 | 2 | 0.33 | 2 | 0.24 |
| 同翅目 Homoptera | 14 | 8.70 | 42 | 6.86 | 49 | 5.98 |
| 半翅目 Hemiptera | 17 | 10.56 | 50 | 8.17 | 59 | 7.19 |
| 鞘翅目 Coleoptera | 26 | 16.15 | 91 | 15.03 | 124 | 15.12 |
| 广翅目 Megaloptera | 1 | 0.62 | 3 | 0.49 | 5 | 0.61 |
| 脉翅目 Neuroptera | 3 | 1.86 | 4 | 0.66 | 5 | 0.61 |
| 长翅目 Mecoptera | 1 | 0.62 | 1 | 0.16 | 1 | 0.12 |
| 毛翅目 Trichoptera | 4 | 2.49 | 4 | 0.66 | 4 | 0.49 |
| 鳞翅目 Lepidoptera | 32 | 19.88 | 257 | 41.99 | 347 | 42.32 |

续表

| 目 | 科数 | 百分比/% | 属数 | 百分比/% | 种数 | 百分比/% |
|---|---|---|---|---|---|---|
| 双翅目 Diptera | 11 | 6.83 | 36 | 5.88 | 49 | 5.98 |
| 膜翅目 Hymenoptera | 19 | 11.80 | 54 | 8.82 | 79 | 9.63 |
| 合计 | 161 | 100 | 612 | 100 | 820 | 100 |

### 5.1.1.2　昆虫组成特点

#### 1. 不同目的科多度

在已知的花萼山自然保护区 19 个目昆虫中，有 161 个科，超过 10 个科的有 7 个目，占目数的 36.84%，分别是直翅目 16 科、同翅目 14 科、半翅目 17 科、鞘翅目 26 科、鳞翅目 32 科、双翅目 11 科和膜翅目 19 科，共计 135 科，占总科数的 84.47%。

#### 2. 不同科的属种多度

从属的数量看，超过 10 个属的有 14 个科，占总科数的 8.70%。分别是斑腿蝗科 11 属、蝉科 10 属、蟋科 19 属、瓢虫科 17 属、天牛科 12 属、螟蛾科 17 属、尺蛾科 29 属、舟蛾科 11 属、灯蛾科 16 属、夜蛾科 56 属、天蛾科 18 属、蛱蝶科 11 属、食蚜蝇科 20 属和姬蜂科 21 属，共计 268 属，占总属数的 43.79%。上述各科，构成花萼山自然保护区昆虫的优势种类。

从种的数量看，超过 10 个种的有 25 个科，占总科数的 15.53%。分别是蜻科 11 种、斑腿蝗科 15 种、露螽科 10 种、蝉科 14 种、叶蝉科 11 种、蟋科 23 种、步甲科 15 种、天牛科 14 种、丽金龟科 15 种、瓢虫科 20 种、螟蛾科 21 种、钩蛾科 10 种、尺蛾科 30 种、舟蛾科 28 种、毒蛾科 14 种、灯蛾科 33 种、夜蛾科 72 种、天蛾科 33 种、凤蝶科 10 种、眼蝶科 11 种、蛱蝶科 14 种、寄蝇科 11 种、食蚜蝇科 28 种、姬蜂科 23 种和茧蜂科 10 种等，共计 477 种，占总种数的 58.17%。

把各科所包含的属数、种数划为不同数量等级来分析科在各数量等级内所占的比重，如图 5-1、图 5-2 所示。

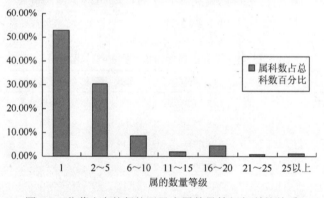

图 5-1　花萼山自然保护区昆虫属数量等级与科的关系

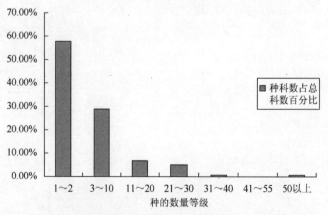

图 5-2　花萼山自然保护区昆虫种数量等级与科的关系

从图 5-1 中可看出,1 个属科所占比重最高,占总科数的 52.83%;在 2~5 个属数量的科次之,占 30.19%。从图 5-2 中可看出,在 1~2 个种数量的科所占比重最高,占总科数的 57.68%;其次为在 3~10 个种数量的科,占 28.93%。从上述属、种数量在各科中的分布可看出,保护区昆虫在各个目的科组成以 1 个属种和种在 1~2 数量的小类群为主体,一般讲,在以科为单位的一个群体,同一科的种类有着相似性或一致的行为、生物学习性和能量消耗方式。类群小可以充分利用能量,达到资源有效分摊,满足有机体生命过程的完成。这种结构反映了花萼山自然保护区昆虫的群落结构比较稳定。

### 5.1.1.3　昆虫区系分析

东洋成分:指典型的东洋区种类。包括我国南部省区分布,特别是以西南、华中区南部及华南区分布为主,国外向南西分布于印度半岛、中南半岛、马来半岛、斯里南卡、菲律宾群岛以及印度尼西亚等亚热带、热带地区的种。

古北成分:在我国秦岭以北特别是东北、华北、西北地区分布,并向国外分布于中亚、西亚、北亚、西伯利亚、欧洲大陆及北美洲等地区的种。

广布成分:指横跨古北、东洋两大区,甚至多区或全球分布的种。

东亚成分:分布于亚洲东部地区,包括中国东部、南部,朝鲜和日本的种(表 5-2)。

表 5-2　花萼山自然保护区昆虫区系

| 目 | 总种数 | 区系成分 | | | |
|---|---|---|---|---|---|
| | | 东洋种数/百分比(%) | 古北种数/百分比(%) | 广布种数/百分比(%) | 东亚种数/百分比(%) |
| 蜉蝣目 Ephemeroptera | 4 | | | | 4(100.00) |
| 蜻蜓目 Odonata | 18 | 3(16.67) | | | 15(83.33) |
| 襀翅目 Plecoptera | 1 | | | | 1(100.00) |
| 螳螂目 Mantodea | 8 | 3(37.50) | | | 5(62.50) |
| 䗛目 Phasmaodea | 1 | | | | 1(100.00) |
| 蜚蠊目 Blattodea | 1 | | | | 1(100.00) |
| 直翅目 Orthoptera | 61 | 16(26.23) | 2(3.28) | 5(8.20) | 38(62.29) |
| 革翅目 Dermaptera | 2 | 2(100.00) | | | |
| 缨翅目 Thysanoptera | 2 | 2(100.00) | | | |
| 同翅目 Homoptera | 49 | 16(32.65) | 6(12.24) | 7(14.29) | 20(40.82) |
| 半翅目 Hemiptera | 59 | 8(13.56) | 7(11.86) | 5(8.47) | 39(66.10) |
| 鞘翅目 Coleoptera | 124 | 18(14.52) | 12(9.67) | 15(12.10) | 79(63.71) |
| 广翅目 Megaloptera | 5 | 2(40.00) | | | 3(60.00) |
| 脉翅目 Neuroptera | 5 | 2(40.00) | | | 3(60.00) |
| 长翅目 Mecoptera | 1 | | | | 1(100.00) |
| 毛翅目 Trichoptera | 4 | | | | 4(100.00) |
| 鳞翅目 Lepidoptera | 347 | 989(28.24) | 29(8.36) | 33(9.51) | 187(53.89) |
| 双翅目 Diptera | 49 | 19(38.78) | 2(4.08) | 12(24.49) | 16(32.65) |
| 膜翅目 Hymenoptera | 79 | 21(26.58) | 10(12.66) | 7(8.86) | 41(51.90) |
| 合计 | 820 | 210(25.61) | 689(8.29) | 84(10.25) | 458(55.85) |

对花萼山自然保护区 19 目 820 种昆虫区系分析可以看出(表 5-2),该保护区昆虫的东洋成分占 25.61%,古北成分占 8.29%,广布成分占 10.25%,东亚成分占 55.85%。从东洋成分和古北成分比较,东洋成分占明显优势。优势成分决定区系的性质,东亚成分是中国昆虫区系的核心,也是花萼山自然保护区昆虫区系的主体。

从各个目的区系组成看有较大差异,这反映了各目的区系组成特点。东洋成分中,高于整体值(25.61%)的有螳螂目(37.50%)、直翅目(26.23%)、革翅目(100%)、缨翅目(100%)、同翅目(32.65%)、广翅目（40.00%）、脉翅目（40.00%）、鳞翅目（38.78%）、双翅目（38.78%）和膜翅目（26.58%）等 10个目；古北成分中，高于整体值（8.29%）的有同翅目（12.24%）、半翅目（11.86%）、鞘翅目（9.67%）、鳞翅目（8.36%）和膜翅目（12.66%）5 个目；广布成分中，高于整体值（10.25%）的有同翅目（14.29%）、鞘翅目（12.10%）和双翅目（24.49%）3 个目；东亚成分中，高于整体值（55.85%）的有蜉蝣目（100%）、蜻蜓目（83.33%）、襀翅目（100%）、螳螂目（62.50%）、蜚蠊目（100%）、蜚蠊目（100%）、直翅目（62.29%）、半翅目（66.10%）、鞘翅目（63.71%）、广翅目（60.00%）、脉翅目（60.00%）、长翅目（100%）、毛翅目（100%）13 个目。

### 5.1.1.4　珍稀昆虫

花萼山自然保护区有宽尾凤蝶（*Agehana elwesi*）、双星箭环蝶（*Stichophthalma neumogeni*）、枯叶蛱蝶（*Kallima inachus*）和中华蜜蜂（*Apis cerana*）4 种国家保护的有益的或者有重要经济、科学研究价值的昆虫。

除此以外，多数新种个体稀少，有的形态特异种类可视为珍稀昆虫。花萼山自然保护区珍稀昆虫有四川无肛潬（*Paraentoria sichuanensis*）、中华屏顶螳（*Kishinouyeum sinensae*）、秦岭蚱（*Tetrix qinlingensis*）、短翅悠背蚱（*Euparatettix brachyptera*）、温室灶螽（*Tachycines asynamorus*）、显脉球须刺蛾（*Scopelodes venosa kwangtungensis*）、三峡东蚁蛉（*Euroleon sanxianus*）、四川山角石蛾（*Stenopsyche sichuanensis*）、白条黛眼蝶（*Lethe albolineata*）、锯线荣夜蛾（*Gloriana dentilinea*）、黑轴美苔蛾（*Miltochrista stibivenata*）、直线野蚕蛾（*Theophila religiosa*）、著蕊舟蛾（*Dudusa nobilis*）、枯球箩纹蛾（*Brahmophthalma wallichii*）、牛郎凤蝶（*Papilio bootes* 和中华曲脉茧蜂（*Distilirella sinica*）16 种。

所有这些珍稀昆虫都应该加以重点保护，对它们的生物学特性进行研究。

### 5.1.1.5　昆虫资源

昆虫资源分为可以带来直接效益的昆虫资源和非效益性的昆虫资源两大类。前者就是通常意义上的昆虫资源，主要用途包括工业原料、药用、食用、饲用、传粉等。后者主要是指有害昆虫、天敌昆虫、科研用昆虫和工艺观赏昆虫。

#### 1. 有害昆虫

据 2006 年《花萼山自然保护区综合考察报告》记载，保护区内农林害虫有 7 目 43 科 144 种。本次考察主要有害昆虫 8 目 74 科 154 种，多为直翅目、同翅目、半翅目、鞘翅目和鳞翅目等种类，所危害的主要有水稻、小麦、玉米、高粱、黄豆、马铃薯、油菜、棉花、柑橘、梨、苹果等农作物；杉木（*Cunninghamia lanceolata*）、巴山松（*Pinus henryi*）、华山松（*Pinus armandii*）等林木。

森林害虫对森林资源的破坏起着一定的作用，通过对其调查，摸清其发生发展变化的规律，确定防治重点，制订防治计划，减少灾害，这对保护森林资源有着现实意义。花萼山自然保护区内的昆虫由于长期对环境的适应，在生物群落中占据着重要的组成成分，因其种类和数量的相对稳定而构成各种群落间的相对稳定。昆虫与其植物及陆生动物形成的食物链，对维护该保护区的生态平衡起着重要的作用。这就反映出有害昆虫的存在价值。虽然花萼山自然保护区内有害昆虫较多，但真正造成危害的种类很少，自从保护区成立以来，由于科学管理和防范，未见虫害大量发生的报道。

#### 2. 天敌昆虫

花萼山自然保护区的植食性昆虫有一些是取食杂草的，它们是防治杂草的自然天敌。肉食性昆虫主要包括捕食性和寄生性两种类型。天敌昆虫捕食或寄生害虫在各种生态环境中对抑制害虫的种群数量，维持自然生态平衡起重要作用。

据 2006 年《花萼山自然保护区综合考察报告》记载，花萼山自然保护区的天敌昆虫有 8 目 26 科 93 种。本次调查花萼山自然保护区天敌昆虫种类有 11 目 39 科 78 属 145 种，占花萼山自然保护区昆虫的 17.68%。

为害虫的生物防治奠定了良好的物种基础，在花萼山自然保护区害虫的自然控制方面发挥着重要作用。

主要天敌昆虫类群有蜻蜓目蜻科、蜓科、色螅科、螅科，螳螂目螳科，半翅目猎蝽科、蝎蝽科，广翅目齿蛉科，脉翅目草蛉科，鞘翅目虎甲科、步甲科、隐翅虫科、瓢虫科，双翅目瘿蚊科、食蚜蝇科和膜翅目的茧蜂科、姬蜂科、金小蜂科、蚜小蜂科、跳小蜂科等昆虫。

### 3. 传粉昆虫

花萼山自然保护区传粉昆虫包括大量喜花昆虫，主要为膜翅目蜜蜂总科和双翅目食蚜蝇科的种类，如食蚜蝇科就有 28 种。此外，鞘翅目中许多类群的成虫，如花金龟，鳞翅目蝶类和一些蛾类成虫，缨翅目蓟马也是重要的传粉昆虫，在农林作物传粉上起重要作用。

### 4. 药用昆虫

花萼山自然保护区药用昆虫主要为螳螂目、直翅目、同翅目、鞘翅目、鳞翅目和膜翅目中的种类。有些昆虫类群是农林、经济作物主要害虫，如直翅目的中华稻蝗（*Oxya chinensis*）和东方蝼蛄（*Gryllotlpa orientalis*）在农林业上是大害虫，它们成虫干燥可入药。鞘翅目的芫菁科昆虫为害豆科、葫芦科和茄科等植物，它们大多数都能入药，其成分为芫菁素或斑蝥素的刺激性液体，药用价值在李时珍的《本草纲目》中记载有破血祛瘀攻毒等功能。金凤蝶（*Papilio machaon*）干燥成虫入药，药材名为茴香虫。螳螂入药的主要是它的卵块（螵蛸），蝼蛄的若虫羽化成虫后，若虫脱下的皮在中医学上称为蝉蜕，这些是药典中提到的一些种类，其实还有很多昆虫的药用价值未被发现。对于新药的开发，昆虫是一种很好的原材料。因此，研究开发药用昆虫有很大的实用价值。

### 5. 食用昆虫

食用昆虫作为一类特殊的食物资源，其体内含有丰富的蛋白质、氨基酸、脂肪、无机盐、微量元素、碳水化合物和维生素等成分。花萼山自然保护区的昆虫种类中，常见食用昆虫有直翅目、鳞翅目、鞘翅目、半翅目和膜翅目等的一些成虫或幼虫。如豆天蛾（*Clanis bilineata*）和黑蚱蝉（*Cryptotympana atrata*）营养丰富，味道鲜美，具有较大的开发价值。

### 6. 观赏昆虫

观赏昆虫颜色艳丽，形态多样。花萼山自然保护区观赏昆虫资源丰富。可供观赏的鳞翅目、鞘翅目、直翅目和半翅目昆虫种类有 300 多种。翩翩起舞的蝶类如粉蝶科、眼蝶科、凤蝶科、环蝶科、蛱蝶科以及蛾类的大蚕蛾科、天蛾科等种类，形态奇特的甲虫类如虎甲、鳃金龟、花金龟、丽金龟、天牛、锹甲等，最具重要观赏价值。直翅目有鸣叫动听、好斗成性的蟋蟀，鸣声高亢的昆虫有直翅目的螽蟖和半翅目的蝉，竹节虫体形呈竹节状和叶片状，高度拟态，体型较大的蜻蜓姿态优美，色彩艳丽，是人们喜闻乐见的观赏昆虫。对其开发利用，能更好地发挥其资源利用的经济价值。

### 7. 工业原料昆虫

对部分昆虫种类的虫体或其分泌物进行研究利用，这在中国有悠久的历史。花萼山自然保护区用于工业原料的有蚕蛾科的家蚕蛾（*Bomhyx mori*）和大蚕蛾科的樗蚕（*Philosamia cynthia*）产的丝，蜜蜂科的中华蜜蜂（*Apis cerana*）的蜂胶、蜡蜂均为重要的工业原料。蜡蚧科的白蜡虫（*Ericerus pela*）寄生于女贞树和白蜡树，其雄虫的分泌物称为白蜡。白蜡经济价值高，在机械、纺织、食品、造纸、医药等方面有着广泛的用途。瘿绵蚜科的角倍蚜（*Schlechtendalia chinensis*），寄生于盐肤木（*Rhus chinensis*）上形成的虫瘿称为五倍子。其含有丰富的鞣酸，是生产单宁酸和没食子酸的原料，在制革、染料生产等方面有着广泛的用途。

### 8. 科研用昆虫

昆虫对环境变化十分敏感，利用昆虫对环境污染的不同忍耐程度，可以作为环境指示物，监测环境变化，指示环境质量。花萼山自然保护区有益于环保的昆虫种类繁多，如鳞翅目蝶类有 10 科 43 属 63 种，蝶类对气候和光线非常敏感，许多研究者都认为蝶类是很好的环境指示物。本次调查蜉蝣目有 2 科 3 属 4 种、蜻蜓目有 6 科 11 属 18 种、广翅目有 1 科 2 属 5 种和襀翅目有 1 科 1 属 1 种，它们的幼虫对水体环境具有敏感度，物种类型和数量与水体环境的水质相关，把它们作为水体环境变化的指示昆虫，可以成为监测现有水质的重要补充手段。

## 5.1.2　软体动物物种多样性

软体动物的调查与其他动物同步进行，重点对植被覆盖率较高、枯枝落叶较多的区域进行调查，同时对水田、溪沟等水体的软体动物也进行了采集。主要涉及的地区为花萼乡、曹家乡、庙坡乡、官渡乡、白果乡、梨树乡等地。

### 5.1.2.1　物种组成

经过不同时间、不同季节的采集，花萼山自然保护区软体动物经鉴定、统计，共有 1 纲 3 目 10 科 22 属 39 种，其中以腹足纲陆生种类最多，有 2 目 9 科 20 属 36 种；水生种类有 2 目 3 科 4 属 5 种。种类的百分比组成见表 5-3、名录见附表 4。

**表 5-3　花萼山自然保护区软体动物种类组成**

| 纲 | 目 | 科 | 属 | 种 | 占总种数/% |
|---|---|---|---|---|---|
| 腹足纲 | 中腹足目 | 3 | 6 | 7 | 17.95 |
| | 基眼目 | 1 | 2 | 3 | 7.69 |
| | 柄眼目 | 6 | 14 | 29 | 74.36 |
| 合计 | | 3 | 10 | 22 | 39 | — |

从表 5-3 可知，保护区软体动物全为腹足纲种类，有 39 种，其中柄眼目种类最多，有 29 种，占总种数的 74.36%，为保护区软体动物的优势类群；其次是中腹足目种类，有 7 种，占腹足纲总种数的 17.95%；基眼目的种类最少，仅 3 种，占腹足纲总种数的 7.69%。

### 5.1.2.2　物种组成特点

保护区 39 种软体动物中，水生种类仅有 5 种，占总种数的 12.82%，水生软体动物种类贫乏，与保护区水体环境多为山区小溪河有关，这样的水体水面狭窄，水流急，水位多不稳定，少雨季节多干枯，不利于水生软体动物生存。保护区的水生软体动物主要生存和分布地点为低海拔地区的溪沟及各类水田中，如花萼乡、曹坝乡的小溪流中生活的圆田螺（*Cipangopaludina*）、萝卜螺（*Radix*）和泉膀胱螺（*Physa*）分布的范围较广。陆生种类 34 种，科属种的百分比见表 5-4。

**表 5-4　花萼山自然保护区陆生软体动物科属种的组成**

| 科 | 属 | 占总数百分比/% | 种 | 占总数百分比/% |
|---|---|---|---|---|
| 环口螺科 Cyclophorid | 4 | 22.2 | 5 | 14.7 |
| 烟管螺科 Clausiliidae | 1 | 5.6 | 1 | 2.9 |
| 钻螺科 Seraphidae | 1 | 5.6 | 1 | 2.9 |
| 拟阿勇蛞蝓科 Ariophantidae | 2 | 11.1 | 6 | 17.6 |

续表

| 科 | 属 | 占总数百分比/% | 种 | 占总数百分比/% |
|---|---|---|---|---|
| 坚齿螺科 Camaenidae | 1 | 5.6 | 1 | 2.9 |
| 巴蜗牛科 Bradybaenidae | 8 | 44.4 | 19 | 55.9 |
| 蛞蝓科 Limacidae | 1 | 5.6 | 1 | 2.9 |
| 合计 | 18 | -- | 34 | -- |

从属种数量排序，巴蜗牛科最多，有 8 属 19 种，分别占属种的 44.4%和 55.9%；其次为环口螺科，有 4 属 5 种，分别占属种的 22.2%和 14.7%；拟阿勇蛞蝓科有 2 属 6 种。烟管螺科、钻螺科、坚齿螺科和蛞蝓科均为单属种科，分别占属种的 5.6%和 2.9%。这与保护区自然环境中植被保存较好，为陆生软体动物提供了很好的栖息条件有关，特别是羊跳峡的种类较丰富。而其余地方种类较少，与保护区阴湿环境不多有关。

陆生软体动物的分布以 500~1000m 海拔地区种类最丰富，主要分布于花萼乡和曹坝乡等较平坦的沟渠、水田和退耕地中；1000m 以上海拔的地区如项家坪、鱼泉仅有同型巴蜗牛（*Bradybaena similaris*）。陆生软体动物的种群密度低，如羊跳峡这种种类较多的地方测定不足 1 个/m$^2$，1000m 以上海拔的地区种群密度更低。

与"四川省陆生贝类调查"（陈德牛，1982）的结果 119 种相比，仅占 28.57%，属陆生软体动物种类较贫乏的地区。

花萼山自然保护区软体动物的特点是：种类贫乏，密度低。

### 5.1.2.3　软体动物资源

软体动物在自然生态平衡中起着重要的作用，陆生种类也是一类重要的土壤动物。总括起来看，一些种类可以被人类利用、开发，作为食品（中国圆田螺（*Cipangopaludina chinensis*））、药用及畜、禽、水产养殖上的蛋白质饲料；另一部分为有害的种类，是农、林、园艺上的间歇性害虫，也是人畜、禽类及各种野生动物寄生虫的中间宿主。

#### 1. 农林业害虫

陆生贝类绝大多数以绿色植物为食，因此它们是一类农业上的间歇性害虫。环口螺（*Cyclophorus*）、巴蜗牛（*Bradybaena*）、华蜗牛（*Cathaica*）和蛞蝓（*Philomycus*）等分布广，危害性较大。常危害植物生长部分，啃食其枝叶和幼芽。

#### 2. 寄生虫的中间宿主

许多软体动物是禽畜、野生动物、人类寄生虫的中间宿主。经调查和记载，保护区的软体动物有 2 科 2 属 3 种可作为寄生虫的中间宿主。其中椭圆萝卜螺（*Radix swinhoei*）作为横川伪毕吸虫（*Pseudobilharziella yokogawai*）、泡状毛毕吸虫（*Trichobilharzia physella*）等的中间寄主；截口土蜗（*Galba truncatuta*）为肝片吸虫的中间寄主；同型巴蜗牛（*Bradybaena similaris*）为胰阔盘吸虫（*Eurytrema pancreaticum*）、腔阔盘吸虫（*Eurytrema coelomatium*）、枝睾阔盘吸虫（*Eurytrema cladorchi*）、窄体吸虫（*Lyperosomum mosquensis*）、广州血管圆线虫（*Angiostrongylus cantonensis*）等的中间宿主。

#### 3. 药用软体动物

据民间偏方和验方记载，可入药的软体动物种类很多。保护区可作为药用的软体动物有：中国圆田螺（*Cipangopaludina chinensis*）贝壳和肉入药；同型巴蜗牛的主要功效为清热解毒、消肿平喘、软坚理疝等，尤其对治疗小儿疳积、痔漏、疮疡效果良好；有的地方蜗牛汤对产妇和久病康复有疗效。作为药用一般采集和加工的方法是：在夏秋季节捕捉，用开水烫死，晒干，放入瓶内贮存备用。

# 5.2 脊椎动物物种多样性

## 5.2.1 脊椎动物区系

根据张荣祖《中国动物地理》（2011），把保护区的 354 种陆生脊椎动物的区系成分总结如表 5-5。其中东洋种 190 种，占 53.55%；古北种 60 种，占 16.99%；广布种 104 种，占 29.46%。哺乳类中东洋种 33 种，占 47.8%；广布种 36 种，占 52.2%。鸟类中东洋种 117 种，占 51.33%%；古北种 60 种，占 26.11%；广布种 51 种，占 22.56%。爬行类中东洋种 20 种，占 67%；广布种 10 种，占 33%。两栖类中东洋种 20 种，占 74%；广布种 7 种，占 26%。表明保护区的脊椎动物区系以东洋界成分为主，古北种和广布种相当，古北种主要是鸟类，两栖类、爬行类和哺乳类中没有古北界成分。

表 5-5　花萼山自然保护区陆生脊椎动物区系成分统计表

| 类群 | 东洋种 | 古北种 | 广布种 | 合计 |
|---|---|---|---|---|
| 哺乳纲 | 33 | 0 | 36 | 69 |
| 鸟纲 | 117 | 60 | 51 | 228 |
| 爬行纲 | 20 | 0 | 10 | 30 |
| 两栖纲 | 20 | 0 | 7 | 27 |
| 种类合计 | 190 | 60 | 104 | 354 |
| 所占比例/% | 53.55 | 16.99 | 29.46 | 100 |

## 5.2.2 哺乳类

### 5.2.2.1 物种组成

花萼山自然保护区地处川东北边远山区，人口密度和开发强度低，至今保留着较为完整和原始的自然生态系统，环境复杂，野生动物资源极为丰富。但目前，关于花萼山自然保护区的哺乳类调查工作较少。在 1984 年出版的《四川资源动物志》中有零星记载；另外 2006 年在四川省自然资源研究所、重庆大学、西南大学的共同努力下为花萼山申请建立国家级自然保护区完成了《综合科学考察报告》，记录兽类 64 种；本项目组于 2012～2014 年对保护区进行多次调查，记录到兽类 69 种。

综合上述资料和考察结果，保护区共有兽类 69 种，隶属 7 目 24 科（附表 5）。其中，啮齿目 5 科 23 种、食肉目 5 科 18 种，分别占该地区兽类物种总数的 33.33%、26.09%，占有显著的优势地位；其次，翼手目 4 科 10 种、偶蹄目 4 科 9 种，分别占总种数的 14.49%、13.04%；在 24 科中，以鼠科物种最为丰富，共 11 种，占保护区总种数的 15.94%；其次松鼠科，8 种，占总种数的 11.59%；鼩科名列第三，有 6 种，占总种数的 8.70%；其余各科种数较少（表 5-6）。

表 5-6　花萼山自然保护区兽类的种类组成

| 目 | 数目 | 科 | 科（拉丁名） | 种 | 比例/% |
|---|---|---|---|---|---|
| 食虫目 Insectivora | 3 | 猬科 | Erinaceidae | 1 | 1.45 |
| | | 鼹科 | Talpidae | 2 | 2.90 |
| | | 鼩鼱科 | Soricidae | 3 | 4.35 |
| 翼手目 Chiroptera | 4 | 假吸血蝠科 | Megadermatidae | 1 | 1.45 |
| | | 蹄蝠科 | Hipposideridae | 2 | 2.90 |
| | | 菊头蝠科 | Rhinolophidae | 3 | 4.35 |
| | | 蝙蝠科 | Vespertilionidae | 4 | 5.80 |
| 灵长目 Primates | 1 | 猴科 | Cercopithecidae | 1 | 1.45 |

续表

| 目 | 数目 | 科 | 科（拉丁名） | 种 | 比例/% |
|---|---|---|---|---|---|
| 食肉目 Carnivora | 5 | 犬科 | Canidae | 4 | 5.80 |
| | | 熊科 | Ursidae | 1 | 1.45 |
| | | 鼬科 | Mustelidae | 6 | 8.70 |
| | | 灵猫科 | Viverridae | 3 | 4.35 |
| | | 猫科 | Felidae | 4 | 5.80 |
| 偶蹄目 Artiodactyla | 4 | 猪科 | Suidae | 1 | 1.45 |
| | | 麝科 | Moschidae | 1 | 1.45 |
| | | 鹿科 | Cervidae | 5 | 7.25 |
| | | 牛科 | Bovidae | 2 | 2.90 |
| 啮齿目 Rodentia | 5 | 松鼠科 | Sciuridae | 8 | 11.59 |
| | | 鼠科 | Muridae | 11 | 15.94 |
| | | 仓鼠科 | Cricetidae | 1 | 1.45 |
| | | 鼹型鼠科 | Spalacidae | 2 | 2.90 |
| | | 豪猪科 | Hystricidae | 1 | 1.45 |
| 兔形目 Lagomorpha | 2 | 兔科 | Leporidae | 1 | 1.45 |
| | | 鼠兔科 | Ochotonidae | 1 | 1.45 |
| 合计 | 24 | | | 69 | -- |

#### 5.2.2.2 分布区域

兽类活动能力较强，分布范围较大。由于习性的不同，它们的分布也有所不同。根据兽类在保护区内的分布特征，可以将其分为 4 种生态类群。即：

森林兽类：保护区内的森林覆盖率高、原始性强，植被类型以常绿阔叶林为主。翼手目一些种类；灵长目的猕猴；啮齿目的松鼠科；食肉目的犬科、熊科、灵猫科、猫科；偶蹄目的鹿科、牛科的大部分种类都主要生活在林区。因此，保护区内的大多数兽类都属于森林兽类。

灌丛兽类：在灌丛生境内的兽类主要有食虫目的几种鼩鼱、兔形目的蒙古兔、啮齿目的一些种类、食肉目鼬科等，种类相对较少。

水域兽类：本类生境的兽类很少，仅有水獭 1 种，栖息于林木茂盛的河、溪、湖沼及岸边，营半水栖生活。在水边的灌丛、树根下、石缝或杂草丛中筑洞，洞浅，有数个出口。多在夜间活动，善游泳。数量已很稀少，亟须加强保护。

村庄农田兽类：保护区内农耕地生态系统种植以水稻、玉米、马铃薯为主的作物组合。主要有食虫目的一些种类、翼手目的一些种类、兔形目的蒙古兔、啮齿目的多数种类、食肉目的鼬科的少数种类、偶蹄目的野猪等，这个区域的种类相对较为丰富。

### 5.2.3 鸟类

#### 5.2.3.1 物种组成

早在 1912~1922 年美国的 Andrews R.C.就曾在地处大巴山区的花萼山作过鸟类调查；此后郑作新、钱燕文、关贯勋等于 1958 年在花萼山（含官渡镇）进行鸟类调查，采集到鸟类 93 种并发表《秦岭、大巴山地区的鸟类区系调查研究》；1964~1965 年，余志伟、邓其祥、胡锦矗等在大巴山万源等地进行鸟类调查，采集到鸟类 148 种，野外观察到没有采集到标本 5 种，并发表《四川省大巴山、米仓山鸟类调查报告》；另外，在 1985 年出版的《四川资源动物志》和 1993 年出版的《四川鸟类原色图鉴》两本书籍中各记载有花萼山鸟类 111 种和 131 种；在 2006 年花萼山保护区《综合科学考察报告》中记录鸟类 196 种；本次调查，野外记录到鸟类 107 种。

综合上述资料和考察结果，保护区共有鸟类 228 种，隶属 16 目 49 科（附表 5）。其中雀形目鸟类有 31 科 155 种，占总种数的 67.98%；非雀形目 15 目 18 科 73 种，占总种数的 32.02%。各科中，种数最多的是鸫科，有 24 种，占总种数的 10.53%；画眉科和莺科次之，均有 22 种，占总种数的 9.65%；鹰科第四，有 11 种，占总种数的 4.82%；其余各科种数少于 10 种（表 5-7）。

按照鸟类在本保护区内的居留类型，在 228 种鸟类中，留鸟最多，有 126 种，占该区鸟类总种数的 55.75%；夏候鸟次之，有 74 种，占 32.30%；冬候鸟 27 种，占该区鸟总种数的 11.95%。

**表 5-7　花萼山自然保护区鸟类的种类组成**

| 目 | 数目 | 科 | 科（拉丁名） | 种数 | 比例/% |
|---|---|---|---|---|---|
| 鹳形目 Ciconiiformes | 1 | 鹭科 | Ardeidae | 7 | 3.07 |
| 雁形目 Anseriformes | 1 | 鸭科 | Anatidae | 3 | 1.32 |
| 隼形目 Falconiformes | 2 | 鹰科 | Accipitrida | 11 | 4.82 |
| | | 隼科 | Falconidae | 2 | 0.88 |
| 鸡形目 Galliformes | 1 | 雉科 | Phasianidae | 6 | 2.63 |
| 鹤形目 Gruiformes | 1 | 秧鸡科 | Rallidae | 4 | 1.75 |
| 鸻形目 Charadriiformes | 3 | 鹮嘴鹬科 | Ibidorhynchidae | 1 | 0.44 |
| | | 鸻科 | Charadriidae | 3 | 1.32 |
| | | 鹬科 | Scolopacidae | 4 | 1.75 |
| 鸽形目 Columbiformes | 1 | 鸠鸽科 | Columbidae | 4 | 1.75 |
| 鹃形目 Cuculiformes | 1 | 杜鹃科 | Cuculidae | 9 | 3.94 |
| 鸮形目 Strigiformes | 1 | 鸱鸮科 | Strigidae | 5 | 2.19 |
| 夜鹰目 Caprimulgiformes | 1 | 夜鹰科 | Caprimulgidae | 1 | 0.44 |
| 雨燕目 Apodiformes | 1 | 雨燕科 | Apodidae | 1 | 0.44 |
| 佛法僧目 Coraciiformes | 2 | 翠鸟科 | Alcedinidae | 3 | 1.32 |
| | | 佛法僧科 | Coraciidae | 1 | 0.44 |
| 戴胜目 Upupiformes | 1 | 戴胜科 | Upupidae | 1 | 0.44 |
| 鴷形目 Piciformes | 1 | 啄木鸟科 | Picidae | 7 | 3.07 |
| 雀形目 Passeriformes | 31 | 百灵科 | Alaudidae | 1 | 0.44 |
| | | 燕科 | Hirundinidae | 4 | 1.75 |
| | | 鹡鸰科 | Motacillidae | 8 | 3.51 |
| | | 山椒鸟科 | Campephagidae | 5 | 2.19 |
| | | 鹎科 | Pycnonotidae | 5 | 2.19 |
| | | 伯劳科 | Laniidae | 3 | 1.32 |
| | | 黄鹂科 | Oriolidae | 1 | 0.44 |
| | | 卷尾科 | Dicruridae | 3 | 1.32 |
| | | 椋鸟科 | Aplonis panayensis | 2 | 0.88 |
| | | 鸦科 | Corvidae | 6 | 2.63 |
| | | 河乌科 | Cinclidae | 1 | 0.44 |
| | | 鹪鹩科 | Troglodytidae | 1 | 0.44 |
| | | 岩鹨科 | Prunellidae | 1 | 0.44 |
| | | 鸫科 | Turdidae | 24 | 10.52 |
| | | 鹟科 | Muscicapidae | 9 | 3.94 |
| | | 王鹟科 | Monarchinae | 1 | 0.44 |

续表

| 目 | 数目 | 科 | 科（拉丁名） | 种数 | 比例/% |
|---|---|---|---|---|---|
| 雀形目 Passeriformes | 31 | 画眉科 | Timaliidae | 22 | 9.65 |
| | | 鸦雀科 | Paradoxornithidae | 4 | 1.75 |
| | | 扇尾莺科 | Cisticolidae | 2 | 0.88 |
| | | 莺科 | Sylviidae | 22 | 9.65 |
| | | 绣眼鸟科 | Zosteropidae | 2 | 0.88 |
| | | 长尾山雀科 | Aegithalidae | 2 | 0.88 |
| | | 山雀科 | Paridae | 5 | 2.19 |
| | | 䴓科 | Sittidae | 1 | 0.44 |
| | | 旋壁雀科 | Tichidromidae | 1 | 0.44 |
| | | 啄花鸟科 | Dicaeidae | 1 | 0.44 |
| | | 花蜜鸟科 | Nectariniidae | 1 | 0.44 |
| | | 雀科 | Passeridae | 2 | 0.88 |
| | | 梅花雀科 | Estrildidae | 1 | 0.44 |
| | | 燕雀科 | Fringillidae | 6 | 2.63 |
| | | 鹀科 | Emberizidae | 8 | 3.51 |
| 合计 | 49 | | | 228 | 100 |

#### 5.2.3.2 分布区域

保护区大多数鸟类都是全境分布，它们善于飞行，活动范围广，扩散能力强，在保护区内适宜生境类型中广泛分布。仅有少数种类受到生境、食物等因素的影响在保护区内分布区域较窄，另外鸡形目部分种类因扩散能力较弱，且性机警胆怯，多分布在人迹罕至的森林、灌丛。

根据鸟类在本保护区内的分布特征，可以将其分为 4 种生态类群。即：

森林鸟类：保护区内的森林覆盖率高、原始性强，植被类型以常绿阔叶林为主。分布有鸡形目，鸢形目，以及雀形目中的鸦科、燕雀科、画眉科等鸟类，共有 142 种。

灌丛鸟类：灌丛生态系统主要分布有 125 种，主要为雉科、鸦科、画眉科、莺科、䴓科种类，优势种为黄臀鹎（*Pycnonotus xanthorrhous*）、大山雀（*Parus major*）、金翅雀（*Carduelis sinica*）等。

水域鸟类：本类生境包括河谷及其周边地带，植被分布类型多样。鸟类主要为鹭科、鸭科、秧鸡科、鸻形目、佛法僧目、鹡鸰科、䴓科种类共 39 种，其中优势种为红尾水鸲（*Rhyacornis fuliginosa*）、白鹡鸰（*Motacilla alba*）、灰鹡鸰（*Motacilla cinerea*）、小燕尾（*Enicurus scouleri*）。

村庄农田鸟类：保护区内农耕地生态系统种植以水稻、玉米、马铃薯为主的作物组合。本类型鸟类主要为雀形目鹎科、鸦科、鹡鸰科鸟类 53 种，优势种为麻雀（*Passer montanus*）、大山雀、金翅雀、白鹡鸰、黄臀鹎。本类群鸟类体型小，繁殖力强，种群数量通常较大，并在长期的进化过程中适应了人居环境，在保护区范围内的农田村庄生境中均有分布，在森林、灌丛等生境中也有少量分布。

有些鸟类生活在多种生境类型中，如环颈雉在森林、灌草丛和村庄农田都有分布。另外，有些鸟类可能是多个生境的优势种，如大山雀。

### 5.2.4 爬行类

#### 5.2.4.1 物种组成

早在 1966 年，我国学者胡淑琴、赵尔宓、刘承钊等就曾在大巴山区做过爬行类调查，调查到爬行类 13 种，并发表《秦岭及大巴山地区两栖爬行动物调查报告》；在 1985 年出版的《四川资源动物志》和 1993 年出版的《四川爬行动物原色图鉴》两本书籍均对花萼山部分爬行动物进行了描述；在 2006 年《综合科学考察报告》中记录保护区内有爬行动物 27 种；通过本次调查，爬行类增加到 30 种。

　　综合上述资料的考察结果，保护区共有爬行类 30 种，隶属 2 目 9 科（附表 5）。其中龟鳖目 2 科 2 种，占 6.67%；有鳞目 6 科 28 种，占 93.33%。各科中，种数最多的是游蛇科，为 15 种，占 50.00%；其次分别为蝰科 4 种，占 13.33%；石龙子科 3 种，占 10.00%；鬣蜥科和蜥蜴科各 2 种，分别占 6.67%；地龟科（龟科）、鳖科、壁虎科、闪皮蛇科各一种，皆占 3.33%（表 5-8）。

**表 5-8　花萼山自然保护区爬行类类的种类组成**

| 目 | 数目 | 科 | 科（拉丁名） | 种数 | 比例（%） |
|---|---|---|---|---|---|
| 龟鳖目 Testudines | 2 | 地龟科（龟科） | Geoemydidae（Emydidae） | 1 | 3.33 |
| | | 鳖科 | Trionychidae | 1 | 3.33 |
| 有鳞目 Squamata | 7 | 游蛇科 | Colubridae | 15 | 50.00 |
| | | 闪皮蛇科 | Xenodermatidae | 1 | 3.33 |
| | | 蝰科 | Viperidae | 4 | 13.33 |
| | | 石龙子科 | Scincidae | 3 | 10.00 |
| | | 鬣蜥科 | Agamidae | 2 | 6.67 |
| | | 蜥蜴科 | Lacertidae | 2 | 6.67 |
| | | 壁虎科 | Gekkonidae | 1 | 3.33 |
| 合计 | 9 | | | 30 | 100.00 |

### 5.2.4.2　分布区域

　　花萼山保护区的爬行类的分布受生境、食物以及自身生活特点等因素的影响，呈现出较为明显的局部分区的分布特点。由爬行类在本保护区的分布特征，可以将其分为 4 种生态类群。即：

　　水栖型爬行类：共 3 种，分别为龟鳖目的龟科、鳖科以及有鳞目游蛇科的乌华游蛇（*Sinonatrix percarinata*）。

　　半水栖型爬行类：共 2 种，分别为有鳞目游蛇科的锈链腹链蛇（*Amphiesma craspedogaster*）和大眼斜鳞蛇（*Pseudoxenodon macrops*）。

　　陆栖型爬行类：共 22 种，主要为有鳞目壁虎科的蹼趾壁虎（*Gekko subpalmatus*），鬣蜥科的米仓山攀蜥（*Japalura micangshanensis*）和丽纹攀蜥（*Japalura splendida*），蜥蜴科的峨眉草蜥（*Takydromus intermedius*）和北草蜥（*Takydromus septentrionalis*），石龙子科的黄纹石龙子（*Plestiodon capito*）、蓝尾石龙子（*Plestiodon elegans*）和铜蜓蜥（*Sphenomorphus indicus*），游蛇科的翠青蛇（*Cyclophiops major*）、赤链蛇（*Lycodon rufozonatum*）、王锦蛇（*Elaphe carinata*）、玉斑蛇（*Euprepiophis mandarinus*）、紫灰蛇（*Oreocryptophis porphyraceus*）、黑眉晨蛇（*Orthriophis taeniurus*）、乌梢蛇（*Ptyas dhumnades*）等，以及蝰科的短尾蝮（*Gloydius brevicaudus*）和原矛头蝮（*Protobothrops mucrosquamatus*）。

　　树栖型爬行类：共 3 种，分别为有鳞目游蛇科的灰腹绿蛇（灰腹绿锦蛇）（*Rhadinophis frenatus*）、蝰科的菜花原矛头蝮（*Protobothrops jerdonii*）和福建绿蝮（*Viridovipera stejnegeri*）。

　　其中陆栖型最多，占 73.33%。这符合花萼山以山地为主，同时附有溪流的生态类型。

## 5.2.5　两栖类

### 5.2.5.1　物种组成

　　Pope&Boring（1940）、胡淑琴等（1966）曾分别对秦岭两栖类做过报道，宋鸣涛、方荣盛于 1978～1982 年对秦岭东部以及大巴山东段地区两栖类进行调查，获得两栖类标本 1200 号，隶属于 2 目 7 科 9 属 17 种（亚种）。2006 年花萼山申请建立国家级自然保护区，根据初步调查，并结合前人的工作进行整理记录到 23 种，隶属于 2 目 8 科 10 属。本次调查，野外记录到两栖类 20 种。

综合上述资料及《四川资源动物志》《四川两栖类原色图鉴》《中国两栖动物及其分布彩色图鉴》和本次考察结果，保护区共有两栖类 27 种，隶属 2 目 9 科（附表 5）。其中蛙科最多，有 12 种，占 44.44%；又舌蛙科次之，3 种，占 11.11%；小鲵科、角蟾科、蟾蜍科、树蛙科、姬蛙科均有 2 种，各占 7.41%；隐鳃鲵科和雨蛙科 1 种，各占 3.70%（表 5-9）。保护区两栖类以蛙科为主，这与我国两栖种类分布特点相吻合。花萼山为合征姬蛙（*Microhyla mixtura*）模式产地，发现曹家乡水鼓坝村俞家河坝一带有一定数量。

表 5-9　花萼山自然保护区两栖类的种类组成

| 目 | 数目 | 科 | 科（拉丁名） | 种数 | 比例/% |
|---|---|---|---|---|---|
| 有尾目 Caudata | 2 | 小鲵科 | Hynobiidae | 2 | 7.4 |
| | | 隐鳃鲵科 | Cryptobranchidae | 1 | 3.7 |
| 无尾目 Anura | 7 | 角蟾科 | Megophryidae | 2 | 7.4 |
| | | 蟾蜍科 | Bufonidae | 2 | 7.4 |
| | | 雨蛙科 | Hylidae | 1 | 3.7 |
| | | 树蛙科 | Rhacophoridae | 2 | 7.4 |
| | | 姬蛙科 | Microhylidae | 2 | 7.4 |
| | | 又舌蛙科 | Dicroglossidae | 3 | 11.1 |
| | | 蛙科 | Ranidae | 12 | 44.4 |
| 合计 | 9 | | | 27 | 100.00 |

### 5.2.5.2　分布区域

两栖类生态分布类型颇多，不同的生态环境生活着不同种类的两栖类，根据两栖类在保护区的分布特征，将其分为 3 个生态类群。即：

（1）水栖型：如巫山巴鲵（*Liua shihi*）、大鲵（*Andrias daviddianus*）、棘腹蛙（*Paa boulengeri*）、隆肛蛙（*Feirana quadranus*）、绿臭蛙（*Odorrana margaertae*）、光雾臭蛙（*Odorrana kuangwuensis*）、花臭蛙（*Odorrana schmackeri*）属于水栖溪流型，主要在溪流边生活；而黑斑侧褶蛙（*Pelophylax nigromaculatus*）、沼蛙（*Boulengerana guentheri*）、仙琴蛙（*Nidirana daunchina*）、饰纹姬蛙（*Microhyla ornata*）属于水栖静水型，都不能远离水域生活。

（2）陆栖型：如秦巴巴鲵（*Liua tsinpaensis*）、南江角蟾（*Megophrys nankiangensis*）、巫山角蟾（*Megophrys wushanensis*）、崇安湍蛙（*Amolops chunganensis*）、棘皮湍蛙（*Amolops granulosus*）属于陆栖型中林栖流溪繁殖型；中华蟾蜍华西亚种（*Bufo gargarizans andrewsi*）、中华蟾蜍指名亚种（*Bufo gargarizans gargarizans*）、合征姬蛙（*Microhyla mixtura*）属于陆栖型中穴栖静水繁殖型；峨眉林蛙（*Rana omeimontis*）、中国林蛙（*Rana chensinensis*）、高原林蛙（*Rana kukunoris*）、弹琴蛙（*Nidirana adenopleura*）、泽陆蛙（*Fejervarya multistriata*）属于陆栖型中林栖静水繁殖型。

（3）树栖型：如秦岭雨蛙（*Hyla tsinlingensis*）、斑腿泛树蛙（*Polypedates megacephalus*）、经甫树蛙（*Rhacophorus chenfui*）。

## 5.2.6　鱼类

### 5.2.6.1　物种组成

保护区内水系比较发达，泉洞多，溪沟较多。主要由两大水系组成，其一为嘉陵江水系，其二为汉江水系，两者的分水岭为花萼山。嘉陵江属长江上游水系，花萼山为其支流渠江上游（称后河）的发源地，在这一地区有白沙河、花萼河、马庙溪和蒿坝河等较大的支流。汉江属长江中游水系，保护区内的任河为其支流，在保护区段称为大竹河，流经保护区的东缘，主要支流为白果河、庙坡河和岚溪河等。大竹河和白沙河水量较大，河床为砾石和砂组成，河面宽 30~50m，水深 2~10m。有较丰富的水生生物。鱼类较为丰富。

在 20 世纪 60 年代，南充师范学院（现西华师范大学）等高等院校的研究人员对花萼山自然保护区内的鱼类开展过调查，邓其祥在《四川动物》上发表了有关论文。1987～1988 年，万源市人民政府组织各方面人员对保护区的生态环境、森林植被、动植物资源以及人文地理等进行了综合考察，并于 1998 年编写了《四川万源市花萼山自然保护区综合考察报告》，涉及鱼类。2004 年 12 月，受四川省环境保护局和万源市人民政府的委托，四川省自然资源研究所承担了"花萼山自然保护区综合科学考察与总体规划"项目，重庆大学和西南大学等单位协作。通过实地调查和分析研究，基本弄清了保护区及其周边地区的自然、社会和经济状况，并在此基础上编制了《花萼山自然保护区综合科学考察报告》（2006 年）。这次报告调查较为详细，共记录鱼类 58 种。

从 2012 年开始，历经 3 年的调查，完成了本次鱼类调查任务。本报告修订了上述名录中的个别错误，将汉水后平鳅和峨眉后平鳅（*Metahomaloptera omeiensis*）调整为峨眉后平鳅（*Metahomaloptera omeiensis*）1 个种。增加了扁尾薄鳅（*Leptobotia tientaiensis*）、泥鳅（*Misgurnus anguillicaudatus*）、云南光唇鱼（*Acrossocheilus yunnanensis*）3 种。根据实地调查结果和有关资料整理，保护区内有鱼类 60 种，隶属于 4 目 13 科 47 属（附表 5）。其中以鲤形目的种类最多，有 5 科 37 属 43 种，占总数的 71.67%；其次是鲇形目，有 4 科 7 属 11 种；占总数的 18.33%；鲈形目有 3 科 3 属 5 种，占总数的 8.33%；合鳃鱼目 1 科 1 属 1 种，仅占总数的 1.67%（表 5-10）。

**表 5-10　花萼山自然保护区鱼类的种类组成**

| 目 | 数目 | 科 | 科（拉丁名） | 种数 | 比例/% |
|---|---|---|---|---|---|
| 鲤形目 Cypriniformes | 5 | 条鳅科 | Nemacheilidae | 2 | 3.33 |
| | | 沙鳅科 | Botidae | 4 | 6.67 |
| | | 花鳅科 | Cobitidae | 2 | 3.33 |
| | | 鲤科 | Cyprinidae | 30 | 50.00 |
| | | 爬鳅科 | Balitoridae | 5 | 8.33 |
| 鲇形目 Siluriformes | 4 | 鲿科 | Bagridae | 7 | 11.67 |
| | | 鲇科 | Siluridae | 2 | 3.33 |
| | | 钝头鮠科 | Amblycipitidae | 1 | 1.67 |
| | | 鮡科 | Sisoridae | 1 | 1.67 |
| 合鳃目 Synbranchiformes | 1 | 合鳃鱼科 | Syngnathidae | 1 | 1.67 |
| 鲈形目 Perciformes | 3 | 真鲈科 | Percichthyidae | 2 | 3.33 |
| | | 沙塘鳢科 | Odontobutidae | 1 | 1.67 |
| | | 虾虎鱼科 | Gobiidae | 2 | 3.33 |
| 合计 | 13 | | | 60 | 100.00 |

### 5.2.6.2　分布区域

保护区两大水系中鱼类组成大多数相似，只在汉水水系中分布的有扁尾薄鳅（*Leptobotia tientaiensis*）、云南光唇鱼（*Acrossocheilus yunnanensis*）、异唇裂腹鱼等。只在嘉陵江水系中分布的有岩原鲤、宽口光唇鱼。鱼类主要分布在任河上游大竹河、白沙河，支流的种类较少，主要是小型鱼类，如宽鳍鱲、马口鱼，以及条鳅科、沙鳅科、花鳅科、爬鳅科的一些种类。

## 5.3　珍稀濒危及特有动物

### 5.3.1　珍稀濒危脊椎动物

保护区有各级重点保护动物 57 种，其中国家 I 级重点保护动物 4 种，国家 II 级重点保护动物 33 种，省级重点保护动物 20 种（表 5-11）。国家Ⅰ级重点保护动物 3 种为兽类，即豹、云豹和林麝；1 种为鸟类，金雕。国家Ⅱ级重点保护动物中，兽类 10 种，鸟类 22 种，两栖类 1 种。省级重点保护动物中，兽类 3 种，鸟类 8 种，爬行类 3 种，两栖类 3 种，鱼类 3 种。按照 2015 年环保部和中国科学院联合发布的红色名录的等级，省级以上保护动物中，有极危物种 4 种，濒危物种 9 种，易危物种 9 种，近危物种 10 种。

**表 5-11　花萼山自然保护区珍稀濒危动物名录**

| 序号 | 中文种名 | 拉丁学名 | 保护级别 | 濒危等级 | 最新发现时间/年份 | 数量状况 | 数据来源 |
|---|---|---|---|---|---|---|---|
| 1. | 金钱豹 | *Panthera pardus* | Ⅰ | 濒危 | 1984 | + | 四川资源动物志–兽类，1984 |
| 2. | 云豹 | *Neofelis nebulosa* | Ⅰ | 极危 | 2006 | + | 原科考报告，2006 |
| 3. | 林麝 | *Moschus berezovskii* | Ⅰ | 极危 | 2014 | + | 原科考报告，2006；访问保护区管理人员，2014 |
| 4. | 金雕 | *Aquila chrysaetos* | Ⅰ | 易危 | 2006 | + | 四川资源动物志–鸟类，1985；四川鸟类原色图鉴，1993；原科考报告，2006 |
| 5. | 黑熊 | *Ursus thibetanus* | Ⅱ | 易危 | 2006 | ++ | 四川资源动物志–兽类，1984；原科考报告，2006 |
| 6. | 豺 | *Cuon alpinus* | Ⅱ | 濒危 | 2014 | + | 四川资源动物志–兽类，1984；原科考报告，2006；访问保护区管理人员，2014 |
| 7. | 黄喉貂 | *Martes flavigula* | Ⅱ | 近危 | 2006 | ++ | 四川资源动物志–兽类，1984；原科考报告，2006 |
| 8. | 水獭 | *Lutra lutra* | Ⅱ | 濒危 | 2006 | + | 原科考报告，2006 |
| 9. | 大灵猫 | *Viverra zibetha* | Ⅱ | 易危 | 2006 | + | 原科考报告，2006 |
| 10. | 金猫 | *Pardofelis temminckii* | Ⅱ | 极危 | 2006 | + | 四川资源动物志–兽类，1984；原科考报告，2006 |
| 11. | 猕猴 | *Macaca mulatta* | Ⅱ | 无危 | 2014 | ++ | 四川资源动物志–兽类，1984；原科考报告，2006；访问保护区管理人员，2014 |
| 12. | 鬣羚 | *Capricornis sumatraensis* | Ⅱ | 易危 | 2014 | ++ | 原科考报告，2006；访问保护区管理人员，2014 |
| 13. | 斑羚 | *Naemorhedus goral* | Ⅱ | 濒危 | 2006 | + | 四川资源动物志–兽类，1984；原科考报告，2006 |
| 14. | 水鹿 | *Cervus unocolor* | Ⅱ | 易危 | 2006 | ++ | 原科考报告，2006 |
| 15. | 黑冠鹃隼 | *Aviceda leuphotes* | Ⅱ | 无危 | 2014 | + | 四川资源动物志–鸟类，1985；四川省大巴山、米仓山鸟类调查报告，1986；四川鸟类原色图鉴，1993；野外考察见到，2014 |
| 16. | 白腹鹞 | *Circus spilonotus* | Ⅱ | 近危 | 2006 | + | 原科考报告，2006 |
| 17. | 凤头鹰 | *Accipiter trivirgatus* | Ⅱ | 近危 | 2006 | + | 原科考报告，2006 |
| 18. | 赤腹鹰 | *Accipiter soloensis* | Ⅱ | 无危 | 2006 | + | 原科考报告，2006 |
| 19. | 松雀鹰 | *Accipiter virgatus* | Ⅱ | 无危 | 1993 | + | 四川省大巴山、米仓山鸟类调查报告，1986；四川鸟类原色图鉴，1993 |
| 20. | 黑鸢 | *Milvus migrans* | Ⅱ | 无危 | 2014 | + | 四川资源动物志–鸟类，1985；原科考报告，2006；野外考察见到，2014 |
| 21. | 雀鹰 | *Accipiter nisus* | Ⅱ | 无危 | 2006 | + | 四川资源动物志–鸟类，1985；四川省大巴山、米仓山鸟类调查报告，1986；四川鸟类原色图鉴，1993；原科考报告，2006 |
| 22. | 苍鹰 | *Accipiter gentilis* | Ⅱ | 近危 | 2006 | + | 原科考报告，2006 |
| 23. | 普通鵟 | *Buteo buteo* | Ⅱ | 无危 | 2006 | + | 原科考报告，2006 |
| 24. | 白腹隼雕 | *Hieraaetus fasciatus* | Ⅱ | 易危 | 2014 | + | 访问保护区管理人员，2014 |
| 25. | 红隼 | *Falco tinnunculus* | Ⅱ | 无危 | 2006 | + | 原科考报告，2006 |
| 26. | 燕隼 | *Falco subbuteo* | Ⅱ | 无危 | 2006 | + | 原科考报告，2006 |

| 序号 | 中文种名 | 拉丁学名 | 保护级别 | 濒危等级 | 最新发现时间/年份 | 数量状况 | 数据来源 |
|---|---|---|---|---|---|---|---|
| 27. | 红腹角雉 | *Tragopan temminckii* | II | 近危 | 2006 | + | 原科考报告，2006 |
| 28. | 勺鸡 | *Pucrasia macrolopha* | II | 无危 | 2006 | + | 四川省大巴山、米仓山鸟类调查报告，1986；四川鸟类原色图鉴，1993；原科考报告，2006 |
| 29. | 白冠长尾雉 | *Syrmaticus reevesii* | II | 濒危 | 2006 | + | 四川资源动物志-鸟类，1985；四川鸟类原色图鉴，1993 |
| 30. | 红腹锦鸡 | *Chrysolophus pictus* | II | 近危 | 2012 | ++ | 四川资源动物志-鸟类，1985；原科考报告，2006；野外考察见到，2012 |
| 31. | 红翅绿鸠 | *Treron sieboldii* | II | 无危 | 2006 | + | 原科考报告，2006 |
| 32. | 领角鸮 | *Otus lettia* | II | 无危 | 2006 | + | 原科考报告，2006 |
| 33. | 雕鸮 | *Bubo bubo* | II | 近危 | 2006 | + | 四川资源动物志-鸟类，1985；四川省大巴山、米仓山鸟类调查报告，1986；四川鸟类原色图鉴，1993；原科考报告，2006 |
| 34. | 黄腿渔鸮 | *Ketupa flavipes* | II | 濒危 | 1993 | + | 四川省大巴山、米仓山鸟类调查报告，1986；四川鸟类原色图鉴，1993 |
| 35. | 斑头鸺鹠 | *Glaucidium cuculoides* | II | 无危 | 2006 | + | 四川资源动物志-鸟类，1985；四川省大巴山、米仓山鸟类调查报告，1986；四川鸟类原色图鉴，1993；原科考报告，2006 |
| 36. | 鹰鸮 | *Ninox scutulata* | II | 近危 | 2006 | + | 大巴山地区的鸟类区系调查研究，1962；四川资源动物志-鸟类，1985；四川省大巴山、米仓山鸟类调查报告，1986；四川鸟类原色图鉴，1993；原科考报告，2006 |
| 37. | 大鲵 | *Andrias daviddianus* | II | 极危 | 2006 | + | 原科考报告，2006 |
| 38. | 赤狐 | *Vulpes vulpes* | 省级 | 近危 | 2006 | ++ | 四川资源动物志-兽类，1984；原科考报告，2006 |
| 39. | 豹猫 | *Prionailurus bengalensis* | 省级 | 易危 | 2014 | ++ | 原科考报告，2006；访问保护区管理人员，2014 |
| 40. | 毛冠鹿 | *Elaphodus cephalophus* | 省级 | 易危 | 2006 | ++ | 四川资源动物志-兽类，1984；原科考报告，2006 |
| 41. | 绿鹭 | *Butorides striatus* | 省级 | 无危 | 2006 | + | 四川省大巴山、米仓山鸟类调查报告，1986；四川鸟类原色图鉴，1993；原科考报告，2006 |
| 42. | 栗苇鳽 | *Ixobrychus cinnamomeus* | 省级 | 无危 | 2006 | + | 原科考报告，2006 |
| 43. | 董鸡 | *Gallicrex cinerea* | 省级 | 无危 | 2006 | + | 四川资源动物志-鸟类，1985；四川省大巴山、米仓山鸟类调查报告，1986；四川鸟类原色图鉴，1993；原科考报告，2006 |
| 44. | 黑水鸡 | *Gallinula chloropus* | 省级 | 无危 | 2006 | + | 原科考报告，2006 |
| 45. | 红翅凤头鹃 | *Clamator coromandus* | 省级 | 无危 | 2006 | + | 四川省大巴山、米仓山鸟类调查报告，1986；四川鸟类原色图鉴，1993；原科考报告，2006 |
| 46. | 大鹰鹃 | *Cuculus sparverioides* | 省级 | 无危 | 2012 | ++ | 四川资源动物志-鸟类，1985；四川鸟类原色图鉴，1993；原科考报告，2006；野外考察见到，2012 |
| 47. | 普通夜鹰 | *Caprimulgus indicus* | 省级 | 无危 | 2006 | + | 四川资源动物志-鸟类，1985；四川鸟类原色图鉴，1993；原科考报告，2006 |
| 48. | 黑啄木鸟 | *Dryocopus martius* | 省级 | 无危 | 1986 | ++ | 大巴山地区的鸟类区系调查研究，1962；四川资源动物志-鸟类，1985；四川省大巴山、米仓山鸟类调查报告，1986 |
| 49. | 乌龟 | *Mauremys reevesii* | 省级 | 濒危 | 2006 | + | 四川资源动物志，1982；原科考报告，2006 |

续表

| 序号 | 中文种名 | 拉丁学名 | 保护级别 | 濒危等级 | 最新发现时间/年份 | 数量状况 | 数据来源 |
|------|----------|----------|----------|----------|------------------|----------|----------|
| 50. | 中华鳖 | *Pelodiscus sinensis* | 省级 | 濒危 | 2006 | + | 原科考报告，2006 |
| 51. | 福建绿蝮（福建竹叶青蛇） | *Viridovipera stejnegeri*（*Trimeresurus stejnegeri*） | 省级 | 无危 | 2006 | + | 原科考报告，2006 |
| 52. | 巫山巴鲵 | *Liua shihi* | 省级 | 近危 | 2012 | ++ | 四川资源动物志–两栖类，1982；四川两栖类原色图鉴，2001；中国两栖动物及其分布彩色图鉴，2012 |
| 53. | 中国林蛙 | *Rana chensinensis* | 省级 | 无危 | 2014 | + | 秦岭及大巴山地区两栖爬行动物调查，1966；四川资源动物志–两栖类，1982；四川两栖类原色图鉴，2001；原科考报告，2006；野外考察，2014 |
| 54. | 仙琴蛙 | *Nidirana daunchina* | 省级 | 无危 | 2006 | ++ | 原科考报告，2006 |
| 55. | 异唇裂腹鱼 | *Schizothorax heterochilus* | 省级 | 数据缺乏 | 2006 | + | 原科考报告，2006 |
| 56. | 重口裂腹鱼 | *Schizothorax davidi* | 省级 | 濒危 | 2006 | + | 原科考报告，2006 |
| 57. | 岩原鲤 | *Procypris rabaudi* | 省级 | 易危 | 2006 | + | 原科考报告，2006 |

注："Ⅰ"表示国家一级保护野生动物，"Ⅱ"表示国家二级保护野生动物。"++"为常见种，"+"为少见种。

国家级保护动物简介：

**金钱豹（*Panthera pardus*）**

食肉目，猫科，豹属。国家Ⅰ级保护动物。体型与虎相似，但较小，为大中型食肉兽类。体重 50kg 左右，体长在 1m 以上，尾长超过体长之半。头圆、耳短、四肢强健有力，爪锐利伸缩性强。豹全身颜色鲜亮，毛色棕黄，遍布黑色斑点和环纹，形成古钱状斑纹，故称之为"金钱豹"。其背部颜色较深，腹部为乳白色。豹栖息环境多种多样，从低山、丘陵至高山森林、灌丛均有分布，具有隐蔽性强的固定巢穴。豹的体能极强，视觉和嗅觉灵敏异常，性情机警，既会游泳，又善于爬树，成为食性广泛、胆大凶猛的食肉类。繁殖时争雌行为激烈，3～4 月份发情交配，6～7 月份产仔，每胎 2～3 仔，幼豹于当年秋季就离开母豹，独立生活。

**云豹（*Neofelis nebulosa*）**

食肉目，猫科，云豹属。国家Ⅰ级保护动物。云豹比金猫略大，体重 15～20kg，体长 1m 左右，比豹要小。体侧由数个狭长黑斑连接成云块状大斑，故称之为"云豹"。云豹体毛灰黄，眼周具黑环。颈背有 4 条黑纹，中间两条止于肩部，外侧两条则继续向后延伸至尾部；胸、腹部及四肢内侧灰白色，具暗褐色条纹；尾长 80cm 左右，末端有几个黑环。云豹属夜行性动物，清晨与傍晚最为活跃。栖息在山地常绿阔叶林内，毛色与周围环境形成良好的保护及隐蔽效果。爬树本领高，比在地面活动灵巧，尾巴成了有效的平衡器官，在树上活动和睡眠。发情期多在晚间交配，孕期 90 天左右，每胎 2～4 仔。

**林麝（*Moschus berezovskii*）**

偶蹄目，麝科，麝属。国家Ⅰ级保护动物。林麝是麝属中体型最小的一种。体长 70cm 左右，肩高 47cm，体重 7kg 左右。雌雄均无角；耳长直立，端部稍圆。雄麝上犬齿发达，向后下方弯曲，伸出唇外；腹部生殖器前有麝香囊，尾粗短，尾脂腺发达。四肢细长，后肢长于前肢。体毛粗硬色深，呈橄榄褐色，并染以橘红色。下颌、喉部、颈下以至前胸间为界限分明的白色或橘黄色区。臀部毛色近黑色，成体不具斑点。有人认为它是原麝的一个亚种。生活在针叶林、针阔混交林区。性情胆怯。过独居生活；嗅觉灵敏，行动轻快敏捷。随气候和饲料的变化垂直迁移。食物多以灌木嫩枝叶为主。发情交配多在 11～12 月份，在此期间，雌雄合群，雄性间发生激烈的争偶殴斗。孕期 6 个月，每胎 1～3 仔。国内已有养殖，雄麝所产麝香是名贵的中药材和高级香料。

**金雕（*Aquila chrysaetos*）**

隼形目，鹰科，雕属。俗称老雕、洁白雕。国家Ⅰ级保护动物。全长 0.7～0.9m 的大型猛禽，身体呈较深的褐色，因颈后羽毛金黄色而得名，幼鸟尾羽基部有大面积白色，翅下也有白色斑，因而飞行时仰视观察很好确认，成熟后白色不明显。主要栖息于高山森林、草原、荒漠、山区地带，冬季可能游荡到浅山及丘陵生境，常借助热气流在高空展翅盘旋，翅膀上举呈深"V"字形。以大中型的鸟类和兽类为食。3、4月开始繁殖，巢在高达的乔木上或悬崖峭壁上，以树枝搭建而成，巢可沿用多年，年年添加新巢材，年产1窝，窝卵数1～3枚，卵呈青白色，孵化期35～45天，育雏期75～80天，由双亲共同孵化、共同育雏。金雕在四川主要分布在东部山区，为罕见留鸟。由于气候变化、环境污染、食物资源短缺等，金雕的繁殖成功率明显下降；同时，金雕面临着栖息地恶化和丧失、过度放牧、非法狩猎、恶劣气候等因素威胁，其种群锐减，生存状态堪忧，亟须加强资源保护。被列为国家I级重点保护鸟类。

### 黑熊（*Ursus thibetanus*）

食肉目，熊科，熊属。国家II级保护动物。黑熊是人们比较熟悉的大型兽类。体长150～170cm，体重150kg左右。体毛黑亮而长，下颌白色，胸部有一块"V"字形白斑。头圆、耳大、眼小，吻短而尖，鼻端裸露，足垫厚实，前后足具5趾，爪尖锐不能伸缩。栖息于山地森林，主要在白天活动，善爬树、游泳；能直立行走。视觉差，嗅觉、听觉灵敏。食性较杂，以植物叶、芽、果实、种子为食，有时也吃昆虫、鸟卵和小型兽类。北方的黑熊有冬眠习性，整个冬季蛰伏洞中，不吃不动，处于半睡眠状态，至翌年3～4月份出洞活动。夏季交配，怀孕期7个月，每胎1～3仔。

### 豺（*Cuon alpinus*）

食肉目，犬科，豺属。国家II级保护动物。外形与狗、狼相近，体型比狼小，体长100cm左右，体重10余千克。体毛红棕色或灰棕色，杂有少量具黑褐色毛尖的针毛，腹色较浅。四肢较短。耳短，端部圆钝。尾较长。额部隆起，鼻长，吻部短而宽。全身被毛较短，尾毛略长，尾型粗大，尾端黑色。豺为典型的山地动物，栖息于山地草原、亚高山草甸及山地疏林中。多结群营游猎生活，性警觉，嗅觉很发达，晨昏活动最频繁。十分凶残，喜追逐，发现猎物后聚集在一起进行围猎，主要捕食狍、麝、羊类等中型有蹄动物。秋季交配，冬季产仔，怀孕期约60天，每胎3～4仔。

### 黄喉貂（*Martes flavigula*）

食肉目，鼬科，貂属。国家II级保护动物。体形较大的貂类，体长在42～63cm，体重1.5～2.0kg。尾巴很长，约为体长的三分之二。黄喉貂的头部较为尖细，略呈三角形，身体细长，呈圆筒状。四肢虽然短小，但强健有力。前后肢上各具5个趾，趾爪弯曲而锐利。身体的毛色比较鲜艳，主要为棕褐色或黄褐色，腹部呈灰褐色，尾巴为黑色。它的前胸部有明显的黄色、橙色的喉斑，其上缘还有一条明显的黑线，因此得名。还由于它喜欢吃蜂蜜，因而又有"蜜狗"之称。栖息于大面积的丘陵或山地森林，居于树洞中，常单独或成对活动，行动快速而敏捷，具有高强的爬树本领，跑动中间常以大跨步跳跃。它的性情凶猛，可以单独捕猎，也能够集群行动。典型的食肉兽，从昆虫到鱼类及小型鸟兽都在它的捕食之列。6～7月发情。妊娠期9～10个月。次年5月产仔，每胎2～4仔，饲养寿命可达14年。

### 水獭（*Lutra lutra*）

食肉目，鼬科，水獭属。国家II级保护动物。水獭体长60～80cm，体重可达5kg。体型细长，呈流线形。头部宽而略扁，吻短，下颌中央有数根短而硬的须。眼略突出，耳短小而圆，鼻孔、耳道有防水灌入的瓣膜。四肢短，趾间具蹼，尾长而粗大。体毛短而密，呈棕黑色或咖啡色，具丝绢光泽；腹部毛色灰褐。栖息于林木茂盛的河、溪、湖沼及岸边，营半水栖生活。在水边的灌丛、树根下、石缝或杂草丛中筑洞，洞浅，有数个出口。多在夜间活动，善游泳。嗅觉发达，动作迅速。主要捕食鱼、蛙、蟹、水鸟和鼠类。每年繁殖1～2胎，在夏季或秋季产仔，每胎1～3仔。除干旱地区外多数省（区）都有分布。水獭皮板厚而绒密，柔软华丽，毛皮珍贵，因而遭到无节制的捕猎，加之开发建设使水域污染，数量已很稀少，亟须加强保护。

### 斑羚（*Naemorhedus goral*）

偶蹄目，牛科，斑羚属。国家II级保护动物。别名：青羊、山羊，产于东北、华北、西南、华南等地。斑羚体大小如山羊，但无胡须。体长110～130cm，肩高70cm左右，体重40～50kg。雌雄均具黑色短直的角，长15～20cm。四肢短而匀称，蹄狭窄而强健。毛色随地区而有差异，一般为灰棕褐色，背部有褐色背纹，喉部有一块白斑。生活于山地森林中，单独或成小群生活。多在早晨和黄昏活动，极善于在悬崖峭壁上跳跃、攀登，视觉和听觉也很敏锐。以各种青草和灌木的嫩枝叶、果实等为食。秋末冬初发情交配。孕期6个月左右，每胎1仔，有时产2仔。

### 大灵猫（*Viverra zibetha*）

食肉目，灵猫科，灵猫属。国家 II 级保护动物。别名：九节狸、灵狸、麝香猫。大灵猫体重 6~10kg，体长 60~80cm，比家猫大得多，其体型细长，四肢较短，尾长超过体长之半。头略尖，耳小，额部较宽阔，沿背脊有一条黑色鬃毛。雌雄两性会阴部具发达的囊状腺体，雄性为梨形，雌性呈方形，其分泌物就是著名的灵猫香。体色棕灰，杂以黑褐色斑纹。颈侧及喉部有 3 条波状黑色领纹，间夹白色宽纹，四足黑褐。尾具 5~6 条黑白相间的色环。大灵猫生性孤独，喜夜行，生活于热带、亚热带林缘灌丛。杂食，包括小型兽类、鸟类、两栖爬行类、甲壳类、昆虫和植物的果实、种子等。遇敌时，可释放极臭的物质，用于防身。在活动区内有固定的排便处，可根据排泄物推断其活动强度。每年 1~3 月份发情，4~5 月份产仔，每胎 2~4 仔。广布于南方各省区。

### 金猫（*Pardofelis temmincki*）

食肉目，猫科，金猫属。国家 II 级保护动物。别名：原猫、红椿豹、芝麻豹、狸豹、乌云豹。金猫比云豹略小，体长 80~100cm。尾长超过体长的一半。耳朵短小直立，眼大而圆。四肢粗壮，体强健有力，体毛多变，有几个由毛皮颜色而得的别名：全身乌黑的称"乌云豹"；体色棕红的称"红椿豹"；而狸豹以暗棕黄色为主；其他色型统称为"芝麻豹"。金猫主要生活在热带、亚热带山地森林。属于夜行性动物，白天多在树洞中休息。独居，善攀援，但多在地面行动。活动区域较固定，随季节变化而垂直迁移。食性较广，蹄类、鼠类、野禽都是其捕食对象。每胎 2 仔，多产于树洞中。

### 水鹿（*Cervus unicolor*）

偶蹄目，鹿科，鹿属。国家 II 级保护动物。水鹿躯体粗壮，体长 140~260cm，肩高 120~140cm，体重 100~200kg。角的主干只一次分叉，全角共三叉。从额至尾沿背脊有一条宽窄不等的深棕色背纹，臀周毛呈锈棕色，颈具深褐色鬃毛，体侧栗棕色，尾毛黑色。生活于热带和亚热带林区、草原以及高原地区。常集小群活动，夜行性，白天隐于林间休息，黄昏开始活动，喜欢在水边觅食，也常到水中浸泡，善游泳，所以叫"水鹿"。感觉灵敏，性机警，善奔跑。以草、树叶、嫩枝、果实等为食。繁殖季节不固定，孕期约 8 个月，每胎 1 仔，幼仔身上有白斑。

### 鬣羚（*Capricornis sumatraensis*）

偶蹄目，牛科，鬣羚属。国家 II 级保护动物。别名：苏门羚、明鬃羊、山驴子。鬣羚外形似羊，略比斑羚大，体重 60~90kg。雌雄均具短而光滑的黑角。耳似驴耳，狭长而尖。自角基至颈背有长十几厘米的灰白色鬣毛，甚为明显。尾巴较短，四肢短粗，适于在山崖乱石间奔跑跳跃。全身被毛稀疏而粗硬，通体略呈黑褐色，但上下唇及耳内污白色。生活于高山岩崖或森林峭壁。单独或成小群生活，多在早晨和黄昏活动，行动敏捷，在乱石间奔跑很迅速。取食草、嫩枝和树叶，喜食菌类。秋季发情交配，孕期 7~8 个月，每胎 1 仔，有时产 2 仔。

### 黑冠鹃隼（*Aviceda leuphotes*）

隼形目，鹰科，鹃隼属。国家 II 级保护动物。黑冠鹃隼体长 0.3m，体重 0.2kg。头顶具有长而垂直竖立的蓝黑色冠羽。整体体羽黑色，胸具白色宽纹，翼具白斑，腹部具深栗色横纹；两翼短圆，飞行时可见黑色衬，翼灰而端黑。成对或成小群活动，振翼作短距离飞行至空中或于地面捕捉大型昆虫。栖息于平原低山丘陵和高山森林地带，也出现于疏林草坡、村庄和林缘田间地带；性警觉而胆小，但有时也显得迟钝而懒散。主要以蝗虫、蚱蜢、蝉、蚂蚁等昆虫为食，也特别爱吃蝙蝠，以及鼠类、蜥蜴和蛙等小型脊椎动物。繁殖期 4~7 月，每窝产卵 2~3 枚。分布于四川、浙江、福建、江西、湖南、广东、广西、贵州、云南、海南等地；地区性并不罕见，在四川、云南为留鸟，其他地区为夏候鸟。全世界共有 5 个亚种，中国有 3 个亚种，分布于四川的为四川亚种，分布于海南和云南河口的是指名亚种，分布于其他地区的是南方亚种。

### 黑鸢（*Milvus migrans*）

隼形目，鹰科，鸢属。国家 II 级保护动物。俗称麻鹰、老鹰、老雕等。体长 0.5m。浅叉型尾为本种识别特征。飞行时初级飞羽基部浅色斑与近黑色的翼尖成对照，头有时比背色浅，与黑耳鸢的区别在于前额及脸颊棕色；初级飞羽黑褐色，外侧飞羽内翈基部白色，形成翼下一大型白色斑；飞翔时极为醒目。栖息于开阔平原、草地、荒原和低山丘陵地带，也常在城郊、村屯、田野、港湾、湖泊上空活动，偶尔也出现在 2000m 以上的高山森林和林缘地带。主要以小鸟、鼠类、蛇、蛙、鱼、野兔、蜥蜴和昆虫等动物性食物为食，偶尔也吃家禽和腐尸。黑鸢的繁殖期为 4～7 月；巢呈浅盘状，雌雄亲鸟共同营巢，通常雄鸟运送巢材，雌鸟留在巢上筑巢；每窝产卵 2～3 枚；雌雄亲鸟轮流孵卵，孵化期 38 天；雏鸟晚成性，雌雄共同抚育，约 42 天后雏鸟即可飞翔。四川各地皆有分布，花萼山内较为常见。

### 白腹鹞（*Circus spilonotus*）

隼形目，鹰科，鹞属。俗称泽鹞、白尾巴根子。国家 II 级保护动物。体长 0.5～0.6m 的中型猛禽。雄鸟上体灰色至黑色，翅膀除初级飞羽黑色外也为灰色，头顶、上背及前胸具黑褐色纵纹，尾上覆羽白色，尾羽银灰色，雌鸟上体呈暗褐色，羽缘为淡褐色，头、胸、初级飞羽具有浅色区，无横斑，尾上覆羽无白色区，尾羽为淡棕色，并有 6 条褐色横斑。喜栖息于开阔地，尤其是多草沼泽地带或芦苇地带，成对活动，有时也三四只集群活动，通常不叫。主要以蛙类、小鸟、蚱蜢、蝼蛄等为食，也盗食其他鸟类的卵和幼雏。在中国东北和内蒙古一带繁殖。

### 凤头鹰（*Accipiter trivirgatus*）

隼形目，鹰科，鹰属。俗称凤头苍鹰。国家 II 级保护动物。体长 0.4～0.5m，体重 0.36～0.5kg 的中型猛禽。头前额至后颈鼠灰色，具显著的与头同色冠羽，其余上体褐色，尾具 4 道宽阔的暗色横斑，喉白色，具显著的黑色中央纹，胸棕褐色，具白色纵纹，其余下体白色，具窄的棕褐色横斑，尾下覆羽白色，飞翔时翅短圆，后缘突出，翼下飞羽具数条宽阔的黑色横带。通常栖息在海拔 2000m 以下的山地森林和山脚林缘地带，也出现在竹林和小面积丛林地带，偶尔也到山脚平原和村庄附近活动，常躲藏在树叶丛中，有时也栖息于空旷处孤立的树枝上。主要以蛙、蜥蜴、鼠类、昆虫等动物性食物为食，也吃鸟和小型哺乳动物。繁殖期为 4～7 月，繁殖期常在森林上空翱翔，同时发出响亮叫声，营巢位置多在河岸或水塘旁边，巢筑在针叶林或阔叶林中高大的树上，较粗糙，主要由枯树枝堆集而成，内放一些绿叶，如果繁殖成功，巢下年还将继续使用，每窝通常产卵 2～3 枚，卵为椭圆形。鹰科鸟类核型十分特殊，具有较多的长度均匀的染色体，是一种较为匀称的核型，这种核型作为匀称和不匀称核型之间的中间类型而有重要的研究价值，对凤头鹰进行的核型分析，对鹰科的物种分化及系统进化以及鸟类细胞遗传学的研究都有帮助，因而，凤头鹰极具科研价值；同时，凤头鹰还具有很高的观赏价值。虽然凤头鹰在分布区域内并非罕见鸟，但其种群数量并不高。

### 赤腹鹰（*Accipiter soloensis*）

隼形目，鹰科，鹰属。俗称鹅鹰、红鼻士排鲁鹞、鸽子鹰。国家 II 级保护动物。体长约 0.3m 的小型猛禽，上体淡蓝灰，背部羽尖略具白色，外侧尾羽具不明显黑色横斑，下体白，胸及两胁略沾粉色，两胁具浅灰色横纹，成鸟翼下特征为除初级飞羽羽端黑色外，几乎全白，雌鸟较雄鸟大，羽色也较暗淡，幼鸟翅下和下体都有褐色横斑。栖息于山地森林和林缘地带，也见于低山丘陵和山麓平原地带的小块丛林，农田地缘和村庄附近，常单独或成小群活动，休息时多停息在树木顶端或电线杆上。主要以蛙、蜥蜴等动物性食物为食。5～6 月进行繁殖，鹰巢位于林中的树丛上，用枯枝和绿叶构成，每窝产卵 2～5 枚；卵为淡青白色，具不明显的褐色斑点；在雌鹰单独孵的 30 天里，每天都要增加新鲜绿叶作为鸟巢的铺垫物，或许这对孵卵期间巢内必须保持一定湿度有关。

### 松雀鹰（*Accipiter virgatus*）

隼形目，鹰科，鹰属。俗称松儿、松子鹰、摆胸、雀贼、雀鹰、雀鹞。国家 II 级保护动物。体长约 0.3m，体重 0.16～0.19kg 的小型鹰类。雄鸟上体深灰色，尾具粗横斑，下体白，两胁棕色且具褐色横斑，喉白而具黑色喉中线，有黑色髭纹；雌鸟及亚成鸟两胁棕色少，下体多具红褐色横斑，背褐，尾褐而具深色横纹，亚成鸟胸部具纵纹；翼下覆羽和腋羽棕色并具有黑色横斑，第二枚初级飞羽短于第六枚初级飞羽。通常栖息于海拔 2800m 以下的山地针叶林、阔叶林和混交林中，冬季时则会到海拔较低的山区活动，常单独生活。主要捕食鼠类、小型鸟类、昆虫、蜥蜴等。繁殖期为 4～6 月份，喜在 6～13m 高的乔木上筑巢，以树枝编成皿状，也会修理和利用旧巢；繁殖期间每窝可产卵 4～5 枚，卵为浅蓝白色，并带有明显的赤褐色斑点；孵化期约 1 个月。中国目前已有 60 多个松雀鹰的保护区。

### 雀鹰（*Accipiter nisus*）

隼形目，鹰科，鹰属。俗称鹞子。国家 II 级保护动物。体长 0.3～0.4m，体重 0.2～0.3kg 的小型猛禽。雌鸟整体偏褐色，下体布满深色横纹，头部具白色眉纹，翼短圆而尾长；雄鸟较小，上体灰褐色，下体具棕红色横斑，脸颊棕红色；尾具 4～5 道黑褐色横斑，飞翔时翼后缘略为突出，翼下飞羽具数道黑褐色横带。雀鹰栖息于针叶林、混交林、阔叶林等山地森林和林缘地带，冬季主要栖息于低山丘陵、山脚平原、农田村庄附近，尤其喜欢在林缘、河谷、采伐迹地的次生林和农田附近的小块丛林地带活动；日出性，常单独活动，飞行迅速。雀鹰主要以小型鸟类、昆虫和鼠类等为食，也捕鸠鸽类和鹑鸡类等体形稍大的鸟类和野兔、蛇等，雀鹰是鹰类中的捕鼠能手。繁殖期为 5～7 月，营巢于森林中的树上，巢通常放在靠近树干的枝叉上，巢区和巢均较固定，常多年利用；每窝产卵通常 3～4 枚，卵呈椭圆形或近圆形，鸭蛋清色、光滑无斑，雌鸟孵卵，雄鸟偶尔也参与孵卵活动，孵化期为 32～35 天，雏鸟经过 24～30 天的巢期生活，便离巢。该物种分布范围广，种群数量趋势稳定，被评为无生存危机的物种。雀鹰能捕食大量的鼠类和害虫，对于农业、林业和牧业均十分有益，还可驯养为狩猎禽。

### 苍鹰（*Accipiter gentilis*）

隼形目，鹰科，鹰属。俗称鹰、牙鹰、黄鹰、鹞鹰、元鹰。国家 II 级保护动物。体长 0.4～0.6m，体重 0.5～1.1kg 的较大型鹰类，雌鸟体型明显大于雄鸟，成鸟上体青灰色，下体具棕褐色细横纹，白色眉纹和深色贯眼纹对比强烈，眼睛红色，翅宽尾长，尾灰褐色，具 3～5 道黑褐色横纹；幼鸟黄褐色，下体具深色的粗纵纹，眼睛黄色。栖息于疏林、林缘和灌丛地带，次生林中也较常见，也栖息于不同海拔高度的针叶林、混交林和阔叶林等森林、平原和丘陵地带的疏林和小块林内。捕食中小型鸟类和小型兽类，是森林中的肉食性猛禽。在中国东北的北部山林中繁殖，繁殖期为 4～5 月，在林密僻静处较高的树上筑巢，常利用旧巢，产卵后仍修巢，出雏后，修巢速度随雏鸟增长而加快；每窝卵数 3～4 枚，卵椭圆形，孵化由雌鸟担任，孵化期 30～33 天；雌、雄鸟共同育雏，以雌鸟为主，雄鸟主要是警戒、送食，育雏期为 35～37 天。苍鹰分布范围广，种群数量趋势稳定，中国目前共有 40 多个苍鹰保护区。

### 普通鵟（*Buteo buteo*）

隼形目，鹰科，鵟属。国家 II 级保护动物。俗称土豹子，鸡母鹞。中型猛禽，体长 50～59cm。体色变化比较大，通常上体主要为暗褐色，下体主要为暗褐色或淡褐色，具深棕色横斑或纵纹，尾羽为淡灰褐色，具有多道暗色横斑，飞翔时两翼宽阔，在初级飞羽的基部有明显的白斑，翼下为肉色，仅翼尖、翼角和飞羽的外缘为黑色（淡色型）或者全为黑褐色（暗包型），尾羽呈扇形散开；翱翔时两翅微向上举成浅"V"字形。主要栖息于山地森林和林缘地带，从海拔 400m 的山脚阔叶林到海拔 2000m 的混交林和针叶林地带均有分布。主要以森林鼠类为食，食量甚大；也吃蛙、蜥蜴、蛇、野兔、小鸟和大型昆虫等，有时也到村庄捕食鸡等家禽。部分为冬候鸟、部分旅鸟，春季迁徙时间为 3～4 月，秋季为 10～11 月。繁殖期为 5～7 月份；通常营巢于林缘或森林中高大的树上，也有的个体营巢于悬岩上，或者侵占乌鸦的巢；5～6 月产卵，每窝产卵 2～3 枚；孵化期大约 28 天；雏鸟为晚成性。

### 白腹隼雕（*Hieraaetus fasciatus*）

隼形目，鹰科，真雕属。国家 II 级保护动物。大型猛禽，体长 0.7m，体重 1.5～2.5kg。上体暗褐色，头顶和后颈呈棕褐色；颈侧和肩部的羽缘灰白色，飞羽为灰褐色，内侧的羽片上有呈云状的白斑；灰色的尾羽较长，上面具有 7 道不甚明显的黑褐色波浪形斑和宽阔的黑色亚端斑；下体白色，沾有淡栗褐色；飞翔时翼下覆羽黑色，飞羽下面白色而具波浪形暗色横斑，与白色的下体和翼缘均极为醒目。主要栖息于低山丘陵和山地森林中的悬崖和河谷岸边的岩石上，尤其是富有灌丛的荒山和有稀疏树木生长的河谷地带；性情较为大胆而凶猛，行动迅速，常单独活动，不善于鸣叫。主要以鼠类、中小型鸟类为食，也吃野兔、爬行类和大型昆虫。繁殖期为 3～5 月，每窝产卵 1～3 枚，孵化期为 42～43 天，雏鸟为晚成性，刚孵出的时候全身被有白色绒羽，由亲鸟共同喂养大约 60～80 天后羽毛才能丰满，然后离巢。

### 红隼（*Falcotinnunculus Linnaeus*）

隼形目，隼科，隼属。国家 II 级保护动物。俗称茶隼、红鹰、黄鹰、红鹞子。小型猛禽，体长 0.3m，体重 0.3～0.4kg。雄鸟头顶、后颈、颈侧蓝灰色，具黑褐色羽干纹；额基、眼先和眉纹棕白色，耳羽灰色，髭纹灰黑色；上体赤黑色具黑色横斑，下体皮黄色具黑色纵纹；雌鸟上体全褐色，多粗横斑。常栖息在山区植物稀疏的混合林、开垦耕地及旷野灌丛草地；喜欢单独活动，飞翔力强，喜逆风飞翔，可快速振翅停于空中。视力敏捷，取食迅速，主要以昆虫、两栖类、小型爬行类、小型鸟类和小型哺乳类为食。繁殖期为 5～7 月，每窝产卵 4～5 枚，孵化期 28～30 天，雏鸟为晚成性，由亲鸟共同喂养 30 天左右离巢。红隼是比利时国鸟，在中国分布也很广，除干旱沙漠外几乎中国各地均有分布。

### 燕隼 （*Falco subbuteo*）

隼形目，隼科，隼属。俗称青条子、儿隼、蚂蚱鹰。国家 II 级保护动物。小型猛禽，体长 0.35m。上体深蓝褐色，下体白色，具暗色条纹；头顶黑褐色，后颈具一白色颈斑；颊、喉白色；飞羽黑褐色；尾羽淡褐色，具黑褐色横斑。胸、腹部乳黄色而渐带棕黄色，密具淡黑褐色纵斑；嘴蓝灰色，先端转黑。栖息于有稀疏树木生长的开阔平原、旷野、耕地、海岸、疏林和林缘地带，有时也到村庄附近，但却很少在浓密的森林和没有树木的裸露荒原。以麻雀、山雀等雀形目小鸟为食；也大量地捕食蜻蜓、蟋蟀、蝗虫、天牛、金电子等昆虫，其中大多为害虫。5～7 月份繁殖，大多占用乌鸦、喜鹊的旧巢；每窝产卵 2～4 枚；孵卵期为 28 天，育雏期 28～32 天。燕隼是中国猛禽中较为常见的种类，分布几乎遍及中国各地。

### 红腹角雉 （*Tragopan temmunckii*）

鸡形目，雉科，角雉属。俗称娃娃鸡、寿鸡。国家 II 级保护动物。全长 0.4～0.6m。雄鸟通体绯红色，项上具肉群，上体布满灰色而具黑色边缘的点斑，下体具大块的浅灰色鳞状斑，羽冠的两侧长着一对钴蓝色的肉质角，因此称为"角雉"。栖息于常绿阔叶林、针阔混交林、灌丛、竹林等。喜单独活动，冬季偶尔结小群。主要以植物嫩芽、嫩叶、青叶、花、果实和种子等为食，兼食少量动物性食物。3 月进入繁殖期，筑巢于树上，每窝产卵 3～5 枚，雌鸟孵卵，孵化期 28～30 天。在花萼山主要分布在海拔 1000～3000m 的山地森林，数量少，且性隐匿，为少见留鸟。繁殖期雄鸟肉群充血膨胀突然张开，色彩绚丽，像草书的"寿"字，具有很高的观赏价值和经济价值，曾远输欧洲，其栖息地和种数受到人类活动的干扰和威胁，应加强管理和保护。

### 勺鸡 （*Pucrasia macrolopha*）

鸡形目，雉科，勺鸡属。俗称柳叶鸡。国家 II 级保护动物。中等体型，头部完全被羽，无裸出部，并具有枕冠。楔尾状，中央尾羽较外侧的约长一倍。跗跖较中趾连爪稍长，雄性具有一长度适中的钝形距。雌雄异色，雄鸟头部呈金属暗绿色，并具棕褐色和黑色的长冠羽，颈部两侧各有一白色斑，体羽呈现灰色和黑色纵纹，下体中央至下腹深栗色。雌鸟体羽以棕褐色为主，头部呈暗绿色，下体也无栗色。栖息于针阔混交林、密生灌丛的多岩坡地、山脚灌丛、开阔的多岩林地、松林及杜鹃林。生活于海拔 1500～3000m 的高山之间。栖息高度随季节变化而上下迁移。喜欢在低洼的山坡和山脚的沟缘灌木丛中活动。勺鸡雄鸟和雌鸟单独或成对活动，性情机警，很少结群，夜晚也成对在树枝上过夜。广布于中国辽宁省以南至西藏东南部的中部地区。勺鸡虽然分布区范围较大，但分布区不连续，每地的数量都不多。在花萼山内有一定数量分布。

### 白冠长尾雉 （*Syrmaticus reevesii*）

鸡形目，雉科，长尾雉属。俗称翟鸟、地鸡、长尾鸡、山雉。国家 II 级保护动物。体形大小似雉鸡，但雄鸟尾较长得多，全长 1.5m。雄鸟的头顶和颈部均为白色；上体大都为金黄色，下体深栗色，而杂以白色；尾羽特长，具黑栗二色并列的横斑；雌鸟上体大都为黄褐色，背部黑色显著，而具大型的矢状白斑；下体为浅栗棕色，向后转为棕黄；尾较短，具有多少模糊不显的黄褐色横斑。主要栖息在海拔 400～1500m 的山地森林中，尤为喜欢地形复杂、地势起伏不平、多沟谷悬崖、峭壁陡坡和林木茂密的山地阔叶林或混交林，有时可上到海拔 2000～2600m 的高度。主要以植物果实、种子、幼芽、嫩叶、花、块茎、块根、农作物幼苗和谷粒为食。繁殖期为 3～6 月。通常一雄一雌制，偶尔也见一雄配 2～3 只雌鸟；1 年繁殖 1 窝，每窝产卵 6～10 枚；孵卵期 24～25 天。白冠长尾雉的尾羽特长而秀丽夺目，羽色华丽，姿态优美，为供观赏用的珍兽。在花萼山有分布记录，但已有多年未见。本种目前分布区显著缩小，数量锐减，应严加保护。

### 红腹锦鸡 （*Chrysolophus pictus*）

鸡形目，雉科，锦鸡属。俗称金鸡。国家 II 级保护动物。雄鸟全长 1.1m，尾长 0.4m，雌鸟全长 0.6m。雄鸟羽色华丽，头具金黄色丝状羽冠，枕部至后颈的羽毛金色具黑色条纹，上背披肩灰绿色，下体绯红色，翅金属蓝色；雌鸟较小，周身黄褐色而具有深色杂斑。栖息于阔叶林、针阔混交林和林缘疏林灌丛地带，单独或集小群活动。以植物的茎、叶、花、果实、种子和昆虫为食。繁殖期为 4～6 月，一雄多雌制，巢简陋，为浅土坑，每窝产卵 5～9 枚，卵椭圆形，孵化期为 22～24 天。在花萼山部分山区有分布，但种群数量不大，为少见留鸟。红腹锦鸡是中国特产珍禽，也是"金鸡报晓"的金鸡；中国的版图像一只大公鸡，而且中国是世界上雉鸡类最丰富的国家。因此，红腹锦鸡在多次重要国际性会议中，屡次履行"代国鸟"

的职责。雄鸟色彩极为艳丽，使得它成为偷猎者热衷的目标，非法捕猎是对本物种最大的威胁。

### 红翅绿鸠（*Treron sieboldii*）

鸽形目，鸠鸽科，绿鸠属。国家 II 级保护动物。红翅绿鸠为留鸟，仅有少部分迁徙。栖息于海拔 2000m 以下的山地针叶林和针阔叶混交林中，有时也见于林缘耕地。常成小群或单独活动，主要以山樱桃、草莓等浆果为食。繁殖期为 5~6 月。营巢于山沟或河谷边的树上，巢呈平盆状，甚为简陋，主要由枯枝堆集而成，每窝产卵 2 枚。

### 领角鸮（*Otus lettia*）

鸮形目，鸱鸮科，角鸮属。俗称毛脚鸺鹠、光足鸺鹠。国家 II 级保护动物。小型鸮类，体长 0.25m。上体及两翼大多灰褐色，体羽多具黑褐色羽干纹及虫蠹状细斑，并散有棕白色眼斑；额、脸盘棕白色；后颈的棕白色眼斑形成一个不完整的半领圈；飞羽、尾羽黑褐色，具淡棕色横斑；下体灰白，嘴淡黄染绿色；爪淡黄色。栖息于山地阔叶林和混交林中，也出现于山麓林缘和村寨附近树林内。主要以鼠类、甲虫、蝗虫和鞘翅目昆虫等为食。繁殖期为 3~5 月份，每窝产卵 2~6 枚，雌雄轮流孵卵。在花萼山为留鸟，比较常见，各个林区均有分布。领角鸮以鞘翅目昆虫及其他昆虫和鼠类为食，对农林生产有益。

### 雕鸮（*Bubo bubo*）

鸮形目，鸱鸮科，雕鸮属。俗称鹫兔、雕枭。国家 II 级保护动物。全长 0.5~0.7m。耳羽簇长，橘黄色的眼特显形大；体羽褐色斑驳；胸部片黄；尾短圆；脚强健有力，常全部被羽，第四趾能向后反转，以利攀缘，爪大而锐；尾脂腺裸出。栖息于山地森林、平原、荒野、林缘灌丛、疏林，以及裸露的高山和峭壁等各类环境中。食性很广，主要以各种鼠类为食，也吃兔类、蛙类、昆虫和其他小型鸟类。通常营巢于树洞、悬崖峭壁下的凹处或直接产卵于地上，每窝产卵 2~5 枚，以 3 枚较常见。卵白色，卵呈椭圆形，孵卵由雌鸟承担，孵化期 35 天。该物种分布范围广，种群数量趋势稳定，因此被评价为无生存危机的物种。

### 黄腿渔鸮（*Ketupa flavipes*）

鸮形目，鸱鸮科，渔鸮属。俗称黄鱼鸮、毛脚鱼鸮。国家 II 级保护动物。全长 0.6m。上体橙棕色，具宽阔的黑褐色羽干纹；面盘橙棕色，眉斑及盘缘白色，耳羽有橙色羽干；喉部羽基白色，形成一大形白斑，下体余部橙棕色，具黑褐色羽干纹；虹膜黄色，嘴角黑色，跗跖上半部被以绒状羽，其裸出部分和趾黄色，爪角黑色，爪下具缺刻缘，适于捕鱼。栖于山林，常到溪流边捕食，嗜食鱼类，也吃蟹、蛙、蜥蜴和雉类。昼夜活动，白天也能捕食，常在枝叶茂密的大树上停息，直到黄昏才活跃起来，受到惊扰时不轻易飞走，能发出深沉的"呼呼"声。繁殖期为 11~次年 2 月，每窝产卵 1~2 枚。黄腿鱼鸮在生态系统中处于食物链的顶端，数量极为稀少，由于它行踪诡秘，叫声又不甚响亮，不易被人发现。

### 斑头鸺鹠（*Glaucidium cuculoides*）

鸮形目，鸱鸮科，鸺鹠属。俗称小猫头鹰。国家 II 级保护动物。体长 0.25m，体重 0.25kg。面盘不明显，没有耳羽簇；体羽为褐色，头部和全身的羽毛均具有细的白色横斑，腹部白色，下腹部和肛周具有宽阔的褐色纵纹，喉部还具有两个显著的白色斑；虹膜黄色，嘴黄绿色，基部较暗，蜡膜暗褐色，趾黄绿色，爪近黑色。栖息于从平原、低山丘陵到海拔 2000m 左右的中山地带的阔叶林、混交林、次生林和林缘灌丛。大多单独或成对在白天活动和觅食，主要以各种昆虫和幼虫为食，也吃鼠类、小鸟、蜥蜴等。繁殖期为 3~6 月，通常营巢于树洞或天然洞穴中，每窝产卵 3~5 枚；孵卵由雌鸟承担，孵化期为 28~29 天，是鸮形目中较常见的种类。

### 鹰鸮（*Ninox scutulata*）

鸮形目，鸱鸮科，鹰鸮属。国家 II 级保护动物。体长 0.3m。无明显的脸盘和领翎，额基和眼先白色，眼先具黑须；头、后颈、上背及翅上覆羽为深褐色，初级飞羽表面带棕色；胸以下白色，遍布粗重的棕褐色纵纹；尾棕褐色并有黑褐色横斑，端部近白色。常栖息于山地阔叶林中，也见于灌丛地带；活跃，黄昏前活动于林缘地带，飞行追捕空中昆虫，也捕食小鼠、小鸟等。在中国北方为夏候鸟，南方为留鸟。5~6 月繁殖，在树洞中营巢，每窝产卵 2~3 枚。

### 大鲵（*Andrias davidianus*）

有尾目，隐鳃鲵科，大鲵属。国家 II 级保护动物。别名：娃娃鱼。大鲵（*Andrias davidianus*）是现存有尾目中最大的一种，最长可超过 1m。头部扁平、钝圆，口大，眼不发达，无眼睑。身体前部扁平，至尾部逐渐转为侧扁。体两侧有明显的肤褶，四肢短扁，指、趾前五后四，具微蹼。尾圆形，尾上下有鳍状物。体表光滑，布满黏液。身体背面为黑色和棕红色相杂，腹面颜色浅淡。生活在山区的清澈溪流中，一般都匿居在山溪的石隙间，洞穴位于水面以下。每年 7～8 月产卵，每尾产卵 300 枚以上，雄鲵将卵带绕在背上，2～3 周后孵化。产于华北、华中、华南和西南各省。大鲵（*Andrias daviddianus*）为我国特有物种，因其叫声也似婴儿啼哭，故俗称"娃娃鱼"。大鲵的心脏构造特殊，已经出现了一些爬行类的特征，具有重要的研究价值。由于肉味鲜美，被视为珍品，遭到捕杀，资源已受到严重的破坏，需加强保护。

## 5.3.2　特有脊椎动物

花萼山自然保护区脊椎动物中共有中国特有种 71 种（表 5-12）。

表 5-12　花萼山自然保护区特有动物名录

| 序号 | 中文种名 | 拉丁种名 | 最新发现时间 | 数量状况 | 数据来源 |
|---|---|---|---|---|---|
| 1. | 鼩鼹 | *Uropsilus soricipes* | 2006 | ++ | 原科考报告，2006 |
| 2. | 北京鼠耳蝠 | *Myotis pequinius* | 2006 | ++ | 原科考报告，2006 |
| 3. | 林麝 | *Moschus berezovskii* | 2014 | + | 原科考报告，2006；访问保护区管理人员，2014 |
| 4. | 赤麂 | *Muntiacus vaginalis* | 2009 | ++ | 达州日报，2009 |
| 5. | 岩松鼠 | *Sciurotamias davidianus* | 2014 | +++ | 四川资源动物志–第一卷，1984 |
| 6. | 复齿鼯鼠 | *Trogopterus xanthipes* | 2012 | ++ | 四川资源动物志–第一卷，1984；原科考报告，2006；野外考察见到，2012 |
| 7. | 小林姬鼠 | *Apodemus sylvaticus* | 2006 | ++ | 原科考报告，2006 |
| 8. | 藏鼠兔 | *Ochotona thibetana* | 2014 | +++ | 原科考报告，2006 |
| 9. | 灰胸竹鸡 | *Bambusicola thoracica* | 2014 | +++ | 四川省大巴山、米仓山鸟类调查报告，1986；四川鸟类原色图鉴，1993；原科考报告，2006；野外考察见到，2014 |
| 10. | 白冠长尾雉 | *Symaticus reevesii* | 2006 | + | 四川资源动物志–鸟类，1985；四川鸟类原色图鉴，1993 |
| 11. | 红腹锦鸡 | *Chrysolophus pictus* | 2012 | ++ | 四川资源动物志–鸟类，1985；原科考报告，2006；野外考察见到，2012 |
| 12. | 领雀嘴鹎 | *Spizixos semitorques* | 2013 | ++++ | 大巴山地区的鸟类区系调查研究，1962；四川资源动物志–鸟类，1985；四川省大巴山、米仓山鸟类调查报告，1986；四川鸟类原色图鉴，1993；原科考报告，2006；野外考察见到，2013 |
| 13. | 白头鹎 | *Pycnonotus sinensis* | 2013 | ++++ | 大巴山地区的鸟类区系调查研究，1962；四川资源动物志–鸟类，1985；四川鸟类原色图鉴，1993；原科考报告，2006；野外考察见到，2013 |
| 14. | 棕腹大仙鹟 | *Niltava davidi* | 2006 | ++ | 原科考报告，2006 |
| 15. | 山噪鹛 | *Garrulax davidi* | 2006 | + | 原科考报告，2006 |
| 16. | 斑背噪鹛 | *Garrulax lunulatus* | 2014 | ++ | 大巴山地区的鸟类区系调查研究，1962；四川资源动物志–鸟类，1985；四川省大巴山、米仓山鸟类调查报告，1986；四川鸟类原色图鉴，1993；野外考察见到，2012；访问保护区管理人员，2014 |
| 17. | 画眉 | *Garrulax canorus* | 2006 | ++ | 大巴山地区的鸟类区系调查研究，1962；四川资源动物志–鸟类，1985；四川省大巴山、米仓山鸟类调查报告，1986；四川鸟类原色图鉴，1993；原科考报告，2006 |
| 18. | 橙翅噪鹛 | *Garrulax elliotii* | 2012 | ++++ | 大巴山地区的鸟类区系调查研究，1962；四川资源动物志–鸟类，1985；四川省大巴山、米仓山鸟类调查报告，1986；四川鸟类原色图鉴，1993；原科考报告，2006；野外考察见到，2012 |
| 19. | 棕头雀鹛 | *Alcippe ruficapilla* | 2013 | + | 四川资源动物志–鸟类，1985；四川省大巴山、米仓山鸟类调查报告，1986；四川鸟类原色图鉴，1993；原科考报告，2006；野外考察见到，2013 |

续表

| 序号 | 中文种名 | 拉丁种名 | 最新发现时间 | 数量状况 | 数据来源 |
|---|---|---|---|---|---|
| 20. | 白领凤鹛 | *Yuhina diademata* | 2012 | +++ | 大巴山地区的鸟类区系调查研究，1962；四川资源动物志-鸟类，1985；四川省大巴山、米仓山鸟类调查报告，1986；四川鸟类原色图鉴，1993；原科考报告，2006；野外考察见到，2012 |
| 21. | 三趾鸦雀 | *Paradoxornis paradoxus* | 1993 | ++ | 四川省大巴山、米仓山鸟类调查报告，1986；四川鸟类原色图鉴，1993 |
| 22. | 白眶鸦雀 | *Paradoxornis conspicillatus* | 2006 | + | 大巴山地区的鸟类区系调查研究，1962；四川省大巴山、米仓山鸟类调查报告，1986；四川鸟类原色图鉴，1993；原科考报告，2006 |
| 23. | 银脸长尾山雀 | *Aegithalos fuliginosus* | 2006 | ++ | 大巴山地区的鸟类区系调查研究，1962；四川省大巴山、米仓山鸟类调查报告，1986；四川鸟类原色图鉴，1993；原科考报告，2006 |
| 24. | 黄腹山雀 | *Parus venustulus* | 2013 | +++ | 四川资源动物志-鸟类，1985；四川省大巴山、米仓山鸟类调查报告，1986；四川鸟类原色图鉴，1993；原科考报告，2006；野外考察见到，2013 |
| 25. | 酒红朱雀 | *Carpodacus vinaceus* | 1986 | ++ | 四川省大巴山、米仓山鸟类调查报告，1986 |
| 26. | 蓝鹀 | *Latoucheornis siemsseni* | 2006 | + | 大巴山地区的鸟类区系调查研究，1962 四川资源动物志-鸟类，1985；四川省大巴山、米仓山鸟类调查报告，1986；四川鸟类原色图鉴，1993；原科考报告，2006 |
| 27. | 米仓山攀蜥 | *Japalura micangshanensis* | 2006 | ++ | 原科考报告，2006 |
| 28. | 丽纹攀蜥 | *Japalura splendida* | 2006 | ++ | 原科考报告，2006 |
| 29. | 峨眉草蜥（峨眉地蜥） | *Takydromus intermedius*（*Platyplacopus intermedius*） | 2012 | + | 野外调查，2012 |
| 30. | 北草蜥 | *Takydromus septentrionalis* | 2014 | +++ | 四川资源动物志，1982；四川爬行类原色图鉴，2003；原科考报告，2006；野外调查见到，2014 |
| 31. | 黄纹石龙子 | *Plestiodon capito*（*Eumeces capito*） | 2006 | +++ | 四川资源动物志，1982；四川爬行类原色图鉴，2003；原科考报告，2006 |
| 32. | 蓝尾石龙子 | *Plestiodon elegans* | 2006 | ++ | 四川资源动物志，1982；四川爬行类原色图鉴，2003；原科考报告，2006 |
| 33. | 锈链腹链蛇 | *Amphiesma craspedogaster* | 2006 | ++ | 四川爬行类原色图鉴，2003；原科考报告，2006 |
| 34. | 巫山巴鲵 | *Liua shihi* | 2012 | ++ | 四川资源动物志-两栖类，1982；四川两栖类原色图鉴，2001；中国两栖动物及其分布彩色图鉴，2012 |
| 35. | 秦巴巴鲵 | *Liua tsinpaensis* | 2014 | ++ | 秦岭及大巴山地区两栖爬行动物调查，1966；原科考报告，2006；中央电视台国际频道栏目《走遍中国》，2014 |
| 36. | 大鲵 | *Andrias daviddianus* | 2006 | + | 原科考报告，2006 |
| 37. | 南江角蟾 | *Megophrys nankiangensis* | 2006 | ++ | 原科考报告，2006 |
| 38. | 巫山角蟾 | *Megophrys wushanensis* | 2006 | + | 原科考报告，2006 |
| 39. | 中华蟾蜍华西亚种 | *Bufogargarizans andrewsi* | 2012 | ++ | 秦岭及大巴山地区两栖爬行动物调查，1966；四川两栖类原色图鉴，2001；原科考报告，2006；野外考察，2012 |
| 40. | 秦岭雨蛙 | *Hyla tsinlingensis* | 2014 | ++ | 四川两栖类原色图鉴，2001；原科考报告，2006；野外考察，2014 |
| 41. | 峨眉林蛙 | *Rana omeimontis* | 2012 | + | 原科考报告，2006；野外考察，2012 |
| 42. | 中国林蛙 | *Rana chensinensis* | 2014 | + | 秦岭及大巴山地区两栖爬行动物调查，1966；四川资源动物志-两栖类，1982；四川两栖类原色图鉴，2001；原科考报告，2006；野外考察，2014 |
| 43. | 弹琴蛙 | *Nidirana adenopleura* | 2006 | ++ | 原科考报告，2006 |
| 44. | 仙琴蛙 | *Nidirana daunchina* | 2006 | ++ | 原科考报告，2006 |
| 45. | 沼蛙 | *Boulengerana guentheri* | 2014 | ++ | 原科考报告，2006；野外考察，2014 |

| 序号 | 中文种名 | 拉丁种名 | 最新发现时间 | 数量状况 | 数据来源 |
|---|---|---|---|---|---|
| 46. | 绿臭蛙 | *Odorrana margaertae* | 2013 | ++ | 原科考报告，2006；野外考察，2013 |
| 47. | 花臭蛙 | *Odorrana schmackeri* | 2013 | ++ | 秦岭及大巴山地区两栖爬行动物调查，1966；四川资源动物志-两栖类，1982；四川两栖类原色图鉴，2001；原科考报告，2006；野外考察，2013 |
| 48. | 崇安湍蛙 | *Amolops chunganensis* | 2014 | ++ | 四川资源动物志-两栖类，1982；原科考报告，2006；野外考察，2014 |
| 49. | 棘皮湍蛙 | *Amolops granulosus* | 2012 | + | 四川资源动物志-两栖类，1982；四川两栖类原色图鉴，2001；原科考报告，2006；中国两栖动物及其分布彩色图鉴，2012 |
| 50. | 棘腹蛙 | *Paa boulengeri* | 2013 | + | 四川两栖类原色图鉴，2001；原科考报告，2006；野外考察，2013 |
| 51. | 隆肛蛙 | *Feirana quadranus* | 2014 | + | 秦岭及大巴山地区两栖爬行动物调查，1966；四川资源动物志-两栖类，1982；四川两栖类原色图鉴，2001；原科考报告，2006；中国两栖动物及其分布彩色图鉴，2012；野外考察，2014 |
| 52. | 斑腿泛树蛙 | *Polypedates megacephalus* | 2014 | ++ | 原科考报告，2006；野外考察，2014 |
| 53. | 经甫树蛙 | *Rhacophorus chenfui* | 2014 | | 野外考察，2014 |
| 54. | 合征姬蛙 | *Microhyla mixtura* | 2014 | ++ | 秦岭及大巴山地区两栖爬行动物调查，1966；四川资源动物志-两栖类，1982；四川两栖类原色图鉴，2001；原科考报告，2006；中国两栖动物及其分布彩色图鉴，2012；野外考察，2014 |
| 55. | 饰纹姬蛙 | *Microhyla ornata* | 2014 | ++ | 秦岭及大巴山地区两栖爬行动物调查，1966；四川两栖类原色图鉴，2001；原科考报告，2006；野外考察，2014 |
| 56. | 宽体华沙鳅 | *Sinibotia reevesae* | 2014 | ++ | 标本 |
| 57. | 张氏鳘 | *Hemiculter tchangi* | 2014 | +++ | 标本 |
| 58. | 厚颌鲂 | *Megalobrama pellegrini* | 2006 | + | 原科考报告，2006 |
| 59. | 云南光唇鱼 | *Acrossocheilus yunnanensis* | 2014 | ++ | 标本 |
| 60. | 宽口光唇鱼 | *Acrossocheilus monticola* | 2014 | ++ | 原科考报告，2006 |
| 61. | 华孟加拉鲮 | *Bangana rendahli* | 2006 | + | 原科考报告，2006 |
| 62. | 齐口裂腹鱼 | *Schizothorax prenanti* | 2014 | ++ | 标本 |
| 63. | 中华裂腹鱼 | *Schizothorax sinensis* | 2006 | + | 原科考报告，2006 |
| 64. | 异唇裂腹鱼 | *Schizothorax heterochilus* | 2006 | + | 原科考报告，2006 |
| 65. | 重口裂腹鱼 | *Schizothorax davidi* | 2014 | + | 原科考报告，2006 |
| 66. | 岩原鲤 | *Procypris rabaudi* | 2006 | + | 原科考报告，2006 |
| 67. | 中华金沙鳅 | *Jinshaia sinensis* | 2006 | + | 原科考报告，2006 |
| 68. | 四川华吸鳅 | *Sinogastromyzon szechuanensis* | 2014 | ++ | 标本 |
| 69. | 西昌华吸鳅 | *Sinogastromyzon sichuangensis* | 2014 | ++ | 标本 |
| 70. | 峨眉后平鳅 | *Metahomaloptera omeiensis omeiensis* | 2014 | +++ | 标本 |
| 71. | 拟缘鱼央 | *Liobagrus marginatoides* | 2006 | + | 原科考报告，2006 |

注："++++"为广布种，"+++"为优势种，"++"为常见种，"+"为少见种。

# 第6章 生态系统

## 6.1 生态系统类型

生态系统是在一定空间中共同栖居着的所有生物（所有生物群落）与环境之间通过不断的物质循环和能量流动过程而形成的统一整体。生态系统的范围和大小没有严格的限制，其分类也没有绝对标准。我们根据结构特征与功能特征对大巴山保护区内的生态系统进行分类，并综合考虑自然与人工两种不同主导因素，将其生态系统主要分为自然生态系统和人工生态系统两大类。

保护区自然生态系统分为陆生生态系统、水域生态系统两大类，其中陆生生态系统包括森林生态系统、灌草丛生态系统；水域生态系统主要是河流生态系统和塘库生态系统。

人工生态系统分为农业生态系统、人工林和经济林生态系统、乡村生态系统。

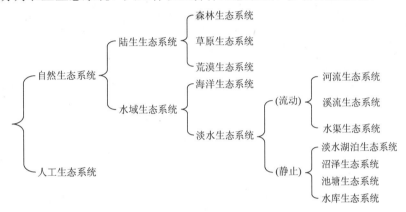

## 6.1.1 自然生态系统

保护区内自然生态系统类型组成多样，对于陆生生态系统类型的进一步划分主要是根据组成该生态系统的优势植被类型进行的，而对于水域生态系统则主要是根据其非生物要素进行的。在森林生态系统类型、灌草丛生态系统类型、河流生态系统类型三种类型中，森林生态系统类型占地面积最大，其下级类型最多，在保护区内各种生态系统类型中发挥的生态作用也最大，因而是陆地生态系统类型的主体；水域生态系统中，由于保护区溪谷、河流纵横，河流生态系统较为发达，而池塘—水库生态系统主要分布于花蓂乡、曹家沟、庙坡乡等境内，成因包括天然或人工修筑。

### 1. 森林生态系统

森林生态系统是陆地生态系统中最重要的类型之一，也是保护区内分布面积最广、生态功能作用最大的生态系统类型。保护区森林类型较多，包括华山松林、巴山松林、马尾松林、杉木林等为代表的针叶林，麻栎林、栓皮栎林、巴山水青冈林为代表的落叶阔叶林，巴山木竹林、箭竹林、刚竹林等为主的竹林，近30种森林类型，它们构成了保护区森林生态系统多样性。

如此丰富的森林生态系统为花蓂山自然保护区内354种陆生脊椎动物提供了栖息地，为植食性动物提供了食物，从而维系复杂的食物链、食物网关系，这些动物、植物以及它们共同形成的网络关系共同组成了保护区多样而稳定的森林生态系统。

### 2. 灌草丛生态系统

灌草丛生态系统类型在保护区内主要分布于人为干扰较大的村落、道路、河滩等地段，带有较强的次生性质，另外，在花蓂乡、曹家沟、大竹河等地高海拔、地势比较险峻的地区分布有少量的原生性质的灌丛。

主要灌丛类型包括长叶水麻灌丛、峨眉蔷薇灌丛、粉花锈线菊灌丛、火棘灌丛、黄栌灌丛等类型，这些灌丛以及栖居于内的各种各种啮齿目、爬行类、鸟类等动物及其生境共同构成了保护区内的灌丛生态系统。

### 3. 河流生态系统

花萼山自然保护区地处大巴山南麓，因受复杂的地形地貌影响，发育了众多的溪谷河流，包括渠江上游二级支流后河、白沙河以及任河等河流。庞大的支流体系及流域面积为保护区内河流生态系统中 27 种两栖类和 60 种野生鱼类提供了稳定的生境，其中包括巫山巴鲵（*Liua shihi*）、大鲵（*Andrias daviddianus*）、齐口裂腹鱼（*Schizothoraxprenant*）。此外河流生态系统中还生活着少量的水生植物和底栖动物，这些生物同水域环境一起组成了复杂的河流生态系统。

## 6.1.2　人工生态系统

人工生态系统是一种人为干预下的"驯化"生态系统，其结构和运行既服从一般生态系统的某些普遍规律，又受到社会、经济、技术因素不断变化的影响。人工生态系统的组成主要包括农业生物系统、农业环境系统和人为调控系统，大农业生态系统还涉及农田系统（农）、经济林生态系统（林）、草场生态系统（牧）和水体渔业生态系统（渔）等类型。大农业生态系统在保护区内主要在开阔海拔较低处平坦低山，主要以农田和经济林为主。农田主要种植油菜、玉米等，旱地主要种植土豆、玉米、红薯等经济作物，经济林主要种植的是果树和药材，如杜仲等。保护区内人工生态系统的明显特点是接近于人类聚居地，在保护区内面积较小，该生态系统主要的作用是为当地居民提供食物，并为当地居民提高经济收入，但对于保持水土流失及由于人类活动对保护区的功能作用是负面的。

其进一步细分可以分为农业生态系统、人工林和经济林生态系统以及乡村生态系统三小类。

### 1. 农业生态系统

保护区内的农业生态系统主要为农田生态系统和农地生态系统。由于地处大巴山南麓，受海拔、基质、岩性、地形地貌等各种自然因素的综合影响，保护区内可开发为农田的土地较狭窄，主要在河滩下游冲击河谷处，而农地则相对较多，主要由居民开发山地和河滩所形成。

农业生态系统组成简单，其植物主要以居民种植的人工粮食作物为主，间或生长些田地间杂草和灌丛，动物主要由土壤动物及小型啮齿目、鸟类等动物组成，共同构成简单的农业生态系统。

### 2. 人工林和经济林生态系统

保护区内的人工林和经济林生态系统以板栗林、漆树林、杜仲林、核桃林等林型为主，生态系统结构简单，人工干预影响较大，但主要以多年经营为主，除漆树林外，基本人工抚育、经营较为严重，林下物种结构简单，林内动物组成也相对简单，整个生态系统结构功能的稳定维持，均依靠人工经营。

### 3. 乡村生态系统

乡村生态系统是人工生态系统中非常突出的生态系统类型，人类干扰因素作用效果最为明显。涉及保护区内 8 个镇乡若干居民点，城镇生态系统不发达。该生态系统人类活动最为明显和突出，充分发挥该类生态系统的主观能动性，为保护区的整体保护和后续建设具有积极意义。

## 6.2　生态系统主要特征

生态系统的一般特征包括生态系统的结构组成特征和功能特征，关于保护区内生态系统的结构组成在 6.1 生态系统类型中已作介绍，故本部分不再累述，主要介绍保护区内生态系统的功能特征。

## 6.2.1　食物网和营养级

生物能量和物质通过一系列取食与被取食的关系在生态系统中传递，各种生物按其食物关系排列的链状顺序称为食物链，各种生物成分通过食物链形成错综复杂的普遍联系，这种联系使得生物之间都有直接或间接的关系，称为食物网。

花葶山自然保护区内主要存在 3 种类型的食物链，包括牧食食物链、寄生生物链、碎屑食物链。

由于寄生生物链和碎屑食物链普遍存在于各处，不作详细介绍，主要对牧食食物链作简述。牧食食物链又称捕食食物链，是以绿色植物为基础，从食草动物开始的食物链，该种类型在保护区内陆地生态系统和水域生态系统都存在。其构成方式是植物→植食性动物→肉食性动物。其中植物主要包括各生态系统类型中的草本植物、灌木和乔木的嫩叶嫩芽及果、种子等；植食性动物（主要分析哺乳类）主要包括哺乳类啮齿目、偶蹄目、兔形目、灵长目等类群，其中啮齿目 7 科 23 种，偶蹄目 4 科 8 种，兔形目 2 科 2 种，共计 13 科 33 种，占 47.8%；肉食性动物主要包括食肉目、食虫目、翼手目等类群，其中食肉目 5 科 18 种，翼手目 4 科 10 种，食虫目 3 科 6 种，共计 34 种，占 49.3%，食肉性动物虽然种类不少，但个体数量较少；杂食性动物主要有灵长目的猕猴和偶蹄目的野猪，占 2.9%。

营养级是指处于食物链某一环节上的所有生物种的总和。花葶山自然保护区内有隼形目的猛禽及食肉目的兽类存在，各生态系统中营养级大约在 3～5 级。生态系统中各营养级的生物量结构组成呈金字塔形。

## 6.2.2 生态系统稳定性

关于生态系统稳定性，此处着重讨论保护区内的自然生态系统类型，关于人工构建的生态系统则做简要说明。

### 1. 自然生态系统类型

花葶山自然保护区内自然生态系统类型主要分为两大类，5 小类，且不同的生态系统有不同的构成方式，特别是陆地生态系统类型，其由不同的植被类型组成，因此稳定性特征也有较大差异。

森林生态系统是保护区陆地生态系统的主体，人为干扰较少，生境多样，物种多样性较高，其抵抗外界干扰的能力较强，因此此种类型的生态系统稳定性较高，如保护区内的栲树林、青冈林、包果柯林等组成的常绿阔叶林森林生态系统；但是如落叶阔叶林等森林生态系统，由于其群落生境的大部分土壤基质属于石灰岩土壤基质，在中山以上地段容易形成较干旱区，此类生态系统，其抵抗力稳定性较常绿阔叶林低。森林生态系统类型的抵抗力较高，但恢复力则较低，倘若森林生态系统被破坏，其组成、结构和功能则很难在短时间内得到恢复，特别是保护区内还存在一类特殊的山顶矮曲林森林生态系统，该系统是在特殊生境下形成的，因而其受环境影响较大，一旦遭受破坏，恢复难度较大。

因此，应该注意对森林生态系统的保护。灌丛和亚高山草甸生态系统，由于其物种组成多样性较低，群落结构较简单，加之本身具有较强的次生性，这两类生态系统对外界的抵抗力稳定性较低，在受到人为干扰或环境干扰时，系统很容易崩溃，形成退化生态系统。但相反，这两种生态系统类型在退化后，干扰一旦消除，则会很快恢复到先前的生态系统类型，即恢复力稳定性较高。甚至，受到干扰形成的马桑、火棘等灌丛生态系统，倘若人为干扰消失，则会向森林生态系统进行恢复性进展演替，假以时日，恢复为森林生态系统类型。

河流生态系统类型的稳定性主要与河流中的生物多样性及食物链、食物网相关。保护区内的河流生态系统，其河流主要发源于高山，其中的水生植物及水生动物组成结构均较为简单，因此其河流生态系统相对脆弱，其生态系统的抵抗力稳定性较低。

### 2. 人工生态系统

花葶山自然保护区内人工生态系统类型，其物种组成单一、群落结构简单，因此其生态系统的抵抗力稳定性非常低，其生态系统的维持主要依靠人工抚育，否则无法维持其稳定状态，例如保护区内的弃耕荒地，早前为农作物种植地，废弃后荒草丛生，向着灌丛演替方向进行。又如保护区内种植的漆树林，人工种植后，很少进行定期的人工抚育行为，则林内的植物组成日渐丰富，其原本单一的落叶松群落结构无法维持。

# 6.3　影响生态系统稳定的因素

## 6.3.1　自然因素

花萼山自然保护区内影响生态系统稳定的自然因素主要有泥石流、雷击火烧和长期干旱等，这些自然干扰因素的发生频率都较小，但一旦发生则会使较大面积的生态系统稳定性受到影响，如雷击造成的山火会导致大面积森林遭到破坏，长期干旱也会导致生态系统特别是河流生态系统和中山及亚高山的森林生态系统的稳定性受到影响。

## 6.3.2　人为因素

花萼山自然保护区内对生态系统稳定性干扰较大的是人为因素，保护区内特别是实验区内有居民点，这些居民的生产活动，主要表现为采伐、挖药和农作物生产等，这些活动势必会对保护区内的生态系统造成影响。

## 6.3.3　旅游潜在因素

旅游对花萼山自然保护区生态系统稳定性的影响体现在以下几方面。首先，旅游开发及旅游活动可能导致大气、水和固体的直接污染。其次，旅游开发可能增加侵蚀、破坏地貌，造成对环境的间接影响。再次，景区建设占用森林或草地，对植被和动物栖息地造成影响。最后，旅游还可能增加外来有害生物入侵及增大森林火灾的可能性，对生物多样性的保护造成负面影响。

就花萼山自然保护区的现状而言，由于其良好的自然景观资源，近些年保护区内开发了一些景区，如大竹河景区、鱼泉山景区等。这些旅游活动会对保护区内的生态系统造成一定影响，如景区开发侵占的林地及景观道两旁的植被等均会受到较大影响，其所带来的消费人群的消费需求，势必会扩大本区人类的生态足迹。但如果能合理控制旅游景区的开发及控制旅游活动的规模和旅游人数，并进行相应的生态补偿措施，积极开展生态旅游，那么旅游活动对保护区内生态系统稳定性的影响应该是可控的。

# 第 7 章　主要保护对象

花萼山自然保护区类型为森林生态系统，主要保护对象为北亚热带森林生态系统、生物物种多样性和优美独特的自然景观。

## 1. 红豆杉（*Taxus chinensis*）、珙桐（*Davidia involucrata*）、野大豆（*Glycine soja*）等珍稀濒危植物资源及其生态环境

花萼山自然保护区共有重点保护野生植物 19 种。其中，国家第一批重点保护野生植物 I 级保护植物 4 种：南方红豆杉（*Taxus chinensis* var. *mairei*）、红豆杉（*Taxus chinensis*）、光叶珙桐（*Davidia involucrata* var. *vilmoriniana*）、珙桐（*Davidia involucrata*）；国家 II 级保护植物 15 种：楠木（*Phoebe zhennan*）、野大豆（*Glycine soja*）、川黄檗（*Phellodendron chinense*）、巴山榧树（*Torreya fargesii*）等；有红皮书收录的珍稀濒危植物 25 种，濒危 1 种，渐危 11 种，稀有种 13 种。此外，花萼山自然保护区分布的中国特有植物也较为丰富，有 1284 种。大部分具有药用资源、观赏资源、食用资源、蜜源及工业原料方面的价值。据粗略统计，花萼山自然保护区内共有资源植物 1842 种。因此，花萼山自然保护区是上述物种重要的栖息地，建设保护区有利于上述珍稀濒危物种的保护。

## 2. 林麝（*Moschus berezovskii*）、豹（*Panthera pardus*）、黑熊（*Selenarctos thibetanus*）、金雕（*Aquila chrysaetos*）等珍稀动物资源及其栖息地

花萼山自然保护区内共有国家 I 级重点保护野生动物 4 种豹（*Panthera pardus*）、云豹（*Neofelis nebulosa*）、林麝（*Moschus berezovskii*）、金雕（*Aquila chrysaetos*）；有国家 II 级重点保护野生动物 33 种，如猕猴（*Macaca mulatta*）、豺（*Cuon alpinus*）、黑熊（*Selenarctos thibetanus*）、黄喉貂（*Martes flavigula*）、水獭（*Lutra lutra*）、大灵猫（*Viverra zibetha*）、金猫（*Felis temmincki*）、水鹿（*Cervus unocolor*）、鬣羚（*Capricornis sumatraensis*）等；有四川省省级重点保护野生动物 20 种，如绿鹭（*Butorides striatus*）、灰胸竹鸡（*Bambusicola thoracica*）、董鸡等。另外还有易危和近危物种 40 种。

此外，还是众多特有动物的栖息地，花萼山自然保护区有中国特有脊椎动物 71 种，如北京鼠耳蝠（*Myotis pequinius*）、林麝（*Moschus berezovskii*）、小麂（*Muntiacus reevesi*）、灰胸竹鸡（*Bambusicola thoracica*）、红腹锦鸡（*Chrysolophus pictus*）、白冠长尾雉（*Syrmaticus reevesii*）、白头鹎（*Pycnonotus sinensis*）、四川华吸鳅（*Sinogastromyzon szechuanensis*）和峨眉后平鳅（*Metahomaloptera omeiensis*）等。

## 3. 花萼山自然保护区森林生态系统

花萼山自然保护区森林生态系统特征如下。

### 1）代表性和典型性

花萼山自然保护区处于北亚热带，临近温带和亚热带的分界线，气候具有北亚热带湿润季风区气候特点。花萼山自然保护区内地形变化较大，境内分布有高山、丘陵、河流，且保护区内相对海拔高差较大，达到1600m，植被垂直分布特点较为明显。发育的大片落叶阔叶林为保护区优势植被，群落优势物种明显，代表性物种突出，而且包括了大量珍稀濒危，因此，保护区代表了亚热带落叶阔叶林森林的典型特征，有较好的代表性和典型性。

### 2）多样性和资源的丰富性

花萼山自然保护区内有森林生态系统、灌草丛生态系统、河流生态系统及农业生态系统、人工林和经济林生态系统、乡村生态系统这 6 种生态系统类型，保持了较高的生态系统多样性。生境类型的多样性孕

育了丰富的植物群落和植物多样性。根据《中国植被》划分原则，花萼山自然保护区有 8 个植被型、14 个植被亚型、24 个群系组和 50 个群系；有菌类 2 门、15 目、46 科、86 属、118 种；有野生维管植物 2575 种，隶属于 178 科、876 属，其中，IUCN 物种红色名录收录物种 152 种，濒危野生动植物种国际贸易公约收录物种 91 种，国家重点保护野生植物 19 种。植物群落的多样性为动物群落提供了丰富的食物来源和栖息环境，孕育了丰富的动物种类。花萼山自然保护区共有昆虫 820 种，隶属于 19 目 161 科 612 属，脊椎动物 414 种，其中，鱼类 60 种，两栖类 27 种，爬行类 30 种，鸟类 228 种，哺乳类 69 种。

### 3）完整性和脆弱性

花萼山自然保护区面积 48 203.39hm$^2$，其中有林地面积 47 945.533hm$^2$，占保护区总面积的 99.46%。其面积足以维持该区域内森林生态系统的稳定性，为各种野生动植物提供了一个可靠良好的生存空间。

花萼山自然保护区有大量灰岩分布，为喀斯特地貌。因此，生态系统较为脆弱，一旦遭到破坏，很难恢复。此外，花萼山自然保护区包括 11 个乡镇，实验区有人口密集、耕作频繁的农业和居住区。花萼山自然保护区内人为活动较为频繁，对花萼山自然保护区的保护是一个严峻的考验。

## 4. 极具特色的自然景观

保护区位于北方岩溶和南方岩溶的分界线，南方湿润气候条件下的岩溶、地貌和景观极具特色。区域自然景观集地学景观、气象景观、水体景观、植被景观和动植物景观于一体，溶洞密布、沟壑纵横、水质清澈、水量丰沛，具有很高的保护和利用价值。

# 第8章 社会经济与社区共管

## 8.1 花萼山自然保护区及周边社会经济状况

### 8.1.1 乡镇及人口

根据 2012 年统计数据，保护区及其周边社区包括 11 个乡镇的 44 个村，总户数 7899 户，总人口 31 070 人。见表 8-1。

保护区内有常住人口 4768 户，19 055 人，其中核心区有 486 户，2274 人；缓冲区有 997 户，3853 人；实验区有 3285 户，9647 人。各乡在保护区核心区、缓冲区和试验区的户数和人口见表 8-2。

表 8-1  花萼山自然保护区所涉乡镇人口分布

| 乡镇 | 村/个 | 社/个 | 户数/户 | 人口/人 |
| --- | --- | --- | --- | --- |
| 曹家乡 | 4 | 35 | 1098 | 4113 |
| 白果乡 | 6 | 37 | 1792 | 7493 |
| 官渡镇 | 4 | 19 | 661 | 2468 |
| 花萼乡 | 4 | 21 | 619 | 2350 |
| 茶垭乡 | 5 | 33 | 827 | 3622 |
| 梨树乡 | 5 | 10 | 593 | 2051 |
| 白沙镇 | 4 | 18 | 562 | 2270 |
| 庙坡乡 | 2 | 21 | 878 | 3313 |
| 大竹镇 | 2 | 4 | 173 | 642 |
| 皮窝乡 | 3 | 7 | 546 | 2240 |
| 八台乡 | 2 | 6 | 150 | 508 |
| 合计 | 44 | 211 | 7899 | 31070 |

表 8-2  花萼山自然保护区内常年居住人口数量与分布情况表

| 乡镇 | 核心区 | | 缓冲区 | | 试验区 | | 合计 | |
| --- | --- | --- | --- | --- | --- | --- | --- | --- |
| | 户数 | 人口 | 户数 | 人口 | 户数 | 人口 | 户数 | 人口 |
| 曹家乡 | 183 | 950 | 181 | 670 | 326 | 983 | 690 | 2603 |
| 白果乡 | 150 | 679 | 308 | 1232 | 680 | 2966 | 1138 | 4877 |
| 官渡镇 | 84 | 378 | 104 | 416 | 172 | 470 | 360 | 1264 |
| 花萼乡 | 12 | 54 | 108 | 400 | 216 | 821 | 336 | 1275 |
| 茶垭乡 | 8 | 40 | 79 | 356 | 418 | 1929 | 505 | 2325 |
| 梨树乡 | 19 | 47 | 109 | 381 | 269 | 925 | 397 | 1353 |
| 白沙镇 | | | | | 360 | 1457 | 360 | 1457 |
| 庙坡乡 | 30 | 126 | 108 | 398 | 412 | 1553 | 550 | 2077 |
| 大竹镇 | | | | | 61 | 226 | 61 | 226 |
| 皮窝乡 | | | | | 320 | 1430 | 320 | 1430 |
| 八台乡 | | | | | 51 | 168 | 51 | 168 |
| 合计 | 486 | 2274 | 997 | 3853 | 3285 | 9647 | 4768 | 19055 |

## 8.1.2 交通与通信

保护区外围交通条件较好，除襄渝铁路纵贯万源市外，各乡镇均通公路，汇于国道 210 线。区内交通不便，除实验区局部有公路外，缓冲区和核心区内均无公路，仅有便道。

在过去的五年间，万源市的交通、能源、通信等基础产业和基础设施建设得到了明显改善，经济发展的"瓶颈制约"逐步缓解，近年又完成了 210 国道加宽铺油改造工程，并于 2005 年完成了市内两条主要县级公路的拓宽改造工程。

通信方面，随着近年来通讯事业的迅猛发展，区内通讯条件得到了极大改善，各乡镇均有程控电话，多数乡镇已建成无线通讯设施，架设了光纤传输线路，对程控电话进行了再次改造，实现了数字化传输，开通了国内、国际长途电话，在多数区域开通了移动电话和无线寻呼业务。

## 8.1.3 土地利用现状与结构

万源市国土总面积 406 500hm$^2$。其中：森林面积 245 561hm$^2$，森林覆盖率 60.41%；耕地面积 31 141hm$^2$，每个劳动力负担耕地 0.125hm$^2$（1.88 亩），其中，旱地 18 395hm$^2$，田 12 746hm$^2$，包括耕地有效灌溉面积 7093.4hm$^2$，保证灌溉面积 5200hm$^2$，旱涝保收面积 7884.7hm$^2$。

花萼山国家级自然保护区总面积 48 203.39hm$^2$，涉及花萼乡、曹家乡、官渡镇、白果乡、茶垭乡、大竹镇、梨树乡、庙坡乡、皮窝乡、白沙镇和八台乡 11 个乡镇 44 个村，其中核心区涉及 8 个乡镇，缓冲区涉及 9 个乡镇。虽然涉及的乡镇较多，但多数乡镇进入保护区范围的面积不大，只有花萼乡、曹家乡、白果乡、梨树乡和庙坡乡的大部分面积划入保护区内，其余乡镇仅局部划入区内（表 8-3）。

**表 8-3　花萼山自然保护区社区各乡镇耕地面积统计表**

| 乡/镇 | 总面积/hm$^2$ | 耕地面积/hm$^2$ |
| --- | --- | --- |
| 茶垭乡 | 885 | 416 |
| 大竹镇 | 12139 | 1417 |
| 庙坡乡 | 8011 | 829 |
| 白果乡 | 7857 | 678 |
| 白沙镇 | 11900 | 1031 |
| 八台乡 | 6274 | 356 |
| 曹家乡 | 12090 | 346 |
| 花萼乡 | 1920 | 162 |
| 官渡镇 | 8491 | 514 |
| 梨树乡 | 9480 | 537 |
| 皮窝乡 | 5164 | 233 |
| 合计 | 84211 | 6519 |

保护区内林业用地面积 47 945.533hm$^2$，占保护区总面积的 99.47%，非林业用地面积 257.85hm$^2$，占保护区总面积的 0.54%。林业用地中，有林地 34 442.62hm$^2$，占林业用地的 71.84%；疏林地 2138.92hm$^2$，占 4.46%；灌木林地 7974.94hm$^2$，占 16.63%；宜林荒山荒地 3389.749hm$^2$，占 7.07%。非林业用地面积包括农田、水域、居民点等。

## 8.1.4 社区经济结构

万源市是四川省边远的贫困地区之一。农业以粮食为主，主要农作物有玉米、土豆、小麦、红薯；经济作物主要有油菜、漆、茶叶、果类和党参、天麻、杜仲等中药材。养殖业以养猪为主，其次为牛、羊、家禽、水产等。工业以锰矿、钡矿、煤炭、食品、建材为支柱产业，其主要产品为锰粉、钡粉、原煤、茶、盐、酒、饮料、水泥、砂砖等。

保护区 11 个乡镇国内生产总值（可比价）13 886.9 万元，第一产业（当年价）10 653.2 万元，第二产业 3882.1 万元，第三产业 1771.7 万元，第一、第二、第三产业产值比例分别为 65.3%、23.8%、10.9%；旅游饮食服务（现价）381 万元；财政收入 1618.82 万元，财政支出 1798.82 万元；农民平均纯收入 2906元（表 8-4）。

表 8-4　花萼山自然保护区内及周边社区社会经济情况统计表

| 乡镇 | 耕地面积/公顷 | 国内生产总值（可比价）/万元 | 第一产业（当年价）/万元 | 第二产业（当年价）/万元 | 第三产业（当年价）/万元 | 旅游饮食服务（现价）/万元 | 财政收入/万元 | 财政支出/万元 | 农村经济总收入/万元 | 农业收入/万元 | 农民纯收入/元 |
|---|---|---|---|---|---|---|---|---|---|---|---|
| 曹家乡 | 346 | 1718.7 | 1680 |  | 38.7 |  | 112 | 112 | 1680 | 650 | 2511 |
| 白果乡 | 678 | 3500 | 1800 | 1100 | 600 | 100 | 110 | 110 | 2291 | 820 | 2825 |
| 官渡镇 | 514 |  | 597 | 110 | 138 | 10 | 228.42 | 228.42 | 16153 | 1587 | 3243 |
| 花萼乡 | 162 | 512 | 480 | 7 | 25 |  | 91 | 91 | 691 | 363 | 2619 |
| 茶垭乡 | 416 | 1458 | 785 | 526 | 80 | 67 | 200.6 | 200.6 | 4159 | 993 | 2620 |
| 梨树乡 | 537 |  | 583 | 867 | 452 | 24 | 177.3 | 177.3 | 3080 | 766 | 3100 |
| 白沙镇 | 1031 | 554.2 | 348.2 | 246.1 |  |  | 399 | 399 | 19976 | 2513 | 3264 |
| 庙坡乡 | 829 | 3054 | 2450 | 336 | 268 | 50 | 110 | 110 | 2921 | 1312 | 2870 |
| 大竹镇 | 1417 | 1560 | 852 | 313 | 95 | 130 | 3.5 | 3.5 | 5596 | 1905 | 3180 |
| 皮窝乡 | 233 | 615 | 543 | 37 | 35 |  | 97 | 97 | 1168 | 376 | 2631 |
| 八台乡 | 356 | 915 | 535 | 340 | 40 |  | 90 | 270 | 4510 | 1453 | 3104 |
| 合计 | 6519 | 13886.9 | 10653.2 | 3882.1 | 1771.7 | 381 | 1618.82 | 1798.82 | 62225 | 12738 | 平均 2906 |

花萼山自然保护区农村收入主要来源以种养殖业为主。农村经济收入的积累主要来源于外出务工劳务所得。农村消费结构：生活消费 2514 元，食品消费 1315 元，衣着消费 423 元，文化服务费 487 元。恩格系数 54.8%，钢筋砖木结构住房比重 77.0%。粮食总产量 63 358t，其中：水稻 6724t，玉米 22595t，马铃薯 18548t；水果产量 203.5t，肉类产量 14738t，水产品产量 4t。

## 8.1.5　科教文化卫生体育

2013 年末，万源市拥有各类学校 286 所，在校学生 70 157 人，专任教师 3393 人。其中：普通中学 34所，在校学生 30 620 人，专任教师 1679 人；中等职业教育学校 5 所，在校学生 3478 人，专任教师 395 人；小学 247 所，在校学生 36 059 人，专任教师 1319 人。适龄儿童入学率 100%，高中升学率 77.1%。幼儿在园人数 16 450 人。全市新建校舍 11.13 万 m$^2$。

2013 年，万源市全年开展新产品研发 20 余项，申报省级创新型企业 4 家，开展市校合作 8 项。

2013 年，万源市文化馆、图书馆分别创建为国家一级文化馆、二级图书馆，文化馆新馆投入使用，萼山剧场全面改造，陈列馆改陈布展完工并重新开放。建成 371 家农家书屋和 34 个社区书屋。《霜重色愈浓》《请客疯》两个节目获得国家级专业性评奖。

2013 年末，万源市拥有广播电台 1 座，中短波发射台和转播台 1 座，电视台 1 座，电视综合覆盖率达到 96.4%，其中有线电视用户 50 248 户，广播综合覆盖率达到 89.6%。全面完成 46 个乡镇有线数字电视整体转换工程。

2013 年末，万源市有各类卫生机构 488 个，其中医院 8 个、卫生院 51 个、社区卫生服务中心 4 个，卫生防疫、防治机构 1 个，妇幼保健机构 1 个。年末卫生机构拥有床位 1710 张，卫生技术人员 1749 人。全市参加农村新型合作医疗保险 428 487 人，新农合参合率 99.2%。

2013 年，万源市通过举办迎新年健身长跑、周末篮球赛、运动会等体育赛事推动全民健身活动开展。积极组团参加了达州市万人兵乓球比赛、达州市第一届职工运动会、达州市第九届老年人运动会、全国健身秧歌和健身腰鼓大赛、四川省体育舞蹈大赛，获得优异成绩。市体育馆主体工程已完成 85%。

# 8.2　社　区　共　管

## 8.2.1　社区环境现状

花萼山自然保护区位于比较贫困的边远山区，这里生态环境良好，森林植被覆盖率高，生物多样性丰富，但是居民生活水平低，所受的教育程度也低。花萼山自然保护区居民主要以外出打工、农业、砍伐、采药等方式维持生计。花萼山自然保护区由于面积较大，分布人口总量相对较多。随着花萼山自然保护区全面禁伐、禁猎措施和退耕还林工程的实施，区内居民采伐、狩猎和农业收入将会减少。因此，如何协调处理保护区保护与居民发展，引导区内居民改变生产、生活方式，成为保护区社区共管的一项重要任务。

## 8.2.2　社区共管措施

### 1）"三向分流"措施

（1）通过花萼山自然保护区基础设施建设、保护工程的实施。
（2）生态旅游及相关产业的开展。
（3）多种经营项目的开发，解决社区农民生计和劳动就业、转产问题。

### 2）采取"自下而上"的工作方法

社区群众提供劳动力，配合、支持社区共管的管护活动，参与决策、规划、实施、监测等各个环节，可生产、销售和分配总体规划中所规定的经营开发项目与产品；管理局提供科技、宣教培训、技术指导、资金扶持。根据广大村民的意愿和要求开展相关工作，帮助周边社区脱贫致富，让农民从中得到实惠，使社区群众与花萼山自然保护区建立一种非过度消耗保护区资源的新型依赖关系。

### 3）建立科技致富信息网络

通过花萼山自然保护区的各级机构，建立乡镇、行政村科技信息联络员制度，做好区内外致富信息的上传下达及协调工作，起到社区居民与外界交流的纽带和桥梁作用。

### 4）提供技术与市场服务

花萼山自然保护区自建区以来，与社区的矛盾和冲突主要体现在资源利用上。由于保护区属边远山区且经济条件落后，社区居民在相当长一段时间内都是以消耗森林资源来获取他们的经济收入。所以，为处理好资源保护与社区和谐相处的矛盾，花萼山自然保护区有责任通过各方面技术扶持及信息、市场服务，开创第三产业扩大就业机会，减少资源消耗。

## 8.2.3　基于替代生计项目分析

基于保护区及周边地区基础薄、起点低，各地发展不平衡的特点，根据区域资源优势，构建替代生计的方式提高居民生活水平与降低居民对生物资源的依赖性。选择产业关联度大，带动力强的旅游业作为先导产业，选择发展后劲大，综合效益高的服务业、种植业和养殖业作为支柱产业，利用"增长点–发展极"效应，带动和影响其他产业的发展，形成以保护自然生态环境为前提，以生态旅游和服务业为重点，带动加工业，促进农林牧业的发展，形成种、养、加、服务相结合的具有较强生命力的产业体系群。

### 1）生态农业

花萼山自然保护区周边社区以山区农业为主，而且产业化程度低，因此，有必要根据区域比较优势，进行产业结构调整，将第一产业逐步缩小，相对稳定第二产业，扩大第三产业。形成以自然保护为前提，以生态旅游、服务业为主导，加工业为支柱，带动山区农业共同发展的产业结构模式，通过优化结构效益，彻底改变周边社区居民长期依靠消耗森林资源获取经济收入的状况，更好地促进保护事业的发展。

通过部分坡耕地退耕还林，逐步缩小以毁林开荒或林下种植为主的传统农业，转而采取集约经营方式，发展优质高效农业。

**2）种植和加工业**

花萼山自然保护区生物资源非常丰富，开发高产值、无污染、无公害的蔬菜、鲜果、干果、中药材等产业，发挥当地资源和种质优势。结合退耕还林等工程种植萼山尖贝、天麻、核桃、重楼、猕猴桃。发展果品和中药材等的初级加工和深加工。需要特别说明的是：官渡镇项家坪村的肖家垭口—九龙池—龙王塘一线和花萼乡的海拔 1700～2100m 是萼山尖贝的原产地。萼山尖贝在项家坪村产业发展已初具规模，有80 户种植，花萼乡有 10 户种植。萼山尖贝产业化种植项目可作为保护区与社区的优先发展项目。

**3）养殖业**

花萼山自然保护区自然环境优越，森林、水源等生态资源保护良好，植物种类众多，蜜源十分丰富。万源市人民政府在政府工作报告中将中蜂产业列入万源市的特色产业之一，并制定了一系列中蜂养殖扶持政策。中蜂产业的实施，社区居民由依赖采伐、农业方式转变到养殖业的生计方式，不仅减少了对自然资源的破坏，而且提高了居民经济收入，具有重要的综合效益。

**4）生态旅游和服务业**

生态旅游作为人们物质文化生活水平提高后的一种高级精神享受，是人们旅游需求结构不断变化后的具体表现，是当前国际旅游市场发展最为迅速、适应性最广泛的一项旅游活动。

花萼山自然保护区内林木繁茂，风光秀丽，景致优美，珍、奇、古、稀动植物资源丰富，气候条件优越，年舒适期达 200～240 天，是开展度假、疗养、避暑、会议、科考和教学实习的理想场所。科学合理地组织安排旅游景点、旅游线路和旅游项目的开发，重点搞好旅游基础设施建设，在档次、品位及优势上下功夫，通过多样化旅游经营，提高全程旅游服务水平，提高旅游质量，提高旅游经济效益。

## 8.2.4 社区共管中存在的问题

**1）共管人员认识不够**

社区共管人员缺乏必要的相关背景知识和共管经验，社区参与不够。花萼山自然保护区也未能将社区共管工作真正地纳入到重要的议事日程上来。在花萼山自然保护区的管理中，花萼山自然保护区的社区共管几乎依托于保护区管理局。

**2）社区发展和保护区的保护之间存在矛盾**

社区重点考虑的是发展经济，忽略自然资源的保护，而花萼山自然保护区在促进社区经济发展的同时，则要坚守保护第一的原则。因此，两者不同程度上产生了矛盾。

**3）社区项目缺乏统筹考虑**

花萼山自然保护区管理局尽管结合自然资源，开展了生态旅游（农家乐）、种植和加工业等社区项目，取得了较大进展。但是，限于技术和资金问题，受经济利益的驱使，社区项目实施缺乏统筹考虑。

**4）生态补偿制度缺乏**

花萼山自然保护区部分居民参与社区项目，基本能实现同保护区的和谐相处。生态补偿成为解决其他居民生计问题的重要途径。由于我国目前还没有成熟的生态补偿规章制度可借鉴，花萼山自然保护区生态补偿也没落到实处。所以，花萼山自然保护区管理局应率先根据自身资源特色和社区居民状况，合理规划社区项目，吸引资金，制定生态补偿制度，促进社区共建共管。

# 第 9 章　花萼山自然保护区评价

## 9.1　花萼山自然保护区管理评价

### 9.1.1　花萼山自然保护区历史沿革

花萼山自然保护区是 1996 年经万源市人民政府批准正式成立的。根据万府函[96]54，规定了保护区的名称、保护对象、范围等，成立了"四川省万源花萼山自然保护区领导小组"，并授权万源市环境保护局进行管理，建立了"四川省万源花萼山自然保护区管理所"。1998 年 10 月通过省级自然保护区评审，1999 年 1 月 6 日四川省人民政府以川府函［1999］2 号文批准为省级"花萼山自然保护区"。

2004 年 12 月，四川省自然资源研究所承担了"花萼山自然保护区综合科学考察与总体规划"项目。并于 2007 年 8 月 1 日，晋升为国家级自然保护区（国办发〔2007〕20 号）。

### 9.1.2　花萼山自然保护区范围及功能区划评价

#### 1. 花萼山自然保护区范围和面积评价

花萼山自然保护区保护范围以境内大巴山山脉自然地形、地势等自然界线为主，结合行政、权属界线，具有完整性和连续性。由花萼镇、曹家镇、官渡镇、白果镇、茶垭镇、大竹镇、梨树镇、庙坡镇、皮窝镇、白沙镇和八台镇 11 个乡镇 44 个村的部分区域组成，总面积为 48 203.39hm$^2$，占万源市国土面积的 11.86%，几乎涵盖了万源市境内 95% 的生物资源，因此花萼山自然保护区面积较为合理。

#### 2. 花萼山自然保护区功能区划评价

核心区以大巴山脉山脊及两侧植被繁茂、物种丰富的区域为中心，保存了较为完好的生态系统，珍稀动植物种类分布最集中，是花萼山自然保护区的核心部分。

缓冲区位于核心区外围，面积为 12 987.79hm$^2$，占保护区总面积的 25.39%，为核心区和实验区之间的带状区域，整个区域呈马蹄形不规则宽带状。缓冲区海拔相对较低，平均海拔高度 960m，区内森林茂密，保存了相对原始的自然生态系统，

实验区为保护区中最外围，对核心区起到更大的缓冲和保护作用，同时起到保护区与周边社区联系的纽带作用。平均海拔高度 600m，面积为 23 615.24hm$^2$，占保护区总面积的 49.51%。实验区外围与乡村集体林相接，由于被集体林包围，实验区森林植被大多保存较好。

整体而言，花萼山自然保护区核心区分布着主要保护对象，缓冲区起到了有效的缓冲和保护作用，实验区有效地解决了社区共建公管、和谐发展的问题，因此，比较合理。

### 9.1.3　组织机构与人员配备

花萼山自然保护区管理机构名称定为"四川花萼山国家级自然保护区管理局"，行政上隶属万源市人民政府，业务上接受万源市环保局及其上级环保行政主管部门指导。领导职数 1 正（正科）1 副。2009 年，万源市编委核定编制 17 人，下设办公室（含财务）、保护管理、科教和公安 4 个职能科室。

保护区管理处现有人员 17 人：其中管理处行政人员 5 人，事业人员 12 人。人员现状见表 9-1。

表 9-1　花萼山自然保护区管理处人员现状

| 机构名称 | | 人员数量 | 设置及分工 |
| --- | --- | --- | --- |
| 行政 | 主任 | 2 | 主任 1 人，副主任 1 人 |
| | 办公室 | 3 | 主任 1 人，工作人员 2 人 |
| 保护管理 | 官渡镇项家坪管护站、花萼管护站、曹家管护站、白果管护站 | 8 | 官渡镇项家坪管护站 2 人、花萼管护站 2 人、曹家管护站 2 人、白果管护站 2 人 |
| 科教 | 科教中心 | 4 | 4 人 |
| 公安 | 警务室 | 0 | 警务室人员由各管护站站长组成 |
| 合计 | | 17 | |

## 9.1.4　保护管理现状及评价

### 1）保护管理

花萼山自然保护区建立前，森林资源由万源市林业局经营管理。林业局对森林资源的保护极为重视。一方面加强造林绿化，另一方面加大保护力度，每年都要集中开展严厉打击各种破坏野生动植物资源的专项斗争；连续 10 年保持了无重大森林火灾事故和森林病虫害发生的良好成绩，确保了林区安全。为建立自然保护区奠定了坚实的基础。

花萼山自然保护区建立后，四川省，万源市各级政府、林业部门和科技界对该区的建设极为重视，成立了自然保护区管理局，配备了保护、管理、科技、生产人员，并由政府有关部门成立了联合保护委员会。

### 2）科学研究

早在 20 世纪 60 年代，花萼山自然保护区依托中国科学院成都生物研究所、成都山地灾害与环境研究所、西南大学、重庆大学、四川师范大学等科研单位和高等院校的专家、学者对区内岩溶地貌、生态环境和动植物种类开展过多次调查；1982～1986 年，万源市农业区划办公室组织有关专业人员对本区土壤类型及土地资源进行了为期四年的深入调查；1987～1988 年，万源市人民政府组织各方面人员对保护区的生态环境、森林植被、动植物资源以及人文地理等进行了综合考察，并于 1998 年编写了《四川万源市花萼山自然保护区综合考察报告》和《四川万源市花萼山自然保护区总体规划报告》；2003～2004 年，万源市林业局开展了保护区野生腊梅资源现状调查；2004 年 12 月，四川省自然资源研究所承担了"花萼山自然保护区综合科学考察与总体规划"项目；通过实地调查和分析研究，基本弄清了保护区及其周边地区的自然、社会和经济状况，并在此基础上编制了《花萼山自然保护区综合科学考察报告》和《花萼山自然保护区总体规划报告》。

### 3）法制建设

花萼山自然保护区配备专职护林人员护林巡视，严肃查处毁林案件；与周边社区建立了自然保护区森林防火、动植物保护联防委员会，制定了联防公约，定期召开联防会议，实行联防共建；加强宣传，在交通要道口设立宣传标牌多处，每年印刷、书写上千份宣传品，发送和张贴到各乡、镇、村、居民点、学校、机关单位，收到了良好的社会效果；2006 年 11 月，万源市人民政府发布了《关于加强花萼山自然保护区管理的通告》；2005 年 7 月，万源市人民政府批准了《四川花萼山自然保护区管理办法》，使自然保护区的管理和建设有了法律依据。

### 4）机构建设

自 2007 年 4 月建立国家级自然保护区以来，在地方政府的支持下，自然保护区设置了办公室、管护站和科教中心 3 个职能科室，建立了一套较为严格和完整的管理体制，制定了科室、站、点一系列详细的工作制度；从管理局局长、书记直到各护林员，层层签定岗位目标责任书，明确岗位职责、岗位目标和奖惩规定，严格执行，对管理人员和职工都起到很好的激励作用。

## 9.2　花萼山自然保护区自然属性评价

### 9.2.1　物种多样性

花萼山自然保护区地处秦巴山地腹地，处于我国亚热带和温带气候带的过渡区，同时也处于我国第一大阶梯和第二大阶梯的过渡地带，因此多种生物区系物种汇聚于此，孕育了丰富的生物物种。

#### 1. 植物物种多样性

花萼山自然保护区拥有种类丰富的植物资源，据统计，有菌类植物共计 118 种，隶属于 2 门、15 目、46 科、86 属；维管植物共计 193 科 992 属 2815 种（野生植物 2576 种，隶属于 178 科、879 属；栽培种、外来种 239 种，隶属于 70 科、175 属）。维管植物中，蕨类植物有 34 科 67 属 191 种，裸子植物有 9 科 20 属 36 种，被子植物有 150 科 905 属 2588 种。花萼山自然保护区维管植物物种约占四川省维管植物物种总数的 30.32%，说明保护区维管植物物种的丰富性。花萼山自然保护区维管植物中，乔木 362 种，灌木 659 种，草本植物 1633 种，藤本植物 161 种，可见花萼山自然保护区植物生活型十分丰富。

花萼山自然保护区资源植物丰富，其中大型真菌资源有：a. 食用大型真菌资源 51 种，b.药用大型真菌资源 37 种，c. 有毒大型真菌资源 9 种，d. 腐生大型真菌资源包括了多孔菌科的所有种类在内的木腐菌类等；植物资源共计 1842 种（不重复统计），a. 野生观赏植物 631 种，b. 药用植物 1461 种，c. 野生食用植物 288 种，d. 蜜源植物 26 种，e. 工业原料植物共计 169 种。

#### 2. 动物物种多样性

花萼山自然保护区动物物种也非常丰富，其中，昆虫 19 目 161 科 612 属 820 种。软体动物 3 目 10 科 22 属 39 种。脊椎动物 414 种，包括兽类 7 目 24 科 69 种，鸟类 16 目 49 科 228 种，爬行类 2 目 9 科 30 种，两栖类 2 目 9 科 27 种，鱼类 4 目 13 科 60 种；其中有国家 I 级重点保护野生动物 4 种，国家 II 级重点保护野生动物 33 种，四川省省级重点保护野生动物 20 种，中国特有脊椎动物 71 种。

### 9.2.2　生态系统类型多样性

花萼山自然保护区地处北亚热带，临近温带和亚热带的分界线。水热条件充裕，生态环境多样。花萼山自然保护区有森林生态系统、灌草丛生态系统、河流生态系统、农业生态系统、人工林和经济林生态系统、乡村生态系统等 6 种生态系统类型。其中，森林生态系统包括针叶林、针阔叶混交林、阔叶林和竹林等类型，是花萼山自然保护区分布最广、组成复杂、结构完整和生物多样性最为丰富的生态系统，也体现了花萼山自然保护区生态系统的复杂多样。根据《中国植被》划分原则，花萼山自然保护区有 8 个植被型、14 个植被亚型、24 个群系组、50 个群系。每一群系内都还有许多群丛，每一个群丛对不同动物来说，都是它们的生境或微生境。

### 9.2.3　稀有性

花萼山自然保护区地处秦巴山地腹地，北边横亘东西的秦岭山脉阻挡北方的冷湿气流，同时境内生境多样，为众多珍稀濒危物种的繁衍提供了理想的栖息地。境内保留了红豆杉（*Taxus chinensis*）、水青树（*Tetracentron sinense*）、连香树（*Cercidiphyllum japonicum*）、领春木（*Euptelea pleiospermum*）等孑遗植物，为古植物、古地理的研究提供了重要的科研素材。此外，有中国特有植物 1284 种；《IUCN 物种红色名录》（2015）植物物种 152 种，其中，濒危 17 种、易危 19 种、近危 7 种、无危 109 种；《濒危野生动植物种国际贸易公约》（CITES，2011）收录植物物种 87 种，其中，"附录 I" 0 种、"附录 II" 86 种，"附录 III" 1 种；《国家重点保护野生植物》收录种 19 种，其中一级保护 4 种，二级保护 15 种；《中国植物红皮书名录》收录物种 25 种，濒危 1 种，渐危 11 种，稀有种 13 种。

脊椎动物中有国家 I 级重点保护野生动物 4 种；国家 II 级重点保护野生动物 33 种；四川省省级重点保护野生动物 20 种。除上述保护物种外，另有易危种和近危种 40 种；中国特有脊椎动物 71 种。

## 9.2.4　脆弱性

### 1）岩溶区具有土地石漠化的潜在危险性

保护区位于北方岩溶和南方岩溶的分界线，其东北部的大部分在地质构造上属大巴山内弧构造带，基岩是由古生界碳酸盐夹碎屑组成，质地坚硬，抗风化侵蚀力强，褶皱紧密，断裂较多，属侵蚀深切割中山峰丛峡谷地貌；而保护区东南部，在地质构造上位于大巴山弧形构造与川东新华夏系构造直交复合部位，基岩主要由三叠系灰岩和厚层砂页岩组成，局部区域喀斯特地貌发育，溶沟、溶洞、峰丛、洼地景观屡有所见，崩塌、滑落等现代地貌作用较强，多数地段坡陡谷深，坡积层、残积层较薄，常见基岩裸露。

石灰岩抗风化能力强，成土速率慢，风化方式以溶蚀为主，碳酸钙、碳酸镁等易溶物质随水流失，不溶性的残留物甚少。区域地处温暖湿润季风气候区，水热条件丰富，为喀斯特地区产生水土流失提供了外在营力。因此，保护区具有土地石漠化的潜在危险性。

### 2）人为强烈干扰，将加剧土地石漠化

保护区属于典型的"老、山、边、穷"地区，经济和教育发展相对滞后，保护区及周边社区居民对保护区资源依赖较高。毁林开荒、刀耕火种势必破坏地表植被，造成土壤严重侵蚀，基岩大面积裸露，就会成为岩溶石漠化土地，即"喀斯特石山""喀斯特半石山"。

### 3）生态脆弱，森林遭受破坏，恢复困难

保护区处于北亚热带，是南方岩溶区和北方岩溶区的分界线。保护区纬度较高，热量条件较差，蒸发较强烈，如果这些分布于岩溶地区的原始森林遭到破坏，形成石山、半石山，其演替将不可逆转，是不可能恢复到现有原始森林风貌的。因此，保护区内生态系统较脆弱。

### 4）入侵植物带来的威胁

此外，花萼山自然保护区实验区境内人为活动频繁的区域如公路、农用地、道路已有空心莲子草（*Alternanthera philoxeroides*）、苏门白酒草（*Erigeron sumatrensis*）、一年蓬（*Erigeron annuus*）等入侵植物的分布。由于入侵植物具有生命力强、繁殖迅速、危害性大的特点，成为花萼山自然保护区生物多样性的一大威胁。因此，应加强对入侵生物的防疫和控制。

# 9.3　花萼山自然保护区价值评价

## 9.3.1　科学价值

花萼山自然保护区位于华中腹地，同时是北半球北亚热带的核心地带，其地质、地貌、气候、土壤、植被和生物区系都显示极大的多样性，具有重大的科学意义和保护价值。

该区森林生态系统保存完好，反映出我国华中地区北亚热带常绿阔叶林森林生态系统的天然本底，代表性突出。同时，保护区有 6 种生态系统类型，8 个植被型、14 个植被亚型、24 个群系组、50 个群系。多样的生态环境孕育了丰富的物种多样性，有菌类植物 118 种、维管植物 2825 种、昆虫 820 种、软体动物 39 种、脊椎动物 414 种。

花萼山自然保护区是研究北亚热带地区森林生态系统发生、发展及演替规律的活教材，是重要天然的生物基因库，具有较高的科学研究价值。

## 9.3.2　生态价值

### 1）涵养水源

森林可以对降水进行三次再分配，并可改善土壤结构，增加土壤孔隙度。而非毛管孔隙是森林土壤贮存降水的主要场所，非毛管孔隙越大，森林贮水量越多。因此，以森林生态系统为主体的自然保护区无雨不断流、山清而水秀。

### 2）保护土壤

据有关资料表明，每公顷林地可减少水土流失量为 240t/年，以此计算，保护区减少水土流失量为 1150 万 t/年，一般土壤含氮、磷、钾相当于 23kg/t 的化肥量，按化肥平均价 2500 元/t 计算，其年保土价值达 66 164 万元。

### 3）净化水质

据有关部门监测，花萼山自然保护区水质良好，符合国家饮用水卫生标准。花萼山自然保护区没有污染源，是一片净土。同时，大气降水经过森林土壤的自然过滤和离子交换作用，也起到了水质净化效果。

### 4）净化空气

森林通过光合作用固化大气中的二氧化碳并释放氧气，给人类提供新鲜空气。据测定，每公顷森林释放氧气量为 2.025t/年，吸收二氧化碳 2.805t，吸收二氧化硫 152kg，吸收尘埃 9.75t。花萼山自然保护区茂密的森林释放的氧气量达 97 089.70t/年，吸收二氧化硫 13 4487.22t/年。如果氧气价值以 3000 元/t，削减二氧化硫投资成本以 600 元/t 计算，仅此两项净化空气的效益就达 37 195.93 万元。

### 5）保护生态系统和物种多样性及基因资源

花萼山自然保护区森林覆盖率高，生态系统自我调节能力强，承受外部冲击的弹性系数高，系统内的物质循环、能量流动、信息传递将保持相对稳定的平衡状态。花萼山自然保护区内的生物种群，将在保护的基础上得到发展，物种多样性、遗传多样性和生态多样性将得到保护。

### 6）区域生态价值

花萼山自然保护区地处长江中游左岸，流经保护区的主要河流为后河和任河，后河经渠江注入嘉陵江，任河注入汉江。而嘉陵江和汉江是长江中游左岸两大支流。花萼山自然保护区具有高覆盖率的森林植被，保证生态系统的稳定。这不仅利于多种珍贵稀有濒危物种的生存，而且对于维护长江流域、特别是三峡库区的生态安全有着非常重要的作用。

## 9.3.3　社会价值

### 1）科研和宣教基地

珙桐（*Davidia involucrata*）、林麝（*Moschus berezovskii*）是世界瞩目的珍稀濒危物种，该保护区位于全世界 25 个生物多样性热点地区之一的中国西南山地地区的腹心区，也是中国生物多样性保护的 11 个关键区域之一，被《中国生物多样性国情研究报告》《中国生物多样性保护行动计划》、"Eco region 200" 列入中国生物多样性保护的关键地区和优先重点保护区域。

花萼山自然保护区丰富的生物资源和优美的自然生态环境为青少年环境保护意识和生物多样性保护意识教育提供了天然的实习基地。通过保护区与社会各界人士的共同努力，必将使环境保护意识和生物多样性保护意识深入民心，使全民都来关心和参与生物多样性保护和环境保护，从而推动四川乃至全国的自然保护事业的发展。

### 2）遗传保护价值

花萼山自然保护区的建立积极主动地保护了自然资源，尤其是北亚热带森林生态系统及珍稀动植物群落。这部分资源不但要为我们这一代人所利用，同时要保留给子孙后代，从这个意义上可以称之为世界公众遗产，而保护区正是提供了这种遗产保存地、基因库，使之成为科普教育的最好课堂和天然实验室。花萼山自然保护区拥有的保护价值符合遗产价值标准，2013 年 10 月 29 日，保护区被中华人民共和国住房和城乡建设部办公厅《中国国家自然遗产》收录。

## 9.3.4　经济价值

（1）花萼山自然保护区丰富的自然资源和生态环境吸引越来越多的游客来到保护区享受回归自然之

美，由此形成了较好的游憩娱乐价值。随着生态旅游规划和多种经营规划的实施，保护区年经营收入 600 万元，实现利润 150 万元，在增加地方财政收入的同时使保护区及其周边居民生活水平有所提高，并必将促进保护区周边社区的对外交流，由此带来的发展机遇，将使保护区脱贫致富，开始自我发展的良性循环。

（2）花萼山自然保护区有着丰富的动植物资源，而且中药材资源和建材资源丰富。这些资源为当地社区居民的持续生存提供了基本条件，对这些资源在有效保护和可持续利用的基础之上的开发和利用，可以促进花萼山自然保护区和当地的经济发展。

（3）Roush（1997）估计了生物多样性组分提供的产品，以及生态系统中各种过程提供的服务价值。按其算法，花萼山自然保护区内每公顷森林年价值是 302 美元，花萼山自然保护区有森林面积 47 945.533hm$^2$，每年的经济价值就近 1447 万美元。

# 第10章 管理建议

## 10.1 花萼山自然保护区存在的问题

（1）基础设施设备还有待补充完善。自升级为国家级自然保护区以来，管理局和部分管护站办公及生活用房得到了极大改善，部分偏远管护站房屋是国营林场时代修建的简陋房屋，还有待修缮。进入保护区的大部分公路已完成水泥路面硬化，部分道路是沙石路，冻融反浆时有发生。

护林防火工具缺乏，在深山林区问题比较突出，应急需补充先进的扑火工具。先进科研设备比较欠缺，为保障科学研究的开展，需要进一步购买红外线照相机、鱼眼相机、光照仪等新型研究设备。

（2）经费不足、人员队伍缺乏和科研力量薄弱。由于万源市为国家级贫困县，财政较困难，目前保护的资金来源主要靠国家投入，县财政仅能保证工作人员的基本工资，加上没有能力开展创收活动，因此，保护区经费不足。现有在编职工 15 人，其中缺乏植物学、生态学、地理学方面的专业技术人员。因此，专业人员队伍不足，科研力量薄弱。

（3）管护难度大，破坏资源与环境行为时有发生。花萼山自然保护区处于 4 省（市）交界处，区内居民点分散，周边人口较多，边界线长，巡护路少，这都为保护区的宣传、管护工作加大了难度。管理站较少，管理人力不足，由于贫困和受经济利益驱动，区外一些人员法制观念淡薄，置国家法律法规于不顾，非法进入保护区内放牧、开荒、乱挖药用植物、砍柴等破坏资源与环境的活动时有发生，给保护管理工作带来较大压力。

（4）落后的农业生产方式。在花萼山自然保护区的偏远地区，居民由于受交通和科技条件的限制，农业生产方式还很落后，传统的毁林开荒，广种薄收的耕作方式还存在，以烧火土的方式增加土壤肥力的方法还较为普遍，破坏了植被，造成了水土流失。受保护区自然地理的制约，区内的农耕地坡度在 25° 以上，容易造成水土流失。由于生产力低下，退耕还林还草进展缓慢。

（5）社区参与保护意识不足。保护区工作人员积极对保护区及周边居民开展生物多样性保护方面的教育和进行社区共管项目，但大多居民还没有积极、主动参与的意识，影响了社区共管的进行。

## 10.2 保护管理建议

（1）花萼山自然保护区实验区有一定的居民居住，加强对居民生物多样性保护的教育。

（2）加强管理，完善保护区制度建设。目前，花萼山自然保护区管理制度还不建全，因此保护管理、开发利用、执法监督等方面仍然存在管理不到位等问题，直接影响到保护的力度和成效。因此，当前的关键是逐步加强保护区管理，完善保护的政策和法规体系，以进行行之有效的管理。

（3）加强宣传教育和加大执法力度。加强《自然保护区管理条例》《自然保护区管理办法》《中华人民共和国野生动物保护法》《中华人民共和国野生植物保护条例》《森林法》以及护林防火的宣传教育，特别是对境内及周边公众的宣传教育，提高他们的保护意识。同时，要加强对保护区境内森林、河流、湖泊等的巡视工作，要依靠法律武器，加大执法力度，严厉打击进入保护区进行的违法犯罪活动。特别是对保护区存在的非法砍伐、采挖及猎捕活动，应进行重点专项打击治理。

（4）加强监督和防治保护区内的森林火灾和病害、虫害、入侵生物等，严防发生大面积森林灾害。

（5）加强职工学习和培训。花萼山自然保护区内管理人员学历相对较低、专业水平不高。因此，需要定期和不定期地开设培训班对相关人员进行专业思想、业务素质及管理能力的培训。另外，加强同其他科研院所、兄弟单位的联系与交流，学习先进的管理和保护经验，以提高保护区相关人员的业务水平和管理能力。

（6）开展科学研究，促进保护区管理。花萼山自然保护区内资源极为丰富，受工作条件及专业技术人员水平的限制，对保护区的研究并不深入，仅停留在护林防火及基本的调查和监测工作。建议在此基础上，有计划地引进科研人才，并加强与大专院校、科研院所的联系合作，系统深入开展保护区科研工作：如开展动植物资源及生物多样性的本底调查；建立典型样地永久定位监测站；研究红豆杉（*Taxus chinensis*）、林麝（*Moschus berezovskii*）等保护物种生长状况、种群动态。以科学研究成果作为保护区有效保护管理的科学依据，促进保护区的有效管理。

（7）开展生计替代项目。针对花萼山自然保护区丰富的自然资源，构建替代生计的方式提高居民生活水平与降低居民对生物资源的依赖性。选择产业关联度大，带动力强的旅游业作为先导产业，选择发展后劲大、综合效益高的服务业、种植业和养殖业作为支柱产业，利用"增长点-发展极"效应，带动和影响其他产业的发展，形成以保护自然生态环境为前提，以生态旅游和服务业为重点，带动加工业，促进农林牧业的发展，形成种、养、加、服务相结合的具有较强生命力的产业体系群。种植业以川贝母、重楼、猕猴桃、核桃等物种为主，发展果品和中药材等初级加工和深加工。养殖业以中蜂养殖为主。

（8）保护区旅游建议。花萼山自然保护区旅游资源较为丰富。随着游客活动的增加，必然会给境内生态环境带来一定的负面影响。这就要求保护区要制定好严格的管理制度，在倡导生态旅游的同时，加大执法力度，坚决制止破坏生态环境和生物多样性的不良行为。

# 参 考 文 献

巴图，乌云高娃，图力古尔. 2005. 内蒙古高格斯台罕乌拉自然保护区大型真菌区系调查[J]. 吉林农业大学学报，27（1）：29-34.

卜文俊，郑乐怡. 2001. 中国动物志 昆虫纲 第24卷 半翅目 毛唇花蝽科 细角花蝽科 花蝽科[M]. 北京：科学出版社.

柴新义. 2012. 安徽皇埔山大型真菌区系地理成分分析[J]. 生态学杂志，31（9）：2344-2349.

陈德牛，高家祥. 1982. 四川省陆生贝类调查[J]. 动物学杂志，（01）：3-10.

陈家骅，杨建全. 2006. 中国动物志 昆虫纲 第46卷 膜翅目 茧蜂科 窄径茧蜂亚科[M]. 北京：科学出版社.

陈世骧，等. 1986. 中国动物志 昆虫纲 第2卷 鞘翅目 铁甲科[M]. 北京：科学出版社.

陈树蟜等. 1999. 中国珍稀昆虫图鉴[M]. 北京：中国林业出版社.

陈学新，何俊华，马云. 2004. 中国动物志 昆虫纲 第37卷 膜翅目 茧蜂科（二）[M]. 北京：科学出版社.

陈晔，詹寿发，彭琴，等. 2011. 赣西北地区森林大型真菌区系成分初步分析[J]. 吉林农业大学学报，33（1）：31-35，46.

陈一心. 1999. 中国动物志 昆虫纲 第16卷 鳞翅目 夜蛾科[M]. 北京：科学出版社.

陈一心，马文珍. 2004. 中国动物志 昆虫纲 第35卷 革翅目[M]. 北京：科学出版社.

陈宜瑜. 1998. 中国动物志：硬骨鱼纲 鲤形目（中卷）[M]. 北京：科学出版社.

褚新洛，郑葆珊，戴定远. 1991. 中国动物志：硬骨鱼纲 鲇形目[M]. 北京：科学出版社.

戴玉成，杨祝良. 2008. 中国药用真菌名录及部分名称的修订[J]. 菌物学报，27（6）：801-824.

戴玉成，周丽伟，杨祝良，等. 2010. 中国食用菌名录[J]. 菌物学报，29（1）：1-21.

戴玉成. 2009. 中国储木及建筑木材腐朽菌图志[M]. 北京：科学出版社.

丁锦华. 2006. 中国动物志 昆虫纲 第45卷同翅目 飞虱科[M]. 北京：科学出版社.

丁瑞华. 1994. 四川鱼类志[M]. 成都：四川科学技术出版社.

范滋德. 1997. 中国动物志 昆虫纲 第6卷 双翅目 丽蝇科[M]. 北京：科学出版社.

范滋德. 2008. 中国动物志 昆虫纲 第49卷 双翅目 蝇科（一）[M]. 北京：科学出版社.

方承莱. 2000. 中国动物志 昆虫纲 第19卷 鳞翅目 灯蛾科[M]. 北京：科学出版社.

费梁，胡淑琴，叶昌媛，等. 2006. 中国动物志：两栖纲（上卷）[M]. 北京：科学出版社.

费梁，胡淑琴，叶昌媛，等. 2009. 中国动物志：两栖纲（中卷）[M]. 北京：科学出版社.

费梁，胡淑琴，叶昌媛，等. 2009. 中国动物志：两栖纲（下卷）[M]. 北京：科学出版社.

费梁，叶昌媛，黄永昭，等. 2005. 中国两栖动物检索及图解[M]. 成都：四川科学技术出版社.

费梁，叶昌媛. 2001. 四川两栖类原色图鉴[M]. 北京：中国林业出版社.

费梁，叶昌媛，江建平. 2012. 中国两栖动物及其分布彩色图鉴[M]. 成都：四川科学技术出版社.

冯国楣. 1996. 中国珍稀野生花卉（I）[M]. 北京：中国林业出版社.

傅立国，谭清，楷勇. 2002. 中国高等植物图鉴[M]. 青岛：青岛出版社.

郭晓思，陈彦生，黎斌，等. 2006. 大巴山（狭义）蕨类植物区系研究[J]. 西北植物学报，26（9）：1928-1934.

国家林业局. 2000. 国家保护的有益的或者有重要经济、科学价值的陆生野生动物名录[J]. 野生动物21，（5）：49-82.

何俊华. 2000. 中国动物志 昆虫纲 第18卷 膜翅目 茧蜂科（一）[M]. 北京：科学出版社.

何俊华，许再福. 2002. 中国动物志 昆虫纲 第29卷 膜翅目 螯蜂科[M]. 北京：科学出版社.

胡淑琴，赵尔宓，刘承钊. 1966. 秦岭及大巴山地区两栖爬行动物调查报告[J]. 动物学报，18（1）：57-92.

华惠伦，殷静雯. 1993. 中国保护动物[M]. 上海：上海科技教育出版社.

黄大卫，肖晖. 2005. 中国动物志 昆虫纲 第42卷 膜翅目 金小蜂科[M]. 北京：科学出版社.

黄复生，等. 2000. 中国动物志 昆虫纲 第17卷 等翅目[M]. 北京：科学出版社.

黄琴，邓红平，王茜，等. 2015. 四川花萼山国家级自然保护区野生种子植物区系多样性分析[J]. 西北植物学报，10：2103-2110.

蒋书楠，陈力. 2001. 中国动物志 昆虫纲 第21卷 鞘翅目 天牛科 花天牛亚科[M]. 北京：科学出版社.

乐佩琦. 2000. 中国动物志：硬骨鱼纲 鲤形目（下卷）[M]. 北京：科学出版社.

乐佩琦，陈宜瑜. 1998. 中国濒危动物红皮书：鱼类[M]. 北京：科学出版社.

李博，杨持，林鹏. 2000. 生态学[M]. 北京：高等教育出版社.

李桂垣. 1993. 四川鸟类原色图鉴[M]. 北京：中国林业出版社.

李鸿昌, 夏凯龄. 2006. 中国动物志 昆虫纲 第43卷 直翅目 蝗总科 斑腿蝗科[M]. 北京：科学出版社.

李先源. 2007. 观赏植物学[M]. 重庆：西南师范大学出版社.

李振基, 陈圣宾. 2011. 群落生态学[M]. 北京：气象出版社.

梁铬球, 郑哲民. 1998. 中国动物志 昆虫纲 第12卷 直翅目 蚱总科[M]. 北京：科学出版社.

林晓民, 李振岐, 侯军. 2005. 中国大型真菌的多样性[M]. 北京：中国农业出版社.

刘初钿. 2001. 中国珍稀野生花卉（II）[M]. 北京：中国林业出版社.

刘友樵, 李广武. 2002. 中国动物志 昆虫纲 第27卷 鳞翅目 卷蛾科[M]. 北京：科学出版社.

刘友樵, 武春生. 2006. 中国动物志 昆虫纲 第47卷 鳞翅目 枯叶蛾科[M]. 北京：科学出版社.

陆宝麟. 1997. 中国动物志 昆虫纲 第8卷 双翅目 蚊科（上）[M]. 北京：科学出版社.

陆宝麟. 1997. 中国动物志 昆虫纲 第9卷 双翅目 蚊科（下）[M]. 北京：科学出版社.

马洪菊, 何平, 陈建民, 等. 2002. 重庆市珍稀濒危植物的现状及保护对策[J]. 西南师范大学学报（自然科学版）, 27（6）：
932-938.

马忠余. 2002. 中国动物志 昆虫纲 第26卷 双翅目 蝇科（二）棘蝇亚科（I）[M]. 北京：科学出版社.

卯晓岚. 2000. 中国大型真菌[M]. 郑州：河南科学技术出版社.

潘清华, 王应祥, 岩崑. 2007. 中国哺乳动物彩色图鉴[M]. 北京：中国林业出版社.

彭建国, 朱万泽, 李俊, 等. 1992. 大巴山木本植物区系的研究[J]. 西北林学院学报, 7（1）：36-44.

彭军, 龙云, 刘玉成, 等. 2000. 重庆的珍稀濒危植物[J]. 武汉植物学研究, 18（1）：42-48.

乔格侠, 张广学, 钟铁森. 2005. 中国动物志 昆虫纲 第41卷 同翅目 斑蚜科[M]. 北京：科学出版社.

曲利明. 2013. 中国鸟类图鉴（全三册）[M]. 福州：海峡书局.

任树芝. 1998. 中国动物志 昆虫纲 第13卷 半翅目 异翅亚目 姬蝽科[M]. 北京：科学出版社.

任毅, 温战强, 李刚, 等. 2008. 陕西m仓山自然保护区综合科学考察报告[M]. 北京：科学出版社.

盛和林. 1999. 大泰司纪之, 陆厚基. 中国野生哺乳动物[M]. 北京：中国林业出版社.

四川植被协作组. 1978. 四川植被[M]. 成都：四川人民出版社.

宋斌, 邓旺秋. 2001. 广东鼎湖山自然保护区大型真菌区系初析[J]. 贵州科学, 19（3）：41-49.

宋斌, 李泰辉, 章卫民, 等. 2001. 广东南岭大型真菌区系地理成分特征初步分析[J]. 生态科学, 20（4）：37-41.

宋鸣涛, 方荣盛. 1979. 陕西乾佑河上游大鲵的生态调查[J]. 淡水渔业, （10）：35-36.

宋希强. 2012. 观赏植物种质资源学[M]. 北京：中国建筑工业出版社.

宋永昌. 2001. 植被生态学[M]. 上海：华东师范大学出版社.

谭娟杰, 王书永, 周红章. 2005. 中国动物志 昆虫纲 第40卷 鞘翅目 肖叶甲科 肖叶甲亚科[M]. 北京：科学出版社.

图力古尔, 李玉. 2000. 大青沟自然保护区大型真菌区系多样性的研究[J]. 生物多样性, 8（1）：73-80.

万方浩, 谢柄炎, 褚栋. 2008. 生物入侵：管理篇[M]. 北京：科学出版社.

万源花萼山自然保护区管理处. 2000. 万源花萼山自然保护区综合考察报告.

汪松. 1998. 中国濒危动物红皮书：兽类[M]. 北京：科学出版社.

汪松, 解炎. 2004. 中国物种红色名录, 第1卷. 红色名录[M]. 北京：高等教育出版社.

汪松, 解炎. 2005. 中国物种红色名录, 第3卷. 无脊椎动物[M]. 北京：高等教育出版社.

汪松, 解焱. 2009. 中国物种红色名录[M]. 北京：高等教育出版社.

王荷生. 1992. 植物区系地理[M]. 北京：科学出版社.

王酉之, 胡锦矗. 1999. 四川兽类原色图鉴[M]. 北京：中国林业出版社.

王子清. 2001. 中国动物志 昆虫纲 第22卷 同翅目 蚧总科 粉蚧科 绒蚧科 蜡蚧科 链蚧科 盘蚧科 壶蚧科 仁蚧科[M]. 北
京：科学出版社.

吴晓雯, 罗晶, 陈家宽, 等. 2006. 中国外来入侵植物的分布格局及其与环境因子和人类活动的关系[J]. 植物生态学报,
30（4）576-584.

吴兴亮, 戴玉成, 李泰辉, 等. 2011. 中国热带真菌[M]. 北京：科学出版社.

吴燕如. 2000. 中国动物志 昆虫纲 第20卷 膜翅目 准蜂科 蜜蜂科[M]. 北京：科学出版社.

吴征镒. 1991. 中国种子植物属的分布[J]. 云南植物研究, 增刊：1-139.

吴征镒. 2011. 中国种子植物区系地理[M]. 北京：科学出版社.

吴征镒，孙航，周浙昆，等. 2011. 中国种子植物区系地理[M]. 北京：科学出版社.

吴征镒，周浙昆，孙航，等. 2006. 种子植物的分布区类型及其起源和分化[M]. 昆明：云南科技出版社.

伍汉霖，钟俊生. 2008. 中国动物志：硬骨鱼纲 鲈形目（五）虾虎鱼亚目[M]. 北京：科学出版社.

武春生，言承莱. 2003. 中国动物志 昆虫纲 第31卷 鳞翅目 舟蛾科[M]. 北京：科学出版社.

武春生. 1997. 中国动物志 昆虫纲 第7卷 鳞翅目 祝蛾科[M]. 北京：科学出版社.

武春生. 2001. 中国动物志 昆虫纲 第25卷 鳞翅目 凤蝶科 凤蝶亚科 锯凤蝶亚科 绢蝶亚科[M]. 北京：科学出版社.

西南农业大学，四川省农业科学院植物保护研究所. 1990. 四川农业害虫天敌图册[M]. 四川：科学技术出版社.

夏凯龄，等. 1994. 中国动物志 昆虫纲 第4卷 直翅目 癞蝗科 蝗总科 瘤锥蝗科 锥头蝗科. [M]. 北京：科学出版社.

肖波，范宇光. 2010. 常见蘑菇野外识别手册[M]. 重庆：重庆大学出版社.

熊济华. 2009. 重庆维管植物检索表[M]. 成都：四川科学技术出版社.

徐海根，强胜. 2004. 中国外来入侵物种编目[M]. 北京：中国环境科学出版社.

徐海根，强胜. 2011. 中国外来入侵生物[M]. 北京：科学出版社.

徐江. 2012. 湖北省大型真菌资源初步研究[D]. 武汉：华中农业大学.

徐艳，石福明，杜喜翠. 2004. 四川和重庆地区蝗虫调查（直翅目：蝗总科）[J]. 西南农业大学学报（自然科学版），26（3）：340-344.

薛大勇，朱弘复. 1999. 中国动物志 昆虫纲 第15卷 鳞翅目 尺蛾科 花尺蛾亚科[M]. 北京：科学出版社.

杨定，刘星月. 2010. 中国动物志 昆虫纲 第51卷 广翅目[M]. 北京：科学出版社.

杨定，杨集昆. 2004. 中国动物志 昆虫纲 第34卷 双翅目 舞虻科 螳舞虻亚科 驼舞虻亚科[M]. 北京：科学出版社.

杨奇森，岩崑. 2007. 中国兽类彩色图鉴[M]. 北京：科学出版社.

杨星科，杨集昆，李文柱. 2005. 中国动物志 昆虫纲 第39卷 脉翅目 草蛉科[M]. 北京：科学出版社.

杨祝良，臧穆. 2003. 中国南部高等真菌的热带亲缘[J]. 云南植物研究，25（2）：129-144.

叶昌媛，费梁，胡淑琴. 1993. 中国珍稀及经济两栖动物[M]. 成都：四川科学技术出版社.

易思荣，黄娅，等. 2008. 重庆市种子植物区系特征分析[J]. 热带亚热带植物学报，16（1）：23-28.

印象初，夏凯龄. 2003. 中国动物志 昆虫纲 第32卷 直翅目 蝗总科 槌角蝗科 剑角蝗科[M]. 北京：科学出版社.

应建浙，臧穆. 1994. 西南地区大型经济真菌[M]. 北京：科学出版社.

余志伟，邓其祥，胡锦矗，等. 1986. 四川省大巴山、米仓山鸟类调查报告[J]. 四川动物，5（4）：11-18.

袁锋，周尧. 2002. 中国动物志 昆虫纲 第28卷 同翅目 角蝉总科 犁胸蝉科 角蝉科[M]. 北京：科学出版社.

约翰·马敬能，卡伦·菲利普斯，何芬奇. 2000. 中国鸟类野外手册[M]. 长沙：湖南教育出版社.

张春霞，曹支敏. 2007. 火地塘大型真菌区系地理成分初步分析[J]. 云南农业大学学报，22（3）：345-348.

张广学. 1999. 中国动物志 昆虫纲 第14卷 同翅目 矿蚜科 瘿绵蚜科[M]. 北京：科学出版社.

张宏达. 1980. 华夏植物区系的起源与发展[J]. 中山大学学报，19（1）：89-98.

张军，刘正宇. 2008. 西南地区大巴山药用植物资源调查[J]. 资源开发与市场，24（10）：894-895.

张荣祖. 2011. 中国动物地理（第二版）[M]. 北京：科学出版社.

张世强. 2011. 天然植物基因库——花萼山自然保护区[J]. 决策导刊，（10）：39-41.

张巍巍. 2007. 常见昆虫野外识别手册[M]. 重庆：重庆大学出版社.

张巍巍，李元胜. 2011. 中国昆虫生态图鉴[M]. 重庆：重庆大学出版社.

章士美，赵泳详. 1996. 中国动物志农林昆虫地理分布[M]. 北京：中国农业出版社.

赵尔宓. 1998. 中国濒危动物红皮书：两栖类和爬行类[M]. 北京：科学出版社.

赵尔宓. 2003. 四川爬行类原色图鉴[M]. 北京：中国林业出版社.

赵尔宓. 2006. 中国蛇类（上下册）[M]. 合肥：安徽科学技术出版社.

赵建铭. 2001. 中国动物志 昆虫纲 第23卷 双翅目 寄蝇科（一）[M]. 北京：科学出版社.

赵仲苓. 2003. 中国动物志 昆虫纲 第30卷 鳞翅目 毒蛾科[M]. 北京：科学出版社.

赵仲苓. 2004. 中国动物志 昆虫纲 第36卷 鳞翅目 波纹蛾科[M]. 北京：科学出版社.

郑光美. 2011. 中国鸟类分类与分布名录（第二版）[M]. 北京：科学出版社.

郑光美，王岐山. 1998. 中国濒危动物红皮书：鸟类[M]. 北京：科学出版社.

郑乐怡，吕楠，刘国卿，等.2004. 中国动物志 昆虫纲 第33卷 半翅目 盲蝽科 盲蝽亚科[M]. 北京：科学出版社.

郑哲民.1998. 中国动物志 昆虫纲 第10卷 直翅目 蝗总科[M]. 北京：科学出版社.

郑作新，钱燕文，关贯动.1962. 秦岭、大巴山地区的鸟类区系调查研究[J]. 动物学报，14（3）：361-380.

中国科学院《中国植物志》编辑委员会.1981. 中国植物志—第一至八十卷[M]. 北京：科学出版社.

中国科学院动物研究所.1983. 中国蛾类图鉴Ⅰ，Ⅱ，Ⅲ，Ⅳ[M]. 北京：科学出版社.

中国科学院环境保护部.2015. 中国生物多样性红色名录[M]. 北京：高等教育出版社.

中国科学院青藏高原综合考察队.1994. 川西地区大型经济真菌[M]. 北京：科学出版社.

中国科学院西北植物研究所.1983. 秦岭植物志第一卷至第五卷[M]. . 北京：科学出版社.

中国野生动物保护协会.1995. 中国鸟类图鉴[M]. 郑州：河南科学技术出版社.

中国野生动物保护协会.1999. 中国两栖动物图鉴[M]. 郑州：河南科学技术出版社.

中国野生动物保护协会.2002. 中国爬行动物图鉴[M]. 郑州：河南科学技术出版社.

中国野生动物保护协会.2005. 中国哺乳动物图鉴[M]. 郑州：河南科学技术出版社.

周先荣，刘玉成，尚进，等.2007. 缙云山自然保护区种子植物区系研究[J]. 四川师范大学学报，30（5）：648-651.

朱弘复，王林瑶，韩红香.2004. 中国动物志 昆虫纲 第38卷 鳞翅目 蝙蝠蛾科 蛱蛾科[M]. 北京：科学出版社.

朱弘复，王林瑶.1991. 中国动物志 昆虫纲 第3卷 鳞翅目 圆钩蛾科 钩蛾科[M]. 北京：科学出版社.

朱弘复，王林瑶.1996. 中国动物志 昆虫纲 第5卷 鳞翅目 蚕蛾科 大蚕蛾科 网蛾科[M]. 北京：科学出版社.

朱弘复，王林瑶.1997. 中国动物志 昆虫纲 第11卷 鳞翅目 天蛾科[M]. 北京：科学出版社.

朱弘复等.1984. 蛾类图册[M]. 北京：科学出版社.

朱太平，刘亮，朱明.2007. 中国资源植物[M]. 北京：科学出版社.

朱万泽.1992. 大巴山木本植物区系的研究[J]. 西南林学院学报，12（1）：1-9.

左家哺，傅德志，彭代文.1996. 植物区系的数值分析[M]. 北京：中国科学技术出版社.

《四川植物志》编辑委员会.1988. 《四川植物志第一卷至第十六卷》[M]. 成都：四川科学技术出版社.

《四川资源动物志》编辑委员会.1984. 四川资源动物志（第二卷：兽类）[M]. 成都：四川科学技术出版社.

《四川资源动物志》编辑委员会.1985. 四川资源动物志（第三卷：鸟类）[M]. 成都：四川科学技术出版社.

《中国高等植物图鉴》编写组.1986. 中国高等植物图鉴—第一至五卷及补编[M]. 北京：科学出版社.

Andrew T. Smith，解炎.2009. 中国兽类野外手册[M]. 长沙：湖南教育出版社.

Kirk P M，Cannon P F，Minter D W，et al. 2008. Ainsworth & Bisby's Dictionary of the Fungi. 10th ed[M]. CABI Bioscience，CAB International.

Peter Frankenberg. 1978. Methodische iiberlegungen zur florlstistischen pflanzengeographie[J]. Erdkunde，32：251-258.

Pope C H，Boring A H. 1940. A survey of Chinese Amphibia[J]. Peking nat. Bull. 15：13-86.

# 附表1  四川花萼山国家级自然保护区植物名录

备注：大型真菌名录采用《Dictionary of the Fungi》（第十版）的分类系统，部分系统地位未划定种类，根据传统的分类习惯作了少许修正；维管植物中，蕨类植物按秦仁昌系统排序，裸子植物按郑万钧系统排序，被子植物参照克朗奎斯特系统（1981）排序，部分科的范围稍有改动。IUCN 等级评估来源于世界自然保护联盟（IUCN）官网（http://www.iucnredlist.org/about/overview）的资料；红色名录的等级评估来源于 2013 年国家环保部和中国科学院发布的《中国生物多样性红色名录——高等植物卷》。DD 为数据缺乏，LC 为无危，NT 为近危，VU 为易危，EN 为濒危，CR 为极危。

资料来源：附表 1.1 中，数据来源的"1"表示野外见到，"2"表示查阅文献；附表 1.2 中，"▼"为野外采集标本，"●"为野外见到，"■"为查阅文献。"*"表示栽培、外来物种。

### 附表1.1  四川花萼山国家级自然保护区大型真菌名录

| 序号 | 目名 | 目拉丁名 | 科名 | 科拉丁名 | 中文名 | 学名 | 数据来源 |
|---|---|---|---|---|---|---|---|
| 一 | | | | | 子囊菌门 Ascomycota | | |
| 1 | 肉座菌目 | Hypocreales | 虫草科 | Cordycipitaceae | 蝉棒束孢 | *Isaria cicadae* Miq. | 1 |
| 2 | 肉座菌目 | Hypocreales | 蛇头虫草科 | Ophiocordycipitaceae | 垂头虫草 | *Ophiocordyceps nutans*（Pat.）G.H.Sung | 1 |
| 3 | 炭角菌目 | Xylariales | 炭角菌科 | Xylariaceae | 黑轮层炭壳 | *Daldinia concentrica*（Bolt.）Ces. et De Not. | 1 |
| 4 | 炭角菌目 | Xylariales | 炭角菌科 | Xylariaceae | 黑柄炭角菌 | *Xylaria nigripes*（Klotzsch）Sacc. | 1 |
| 5 | 盘菌目 | Pezizales | 羊肚菌科 | Morchellaceae | 羊肚菌 | *Morehella esculenta*（L.）Pers. | 2 |
| 6 | 盘菌目 | Pezizales | 核盘菌科 | Sclerotiniaceae | 橙红二头孢盘菌 | *Dicephalospora rufocornea*（Berk. et Broome）Spooner | 1 |
| 7 | 盘菌目 | Pezizales | 盘菌科 | Pezizaceae | 茶褐盘菌 | *Peziza praetervisa* Bres. | 1 |
| 8 | 盘菌目 | Pezizales | 火丝菌科 | Pyronemataceae | 橙黄网孢盘菌 | *Aleuria aurantia*（Pers.）Fuckel | 1 |
| 9 | 盘菌目 | Pezizales | 火丝菌科 | Pyronemataceae | 粪缘刺盘菌 | *Cheilymenia coprinaria*（Cooke）Boud. | 1 |
| 10 | 盘菌目 | Pezizales | 火丝菌科 | Pyronemataceae | 红毛盾盘菌 | *Scutellinia scutellata*（L.）Lambotte | 1 |
| 11 | 盘菌目 | Pezizales | 火丝菌科 | Pyronemataceae | 碗状疣杯菌 | *Tarzetta catinus*（Holmsk.）Korf & J.K. Rogers | 1 |
| 12 | 盘菌目 | Pezizales | 肉杯菌科 | Sarcoscyphaceae | 小红肉杯菌 | *Sarcoscypha ococidentalis*（Schw.）Sacc. | 1 |
| 二 | | | | | 担子菌门 Basidiomycota | | |
| 13 | 伞菌目 | Agaricales | 伞菌科 | Agaricaceae | 白秃马勃 | *Calvatia candida*（Rostk.）Hollos | 1 |
| 14 | 伞菌目 | Agaricales | 伞菌科 | Agaricaceae | 头状秃马勃 | *Calvatia craniiformis*（Schw.）Fr. | 1 |
| 15 | 伞菌目 | Agaricales | 伞菌科 | Agaricaceae | 墨汁鬼伞 | *Coprinopsis atramentaria*（Bull.）Redhead et al. | 1 |
| 16 | 伞菌目 | Agaricales | 伞菌科 | Agaricaceae | 小射纹鬼伞 | *Coprinus patouillardi* Quél. | 1 |
| 17 | 伞菌目 | Agaricales | 伞菌科 | Agaricaceae | 褶纹鬼伞 | *Coprinus plicatilis*（Curtis）Fr. | 1 |
| 18 | 伞菌目 | Agaricales | 伞菌科 | Agaricaceae | 乳白蛋巢菌 | *Crucibulum laeve*（Huds.）Kambly | 1 |
| 19 | 伞菌目 | Agaricales | 伞菌科 | Agaricaceae | 红顶环柄菇 | *Lepiota gracilenta*（Krombh.）Quél. | 1 |
| 20 | 伞菌目 | Agaricales | 伞菌科 | Agaricaceae | 易碎白鬼伞 | *Leucocoprinus fragilissimus*（Berk. & Curtis）Pat. | 1 |
| 21 | 伞菌目 | Agaricales | 伞菌科 | Agaricaceae | 长刺马勃 | *Lycoperdon echinatum* Pers. | 1 |
| 22 | 伞菌目 | Agaricales | 伞菌科 | Agaricaceae | 网纹马勃 | *Lycoperdon perlatum* Pers. | 1 |
| 23 | 伞菌目 | Agaricales | 伞菌科 | Agaricaceae | 长柄梨形马勃 | *Lycoperdon pyriforme* var. *excipuliforme* Desm. | 1 |
| 24 | 伞菌目 | Agaricales | 鹅膏菌科 | Amanitaceae | 格纹鹅膏 | *Amanita fritillaria*（Berk.）Sacc. | 1 |
| 25 | 伞菌目 | Agaricales | 鹅膏菌科 | Amanitaceae | 豹斑毒鹅膏菌 | *Amanita pantherina*（DC.：Fr.）Schrmm. | 1 |

| 序号 | 目名 | 目拉丁名 | 科名 | 科拉丁名 | 中文名 | 学名 | 数据来源 |
|---|---|---|---|---|---|---|---|
| 26 | 伞菌目 | Agaricales | 珊瑚菌科 | Clavariaceae | 脆珊瑚菌 | *Clavaria fragilis* Holmsk. | 1 |
| 27 | 伞菌目 | Agaricales | 囊韧革菌科 | Cystostereaceae | 紫盖粉褶菌 | *Entoloma madidum*（Fr.）Gill. | 1 |
| 28 | 伞菌目 | Agaricales | 囊韧革菌科 | Cystostereaceae | 方孢粉褶菌 | *Rhodophyllus murraii*（Berk. & Curt.）Sing. | 1 |
| 29 | 伞菌目 | Agaricales | 轴腹菌科 | Hydnangiaceae | 红蜡蘑 | *Laccaria laccata*（Scop.）Cooke | 1 |
| 30 | 伞菌目 | Agaricales | 蜡伞科 | Hygrophoraceae | 条缘橙湿伞 | *Hygrocybe reai*（Mraire.）J.Lange | 1 |
| 31 | 伞菌目 | Agaricales | 丝盖菇科 | Inocybaceae | 粘锈耳 | *Crepidotas mollis*（Schaeff.：Fr.）Gray | 1 |
| 32 | 伞菌目 | Agaricales | 丝盖菇科 | Inocybaceae | 土味丝盖伞 | *Inocybe geophylla*（Sow. ex Fr.）Quel. | 1 |
| 33 | 伞菌目 | Agaricales | 小皮伞科 | Marasmiaceae | 脉褶菌 | *Campanella junghuhnii*（Mont.）Singer | 1 |
| 34 | 伞菌目 | Agaricales | 小皮伞科 | Marasmiaceae | 栎裸伞 | *Gymnopus dryophilus*（Bull.）Murrill | 1 |
| 35 | 伞菌目 | Agaricales | 小皮伞科 | Marasmiaceae | 安络小皮伞 | *Marasmius androsaceus*（L.）Fr. | 1 |
| 36 | 伞菌目 | Agaricales | 小皮伞科 | Marasmiaceae | 大盖小皮伞 | *Marasmius maximus* Hongo | 1 |
| 37 | 伞菌目 | Agaricales | 小伞科 | Mycenaceae | 红汁小菇 | *Mycena haematopus*（Pers.）P. Kumm. | 1 |
| 38 | 伞菌目 | Agaricales | 小伞科 | Mycenaceae | 浅灰色小菇 | *Mycena leptocephala*（Pers.）Gillet | 1 |
| 39 | 伞菌目 | Agaricales | 小伞科 | Mycenaceae | 洁小菇 | *Mycena prua*（Pers.）P. Kumm. | 1 |
| 40 | 伞菌目 | Agaricales | 小伞科 | Mycenaceae | 钟形干脐菇 | *Xeromphalina campanella*（Batsch）Kuhner & Maire | 1 |
| 41 | 伞菌目 | Agaricales | 侧耳科 | Pleurotaceae | 糙皮侧耳 | *Pleurotus ostreatus*（Jacq.）Kumm.. | 1 |
| 42 | 伞菌目 | Agaricales | 膨瑚菌科 | Physalacriaceae | 蜜环菌 | *Armillariella mellea*（Vahl）P. Kumm. | 2 |
| 43 | 伞菌目 | Agaricales | 膨瑚菌科 | Physalacriaceae | 毛柄金钱菌 | *Flammulina velutipes*（Curtis）Singer | 1 |
| 44 | 伞菌目 | Agaricales | 膨瑚菌科 | Physalacriaceae | 长根小奥德蘑 | *Oudemansiella radicata*（Relhan）Singer | 1 |
| 45 | 伞菌目 | Agaricales | 脆柄菇科 | Psathyrellaceae | 假小鬼伞 | *Coprinellus disseminatus*（Pers.）J.E.Lange | 1 |
| 46 | 伞菌目 | Agaricales | 脆柄菇科 | Psathyrellaceae | 晶粒小鬼伞 | *Coprinellus micaceus*（Bull.）Fr. | 1 |
| 47 | 伞菌目 | Agaricales | 脆柄菇科 | Psathyrellaceae | 辐毛小鬼伞 | *Coprinellus radians*（Desm.）Vilgalys | 1 |
| 48 | 伞菌目 | Agaricales | 脆柄菇科 | Psathyrellaceae | 白绒拟鬼伞 | *Coprinopsis lagopus*（Fr.）Redhead et al. | 1 |
| 49 | 伞菌目 | Agaricales | 脆柄菇科 | Psathyrellaceae | 绒毛鬼伞 | *Lacrymaria velutina*（Pers.：Fr.）Singer | 1 |
| 50 | 伞菌目 | Agaricales | 裂褶菌科 | Schizophyllaceae | 裂褶菌 | *Schizophyllum commne* Fr. | 1 |
| 51 | 伞菌目 | Agaricales | 球盖菇科 | Strophariaceae | 绿褐裸伞 | *Gymnopilus aeruginosus*（Peck）Singer | 1 |
| 52 | 伞菌目 | Agaricales | 球盖菇科 | Strophariaceae | 簇生黄韧伞 | *Naematoloma fasciculare*（Pers.：Fr.）Singer | 1 |
| 53 | 伞菌目 | Agaricales | 球盖菇科 | Strophariaceae | 土黄韧伞 | *Naematoloma gracile* Hongo | 1 |
| 54 | 伞菌目 | Agaricales | 球盖菇科 | Strophariaceae | 齿环球盖菇 | *Stropharia coronila*（Fr. ex Bull.）Quél. | 1 |
| 55 | 伞菌目 | Agaricales | 口蘑科 | Tricholomataceae | 花脸香蘑 | *Lepista sordida*（Schum.）Sing. | 1 |
| 56 | 木耳目 | Auriculariales | 木耳科 | Auriculariaceae | 木耳 | *Auricularia auricula-judae*（Bull.）Quél. | 1 |
| 57 | 木耳目 | Auriculariales | 木耳科 | Auriculariaceae | 毛木耳 | *Auricularia polytricha*（Mont.）Sacc. | 1 |
| 58 | 木耳目 | Auriculariales | 木耳科 | Auriculariaceae | 黑胶耳 | *Exidia glandulosa*（Bull.）Fr. | 1 |
| 59 | 木耳目 | Auriculariales | 木耳科 | Auriculariaceae | 胶质刺银耳 | *Pseudohydnum gelatinosum*（Scop.）P.Karst. | 1 |
| 60 | 木耳目 | Auriculariales | 胶耳科 | Exidiaceae | 焰耳 | *Phlogiotis helvelloides*（DC.）Martin | 1 |
| 61 | 牛肝菌目 | Boletales | 牛肝菌科 | Boletaceae | 褶孔牛肝菌 | *Phylloporus rhodoxanthus*（Schw.）Bres | 1 |
| 62 | 牛肝菌目 | Boletales | 牛肝菌科 | Boletaceae | 锥鳞松塔牛肝菌 | *Strobilomyces polypyramis* Hook | 1 |
| 63 | 牛肝菌目 | Boletales | 桩菇科 | Paxillaceae | 竹林毛桩菇 | *Paxillus atrotomentosus* var. *bambusinus* Baker & Dale | 1 |
| 64 | 牛肝菌目 | Boletales | 硬皮马勃科 | Sclerodermataceae | 橙黄硬皮马勃 | *Scleroderma citrinum* Pers. | 1 |
| 65 | 牛肝菌目 | Boletales | 蛇革菌科 | Serpulaceae | 伏果干腐菌 | *Serpula lacrymans*（Wulfen）J. Schrot. | 1 |
| 66 | 牛肝菌目 | Boletales | 乳牛肝菌科 | Suillaceae | 松林小牛肝菌 | *Boletinus pinetorum*（chiu）teng | 1 |

续表

| 序号 | 目名 | 目拉丁名 | 科名 | 科拉丁名 | 中文名 | 学名 | 数据来源 |
|---|---|---|---|---|---|---|---|
| 67 | 牛肝菌目 | Boletales | 乳牛肝菌科 | Suillaceae | 粘盖乳牛肝菌 | *Suillus bovinus*（Pers.）Roussel | 1 |
| 68 | 鸡油菌目 | Cantharellales | 鸡油菌科 | Cantharellaceae | 漏斗鸡油菌 | *Cantharellus infundibuliformis*（Scop.）Fr. | 1 |
| 69 | 花耳目 | Dacrymycetales | 花耳科 | Dacrymycetaceae | 胶角耳 | *Calocera cornea*（Batsch）Fr. | 1 |
| 70 | 花耳目 | Dacrymycetales | 花耳科 | Dacrymycetaceae | 掌状花耳 | *Dacrymyces palmatus*（Schwein.）Burt | 1 |
| 71 | 花耳目 | Dacrymycetales | 花耳科 | Dacrymycetaceae | 桂花耳 | *Guepinia spathularia*（Schw.）Fr. | 1 |
| 72 | 地星目 | Geastrales | 地星科 | Geastraceae | 毛嘴地星 | *Geastrum fimbriatum*（Fr.）Fischer. | 1 |
| 73 | 钉菇目 | Gomphales | 钉菇科 | Gomphaceae | 小孢密枝瑚菌 | *Ramaria bourdotiana* Maire | 1 |
| 74 | 刺革菌目 | Hymenochaetales | 刺革菌科 | Hymenochaetaceae | 肉桂色集毛菌 | *Coltricia cinnamomea*（Jacq.）Murr. | 1 |
| 75 | 刺革菌目 | Hymenochaetales | 刺革菌科 | Hymenochaetaceae | 多年生集毛菌 | *Coltricia perennis*（L.）Murr. | 1 |
| 76 | 刺革菌目 | Hymenochaetales | 刺革菌科 | Hymenochaetaceae | 红锈刺革菌 | *Hymenochaete mougeotii*（Fr.）Cke. | 1 |
| 77 | 刺革菌目 | Hymenochaetales | 刺革菌科 | Hymenochaetaceae | 铁木层孔菌 | *Phellinus ferreus*（Pers.）Bourdot & Galzin | 1 |
| 78 | 刺革菌目 | Hymenochaetales | 刺革菌科 | Hymenochaetaceae | 平滑木层孔菌 | *Phellinus laevigatus*（Fr.）Bourdot & Galzin | 1 |
| 79 | 刺革菌目 | Hymenochaetales | 刺革菌科 | Hymenochaetaceae | 裂蹄木层孔菌 | *Phellinus linteus*（Berk. et Cart.）Teng | 1 |
| 80 | 刺革菌目 | Hymenochaetales | 裂孔菌科 | Schizoporaceae | 奇形产丝齿菌 | *Hyphodontia paradoxa*（Schrad.）Langer et Vesterh | 1 |
| 81 | 鬼笔目 | Phallales | 鬼笔科 | Phallaceae | 棱柱散尾鬼笔 | *Lysurus mokusin*（L.）Fr. | 1 |
| 82 | 鬼笔目 | Phallales | 鬼笔科 | Phallaceae | 红鬼笔 | *Phallus rubicundus*（Bosc）Fr. | 1 |
| 83 | 红菇目 | Russulales | 耳匙菌科 | Auriscalpiaceae | 耳匙菌 | *Auriscalpium vulgare* Gray | 1 |
| 84 | 红菇目 | Russulales | 齿菌科 | Hydnaceae | 美味齿菌 | *Hydnum repandum* L. | 1 |
| 85 | 红菇目 | Russulales | 红菇科 | Russulaceae | 松乳菇 | *Lactarius deliciosus*（L.）Gary | 1 |
| 86 | 红菇目 | Russulales | 红菇科 | Russulaceae | 白乳菇 | *Lactarius piperatus*（L.）Pers. | 1 |
| 87 | 红菇目 | Russulales | 红菇科 | Russulaceae | 美味红菇 | *Russula delica* Fr. | 1 |
| 88 | 红菇目 | Russulales | 红菇科 | Russulaceae | 毒红菇 | *Russula emetica*（Schaeff.）Pers. | 1 |
| 89 | 红菇目 | Russulales | 红菇科 | Russulaceae | 青黄红菇 | *Russula olivacea*（Schaeff.）Fr. | 1 |
| 90 | 红菇目 | Russulales | 红菇科 | Russulaceae | 正红菇 | *Russula vinosa* Lindblad | 1 |
| 91 | 红菇目 | Russulales | 红菇科 | Russulaceae | 绿菇 | *Russula virescens*（Schaeff.）Fr. | 1 |
| 92 | 红菇目 | Russulales | 韧革菌科 | Stereaceae | 粗毛韧革菌 | *Stereum hirsutum*（Willid.）Pers. | 1 |
| 93 | 红菇目 | Russulales | 韧革菌科 | Stereaceae | 扁韧革菌 | *Stereum ostrea*（Bl.et Nees）Fr. | 1 |
| 94 | 银耳目 | Tremellales | 银耳科 | Tremellaceae | 朱砂银耳 | *Tremella cinnabarina*（Mont.）Pat. | 1 |
| 95 | 银耳目 | Tremellales | 银耳科 | Tremellaceae | 垫状银耳 | *Tremella pulvinalis* Y. Kobayasi | 1 |
| 96 | 多孔菌目 | Polyporales | 拟层孔菌科 | Fomitopsidaceae | 硫磺菌 | *Laetiporus sulphureus*（Bull.）Murrill | 1 |
| 97 | 多孔菌目 | Polyporales | 拟层孔菌科 | Fomitopsidaceae | 赤杨泊氏孔菌 | *Postia alni* Niemela & Vamola | 1 |
| 98 | 多孔菌目 | Polyporales | 拟层孔菌科 | Fomitopsidaceae | 鲜红密孔菌 | *Pycnoporus cinnabarinus*（Jacq.）Karst. | 1 |
| 99 | 多孔菌目 | Polyporales | 拟层孔菌科 | Fomitopsidaceae | 血红密孔菌 | *Pycnoporus sanguineus*（L.）Murrill | 1 |
| 100 | 多孔菌目 | Polyporales | 灵芝科 | Ganodermataceae | 南方树舌 | *Ganoderma australe*（Fr.）Pat. | 1 |
| 101 | 多孔菌目 | Polyporales | 灵芝科 | Ganodermataceae | 有柄灵芝 | *Ganoderma gibbosum*（Blume & T.Nees）Pat. | 1 |
| 102 | 多孔菌目 | Polyporales | 灵芝科 | Ganodermataceae | 灵芝 | *Ganoderma lucidum*（W. Curtis.：Fr.）P. Karst. | 1 |
| 103 | 多孔菌目 | Polyporales | 干朽菌科 | Meruliaceae | 亚黑管孔菌 | *Bjerkandera fumosa*（Pers.：Fr.）Karst. | 1 |
| 104 | 多孔菌目 | Polyporales | 干朽菌科 | Meruliaceae | 胶质射脉革菌 | *Phlebia tremellosa* Nakasone & Burds. | 1 |
| 105 | 多孔菌目 | Polyporales | 多孔菌科 | Polyporaceae | 淡黄粗毛盖孔菌 | *Funalia cervina*（Schwein.：Fr.）Y.C.Dai | 1 |
| 106 | 多孔菌目 | Polyporales | 多孔菌科 | Polyporaceae | 毛蜂窝菌 | *Hexagonia apiaria*（Pers.）Fr. | 1 |
| 107 | 多孔菌目 | Polyporales | 多孔菌科 | Polyporaceae | 巨大韧伞 | *Lentinus giganteus* Berk. | 1 |

续表

| 序号 | 目名 | 目拉丁名 | 科名 | 科拉丁名 | 中文名 | 学名 | 数据来源 |
|---|---|---|---|---|---|---|---|
| 108 | 多孔菌目 | Polyporales | 多孔菌科 | Polyporaceae | 奇异脊革菌 | *Lopharia mirabilis*（Berk. & Broome）Pat. | 1 |
| 109 | 多孔菌目 | Polyporales | 多孔菌科 | Polyporaceae | 褐扇小孔菌 | *Microporus vernicipes*（Berk.）Kuntze | 1 |
| 110 | 多孔菌目 | Polyporales | 多孔菌科 | Polyporaceae | 漏斗棱孔菌 | *Polyporus arcularius* Batsch：Fr. | 1 |
| 111 | 多孔菌目 | Polyporales | 多孔菌科 | Polyporaceae | 黄褐多孔菌 | *Polyporus badius*（Pers.ex S.F.Gray）Schw. | 1 |
| 112 | 多孔菌目 | Polyporales | 多孔菌科 | Polyporaceae | 暗绒盖多孔菌 | *Polyporus ciliatus* Fr.：Fr. | 1 |
| 113 | 多孔菌目 | Polyporales | 多孔菌科 | Polyporaceae | 黄多孔菌 | *Polyporus leptocephalus*（Jacq.）Fr. | 1 |
| 114 | 多孔菌目 | Polyporales | 多孔菌科 | Polyporaceae | 桑多孔菌 | *Polyporus mori*（Pollini）Fr. | 1 |
| 115 | 多孔菌目 | Polyporales | 多孔菌科 | Polyporaceae | 宽鳞多孔菌 | *Polyporus squamosus*（Huds.）Fr. | 1 |
| 116 | 多孔菌目 | Polyporales | 多孔菌科 | Polyporaceae | 毛栓孔菌 | *Trametes hirsuta*（Wulfen）Pilat | 1 |
| 117 | 多孔菌目 | Polyporales | 多孔菌科 | Polyporaceae | 云芝栓孔菌 | *Trametes versicolor*（L.）Lloyd | 1 |
| 118 | 多孔菌目 | Polyporales | 多孔菌科 | Polyporaceae | 冷杉附毛孔菌 | *Trichaptum abietinum*（Dicks.：Fr.）Ryv. | 1 |

## 附表 1.2　四川花萼山国家级自然保护区维管植物名录

| 物种 | 学名 | 生活型 | 数据来源 | 药用 | 观赏 | 食用 | 蜜源 | 工业原料 |
|---|---|---|---|---|---|---|---|---|
| **蕨类植物 PTERIDOPHYTA** | | | | | | | | |
| 1 石杉科 Huperziaceae | | | | | | | | |
| 蛇足石杉 | *Huperzia serrata*（Thunb. ex Murray）Trev. | 草本 | ■ | + | | | | |
| 皱边石杉 | *Huperzia crispata*（Ching ex H. S. Kung）Ching. | 草本 | ● | + | | | | |
| 四川石杉 | *Huperzia sutchueniana* Herter. | 草本 | ● | | + | | | |
| 金丝条马尾杉 | *Phlegmariurus fargesii* Herter. | 草本 | ● | + | | | | |
| 2 石松科 Lycopodiaceae | | | | | | | | |
| 扁枝石松 | *Diphasiastrum complanatum*（L.）Holub. | 草本 | ■ | + | | | | |
| 石松 | *Lycopodium japonicum* Thunb. ex Murray. | 草本 | ▼ | + | | | | |
| 笔直石松 | *Lycopodium obscurum* L. | 草本 | ● | | + | | | |
| 藤石松 | *Lycopodiastrum casuarinoides*（Spring）Holub ex Dixit. | 草本 | ■ | + | | | | |
| 3 卷柏科 Selaginellaceae | | | | | | | | |
| 澜沧卷柏 | *Selaginella davidii* Franch. subsp. *gebaueriana*（Hand.-Mazz.）X. C. Zhang. | 草本 | ● | | | | | |
| 兖州卷柏 | *Selaginella involvens*（Sw.）Spring. | 草本 | ● | | | | | |
| 细叶卷柏 | *Selaginella labordei* Heron. ex Christ. | 草本 | ● | | | | | |
| 江南卷柏 | *Selaginella moellendorffii* Hieron. | 草本 | ▼ | | | | | |
| 大叶卷柏 | *Selaginella bodinieri* Hieron. | 草本 | ● | | | | | |
| 垫状卷柏 | *Selaginella pulvinata*（Hook. et Grev.）Maxim. | 草本 | ▼ | | | | | |
| 伏地卷柏 | *Selaginella nipponica* Franch. et Sav. | 草本 | ■ | | | | | |
| 深绿卷柏 | *Selaginella doederleinii* Hieron. | 草本 | ■ | | + | | | |
| 翠云草 | *Selaginella uncinata*（Desv.）Spring. | 草本 | ▼ | | + | | | |
| 4 木贼科 Equisetaceae | | | | | | | | |
| 披散木贼 | *Equisetum diffusum* D. Don | 草本 | ■ | + | + | | | |
| 犬问荆 | *Equisetum palustre* L. | 草本 | ▼ | + | | | | |
| 问荆 | *Equisetum arvense* L. | 草本 | ▼ | + | | | | |
| 笔管草 | *Equisetum ramosissimum* Desf. subsp. *debile*（Roxb. ex Vauch.）Hauke. | 草本 | ▼ | + | | | | |
| 犬问荆 | *Equisetum palustre* L. | 草本 | ● | + | | | | |
| 节节草 | *Equisetum ramosissimum* Burm. f. | 草本 | ● | + | | | | |

| 物种 | 学名 | 生活型 | 数据来源 | 药用 | 观赏 | 食用 | 蜜源 | 工业原料 |
|---|---|---|---|---|---|---|---|---|
| 5 阴地蕨科 Botrychiaceae | | | | | | | | |
| 穗状假阴地蕨 | *Botrypus strictus*（Underw.）Holub. | 草本 | ● | + | | | | |
| 蕨萁 | *Botrychium virginianum*（L.）Sw. | 草本 | ● | + | | | | |
| 粗壮阴地蕨 | *Botrychium robustum*（Rupr.）Underw. | 草本 | ● | + | | | | |
| 6 瓶尔小草科 Ophioglossaceae | | | | | | | | |
| 瓶尔小草 | *Ophioglossum vulgatum* L. | 草本 | ● | + | | | | |
| 7 紫萁科 Osmundaceae | | | | | | | | |
| 紫萁 | *Osmunda japonica* Thunb. | 草本 | ▼ | + | | | | |
| 华南紫萁 | *Osmunda vachellii* Hook. | 草本 | ▼ | + | | | | |
| 8 里白科 Gleicheniaceae | | | | | | | | |
| 芒萁 | *Dicranopteris dichotoma*（Thunb.）Bernh. | 草本 | ▼ | + | + | | | |
| 里白 | *Hicriopteris glauca*（Thunb.）Ching | 草本 | ● | | | | | |
| 光里白 | *Hicriopteris laevissima*（Christ）Ching | 草本 | ■ | + | | | | |
| 9 海金沙科 Lygodiaceae | | | | | | | | |
| 海金沙 | *Lygodium japonicum*（Thunb.）Sw. | 草本 | ▼ | + | | | | |
| 10 膜蕨科 Hymenophyllaceae | | | | | | | | |
| 华东膜蕨 | *Hymenophyllum barbatum*（v. d. B.）Bak. | 草本 | ● | + | | | | |
| 城口瓶蕨 | *Vandenboschia fargesii*（Christ）Ching. | 草本 | ● | + | | | | |
| 漏斗瓶蕨 | *Vandenboschia naseana*（Christ）Ching. | 草本 | ■ | + | | | | |
| 团扇蕨 | *Gonocormus minutus*（Bl.）v. d. B. | 草本 | ■ | | + | | | |
| 11 碗蕨科 Dennstaedtiaceae | | | | | | | | |
| 碗蕨 | *Dennstaedtia scabra*（Wall.）Moore. | 草本 | ■ | | | | | |
| 细毛碗蕨 | *Dennstaedtia pilosella*（HK.）Ching. | 草本 | ▼ | | | | | |
| 边缘鳞盖蕨 | *Microlepia marginata*（Houtt.）C. Chr. | 草本 | ■ | + | + | | | |
| 假粗毛鳞盖蕨 | *Microlepia pseudostrigosa* Makino. | 草本 | ■ | + | | | | |
| 12 蕨科 Pteridiaceae | | | | | | | | |
| 蕨（变种） | *Pteridium aquilinum*（L.）Kuhn var. *latiusculum*（Desv.）Underw. ex Heller. | 草本 | ■ | + | | + | | |
| 毛轴蕨 | *Pteridium revolutum*（Bl.）Nakai. | 草本 | ● | + | | + | | |
| 13 陵齿蕨科 Lindsaeaceae | | | | | | | | |
| 乌蕨 | *Stenoloma chusanum* Ching. | 草本 | ■ | + | + | | | |
| 14 凤尾蕨科 Pteridaceae | | | | | | | | |
| 辐状凤尾蕨 | *Pteris actinopteroides* Christ-PMC Result. | 草本 | ■ | | | | | |
| 平羽凤尾蕨 | *Pteris kiuschiuensis* Hieron. | 草本 | ■ | | | | | |
| 凤尾蕨 | *Pteris cretica* var.*intermedia*（Thunb.）Ching et S. H. Wu. | 草本 | ▼ | + | + | | | |
| 凤尾蕨（变种） | *Pteris cretica* L. var. *nervosa*（Thunb.）Ching et S. H. Wu. | 草本 | ■ | + | + | | | |
| 剑叶凤尾蕨 | *Pteris ensiformis* Burm. | 草本 | ■ | + | + | | | |
| 井栏边草 | *Pteris multifida* Poir. | 草本 | ■ | + | + | | | |
| 溪边凤尾蕨 | *Pteris excelsa* Gaud. | 草本 | ● | | + | | | |
| 蜈蚣草 | *Pteris vittata* L. | 草本 | ▼ | + | + | | | |
| 15 槲蕨科 Drynariaceae | | | | | | | | |
| 槲蕨 | *Drynaria roosii* Nakaike. | 草本 | ■ | + | | | | |
| 秦岭槲蕨 | *Drynaria sinica* Diels. | 草本 | ■ | | | | | |

续表

| 物种 | 学名 | 生活型 | 数据来源 | 药用 | 观赏 | 食用 | 蜜源 | 工业原料 |
|---|---|---|---|---|---|---|---|---|
| 16 实蕨科 Bolbitidaceae | | | | | | | | |
| 长叶实蕨 | *Bolbitis heteroclita*（Presl）Ching. | 草本 | ■ | + | | | | |
| 17 中国蕨科 Sinopteridaceae | | | | | | | | |
| 粉背蕨 | *Aleuritopteris pseudofarinosa* Ching et S.K.Wu | 草本 | ▼ | | | | | |
| 银粉背蕨 | *Aleuritopteris argentea*（Gmel.）Fee. | 草本 | ■ | + | | | | |
| 陕西粉背蕨 | *Aleuritopteris shensiensis* Ching. | 草本 | ● | | | | | |
| 野雉尾金粉蕨 | *Onychium japonicum*（Thunb.）Kze. | 草本 | ■ | + | | | | |
| 栗柄金粉蕨 | *Onychium japonicum* var. *lucidum*（D. Don）Christ. | 草本 | ● | + | | | | |
| 木坪金粉蕨 | *Onychium moupinense* Ching. | 草本 | ● | | | | | |
| 旱蕨 | *Pellaea nitidula*（Hook.）Bak. | 草本 | ● | | + | | | |
| 碎米蕨 | *Cheilosoria mysurensis*（Wall.ex Hook）Ching et Shing | 草本 | ▼ | + | | | | |
| 毛轴碎米蕨 | *Cheilanthes chusana* Hook. | 草本 | ● | + | | | | |
| 18 铁线蕨科 Adiantaceae | | | | | | | | |
| 白背铁线蕨 | *Adiantum davidii* Franch. | 草本 | ■ | | | | | |
| 陇南铁线蕨 | *Adiantum roborowskii* Maxim. | 草本 | ■ | | | | | |
| 铁线蕨 | *Adiantum capillus-veneris* L. | 草本 | ● | | + | | | |
| 月芽铁线蕨 | *Adiantum edentulum* Christ. | 草本 | ■ | | | | | |
| 掌叶铁线蕨 | *Adiantum pedatum* L. | 草本 | ■ | | + | | | |
| 肾盖铁线蕨 | *Adiantum erythrochlamys* Diels. | 草本 | ● | + | | | | |
| 峨眉钱线蕨 | *Adiantum roborowskii* f. *faberi*（Bak.）Y. X. Lin. | 草本 | ● | + | | | | |
| 假鞭叶铁线蕨 | *Adiantum malesianum* Ghatak. | 草本 | ■ | | + | | | |
| 灰背铁线蕨 | *Adiantum myriosorum* Bak. | 草本 | ▼ | | | | | |
| 19 裸子蕨科 Hemionitidaceae | | | | | | | | |
| 镰羽凤丫蕨 | *Coniogramme falcipinna* Ching et Shing. | 草本 | ■ | | | | | |
| 尾尖凤丫蕨 | *Coniogramme caudiformis* Ching et Shing. | 草本 | ▼ | | | | | |
| 黑轴凤丫蕨 | *Coniogramme robusta* Christ. | 草本 | ■ | | | | | |
| 上毛凤丫蕨 | *Coniogramme suprapilosa* Ching. | 草本 | ● | | | | | |
| 太白山凤丫蕨 | *Coniogramme taipaishanensis* Ching et Y. T. Hsieh. | 草本 | ● | | | | | |
| 疏网凤丫蕨 | *Coniogramme wilsonii* Hieron. | 草本 | ▼ | | | | | |
| 20 书带蕨科 Vittariaceae | | | | | | | | |
| 平肋书带蕨 | *Vittaria fudzinoi* Makino. | 草本 | ● | + | | | | |
| 21 蹄盖蕨科 Athyriaceae | | | | | | | | |
| 亮毛蕨 | *Acystopteris japonica*（Luerss.）Nakai. | 草本 | ■ | | | | | |
| 薄盖短肠蕨 | *Allantodia hachijoensis*（Nakai）Ching. | 草本 | ■ | | | | | |
| 江南短肠蕨 | *Allantodia metteniana*（Miq.）Ching. | 草本 | ■ | | | | | |
| 中华短肠蕨 | *Allantodia chinensis*（Bak.）Ching. | 草本 | ● | + | | | | |
| 鳞轴短肠蕨 | *Allantodia hirtipes*（Christ）Ching. | 草本 | ● | | | | | |
| 毛轴假蹄盖蕨 | *Athyriopsis petersensis*（Kunze）Ching. | 草本 | ● | | | | | |
| 短柄蹄盖蕨 | *Athyrium brevistipes* Ching. | 草本 | ● | | | | | |
| 翅轴蹄盖蕨 | *Athyrium delavayi* Christ. | 草本 | ■ | + | | | | |
| 日本蹄盖蕨 | *Athyrium pachyphlebium*（Mett.）Hance. | 草本 | ● | | | | | |
| 角蕨 | *Cornopteris decurrenti-alata*（Hook.）Nakai. | 草本 | ● | + | | | | |
| 中华介蕨 | *Dryoathyrium chinense* Ching. | 草本 | ● | | | | | |

| 物种 | 学名 | 生活型 | 数据来源 | 药用 | 观赏 | 食用 | 蜜源 | 工业原料 |
|---|---|---|---|---|---|---|---|---|
| 鄂西介蕨 | *Dryoathyrium henryi*（Bak.）Ching. | 草本 | ● | + | | | | |
| 华中介蕨 | *Dryoathyrium okuboanum*（Makino）Ching. | 草本 | ● | | | | | |
| 绿叶介蕨 | *Dryoathyrium viridifrons*（Makino）Ching. | 草本 | ● | | | | | |
| 三角叶假冷蕨 | *Pseudocystopteris subtriangularis*（Hook.）Ching. | 草本 | ● | | | | | |
| 22 金星蕨科 Thelypteridaceae | | | | | | | | |
| 齿牙毛蕨 | *Cyclosorus dentatus*（Forssk.）Ching. | 草本 | ■ | | | | | |
| 干旱毛蕨 | *Cyclosorus aridus*（D. Don）Tagawa. | 草本 | ■ | + | | | | |
| 华南毛蕨 | *Cyclosorus parasiticus*（L.）Farwell. | 草本 | ■ | + | | | | |
| 渐尖毛蕨 | *Cyclosorus acuminatus*（Houtt.）Nakai. | 草本 | ▼ | + | | | | |
| 夔州毛蕨 | *Cyclosorus kuizhouensis* Shing. | 草本 | ■ | | | | | |
| 峨眉茯蕨 | *Leptogramma scallani*（Christ）Ching. | 草本 | ● | | | | | |
| 金星蕨 | *Parathelypteris glanduligera*（Kze.）Ching. | 草本 | ● | + | | | | |
| 中日金星蕨 | *Parathelypteris nipponica*（Franch. et Sav.）Ching. | 草本 | ■ | | | | | |
| 延羽卵果蕨 | *Phegopteris decursive-pinnata*（van Hall）Fee. | 草本 | ▼ | | | | | |
| 紫柄蕨 | *Pseudophegopteris pyrrhorachis*（Kunze）Ching. | 草本 | ● | | | | | |
| 23 观音座莲科 Angiopteridaceae | | | | | | | | |
| 福建观音座莲 | *Angiopteris fokiensis* Hieron. | 草本 | ■ | | | + | | |
| 24 铁角蕨科 Aspleniaceae | | | | | | | | |
| 城口铁角蕨 | *Asplenium chengkouense* Ching ex X. | 草本 | ● | | | | | |
| 半边铁角蕨 | *Asplenium unilaterale* Lam. | 草本 | ■ | | | | | |
| 北京铁角蕨 | *Asplenium pekinense* Hance. | 草本 | ■ | | | | | |
| 变异铁角蕨 | *Asplenium varians* Wall. | 草本 | ■ | | | | | |
| 华南铁角蕨 | *Asplenium austrochinense* Ching. | 草本 | ■ | + | | | | |
| 疏羽铁角蕨 | *Asplenium subtenuifolium*（Christ）Ching et S. H. Wu. | 草本 | ▼ | | | | | |
| 铁角蕨 | *Asplenium trichomanes* L. | 草本 | ■ | + | | | | |
| 线柄铁角蕨 | *Asplenium capillipes* Makino. | 草本 | ■ | | | | | |
| 虎尾铁角蕨 | *Asplenium incisum* Thunb. | 草本 | ▼ | + | | | | |
| 肾羽铁角蕨 | *Asplenium humistratum* Ching ex H. S. | 草本 | ● | | | | | |
| 长叶铁角蕨 | *Asplenium prolongatum* Hook. | 草本 | ● | + | | | | |
| 华中铁角蕨 | *Asplenium sarelii* Hook. | 草本 | ▼ | | | | | |
| 三翅铁角蕨 | *Asplenium tripteropus* Nakai. | 草本 | ▼ | + | | | | |
| 云南铁角蕨 | *Asplenium yunnanense* Franch. | 草本 | ● | + | | | | |
| 25 球子蕨科 Onocleaceae | | | | | | | | |
| 荚果蕨 | *Matteuccia struthiopteris* Todaro | 草本 | ▼ | | | | | |
| 中华荚果蕨 | *Matteuccia intermedia* C. Chr. | 草本 | ▼ | + | + | | | |
| 26 岩蕨科 Woodsiaceae | | | | | | | | |
| 耳羽岩蕨 | *Woodsia polystichoides* Eaton. | 草本 | ▼ | + | | | | |
| 27 乌毛蕨科 Blechaceae | | | | | | | | |
| 狗脊 | *Woodwardia japonica* Sm. | 草本 | ▼ | | | | | |
| 顶芽狗脊 | *Woodwardia unigemmata*（Makino）Nakai. | 草本 | ■ | + | | | | |
| 荚囊蕨 | *Struthiopteris eburnea*（Christ）Ching. | 草本 | ■ | + | | | | |
| 28 鳞毛蕨科 Dryopteridaceae | | | | | | | | |
| 南方复叶耳蕨 | *Arachniodes caudata* Y. T. Hsieh. | 草本 | ▼ | + | | | | |

续表

| 物种 | 学名 | 生活型 | 数据来源 | 药用 | 观赏 | 食用 | 蜜源 | 工业原料 |
|---|---|---|---|---|---|---|---|---|
| 中华复叶耳蕨 | *Arachniodes centrochinensis*（Rosenst.）Ching. | 草本 | ● | | | | | |
| 斜方复叶耳蕨 | *Arachniodes rhomboida*（Wall. ex Mett.）Ching. | 草本 | ▼ | ＋ | | | | |
| 异羽复叶耳蕨 | *Arachniodes simplicior*（Makino）Ohwi. | 草本 | ● | | | ＋ | | |
| 柳叶蕨 | *Cyrtogonellum fraxinellum*（Christ）Ching. | 草本 | ● | | | | | |
| 粗齿阔羽贯众 | *Cyrtomium yamamotoi* Tagawa var. *intermedium*（Diels）Ching et Shing ex Shing. | 草本 | ■ | | | | | |
| 贯众 | *Cyrtomium fortunei* J. Sm. | 草本 | ▼ | ＋ | | | | |
| 尖齿贯众 | *Cyrtomium serratum* Ching et Shing. | 草本 | ■ | | | | | |
| 阔羽贯众 | *Cyrtomium yamamotoi* Tagawa. | 草本 | ■ | ＋ | | | | |
| 大叶贯众 | *Cyrtomium macrophyllum*（Makino）Tagawa. | 草本 | ▼ | ＋ | | | | |
| 披针贯众 | *Cyrtomium devexiscapulae*（Koidz.）Ching. | 草本 | ● | | | | | |
| 黑鳞远轴鳞毛蕨 | *Dryopteris namegatae*（Kurata）Kurata. | 草本 | ■ | ＋ | | | | |
| 黑足鳞毛蕨 | *Dryopteris fuscipes* C. Chr. | 草本 | ■ | | | | | |
| 混淆鳞毛蕨 | *Dryopteris commixta* Tagawa. | 草本 | ■ | | | | | |
| 两色鳞毛蕨 | *Dryopteris bissetiana*（Thunb.）Akasawa. | 草本 | ● | ＋ | | | | |
| 三角鳞毛蕨 | *Dryopteris subtriangularis*（Hope）C. | 草本 | ■ | | | | | |
| 阔鳞鳞毛蕨 | *Dryopteris championii*（Benth.）C. Chr. | 草本 | ● | ＋ | | | | |
| 桫椤鳞毛蕨 | *Dryopteris cycadina*（Franch. et Sav.）C. Chr. | 草本 | ● | ＋ | | | | |
| 红盖鳞毛蕨 | *Dryopteris erythrosora*（Eaton）O. Ktze. | 草本 | ▼ | | ＋ | | | |
| 假异鳞毛蕨 | *Dryopteris immixta* Ching. | 草本 | ● | | | | | |
| 齿头鳞毛蕨 | *Dryopteris labordei*（Christ）C. Chr. | 草本 | ● | ＋ | | | | |
| 半岛鳞毛蕨 | *Dryopteris peninsulae* Kitagawa. | 草本 | ● | ＋ | | | | |
| 阔鳞鳞毛蕨 | *Dryopteris neofuscipes* Ching et Chiu. | 草本 | ● | ＋ | | | | |
| 日本鳞毛蕨 | *Dryopteris nipponensis* Koidz. | 草本 | ● | | ＋ | | | |
| 黑鳞鳞毛蕨 | *Dryopteris rosthornii* Hayata. | 草本 | ■ | | | | | |
| 稀羽鳞毛蕨 | *Dryopteris sparse*（Buch.-Ham. ex D. Don）O. Ktze. Rev. Gen. | 草本 | ● | ＋ | | | | |
| 变异鳞毛蕨 | *Dryopteris varia*（L.）O. Ktze. | 草本 | ● | ＋ | | | | |
| 阔鳞耳蕨 | *Polystichum rigens* Tagawa. | 草本 | ● | | ＋ | | | |
| 对马耳蕨 | *Polystichum tsus simense*（Hook.）J. Sm. | 草本 | ▼ | ＋ | | | | |
| 蚀盖耳蕨 | *Polystichum erosum* Ching | 草本 | ▼ | | | | | |
| 鞭叶耳蕨 | *Polystichum craspedosorum*（Maxim.）Diels. | 草本 | ■ | ＋ | | | | |
| 对生耳蕨 | *Polystichum deltodon*（Bak.）Diels. | 草本 | ■ | ＋ | | | | |
| 革叶耳蕨 | *Polystichum neolobatum* Nakai. | 草本 | ■ | ＋ | | | | |
| 黑鳞耳蕨 | *Polystichum makinoi*（Tagawa）Tagawa. | 草本 | ■ | ＋ | | | | |
| 尖齿耳蕨 | *Polystichum acutidens* Christ. | 草本 | ■ | ＋ | | | | |
| 中华对马耳蕨 | *Polystichum sinotsussimense* Ching et Z. Y. Liu ex Z. Y. Liu. | 草本 | ■ | ＋ | | | | |
| 棕鳞耳蕨 | *Polystichum polyblepharum*（Roem. ex Kunze）Presl. | 草本 | ■ | ＋ | ＋ | | | |
| 29 桫椤科 Cyatheaceae | | | | | | | | |
| 小黑桫椤 | *Alsophila metteniana* Hance. | 灌木 | ■ | | ＋ | | | |
| 30 水龙骨科 Polypodiaceae | | | | | | | | |
| 节肢蕨 | *Arthromeris lehmanni*（Mett.）Ching. | 草本 | ● | ＋ | | | | |
| 盾蕨 | *Neolepisorus ovatus*（Bedd.）Ching. | 草本 | ■ | | | | | |
| 抱石莲 | *Lepidogrammitis drymoglossoides*（Baker）Ching. | 草本 | ■ | ＋ | | | | |

| 物种 | 学名 | 生活型 | 数据来源 | 药用 | 观赏 | 食用 | 蜜源 | 工业原料 |
|---|---|---|---|---|---|---|---|---|
| 骨牌蕨 | *Lepidogrammitis rostrata*（Bedd.）Ching. | 草本 | ■ | + | | | | |
| 长叶骨牌蕨 | *Lepidogrammitis elongata* Ching. | 草本 | ● | | | | | |
| 中间骨牌蕨 | *Lepidogrammitis intermedia* Ching. | 草本 | ● | + | | | | |
| 梨叶骨牌蕨 | *Lepidogrammitis pyriformis*（Ching）Ching. | 草本 | ● | | | | | |
| 瓦韦 | *Lepisorus thunbergianus*（Kaulf.）Ching. | 草本 | ■ | + | | | | |
| 狭叶瓦韦 | *Lepisorus angusbus* Ching. | 草本 | ● | + | | | | |
| 粤瓦韦 | *Lepisorus obscurevenulosus*（Hayata）Ching. | 草本 | ■ | + | | | | |
| 二色瓦韦 | *Lepisorus bicolor* Ching. | 草本 | ▼ | + | | | | |
| 有边瓦韦 | *Lepisorus marginatus* Ching. | 草本 | ● | + | | | | |
| 江南星蕨 | *Microsorium fortunei*（T. Moore）Ching. | 草本 | ● | + | | | | |
| 日本水龙骨 | *Polypodiodes niponica*（Mett.）Ching. | 草本 | ■ | + | | | | |
| 中华水龙骨 | *Polypodiodes chinensis*（Christ）S. G. Lu. | 草本 | ▼ | + | | | | |
| 光石韦 | *Pyrrosia calvata*（Baker）Ching. | 草本 | ▼ | + | | | | |
| 庐山石韦 | *Pyrrosia sheareri*（Baker）Ching. | 草本 | ■ | + | | | | |
| 西南石韦 | *Pyrrosia gralla*（Gies.）Ching. | 草本 | ■ | + | | | | |
| 相近石韦 | *Pyrrosia assimilis*（Baker）Ching. | 草本 | ■ | + | | | | |
| 毡毛石韦 | *Pyrrosia drakeana*（Franch.）Ching. | 草本 | ■ | + | | | | |
| 有柄石韦 | *Pyrrosia petiolosa*（Christ）Ching. | 草本 | ▼ | + | | | | |
| 31 剑蕨科 Loxogrammaceae | | | | | | | | |
| 褐柄剑蕨 | *Loxogramme duclouxii* Chirst. | 草本 | ● | | | | | |
| 匙叶剑蕨 | *Loxogramme grammitoides*（Baker）C. Chr. | 草本 | ▼ | | + | | | |
| 柳叶剑蕨 | *Loxogramme salicifolia*（Makino）Makino. | 草本 | ● | + | | | | |
| 32 苹科 Marsileaceae | | | | | | | | |
| 苹 | *Marsilea quaodrifolia* L. | 草本 | ▼ | + | | | | |
| 33 槐叶萍科 Salviniaceae | | | | | | | | |
| 槐叶苹 | *Salvinia nantans* Wikipedia. | 草本 | ● | + | | | | |
| 34 满江红科 Azollaceae | | | | | | | | |
| 满江红 | *Azolla imbricata*（Roxb.）Nakai. | 草本 | ● | | | | | |
| **裸子植物门 Gymnospermae** | | | | | | | | |
| 1 苏铁科 Cycadaceae | | | | | | | | |
| *苏铁 | *Cycas revoluta* Thunb. | 乔木 | ● | + | + | + | | |
| 2 银杏科 Ginkgoaceae | | | | | | | | |
| *银杏 | *Ginkgo biloba* L. | 乔木 | ● | + | + | + | | |
| 3 松科 Pinaceae | | | | | | | | |
| 秦岭冷杉 | *Abies chensiensis* Van Tiegh. | 乔木 | ● | + | + | | | |
| 巴山冷杉 | *Abies fargesii* Franch. | 乔木 | ● | | + | | | |
| 铁坚油杉 | *Keteleeria davidiana*（Bertr.）Beissn. | 乔木 | ▼ | | + | | | |
| 麦吊云杉 | *Picea brachytyla*（Franch.）Pritz. | 乔木 | ● | | + | | | |
| 大果青扦 | *Picea neoveitchii* Mast. | 乔木 | ● | | + | | | |
| 青扦 | *Picea wilsonii* Mast. | 乔木 | ■ | | + | | | |
| 华山松 | *Pinus armandi* Franch. | 乔木 | ▼ | + | + | | | |
| 马尾松 | *Pinus massoniana* Lamb. | 乔木 | ▼ | + | + | | | |
| 油松 | *Pinus tabulaeformis* Carr. | 乔木 | ● | + | + | | | |

续表

| 物种 | 学名 | 生活型 | 数据来源 | 药用 | 观赏 | 食用 | 蜜源 | 工业原料 |
|---|---|---|---|---|---|---|---|---|
| 巴山松 | *Pinus tabulaeformis* var. *henryi* Mast. | 乔木 | ▼ | | + | | | |
| 铁杉 | *Tsuga chinensis*（Franch.）Pritz. | 乔木 | ● | | + | | | |
| 矩鳞铁杉 | *Tsuga oblongisquamata*（W. C. Cheng et L. K. Fu）L. K. Fu et Nan Li. | 乔木 | ● | | + | | | |
| 4 杉科 Taxodiaceae | | | | | | | | |
| 杉木 | *Cunninghamia lanceolata*（Lamb.）Hook. | 乔木 | ▼ | + | + | | | |
| *红桧 | *Chamaecyparis formosensis* Matsum. | 乔木 | ■ | | + | | | |
| *日本花柏 | *Chamaecyparis pisifera*（Sieb. et Zucc.）Endl. | 乔木 | ■ | | + | | | |
| *落羽杉 | *Taxodium distichum*（L.）Rich. | 乔木 | ■ | | + | | | |
| *柳杉 | *Cryptomeria fortunei* Hooibrenk ex Otto et Dietr. | 乔木 | ■ | | + | | | |
| 5 柏科 Cupressaceae | | | | | | | | |
| 柏木 | *Cupressus funebris* Endl. | 乔木 | ▼ | + | + | | | |
| 刺柏 | *Juniperus formosana* Hayata. | 乔木 | ▼ | + | + | | | |
| *千头柏 | *Platycladus orientalis*（L.）Franco. | 乔木 | ● | | + | | | |
| 圆柏 | *Sabina chinensis*（L.）Ant. | 乔木 | ● | | + | | | |
| *塔柏 | *Sabina chinensis*（L.）Ant. cv. *Pyramidalis*. | 乔木 | ● | | + | | | |
| 高山柏 | *Sabina squamata*（Buch.-Ham.）Ant. | 乔木 | ● | | + | | | |
| 香柏 | *Sabina pingii*（Cheng ex Ferre）Cheng et W. T. Wang var. *wilsonii*（Rehd.）Cheng et L. K. Fu. | 乔木 | ● | | + | | | |
| 6 罗汉松科 Podocarpaceae | | | | | | | | |
| *罗汉松 | *Podocarpus macrophyllus*（Thunb.）D. | 乔木 | ● | | + | | | |
| *竹柏 | *Podocarpus nagi*（Thunb.）Zoll. et Mor ex Zoll. | 乔木 | ■ | | + | | | |
| 7 三尖杉科 Cephalotaxaceae | | | | | | | | |
| 绿背三尖杉 | *Cephalotaxus fortunei* var. *concolor* Franch. | 乔木 | ● | | + | | | |
| 三尖杉 | *Cephalotaxus fortunei* Hook. f. | 乔木 | ▼ | | + | | | |
| 粗榧 | *Cephalotaxus sinensis*（Rehd. et Wils.）Li. | 乔木 | ▼ | + | + | | | |
| 8 南洋杉科 Araucariaceae | | | | | | | | |
| *异叶南洋杉 | *Araucaria heterophylla*（Salisb.）Franco. | 乔木 | ■ | | + | | | |
| 9 红豆杉科 Taxaceae | | | | | | | | |
| 红豆杉 | *Taxus chinensis*（Pilger）Rehd. | 乔木 | ▼ | + | + | | | |
| 南方红豆杉 | *Taxus chinensis* var. *mairei*（Lemee et Levl.）Cheng et L. K. | 乔木 | ● | + | | | | |
| 榧树 | *Torreya grandis* Fort. et Lindl. | 乔木 | ■ | + | | | | |
| 巴山榧树 | *Torreya fargesii* Franch. | 乔木 | ▼ | + | | | | |
| **被子植物门 Angiospermae** | | | | | | | | |
| **双子叶植物纲 Dicotyledoneae** | | | | | | | | |
| **离瓣花亚纲 Choripetalae** | | | | | | | | |
| 1 三白草科 Saururaceae | | | | | | | | |
| 裸蒴 | *Gymnotheca chinensis* Decne. | 草本 | ● | + | | | | |
| 白苞裸蒴 | *Gymnotheca involucrata* Pei. | 草本 | ● | + | | | | |
| 鱼腥草 | *Houttuynia cordata* Thunb. | 草本 | ▼ | + | | + | | |
| 三白草 | *Saururus chinensis*（Lour.）Baill. | 草本 | ● | + | | | | |
| 2 胡椒科 Piperaceae | | | | | | | | |
| 一柱香 | *Peperomia reflexa*（L.f.）A.Dietr. | 藤本 | ● | + | | | | |

| 物种 | 学名 | 生活型 | 数据来源 | 药用 | 观赏 | 食用 | 蜜源 | 工业原料 |
|---|---|---|---|---|---|---|---|---|
| 竹叶胡椒 | *Piper bambusaefolium* Tseng. | 藤本 | ▼ | | | | | |
| 石南藤 | *Piper wallichii*（Miq.）Hand. | 藤本 | ● | + | | | | |
| 3 金粟兰科 Chloranthaceae | | | | | | | | |
| 宽叶金粟兰 | *Chloranthus henryi* Hemsl. | 草本 | ▼ | + | | | | |
| 多穗金粟兰 | *Chloranthus multistachys* Pei. | 草本 | ● | + | | | | |
| 及已 | *Chloranthus serratus*（Thunb.）Roem. et Schult. | 草本 | ● | + | | | | |
| 四川金粟兰 | *Chloranthus sessilifolius* K. F. Wu. | 草本 | ● | + | | | | |
| 草珊瑚 | *Sarcandra glabra*（Thunb.）Nakai. | 草本 | ▼ | + | + | | | |
| 4 杨柳科 Salicaceae | | | | | | | | |
| *毛白杨 | *Populus tomentosa* Carrière. | 乔木 | ■ | | + | | | |
| 响叶杨 | *Populus adenopoda* Maxim. | 乔木 | ● | + | + | | | |
| 山杨 | *Populus davidiana* Dode. | 乔木 | ● | | + | | | |
| 大叶杨 | *Populus lasiocarpa* Oliv. | 乔木 | ● | | + | | | |
| 椅杨 | *Populus wilsonii* Schneid. | 乔木 | ● | | + | | | |
| 川鄂柳 | *Salix fargesii* Burk. | 灌木 | ■ | | + | | | |
| *垂柳 | *Salix babylonica* L. | 乔木 | ▼ | + | + | | | |
| 大叶柳 | *Salix magnifica* Hemsl. | 灌木 | ■ | + | + | | | |
| 灰叶柳 | *Salix spodiophylla* Hand.-Mazz. | 灌木 | ■ | | + | | | |
| 巫山柳 | *Salix fargesii* Burk. | 乔木 | ● | | + | | | |
| 腺柳 | *Salix chaenomeloides* Kimura. | 乔木 | ● | | + | | | |
| 紫枝柳 | *Salix heterochroma* Seemen. | 乔木 | ● | | + | | | |
| 小叶柳 | *Salix hypoleuca* Seemen. | 乔木 | ● | | + | | | |
| 丝毛柳 | *Salix luctuosa* Lévl. | 乔木 | ● | | + | | | |
| 旱柳 | *Salix matsudana* Koidz. | 乔木 | ● | | + | | | |
| 龙爪柳 | *Salix matsudana* var. *matsudana* f. *tortuosa*（Vilm.）Rehd. | 乔木 | ● | | + | | | |
| 秋华柳 | *Salix variegata* Franch. | 乔木 | ● | | + | | | |
| 皂柳 | *Salix wallichiana* Anderss. | 乔木 | ● | | + | | | |
| 5 胡桃科 Juglandaceae | | | | | | | | |
| 青钱柳 | *Cyclocarya paliurus*（Batal.）Iljinsk. | 乔木 | ■ | | + | + | | |
| 野核桃 | *Juglans cathayensis* Dode. | 乔木 | ■ | | + | + | | |
| 胡桃 | *Juglans regia* L. | 乔木 | ■ | | + | + | | |
| 湖北枫杨 | *Pterocarya hupehensis* Skan. | 乔木 | ● | | + | | | |
| 华西枫杨 | *Pterocarya insignis* Rehd. | 乔木 | ● | + | | | | |
| 枫杨 | *Pterocarya stenoptera* C. DC. | 乔木 | ■ | + | | | | |
| 化香 | *Platycarya strobilacea* Sieb.et Zucc. | 乔木 | ■ | + | | | | |
| 6 杨梅科 Myricaceae | | | | | | | | |
| 毛杨梅 | *Myrica esculenta* Buch.-Ham. | 乔木 | ■ | | | + | | |
| 7 桦木科 Betulaceae | | | | | | | | |
| 桤木 | *Alnus cremastogyne* Burk. | 乔木 | ▼ | + | + | | | |
| 红桦 | *Betula albo-sinensis* Burk. | 乔木 | ● | | | | | |
| 香桦 | *Betula insignis* Franch. | 乔木 | ● | | | | | |
| 宽叶桦 | *Betula luminifera* H. | 乔木 | ▼ | | | | | |

续表

| 物种 | 学名 | 生活型 | 数据来源 | 药用 | 观赏 | 食用 | 蜜源 | 工业原料 |
|---|---|---|---|---|---|---|---|---|
| 亮叶桦 | *Betula luminifera* H. Winkl. | 乔木 | ■ | + | | | | |
| 糙皮桦 | *Betula utilis* D. Don. | 乔木 | ● | | | | | |
| 川陕鹅耳枥 | *Carpinus fargesiana* H. Winkl. | 乔木 | ■ | | | | | |
| 川鄂鹅耳枥 | *Carpinus hupeana* var. *henryana*（H. Winkl.）P. C. Li. | 乔木 | ■ | | | | | |
| 多脉鹅耳枥 | *Carpinus polyneura* Franch. | 乔木 | ■ | | | | | |
| 披针叶榛 | *Corylus fargesii* Schneid. | 乔木 | ■ | | | | | |
| 川榛 | *Corylus heterophylla* var. *sutchuenensis* Franch. | 乔木 | ● | | | | | |
| 8 壳斗科 Fagaceae | | | | | | | | |
| *栗 | *Castanea mollissima* Bl. | 乔木 | ■ | | | | | |
| 锥栗 | *Castanea henryi*（Skan）Rehd. et Wils. | 乔木 | ■ | + | | + | | |
| 茅栗 | *Castanea seguinii* Dode. | 乔木 | ● | + | | + | | |
| 栲 | *Castanopsis fargesii* Franch. | 乔木 | ▼ | | | | | |
| 短刺米槠 | *Castanopsis carlesii*（Hemsl.）Hay. var.*spinulosa* Cheng et Chao. | 乔木 | ▼ | | | | | |
| 米槠 | *Castanopsis carlesii*（Hemsl.）Hay. | 乔木 | ▼ | + | | | | |
| 滇青冈 | *Cyclobalanopsis glaucoides* Schott. | 乔木 | ▼ | | | | | |
| 多脉青冈 | *Cyclobalanopsis multinervis* W. C. Cheng et T. Hong | 乔木 | ▼ | | | | | |
| 小叶青冈 | *Cyclobalanopsis myrsinifolia*（Blume）Oersted. | 乔木 | ▼ | | | | | |
| 水青冈 | *Fagus longipetiolata* Seem. | 乔木 | ● | | | | | |
| 米心水青冈 | *Fagus engleriana* Seem. | 乔木 | ● | | | | | |
| 巴山水青冈 | *Fagus pashanica* C.C.Yang | 乔木 | ● | | | | | |
| 柯 | *Lithocarpus glaber*（Thunb.）Nakai. | 乔木 | ■ | | | | | |
| 包果柯 | *Lithocarpus cleistocarpus*（Seem.）Rehd. et Wils. | 乔木 | ■ | | | | | |
| 川柯 | *Lithocarpus fangii*（Hu et Cheng）Huang et Y. T. Chang. | 乔木 | ■ | | | | | |
| 白栎 | *Quercus fabri* Hance. | 乔木 | ■ | + | | | | |
| 川滇高山栎 | *Quercus aquifolioides* Rehd. et Wils. | 乔木 | ■ | | | | | |
| 匙叶栎 | *Quercus dolicholepis* A. Camus | 乔木 | ▼ | | | | | |
| 乌岗栎 | *Quercus phillyraeoides* A. Gray. | 灌木 | ■ | | | + | | |
| 槲栎 | *Quercus aliena* Bl. | 乔木 | ▼ | | + | | | |
| 锐齿槲栎 | *Quercus aliena* var. *acuteserrata* Maxim. ex Wenz. | 乔木 | ● | + | | | | |
| 巴东栎 | *Quercus engleriana* Seem. | 乔木 | ● | + | | | | |
| 栓皮栎 | *Quercus variabilis* Bl. | 乔木 | ▼ | | | | | |
| 枹栎 | *Quercus serrata* Thunb. | 乔木 | ■ | | | + | | |
| 刺叶高山栎 | *Quercus spinosa* David ex Franch. | 乔木 | ■ | | | + | | |
| 短柄枹栎 | *Quercus serrata* Thunb. var. *brevipetiolata*（A. DC.）Nakai. | 乔木 | ■ | | | + | | |
| 9 榆科 Ulmaceae | | | | | | | | |
| 假玉桂 | *Celtis timorensis* Span. | 乔木 | ■ | | | | | |
| 朴树 | *Celtis sinensis* Pers. | 乔木 | ■ | | + | | | |
| 紫弹树 | *Celtis biondii* Pamp. | 乔木 | ▼ | + | | | | |
| 青檀 | *Pteroceltis tatarinowii* Maxim. | 乔木 | ● | | | | | |
| 大叶榉树 | *Zelkova schneideriana* Hand.-Mazz. | 乔木 | ■ | | | | | |
| 榉树 | *Zelkova serrata*（Thunb.）Makino. | 乔木 | ■ | | | | | |
| 榆树 | *Ulmus pumila* L. | 乔木 | ■ | | | + | | |

续表

| 物种 | 学名 | 生活型 | 数据来源 | 药用 | 观赏 | 食用 | 蜜源 | 工业原料 |
|---|---|---|---|---|---|---|---|---|
| 10 桑科 Moraceae | | | | | | | | |
| 构树 | *Broussonetia papyrifera*（L.）L'Hér. ex Vent. | 乔木 | ■ | ＋ | ＋ | | | |
| 藤构 | *Broussonetia kaempferi* Sieb. var. *australis* Suzuki. | 灌木 | ■ | ＋ | | | | |
| 大麻 | *Cannabis sativa* L. | 草本 | ■ | ＋ | | | | |
| *无花果 | *Ficus carica* L. | 灌木 | ● | ＋ | | | | |
| 地果 | *Ficus tikoua* Bur. | 藤本 | ■ | ＋ | | | | |
| 黄葛树 | *Ficus virens* Ait. var. *sublanceolata*（Miq.）Corner. | 乔木 | ■ | ＋ | ＋ | | | |
| 菱叶冠毛榕 | *Ficus gasparriniana* Miq. var. *laceratifolia*（Lévl. et Vant.）Corner. | 灌木 | ■ | | ＋ | | | |
| 爬藤榕 | *Ficus sarmentosa* Buch.-Ham. ex J. E. Sm. var. *impressa*（Champ.）Corner. | 灌木 | ■ | ＋ | | | | |
| 异叶榕 | *Ficus heteromorpha* Hemsl. | 灌木 | ■ | ＋ | | | | |
| 珍珠莲 | *Ficus sarmentosa* Buch.-Ham. ex J. E. Sm. var. *henryi*（King ex Oliv.）Corner. | 灌木 | ■ | ＋ | | | | |
| 竹叶榕 | *Ficus stenophylla* Hemsl. | 灌木 | ■ | ＋ | | | | |
| 粗叶榕 | *Ficus hirta* Vahl. | 灌木 | ● | ＋ | | | | |
| *印度榕 | *Ficus elastica* Roxb. ex Hornem. | 乔木 | ● | | | | | |
| 尾尖爬藤榕 | *Ficus sarmentosa* var. *lacrymans*（Lévl. et Vant.）Corner. | 灌木 | ● | | | | | |
| 无柄爬藤榕 | *Ficus sarmentosa* var. *luducca*（Roxb.）Corner f. | 灌木 | ● | | | | | |
| 葎草 | *Humulus scandens*（Lour.）Merr. | 草本 | ■ | ＋ | | | | |
| 花叶鸡桑 | *Morus australis* Poir. var. *inusitata*（Lévl.）C. Y. Wu. | 灌木 | ■ | | ＋ | | | |
| 鸡桑 | *Morus australis* Poir. | 灌木 | ■ | ＋ | | | | |
| 鸡爪叶桑 | *Morus australis* Poir. var. *linearipartita* Cao. | 灌木 | ■ | ＋ | | | | |
| 蒙桑 | *Morus mongolica* Schneid. | 灌木 | ■ | ＋ | | | | |
| *桑 | *Morus alba* L. | 乔木 | ▼ | ＋ | | | | |
| 11 荨麻科 Urticaceae | | | | | | | | |
| 细野麻 | *Boehmeria gracilis* C. H. Wright. | 草本 | ● | ＋ | | | | |
| 悬铃叶苎麻 | *Boehmeria tricuspis*（Hance）Makino. | 草本 | ■ | ＋ | | | | |
| 苎麻 | *Boehmeria nivea*（L.）Gaudich. | 灌木 | ● | ＋ | | | | |
| 赤车 | *Pellionia radicans*（Sieb.et Zucc.）Wedd | 草本 | ▼ | ＋ | | | | |
| 水麻 | *Debregeasia orientalis* C. J. Chen. | 灌木 | ▼ | ＋ | | | | |
| 长叶水麻 | *Debregeasia longifolia*（Burm.f.）Wedd. | 灌木 | ■ | ＋ | | | | |
| 钝叶楼梯草 | *Elatostema obtusum* Wedd. | 草本 | ▼ | | | | | |
| 狭叶楼梯草 | *Elatostema lineolatum* Wight var. *majus* Wedd. | 草本 | ■ | | | | | |
| 短齿楼梯草 | *Elatostema brachyodontum*（Hand.-Mazz.）W. T. Wang. | 草本 | ■ | | | | | |
| 骤尖楼梯草 | *Elatostema cuspidatum* Wight. | 草本 | ■ | | | | | |
| 宜昌楼梯草 | *Elatostema ichangense* H.Schroter. | 草本 | ■ | ＋ | | | | |
| 楼梯草 | *Elatostema involucratum* Franch.et Sav. | 草本 | ■ | ＋ | | | | |
| 毛花点草 | *Nanocnide lobata* Wedd. | 草本 | ■ | ＋ | | | | |
| 雾水葛 | *Pouzolzia zeylanica*（L.）Benn. | 草本 | ■ | ＋ | | | | |
| 小叶冷水花 | *Pilea microphylla*（L.）Liebm. | 草本 | ▼ | ＋ | | | | |
| 大叶冷水花 | *Pilea martinii*（Lévl.）Hand.-Mazz. | 草本 | ■ | | ＋ | | | |
| *花叶冷水花 | *Pilea cadierei* Gagnep. | 草本 | ■ | | ＋ | | | |
| 冷水花 | *Pilea notata* C. H. Wright. | 草本 | ▼ | | ＋ | | | |

续表

| 物种 | 学名 | 生活型 | 数据来源 | 药用 | 观赏 | 食用 | 蜜源 | 工业原料 |
|------|------|------|------|------|------|------|------|------|
| 山冷水花 | *Pilea japonica*（Maxim.）Hand.-Mazz. | 草本 | ■ | | + | | | |
| 透茎冷水花 | *Pilea pumila*（L.）A. Gray. | 草本 | ▼ | + | | | | |
| **12 山龙眼科 Proteaceae** | | | | | | | | |
| *银桦 | *Grevillea robusta* A. Cunn. ex R. Br. | 乔木 | ● | | + | | | |
| 沙针 | *Osyris wightiana* wall. | 灌木 | ■ | + | | | | |
| **13 檀香科 Santalaceae** | | | | | | | | |
| 米面蓊 | *Buckleya lanceolata*（Sieb.et Zucc.）Miq. | 灌木 | ▼ | + | | | | |
| 重寄生 | *Phacellaria fargesii* Lecomte in Bull. | 草本 | ● | | | | | |
| 百蕊草 | *Thesium chinense* Turcz. | 草本 | ● | + | | | | |
| **14 桑寄生科 Loranthaceae** | | | | | | | | |
| 槲寄生 | *Viscum coloratum*（Kom.）Nakai. | 灌木 | ● | + | | | | |
| 线叶槲寄生 | *Viscum fargesii* Lecomte. | 灌木 | ● | + | | | | |
| 油杉寄生 | *Arceuthobium chinensis* Lecomte. | 灌木 | ■ | + | | | | |
| 桑寄生 | *Taxillus sutchuenensis*（Lec.）Danser. | 灌木 | ■ | + | | | | |
| **15 马兜铃科 Aristolochiaceae** | | | | | | | | |
| 北马兜铃 | *Aristolochia contorta* Bunge. | 藤本 | ● | + | | | | |
| 寻骨风 | *Aristolochia mollissima* Hance. | 藤本 | ■ | + | | | | |
| 马兜铃 | *Aristolochia debilis* Sieb. et Zucc. | 藤本 | ▼ | + | | | | |
| 异叶马兜铃 | *Aristolochia heterophylla*（Hemsl.）S. M. Hwang. | 藤本 | ▼ | + | | | | |
| 木通马兜铃 | *Aristolochia manshuriensis* Kom. | 藤本 | ● | + | | | | |
| 管花马兜铃 | *Aristolochia tubiflora* Dunn. | 藤本 | ● | + | | | | |
| 城口细辛 | *Asarum chengkouense* Z. L. Yang. | 草本 | ● | + | | | | |
| 川北细辛 | *Asarum chinense* Franch. | 草本 | ● | + | | | | |
| 铜钱细辛 | *Asarum debile* Franch. | 草本 | ● | + | | | | |
| 单叶细辛 | *Asarum himalaicum* Hook. f. et Thomson ex Klotzsch. | 草本 | ● | + | | | | |
| 巴山细辛 | *Asarum bashanense* Z.L.Yang. | 草本 | ● | + | | | | |
| 细辛 | *Asarum sieboldii* Miq. | 草本 | ● | + | | | | |
| 马蹄香 | *Saruma henryi* Oliv. | 草本 | ● | + | | | | |
| **16 蛇菰科 Balanophoraceae** | | | | | | | | |
| 川藏蛇菰 | *Balanophora fargesii*（Tiegh.）Harms. | 草本 | ● | + | | | | |
| 宜昌蛇菰 | *Balanophora henryi* Hemsl. | 草本 | ● | + | | | | |
| 筒鞘蛇菰 | *Balanophora involucrata* Hook.f. | 草本 | ■ | + | | | | |
| **17 蓼科 Polygonaceae** | | | | | | | | |
| 金线草 | *Antenoron filiforme*（Thunb.）Rob. et Vaut. | 草本 | ● | + | | | | |
| 细梗荞麦 | *Fagopyrum gracilipes*（Hemsl.）Damm. ex Diels. | 草本 | ● | | | | | |
| 荞麦 | *Fagopyrum sagittatum* Moench. | 草本 | ▼ | + | | + | | |
| 丛枝蓼 | *Polygonum posumbu* Buch.-Ham ex D. Don. | 草本 | ■ | + | | | | |
| 杠板归 | *Polygonum perfoliatum* L. | 草本 | ■ | + | | | | |
| 毛蓼 | *Polygonum barbatum* L. | 草本 | ▼ | | | | | |
| 萹蓄 | *Polygonum aviculare* L. | 草本 | ▼ | | | | | |
| 红蓼 | *Polygonum orientale* L. | 草本 | ■ | + | + | | | |
| 虎杖 | *Polygonum cuspidatum* Houtt. | 草本 | ▼ | + | | | | |

| 物种 | 学名 | 生活型 | 数据来源 | 药用 | 观赏 | 食用 | 蜜源 | 工业原料 |
|---|---|---|---|---|---|---|---|---|
| 火炭母 | *Polygonum chinense* L. | 草本 | ■ | + | | | | |
| 尼泊尔蓼 | *Polygonum nepalense* Meisn. | 草本 | ■ | | | | | |
| 头花蓼 | *Polygonum capitatum* Buch.-Ham. ex D. Don. | 草本 | ■ | + | | | | |
| 小头蓼 | *Polygonum microcephalum* D. Don. | 草本 | ■ | + | | | | |
| 长鬃蓼 | *Polygonum longisetum* De Br. | 草本 | ■ | | | | | |
| 酸模叶蓼 | *Polygonum lapathifolium* L. | 草本 | ● | + | | | | |
| 戟叶蓼 | *Polygonum thunbergii* Sieb. et Zucc. | 草本 | ● | + | | | | |
| 扛板归 | *Polygonum perfoliatum* L. | 草本 | ● | + | | | | |
| 习见蓼 | *Polygonum plebeium* R. Br. | 草本 | ● | | | | | |
| 香蓼 | *Polygonum viscosum* Buch.-Ham. ex D. Don. | 草本 | ● | | | | | |
| 掌叶大黄 | *Rheum palmatum* L. | 草本 | ● | + | | | | |
| 尼泊尔酸模 | *Rumex nepalensis* Spreng. | 草本 | ■ | + | | | | |
| 酸模 | *Rumex acetosa* L. | 草本 | ● | + | | | | |
| 羊蹄 | *Rumex japonicus* Houtt. | 草本 | ● | + | | | | |
| 18 藜科 Chenopodiaceae | | | | | | | | |
| 千针苋 | *Acroglochin persicarioides*（Poir.）Moq. | 草本 | ● | + | | | | |
| *甜菜 | *Beta vulgaris* L. | 草本 | ● | | | + | | |
| *厚皮菜 | *Beta vulgaris* var. *cicla* L. | 草本 | ● | | | + | | |
| 藜（灰灰菜） | *Chenopodium album* L. | 草本 | ▼ | | | + | | |
| 土荆芥 | *Chenopodium ambrosioides* L. | 草本 | ▼ | + | | | | |
| 杖藜 | *Chenopodium giganteum* D.Don. | 草本 | ● | | | | | |
| 细穗藜 | *Chenopodium gracilispicum* Kung. | 草本 | ● | | | | | |
| 地肤 | *Kochia scoparia*（L.）Schrad. | 草本 | ● | + | | + | | |
| 扫帚菜 | *Kochia scoparia* f. *trichophylla*（Hort.）Schinz et Thell. | 草本 | ● | + | | + | | |
| *菠菜 | *Spinacia oleracea* L. | 草本 | ● | | | + | | |
| 19 苋科 Amaranthaceae | | | | | | | | |
| 牛膝 | *Achyranthes bidentata* Blume. | 草本 | ▼ | + | | | | |
| 红牛膝 | *Achyranthes bidentata* f. *rubra* Ho. | 草本 | ● | + | | | | |
| 柳叶牛膝 | *Achyranthes longifolia*（Makino）Makino. | 草本 | ● | + | | | | |
| 红柳叶牛膝 | *Achyranthes longifolia* f. *rubra* Ho. | 草本 | ● | + | | | | |
| 莲子草 | *Alternanthera sessilis*（L.）DC. | 草本 | ■ | + | | | | |
| 喜旱莲子草 | *Alternanthera philoxeroides*（Mart.）Griseb. | 草本 | ▼ | + | | | | |
| 绿穗花 | *Amaranthus hybridus* | 草本 | ▼ | | | | | |
| 尾穗苋 | *Amaranthus caudatus* L. | 草本 | ● | + | + | | | |
| 刺苋 | *Amaranthus spinosus* L. | 草本 | ● | | | + | | |
| 苋 | *Amaranthus tricolor* L. | 草本 | ● | | | + | | |
| 青葙 | *Celosia argentea* L. | 草本 | ▼ | | + | | | |
| *鸡冠花 | *Celosia cristata* L. | 草本 | ● | | + | | | |
| *千日红 | *Gomphrena globosa* L. | 草本 | ● | | + | | | |
| 20 紫茉莉科 Nyctaginaceae | | | | | | | | |
| *光叶子花 | *Bougainvillea glabra* Choisy. | 灌木 | ■ | | + | | | |
| *紫茉莉 | *Mirabilis jalapa* L. | 草本 | ▼ | | + | | | |

续表

| 物种 | 学名 | 生活型 | 数据来源 | 药用 | 观赏 | 食用 | 蜜源 | 工业原料 |
|------|------|--------|----------|------|------|------|------|----------|
| 21 商陆科 Phytoacaceae | | | | | | | | |
| *商陆 | *Phytolacca acinosa* Roxb. | 草本 | ▼ | + | | | | |
| *垂序商陆 | *Phytolacca americana* L. | 草本 | ● | + | | | | |
| 22 粟米草科 Molluginaceae | | | | | | | | |
| 粟米草 | *Mollugo pentaphylla* L. | 草本 | ▼ | + | | | | |
| 23 马齿苋科 Portulacaceae | | | | | | | | |
| *大花马齿苋 | *Portulaca grandiflora* Hook. | 草本 | ● | + | + | | | |
| *马齿苋 | *Portulaca oleracea* L. | 草本 | ▼ | + | | | | |
| *土人参 | *Talinum paniculatum*（Jacq.）Gaertn. | 草本 | ▼ | + | | | | |
| 24 落葵科 Basellaceae | | | | | | | | |
| *落葵薯 | *Anredera cordifolia*（Tenore）Steenis. | 藤本 | ■ | | | | | |
| 落葵 | *Basella rubra* L. | 草本 | ● | + | | | | |
| 鹤草 | *Silene fortunei* Vis. | 草本 | ■ | + | | | | |
| 绳子草 | *Silene gallica* L. | 草本 | ▼ | + | | | | |
| 25 石竹科 Caryophyllaceae | | | | | | | | |
| 蚤缀 | *Arenaria serpyllifolia* L. | 草本 | ● | + | | | | |
| 球序卷耳 | *Cerastium glomeratum* Thuill. | 草本 | ▼ | | | | | |
| 缘毛卷耳 | *Cerastium furcatum* Cham. et Schlecht. | 草本 | ■ | + | | + | | |
| 狗筋蔓 | *Cucubalus baccifer* L. | 草本 | ▼ | + | | | | |
| *石竹 | *Dianthus chinensis* L. | 草本 | ● | + | + | | | |
| 瞿麦 | *Dianthus superbus* L. | 草本 | ▼ | + | | | | |
| 剪秋罗 | *Lychnis senno*（Sw.）Ohwi. | 草本 | ● | | + | | | |
| 漆姑草 | *Sagina japonica*（Sw.）Ohwi. | 草本 | ▼ | + | | | | |
| 多花繁缕 | *Stellaria nipponica* Ohwi. | 草本 | ■ | | | | | |
| 繁缕 | *Stellaria media*（L.）Cyr. | 草本 | ▼ | + | | | | |
| 湖北繁缕 | *Stellaria henryi* Williams. | 草本 | ■ | + | | | | |
| 鸡肠繁缕 | *Stellaria neglecta* Weihe ex Bluff et Fingerh. | 草本 | ■ | | | | | |
| 箐姑草 | *Stellaria vestita* Kurz. | 草本 | ■ | + | | | | |
| 伞花繁缕 | *Stellaria umbellata* Turcz. | 草本 | ■ | | | | | |
| 26 睡莲科 Nymphaeaceae | | | | | | | | |
| *莼菜 | *Brasenia schreberi* J. F. Gmel. Syst. Veg. | 草本 | ● | | | + | | |
| 芡实 | *Euryale ferux* Salisb. | 草本 | ● | + | | + | | |
| *莲 | *Nelumbo nucifera* Gaertn. | 草本 | ● | | + | | | |
| *睡莲 | *Nymphaea tetragona* Georgi. | 草本 | ● | | + | | | |
| 27 金鱼藻科 Ceratophyllaceae | | | | | | | | |
| 金鱼藻 | *Ceratophyllum demersum* L. | 草本 | ● | + | | | | |
| 28 领春木科 Eupteleaceae | | | | | | | | |
| 领春木 | *Euptelea pleiospermum* Hook. f. et Thoms. | 乔木 | ▼ | | + | | | |
| 29 连香树科 Cercidiphyllaceae | | | | | | | | |
| 连香树 | *Cercidiphyllum japonicum* Sieb. et Zucc. | 乔木 | ● | + | + | | | |
| 30 毛茛科 Ranunculaceae | | | | | | | | |
| 大麻叶乌头 | *Aconitum cannabifolium* Franch. ex Finet et Gagnep. | 草本 | ● | | | | | |

| 物种 | 学名 | 生活型 | 数据来源 | 药用 | 观赏 | 食用 | 蜜源 | 工业原料 |
|---|---|---|---|---|---|---|---|---|
| 细裂川鄂乌头 | *Aconitum henryi* Pritz. var. *compositum* Hand.-Mazz. | 草本 | ■ | | | | | |
| 乌头 | *Aconitum carmichaeli* Debx. | 草本 | ▼ | + | | | | |
| 瓜叶乌头 | *Aconitum hemsleyanum* Pritz. | 草本 | ● | + | | | | |
| 川鄂乌头 | *Aconitum henryi* Pritz. | 草本 | ▼ | + | | | | |
| 展毛川鄂乌头 | *Aconitum henryi* var. *villosum* W.T.Wang. | 草本 | ● | | | | | |
| 花葶乌头 | *Aconitum scaposum* Franch. | 草本 | ▼ | + | | | | |
| 聚叶花葶乌头 | *Aconitum scaposum* var. *vagimatum*（Pritz.）Rapaics. | 草本 | ● | + | | | | |
| 高乌头 | *Aconitum sinomoutanum* Nakai. | 草本 | ▼ | + | | | | |
| 白花松潘乌头 | *Aconitum sungpanense* var. *leucanthum* W.T.Wang. | 草本 | ● | + | | | | |
| 类叶升麻 | *Actaea asiatica* Hara. | 草本 | ● | + | | | | |
| 蜀侧金盏花 | *Adonis sutchuenensis* Franch. | 草本 | ● | + | | | | |
| 独叶草 | *Kingdonia uniflora* Balf.f. et W. W. Sm | 草本 | ■ | | | | | |
| 西南银莲花 | *Anemone davidii* Franch. | 草本 | ▼ | + | | | | |
| 鹅掌草 | *Anemone flaccida* Fr. Schmidt. | 草本 | ▼ | | + | | | |
| 打破碗花花 | *Anemone hupehensis* Lem. | 草本 | ▼ | + | | | | |
| 草玉梅 | *Anemone rivularis* Buch.-Ham. | 草本 | ▼ | + | | | | |
| 巫溪银莲花 | *Anemone rockii* Ulbr. var. *pilocarpa* W.T.Wang. | 草本 | ● | + | | | | |
| 匍枝银莲花 | *Anemone stolonifera* Maxim. | 草本 | ● | + | | | | |
| 大火草 | *Anemone tomentosa*（Maxim.）Pei. | 草本 | ■ | + | | | | |
| 野棉花 | *Anemone tomentosa* Buch.-Ham. | 草本 | ▼ | + | | | | |
| 无距楼斗菜 | *Aquilegia ecalcarata* Maxim. | 草本 | ● | + | | | | |
| 短距楼斗菜 | *Aquilegia ecalcarata* f. *semicalecarta*（Schipcz.）Hand.-Mazz. | 草本 | ● | + | | | | |
| 甘肃楼斗菜 | *Aquilegia oxysepala* var. *kansuesis* Trautv. | 草本 | ● | + | | | | |
| 直距楼斗菜 | *Aquilegia rockii* Munz. | 草本 | ● | + | | | | |
| 驴蹄草 | *Caltha palustris* L. | 草本 | ● | + | | | | |
| 升麻 | *Cimicifuga foetida* L. | 草本 | ● | + | | | | |
| 单穗升麻 | *Cimicifuga simplex* Wormsk. | 草本 | ▼ | + | | | | |
| 粗齿铁线莲 | *Clematis argentilucida*（Lévl. et Vant.）W. T. Wang. | 藤本 | ▼ | | | | | |
| 毛蕊铁线莲 | *Clematis lasiandra* Maxim. | 藤本 | ■ | | | | | |
| 毛柱铁线莲 | *Clematis meyeniana* Walp. | 藤本 | ■ | | | | | |
| 小木通 | *Clematis armandii* Franch. | 藤本 | ● | + | | | | |
| 威灵仙 | *Clematis chinensis* Osbeck. | 藤本 | ● | + | | | | |
| 多花铁线莲 | *Clematis dasyandra* var. *polyantha* Maxim. | 藤本 | ● | | + | | | |
| 山木通 | *Clematis finetiana* Lévl. | 藤本 | ● | + | | | | |
| 扬子铁线莲 | *Clematis ganpiniana*（Lévl. et Vant.）Tamura. | 藤本 | ● | | + | | | |
| 小蓑衣藤 | *Clematis gouriana* Roxb. ex DC. | 藤本 | ● | + | | | | |
| 单叶铁线莲 | *Clematis henryi* Oliv. | 藤本 | ● | + | | | | |
| 巴山铁线莲 | *Clematis kivilowii* var. *pashanensis* M. C. Chang. | 藤本 | ● | | | | | |
| 大花铁线莲 | *Clematis montana* Morr. et Decne. | 藤本 | ● | | + | | | |
| 宽柄铁线莲 | *Clematis otophora* Franch. | 藤本 | ● | | | | | |
| 钝萼铁线莲 | *Clematis peterae* Hand.-Mazz. | 藤本 | ● | + | | | | |
| 美花铁线莲 | *Clematis potaninii* Maxim. | 藤本 | ● | | + | | | |

续表

| 物种 | 学名 | 生活型 | 数据来源 | 药用 | 观赏 | 食用 | 蜜源 | 工业原料 |
|---|---|---|---|---|---|---|---|---|
| 铁线莲 | *Clematis terniflora* Thunb. | 藤本 | ● | | + | | | |
| 柱果铁线莲 | *Clematis uncinata* Champ. | 藤本 | ▼ | + | | | | |
| 尾叶铁线莲 | *Clematis urophylla* Franch. | 藤本 | ● | + | | | | |
| 大花绣球藤 | *Clematis montana* Buch.-Ham. ex DC. var. *grandiflora* Hook. | 藤本 | ■ | | + | | | |
| 裂叶铁线莲 | *Clematis parviloba* Gardn. et Champ. | 藤本 | ■ | | | | | |
| 五叶铁线莲 | *Clematis quinquefoliolata* Hutch. | 藤本 | ■ | | + | | | |
| 黄连 | *Coptis chinensis* Franch. | 草本 | ▼ | + | | | | |
| 川陕翠雀花 | *Delphinium henryi* Franch. | 草本 | ■ | | | | | |
| 还亮草 | *Delphinium anthriscifolium* Hance. | 草本 | ▼ | + | | | | |
| 大花还亮草 | *Delphinium anthriscifolium* var. *majus* Pamp. | 草本 | ● | + | | | | |
| 川黔翠雀花 | *Delphinium bonvalotii* Franch. | 草本 | ● | + | | | | |
| 秦岭翠雀花 | *Delphinium giraldii* Diels. | 草本 | ▼ | + | | | | |
| 毛茎翠雀花 | *Delphinium hirticaule* Franch. | 草本 | ● | + | | | | |
| 黑水翠雀花 | *Delphinium potaninii* Huth. | 草本 | ● | + | | | | |
| 耳状人字果 | *Dichocarpum auriculatum* （Franch.）W. T. Wang. | 草本 | ● | + | | | | |
| 纵肋人字果 | *Dichocarpum fargesii* （Franch.）W. T. Wang. | 草本 | ● | + | | | | |
| 小花人字果 | *Dichocarpum franchetii* （Finet et Gagn.）W. T. Wang. | 草本 | ● | + | | | | |
| 人字果 | *Dichocarpum adiantifolium* var. *sutchuenense* （Franch.）W. T. Wang. | 草本 | ● | + | | | | |
| 水葫芦苗 | *Halerpestes cymbalaria* （Pursh）Green. | 草本 | ● | + | | | | |
| 铁筷子 | *Helleborus thibetanus* Franch. | 草本 | ● | + | | | | |
| 川鄂獐耳细辛 | *Hepatica henryi* （Oliv.）Steward. | 草本 | ● | + | | | | |
| *芍药 | *Paeonia lactiflora* Pall. | 草本 | ● | + | + | | | |
| 毛果芍药 | *Paeonia lactiflora* var. *trichocarpa* （Bge.）Stern. | 草本 | ● | | + | | | |
| 草芍药 | *Paeonia obvata* Maxim. | 草本 | ● | | + | | | |
| 毛叶草芍药 | *Paeonia obvata* var. *willmottiae* （Stapf）Stern. | 草本 | ● | | + | | | |
| *牡丹 | *Paeonia suffreticoda* Andr. | 灌木 | ● | | + | | | |
| 白头翁 | *Pulsatilla chinensis* （Bunge）Regel. | 草本 | ● | + | | | | |
| 禺毛茛 | *Ranunculus cantoniensis* DC. | 草本 | ● | + | | | | |
| 茴茴蒜 | *Ranunculus chinensis* Bunge. | 草本 | ● | + | | | | |
| 西南毛茛 | *Ranunculus ficariifolius* Lévl. et Vaniot. | 草本 | ● | + | | | | |
| 毛茛 | *Ranunculus japonicus* Thunb. | 草本 | ▼ | + | | | | |
| 石龙芮 | *Ranunculus sceleratus* L. | 草本 | ▼ | + | | | | |
| 扬子毛茛 | *Ranunculus sieboldii* Miq. | 草本 | ▼ | + | | | | |
| 褐鞘毛茛 | *Ranunculus vaginatus* Hand.-Mazz. | 草本 | ● | + | | | | |
| 天葵 | *Semiaquilegia adoxoides* （DC.）Makino. | 草本 | ● | + | | | | |
| 黄三七 | *Souliea vaginata* （Maxim.）Franch. | 草本 | ● | + | | | | |
| 西南唐松草 | *Thalictrum fargesii* Franch. | 草本 | ● | | | | | |
| 长柄唐松草 | *Thalictrum przewalskii* Maxim. | 草本 | ■ | + | | | | |
| 盾叶唐松草 | *Thalictrum ichandgense* Lecoy. ex Oliv. | 草本 | ▼ | + | | | | |
| 爪哇唐松草 | *Thalictrum javanicum* Bl. | 草本 | ● | | | | | |
| 小果唐松草 | *Thalictrum microgfnum* Lecoy. ex Oliv. | 草本 | ● | + | | | | |
| 东亚唐松草 | *Thalictrum minus* var. *hypoleucum* （Sieb. et Zucc.）Miq. | 草本 | ● | + | | | | |

| 物种 | 学名 | 生活型 | 数据来源 | 药用 | 观赏 | 食用 | 蜜源 | 工业原料 |
|---|---|---|---|---|---|---|---|---|
| 粗壮唐松草 | *Thalictrum robustum* Maxim. | 草本 | ● | + | | | | |
| 箭头唐松草 | *Thalictrum simplex* var. *brevipes* L. | 草本 | ● | + | | | | |
| 弯柱唐松草 | *Thalictrum uncinulatum* Franch. | 草本 | ● | | | | | |
| 川陕金莲花 | *Trollius buddae* Schipcz. | 草本 | ● | + | | | | |
| 31 木通科 Lardizabalaceae | | | | | | | | |
| 三叶木通 | *Akebia trifoliata*（Thunb.）Koidz. | 藤本 | ● | + | | | | |
| 白木通 | *Akebia trifoliata* var. *australis*（Diels）T. Shimizu. | 藤本 | ● | + | | | | |
| 猫儿屎 | *Decaisnea insignis*（Griff.）Hook. f. et Thoms. | 灌木 | ● | + | | + | | |
| 五月瓜藤 | *Holboellia angustifolia* Wall. | 灌木 | ● | + | | + | | |
| 八月瓜 | *Holboellia latifolia* Wall. | 藤本 | ● | + | | | | |
| 鹰爪枫 | *Holboellia coriacea* Diels. | 藤本 | ● | + | | | | |
| 牛姆瓜 | *Holboellia grandiflora* Reaub. | 藤本 | ● | + | | | | |
| 串果藤 | *Sinofranchetia chinensis*（Franch.）Hemsl. | 藤本 | ● | + | | | | |
| 大血藤 | *Sargentodoxa cuneata*（Oliv.）Rehd. et Wils. | 藤本 | ■ | + | | | | |
| 羊瓜藤 | *Stauntonia duclouxii* Gagnep. | 藤本 | ■ | | | | | |
| 32 小檗科 Berberidaceae | | | | | | | | |
| 城口小檗 | *Berberis daiana* Ying. | 灌木 | ● | | | | | |
| 峨眉小檗 | *Berberis aemulans* Schneid. | 灌木 | ■ | | | | | |
| 金花小檗 | *Berberis wilsonae* Hemsl. | 灌木 | ■ | + | | | | |
| 直穗小檗 | *Berberis dasystachya* Maxim. | 灌木 | ● | + | | | | |
| 巴东小檗 | *Berberis henryana* Schneid. | 灌木 | ● | | | | | |
| 湖北小檗 | *Berberis gagnepainii* Schneid. | 灌木 | ● | + | | | | |
| 豪猪刺 | *Berberis julianae* Schneid. | 灌木 | ● | + | | | | |
| 刺黑珠 | *Berberis sargentiana* Schneid. | 灌木 | ● | | | | | |
| 假豪猪刺 | *Berberis soulieana* Schneid. | 灌木 | ● | | | | | |
| 鄂西小檗 | *Berberis zanlanschanensis* Pamp. | 灌木 | ● | | | | | |
| 八角莲 | *Dysosma versipellis*（Hance）M. Cheng ex Ying. | 草本 | ● | + | | | | |
| 川鄂淫羊藿 | *Epimedium fargesii* Franch. | 草本 | ▼ | + | | | | |
| 三枝九叶草 | *Epimedium sagittatum*（Sieb. et Zucc.）Maxim. | 草本 | ■ | + | | | | |
| 巫山淫羊藿 | *Epimedium wushanense* Ying | 草本 | ■ | + | | | | |
| 四川淫羊藿 | *Epimedium sutchuenense* Franch. | 草本 | ▼ | + | | | | |
| 淫羊藿 | *Epimedium sagittatum* Maxim. | 草本 | ● | + | | | | |
| 光叶淫羊藿 | *Epimedium sagittatum* var. *glabratum* Ying. | 草本 | ● | + | | | | |
| 单叶淫羊藿 | *Epimedium simplicifolium* Ying. | 草本 | ● | + | | | | |
| 红毛七 | *Leontice robustum* Maxim. | 草本 | ● | + | | | | |
| 阔叶十大功劳 | *Mahonia bealei*（Fort.）Carr. | 灌木 | ▼ | + | | | | |
| 安坪十大功劳 | *Mahonia eurybracteata* Fedde subsp. *ganpinensis*（Lévl.）Ying et Boufford. | 灌木 | ▼ | + | | | | |
| 十大功劳 | *Mahonia fortunei*（Lindl.）Fedde. | 灌木 | ● | + | | | | |
| *南天竹 | *Nandina domestica* Thunb. | 灌木 | ▼ | | + | | | |
| 33 防己科 Menispermaceae | | | | | | | | |
| 木防己 | *Cocculus orbiculatus*（L.）DC. | 藤本 | ● | + | | | | |
| 轮环藤 | *Cyclea racemosa* Oliv. | 藤本 | ▼ | | | | | |

续表

| 物种 | 学名 | 生活型 | 数据来源 | 药用 | 观赏 | 食用 | 蜜源 | 工业原料 |
|---|---|---|---|---|---|---|---|---|
| 四川轮环藤 | *Cyclea sutchuenensis* Gagnep. | 藤本 | ● | | | | | |
| 粉绿藤 | *Pachygone sinica* Diels. | 藤本 | ■ | + | | | | |
| 风龙 | *Sinomenium acutum*（Thunb.）Rehd. et Wils. | 藤本 | ▼ | + | | | | |
| 草质千金藤 | *Stephania herbacea* Gagnep. | 藤本 | ● | | | | | |
| 汝兰 | *Stephania sinica* Diels. | 藤本 | ● | + | | | | |
| 青牛胆 | *Tinospora sagittata*（Oliv.）Gagnep. | 藤本 | ▼ | + | | | | |
| 34 木兰科 Magnoliaceae | | | | | | | | |
| *紫玉兰 | *Magnolia liliflora* Desr. | 乔木 | ■ | | + | | | |
| 二乔玉兰 | *Magnolia soulangeana* Soul.-Bod. | 乔木 | ▼ | | | | | |
| *厚朴 | *Magnolia officinalis* Rehd. | 乔木 | ● | + | | | | |
| 大八角 | *Illicium majus* Hook. | 乔木 | ■ | + | | | | |
| 小花八角 | *Illicium micranthum* Dunn. | 乔木 | ■ | + | | | | |
| 南五味子 | *Kadsura longepeduoculata* Finet et Gagnep. | 藤本 | ▼ | + | | | | |
| 异形南五味子 | *Kadsura heteroclita*（Roxb.） | 藤本 | ■ | + | | | | |
| 合蕊五味子 | *Schisandra propinqua*（Wall.）Baill. | 藤本 | ■ | + | | | | |
| 红花五味子 | *Schisandra rubriflora*（Franch.）Rehd. et Wils. | 藤本 | ■ | + | | | | |
| 金山五味子 | *Schisandra glaucescens* Diels. | 藤本 | ■ | + | | | | |
| 毛叶五味子 | *Schisandra pubescens* Hemsl. et Wils. | 藤本 | ■ | + | | | | |
| 五味子 | *Schisandra chinensis*（Turcz.）Baill. | 藤本 | ● | + | | | | |
| 翼梗五味子 | *Schisandra henryi* Clarke. | 藤本 | ■ | + | | | | |
| 华中五味子 | *Schisandra sphenanthera* Rehd. | 藤本 | ▼ | + | | | | |
| 35 水青树科 Tetracentraceae | | | | | | | | |
| 水青树 | *Tetracentron sinense* Oliv. | 乔木 | ▼ | | | | | |
| 36 蜡梅科 Calycanthaceae | | | | | | | | |
| *蜡梅 | *Chimonanthus praecox*（L.）Link. | 灌木 | ● | | | | | |
| 柳叶蜡梅 | *Chimonanthus salicifolius* S. Y. Hu. | 灌木 | ■ | | + | | | |
| 37 樟科 Lauraceae | | | | | | | | |
| 隐脉黄肉楠 | *Actinodaphne obscurinervia* Yang et P. H. Huang. | 乔木 | ■ | | | | | |
| 红果黄肉楠 | *Actinodaphne cupularis*（Hemsl.）Gamble. | 灌木 | ■ | + | | | | |
| 竹叶楠 | *Phoebe faberi*（Hemsl.）Chun. | 乔木 | ■ | | | | | |
| 光枝楠 | *Phoebe neuranthoides* S. Lee et F. N. Wei. | 灌木 | ■ | | | | | |
| 楠木 | *Phoebe zhennan* S. Lee. | 乔木 | ■ | | | | | |
| 猴樟 | *Cinnamomum bodinieri* Lévl. | 乔木 | ● | | | | | |
| *天竺桂 | *Cinnamomum japonicum* Sieb. | 乔木 | ■ | | + | | | |
| *樟 | *Cinnamomum camphora*（L.）Presl. | 乔木 | ■ | | + | | | |
| *银木（大叶樟） | *Cinnamomum platyphyllum* Hand.-Mazz. | 乔木 | ● | | + | | | |
| 川桂 | *Cinnamomum wilsonii* Gamble. | 乔木 | ● | | + | | | |
| 广东山胡椒 | *Lindera kwangtungensis*（Liou）Allen. | 乔木 | ■ | | | + | | |
| 山胡椒（牛筋条） | *Lindera glauca*（Sieb. et Zucc.）Bl. | 乔木 | ▼ | | | | | |
| 菱叶钓樟 | *Lindera supracostata* Lec. | 灌木 | ■ | | | | | |
| 绒毛山胡椒 | *Lindera nacusua*（D. Don）Merr. | 灌木 | ■ | | | + | | |
| 三桠乌药 | *Lindera obtusiloba* Bl. Mus. Bot. | 乔木 | ■ | | | | | |

| 物种 | 学名 | 生活型 | 数据来源 | 药用 | 观赏 | 食用 | 蜜源 | 工业原料 |
|---|---|---|---|---|---|---|---|---|
| 山胡椒 | *Lindera glauca*（Sieb. et Zucc.）Bl. | 乔木 | ■ | | | + | | |
| 四川山胡椒 | *Lindera setchuenensis* Gamble. | 灌木 | ■ | | | + | | |
| 香叶树 | *Lindera communis* Hemsl. | 灌木 | ▼ | + | | | | |
| 香叶子 | *Lindera fragrans* Oliv. | 乔木 | ● | + | | | | |
| 绿叶甘植 | *Lindera fruticosa* Hemsl. | 灌木 | ▼ | | | | | |
| 山胡椒（牛筋条） | *Lindera glauca*（Sieb. et Zucc.）Bl. | 乔木 | ● | | | + | | |
| 黑壳楠 | *Lindera megaphylla* Hemsl. | 乔木 | ▼ | + | | | | |
| 香粉叶 | *Lindera pulcherrima* var. *attenuata* Allen. | 乔木 | ● | | | | | |
| 川钓樟 | *Lindera pulcherrima*（Wall.）Benth. var. *hemsleyana*（Diels）H. P. Tsui. | 乔木 | ▼ | | | | | |
| 钝叶木姜子 | *Litsea veitchiana* Gamble. | 灌木 | ■ | | | | | |
| 红皮木姜子 | *Litsea pedunculata*（Diels）Yang et P. H. Huang. | 灌木 | ■ | | | | | |
| 红叶木姜子 | *Litsea rubescens* Lec. | 灌木 | ■ | + | | | | |
| 黄丹木姜子 | *Litsea elongata*（Wall. ex Nees）Benth. et Hook. f. | 乔木 | ■ | | | | | |
| 近轮叶木姜子 | *Litsea elongata*（Wall. ex Nees）Benth. et Hook. f. var. *subverticillata*（Yang）Yang et P. H. Huang. | 乔木 | ■ | + | | | | |
| 毛叶木姜子 | *Litsea mollis* Hemsl. | 灌木 | ■ | + | | | | |
| 绒叶木姜子 | *Litsea wilsonii* Gamble. | 乔木 | ■ | + | | | | |
| 山鸡椒 | *Litsea cubeba*（Lour.）Pers. | 乔木 | ■ | + | | | | |
| 宜昌木姜子 | *Litsea ichangensis* Gamble | 乔木 | ● | | | | | |
| 尖叶木姜子 | *Litsea pungens* Hemsl. | 乔木 | ● | | | | | |
| 杨叶木姜子 | *Litsea populifolia*（Hemsl.）Gamble | 乔木 | ■ | | | | | |
| 利川润楠 | *Machilus lichuanensis* Cheng ex S. Lee | 乔木 | ■ | | | | | |
| 润楠 | *Machilus pingii* Cheng ex Yang | 乔木 | ■ | | | | | |
| 小果润楠 | *Machilus microcarpa* Hemsl. | 乔木 | ■ | | | | | |
| 宜昌润楠 | *Machilus ichangensis* Rehd. et Wils. | 乔木 | ▼ | | | | | |
| 川鄂新樟 | *Neocinnamomum fargesii*（Lec.）Kosterm. | 乔木 | ▼ | | | | | |
| 簇叶新木姜子 | *Neolitsea confertfolia*（Hemsl.）Merr. | 乔木 | ● | | | | | |
| 大叶新木姜子 | *Neolitsea levinei* Merr. | 乔木 | ■ | | | | | |
| 粉叶新木姜子 | *Neolitsea aurata*（Hay.）Koidz. var. *glauca* Yang | 乔木 | ■ | | | | | |
| 新木姜子 | *Neolitsea aurata*（Hay.）Koidz. | 乔木 | ■ | | | | | |
| 巫山新木姜子 | *Neolitsea wushanica*（Chun）Merr. | 乔木 | ● | | | | | |
| 白楠 | *Phoebe neurantha*（Hemsl.）Gamble | 灌木 | ● | | | | | |
| 檫木 | *Sassafras tsumu*（Hemsl.）Hemsl. | 乔木 | ▼ | | | | | |
| 38 罂粟科 Papaveraceae | | | | | | | | |
| 白屈菜 | *Chelidonium majus* L. | 草本 | ● | + | | | | |
| 川东紫堇 | *Corydalis acuminata* Franch. | 草本 | ● | | | | | |
| 小花黄堇 | *Corydalis racemosa*（Thunb.）. | 草本 | ■ | + | | | | |
| 紫堇 | *Corydalis edulis* Maxim. | 草本 | ● | + | | | | |
| 蛇果黄堇 | *Corydalis ophiocarpa* Hook. | 草本 | ● | | | | | |
| 秦岭紫堇 | *Corydalis trisecta* Franch. | 草本 | ● | + | | | | |
| 大花荷包牡丹 | *Dicentra macrantha* Oliv. | 草本 | ■ | + | | | | |
| 血水草 | *Eomecon chionantha* Hance. | 草本 | ■ | + | | | | |
| 荷青花 | *Hylomecon japonica*（Thunb.）Prantl. | 草本 | ● | + | | | | |

续表

| 物种 | 学名 | 生活型 | 数据来源 | 药用 | 观赏 | 食用 | 蜜源 | 工业原料 |
|---|---|---|---|---|---|---|---|---|
| 博落回 | *Macleaya cordeta*（Willd.）R. Br. | 草本 | ● | + | | | | |
| 柱果绿绒蒿 | *Meconopsis oliverana* Franch et Prain. | 草本 | ● | + | | | | |
| 椭果绿绒蒿 | *Meconopsis chelidonifolia* Bur et Franch. | 草本 | ■ | + | | | | |
| 四川金罂粟 | *Stylophorum sutchuense*（Franch.）Fedde. | 草本 | ● | | | | | |
| 39 十字花科 Cruciferae | | | | | | | | |
| 芸苔 | *Brassica campestris* L. | 草本 | ▼ | | | + | | |
| *紫菜苔 | *Brassica campestris* var. *purpuraria* L. H. Bailey. | 草本 | ● | | | + | | |
| *小白菜 | *Brassica chinensis* L. | 草本 | ● | | | + | | |
| 苦芥 | *Brassica integrifolia*（West.）O. E. Schulz. | 草本 | ● | + | | + | | |
| *芥菜 | *Brassica juncea*（L.）Czern. et Coss. | 草本 | ● | | | + | | |
| *雪里蕻 | *Brassica juncea* var. *multiceps* Tsen et Lee. | 草本 | ● | | | + | | |
| *大头菜 | *Brassica napobrassica*（L.）Czern. et Coss. | 草本 | ● | | | + | | |
| *花椰菜 | *Brassica oleracea* var. *botrytis* L. | 草本 | ● | | | + | | |
| *抱子甘蓝 | *Brassica oleracea* var. *gemmifera* Zenker. | 草本 | ● | | | + | | |
| 荠 | *Capsella bursa-pastoris*（L.）Medic. | 草本 | ● | | | + | | |
| 弯曲碎米荠 | *Cardamine flexuosa* With. | 草本 | ● | | | + | | |
| 碎米荠 | *Cardamine hirsuta* L. | 草本 | ▼ | | | + | | |
| 弹裂碎米荠 | *Cardamine impatiens* L. | 草本 | ▼ | + | | | | |
| 水田碎米荠 | *Cardamine lyrata* Bunge | 草本 | ● | + | | | | |
| 大叶碎米荠 | *Cardamine macrophylla* Willd. | 草本 | ● | + | | | | |
| 华中碎米荠 | *Cardamine urbaniana* O. E. | 草本 | ● | + | | | | |
| 云南碎米荠 | *Cardamine yunnanensis* Franch. | 草本 | ● | + | | | | |
| 桂竹香 | *Cheiranthus cheiri* L. | 草本 | ● | + | | + | | |
| 播娘蒿 | *Descurainia sophia*（L.）Webb. | 草本 | ● | + | | | | |
| 独行菜 | *Lepidium apetalum* Willd. | 草本 | ● | | | + | | |
| 楔叶独行菜 | *Lepidium cuneiforme* C. Y. Wu. | 草本 | ● | | | + | | |
| *紫罗兰 | *Matthiola incana*（L.）R. Br. | 草本 | ● | | + | | | |
| 诸葛菜 | *Orychophragmus violaceus*（L.）O. E. Schulz. | 草本 | ● | | + | + | | |
| 毛果诸葛菜 | *Orychophragmus violaceus* var. *lasiocarpus* Migo. | 草本 | ● | | + | + | | |
| 湖北诸葛菜 | *Orychophragmus violaceus* var. *lasiocarpus*（Pamp.）O. E. Schulz. | 草本 | ● | | + | + | | |
| 缺刻叶诸葛菜 | *Orychophragmus violaceus* var. *intermedius*（Pamp.）O. E. Schulz. | 草本 | ● | | | | | |
| *萝卜 | *Raphanus sativus* L. | 草本 | ● | | | + | | |
| *长羽叶萝卜 | *Raphanus sativus* var.*longipinnatus* R. s. | 草本 | ● | | | + | | |
| 蔊菜 | *Rorippa indica*（L.）Hiern. | 草本 | ● | + | | + | | |
| 无瓣蔊菜 | *Rorippa dubia*（Pers.）Hara. | 草本 | ● | + | | | | |
| 菥蓂 | *Thlaspi arvense* L. | 草本 | ● | + | | | | |
| 40 景天科 Crassulaceae | | | | | | | | |
| 八宝 | *Hylotelephium erythrostictum*（Miq.）H. Ohba. | 草本 | ■ | | + | | | |
| 菱叶红景天 | *Rhodiola henryi*（Diels）S. H. Fu. | 草本 | ■ | + | | | | |
| 瓦松 | *Orostachys fimbriatus*（Turcz.）Berger. | 草本 | ● | + | + | | | |
| 大苞景天 | *Sedum amplibracteatum* K. T. Fu. | 草本 | ■ | | | | | |

| 物种 | 学名 | 生活型 | 数据来源 | 药用 | 观赏 | 食用 | 蜜源 | 工业原料 |
|---|---|---|---|---|---|---|---|---|
| 费菜 | *Sedum aizoon* L. | 草本 | ■ | + | | + | | |
| 珠芽景天 | *Sedum bulbiferum* Makino. | 草本 | ■ | + | | | | |
| 城口景天 | *Sedum bonnieri* Hamet. | 草本 | ● | | | | | |
| 凹叶景天 | *Sedum emargintum* Migo. | 草本 | ● | + | | | | |
| 小山飘风 | *Sedum filipes* Hemsl. | 草本 | ● | | | | | |
| 佛甲菜 | *Sedum lineare* Thunb. | 草本 | ● | + | | | | |
| 垂盆草 | *Sedum sarmentosum* Bunge. | 草本 | ▼ | | + | | | |
| 短蕊景天 | *Sedum yvesii* Hamet. | 草本 | ● | | + | | | |
| 石花 | *Sinocrassula indica*（Craib.）Burtt. | 草本 | ● | | + | | | |
| 41 虎耳草科 Saxifragaceae | | | | | | | | |
| 落新妇 | *Astilbe chinensis*（Maxim.）Franch. et Savat. | 草本 | ■ | | + | | | |
| 锈毛金腰 | *Chrysosplenium davidianum* Decne. | 草本 | ● | | | | | |
| 绵毛金腰 | *Chrysosplenium lanuginosum* Hook. f. et Thoms. | 草本 | ▼ | + | | | | |
| 大叶金腰 | *Chrysosplenium macrophyllum* Oliv. | 草本 | ▼ | + | | | | |
| 柔毛金腰 | *Chrysosplenium pilosum* var. *valdepiosum* Ohwi. | 草本 | ● | | | | | |
| 中华金腰 | *Chrysosplenium sinicum* Maxim. | 草本 | ● | + | | | | |
| 单花金腰 | *Chrysosplenium uniflorum* Maxim. | 草本 | ■ | | | | | |
| 七叶鬼灯檠 | *Rodgersia aesculifolia* Batalin | 草本 | ■ | | | | | |
| 赤壁木 | *Decumaria sinensis* Oliv. | 灌木 | ● | + | | | | |
| 多辐线溲疏 | *Deutzia multiradiata* W. T. Wang. | 灌木 | ● | | | | | |
| 光叶溲疏 | *Deutzia nitidula* W. T. Wang. | 灌木 | ● | | | | | |
| 溲疏 | *Deutzia scabra* Thunb. | 灌木 | ● | | + | | | |
| 四川溲疏 | *Deutzia setchuenensis* Franch. | 灌木 | ▼ | + | | | | |
| 多花溲疏 | *Deutzia setchuenensis* var. *corymbiflora*（Lemoine ex Andre）Rehd. | 灌木 | ● | | | | | |
| 常山 | *Dichroa fevrifuga* Lour. | 灌木 | ● | + | | | | |
| 冠盖绣球 | *Hydrangea anomala* D. Don | 藤本 | ▼ | + | | | | |
| 西南绣球 | *Hydrangea davidii* Franch. | 灌木 | ■ | + | | | | |
| 中国绣球 | *Hydrangea chinensis* Maxim. | 灌木 | ■ | + | | | | |
| 纯兰绣球 | *Hydrangea longipes* Franch. | 灌木 | ▼ | | | | | |
| 蜡莲绣球 | *Hydrangea strigosa* Rehd. | 灌木 | ▼ | | + | | | |
| 挂苦绣球 | *Hydrangea xanthoneura* Diels. | 灌木 | ▼ | + | | | | |
| 白背绣球 | *Hydrangea hypoglauca* Rehd. | 灌木 | ■ | | + | | | |
| 粉背绣球 | *Hydrangea glaucophylla* C. C. Yang. | 藤本 | ■ | | + | | | |
| 绢毛绣球 | *Hydrangea glaucophylla* C. C. Yang var. *sericea*（C. C. Yang）Wei. | 藤本 | ■ | | + | | | |
| 乐思绣球 | *Hydrangea rosthornii* Diels. | 灌木 | ■ | | + | | | |
| 冬青叶鼠刺 | *Itea ilicifolia* Oliv. | 灌木 | ■ | | + | | | |
| 绢毛山梅花 | *Philadelphus sericanthus* Koehne. | 灌木 | ■ | + | | | | |
| 山梅花 | *Philadelphus incanus* Koehne. | 灌木 | ● | | + | | | |
| 革叶茶藨子 | *Ribes davidii* Franch. | 灌木 | ● | | | | | |
| 花茶藨子 | *Ribes fargesii* Franch. | 灌木 | ■ | | + | | | |
| 四川茶藨子 | *Ribes setchuense* Jancz. | 灌木 | ■ | | | | | |

续表

| 物种 | 学名 | 生活型 | 数据来源 | 药用 | 观赏 | 食用 | 蜜源 | 工业原料 |
|---|---|---|---|---|---|---|---|---|
| 糖茶藨子 | *Ribes himalense* Royle ex Decne. | 灌木 | ● | + | | | | |
| 细枝茶藨子 | *Ribes tenue* Jancz. | 灌木 | ■ | | | | | |
| 鄂西茶藨子 | *Ribes franchetii* Jancz. | 灌木 | ● | | | | | |
| 冰川茶藨子 | *Ribes glaciale* Wall. | 灌木 | ● | | | | | |
| 虎耳草 | *Saxifraga stolonifera* Curt. | 草本 | ▼ | + | | | | |
| 黄水枝 | *Tiarella polyphylla* D. Don. | 草本 | ● | + | | | | |
| 42 海桐花科 Pittosporaceae | | | | | | | | |
| 菱叶海桐 | *Pittosporum truncatum* Pritz. | 灌木 | ▼ | | | | | |
| 柄果海桐 | *Pittosporum podocarpum* Gagnep. | 灌木 | ■ | + | | | | |
| 海金子 | *Pittosporum illicioides* Makino. | 灌木 | ■ | + | | | | |
| 海桐 | *Pittosporum tobira*（Thunb.）Ait. | 灌木 | ■ | | + | | | |
| 皱叶海桐 | *Pittosporum crispulum* Gagnep. | 灌木 | ● | | | | | |
| 异叶海桐 | *Pittosporum heteropyllum* Franch. | 灌木 | ● | + | | | | |
| *海桐 | *Pittosporum tobira*（Thunb.）Ait. | 灌木 | ● | | + | | | |
| 崖花子 | *Pittosporum truncatum* Pritz. | 灌木 | ▼ | + | | | | |
| 木果海桐 | *Pittosporum xylocarpum* Hu et Wang. | 灌木 | ▼ | + | | | | |
| 43 金缕梅科 Hamamelidaceae | | | | | | | | |
| 鄂西蜡瓣花 | *Corylopsis henryi* Hemsl. | 灌木 | ● | | + | | | |
| 蜡瓣花 | *Corylopsis sinensis* Hemsl. | 灌木 | ▼ | | + | | | |
| 红药蜡瓣花 | *Corylopsis veitchiana* Bean | 灌木 | ● | | + | | | |
| 四川蜡瓣花 | *Corylopsis willmottiae* Rehd. et Wils. | 乔木 | ■ | | + | | | |
| 秃蜡瓣花 | *Corylopsis sinensis* var. *calvescens* Rehd. et Wils. | 灌木 | ● | | + | | | |
| 星毛蜡瓣花 | *Corylopsis stelligera* Guill. | 乔木 | ● | | + | | | |
| 杨梅叶蚊母树 | *Distylium myricoides* Hemsl. | 灌木 | ■ | + | | | | |
| 枫香树 | *Liquidambar formosana* Hance. | 乔木 | ▼ | + | + | | | |
| 檵木 | *Loropetalum chinense*（R. Br.）Oliver. | 灌木 | ● | | + | | | |
| 山白树 | *Sinowilsonia henryi* Hemsl. | 灌木 | ▼ | | + | | | |
| 水丝梨 | *Sycopsis sinensis* Olive. | 乔木 | ● | | + | | | |
| 44 杜仲科 Eucommiaceae | | | | | | | | |
| 杜仲 | *Eucommia ulmoides* Oliver. | 乔木 | ● | + | | | | |
| 45 悬铃木科 Platanaceae | | | | | | | | |
| *二球悬铃木 | *Platanus acerifolia* Willd. | 乔木 | ▼ | | + | | | |
| 46 蔷薇科 Rosaceae | | | | | | | | |
| 龙牙草 | *Agrimonia pilosa* Ldb. | 草本 | ▼ | + | + | | | |
| 黄龙尾 | *Agrimonia pilosa* var. *nepalensis*（D. Don）Nakai. | 草本 | ● | + | + | | | |
| 山桃 | *Amygdalus davidiana*（Carrière）de Vos ex Henry. | 乔木 | ● | | + | + | | |
| *桃 | *Amygdalus persica* L. | 乔木 | ● | | + | + | | |
| 榆叶梅 | *Amygdalus triloba*（Lindl.）Ricker. | 灌木 | ● | | + | | | |
| *梅 | *Armeniaca mume* Sieb. | 乔木 | ● | | + | + | | |
| *杏 | *Armeniaca vulgaris* Lam. | 乔木 | ▼ | + | | + | | |
| 假升麻 | *Aruncus sylvester* Kostel. | 草本 | ▼ | + | | | | |
| *麦李 | *Cerasus glandulosa*（Thunb.）Lois. | 灌木 | ● | | + | | | |
| 毛樱桃 | *Cerasus tomentosa*（Thunb）wall. Ex Hook | 灌木 | ▼ | | | | | |

| 物种 | 学名 | 生活型 | 数据来源 | 药用 | 观赏 | 食用 | 蜜源 | 工业原料 |
|---|---|---|---|---|---|---|---|---|
| 微毛樱桃 | *Cerasus clarofolia*（Schneid.）Yu et Li. | 灌木 | ■ | | | + | | |
| 西南樱桃 | *Cerasus duclouxii*（Koehne）Yu et Li. | 灌木 | ■ | | | + | | |
| 尾叶樱桃 | *Cerasus dielsiana*（Schneid.）Yu et Li. | 乔木 | ● | | + | | | |
| *樱桃 | *Cerasus pseudocerasus*（Lindl.）G. Don. | 乔木 | ● | | | + | | |
| *樱花 | *Cerasus serrulata*（Lindl.）G. | 乔木 | ● | | | + | | |
| *川西樱桃 | *Cerasus trichostoma*（Koehne）Yu et Li. | 乔木 | ● | | + | | | |
| 皱皮木瓜 | *Chaenomeles lagenarca*（Sweet）Nakai. | 灌木 | ● | + | | | | |
| 川康栒子 | *Cotoneaster ambigus* Rehd. et wills | 灌木 | ▼ | | | | | |
| 匍匐栒子 | *Cotoneaster adperssus* Bois | 灌木 | ▼ | | | | | |
| 矮生栒子 | *Cotoneaster dammerii* Schneid. | 灌木 | ■ | | | | | |
| 暗红栒子 | *Cotoneaster obscurus* Rehd. et Wils. | 灌木 | ■ | | | | | |
| 黄杨叶栒子 | *Cotoneaster buxifolius* Lindl. | 灌木 | ■ | | + | | | |
| 柳叶栒子 | *Cotoneaster salicifolius* Franch. | 灌木 | ■ | | + | | | |
| 木帚栒子 | *Cotoneaster dielsianus* Pritz. | 灌木 | ■ | | | | | |
| 平枝栒子 | *Cotoneaster horizontalis* Dcne. | 灌木 | ▼ | + | + | | | |
| 小叶平枝栒子 | *Cotoneaster horizontalis* var. *perpusillus* Schneid. | 灌木 | ● | | + | | | |
| 小叶栒子 | *Cotoneaster microphylla* Lindl. | 灌木 | ● | | + | | | |
| 泡叶栒子 | *Cotoneaster bullatus* Bois. | 灌木 | ● | | | | | |
| 山楂 | *Crataegus pinnatifida* Bunge. | 乔木 | ■ | + | | + | | |
| 野山楂 | *Crataegus cuneata* Sieb. | 灌木 | ● | + | | + | | |
| 湖北山楂 | *Cotoneaster hupehensis* Sarg. | 乔木 | ▼ | + | | + | | |
| 蛇莓 | *Duchesnea indica*（Andr.）Focke | 草本 | ▼ | + | | + | | |
| *枇杷 | *Eriobotrya japonica*（Thunb.）Lindl. | 乔木 | ● | + | | + | | |
| *草莓 | *Fragaria ananassa* Duch. | 草本 | ● | | | + | | |
| 黄毛草莓 | *Fragaria nilgerrensis* Schlecht. ex Gay | 草本 | ■ | | | + | | |
| 纤细草莓 | *Fragaria gracilis* Lozinsk. | 草本 | ■ | | | + | | |
| 路边青 | *Geum aleppicum* Jacq. | 草本 | ■ | + | | | | |
| 柔毛路边青 | *Geum japonicum* Thunb. var. *chinense* F. Bolle. | 草本 | ■ | + | | | | |
| 水杨梅 | *Geum aleppicum* Wikipedia. | 乔木 | ● | | + | | | |
| 羽裂水杨梅 | *Geum aleppicum* var. *bipinnatum*（Batalin）Hand.-Mazz. | 灌木 | ● | | + | | | |
| 棣棠 | *Kerria japonica*（L.）DC. | 灌木 | ▼ | | + | | | |
| *重瓣棣棠花 | *Kerria japonica*（L.）DC. f. *pleniflora*（Witte）Rehd. | 灌木 | ■ | | + | | | |
| 大叶桂樱 | *Laurocerasus zippeliana*（Miq.）Yü et Lu. | 乔木 | ■ | + | | | | |
| 臭樱 | *Maddenia hypoleuca* Koehne. | 乔木 | ● | | + | | | |
| 花红 | *Malus asiatica* Nakai. | 乔木 | ● | + | | | | |
| *垂丝海棠 | *Malus halliana* Koehne. | 乔木 | ● | | + | | | |
| 湖北海棠 | *Malus hupehensis*（Pamp.）Rehd. | 乔木 | ● | | + | | | |
| 毛山荆子 | *Malus manshurica*（Maxim.）Kom. ex Juz. | 乔木 | ● | + | + | | | |
| 楸子 | *Malus prunifolia*（Willd.）Borkh. | 乔木 | ● | | + | | | |
| 川鄂海棠 | *Malus yunnanensis* var. *veitchii*（Veitch.）Rehd. | 灌木 | ● | | + | | | |
| 陇东海棠 | *Malus kansuensis*（Batal.）Schneid. | 灌木 | ● | | + | | | |
| 毛叶绣线梅 | *Neillia ribesioides* Rehd. | 灌木 | ▼ | | | | | |

续表

| 物种 | 学名 | 生活型 | 数据来源 | 药用 | 观赏 | 食用 | 蜜源 | 工业原料 |
|---|---|---|---|---|---|---|---|---|
| 粉花绣线梅 | *Neillia rubiflora* D. Don. | 灌木 | ■ | | + | | | |
| 绣线梅 | *Neillia thyrsiflora* D. Don. | 灌木 | ■ | | + | | | |
| 中华绣线梅 | *Neillia sinensis* Oliv. | 灌木 | ▼ | + | + | | | |
| 高丛珍珠梅 | *Sorbaria arborea* Schneid. | 灌木 | ▼ | + | + | | | |
| 绢毛稠李 | *Padus wilsonii* Schneid. | 乔木 | ■ | | + | | | |
| 星毛稠李 | *Padus stellipila*（Koehne）Yu et Ku. | 乔木 | ■ | | + | | | |
| 细齿稠李 | *Padus obtusata*（Koehne）Yu et Ku. | 乔木 | ● | | + | | | |
| 贵州石楠 | *Photinia bodinieri* Levl. | 乔木 | ■ | | + | | | |
| 桃叶石楠 | *Photinia prunifolia*（Hook. et Arn.）Lindl. | 乔木 | ■ | | + | | | |
| 中华石楠 | *Photinia beauverdiana* Schneid. | 灌木 | ● | + | | | | |
| 短叶中华石楠 | *Photinia beauverdiana* var. *brevifolia* Card. | 灌木 | ● | | + | | | |
| 椤木石楠 | *Photinia davidsoniae* Rehd. et Wils. | 乔木 | ▼ | | + | | | |
| 伞花石楠 | *Photinia parvifolia*（Pritz.）Schneid. | 灌木 | ● | | + | | | |
| 毛叶石楠 | *Photinia villosa*（Thunb.）DC. | 灌木 | ● | + | | + | | |
| 垂花委陵菜 | *Potentilla pendula* Yu et Li. | 草本 | ■ | + | | | | |
| 狼牙委陵菜 | *Potentilla cryptotaeniae* Maxim. | 草本 | ■ | + | | | | |
| 蛇莓委陵菜 | *Potentilla centigrana* Maxim. | 草本 | ● | + | | | | |
| 翻白草 | *Potentilla discolor* Bge. | 草本 | ▼ | + | | | | |
| 莓叶委陵菜 | *Potentilla fragarioides* L. | 草本 | ● | + | | | | |
| 三叶委陵菜 | *Potentilla freyniana* Bornm. | 草本 | ● | + | | | | |
| 蛇含委陵菜 | *Potentilla kleiniana* Wight et Arn. | 草本 | ▼ | + | | | | |
| 银叶委陵菜 | *Potentilla leuconota* D. Don. | 草本 | ● | + | | | | |
| 钉柱委陵菜 | *Potentilla saundersiana* Royle. | 草本 | ● | | | | | |
| *李 | *Prunus salicina* Lindl. | 乔木 | ▼ | | + | + | | |
| 火棘 | *Pyracantha fortuneana*（Maxim.）Li. | 灌木 | ▼ | + | + | + | | |
| *沙梨 | *Pyrus pyrifolia*（Burm. f.）Nakai. | 乔木 | ▼ | | + | + | | |
| *麻梨 | *Pyrus serrulata* Rehd. | 乔木 | ● | | + | | | |
| 金樱子 | *Rosa laevigata* Michx. | 灌木 | ■ | | + | | | |
| 木香花 | *Rosa bamksia* f. *normalis* Ait. | 灌木 | ● | + | + | | | |
| 软条七蔷薇 | *Rosa henryi* Bouleng. | 灌木 | ■ | | + | | | |
| 尾萼蔷薇 | *Rosa caudata* Baker. | 灌木 | ■ | | + | | | |
| 小果蔷薇 | *Rosa cymosa* Tratt. | 灌木 | ■ | | + | | | |
| 野蔷薇 | *Rosa multiflora* Thunb. | 灌木 | ■ | | + | | | |
| 城口蔷薇 | *Rosa chengkouensis* Yu et Ku. | 灌木 | ● | | + | | | |
| *月季 | *Rosa chinensis* Jacq. | 灌木 | ● | + | + | | | |
| 峨眉蔷薇 | *Rosa omeiensis* Rolfe. | 灌木 | ● | + | + | + | | |
| 缫丝花 | *Rosa roxburghii* Tratt. | 灌木 | ▼ | | + | | | |
| 单瓣缫丝花 | *Rosa roxburghii* Tratt. f. *normalis* Rehd. et Wils. | 灌木 | ■ | | + | | | |
| 小叶蔷薇 | *Rosa willwottiae* Hemd. | 灌木 | ▼ | | | | | |
| 绢毛蔷薇 | *Rosa sericea* Lindl. | 灌木 | ■ | + | + | + | | |
| 腺叶扁刺蔷薇 | *Rosa sweginzowii* var.*glandulosa* Card. | 灌木 | ● | + | | | | |
| 湖南悬钩子 | *Rubus hunanensis* Hand.-Mazz. | 灌木 | ■ | | | + | | |

续表

| 物种 | 学名 | 生活型 | 数据来源 | 药用 | 观赏 | 食用 | 蜜源 | 工业原料 |
|---|---|---|---|---|---|---|---|---|
| 华中悬钩子 | *Rubus cockburnianus* Hemsl. | 灌木 | ■ | | | | | |
| 陕西悬钩子 | *Rubus piluliferus* Focke. | 灌木 | ■ | | | | | |
| 乌泡子 | *Rubus parkeri* Hance. | 灌木 | ■ | + | | | | |
| 无腺白叶莓 | *Rubus innominatus* S. Moore var. *kuntzeanus*（Hemsl.）Bailey. | 灌木 | ■ | + | | + | | |
| 西南悬钩子 | *Rubus assamensis* Focke. | 灌木 | ■ | + | | | | |
| 腺毛莓 | *Rubus adenophorus* Rolfe. | 灌木 | ● | + | | + | | |
| 宜昌悬钩子 | *Rubus ichangensis* Hemsl. et Ktze. | 灌木 | ■ | + | | | | |
| 三花悬钩子 | *Rubus trianthus* Focke. | 灌木 | ▼ | | | | | |
| 粗叶悬钩子 | *Rubus amabilis* Poir. | 灌木 | ● | | | | | |
| 竹叶鸡爪茶 | *Rubus bambusarum* Focke. | 灌木 | ▼ | | | + | | |
| 粉枝莓 | *Rubus biflorus* Buch.-Ham. ex Smith. | 灌木 | ● | + | | + | | |
| 寒莓 | *Rubus buergeri* Miq. | 灌木 | ● | | | + | | |
| 毛萼莓 | *Rubus chroosepalus* Focke. | 灌木 | ● | + | | + | | |
| 山莓 | *Rubus corchorifolius* L. f. | 灌木 | ▼ | + | | + | | |
| 插田泡 | *Rubus coreanus* Miq. | 灌木 | ● | | | | | |
| 毛叶插田泡 | *Rubus coreanus* var. *tomentosus* Card. | 灌木 | ● | + | | + | | |
| 栽秧泡 | *Rubus ellipticus* var. *obcordatus*（Franch.）Focke. | 灌木 | ● | | | | | |
| 大叶鸡爪茶 | *Rubus hemryi* var. *sozotylus*（Focke）Yü et Lu. | 灌木 | ▼ | + | | + | | |
| 白花悬钩子 | *Rubus hirsutus* Hance. | 灌木 | ● | + | | + | | |
| 白叶莓 | *Rubus innomintus* S. Moore. | 灌木 | ▼ | | | | | |
| 红花悬钩子 | *Rubus inopertus*（Diels）Fock. | 灌木 | ▼ | + | | + | | |
| 灰毛泡 | *Rubus irenaeus* Focke. | 灌木 | ● | + | | + | | |
| 光滑高粱泡 | *Rubus lambertianus* Ser. var. *glaber* Hemsl. | 灌木 | ● | | | | | |
| 棠叶悬钩子 | *Rubus malifolius* Focke. | 灌木 | ● | | | | | |
| 喜阴悬钩子 | *Rubus mesogaeus* Focke. | 灌木 | ● | + | | | | |
| 大乌泡 | *Rubus multibracteatus* Levl. et Vant. | 灌木 | ● | + | | | | |
| 茅莓 | *Rubus parvifolius* L. | 灌木 | ▼ | + | | | | |
| 菰帽悬钩子 | *Rubus pileatus* Focke. | 灌木 | ● | + | | + | | |
| 红毛悬钩子 | *Rubus pinfaensis* Levl. et Vant. | 灌木 | ▼ | + | | + | | |
| 羽萼悬钩子 | *Rubus pinnatisepalus* Hemsl. | 灌木 | ● | + | | + | | |
| 针刺悬钩子 | *Rubus pungens* Camb. | 灌木 | ● | + | | + | | |
| 掌裂棕红悬钩子 | *Rubus rufus* var. *palmatifidus* Card. | 灌木 | ● | + | | + | | |
| 川莓 | *Rubus setchuensis* Bureau et Franch. | 灌木 | ▼ | + | | + | | |
| 木莓 | *Rubus swinhoei* Hance. | 灌木 | ● | + | | + | | |
| 巫山悬钩子 | *Rubus wushanensis* Yü et Lu. | 灌木 | ● | + | | + | | |
| 黄腺莓 | *Rubus xanthoneurus* Focke ex Diels. | 草本 | ● | + | + | + | | |
| 地榆 | *Sanguisorba officinalis* L. | 乔木 | ▼ | + | + | | | |
| 西康花楸 | *Sorbus prattii* Koehne. | 灌木 | ▼ | | | | | |
| 川滇花楸 | *Sorbus vilmorinii* Schneid. | 灌木 | ■ | + | + | | | + |
| 石灰花楸 | *Sorbus falgneri*（Schneid.）Rehd. | 乔木 | ▼ | + | | | | |
| 四川花楸 | *Sorbus setschwanensis*（Schneid.）Koehne. | 灌木 | ■ | | | | | |
| 疣果花楸 | *Sorbus granulosa*（Bertol.）Rehd. | 乔木 | ■ | | | | | |
| 陕甘花楸 | *Sorbus koehneana* Schneid. | 灌木 | ● | | | | | |

| 物种 | 学名 | 生活型 | 数据来源 | 药用 | 观赏 | 食用 | 蜜源 | 工业原料 |
|---|---|---|---|---|---|---|---|---|
| 黄脉花楸 | *Sorbus xanthoneura* Rehd. | 乔木 | ● | + | + | | | |
| 翠蓝绣线菊 | *Spiraea henryi* Hemsl. | 灌木 | ■ | + | + | | | |
| 渐尖叶粉花绣线菊 | *Spiraea japonica* var. *acuminata* Franch. | 灌木 | ■ | + | + | | | |
| 麻叶绣线菊 | *Spiraea cantoniensis* Lour. | 灌木 | ■ | + | + | | | |
| 毛萼麻叶绣线菊 | *Spiraea cantoniensis* Lour. var. *pilosa* Yü. | 灌木 | ■ | + | + | | | |
| 绣球绣线菊 | *Spiraea blumei* G. Don. | 灌木 | ■ | + | + | | | |
| 绣线菊 | *Spiraea salicifolia* Linn. | 灌木 | ■ | + | + | | | |
| 中华绣线菊 | *Spiraea chinensis* Maxim. | 灌木 | ▼ | + | + | | | |
| 川滇绣线菊 | *Spiraea schneideriana* Rehd. | 灌木 | ■ | + | + | | | |
| 粉花绣线菊 | *Spiraea japonica* L. f. | 灌木 | ■ | + | + | | | |
| 粉花绣线菊光叶变种 | *Spiraea japonica* L. f. var. *fortunei*（Planchon）Rehd. | 灌木 | ■ | + | + | | | |
| 华西绣线菊 | *Spiraea laeta* Rehd. | 灌木 | ■ | + | | | | |
| 三裂绣线菊 | *Spiraea trilobata* L. | 灌木 | ■ | + | | | | |
| 毛花绣线菊 | *Spiraea dasyantha* Bge. | 灌木 | ● | + | + | | | |
| 光叶绣线菊 | *Spiraea japonica* var. *fortunei*（Planch.）Rehd. | 灌木 | ● | + | + | | | |
| 长芽绣线菊 | *Spiraea longigemmis* Maxim. | 灌木 | ● | + | + | | | |
| 南川绣线菊 | *Spiraea rosthornii* Pritz. | 灌木 | ● | + | + | | | |
| 菱叶绣线菊 | *Spiraea vanhouttei*（Briot）Zabel. | 灌木 | ● | | | | | |
| 鄂西绣线菊 | *Spiraea veitchii* Hemsl. | 灌木 | ● | | | | | |
| 陕西绣线菊 | *Spiraea wilsonii* Duthie. | 灌木 | ▼ | | + | | | |
| 波叶红果树 | *Stranvaesia davidiana* Decne. var. *undulata*（Dcne.）Rehd.&.Wils. | 灌木 | ■ | | + | | | |
| 红果树 | *Stranvaesia davidiana* Dcne. | 灌木 | ▼ | | | | | |
| 47 豆科 Leguminosae | | | | | | | | |
| 田皂角 | *Aeschynomene indica* L. | 草本 | ● | + | + | | | |
| 合欢 | *Albizia julibrissin* Durazz. | 乔木 | ● | + | + | | | |
| 山合欢 | *Albizia kalkora*（Roxb.）Prain | 乔木 | ● | + | + | | | + |
| 紫穗槐 | *Amorpha fruticosa* L. | 灌木 | ● | + | | + | | + |
| *落花生 | *Arachis hypogaea* L. | 草本 | ● | + | | + | | |
| 紫云英 | *Astragalus sinicus* L. | 草本 | ● | + | + | | | |
| 湖北羊蹄甲 | *Bauhinia hupehana* Craib. | 藤本 | ● | + | + | | | |
| *双荚决明 | *Cassia bicapsularis* L. | 灌木 | ■ | + | | | | |
| 云实 | *Caesalpinia decapetala*（Roth）Alston. | 藤本 | ● | | + | | | + |
| 杭子梢 | *Campylotropis macrocarpa*（Bge.）Rehd. | 灌木 | ● | + | + | | | |
| 锦鸡儿 | *Caragana sinica*（Buc'hoz）Rehd. | 灌木 | ● | + | + | | | |
| *紫荆 | *Cercis chinensis* Bunge. | 灌木 | ● | + | | | | |
| 圆锥山蚂蝗 | *Desmodium elegans* Schltdl. | 灌木 | ■ | + | | | | |
| 小槐花 | *Desmodium caudatum*（Thunb） | 灌木 | ▼ | | | | | |
| 象鼻藤 | *Dalbergia mimosoides* Franch. | 草本 | ▼ | + | + | | | |
| 藤黄檀 | *Dalbergia hancei* Benth | 藤本 | ▼ | + | + | | + | |
| 黄檀 | *Dalbergia hupeana* Hance | 乔木 | ■ | + | | | | |
| 肥皂荚 | *Gleditsia sinensis* Baill. | 乔木 | ● | + | + | + | | + |
| *大豆 | *Glycine max*（L.）Merr. | 草本 | ■ | + | | | | |

| 物种 | 学名 | 生活型 | 数据来源 | 药用 | 观赏 | 食用 | 蜜源 | 工业原料 |
|---|---|---|---|---|---|---|---|---|
| 野大豆 | *Glycine soja* Sieb. et Zucc. | 草本 | ■ | + | | | | |
| 马棘 | *Indigofera pseudotinctoria* Matsum. | 灌木 | ▼ | + | | | | |
| 西南木蓝 | *Indigofera monbeigii* Graib | 灌木 | ▼ | + | | | | |
| 鸡眼草 | *Kummerowia striata*（Thunb.）Schindl. | 草本 | ▼ | + | | + | | |
| 扁豆 | *Lablab purpureus*（L.）Sweet. | 藤本 | ● | + | + | | | |
| 胡枝子 | *Lespedeza bicolor* Turcz. | 灌木 | ■ | | | | | + |
| 截叶铁扫帚 | *Lespedeza cuneata* G. Don. | 灌木 | ▼ | | | | | + |
| 铁马鞭 | *Lespedeza pilosa*（Thunb.）Sieb. et Zucc. | 草本 | ■ | + | + | | | |
| 多花胡枝子 | *Lespedeza floribunda* Bunge. | 灌木 | ▼ | + | + | | | |
| 短梗胡枝子 | *Lespedeza cyrtobotrya* Miq. | 灌木 | ■ | | + | | | |
| 天蓝苜蓿 | *Lespedeza lupuina* L. | 草本 | ▼ | + | | | | |
| 百脉根 | *Lotus corniculatus* L. | 草本 | ■ | + | + | | | |
| 南苜蓿 | *Medicago hispida* L. | 草本 | ● | + | | | | + |
| 白花草木犀 | *Melilotus albus* Medic. | 草本 | ● | + | | | | + |
| 黄花草木樨 | *Melilotus officinalis*（L.）Lam. | 草本 | ● | + | + | | | |
| *含羞草 | *Mimosa pudica* L. | 草本 | ● | + | + | | | |
| 常春油麻藤 | *Mucuna sempervirens* Hemsl. | 藤本 | ● | + | | | | |
| 厚果崖豆藤 | *Millettia pachycarpa* Benth. | 藤本 | ■ | + | | | | |
| 亮叶猴耳环 | *Pithecellobium lucidum* Benth. | 乔木 | ■ | | | + | | |
| *豌豆 | *Pisum sativum* L. | 草本 | ● | + | | | | |
| 补骨脂 | *Psoralea corylifolis* L. | 草本 | ● | + | | | | |
| 宽卵叶长柄山蚂蝗 | *Podocarpium podocarpum*（DC.）Yang et Huang var. *fallax*（Schindl.）Yang et Huang. | 草本 | ■ | + | | | | |
| 浅波叶长柄山蚂蝗 | *Podocarpium repandum*（Vahl）Yang et Huang. | 灌木 | ■ | + | + | | + | |
| *刺槐 | *Robinia pseudoacacia* L. | 乔木 | ▼ | + | | | | |
| 菱叶鹿霍 | *Rhynchosia dielsii* Harms. | 草本 | ■ | + | + | | + | |
| *槐树 | *Sophora japonica* L. | 乔木 | ● | | | + | | |
| *蚕豆 | *Vicia faba*（Mill.）Ledeb. | 灌木 | ● | + | + | + | | |
| 广布野豌豆 | *Vicia cracca* L. | 草本 | ■ | + | + | + | | |
| 救荒野豌豆 | *Vicia sativa* L. | 草本 | ■ | + | + | + | | |
| 四籽野豌豆 | *Vicia tetrasperma*（L.）Schreber. | 草本 | ▼ | + | + | | | + |
| 歪头菜 | *Vicia unijuga* A. Br. | 草本 | ● | + | | + | | |
| *豇豆 | *Vigna unguiculata*（L.）Walp. | 草本 | ● | + | | + | | |
| *赤豆 | *Vigna angularis*（Willd.）Ohwi et Ohashi. | 草本 | ■ | + | + | | | |
| *紫藤 | *Wisteria sinensis*（Sims）Sweet. | 藤本 | ● | | | | | |
| 48 酢浆草科 Oxalidaceae | | | | | | | | |
| 酢浆草 | *Oxalis corniculata* L. | 草本 | ● | + | + | | | |
| 山酢浆草 | *Oxalis griffithii*（Edgew. et HK. f.）Hara. | 草本 | ● | | | | | |
| 49 牻牛儿苗科 Geraniaceae | | | | | | | | |
| 四川老鹳草 | *Geranium fangii* R. Knuth. | 草本 | ● | + | | | | |
| 湖北老鹳草 | *Geranium rosthornii* R. Knuth. | 草本 | ● | + | | | | |
| 尼泊尔老鹳草 | *Geranium nepalense* Sweet. | 草本 | ▼ | + | | | | |
| 鼠掌老鹳草 | *Geranium sibiricum* L. | 草本 | ▼ | + | | | | |

续表

| 物种 | 学名 | 生活型 | 数据来源 | 药用 | 观赏 | 食用 | 蜜源 | 工业原料 |
|---|---|---|---|---|---|---|---|---|
| 老鹳草 | *Geranium wilfordii* Maxim. | 草本 | ● | + | | | | |
| 具腺老鹳草 | *Geranium wilfordii* var. *glandulosum* Z.M. Tan. | 草本 | ● | + | | | | |
| 鄂西老鹳草 | *Geranium wilsonii* Hutch. | 草本 | ● | + | + | | | + |
| 天竺葵 | *Pelargonium bortorum* Bailey. | 草本 | ● | + | + | | | + |
| 香叶天竺葵 | *Pelargonium graveolens* L' Herit. | 草本 | ● | + | + | | | + |
| 马蹄纹天竺葵 | *Pelargonium zonale* Aif. | 草本 | ● | | | | | |
| 50 亚麻科 Linaceae | | | | | | | | |
| 亚麻 | *Linum usitatissimum* L. | 草本 | ● | + | | | | |
| 石海椒 | *Reinwardtia trigyna* Dum. | 灌木 | ● | | | | | |
| 51 蒺藜科 Zygophyllaceae | | | | | | | | |
| 蒺藜 | *Tribulus terrestris* L. | 草本 | ● | | | | | |
| 52 芸香科 Rutaceae | | | | | | | | |
| 臭节草 | *Boenninghausenia albiflora*（Hook.）Reichb. | 草本 | ● | + | | | | |
| 毛臭节草 | *Boenninghausenia albiflora*（Hook.）Reichb. var. *pilosa* Tan. | 草本 | ■ | + | | | | |
| 石椒草 | *Boenninghausenia sessilicarpa* Levl. | 草本 | ■ | + | | + | | |
| *柚 | *Citrus grandis*（Burm.）Merr. | 乔木 | ● | + | | + | | |
| *宜昌橙 | *Citrus ichangensis* Swingle. | 乔木 | ▼ | + | | + | | |
| *香橙 | *Citrus junos* Sieb. ex Tanaka. | 乔木 | ● | + | | + | | |
| *柠檬 | *Citrus limon*（L.）Burm. f. | 乔木 | ● | + | | + | | |
| *宽皮柑 | *Citrus retieulata* Wikipedia. | 乔木 | ● | + | | + | | |
| *甜橙 | *Citrus sinensis*（L.）Osbeck. | 乔木 | ● | + | | | | |
| 臭辣吴萸 | *Evodia fargesii* Dode. | 乔木 | ● | + | | | | |
| 湖北吴萸 | *Evodia henryi* Dode. | 乔木 | ● | + | | | | |
| 吴茱萸 | *Evodia rutaecarpa*（Juss.）Benth. | 乔木 | ● | + | | | | |
| 四川吴萸 | *Evodia sutchuenensis* Dode. | 乔木 | ● | + | | + | | |
| *圆金桔 | *Fortunella japonica*（Thunb.）Swingle. | 乔木 | ● | + | | + | | |
| *金桔 | *Fortunella margarita*（Lour.）Swingle. | 乔木 | ● | + | + | | | |
| *九里香 | *Murraya paniculata* L. | 灌木 | ● | + | | | | |
| 日本常山 | *Orixa japonica* Thunb. | 乔木 | ● | + | | | | + |
| 黄檗 | *Phellodendron amurense* Rupr. | 乔木 | ● | + | | | | + |
| 川黄檗 | *Phellodendron chinense* Schneid. | 乔木 | ▼ | + | | | | + |
| 秃叶黄皮树 | *Phellodendron chinense* var. *glabrlusculum* Schneid. | 乔木 | ● | + | + | | | + |
| *枸橘 | *Poncirus trifoliata*（L.）Raf. | 乔木 | ● | + | | | | |
| 飞龙掌血 | *Toddalia asiatica*（L.）Lam. | 乔木 | ● | + | | | | |
| 异叶花椒 | *Zanthoxylum ovalifolium* | 乔木 | ▼ | | | | | |
| 刺异叶花椒 | *Zanthoxylum ovalifolium* var. *spinifolium*（Rehd. et Wils.）Huang. | 乔木 | ■ | + | | | | |
| 多异叶花椒 | *Zanthoxylum ovalifolium* Wight var. *multifoliolatum*（Huang）Huang. | 乔木 | ■ | + | | | | + |
| 竹叶花椒 | *Zanthoxylum armatum* DC. | 乔木 | ● | + | | | | |
| *花椒 | *Zanthoxylum bungeanum* Maxim. | 乔木 | ▼ | + | | | | |
| 野花椒 | *Zanthoxylum simulans* Hance. | 灌木 | ● | + | | | | |
| 花椒簕 | *Zanthoxylum cuspidatum* Bl. | 灌木 | ● | + | | | | |
| 蚌壳花椒 | *Zanthoxylum dissitum* Hemsl. | 灌木 | ▼ | + | | | | |

| 物种 | 学名 | 生活型 | 数据来源 | 药用 | 观赏 | 食用 | 蜜源 | 工业原料 |
|---|---|---|---|---|---|---|---|---|
| 刺壳花椒 | *Zanthoxylum echinocarpum* Hemsl. | 藤本 | ● | + | | | | |
| 卵叶花椒 | *Zanthoxylum ovalifolium* Wight. | 灌木 | ● | + | | | | |
| 刺卵叶花椒 | *Zanthoxylum ovalifolium* var. *spinifolum* （Rehd. et Wils.） Huang. | 灌木 | ● | + | | | | |
| 巴山花椒 | *Zanthoxylum pashanense* N. Chao. | 灌木 | ● | + | | | | |
| 狭叶花椒 | *Zanthoxylum stenophyllum* Hemsl. | 灌木 | ● | + | | | | |
| 53 苦木科 Simaroubaceae | | | | | | | | |
| 臭椿 | *Ailanthus altissima* （Mill.） Swingle. | 乔木 | ● | | | | | + |
| 毛臭椿 | *Ailanthus giraldii* Dode. | 乔木 | ● | + | | | | |
| 光序苦树 | *Picrasma quassioides* （D. Don） Benn. var. *glabrescens* Pamp. | 乔木 | ■ | + | | | | |
| 苦木 | *Picrasma quassioides* （D. Don） Benn. | 乔木 | ▼ | | | | | |
| 54 楝科 Meliaceae | | | | | | | | |
| 苦楝 | *Melia azedarach* L. | 乔木 | ● | + | + | | | + |
| 川楝 | *Melia toosendaz* Sieb. et Zucc. | 乔木 | ● | + | | | | |
| 地黄连 | *Melia sinica* Diels | 灌木 | ● | + | + | + | | + |
| 香椿 | *Toona sinensis* （A. Juss.） Roem. | 乔木 | ● | + | + | | | + |
| 红椿 | *Toona ciliata* Roem. | 乔木 | ● | | | | | |
| 55 远志科 Polygalaceae | | | | | | | | |
| 贵州远志 | *Polygala dunniana* Levl. | 草本 | ■ | + | | | | |
| 荷苞山桂花 | *Polygala arillata* Buch.-Ham. ex D. Don. | 乔木 | ● | + | | | | |
| 黄花倒水莲 | *Polygala fallax* Hemsl. | 灌木 | ■ | + | | | | |
| 密花远志 | *Polygala tricornis* Gagnep. | 灌木 | ■ | + | | | | |
| 尾叶远志 | *Polygala caudata* Rehd. et Wils. | 灌木 | ■ | + | | | | |
| 长毛籽远志 | *Polygala wattersii* Hance. | 灌木 | ■ | + | | | | |
| 卵叶荷苞山桂花 | *Polygala arillata* var. *ovata* Buch.-Ham.ex D. Don. | 灌木 | ● | + | | | | |
| 瓜子金 | *Polygala japonica* Houtt. | 草本 | ▼ | + | | | | |
| 西伯利亚远志 | *Polygala sibirica* L. | 草本 | ● | + | | + | | |
| 小扁豆 | *Polygala tatarinowii* Regel. | 草本 | ● | | | | | |
| 56 大戟科 Euphorbiaceae | | | | | | | | |
| 铁苋菜 | *Acalypha australis* L. | 草本 | ▼ | + | | | | |
| 山麻杆 | *Alchornea davidii* Franch. | 灌木 | ▼ | | | | | |
| 假奓包叶 | *Discocleidion rufescens* （Frsach.） Pax et Hoffm. | 灌木 | ● | + | | | | |
| 泽漆 | *Euphorbia hetioscopia* L. | 草本 | ● | + | | | | |
| 地锦草 | *Euphorbia humifusa* Willd. ex Schlecht. | 草本 | ▼ | + | | | | |
| 续随子 | *Euphorbia lathyris* L. | 草本 | ● | + | | | | |
| 湖北大戟 | *Euphorbia pekinensis* var. *hupehensis* Hand.-Mazz. | 草本 | ▼ | + | | | | |
| 甘青大戟 | *Euphorbia micractina* Boiss. | 草本 | ■ | + | | | | |
| 黄苞大戟 | *Euphorbia sikkimensis* Boiss. | 草本 | ■ | + | | | | |
| 算盘子 | *Glochidion puberum* （L.） Hutch. | 灌木 | ▼ | + | | | | |
| 湖北算盘子 | *Glochidion wilsonii* Hutch. | 灌木 | ● | + | + | | | |
| 雀儿舌头 | *Leptopus chinensis* （Bunge） Pojark. | 灌木 | ▼ | | | | | |
| 尾叶雀舌木 | *Leptopus esquirolii* （Levl.） P. T. Li. | 灌木 | ■ | + | | | | |
| 粗糠柴 | *Mallotus philippensis* （Lam.） Muell.-Arg. | 灌木 | ■ | | | | | |

| 物种 | 学名 | 生活型 | 数据来源 | 药用 | 观赏 | 食用 | 蜜源 | 工业原料 |
|---|---|---|---|---|---|---|---|---|
| 红叶野桐 | *Mallotus paxii* Pamp. | 灌木 | ■ | | | | | + |
| 毛桐 | *Mallotus barbatus*（Wall.）Muell. Arg. | 乔木 | ■ | + | | | | |
| 石岩枫 | *Mallotus repandus*（Willd.）Muell. Arg. | 灌木 | ▼ | + | | | | + |
| 野梧桐 | *Mallotus japonicus*（Thunb.）Muell. Arg. | 灌木 | ■ | + | + | | | |
| 叶下珠 | *Phyllanthus urinaria* L. | 草本 | ■ | + | | | | + |
| *蓖麻 | *Ricinus communis* L. | 草本 | ● | + | + | | | + |
| 乌桕 | *Sapium sebiferum*（L.）Roxb. | 乔木 | ▼ | + | + | | | |
| 叶底珠 | *Securinega suffruticosa*（Pall.）Baill. | 灌木 | ● | + | | | | + |
| 油桐 | *Vernicia fordii*（Hemsl.）Airy Shaw. | 乔木 | ● | | | | | |
| 57 黄杨科 Buxaceae | | | | | | | | |
| 雀舌黄杨 | *Buxus bodinieri* Levl. | 灌木 | ■ | + | + | | | |
| 匙叶黄杨 | *Buxus harlandii* Hance. | 灌木 | ● | + | + | | | |
| 宜昌黄杨 | *Buxus ichangensis* Hatusima. | 灌木 | ● | | | | | |
| 黄杨 | *Buxus sinica*（Rehd. et Wils.）Cheng. | 乔木 | ▼ | + | + | | | |
| 板凳果 | *Pachysandra axillaris* Franch. | 灌木 | ■ | + | | | | |
| 顶蕊三角咪 | *Pachysandra terminalis* Sieb. et Zucc. | 灌木 | ● | + | + | | | |
| 野扇花 | *Sarcococca ruscifolia* Stapf. | 灌木 | ▼ | + | + | | | |
| 羽脉野扇花 | *Sarcococca hookeriana* Baill. | 灌木 | ■ | | | | | |
| 58 马桑科 Coriariaceae | | | | | | | | |
| 马桑 | *Coriaria nepalensis* Wall. | 灌木 | ▼ | | | | | |
| 59 漆树科 Anacardiaceae | | | | | | | | |
| 毛脉南酸枣 | *Choerospondias axillaris* var. *pubinervis*（Rehd. et Wils.）Burtt. | 乔木 | ● | + | | + | | + |
| 南酸枣 | *Choerospondias axillaris*（Roxb.）Burtt et Hill. | 乔木 | ■ | | + | | | |
| 城口黄栌 | *Cotinus coggygria* var. *chengkouensis* Y. T. Wu. | 乔木 | ● | | + | | | |
| 红叶 | *Cotinus coggygria* Scop. var. *cinerea* Engl. | 灌木 | ■ | | + | | | |
| 毛黄栌 | *Cotinusc oggygria* var. *pubescens* Engl. | 乔木 | ▼ | + | + | + | + | + |
| 黄连木 | *Pistacia chinensis* Bunge. | 乔木 | ● | + | + | | | |
| 清香木 | *Pistacia weinmannifolia* J. Poisson ex Franch. | 灌木 | ■ | | | | | |
| 毛叶麸杨 | *Rhus punjabensis* Stewart var. *pilosa* Engl. | 乔木 | ■ | + | + | | + | + |
| 盐肤木 | *Rhus chinensis* Mill. | 乔木 | ▼ | + | | | | |
| 青麸杨 | *Rhus potaninii* Maxim. | 乔木 | ▼ | | + | | | |
| 红麸杨 | *Rhus punjabensis* var. *sinica*（Diels）Rehd. et Wils. | 乔木 | ● | | | | | |
| 刺果毒漆藤 | *Toxicodendron radicans* ssp. *hispidum*（Engl.）Gillis. | 灌木 | ■ | | | | | |
| 木蜡树 | *Toxicodendron sylvestre*（Sieb. et Zucc.）O. Kuntze. | 乔木 | ■ | | | | | + |
| 漆 | *Toxicodendron vernicifluum*（Stokes）F. A. Barkl. | 乔木 | ● | | | | | + |
| 野漆 | *Toxicodendron succedaneum*（L.）O. Kuntze. | 乔木 | ● | | | | | |
| 60 冬青科 Aquifoliaceae | | | | | | | | |
| 长梗冬青 | *Ilex macrocarpa* Oliv. var. *longipedunlulata* S.Y.Hu | 乔木 | ▼ | + | + | | | |
| 城口冬青 | *Ilex chengkouensis* C. J. Tseng. | 乔木 | ● | + | + | | | |
| 纤齿枸骨 | *Ilex ciliospinosa* Loes. | 灌木 | ■ | + | + | | | |
| 珊瑚冬青 | *Ilex Corallina* Franch. | 灌木 | ▼ | + | + | | | |
| 狭叶冬青 | *Ilex fargesii* Franch. | 乔木 | ▼ | + | + | | | |

| 物种 | 学名 | 生活型 | 数据来源 | 药用 | 观赏 | 食用 | 蜜源 | 工业原料 |
|---|---|---|---|---|---|---|---|---|
| 榕叶冬青 | *Ilex ficoidea* Hemsl. | 乔木 | ● | + | | | | |
| 山枇杷 | *Ilex franchetiana* Loes. | 乔木 | ● | + | + | | | |
| 刺叶冬青 | *Ilex hylonoma* Hayata. | 灌木 | ● | + | | | | |
| 大果冬青 | *Ilex macrocarpa* Oliv. | 乔木 | ■ | + | | | | |
| 河滩冬青 | *Ilex metabaptista* Loes. ex Diels. | 灌木 | ■ | + | + | | | |
| 巨叶冬青 | *Ilex perlata* C. Chen et S. C. Huang ex Y. R. Li. | 乔木 | ■ | + | + | | | |
| 三花冬青 | *Ilex triflora* Bl. | 灌木 | ■ | + | + | | | |
| 香冬青 | *Ilex suaveolens*（Levl.）Loes. | 乔木 | ■ | + | | | | |
| 小果冬青 | *Ilex micrococca* Maxim. | 乔木 | ■ | + | | | | |
| 具柄冬青 | *Ilex pedunculosa* Miq. | 灌木 | ▼ | + | + | | | |
| 猫儿刺 | *Ilex pernyi* Franch. | 灌木 | ● | + | + | | | |
| 冬青 | *Ilex purpurea* Sims. | 乔木 | ● | + | + | | | |
| 四川冬青 | *Ilex szechwanensis* Loes. | 灌木 | ● | + | + | | | |
| 尾叶冬青 | *Ilex wilsonii* Loes. | 灌木 | ▼ | + | | | | |
| 云南冬青 | *Ilex yunnanensis* Franch. | 灌木 | ● | | | | | |
| **61 茶茱萸科 Icacinaceae** | | | | | | | | |
| 马比木 | *Nothapodytes pittosporoides*（Oliv.）Sleum. | 灌木 | ■ | | | | | |
| **62 卫矛科 Celastraceae** | | | | | | | | |
| 短梗南蛇藤 | *Celastrus rosthornianus* Loes. | 灌木 | ■ | + | | | | + |
| 苦皮藤 | *Celastrus angulatus* Maxim. | 灌木 | ▼ | + | | | | + |
| 大芽南蛇藤 | *Celastrus gemmatus* Loes. | 灌木 | ● | + | | | | + |
| 灰叶南蛇藤 | *Celastrus glauciphyllus* Rehd.et Wils. | 灌木 | ● | + | | | | + |
| 皱脉灰叶南蛇藤 | *Celastrus glaucophyllus* var. *rugosus*（Rehd.etWils.）C.Y.Wu. | 灌木 | ● | + | + | | | + |
| 青江藤 | *Celastrus hindsii* Benth. | 藤本 | ● | + | + | | | + |
| 粉背南蛇藤 | *Celastrus hypoleucus*（Oliv.）Warb.ex Loes. | 藤本 | ● | + | + | | | + |
| 南蛇藤 | *Celastrus orbiculatus* Thunb. | 藤本 | ● | + | + | | | + |
| 长序南蛇藤 | *Celastrus vanioti*（Levl.）Rehd. | 藤本 | ● | + | + | | | |
| 百齿卫矛 | *Euonymus centidens* Levl. | 灌木 | ■ | + | | | | |
| 茶叶卫矛 | *Euonymus theifolius* Wall. | 灌木 | ■ | + | + | | | |
| 常春卫矛 | *Euonymus hederaceus* Champ. ex Benth. | 灌木 | ■ | + | | | | |
| 刺果卫矛 | *Euonymus acanthocarpus* Franch. | 灌木 | ▼ | + | | | | |
| 角翅卫矛 | *Euonymus cornutus* Hemsl. | 灌木 | ■ | + | + | | | |
| 缙云卫矛 | *Euonymus chloranthoides* Yang. | 灌木 | ■ | + | | | | |
| 矩叶卫矛 | *Euonymus oblongifolius* Loes. et Rehd. | 灌木 | ■ | + | | | | |
| 软刺卫矛 | *Euonymus aculeatus* Hemsl. | 灌木 | ■ | + | | | | |
| 纤齿卫矛 | *Euonymus giraldii* Loes. | 灌木 | ■ | + | + | | | |
| 卫矛 | *Euonymus alatus*（Thunb.）Sieb. | 灌木 | ● | + | + | | | |
| 陕西卫矛 | *Euonymus schensianus* Maxim. | 灌木 | ● | + | + | | | |
| 扶芳藤 | *Euonymus fortunei*（Turcz.）Hand.-Mazz. | 灌木 | ▼ | + | | | | |
| 西南卫矛 | *Euonymus hamiltonianus* Wall. ex Roxb. | 乔木 | ● | + | + | | | |
| *冬青卫矛 | *Euonymus japonicus* Thunb. | 灌木 | ▼ | + | | | | |
| 宝兴卫矛 | *Euonymus mupinensis* Hand.-Mazz. | 灌木 | ● | + | | | | |
| 大果卫矛 | *Euonymus myrianthus* Hemsl. | 灌木 | ▼ | + | | | | |

续表

| 物种 | 学名 | 生活型 | 数据来源 | 药用 | 观赏 | 食用 | 蜜源 | 工业原料 |
|---|---|---|---|---|---|---|---|---|
| 栓翅卫矛 | *Euonymus phellomanus* Loes. | 灌木 | ▼ | + | | | | |
| 石枣子 | *Euonymus sanguineus* Loes. | 灌木 | ▼ | | + | | | |
| 金丝吊蝴蝶 | *Euonymus schensianus* Maxim. | 灌木 | ● | + | | | | |
| 无柄卫矛 | *Euonymus subsessilis* Sprague. | 灌木 | ▼ | + | | | | |
| 染用卫矛 | *Euonymus tigens* Wall. | 乔木 | ● | + | | | | |
| 曲脉卫矛 | *Euonymus venosus* Hemsl. | 灌木 | ● | + | | | | |
| 疣点卫矛 | *Euonymus verrucosoides* Loes. | 灌木 | ● | + | | | | |
| 长刺卫矛 | *Euonymus wilsonii* Sprague | 灌木 | ● | | | | | |
| 刺茶 | *Maytenus variabilis*（Hemsl.）C. Y. Cheng. | 灌木 | ● | + | | | | |
| 核子木 | *Perrottetia Racemosa*（Olio.）Loes. | 灌木 | ● | | | | | |
| 三花假卫矛 | *Microtropis triflora* Merr. et Freem. | 灌木 | ■ | | | | | |
| 63 省沽油科 Staphyleaceae | | | | | | | | |
| 野鸦椿 | *Euscaphis japonica*（Thunb.）Dippel. | 灌木 | ▼ | + | + | | | + |
| 省沽油 | *Staphylea bumalda* DC. | 灌木 | ▼ | + | | + | | + |
| 膀胱果 | *Staphylea holocarpa* Hemsl. | 灌木 | ▼ | + | + | | | + |
| 利川瘿椒树 | *Tapiscia lichunensis* W. C. Cheng et C. D. Chun. | 乔木 | ● | | + | | | |
| 银鹊树 | *Tapiscia sinensis* Oliv. | 乔木 | ● | + | + | | | |
| 大果山香圆 | *Turpinia nepalensis*（Roxb.）DC. | 乔木 | ● | | | | | |
| 64 槭树科 Aceraceae | | | | | | | | |
| *鸡爪槭 | *Acer palmatum* Thunb. | 乔木 | ■ | + | | | | |
| 绿叶飞蛾槭 | *Acer oblongum* Wall. ex DC. var. *concolor* Pax. | 乔木 | ■ | + | | | | |
| 毛花槭 | *Acer erianthum* Schwer. | 乔木 | ■ | + | + | | | |
| 三角槭 | *Acer buergerianum* Miq. | 乔木 | ▼ | | | | | |
| 扇叶槭 | *Acer flabellatum* Rehd. | 乔木 | ● | + | | | | |
| 三尾青皮槭 | *Acer cappadocicum* var. *tricaudatm*（Rehd. ex Veitch）Rehd. | 乔木 | ● | + | | | | |
| 紫果槭 | *Acer cordatum* Pax. | 乔木 | ● | + | + | | | |
| 青榨槭 | *Acer davidii* Franch. | 乔木 | ▼ | + | + | | | |
| 异色槭 | *Acer discolor* Maxim. | 乔木 | ● | + | + | | | |
| 罗浮槭 | *Acer fabri* Hance | 乔木 | ● | + | + | | | |
| 红果罗浮槭 | *Acer fabri* var. *rubrocarpum* Metc. | 乔木 | ● | + | + | | | |
| 房县槭 | *Acer franchetii* Pax. | 乔木 | ● | + | | | | |
| 血皮槭 | *Acer griseum*（Franch.）Pax. | 乔木 | ▼ | + | + | | | |
| 建始槭 | *Acer henryi* Pax. | 乔木 | ▼ | + | | | | |
| 长柄槭 | *Acer longipes* Franch. ex Rehd. | 乔木 | ● | + | | | | |
| 五尖槭 | *Acer maximowiczii* Pax. | 乔木 | ▼ | + | + | | | |
| 色木槭 | *Acer mono* Maxim. | 乔木 | ▼ | + | + | | | |
| 五裂槭 | *Acer oliverianum* Pax. | 乔木 | ● | + | + | | | |
| 飞蛾槭 | *Acer oblongum* Wall. ex DC. | 乔木 | ■ | + | + | | | |
| 权叶槭 | *Acer robustum* Pax. | 乔木 | ● | + | + | | | |
| 中华槭 | *Acer sinense* Pax. | 乔木 | ▼ | + | | | | |
| 绿叶中华槭 | *Acer sinense* var. *concolor* Pax. | 乔木 | ● | + | + | | | |
| 太白深灰槭 | *Acer caesium* Wall. ex Brandis subsp. *giraldii*（Pax）E. Murr. | 乔木 | ● | + | | | | |
| 毛叶槭 | *Acer stachyophyllum* Hiern. | 乔木 | ● | + | | | | |

| 物种 | 学名 | 生活型 | 数据来源 | 药用 | 观赏 | 食用 | 蜜源 | 工业原料 |
|---|---|---|---|---|---|---|---|---|
| 四川槭 | *Acer sutchuenense* Franch. | 乔木 | ● | + | | | | |
| 四蕊槭 | *Acer tetramerum* Pax. | 乔木 | ● | + | + | | | |
| 金钱槭 | *Dipteronia sinensis* Oliv. | 乔木 | ▼ | | | | | |
| **65 七叶树科 Hippocastanaceae** | | | | | | | | |
| 天师栗 | *Aesculus wilsonii* Rehd. | 乔木 | ▼ | | | | | |
| **66 无患子科 Sapindaceae** | | | | | | | | |
| 倒地铃 | *Cardiospermum halicacabum* L. | 藤本 | ● | + | + | | | + |
| 复羽叶栾树 | *Koelreuteria bininnata* Franch. | 乔木 | ▼ | + | + | | | + |
| 栾树 | *Koelreuteria paniculata* Laxm. | 乔木 | ▼ | + | + | | | + |
| 无患子 | *Sapindus mukorossi* Gaertn. | 乔木 | ▼ | + | + | | | + |
| 文冠果 | *Xanthoceras sorbifolium* Bunge. | 灌木 | ● | | | | | |
| **67 清风藤科 Sabiaceae** | | | | | | | | |
| 泡花树 | *Meliosma cuneifolia* Franch. | 乔木 | ▼ | + | | | | |
| 垂枝泡花树 | *Meliosma flexuosa* Pamp. | 乔木 | ● | + | | | | |
| 贵州泡花树 | *Meliosma henryi* Diels. | 乔木 | ● | + | | | | |
| 鄂西清风藤 | *Sabia campanulata* subsp. *ritchieae*（Rehd. et Wils.）Y. F. Wu. | 藤本 | ● | + | + | | | |
| 四川清风藤 | *Sabia schumanniana* Diels. | 藤本 | ▼ | + | | | | |
| 多花清风藤 | *Sabia schumanniana* subsp. *pluriflora*（Rehd. et Wils.）Y. F. Wu. | 藤本 | ● | + | + | | | |
| 尖叶清风藤 | *Sabia swinhoei* Hemsl. ex Forb. et Hemsl. | 藤本 | ■ | | | | | |
| **68 凤仙花科 Balsaminaceae** | | | | | | | | |
| *凤仙花 | *Impatiens balsamina* L. | 草本 | ● | + | | | | + |
| 川鄂凤仙花 | *Impatiens fargesii* Hook. f. | 草本 | ● | + | | | | + |
| 裂距凤仙花 | *Impatiens fissicornis* Maxim. | 草本 | ● | + | | | | + |
| 细柄凤仙花 | *Impatiens leptocaulon* Hook. f. | 草本 | ● | + | + | | | |
| 水金凤 | *Impatiens noli-tangere* L. | 草本 | ● | + | + | | | + |
| 湖北凤仙花 | *Impatiens pritzelii* Hook. f. | 草本 | ● | + | + | + | | + |
| *黄金凤 | *Impatiens siculifer* Hook. f. | 草本 | ● | + | | | | + |
| 窄萼凤仙花 | *Impatiens stenosepala* Pritz. ex Diels. | 草本 | ● | + | | | | + |
| 四川凤仙花 | *Impatiens sutchuanensis* Franch. ex Hook. f. | 草本 | ● | | | | | |
| **69 鼠李科 Rhamnaceae** | | | | | | | | |
| 黄背勾儿茶 | *Berchemia flavescens*（Wall.）Brongn. | 灌木 | ● | + | | | | |
| 多花勾儿茶 | *Berchemia floribunda*（Wall.）Brongn. | 灌木 | ▼ | + | | | | |
| 毛背勾儿茶 | *Berchemia hispida*（Tsai et Feng）Y. L. Chen. | 灌木 | ● | + | | | | |
| 牯岭勾儿茶 | *Berchemia kulingensis* Schneid. | 灌木 | ● | + | | | | |
| 云南勾儿茶 | *Berchemia yunnanensis* Franch. | 灌木 | ● | + | | | | |
| 光枝勾儿茶 | *Berchemia polyphylla* Wall. ex Laws var. *leioclada* Hand.-Mazz. | 灌木 | ● | + | | | | |
| 多叶勾儿茶 | *Berchemia polyphylla* Wall. ex Laws. | 灌木 | ■ | + | | | | |
| 勾儿茶 | *Berchemia sinica* Schneid. | 灌木 | ▼ | + | + | | | + |
| *枳椇 | *Hovenia acerba* Lindl. | 乔木 | ▼ | + | + | | | + |
| 铜钱树 | *Paliurus hemsleyanus* Rehd. | 乔木 | ▼ | + | + | | | + |
| 马甲子 | *Paliurus ramosissimus*（Lour.）Poir. | 灌木 | ● | | | | | |
| 毛背猫乳 | *Rhamnella julianae* Schneid. | 灌木 | ● | | | | | |

| 物种 | 学名 | 生活型 | 数据来源 | 药用 | 观赏 | 食用 | 蜜源 | 工业原料 |
|---|---|---|---|---|---|---|---|---|
| 多脉猫乳 | *Rhamnella martinii*（Levl.）Schneid. | 灌木 | ▼ | ＋ | | | | |
| 刺鼠李 | *Rhamnus dumetorum* Schneid. | 灌木 | ● | ＋ | | | | |
| 贵州鼠李 | *Rhamnus esquirolii* Levl. | 灌木 | ● | ＋ | | | | |
| 圆叶鼠李 | *Rhamnus globosa* Bunge | 灌木 | ● | ＋ | | | | |
| 亮叶鼠李 | *Rhamnus hemsleyana* Schneid. | 乔木 | ● | ＋ | | | | ＋ |
| 异叶鼠李 | *Rhamnus heterophylla* Oliv. | 灌木 | ● | ＋ | | | | |
| 桃叶鼠李 | *Rhamnus iteinophylla* Schneid. | 灌木 | ▼ | ＋ | | | | |
| 钩齿鼠李 | *Rhamnus lamprophylla* Schneid. | 灌木 | ● | ＋ | | | | |
| 薄叶鼠李 | *Rhamnus leptophylla* Schneid. | 灌木 | ● | ＋ | | | | ＋ |
| 冻绿 | *Rhamnus utilis* Decne. | 灌木 | ▼ | ＋ | | | | ＋ |
| 毛冻绿 | *Rhamnus utilis* Decne. var. *hypochrysa*（Schneid.）Rehd. | 灌木 | ● | ＋ | | | | ＋ |
| 小冻绿树 | *Rhamnus rosthornii* Pritz. | 灌木 | ■ | ＋ | | | | |
| 钩刺雀梅藤 | *Sageretia hamosa*（Wall.）Brongn. | 灌木 | ● | ＋ | | | | |
| 梗花雀梅藤 | *Sageretia henryi* Drumm. et Sprague. | 灌木 | ▼ | | | | | |
| 对节刺 | *Sageretia pycnophylla* Schneid. | 灌木 | ● | ＋ | | | | |
| 皱叶雀梅藤 | *Sageretia rugosa* Hance. | 灌木 | ● | ＋ | ＋ | ＋ | | |
| 雀梅藤 | *Sageretia thea*（Osbeck）Johnst. | 灌木 | ■ | ＋ | | | | |
| 尾叶雀梅藤 | *Sageretia subcaudata* Schneid. | 灌木 | ● | ＋ | ＋ | ＋ | ＋ | |
| *枣 | *Ziziphus jujuba* Mill. | 乔木 | ▼ | ＋ | ＋ | ＋ | ＋ | |
| 无刺枣 | *Ziziphus jujuba* Mill. var. *inermis*（Bunge）Rehd. | 乔木 | ● | | | | | |
| 70 葡萄科 Vitaceae | | | | | | | | |
| 毛三裂蛇葡萄 | *Ampelopsis delavayana* Planch. var. *setulosa*（Diels et Gilg）C. L. Li | 藤本 | ▼ | | | | | |
| 蓝果蛇葡萄 | *Ampelopsis bodinieri*（Levl. et Vant.）Rehd. | 藤本 | ▼ | ＋ | ＋ | | | |
| 三裂蛇葡萄 | *Ampelopsis delavayana* Planch. | 藤本 | ▼ | ＋ | | | | |
| 显齿蛇葡萄 | *Ampelopsis grossedentata*（Hand.-Mazz.）W. T. Wang. | 藤本 | ■ | ＋ | | | | |
| 律叶蛇葡萄 | *Ampelopsis humulifolia* Bge. | 藤本 | ■ | ＋ | ＋ | | | |
| 华中乌蔹莓 | *Cayratia oligocarpa*（Levl. & Vant.）Gagnep. | 藤本 | ▼ | ＋ | | ＋ | | |
| 乌蔹莓 | *Cayratia japonica*（Thunb.）Gagnep. | 藤本 | ▼ | ＋ | | | | |
| 尖叶乌蔹莓 | *Cayratia japonica*（Thunb.）Gagnep. var. *pseudotrifolia*（W. T. Wang）C. L. Li. | 藤本 | ● | ＋ | | | | |
| 鸡心藤 | *Cissus kerrii* Craib. | 藤本 | ■ | ＋ | ＋ | | | |
| 花叶地锦 | *Parthenocissus henryana*（Hemsl.）Diels & Gilg. | 藤本 | ● | ＋ | ＋ | | | |
| 地锦 | *Parthenocissus tricuspidata*（S. et Z.）Planch. | 藤本 | ● | ＋ | | | | |
| 三叶崖爬藤 | *Tetrastigma hemsleyanum* Diels et Gilg. | 藤本 | ● | ＋ | ＋ | | | |
| 崖爬藤 | *Tetrastigma obtectum*（Wall.）Planch. | 藤本 | ■ | ＋ | | ＋ | | |
| 刺葡萄 | *Vitis davidii*（Roman. du Caill.）Foex. | 藤本 | ● | ＋ | | ＋ | | |
| 毛葡萄 | *Vitis heyneana* Roem. et Schult. | 藤本 | ▼ | ＋ | ＋ | ＋ | | |
| *葡萄 | *Vitis vinifera* L. | 藤本 | ▼ | | | | | |
| 71 杜英科 Elaeocarpaceae | | | | | | | | |
| 薄果猴欢喜 | *Sloanea leptocarpa* Diels | 乔木 | ▼ | | | | | |
| 日本杜英 | *Elaeocarpus japonicus* Sieb. et Zucc. | 乔木 | ▼ | | | | | |
| 大果杜英 | *Elaeocarpus fleuryi* A. Chev. ex Gagnep. | 乔木 | ■ | | | | | |

| 物种 | 学名 | 生活型 | 数据来源 | 药用 | 观赏 | 食用 | 蜜源 | 工业原料 |
|---|---|---|---|---|---|---|---|---|
| **72 椴树科 Tiliaceae** | | | | | | | | |
| 田麻 | *Corchoropsis tomentosa*（Thunb.）Makino. | 草本 | ▼ | + | | | | + |
| 灰背椴 | *Tilia oliveri* Szyszyl. var. *cinerascens* Rehd. | 乔木 | ● | + | | | | + |
| 少脉椴 | *Tilia paucicostata* Maxim. | 乔木 | ▼ | | | | | |
| 白毛椴 | *Tilia endochrysea* Hand.-Mazz. | 乔木 | ■ | + | + | + | + | + |
| 椴树 | *Tilia tuan* Szyszyl. | 乔木 | ● | | | | | |
| **73 锦葵科 Malvaceae** | | | | | | | | |
| 黄蜀葵 | *Abelmoschus manihot*（L.）Medicus. | 草本 | ● | + | | | | + |
| 苘麻 | *Abutilon theophrasti* Medicus. | 草本 | ▼ | + | + | | | + |
| *蜀葵 | *Althaea rosea*（L.）Cavan. | 草本 | ● | + | + | | | |
| 大麻槿 | *Hibiscus cannabinus* L. | 草本 | ● | + | + | | | |
| *木芙蓉 | *Hibiscus mutabilis* L. | 灌木 | ▼ | + | + | | | |
| 朱槿 | *Hibiscus rosa-sinensis* L. | 灌木 | ● | + | + | | | |
| *重瓣朱槿 | *Hibiscus rosa-sinensis* L. var. *rubro-plenus* Sweet. | 灌木 | ● | + | + | | | |
| *木槿 | *Hibiscus syriacus* L. | 灌木 | ▼ | + | + | | | |
| *锦葵 | *Malva sinensis* Cavan. | 草本 | ● | + | + | | | |
| *冬葵 | *Malva crispa* L. | 草本 | ● | + | + | | | |
| 地桃花 | *Urena lobata* L. | 草本 | ▼ | | | | | |
| **74 梧桐科 Sterculiaceae** | | | | | | | | |
| 梧桐 | *Firmiana platanifolia*（L. f.）Marsili. | 乔木 | ● | | | | | |
| **75 猕猴桃科 Actinidiaceae** | | | | | | | | |
| 凸脉猕猴桃 | *Actinidia arguta*（Sieb. & Zucc）Planch. ex Miq. var. *nervosa* C.F.Liang. | 藤本 | ● | + | | + | | |
| 京梨猕猴桃 | *Actinidia callosa* Lindl. var. *henryi* Maxim. | 藤本 | ● | + | | + | | |
| 城口猕猴桃 | *Actinidia chengkouensis* C. Y. Chang. | 藤本 | ▼ | + | + | + | | |
| 革叶猕猴桃 | *Actinidia rubricaulis* Dunn var. *coriacea*（Fin. et Gagn.）C.F.Liang. | 藤本 | ▼ | + | + | + | | |
| 美味猕猴桃 | *Actinidia chinensis* var. *deliciosa*（A. Chev.）A Chev. | 藤本 | ▼ | + | | + | | |
| 狗枣猕猴桃 | *Actinidia kolomikta*（Maxim.& Rupr.）Maxim. | 藤本 | ● | + | | + | | |
| 黑蕊猕猴桃 | *Actinidia melanandra* Franch. | 藤本 | ▼ | + | | + | | |
| 葛枣猕猴桃 | *Actinidia polygama*（Sieb. et Zucc.）Maxim. | 藤本 | ● | + | | + | | |
| 紫果猕猴桃 | *Actinidia arguta*（Sieb. & Zucc）Planch. ex Miq. var. *purpurea*（Rehd.）C.F.Liang. | 藤本 | ▼ | + | | + | | |
| 星毛猕猴桃 | *Actinidia stellato-pilosa* C. Y. Chang. | 藤本 | ● | + | | + | | |
| 四萼猕猴桃 | *Actinidia tetramera* Maxim. | 藤本 | ● | + | | + | | |
| 巴东猕猴桃 | *Actinidia tetramera* Maxim. var. *badongensis* C. F. Liang. | 藤本 | ● | + | | + | | |
| 毛蕊猕猴桃 | *Actinidia trichogyna* Franch. | 藤本 | ● | + | | + | | |
| 清风藤猕猴桃 | *Actinidia sabiaefolia* Dunn. | 藤本 | ■ | + | | + | | |
| 异色猕猴桃 | *Actinidia callosa* Lindl. var. *discolor* C.F.Liang. | 藤本 | ■ | + | + | + | | |
| 中华猕猴桃 | *Actinidia chinensis* Planch. | 藤本 | ■ | | | | | |
| 矩叶藤山柳 | *Clematoclethra lasioclada* Maxim.Vat.oblonga C.F.Liang et | 藤本 | ▼ | | | | | |
| 猕猴桃藤山柳 | *Clematoclethra actinidioides* Maxim. | 藤本 | ■ | | + | | | |
| 藤山柳 | *Clematoclethra lasioclada* Maxim. | 灌木 | ■ | | | | | |

| 物种 | 学名 | 生活型 | 数据来源 | 药用 | 观赏 | 食用 | 蜜源 | 工业原料 |
|---|---|---|---|---|---|---|---|---|
| 杨叶藤山柳 | *Clematoclethra actinidioides* Maxim. var. *populifolia* C. F. Liang et Y. C. Chen. | 藤本 | ● | | | | | |
| 尖叶藤山柳 | *Clematoclethra faberi* Franch. | 藤本 | ● | | | | | |
| 粗毛藤山柳 | *Clematoclethra strigillosa* Franch. | 藤本 | ● | | | | | |
| 76 山茶科 Theaceae | | | | | | | | |
| *山茶 | *Camellia japonica* L. | 灌木 | ● | + | + | | | + |
| 油茶 | *Camellia oleifera* Abel. | 灌木 | ▼ | + | + | | | + |
| *茶 | *Camellia sinensis*（L.）O. Ktze. | 灌木 | ■ | + | | | | + |
| 川滇连蕊茶 | *Camellia tsaii* Hu var. *synaptica* Chang. | 灌木 | ■ | | | | | |
| 单籽油茶 | *Camellia oleifera* Abel. var. *monosperma* Chang. | 灌木 | ■ | + | | | | + |
| 陕西短柱茶 | *Camellia shensiensis* Chang. | 灌木 | ● | | | | | |
| 细萼连蕊茶 | *Camellia tsofui* Chien. | 灌木 | ■ | | | | + | |
| 翅柃 | *Eurya alata* Kobuski. | 灌木 | ● | | | | + | |
| 金叶柃 | *Eurya aurea*（Levl.）Hu et L. K. Ling. | 灌木 | ● | | | | + | + |
| 短柱柃 | *Eurya brevistyla* Kobuski. | 灌木 | ● | + | | | + | |
| 黄背叶柃 | *Eurya nitida* Korthals var. *aurescens*（Rehd. et Wils.）Kobuski | 灌木 | ▼ | | | | | |
| 凹脉柃 | *Eurya impressinervis* Kobuski. | 乔木 | ■ | + | + | | + | + |
| 钝叶柃 | *Eurya obtusifolia* H. T. Chang. | 灌木 | ■ | | + | | + | |
| 格药柃 | *Eurya muricata* Dunn. | 灌木 | ■ | | | | + | |
| 四角柃 | *Eurya tetragonoclada* Merr. et Chun. | 灌木 | ▼ | | + | | + | |
| 细齿叶柃 | *Eurya nitida* Korthals. | 灌木 | ■ | | + | | + | |
| 细枝柃 | *Eurya loquaiana* Dunn. | 灌木 | ■ | | + | | | |
| 四川大头茶 | *Gordonia acuminata* Chang. | 乔木 | ■ | | | | | |
| 小花木荷 | *Schima parviflora* Cheng et Chang ex Chang. | 乔木 | ■ | | | | | |
| 77 藤黄科 Guttiferae | | | | | | | | |
| 黄海棠 | *Hypericum ascyron* L. | 草本 | ● | + | | | | |
| 赶山鞭 | *Hypericum attenuatum* Choisy. | 草本 | ● | + | + | | | |
| 金丝桃 | *Hypericum monogynum* L. | 灌木 | ▼ | + | + | | | |
| 金丝梅 | *Hypericum patulum* Thunb. ex Murray. | 灌木 | ● | + | + | | | |
| 贯叶连翘 | *Hypericum perforatum* L. | 草本 | ▼ | + | | | | |
| 地耳草 | *Hypericum japonicum* Thunb. ex Murray. | 草本 | ■ | + | | | | |
| 元宝草 | *Hypericum sampsonii* Hance. | 草本 | ● | | | | | |
| 78 堇菜科 Violaceae | | | | | | | | |
| 长萼堇菜 | *Viola inconspicua* | 草本 | ▼ | | + | | | |
| 心叶堇菜 | *Viola concordifolia* | 草本 | ▼ | + | | | | |
| 戟叶堇菜 | *Viola betonicifolia* J. E. Smith. | 草本 | ▼ | + | | | | |
| 阔紫叶堇菜 | *Viola cameleo* H. de Boiss. | 草本 | ● | + | | | | |
| 浅圆齿堇菜 | *Viola schneideri* W. Beck. | 草本 | ■ | + | | | | |
| 深圆齿堇菜 | *Viola davidii* Franch. | 草本 | ● | + | | | | |
| 白花堇菜 | *Viola lactiflora* Nakai. | 草本 | ■ | + | | | | |
| 紫花堇菜 | *Viola grypoceras* A. Gray. | 草本 | ▼ | + | | | | |
| 犁头叶堇菜 | *Viola magnifica* C. J. Wang et X. D. Wang. | 草本 | ● | + | | | | |
| 茜堇菜 | *Viola phalacrocarpa* Maxim. | 草本 | ■ | + | | | | |

| 物种 | 学名 | 生活型 | 数据来源 | 药用 | 观赏 | 食用 | 蜜源 | 工业原料 |
|------|------|--------|----------|------|------|------|------|----------|
| 香堇菜 | *Viola odorata* L. | 草本 | ■ | + | | | | |
| 紫花地丁 | *Viola philippica* Cav. | 草本 | ● | + | | | | |
| 堇菜 | *Viola verecunda* A. Gray. | 草本 | ▼ | + | | | | |
| 庐山堇菜 | *Viola stewardiana* W. Beck. | 草本 | ■ | + | | | | |
| 早开堇菜 | *Viola prionantha* Bunge. | 草本 | ■ | | | | | |
| 79 大风子科 Flacourtiaceae | | | | | | | | |
| 山桐子 | *Idesia polycarpa* Maxim. | 乔木 | ● | | | | + | + |
| 南岭柞木 | *Xylosma controversum* Clos. | 灌木 | ■ | + | + | | + | + |
| 柞木 | *Xylosma racemosum*（Sieb. et Zucc.）Miq. | 灌木 | ▼ | | | | | |
| 80 旌节花科 Stachyuraceae | | | | | | | | |
| 宽叶旌节花 | *Stachyurus chinensis* Franch. var. *latus* H. L. Li. | 灌木 | ● | + | + | | | |
| 喜马山旌节花 | *Stachyurus himalaicus* Hook. f. et Thoms ex Benth. | 乔木 | ■ | + | + | | | |
| 云南旌节花 | *Stachyurus yunnanensis* Franch. | 灌木 | ■ | + | + | | | |
| 中国旌节花 | *Stachyurus chinensis* Franch. | 灌木 | ▼ | | | | | |
| 81 秋海棠科 Begoniaceae | | | | | | | | |
| 中华秋海棠 | *Begonia grandis* Dry subsp. *sinensis*（A. DC.）Irmsch. | 草本 | ● | + | + | | | |
| 秋海棠 | *Begonia grandis* Dry. | 草本 | ▼ | | | | | |
| 82 仙人掌科 Cactaceae | | | | | | | | |
| *昙花 | *Epiphyllum oxypetalum*（DC.）Haw. | 灌木 | ● | + | + | | | |
| *仙人掌 | *Opuntia stricta*（Haw.）Haw. var. *dillenii*（Ker-Gawl.）Benson. | 灌木 | ● | + | + | | | |
| *蟹爪兰 | *Schlumbergera truncata*（Haw.）Moran. | 草本 | ● | | | | | |
| 83 瑞香科 Thymelaeaceae | | | | | | | | |
| 小构树 | *Broussonetia kazinoki* S. et Z. | 灌木 | ■ | + | + | + | | |
| 芫花 | *Daphne genkwa* Sieb. et Zucc. | 灌木 | ● | + | + | | | |
| 瑞香 | *Daphne odora* Thunb. | 灌木 | ● | + | + | | | |
| 尖瓣瑞香 | *Daphne acutiloba* Rehd. | 灌木 | ■ | + | | | | |
| 野梦花 | *Daphne tangutica* var. *wilsonii*（Rehd.）H. F. Zhou ex C. Y. Chang. | 灌木 | ● | + | + | | | + |
| 结香 | *Edgeworthia chrysantha* Lindl. | 灌木 | ▼ | + | | | | |
| 城口荛花 | *Wikstroemia fargesii*（Lecomte）Domke. | 灌木 | ● | + | | | | |
| 光叶荛花 | *Wikstroemia glabra* Cheng. | 灌木 | ● | | | | | |
| 小黄构 | *Wikstroemia micrantha* Hemsl. | 灌木 | ▼ | | | | | |
| 84 胡颓子科 Elaeagnaceae | | | | | | | | |
| 长叶胡颓子 | *Elaeagnus bockii* Diels. | 灌木 | ▼ | + | + | + | | + |
| 宜昌胡颓子 | *Elaeagnus henryi* Warb. apud Diels. | 灌木 | ▼ | + | + | + | | + |
| 披针叶胡颓子 | *Elaeagnus lanceolata* Warb. | 灌木 | ▼ | + | + | + | | + |
| 牛奶子 | *Elaeagnus umbellata* Thunb. | 灌木 | ● | + | + | + | | + |
| 蔓胡颓子 | *Elaeagnus glabra* Thunb. | 灌木 | ■ | + | + | + | | + |
| 巫山牛奶子 | *Elaeagnus wushanensis* C. Y. Chang. | 灌木 | ▼ | + | + | + | | + |
| 星毛胡颓子（星毛羊奶子） | *Elaeagnus stellipila* Rehd. | 灌木 | ■ | + | + | + | | + |
| 银果牛奶子 | *Elaeagnus magna* Rehd. | 灌木 | ■ | | | | | |
| 85 石榴科 Punicaceae | | | | | | | | |
| *石榴 | *Punica granatum* L. | 灌木 | ● | + | + | + | | |

续表

| 物种 | 学名 | 生活型 | 数据来源 | 药用 | 观赏 | 食用 | 蜜源 | 工业原料 |
|---|---|---|---|---|---|---|---|---|
| **86 蓝果树科 Nyssaceae** | | | | | | | | |
| *喜树 | *Camptotheca acuminata* Decne. | 乔木 | ■ | + | | | | + |
| 珙桐 | *Davidia involucrata* Baill. | 乔木 | ■ | + | | | | + |
| 光叶珙桐 | *Davidia involucrata* Baill. var. *vilmoriniana*（Dode）Wanger. | 乔木 | ■ | | + | | | + |
| 蓝果树 | *Nyssa sinensis* Oliv. | 乔木 | ● | | | | | |
| **87 八角枫科 Alangiaceae** | | | | | | | | |
| 八角枫 | *Alangium chinense*（Lour.）Harms. | 灌木 | ▼ | + | + | | | + |
| 伏毛八角枫 | *Alangium chinense*（Lour.）Harms subsp. *strigosum* Fang. | 灌木 | ■ | + | + | | | + |
| 稀花八角枫 | *Alangium chinense*（Lour.）Harms subsp. *pauciflorum* Fang. | 灌木 | ● | + | + | | | + |
| 深裂八角枫 | *Alangium chinense*（Lour.）Harms subsp. *triangulare*（Wanger.）Fang. | 灌木 | ▼ | + | + | | | + |
| 异叶八角枫 | *Alangium faberi* Oliv. var. *heterophyllum* Yang. | 灌木 | ● | + | | | | |
| 瓜木 | *Alangium platanifolium*（Sieb. et Zucc.）Harms. | 灌木 | ▼ | | | | | |
| **88 千屈菜科 Lythraceae** | | | | | | | | |
| *萼距花 | *Cuphea hookeriana* Walp. | 灌木 | ■ | + | + | | | + |
| 南紫薇 | *Lagerstroemia subcostata* Koehne. | 灌木 | ■ | + | + | | | |
| *千屈菜 | *Lythrum salicaria* L. | 草本 | ■ | + | + | | | |
| 圆叶节节菜 | *Rotala rotundifolia*（Buch.-Ham. ex Roxb.）Koehne. | 草本 | ■ | + | + | | | + |
| *紫薇 | *Lagerstroemia indica* L. | 灌木 | ■ | | | | | |
| **89 桃金娘科 Myrtaceae** | | | | | | | | |
| 蓝桉 | *Eucalyptus globulus* Labill | 乔木 | ▼ | | | | | |
| *柠檬桉 | *Eucalyptus citriodora* Hook. f. | 乔木 | ● | + | + | | + | + |
| *桉 | *Eucalyptus robusta* Smith. | 乔木 | ● | + | + | + | | |
| *红千层 | *Callistemon rigidus* R.Br | 灌木 | ▼ | + | | | | |
| 蒲桃 | *Syzygium jambos*（L.）Alston. | 乔木 | ■ | + | + | + | | |
| *四川蒲桃 | *Syzygium szechuanense* Chang et Miau. | 乔木 | ■ | | | | | |
| **90 野牡丹科 Melastomataceae** | | | | | | | | |
| 多花野牡丹 | *Melastoma affine* D. Don. | 灌木 | ■ | + | + | + | | |
| 展毛野牡丹 | *Melastoma normale* D. Don. | 灌木 | ▼ | + | | | | |
| 朝天罐 | *Osbeckia opipara* C. Y. Wu et C. Chen. | 灌木 | ● | + | | | | |
| 金锦香 | *Osbeckia chinensis* L. | 草本 | ■ | + | + | | | |
| 肉穗草 | *Sarcopyramis bodinieri* Levl. et. Van. | 草本 | ▼ | + | + | | | |
| 小花叶底红 | *Phyllagathis fordii*（Hance）C. Chen.var. *micrantha* C. Chen | 草本 | ▼ | | | | | |
| 异药花 | *Fordiophyton faberi* Stapf. | 草本 | ■ | | | | | |
| **91 菱科 Trapaceae** | | | | | | | | |
| 菱 | *Trapa bispinosa* Roxb. | 草本 | ● | | | | | |
| **92 柳叶菜科 Onagraceae** | | | | | | | | |
| 谷蓼 | *Circaea erubescens* Franch. et Sav. | 草本 | ● | + | | | | |
| 高山露珠草 | *Circaea alpina* L. | 草本 | ■ | + | | | | |
| 南方露珠草 | *Circaea mollis* S. et Z. | 草本 | ▼ | + | | | | |
| 露珠草 | *Circaea cordata* Royle | 草本 | ● | + | | | | |
| 毛脉柳叶菜 | *Epilobium amurense* Hausskn. | 草本 | ▼ | + | | | | |
| 柳叶菜 | *Epilobium hirsutum* L. | 草本 | ▼ | + | | | | |

| 物种 | 学名 | 生活型 | 数据来源 | 药用 | 观赏 | 食用 | 蜜源 | 工业原料 |
|---|---|---|---|---|---|---|---|---|
| 短梗柳叶菜 | *Epilobium royleanum* Hausskn. | 草本 | ■ | + | | | | |
| 小花柳叶菜 | *Epilobium parviflorum* Schreber. | 草本 | ● | + | | | | |
| 毛脉柳兰 | *Epilobium angustifolium* L. subsp. *circumvagum* Mosquin. | 草本 | ■ | + | | | | |
| 长籽柳叶菜 | *Epilobium pyrricholophum* Franch. et Savat. | 草本 | ● | + | + | | | |
| 假柳叶菜 | *Ludwigia epilobioides* Maxim. | 草本 | ■ | | | | | |
| 93 小二仙草科 Haloragaceae | | | | | | | | |
| 小二仙草 | *Haloragis micrantha*（Thunb.）R. Br. | 草本 | ■ | | + | | | |
| 穗状狐尾藻 | *Myriophyllum spicatum* L. | 草本 | ● | | + | | | |
| 狐尾藻 | *Myriophyllum verticillatum* L. | 草本 | ● | | | | | |
| 94 五加科 Araliaceae | | | | | | | | |
| 楤木 | *Aralia chinensis* L. | 灌木 | ● | + | | | | |
| 头序楤木 | *Aralia dasyphylla* Miq. | 灌木 | ● | + | | | | |
| 白背叶楤木 | *Aralia chinensis* L. var. *Nuda* Nakai. | 灌木 | ● | + | | | | |
| 棘茎楤木 | *Aralia echinocaulis* Hand.-Mazz. | 乔木 | ● | + | | | | |
| 龙眼独活 | *Aralia fargesii* Franch. | 草本 | ● | + | | | | |
| 柔毛龙眼独活 | *Aralia henryi* Harms. | 草本 | ● | + | | | | |
| 波缘楤木 | *Aralia undulata* Hand.-Mazz. | 灌木 | ● | + | | | | |
| 吴茱萸五加 | *Acanthopanax evodiaefolius* Franch. | 灌木 | ● | + | | | | |
| 中华五加 | *Acanthopanax sinensis* Hoo. | 乔木 | ● | + | | | | |
| 红毛五加 | *Acanthopanax giraldii* Harms. | 灌木 | ▼ | + | | | | |
| 刺五加 | *Acanthopanax senticosus*（Rupr. Maxim.）Harms. | 灌木 | ● | + | | | | |
| 藤五加 | *Acanthopanax leucorrhizus*（Oliv.）Harms. | 灌木 | ● | + | | | | |
| 匙叶五加 | *Acanthopanax rehderianus* Harms. | 灌木 | ● | + | | | | |
| 刚毛五加 | *Acanthopanax simonii* Schneid. | 灌木 | ● | + | + | | | |
| 白簕 | *Acanthopanax trifoliatus*（L.）Merr. | 灌木 | ● | + | | | | |
| 糙叶五加 | *Acanthopanax henryi*（Oliv.）Harms. | 灌木 | ● | + | | | | |
| 蜀五加 | *Acanthopanax setchuenensis* Harms. | 灌木 | ● | + | | | | |
| 五加 | *Acanthopanax gracilistylus* W. W. Smith. | 灌木 | ▼ | + | | | | |
| 柔毛五加 | *Acanthopanax gracilistylus* W. W. Smith var. *villosulus*（Harms）Li. | 灌木 | ● | + | | | | |
| 匍匐五加 | *Acanthopanax scandens* Hoo | 灌木 | ▼ | | | | | |
| 刺楸 | *Kalopanax septemlobus*（Thunb.）Koidz. | 乔木 | ▼ | + | + | | | |
| 常春藤 | *Hedera nepalensis* K. Koch var. *sinensis*（Tobl.）Rehd. | 灌木 | ■ | + | | | | |
| 异叶梁王茶 | *Nothopanax davidii*（Franch.）Harms ex Diels. | 灌木 | ▼ | + | + | | | |
| 八角金盘 | *Fatsia japonica*（Thunb.）Decne. et Planch. | 灌木 | ■ | + | | | | |
| 秀丽假人参 | *Panax pseudoginseng* Wall. var. *elegantior*（Burkill）Hoo et Tseng. | 草本 | ● | + | | | | |
| 大叶三七 | *Panax pseudoginseng* Wall. var. *japonicus*（C. A. Mey.）Hoo et Tseng. | 草本 | ● | + | | | | |
| 珠子参 | *Panax japonicum* var. *major*（Burkill）C. Y. Wu et K. M. Feng. | 草本 | ● | + | | | | |
| *西洋参 | *Panax quinquefolius* L. | 草本 | ● | + | | | | |
| *人参 | *Panax ginseng* C. A. Mey. | 草本 | ● | + | + | | | |
| 穗序鹅掌柴 | *Schefflera delavayi*（Franch.）Harms ex Diels. | 灌木 | ▼ | + | | | | |
| 短梗大参 | *Macropanax rosthornii*（Harms）C. Y. Wu ex Hoo. | 灌木 | ● | + | | | | |

| 物种 | 学名 | 生活型 | 数据来源 | 药用 | 观赏 | 食用 | 蜜源 | 工业原料 |
|---|---|---|---|---|---|---|---|---|
| 通脱木 | *Tetrapanax papyrifer*（Hook.）K. Koch. | 灌木 | ▼ | | | | | |
| 95 伞形科 Umbelliferae | | | | | | | | |
| 当归 | *Angelica sinensis*（Oliv.）Diels. | 草本 | ▼ | ＋ | | | | |
| 峨参 | *Anthriscus sylvestris*（L.）Hoffm. Gen. | 草本 | ● | ＋ | | | | |
| 旱芹 | *Apium graveolens* L. | 草本 | ● | ＋ | | | | |
| 细叶旱芹 | *Apium leptophyllum*（Pers.）F. Muell. | 草本 | ■ | ＋ | | | | |
| 空心柴胡 | *Bupleurum longicaule* Wall. ex DC. var. *franchetii* de Boiss. | 草本 | ● | ＋ | | | | |
| 紫花大叶柴胡 | *Bupleurum longiradiatum* Turcz. var. *porphyranthum* Shan et Y. Li. | 草本 | ● | ＋ | | | | |
| 竹叶柴胡 | *Bupleurum marginatum* Wall. ex DC. | 草本 | ● | ＋ | | | | |
| 积雪草 | *Centella asiatica*（L.）Urban. | 草本 | ● | ＋ | | | | |
| 蛇床 | *Cnidium monnieri*（L.）Cuss. | 草本 | ● | ＋ | | | | |
| *芫荽 | *Coriandrum sativum* L. | 草本 | ● | ＋ | | | | |
| 鸭儿芹 | *Cryptotaenia japonica* Hassk. | 草本 | ▼ | ＋ | | | | |
| 野胡萝卜 | *Daucus carota* L. | 草本 | ▼ | ＋ | | | | |
| *胡萝卜 | *Daucus carota* L. var. *sativa* Hoffm. | 草本 | ● | ＋ | | | | |
| 马蹄芹 | *Dickinsia hydrocotyloides* Franch. | 草本 | ■ | ＋ | | | | |
| 野香草（刺芹） | *Eryngium foetidum* L. | 草本 | ■ | ＋ | | | | |
| *茴香 | *Foeniculum vulgare* Mill. | 草本 | ● | ＋ | | | | |
| 独活 | *Heracleum hemsleyanum* Diels. | 草本 | ▼ | ＋ | | | | |
| 白亮独活 | *Heracleum candicans* Wall. ex DC. | 草本 | ● | ＋ | | | | |
| 白毛独活 | *Heracleum moellendorffii* Hance. | 草本 | ● | ＋ | | | | |
| 红马蹄草 | *Hydrocotyle nepalensis* Hk. | 草本 | ▼ | ＋ | | | | |
| 天胡荽 | *Hydrocotyle sibthorpioides* Lam. | 草本 | ● | ＋ | | | | |
| 裂叶天胡荽 | *Hydrocotyle dielsiana* Wolff. | 草本 | ● | ＋ | | | | |
| 鄂西天胡荽 | *Hydrocotyle wilsonii* Diels ex Wolff. | 草本 | ● | ＋ | | | | |
| 川芎 | *Ligusticum chuanxiong* Hort. | 草本 | ● | ＋ | | | | |
| 膜苞藁本 | *Ligusticum oliverianum*（de Boiss.）Shan. | 草本 | ● | ＋ | | | | |
| 细裂藁本 | *Ligusticum tenuisectum* de Boiss. | 草本 | ● | ＋ | | | | |
| 归叶藁本 | *Ligusticum angelicifolium* Franch. | 草本 | ■ | ＋ | | | | |
| 丽江藁本 | *Ligusticum delavayi* Franch. | 草本 | ■ | ＋ | | | | |
| 藁本 | *Ligusticum sinense* Oliv. | 草本 | ● | ＋ | | | | |
| 白苞芹 | *Nothosmyrnium japonicum* Miq. | 草本 | ■ | ＋ | | | | |
| 紫伞芹 | *Melanosciadium pimpinelloideum* de Boiss. | 草本 | ● | ＋ | | | | |
| 西南水芹 | *Oenanthe dielsii* de Boiss. | 草本 | ● | ＋ | | | | |
| 细叶水芹 | *Oenanthe dielsii* de Boiss. var. *stenophylla* de Boiss. | 草本 | ● | ＋ | | | | |
| 水芹 | *Oenanthe javanica*（Bl.）DC. | 草本 | ● | ＋ | | | | |
| 前胡 | *Peucedanum praeruptorum* Dunn. | 草本 | ● | ＋ | | | | |
| 异叶茴芹 | *Pimpinella diversifolia* DC. | 草本 | ● | ＋ | | | | |
| 城口茴芹 | *Pimpinella fargesii* de Boiss. | 草本 | ● | ＋ | | | | |
| 白花城口茴芹 | *Pimpinella fargesii* de Boiss. var. *alba* de Boiss. | 草本 | ● | ＋ | | | | |
| 沼生茴芹 | *Pimpinella helosciadia* de Boiss. | 草本 | ● | ＋ | | | | |
| 锐叶茴芹 | *Pimpinella arguta* Diels. | 草本 | ■ | ＋ | | | | |

| 物种 | 学名 | 生活型 | 数据来源 | 药用 | 观赏 | 食用 | 蜜源 | 工业原料 |
|---|---|---|---|---|---|---|---|---|
| 线叶囊瓣芹 | *Pternopetalum asplenioides*（H.Boissieu）Hand.-Mazz. | 草本 | ● | + | | | | |
| 囊瓣芹 | *Pternopetalum davidii* Franch. | 草本 | ■ | + | | | | |
| 羊齿囊瓣芹 | *Pternopetalum filicinum*（Franch.）Hand.-Mazz.. | 草本 | ■ | + | | | | |
| 变豆菜 | *Sanicula chinensis* Bunge. | 草本 | ● | + | | | | |
| 薄片变豆菜 | *Sanicula lamelligera* Hance. | 草本 | ■ | + | | | | |
| 软雀花 | *Sanicula elata* Hamilt. | 草本 | ■ | + | | | | |
| 直刺变豆菜 | *Sanicula orthacantha* S. Moore. | 草本 | ● | + | | | | |
| 城口东俄芹 | *Tongoloa silaifolia*（de Boiss.）Wolff. | 草本 | ● | + | | | | |
| 窃衣 | *Torilis scabra*（Thunb.）DC. | 草本 | ▼ | + | | | | |
| 小窃衣 | *Torilis japonica*（Houtt.）DC. | 草本 | ■ | | | | | |
| **96 马钱科 Loganiaceae** | | | | | | | | |
| 白背枫 | *Buddleja asiatica* Lour. | 乔木 | ■ | + | + | + | | + |
| 密蒙花 | *Buddleja officinalis* Maxim. | 灌木 | ● | + | + | | | |
| 密香醉鱼草 | *Buddleja candida* Dunn. | 灌木 | ■ | + | + | | | |
| 醉鱼草 | *Buddleja lindleyana* Fortune. | 灌木 | ■ | + | + | | | |
| 大序醉鱼草 | *Buddleja macrostachya* Wall. ex Benth. | 灌木 | ■ | + | + | | | |
| 大叶醉鱼草 | *Buddleja davidii* Franch. | 灌木 | ■ | | | | | |
| **97 山茱萸科 Cornaceae** | | | | | | | | |
| 斑叶珊瑚 | *Aucuba albopunctifolia* Wang. | 灌木 | ▼ | | | | | |
| 喜马拉雅珊瑚 | *Aucuba himalaica* Hook. f. et Thomson. | 灌木 | ● | + | + | | | + |
| 长叶珊瑚 | *Aucuba himalaica* Hook. f. et Thomson var. *dolichophylla* Fang et Soong. | 灌木 | ● | | | | | |
| 倒披针叶珊瑚 | *Aucuba himalaica* Hook. f. et Thomson var. *oblanceolata* Fang et Soong. | 灌木 | ● | | + | | | |
| 密毛桃叶珊瑚 | *Aucuba himalaica* Hook. f. et Thomson var. *pilosissima* Fang et Soong. | 灌木 | ● | | | | | |
| 花叶青木 | *Aucuba japonica* var. *variegata*. | 灌木 | ■ | | | | | |
| 倒心叶珊瑚 | *Aucuba obcordata*（Rehder）Fu ex W. K. Hu et Soong. | 灌木 | ▼ | | + | | | |
| 桃叶珊瑚 | *Aucuba chinensis* Benth. | 灌木 | ■ | | | | | |
| 灯台树 | *Bothrocaryum controversum*（Hemsl.）Pojark. | 乔木 | ▼ | + | | | | + |
| 红椋子 | *Swida hemsleyi*（Schneid. et Wanger.）Sojak. | 灌木 | ● | | + | + | | + |
| 梾木 | *Swida macrophylla*（Wall.）Soják. | 乔木 | ▼ | | | | | + |
| 长圆叶梾木 | *Swida oblonga*（Wall.） | 乔木 | ▼ | + | + | | | |
| 小梾木 | *Swida paucinervis*（Hance）Sojak. | 灌木 | ▼ | + | + | | | |
| 灰叶梾木 | *Swida poliophylla*（Schneid. et Wanger.）Sojak. | 灌木 | ● | + | + | | | |
| 卷毛梾木 | *Swida ulotricha*（Schneid. et Wanger.）Sojak. | 乔木 | ● | + | + | | | |
| 黑毛四照花 | *Dendrobenthamia melanotricha*（pojark.）Fang | 灌木 | ▼ | | | | | |
| 尖叶四照花 | *Dendrobenthamia angustata*（Chun）Fang | 乔木 | ● | + | + | + | | |
| 四照花 | *Dendrobenthamia japonica*（DC.）Fang var. *chinensis*（Osborn.）Fang. | 乔木 | ▼ | + | + | | | |
| 中华青荚叶 | *Helwingia chinensis* Batal. | 灌木 | ▼ | + | + | | | |
| 西域青荚叶 | *Helwingia himalaica* Hook. f. et Thoms. ex C. B. Clarke. | 灌木 | ● | + | + | | | |
| 青荚叶 | *Helwingia japonica*（Thunb.）Dietr. | 灌木 | ● | + | + | | | |
| 白粉青荚叶 | *Helwingia japonica*（Thunb.）Dietr. subsp. *japonica* var. *hypoleuca* Hemsl. ex Rehd. | 灌木 | ● | + | + | | | |

续表

| 物种 | 学名 | 生活型 | 数据来源 | 药用 | 观赏 | 食用 | 蜜源 | 工业原料 |
|---|---|---|---|---|---|---|---|---|
| 乳突青荚叶 | *Helwingia japonica*（Thunb.）Dietr. var. *papillosa* Fang et Soong. | 灌木 | ● | + | + | | | |
| 长圆青荚叶 | *Helwingia omeiensis*（Fang）Hara et kuros. var. *oblonga* Fang et Soong. | 灌木 | ● | + | | | | |
| 川鄂山茱萸 | *Cornus chinensis* Wanger. | 乔木 | ▼ | | | | | |
| 角叶鞘柄木 | *Toricellia angulata* Oliv. | 灌木 | ● | | | | | |
| **合瓣花亚纲 Sympetalae** | | | | | | | | |
| 98 桤叶树科 Clethraceae | | | | | | | | |
| 城口桤叶树 | *Clethra fargesii* Franch. | 灌木 | ● | | | | | |
| 99 鹿蹄草科 Pyrolaceae | | | | | | | | |
| 水晶兰 | *Monotropa uniflora* L. | 草本 | ● | + | + | | | + |
| 紫背鹿蹄草 | *Pyrola atropurpurea* Franch. | 灌木 | ● | + | + | | | + |
| 白花鹿蹄草 | *Pyrola decorata* H. Andr. var. *alba*（H. Andr.）Y. L. Chou. | 灌木 | ■ | + | + | | | + |
| 普通鹿蹄草 | *Pyrola decorata* H. Andr. | 灌木 | ● | | | | | |
| 100 杜鹃花科 Ericaceae | | | | | | | | |
| 灯笼花 | *Agapetes lacei* Craib. | 灌木 | ● | + | + | | | |
| 毛叶吊钟花 | *Enkianthus deflexus*（Griff.）Schneid. | 灌木 | ● | + | + | | | |
| 四川吊钟花 | *Enkianthus sichuanensis* T. Z. Hsu. | 乔木 | ● | + | + | | | |
| 小果珍珠花 | *Lyonia ovalifolia*（Wall.）Drude var. *elliptica*. | 灌木 | ● | | | | | |
| 珍珠花 | *Lyonia ovalifolia*（Wall.）Drude. | 灌木 | ■ | | + | | | |
| 马醉木 | *Pieris japonica*（Thunb.）D. Don ex G. Don. | 灌木 | ■ | | + | | | |
| 美丽马醉木 | *Pieris formosa*（Wall.）D. Don. | 灌木 | ● | | + | | | |
| 弯尖杜鹃 | *Rhododendron adenopodum* Franch. | 灌木 | ● | | + | | | |
| 毛肋杜鹃 | *Rhododendron augustinii* Hemsl. | 灌木 | ▼ | | + | | | |
| 耳叶杜鹃 | *Rhododendron auriculatum* Hemsl. | 灌木 | ● | | + | | | |
| 大白杜鹃 | *Rhododendron decorum* Franch. | 灌木 | ▼ | | + | | | |
| 干净杜鹃 | *Rhododendron detersile* Franch. | 灌木 | ● | | + | | | |
| 喇叭杜鹃 | *Rhododendron discolor* Franch. | 灌木 | ● | | + | | | |
| 红晕杜鹃 | *Rhododendron roseatum* Hutch. | 灌木 | ● | | + | | | |
| 丁香杜鹃 | *Rhododendron farrerae* Tate ex Sweet. | 灌木 | ● | | + | | | |
| 粉白杜鹃 | *Rhododendron hypoglaucum* Hemsl. | 灌木 | ▼ | | + | | | |
| 麻花杜鹃 | *Rhododendron maculiferum* Franch. | 灌木 | ● | | + | | | |
| 满山红 | *Rhododendron mariesii* Hemsl. et Wils. | 灌木 | ● | | + | | | |
| 照山白 | *Rhododendron micranthum* Turcz. | 灌木 | ▼ | | + | | | |
| 白花杜鹃 | *Rhododendron mucronatum*（Blume）G. Don | 灌木 | ● | | + | | | |
| 钝叶杜鹃 | *Rhododendron obtusum*（Lindl.）Planch. | 灌木 | ● | | + | | | |
| 稀果杜鹃 | *Rhododendron oligocarpum* Fang et X. S. Zhang. | 灌木 | ● | | + | | | |
| 粉红杜鹃 | *Rhododendron oreodoxa* Franch. var. *fargesii*（Franch.）Chamb. ex Cullen et Chamb. | 灌木 | ● | + | + | | | + |
| *杜鹃 | *Rhododendron simsii* Planch. | 灌木 | ▼ | | + | | | |
| 长蕊杜鹃 | *Rhododendron stamineum* Franch. | 灌木 | ● | | + | | | |
| 秀雅杜鹃 | *Rhododendron concinnum* Hemsl. | 灌木 | ▼ | | + | | | |
| 四川杜鹃 | *Rhododendron sutchuenense* Franch. | 灌木 | ● | | + | | | |
| 树枫杜鹃 | *Rhododendron changii*（Fang）Fang | 灌木 | ■ | | + | | | |

| 物种 | 学名 | 生活型 | 数据来源 | 药用 | 观赏 | 食用 | 蜜源 | 工业原料 |
|---|---|---|---|---|---|---|---|---|
| 腺萼马银花 | *Rhododendron bachii* Levl. | 灌木 | ■ | | + | | | |
| 问客杜鹃 | *Rhododendron ambiguum* Hemsl. | 灌木 | ● | | | | | |
| 无梗越橘 | *Vaccinium henryi* Hemsl. | 灌木 | ▼ | | | | | |
| 扁枝越橘 | *Vaccinium japonicum* Miq. var. *sinicum*（Nakai）Rehd. | 灌木 | ● | | | | | |
| 红花越橘 | *Vaccinium urceolatum* Hemsl. | 灌木 | ■ | + | + | | | |
| 江南越桔 | *Vaccinium mandarinorum* Diels. | 乔木 | ● | | | | | |
| 101 紫金牛科 Myrsinaceae | | | | | | | | |
| 硃砂根 | *Ardisia crenata* Sims. | 灌木 | ● | + | | | | |
| 红凉伞 | *Ardisia crenata* Sims var. *bicolor*（Walker）C. Y. Wu et C. Chen. | 灌木 | ● | + | + | | | |
| 百两金 | *Ardisia crispa*（Thunb.）A. DC. | 灌木 | ▼ | + | | | | |
| 紫金牛 | *Ardisia japonica*（Thunb）Blume. | 灌木 | ▼ | + | + | | | |
| 杜茎山 | *Maesa japonica*（Thunb.）Moritzi. | 灌木 | ■ | + | | | | |
| 湖北杜茎山 | *Maesa hupehensis* Rehd. | 灌木 | ● | + | + | | | |
| 金珠柳 | *Maesa montana* A. DC. | 灌木 | ■ | + | + | | | |
| 铁仔 | *Myrsine africana* Linn. | 灌木 | ▼ | + | + | | | |
| 针齿铁仔 | *Myrsine semiserrata* Wall. | 灌木 | ● | + | + | | | |
| 光叶铁仔 | *Myrsine stolonifera*（Koidz.）Walker. | 灌木 | ● | | | | | |
| 102 报春花科 Primulaceae | | | | | | | | |
| 细蔓点地梅 | *Androsace cuscutiformis* Franch. | 草本 | ● | + | + | | | |
| 秦巴点地梅 | *Androsace laxa* C. M. Hu et Yung C. Yang. | 草本 | ● | + | + | | | |
| 大叶点地梅 | *Androsace mirabilis* Franch. | 草本 | ● | + | + | | | |
| 四川点地梅 | *Androsace sutchuenensis* Franch. | 草本 | ● | + | + | | | |
| 点地梅 | *Androsace umbellata*（Lour.）Merr. | 草本 | ● | + | + | | | |
| 莲叶点地梅 | *Androsace henryi* Oliv. | 草本 | ■ | + | + | | | |
| 泽珍珠菜 | *Lysimachia candida* Lindl. | 草本 | ▼ | + | | | | |
| 过路黄 | *Lysimachia christinae* Hance. | 草本 | ▼ | + | | | | |
| 临时救（聚花过路黄） | *Lysimachia congestiflora* Hemsl. | 草本 | ● | + | | | | |
| 长柄过路黄 | *Lysimachia esquirolii* Bonati. | 草本 | ▼ | + | | | | |
| 管茎过路黄 | *Lysimachia fistulosa* Hand.-Mazz. | 草本 | ▼ | + | | | | |
| 点腺过路黄 | *Lysimachia hemsleyana* Maxim. | 草本 | ▼ | + | | | | |
| 山萝过路黄 | *Lysimachia melampyroides* R. Knuth. | 草本 | ▼ | + | | | | |
| 琴叶过路黄 | *Lysimachia ophelioides* Hemsl. | 草本 | ● | + | | | | |
| 落地梅 | *Lysimachia paridiformis* Franch. | 草本 | ● | + | | | | |
| 叶头过路黄 | *Lysimachia phyllocephala* Hand.-Mazz. | 草本 | ▼ | + | | | | |
| 疏头过路黄 | *Lysimachia pseudohenryi* Pamp. | 草本 | ● | + | | | | |
| 鄂西香草 | *Lysimachia pseudotrichopoda* Hand.-Mazz. | 草本 | ● | + | | | | |
| 北延叶珍珠菜 | *Lysimachia silvestrii*（Pamp.）Hand.-Mazz. | 草本 | ▼ | + | | | | |
| 川香草 | *Lysimachia wilsonii* Hemsl. | 草本 | ■ | + | | | | |
| 红根草 | *Lysimachia fortunei* Maxim. | 草本 | ■ | + | | | | |
| 聚花过路黄 | *Lysimachia congestiflora* Hemsl. | 草本 | ■ | + | | | | |
| 阔瓣珍珠菜 | *Lysimachia platypetala* Franch. | 草本 | ■ | + | | | | |
| 显苞过路黄 | *Lysimachia rubiginosa* Hemsl. | 草本 | ■ | + | | | | |

续表

| 物种 | 学名 | 生活型 | 数据来源 | 药用 | 观赏 | 食用 | 蜜源 | 工业原料 |
|---|---|---|---|---|---|---|---|---|
| 腺药珍珠菜 | *Lysimachia stenosepala* Hemsl. | 草本 | ● | | | | | |
| 灰绿报春 | *Primula cinerascens* Franch. | 草本 | ● | | | | | |
| 无粉报春 | *Primula efarinosa* Pax. | 草本 | ● | | | | | |
| 峨眉报春 | *Primula faberi* Oliv. | 草本 | ● | | | | | |
| 城口报春 | *Primula fagosa* Balf. f. et Craid. | 草本 | ● | | | | | |
| 川东灯台报春 | *Primula mallophylla* Balf. f. | 草本 | ● | | | | | |
| 葵叶报春 | *Primula malvacea* Franch. | 草本 | ● | | | | | |
| 保康报春 | *Primula neurocalyx* Franch. | 草本 | ● | | | | | |
| 俯垂粉报春 | *Primula nutantiflora* Hemsl. | 草本 | ▼ | | | | | |
| 肥满报春 | *Primula obsessa* W. W. Smith. | 草本 | ● | | | | | |
| 齿萼报春 | *Primula odontocalyx*（Franch.）Pax. | 草本 | ● | | | | | |
| 小伞报春 | *Primula sertulum* Franch. | 草本 | ● | + | | | | |
| 藏报春 | *Primula sinensis* Sabine ex Lindl. | 草本 | ● | | | | | |
| 103 柿树科 Ebenaceae | | | | | | | | |
| 罗浮柿 | *Diospyros morrisiana* Hance. | 乔木 | ■ | + | + | + | | + |
| *柿 | *Diospyros kaki* Thunb. | 乔木 | ■ | + | + | + | | + |
| *油柿 | *Diospyros oleifera* Cheng. | 乔木 | ● | + | + | + | | + |
| 君迁子 | *Diospyros lotus* L. | 乔木 | ● | | | | | |
| 104 山矾科 Symplocaceae | | | | | | | | |
| 总状山矾 | *Symplocos botryantha* Franch. | 乔木 | ▼ | | | | | |
| 叶萼山矾 | *Symplocos phyllocalyx* Clarke. | 乔木 | ▼ | | | | | |
| 枝穗山矾 | *Symplocos multipes* Brand. | 灌木 | ● | + | | + | | + |
| 白檀 | *Symplocos paniculata*（Thunb.）Miq. | 灌木 | ● | + | | | | |
| 光叶山矾 | *Symplocos lancifolia* Sieb. et Zucc. | 乔木 | ■ | + | | | | + |
| 黄牛奶树 | *Symplocos laurina*（Retz.）Wall. | 乔木 | ■ | + | | | | + |
| 山矾 | *Symplocos sumuntia* Buch.-Ham. ex D. Don. | 乔木 | ■ | + | | | | |
| 四川山矾 | *Symplocos setchuensis* Brand. | 乔木 | ▼ | | | | | |
| 105 安息香科 Styracaceae | | | | | | | | |
| 赤杨叶 | *Alniphyllum fortunei*（Hemsl.）Makino. | 乔木 | ■ | + | + | | | |
| 野茉莉 | *Styrax japonicus* Sieb. et Zucc. | 灌木 | ▼ | | | | | |
| 106 木犀科 Oleaceae | | | | | | | | |
| 尖萼梣 | *Fraxinus odontocalyx* Hand.-Mazz. | 灌木 | ■ | | | | | |
| 美国红梣 | *Fraxinus pennsylvanica* Marsh. | 乔木 | ■ | + | + | | | + |
| 连翘 | *Forsythia suspensa*（Thunb.）Vahl. | 灌木 | ● | + | + | | | + |
| 金钟花 | *Forsythia viridissima* Lindl. | 灌木 | ● | | | | | |
| 白蜡树 | *Fraxinus chinensis* Roxb. | 乔木 | ▼ | + | | | | |
| 苦枥木 | *Fraxinus insularis* Hemsl. | 乔木 | ● | + | | | | |
| 探春花 | *Jasminum floridum* Bunge. | 灌木 | ▼ | + | | | | |
| 清香藤 | *Jasminum lanceolarium* Roxb. | 灌木 | ▼ | + | + | | | |
| 迎春花 | *Jasminum nudiflorum* Lindl. | 灌木 | ● | + | + | | | |
| *茉莉花 | *Jasminum sambac*（L.）Ait. | 灌木 | ● | + | + | | | |
| *野迎春 | *Jasminum mesnyi* Hance. | 灌木 | ■ | + | + | | | |
| 蜡子树 | *Ligustrum molliculum* Hance. | 灌木 | ● | + | + | | | |

| 物种 | 学名 | 生活型 | 数据来源 | 药用 | 观赏 | 食用 | 蜜源 | 工业原料 |
|------|------|--------|----------|------|------|------|------|----------|
| 女贞 | *Ligustrum lucidum* Ait. | 乔木 | ▼ | + | + | | | |
| 长柄女贞 | *Ligustrum longipedicellatum* H. T. Chang. | 灌木 | ● | + | + | | | |
| *小蜡 | *Ligustrum sinense* Lour. | 灌木 | ▼ | + | + | | | |
| 卵叶女贞 | *Ligustrum ovalifolium* Hassk. | 灌木 | ■ | + | + | | | |
| *小叶女贞 | *Ligustrum quihoui* Carr. | 灌木 | ■ | + | + | | | |
| 宜昌女贞 | *Ligustrum strongylophyllum* Hemsl. | 灌木 | ▼ | + | + | | | |
| 长叶女贞 | *Ligustrum compactum*（Wall. ex G. Don）Hook. f. | 灌木 | ■ | + | + | | | |
| 紫药女贞 | *Ligustrum delavayanum* Hariot. | 灌木 | ■ | + | + | | | |
| 总梗女贞 | *Ligustrum pricei* Hayata. | 灌木 | ■ | + | + | | | |
| 欧丁香 | *Syringa vulgaris* L. | 灌木 | ■ | + | + | | | |
| 木犀榄 | *Olea europaea* L. | 乔木 | ● | + | + | | | |
| *木犀 | *Osmanthus fragrans*（Thunb.）Lour. | 乔木 | ● | + | + | | | |
| 野桂花 | *Osmanthus yunnanensis*（Franch.）P. S. Green. | 乔木 | ● | + | + | | | |
| 红柄木犀 | *Osmanthus armatus* Diels. | 灌木 | ■ | | | | | |
| 107 龙胆科 Gentianaceae | | | | | | | | |
| 川东龙胆 | *Gentiana arethusae* Burk. | 草本 | ● | + | | | | |
| 密花龙胆 | *Gentiana densiflora* T. N. Ho. | 草本 | ● | + | | | | |
| 苞叶龙胆 | *Gentiana incompta* H. Smith. | 草本 | ● | + | | | | |
| 大颈龙胆 | *Gentiana macrauchena* Marq. | 草本 | ● | + | | | | |
| 多枝龙胆 | *Gentiana myrioclada* Franch. | 草本 | ● | + | | | | |
| 红花龙胆 | *Gentiana rhodantha* Franch. ex Hemsl. | 草本 | ● | + | | | | |
| 深红龙胆 | *Gentiana rubicunda* Franch. | 草本 | ● | + | | | | |
| 二裂深红龙胆 | *Gentiana rubicunda* Franch. var. *biloba* T. N. Ho. | 草本 | ● | + | | | | |
| 水繁缕叶龙胆 | *Gentiana samolifolia* Franch. | 草本 | ● | + | | | | |
| 母草叶龙胆 | *Gentiana vandellioides* Hemsl. | 草本 | ● | + | | | | |
| 二裂母草龙胆 | *Gentiana vandellioides* Hemsl. var. *biloba* Franch. | 草本 | ● | + | | | | |
| 湿生扁蕾 | *Gentianopsis paludosa*（Hook. f.）Ma. | 草本 | ● | + | | | | |
| 卵叶扁蕾 | *Gentianopsis paludosa*（Hook. f.）Ma var. *ovatodeltoidea*（Burk.）Ma. | 草本 | ● | + | | | | |
| 野老鹳草 | *Geranium carolinianum* L. | 草本 | ■ | | | | | |
| 美丽肋柱花 | *Lomatogonium bellum*（Hemsl.）H. Smith. | 草本 | ● | | + | | | |
| 川东大钟花 | *Megacodon venosus*（Hemsl.）H. Smith. | 草本 | ● | + | | | | |
| 獐牙菜 | *Swertia bimaculata*（Sieb. et Zucc.）Hook. f. et Thoms. ex C. B. Clarke. | 草本 | ▼ | + | | | | |
| 西南獐牙菜 | *Swertia cincta* Burk. | 草本 | ● | + | | | | |
| 北方獐牙菜 | *Swertia diluta*（Turcz.）Benth. et Hook. f. | 草本 | ● | + | | | | |
| 红直獐牙菜 | *Swertia erythrosticta* Maxim. | 草本 | ▼ | + | | | | |
| 贵州獐牙菜 | *Swertia kouitchensis* Franch. | 草本 | ● | + | | | | |
| 川东獐牙菜 | *Swertia mussotii* Franch. | 草本 | ■ | + | | | | |
| 鄂西獐牙菜 | *Swertia oculata* Hemsl. | 草本 | ● | + | | | | |
| 湖北双蝴蝶 | *Tripterospermum discoideum*（Marq.）H. Smith. | 草本 | ● | + | | | | |
| 双蝴蝶 | *Tripterospermum chinense*（Migo）H. Smith. | 草本 | ■ | | | | | |
| 108 夹竹桃科 Apocynaceae | | | | | | | | |
| 川山橙 | *Melodinus hemsleyanus* Diels. | 藤本 | ● | + | + | | | |

续表

| 物种 | 学名 | 生活型 | 数据来源 | 药用 | 观赏 | 食用 | 蜜源 | 工业原料 |
|---|---|---|---|---|---|---|---|---|
| *夹竹桃 | *Nerium indicum* Mill. | 灌木 | ● | | | | | + |
| 乳儿绳 | *Trachelospermum cathayanum* Schneid. | 灌木 | ● | | | | | |
| 短柱络石 | *Trachelospermum brevistylum* Hand.-Mazz. | 藤本 | ▼ | + | | | | |
| 石血 | *Trachelospermum jasminoides*（Lindl.）Lem. var. *heterophyllum* Tsiang. | 藤本 | ● | | | | | |
| 109 萝藦科 Asclepiadaceae | | | | | | | | |
| 白薇 | *Cynanchum atratum* Bunge. | 草本 | ● | + | | | | |
| 牛皮消 | *Cynanchum auriculatum* Royle ex Wight. | 灌木 | ▼ | + | | | | |
| 徐长卿 | *Cynanchum paniculatum*（Bunge）Kitagawa. | 草本 | ● | + | | | | |
| 豹药藤 | *Cynanchum decipiens* Schneid. | 灌木 | ■ | + | | | | |
| 隔山消 | *Cynanchum wilfordii*（Maxim.）Hemsl. | 藤本 | ▼ | + | | | | |
| 朱砂藤 | *Cynanchum officinale*（Hemsl.）Tsiang et Zhang. | 灌木 | ■ | + | | | | |
| 苦绳 | *Dregea sinensis* Hemsl. | 藤本 | ● | + | | | | |
| 夜来香 | *Telosma cordata*（Burm. f.）Merr. | 灌木 | ■ | + | | | | + |
| 杠柳 | *Periploca sepium* Bunge. | 灌木 | ■ | + | | | | |
| 青蛇藤 | *Periploca calophylla*（Woght）Falc. | 灌木 | ● | | | | | |
| 110 旋花科 Convolvulaceae | | | | | | | | |
| 旋花 | *Calystegia sepium*（L.）R. Br. | 草本 | ▼ | + | + | | | |
| *田旋花 | *Convolvulus arvensis* L. | 草本 | ● | + | | | | |
| 菟丝子 | *Cuscuta chinensis* Lam. | 草本 | ▼ | + | | | | |
| 金灯藤 | *Cuscuta japonica* Choisy. | 草本 | ● | + | | | | |
| 马蹄金 | *Dichondra repens* Forst. | 草本 | ● | + | | | | |
| 北鱼黄草 | *Merremia sibirica*（L.）Hall. f. | 草本 | ● | + | | + | | |
| 地瓜 | *Merremia hungaiensis*（Lingelsh. et Borza）R. C. Fang. | 草本 | ■ | + | | | | |
| 毛籽鱼黄草 | *Merremia sibirica*（L.）Hall. f. var. *trichosperma* C. C. Huang ex C. Y. Wu et H. W. Li | 草本 | ● | + | + | | | |
| *牵牛 | *Pharbitis nil*（L.）Choisy. | 草本 | ● | + | + | | | |
| *圆叶牵牛 | *Pharbitis purpurea*（L.）Voisgt. | 草本 | ● | | | | | |
| 飞蛾藤 | *Porana racemosa* Roxb. | 灌木 | ■ | | | | | |
| 近无毛飞蛾藤 | *Porana sinensis* Hemsl. var. *delavayi*（Gagn. et Courch.）Rehd. | 藤本 | ● | | + | | | |
| *橙红茑萝 | *Quamoclit coccinea*（L.）Moench. | 草本 | ● | | + | | | |
| *茑萝松 | *Quamoclit pennata*（Desr.）Boj. | 草本 | ● | | + | | | |
| *葵叶茑萝 | *Quamoclit sloteri* House. | 草本 | ● | | | | | |
| 111 花葱科 Polemoniaceae | | | | | | | | |
| *小天蓝绣球 | *Phlox drummondii* Hook. | 草本 | ● | | + | | | |
| *天蓝绣球 | *Phlox paniculata* L. | 草本 | ● | | | | | |
| 112 紫草科 Boraginaceae | | | | | | | | |
| 多苞斑种草 | *Bothriospermum secundum* Maxim. | 草本 | ● | + | | | | |
| 柔弱斑种草 | *Bothriospermum tenellum*（Hornem.）Fisch. et Mey. | 草本 | ● | + | | | | |
| 琉璃草 | *Cynoglossum zeylanicum*（Vahl）Thunb. | 草本 | ▼ | | | | | |
| 倒提壶 | *Cynoglossum amabile* Stapf et Drumm. | 草本 | ● | + | | | | |
| 小花琉璃草 | *Cynoglossum lanceolatum* Forssk. | 草本 | ■ | + | + | | + | |
| 粗糠树 | *Ehretia macrophylla* Wall. | 乔木 | ▼ | + | + | | + | |
| 光叶粗糠树 | *Ehretia macrophylla* Wall. var. *glabrescens*（Nakai）Y. L. Liu. | 乔木 | ● | | | | | |

| 物种 | 学名 | 生活型 | 数据来源 | 药用 | 观赏 | 食用 | 蜜源 | 工业原料 |
|---|---|---|---|---|---|---|---|---|
| 湿地勿忘草 | *Myosotis caespitosa* Schultz. | 草本 | ■ | + | | | | |
| 紫草 | *Lithospermum erythrorhizon* Sieb. et Zucc. | 草本 | ● | + | | | | |
| 梓木草 | *Lithospermum zollingeri* DC. | 草本 | ● | | | | | |
| 短蕊车前紫草 | *Sinojohnstonia moupinensis*（Franch.）W. T. Wang. | 草本 | ● | + | | | | |
| 盾果草 | *Thyrocarpus sampsonii* Hance. | 草本 | ● | | | | | |
| 城口附地菜 | *Trigonotis chengkouensis* W. T. Wang. | 草本 | ● | | | | | |
| 钝萼附地菜 | *Trigonotis amblyosepala* Nakai et Kitag. | 草本 | ■ | | | | | |
| 附地菜 | *Trigonotis peduncularis*（Trev.）Benth. ex Baker et Moore. | 草本 | ▼ | | | | | |
| 毛花附地菜 | *Trigonotis heliotropifolia* Hand.-Mazz. | 草本 | ■ | | | | | |
| 113 马鞭草科 Verbenaceae | | | | | | | | |
| 兰香草 | *Caryopteris incana*（Thunb.）Miq. | 灌木 | ■ | + | | | | |
| 三花莸 | *Caryopteris terniflora* Maxim. | 灌木 | ■ | + | + | | | |
| 紫珠 | *Callicarpa bodinieri* Levl. | 灌木 | ● | + | + | | | |
| 华紫珠 | *Callicarpa cathayana* H. T. Chang. | 灌木 | ● | + | + | | | |
| 红紫珠 | *Callicarpa rubella* Lindl. | 灌木 | ■ | + | | | | |
| 老鸦糊 | *Callicarpa giraldii* Hesse ex Rehd. | 灌木 | ● | + | | | | |
| 南川紫珠 | *Callicarpa bodinieri* Levl. var. *rosthornii*（Diels）Rehd. | 灌木 | ■ | + | | | | |
| 日本紫珠 | *Callicarpa japonica* Thunb. | 灌木 | ■ | + | | | | |
| 臭牡丹 | *Clerodendrum bungei* Steud. | 灌木 | ▼ | | | | | |
| 川黔大青 | *Clerodendrum confine* S. L. Chen et T. D. Zhuang. | 灌木 | ● | | | | | |
| 黄腺大青 | *Clerodendrum luteopunctatum* C. Pei & S. L. Chen. | 灌木 | ● | + | | | | |
| 海州常山 | *Clerodendrum trichotomum* Thunb. | 灌木 | ■ | + | + | | | |
| 马缨丹 | *Lantana camara* L. | 灌木 | ■ | + | + | | | |
| 假连翘 | *Duranta repens* L. | 灌木 | ■ | | | + | | |
| 豆腐柴 | *Premna microphylla* Turcz. | 灌木 | ■ | + | + | | | |
| 马鞭草 | *Verbena officinalis* L. | 草本 | ● | + | + | | | |
| 黄荆 | *Vitex negundo* L. | 灌木 | ● | + | + | | | |
| 牡荆 | *Vitex negundo* L. var. *cannabifolia*（Sieb. et Zucc.）Hand.-Mazz. | 灌木 | ● | + | + | | | |
| 拟黄荆 | *Vitex negundo* L. var. *thyrsoides* Pei. | 灌木 | ● | | | | | |
| 114 唇形科 Labiatae | | | | | | | | |
| 藿香 | *Agastache rugosa*（Fisch. et Mey.）O. Ktze. | 草本 | ● | + | | | | |
| 金疮小草 | *Ajuga decumbens* Thunb. | 草本 | ▼ | + | | | | |
| 紫背金盘 | *Ajuga nipponensis* Makino. | 草本 | ● | | | | | |
| 矮生紫背金盘 | *Ajuga nipponensis* Makino var. *pallescens*（Maxim.）C.Y.Wu et C.Chen. | 草本 | ● | + | | + | | |
| 风轮菜 | *Clinopodium chinense*（Benth.）O. Ktze. | 草本 | ▼ | + | | | | |
| 细风轮菜 | *Clinopodium gracile*（Benth.）Matsum. | 草本 | ■ | + | | | | |
| 寸金草 | *Clinopodium megalanthum*（Diels）C. Y. Wu et Hsuan ex H. W. Li. | 草本 | ● | + | | | | |
| 灯笼草 | *Clinopodium polycephalum*（Vaniot）C. Y. Wu et Hsuan. | 草本 | ▼ | | | | | |
| 匍匐风轮菜 | *Clinopodium repens*（D. Don）Wall. ex Benth. | 草本 | ● | | | | | |
| *五彩苏 | *Coleus scutellarioides*（L.）Benth. | 草本 | ● | | | | | |
| 藤状火把花 | *Colquhounia sequinii* Vaniot. | 灌木 | ● | + | | + | | |

续表

| 物种 | 学名 | 生活型 | 数据来源 | 药用 | 观赏 | 食用 | 蜜源 | 工业原料 |
|---|---|---|---|---|---|---|---|---|
| 香薷 | *Elsholtzia ciliata*（Thunb.）Hyland. | 草本 | ▼ | + | | | | |
| 野草香 | *Elsholtzia cypriani*（Pavol.）C. Y. Wu et S. Chow. | 草本 | ● | | | | | |
| 野草香-窄叶变种 | *Elsholtzia cypriani*（Pavol.）C. Y. Wu et S. Chow var. *angustifolia* C. Y. Wu et S. C. Huang. | 草本 | ● | + | | | | |
| 密花香薷 | *Elsholtzia densa* Benth. | 草本 | ■ | | | | | |
| 穗状香薷 | *Elsholtzia stachyodes*（Link）C. Y. Wu. | 草本 | ● | + | | | | |
| 野拔子 | *Elsholtzia rugulosa* Hemsl. | 草本 | ■ | | | | | |
| 紫花香薷 | *Elsholtzia argyi* Levl. | 草本 | ■ | + | | | | |
| 鼬瓣花 | *Galeopsis bifida* Boenn. | 草本 | ● | + | | | | |
| 白透骨消 | *Glechoma biondiana*（Diels）C. Y. Wu et C. Chen. | 草本 | ● | + | + | + | | |
| 活血丹 | *Glechoma longituba*（Nakai）Kupr. | 草本 | ▼ | | | | | |
| 异野芝麻 | *Heterolamium debile*（Hemsl.）C. Y. Wu. | 草本 | ● | | | | | |
| 细齿异野芝麻 | *Heterolamium debile*（Hemsl.）C. Y. Wu var. *cardiophyllum*. | 草本 | ● | + | + | + | | |
| 薰衣草 | *Lavandula angustifolia* Mill. | 灌木 | ■ | + | | + | | + |
| 珍珠菜 | *Pogostemon auricularius*（L.）Kassk. | 草本 | ■ | | | | | |
| 钩子木 | *Rostrinucula dependens*（Rehd.）Kudo | 灌木 | ▼ | + | | | | |
| 鄂西香茶菜 | *Rabdosia henryi*（Hemsl.）Hara | 草本 | ■ | | | | | |
| 扇脉香茶菜 | *Rabdosia flabelliformis* C. Y. Wu. | 草本 | ● | | | | | |
| 四川香茶菜 | *Rabdosia setschwanensis*（Hand.-Mazz.）Hara. | 灌木 | ■ | | | | | |
| 维西香茶菜 | *Rabdosia weisiensis* C. Y. Wu. | 草本 | ■ | + | | | | |
| 拟缺香茶菜 | *Rabdosia excisoides*（Sun ex C. H. Hu）C. Y. Wu et H. W. Li. | 草本 | ● | | | | | |
| 粗齿香茶菜 | *Rabdosia grosseserrata*（Dunn）Hara. | 草本 | ● | | | | | |
| 宽叶香茶菜 | *Rabdosia latifolia* C. Y. Wu et H. W. Li. | 草本 | ● | + | | | | |
| 总序香茶菜 | *Rabdosia racemosa*（Hemsl.）Hara. | 草本 | ● | + | | | | |
| 瘿花香茶菜 | *Rabdosia rosthornii*（Diels）Hara. | 草本 | ● | | | | | |
| 碎米桠 | *Rabdosia rubescens*（Hemsl.）Hara. | 灌木 | ▼ | + | | | | |
| 动蕊花 | *Kinostemon ornatum*（Hemsl.） | 草本 | ▼ | | | | | |
| 粉红动蕊花 | *Kinostemon alborubrum*（Hemsl.）C. Y. Wu et S. Chow. | 草本 | ■ | | | | | |
| 筒冠花 | *Siphocranion macranthum*（Hook. f.）C. Y. Wu. | 草本 | ■ | + | | | | |
| 夏至草 | *Lagopsis supina*（Steph.）Ik.-Gal. | 草本 | ● | + | | | | |
| 宝盖草 | *Lamium amplexicaule* L. | 草本 | ▼ | + | | | | + |
| 野芝麻 | *Lamium barbatum* Sieb. et Zucc. | 草本 | ● | + | | | | |
| 益母草 | *Leonurus artemisia*（Laur.）S. Y. Hu. | 草本 | ▼ | + | | | | |
| 白花益母草 | *Leonurus artemisia*（Laur.）S. Y. Hu var. *albiflorus*（Migo）S. Y. Hu. | 草本 | ● | | | | | |
| 斜萼草 | *Loxocalyx urticifolius* Hemsl. | 草本 | ▼ | + | | | | |
| 小叶地笋 | *Lycopus coreanus* Levl. | 草本 | ● | + | | | | |
| 地笋 | *Lycopus lucidus* Turcz. | 草本 | ● | + | | | | |
| 地笋-硬毛变种 | *Lycopus lucidus* Turcz. var. *hirtus* Regel. | 草本 | ● | + | | | | |
| 华西龙头草 | *Meehania fargesii*（Levl）C. Y. Wu. | 草本 | ● | + | | | | |
| 蜜蜂花 | *Melissa axillaris*（Benth.）Bakh. f. | 草本 | ▼ | + | | | + | |
| 薄荷 | *Mentha haplocalyx* Briq. | 草本 | ▼ | + | | | + | + |
| 留兰香 | *Mentha spicata* L. | 草本 | ● | | | | | |
| 宝兴冠唇花 | *Microtoena moupinensis*（Franch.）Prain. | 草本 | ● | | | | | |

| 物种 | 学名 | 生活型 | 数据来源 | 药用 | 观赏 | 食用 | 蜜源 | 工业原料 |
|---|---|---|---|---|---|---|---|---|
| 粗壮冠唇花 | *Microtoena robusta* Hemsl. | 草本 | ● | | | | | |
| 小鱼仙草 | *Mosla dianthera*（Buch.-Ham.）Maxim. | 草本 | ■ | | | | | |
| 少花荠苎 | *Mosla pauciflora*（C. Y. Wu）C. Y. Wu et H. W. Li. | 草本 | ● | + | | | | |
| 石荠苎 | *Mosla scabra*（Thunb.）C. Y. Wu et H. W. Li. | 草本 | ● | + | | | | |
| 荆芥 | *Nepeta cataria* L. | 草本 | ● | + | | | | |
| 心叶荆芥 | *Nepeta fordii* Hemsl. | 草本 | ▼ | + | | + | | + |
| 罗勒 | *Ocimum basilicum* L. | 草本 | ● | | | | | + |
| 疏柔毛罗勒 | *Ocimum basilicum*（L.）var. *pilosum*（Willd.）Benth. | 草本 | ● | + | | | | + |
| 牛至 | *Origanum vulgare* L. | 草本 | ● | | | | | |
| 纤细假糙苏 | *Paraphlomis gracilis* Kudo. | 草本 | ● | | | | | |
| 狭叶假糙苏 | *Paraphlomis javanica*（Bl.）Prain var. *angustifolia*（C. Y. Wu）C. Y. Wu. | 草本 | ● | | | | | |
| 小叶假糙苏 | *Paraphlomis javanica*（Bl.）Prain var. *coronata*（Vaniot）C. Y. Wu. | 草本 | ● | | | | | |
| 假糙苏 | *Paraphlomis javanica*（Bl.）Prain. | 草本 | ● | + | | | | |
| *紫苏 | *Perilla frutescens*（L.）Britt. | 草本 | ▼ | + | + | + | | + |
| 白苏 | *Perilla frutescens*（L.）Britt. | 草本 | ■ | + | | + | | |
| 回回苏 | *Perilla frutescens*（L.）Britt. var. *crispa*（Thunb.）Hand.-Mazz. | 草本 | ● | + | | | | |
| 鸡冠紫苏 | *Perilla frutescens* var. *crispa*（Thunb.） | 草本 | ● | + | | + | | |
| 野生紫苏 | *Perilla frutescens* var. *purpurascens*（Hayata）H. W. Li | 草本 | ● | + | | | | |
| 糙苏 | *Phlomis umbrosa* Turcz. | 草本 | ▼ | + | | | | |
| 木里糙苏 | *Phlomis muliensis* C. Y. Wu. | 草本 | ■ | + | | | | |
| 南方糙苏 | *Phlomis umbrosa* Turcz. var. *australis* Hemsl. | 草本 | ● | + | | | | |
| 夏枯草 | *Prunella vulgaris* L. | 草本 | ● | + | | | | |
| 白花夏枯草 | *Prunella vulgaris* L. var. *leucantha* Schur sec. | 草本 | ● | | | | | |
| 掌叶石蚕 | *Rubiteucris palmata*（Benth.）Kudo. | 草本 | ● | | | | | |
| 南川鼠尾草 | *Salvia nanchuanensis* Sun. | 草本 | ● | | | | | |
| 居间南川鼠尾草 | *Salvia nanchuanensis* f. *intermedia* Sun. | 草本 | ● | | | | | |
| 宽苞峨眉鼠尾草 | *Salvia omeiana* Stib. var. *grandibracteata* Stib. | 草本 | ● | | | | | |
| 犬形鼠尾草 | *Salvia cynica* Dunn. | 草本 | ■ | + | | | | |
| 丹参 | *Salvia miltiorrhiza* Bunge. | 草本 | ■ | + | | | | |
| 荔枝草 | *Salvia plebeia* R. Br. | 草本 | ■ | | + | | | |
| *一串红 | *Salvia splendens* Ker-Gawl. | 草本 | ■ | + | | | | + |
| 裂叶荆芥 | *Schizonepeta tenuifolia*（Benth.）Briq. | 草本 | ● | | | | | |
| 四齿四棱草 | *Schnabelia tetradonta*（Y.Z.Sun）C.Y.Wu & C.Chen. | 草本 | ● | + | | | | |
| 半枝莲 | *Scutellaria barbata* D. Don. | 草本 | ▼ | | | | | |
| 方枝黄芩 | *Scutellaria delavayi* Levl. | 草本 | ● | + | | | | |
| 岩藿香 | *Scutellaria franchetiana* Levl. | 草本 | ● | + | | | | |
| 韩信草 | *Scutellaria indica* L. | 草本 | ■ | + | | | | |
| 红茎黄芩 | *Scutellaria yunnanensis* Levl. | 草本 | ■ | + | | | | |
| 锯叶峨眉黄芩 | *Scutellaria omeiensis* C. Y. Wu var. *serratifolia* C. Y. Wu et S. Chow. | 草本 | ● | + | | | | |
| 石蜈蚣草 | *Scutellaria sessilifolia* Hemsl. | 草本 | ■ | + | | | | |
| 四裂花黄芩 | *Scutellaria quadrilobulata* Sun. | 草本 | ■ | + | | + | | |

续表

| 物种 | 学名 | 生活型 | 数据来源 | 药用 | 观赏 | 食用 | 蜜源 | 工业原料 |
|---|---|---|---|---|---|---|---|---|
| 甘露子 | *Stachys sieboldii* Miq. | 草本 | ● | + | | | | |
| 针筒菜 | *Stachys oblongifolia* Benth. | 草本 | ■ | + | | + | | |
| 近无毛甘露子 | *Stachys sieboldi* Miq. var. *glabrescens* C. Y. Wu. | 草本 | ● | + | | | | |
| 长毛香科科 | *Teucrium pilosum*（Pamp.）C. Y. Wu et S. Chow. | 草本 | ● | + | | | | |
| 微毛血见愁 | *Teucrium viscidum* Bl. var. *nepetoides*（Levl.）C. Y. Wu et S. Chow. | 草本 | ● | | | | | |
| 115 茄科 Solanaceae | | | | | | | | |
| 地海椒 | *Archiphysalis sinensis*（Hemsl.）Kuang. | 草本 | ● | + | | | | |
| 天蓬子 | *Atropanthe sinensis*（Hemsl.）Pascher. | 草本 | ● | | + | | | |
| *鸳鸯茉莉 | *Brunfelsia brasiliensis*（Spreng.）L.B.Sm. & Downs. | 灌木 | ■ | | | + | | |
| *辣椒 | *Capsicum annuum* L. | 草本 | ● | | + | | | |
| 黄花夜香树 | *Cestrum aurantiacum* Lindl. | 灌木 | ● | | + | | | |
| *夜香树 | *Cestrum nocturnum* L. | 灌木 | ● | + | | | | + |
| 毛曼陀罗 | *Datura innoxia* Mill. | 草本 | ● | + | + | | | |
| *洋金花 | *Datura metel* L. | 草本 | ● | + | + | | | + |
| 曼陀罗 | *Datura stramonium* L. | 草本 | ● | | | | | |
| 单花红丝线 | *Lycianthes lysimachioides*（Wall.）Bitter. | 草本 | ● | + | | + | | + |
| *枸杞 | *Lycium chinense* Mill. | 灌木 | ● | | | | | |
| 黑果枸杞 | *Lycium ruthenicum* Murr. | 灌木 | ■ | | | + | | |
| *番茄 | *Lycopersicon esculentum* Mill. | 草本 | ▼ | + | | | | + |
| *烟草 | *Nicotiana tabacum* L. | 草本 | ● | + | + | | | |
| 假酸浆 | *Nicandra physalodes*（L.）Gaertn. | 草本 | ■ | | + | | | |
| 碧冬茄 | *Petunia hybrida* Vilm. | 草本 | ● | + | | + | | |
| 挂金灯 | *Physalis alkekengi*（L.）var. *franchetii*（Mast.）Makino. | 草本 | ● | | | | | |
| 苦蘵 | *Physalis angulata* L. | 草本 | ● | | | | | |
| 大叶泡囊草 | *Physochlaina macrophylla* Bonati. | 草本 | ● | + | | | | |
| 白英 | *Solanum lyratum* Thunb. | 藤本 | ▼ | + | | + | | |
| *茄 | *Solanum melongena* L. | 草本 | ● | + | | | | |
| *龙葵 | *Solanum nigrum* L. | 草本 | ▼ | | | + | | + |
| *阳芋 | *Solanum tuberosum* L. | 草本 | ● | | + | | | |
| 珊瑚樱 | *Solanum pseudocapsicum* L. | 灌木 | ■ | | | | | |
| 116 玄参科 Scrophulariaceae | | | | | | | | |
| *金鱼草 | *Antirrhinum majus* Linn. | 草本 | ● | | | | | |
| 来江藤 | *Brandisia hancei* Hook. f. | 灌木 | ▼ | + | | | | |
| 胡麻草 | *Centranthera cochinchinensis*（Lour.）Merr. | 草本 | ● | + | | | | |
| 毛地黄 | *Digitalis purpurea* L. | 草本 | ● | | | | | |
| 小米草 | *Euphrasia pectinata* Ten. | 草本 | ● | | | | | |
| 短腺小米草 | *Euphrasia regelii* Wettst. | 草本 | ● | + | | | | |
| 泥花草 | *Lindernia antipoda*（L.）Alston. | 草本 | ▼ | + | | | | |
| 旱田草 | *Lindernia ruellioides*（Colsm.）Pennell. | 草本 | ■ | + | | | | |
| 宽叶母草 | *Lindernia nummularifolia*（D. Don）Wettst. | 草本 | ● | + | | | | |
| 母草 | *Lindernia crustacea*（L.）F. Muell. | 草本 | ■ | | | | | |
| 石龙尾 | *Limnophila sessiliflora*（Vahl）Blume. | 草本 | ■ | | | | | |

| 物种 | 学名 | 生活型 | 数据来源 | 药用 | 观赏 | 食用 | 蜜源 | 工业原料 |
|---|---|---|---|---|---|---|---|---|
| 匍茎通泉草 | *Mazus miquelii* Makino. | 草本 | ■ | | | | | |
| 纤细通泉草 | *Mazus gracilis* Hemsl. ex Forbes et Hemsl. | 草本 | ● | | | | | |
| 低矮通泉草 | *Mazus humilis* Hand.-Mazz. | 草本 | ● | | | | | |
| 通泉草 | *Mazus japonicus*（Thunb.）O. Kuntze. | 草本 | ● | | | | | |
| 尼泊尔沟酸浆 | *Mimulus tenellus* Bunge var. *nepalensis*（Benth.）Tsoong. | 草本 | ▼ | | | | | + |
| 川泡桐 | *Paulownia fargesii* Franch. | 乔木 | ● | | | | | + |
| 毛泡桐 | *Paulownia tomentosa*（Thunb.）Steud. | 乔木 | ● | | | | | |
| 美观马先蒿 | *Pedicularis decora* Franch. | 草本 | ● | | | | | |
| 埃氏马先蒿 | *Pedicularis artselaeri* Maxim. | 草本 | ■ | | | | | |
| 法氏马先蒿 | *Pedicularis fargesii* Franch. | 草本 | ● | | | | | |
| 亨氏马先蒿 | *Pedicularis henryi* Maxim. | 草本 | ● | | | | | |
| 全萼马先蒿 | *Pedicularis holocalyx* Hand.-Mazz. | 草本 | ● | | | | | |
| 甘肃马先蒿 | *Pedicularis kansuensis* Maxim. | 草本 | ● | | | | | |
| 疏花马先蒿 | *Pedicularis laxiflora* Franch. | 草本 | ● | | | | | |
| 薄菜叶马先蒿 | *Pedicularis nasturtiifolia* Franch. | 草本 | ● | | | | | |
| 扭旋马先蒿 | *Pedicularis torta* Maxim. | 草本 | ● | | | | | |
| 返顾马先蒿 | *Pedicularis resupinata* L. | 草本 | ■ | | | | | |
| 轮叶马先蒿 | *Pedicularis verticillata* L. | 草本 | ● | | | | | |
| 松蒿 | *Phtheirospermum japonicum*（Thunb.）Kanitz. | 草本 | ● | | | | | |
| 湖北地黄 | *Rehmannia henryi* N. E. Brown. | 草本 | ● | | | | | |
| 茄叶地黄 | *Rehmannia solanifolia* Tsoong et Chin. | 草本 | ● | | | | | |
| 长梗玄参 | *Scrophularia fargesii* Franch. | 草本 | ● | + | | | | |
| 玄参 | *Scrophularia ningpoensis* Hemsl. | 草本 | ● | | | | | |
| 阴行草 | *Siphonostegia chinensis* Benth. | 草本 | ● | | | | | |
| 光叶蝴蝶草 | *Torenia glabra* Osbeck | 草本 | ● | | | | | |
| 紫萼蝴蝶草 | *Torenia violacea*（Azaola）Pennell | 草本 | ● | | | | | |
| 全缘叶呆白菜 | *Triaenophora integra*（Li）Ivanina | 草本 | ● | + | | | | |
| 呆白菜 | *Triaenophora rupestris*（Hemsl.）Soler. | 草本 | ● | | | | | |
| 毛蕊花 | *Verbascum thapsus* L. | 草本 | ● | + | | + | | |
| 北水苦荬 | *Veronica anagallis-aquatica* L. | 草本 | ● | | | | | |
| 直立婆婆纳 | *Veronica arvensis* L. | 草本 | ▼ | | | + | | |
| 婆婆纳 | *Veronica didyma* Tenore. | 草本 | ▼ | | | | | |
| 城口婆婆纳 | *Veronica fargesii* Franch. | 草本 | ● | | | | | |
| 疏花婆婆纳 | *Veronica laxa* Benth. | 草本 | ▼ | + | | + | | |
| 蚊母草 | *Veronica peregrina* L. | 草本 | ● | | | | | |
| 小婆婆纳 | *Veronica serpyllifolia* L. | 草本 | ▼ | | | | | |
| 四川婆婆纳 | *Veronica szechuanica* Batal. | 草本 | ● | | | | | |
| 美穗草 | *Veronicastrum brunonianum*（Benth.）Hong. | 草本 | ● | + | | | | |
| 四方麻 | *Veronicastrum caulopterum*（Hance）Yamazaki. | 草本 | ● | + | | | | |
| 宽叶腹水草 | *Veronicastrum latifolium*（Hemsl.）Yamazaki. | 草本 | ● | + | | | | |
| 细穗腹水草 | *Veronicastrum stenostachyum*（Hemsl.）Yamazaki subsp. *stenostachyum*. | 草本 | ▼ | | | | | |

| 物种 | 学名 | 生活型 | 数据来源 | 药用 | 观赏 | 食用 | 蜜源 | 工业原料 |
|---|---|---|---|---|---|---|---|---|
| 117 紫葳科 Bignoniaceae | | | | | | | | |
| *凌霄 | *Campsis grandiflora*（Thunb.）Schum. | 藤本 | ● | + | + | + | | + |
| 梓 | *Catalpa ovata* G. Don. | 乔木 | ● | | | | | |
| 118 芝麻科 Padaliaceae | | | | | | | | |
| *芝麻 | *Sesamum orientale* L. | 草本 | ● | | | | | |
| 119 列当科 Orobanchaceae | | | | | | | | |
| 列当 | *Orobanche coerulescens* Steph. | 草本 | ● | | | | | |
| 120 苦苣苔科 Gesneriaceae | | | | | | | | |
| 直瓣苣苔 | *Ancylostemon saxatilis*（Hemsl.）Craib. | 草本 | ▼ | + | | | | |
| 大花旋蒴苣苔 | *Boea clarkeana* Hemsl. | 草本 | ● | + | | | | |
| 旋蒴苣苔 | *Boea hygrometrica*（Bunge）R. Br. | 草本 | ● | + | | | | |
| 革叶粗筒苣苔 | *Briggsia mihieri*（Franch.）Craib. | 草本 | ● | | | | | |
| 川鄂粗筒苣苔 | *Briggsia rosthornii*（Diels）Burtt. | 草本 | ● | | | | | |
| 鄂西粗筒苣苔 | *Briggsia speciosa*（Hemsl.）Craib. | 草本 | ● | + | | | | |
| 牛耳朵 | *Chirita eburnea* Hance. | 草本 | ▼ | | | | | |
| 方氏唇柱苣苔 | *Chirita fangii* W. T. Wang. | 草本 | ● | | | | | |
| 神农架唇柱苣苔 | *Chirita tenuituba*（W. T. Wang）W. T. Wang. | 草本 | ● | + | | | | |
| 珊瑚苣苔 | *Corallodiscus cordatulus*（Craib.）Burtt. | 草本 | ● | | | | | |
| 全唇苣苔 | *Deinocheilos sichuanense* W. T. Wang. | 草本 | ● | | | | | |
| 纤细半蒴苣苔 | *Hemiboea gracilis* Franch. | 草本 | ▼ | + | | + | | |
| 半蒴苣苔 | *Hemiboea henryi* Clarke. | 草本 | ● | + | | | | |
| 降龙草 | *Hemiboea subcapitata* Clarke. | 草本 | ▼ | | | | | |
| 城口金盏苣苔 | *Isometrum fargesii*（Franch.）Burtt. | 草本 | ● | | | | | |
| 圆苞吊石苣苔 | *Lysionotus involucratus* Franch. | 灌木 | ● | + | | | | |
| 吊石苣苔 | *Lysionotus pauciflorus* Maxim. | 灌木 | ▼ | | | | | |
| 厚叶蛛毛苣苔 | *Paraboea crassifolia*（Hemsl.）Burtt. | 草本 | ● | | | | | |
| 蛛毛苣苔 | *Paraboea sinensis*（Oliv.）Burtt. | 灌木 | ● | | | | | |
| 皱叶后蕊苣苔 | *Opithandra fargesii*（Franch.）Burtt. | 草本 | ● | | | | | |
| 121 爵床科 Acanthaceae | | | | | | | | |
| 八角筋 | *Acanthus montanus*（Nees）T.Anderson. | 草本 | ● | + | | | | |
| 白接骨 | *Asystasiella neesiana*（Wall.）Lindau. | 草本 | ● | + | | | | |
| 板蓝 | *Baphicacanthus cusia*（Nees）Bremek. | 草本 | ● | | + | | | |
| *虾衣花 | *Calliaspidia guttata*（Brandegee）Bremek. | 草本 | ■ | | | | | |
| 日本黄猄草 | *Championella japonica*（Thunb.）Bremek. | 草本 | ● | | | | | |
| 黄猄草 | *Championella tetrasperma*（Champ. ex Benth.）Bremek. | 草本 | ● | | + | | | |
| *珊瑚花 | *Cyrtanthera carnea*（Lindl.）Bremek. | 草本 | ● | | | | | |
| 圆苞金足草 | *Goldfussia pentstemonoides* Nees. | 草本 | ● | + | | | | |
| 水蓑衣 | *Hygrophila salicifolia*（Vahl）Nees. | 草本 | ■ | | | | | |
| 拟地皮消 | *Leptosiphonium venustum*（Hance）E. Hossain. | 草本 | ■ | | + | | | |
| *金苞花 | *Phachystachys lutea* Nees. | 草本 | ● | | | | | |
| 节翅地皮消 | *Pararuellia alata* H. P. Tsui. | 草本 | ● | + | | | | |
| 九头狮子草 | *Peristrophe japonica*（Thunb.）Bremek. | 草本 | ● | | | | | |
| 翅柄马蓝 | *Pteracanthus alatus*（Nees）Bremek. | 草本 | ● | | | | | |

| 物种 | 学名 | 生活型 | 数据来源 | 药用 | 观赏 | 食用 | 蜜源 | 工业原料 |
|---|---|---|---|---|---|---|---|---|
| 城口马蓝 | *Pteracanthus flexus*（R. Ben.）C. Y. Wu et C. C. Hu. | 草本 | ● | | | | | |
| 森林马蓝 | *Pteracanthus nemorosus*（R. Ben.）C. Y. Wu et C. C. Hu. | 草本 | ● | + | | | | |
| 爵床 | *Rostellularia procumbens*（L.）Nees. | 草本 | ▼ | | | | | |
| 122 透骨草科 Phrymataceae | | | | | | | | |
| 透骨草 | *Phryma leptostachya* L. subsp. *asiatica*（Hara）Kitamura. | 草本 | ● | | | | | |
| 123 车前科 Plantaginaceae | | | | | | | | |
| 车前 | *Plantago asiatica* L. | 草本 | ▼ | + | | + | | |
| 平车前 | *Plantago depressa* Willd. | 草本 | ● | + | | | | |
| 北美车前 | *Plantago virginica* L. | 草本 | ■ | + | | + | | |
| 大车前 | *Plantago major* L. | 草本 | ● | + | | | | |
| 疏花车前 | *Plantago asiatica* L. subsp. *erosa*（Wall.）Z. Y. Li. | 草本 | ■ | | | | | |
| 124 茜草科 Rubiaceae | | | | | | | | |
| 茜树 | *Aidia cochinchinensis* Lour. | 乔木 | ■ | + | | | | + |
| 细叶水团花 | *Adina rubella* Hance. | 灌木 | ● | | | | | |
| 臭味新耳草 | *Neanotis ingrata*（Wall. ex Hook. f.）Lewis. | 草本 | ● | | | | | |
| 薄叶新耳草 | *Neanotis hirsuta*（L. f.）Lewis | 草本 | ● | | | | | |
| 西南新耳草 | *Neanotis wightiana*（Wall. ex Wight et Arn.）Lewis. | 草本 | ● | | | | | |
| 异色雪花 | *Argostemma discolor* Merr. | 草本 | ■ | + | + | | | |
| 虎刺 | *Damnacanthus indicus* Gaertn. | 灌木 | ● | + | | | | |
| 短刺虎刺 | *Damnacanthus giganteus*（Mak.）Nakai. | 灌木 | ■ | | | | | |
| 小牙草 | *Dentella repens*（L.）J. R. et G. Forst. | 草本 | ■ | | + | | | + |
| 香果树 | *Emmenopterys henryi* Oliv. | 乔木 | ■ | + | | | | |
| 猪殃殃 | *Galium aparine* L. var. *tenerum*（Gren. et Godr.）Rchb. | 草本 | ● | | | | | |
| 小叶葎 | *Galium asperifolium* Wall. ex Roxb. var. *sikkimense*（Gand.）Cuf. | 草本 | ● | | | | | |
| 六叶葎 | *Galium asperuloides* Edgew. subsp. *hoffmeisteri*（Klotzsch）Hara. | 草本 | ▼ | + | | | | |
| 四叶葎 | *Galium bungei* Steud. | 草本 | ▼ | | | | | |
| 小红参 | *Galium elegans* Wall. ex Roxb. | 草本 | ● | + | | | | |
| 细拉拉藤 | *Galium gracile* Bunge. | 草本 | ● | + | | | | |
| 拉拉藤 | *Galium aparine* L. var. *echinospermum*（Wallr.）Cuf. | 草本 | ■ | + | | | | |
| 小叶猪殃殃 | *Galium trifidum* L. | 草本 | ● | + | + | + | + | + |
| 栀子 | *Gardenia jasminoides* Ellis. | 灌木 | ▼ | | | | | |
| 粗叶木 | *Lasianthus chinensis*（Champ.）Benth. | 灌木 | ■ | | | | | |
| 榄绿粗叶木 | *Lasianthus japonicus* Miq. var. *lancilimbus*（Merr.）Lo | 灌木 | ● | | | | | |
| 西南粗叶木 | *Lasianthus henryi* Hutchins. | 灌木 | ■ | | | | | |
| 野丁香 | *Leptodermis potanini* Batalin. | 灌木 | ● | | | | | + |
| 鸡仔木 | *Sinoadina racemosa*（Sieb. et Zucc.）Ridsd. | 乔木 | ● | + | + | | | |
| 玉叶金花 | *Mussaenda pubescens* Ait. f. | 灌木 | ● | | | | | |
| 贵州密脉木 | *Myrioneuron faberi* Hemsl. | 灌木 | ■ | | | | | |
| 日本蛇根草 | *Ophiorrhiza japonica* Bl. | 草本 | ▼ | | | | | |
| 蛇根草 | *Ophiorrhiza mungos* L. | 草本 | ● | | | | | |
| 高原蛇根草 | *Ophiorrhiza succirubra* King ex Hook. f. | 草本 | ● | + | | | | |
| 鸡矢藤 | *Paederia scandens*（Lour.）Merr. | 藤本 | ▼ | + | | | | |

续表

| 物种 | 学名 | 生活型 | 数据来源 | 药用 | 观赏 | 食用 | 蜜源 | 工业原料 |
|------|------|--------|----------|------|------|------|------|----------|
| 毛鸡矢藤 | *Paederia scandens*（Lour.）Merr. var. *tomentosa*（Bl.）Hand.-Mazz. | 藤本 | ● | | | | | |
| 金剑草 | *Rubia alata* Roxb. | 藤本 | ▼ | | | | | |
| 东南茜草 | *Rubia argyi*（Levl. et Vaniot）Hara ex L. A. Lauener et D. K. | 藤本 | ▼ | | | | | |
| 金线草 | *Rubia membranacea* Diels. | 藤本 | ● | | | | | |
| 大叶茜草 | *Rubia schumanniana* Pritzel. | 草本 | ▼ | | | | | |
| 卵叶茜草 | *Rubia ovatifolia* Z. Y. Zhang. | 草本 | ■ | | | | | |
| 茜草 | *Rubia cordifolia* L. | 藤本 | ■ | | | | | |
| 白马骨 | *Serissa serissoides*（DC.）Druce. | 灌木 | ● | | + | | | |
| 六月雪 | *Serissa japonica*（Thunb.）Thunb. | 灌木 | ▼ | | | | | |
| 毛狗骨柴 | *Diplospora fruticosa* Hemsl. | 灌木 | ● | + | | | | |
| 钩藤 | *Uncaria rhynchophylla*（Miq.）Miq. ex Havil. | 藤本 | ▼ | | | | | |
| 125 忍冬科 Caprifoliaceae | | | | | | | | |
| 糯米条 | *Abelia chinensis* R. Br. | 灌木 | ● | | | | | |
| 南方六道木 | *Abelia dielsii*（Graebn.）Rehd. | 灌木 | ● | | | | | |
| 蓪梗花 | *Abelia engleriana*（Graebn.）Rehd. | 灌木 | ▼ | | | | | |
| 小叶六道木 | *Abelia parvifolia* Hemsl. | 灌木 | ▼ | | | | | |
| 二翅六道木 | *Abelia macrotera*（Graebn. et Buchw.）Rehd. | 灌木 | ■ | | | | | |
| 伞花六道木 | *Abelia umbellata*（Graebn. et Buchw.）Rehd. | 灌木 | ● | | | | | |
| 双盾木 | *Dipelta floribunda* Maxim. | 灌木 | ■ | | | | | |
| 云南双盾木 | *Dipelta yunnanensis* Franch. | 灌木 | ■ | + | | | | |
| 唐古忍冬 | *Lonicera tangutica* Maxim. | 灌木 | ▼ | | | | | |
| 淡红忍冬 | *Lonicera acuminata* Wall. | 藤本 | ▼ | | | | | |
| 金花忍冬 | *Lonicera chrysantha* Turcz. | 灌木 | ▼ | | | | | |
| 须蕊忍冬 | *Lonicera chrysantha* Turcz. subsp. *koehneana*（Rehd.）Hsu et H. J. Wang. | 灌木 | ● | + | | | | |
| 匍匐忍冬 | *Lonicera crassifolia* Batal. | 灌木 | ● | | | | | |
| 北京忍冬 | *Lonicera elisae* Franch. | 灌木 | ● | | | | | |
| 粘毛忍冬 | *Lonicera fargesii* Franch. | 灌木 | ● | | | | | |
| 蕊被忍冬 | *Lonicera gynochlamydea* Hemsl. | 灌木 | ▼ | + | | | | |
| 忍冬 | *Lonicera japonica* Thunb. | 藤本 | ▼ | | | | | |
| 光枝柳叶忍冬 | *Lonicera lanceolata* Wall. var. *glabra* Chien ex Hsu et H. J. Wang. | 灌木 | ● | | | | | + |
| 金银忍冬 | *Lonicera maackii*（Rupr.）Maxim. | 灌木 | ▼ | + | | | | |
| 灰毡毛忍冬 | *Lonicera macranthoides* Hand.-Mazz. | 藤本 | ● | | | | | |
| 蕊帽忍冬 | *Lonicera pileata* Oliv. | 灌木 | ● | | | | | |
| 凹叶忍冬 | *Lonicera retusa* Franch. | 灌木 | ● | | | | | |
| 袋花忍冬 | *Lonicera saccata* Rehd. | 灌木 | ● | | | | | |
| 毛果袋花忍冬 | *Lonicera saccata* Rehd. var. *tangiana*（Chien）Hsu et H. J. Wang. | 灌木 | ● | + | | | | |
| 细毡毛忍冬 | *Lonicera similis* Hemsl. | 藤本 | ● | | | | | |
| 冠果忍冬 | *Lonicera stephanocarpa* Franch. | 灌木 | ● | + | | | | |
| 盘叶忍冬 | *Lonicera tragophylla* Hemsl. | 藤本 | ▼ | | | | | |
| 华西忍冬 | *Lonicera webbiana* Wall. ex DC. | 藤本 | ● | | | | | |
| 柳叶忍冬 | *Lonicera lanceolata* Wall. | 灌木 | ■ | | | | | |

| 物种 | 学名 | 生活型 | 数据来源 | 药用 | 观赏 | 食用 | 蜜源 | 工业原料 |
|---|---|---|---|---|---|---|---|---|
| 毛花忍冬 | *Lonicera trichosantha* Bur. et Franch. | 灌木 | ■ | | | | | |
| 紫花忍冬 | *Lonicera maximowiczii*（Rupr.）Regel. | 灌木 | ■ | + | | | | |
| 血满草 | *Sambucus adnata* Wall. ex DC. | 草本 | ● | + | | | | |
| 接骨草 | *Sambucus chinensis* Lindl. | 草本 | ▼ | + | | | | |
| 接骨木 | *Sambucus williamsii* Hance. | 灌木 | ▼ | | | | | |
| 毛核木 | *Symphoricarpos sinensis* Rehd. | 灌木 | ● | | + | | | |
| 蝟实 | *Kolkwitzia amabilis* Graebn. | 灌木 | ■ | | | | | |
| 穿心莲子藨 | *Triosteum himalayanum* Wall. | 草本 | ● | | | | | + |
| 荚蒾 | *Viburnum dilatatum* Thunb. | 灌木 | ▼ | | | | | |
| 蝴蝶荚蒾 | *Viburnum plicatum* Thunb.f.var. *tomentosum*（Thunb.）Rehd. | 灌木 | ▼ | | | | | |
| 桦叶荚蒾 | *Viburnum betulifolium* Batal. | 灌木 | ● | | | | | |
| 短筒荚蒾 | *Viburnum brevitubum*（Hsu）Hsu. | 灌木 | ● | | | | | |
| 金佛山荚蒾 | *Viburnum chinshanense* Graebn. | 灌木 | ● | | | | | |
| 密花荚蒾 | *Viburnum congestum* Rehd. | 灌木 | ● | + | | | | + |
| 水红木 | *Viburnum cylindricum* Buch.-Ham. ex D. Don. | 灌木 | ▼ | | | | | |
| 红荚蒾 | *Viburnum erubescens* Wall. | 灌木 | ▼ | | | | | |
| 巴东荚蒾 | *Viburnum henryi* Hemsl. | 灌木 | ■ | | | | | |
| 聚花荚蒾 | *Viburnum glomeratum* Maxim. | 灌木 | ● | | | | | |
| 卷毛荚蒾 | *Viburnum betulifolium* Batal. var. *flocculosum*（Rehd.）Hsu. | 灌木 | ● | | | | | |
| 直角荚蒾 | *Viburnum foetidum* Wall. var. *rectangulatum*（Graebn.）Rehd. | 灌木 | ● | | + | | | |
| 粉团雪球荚蒾 | *Viburnum plicatum* Thunb. | 灌木 | ■ | | | | | |
| 少花荚蒾 | *Viburnum oliganthum* Batal. | 灌木 | ● | | + | | | |
| 蝴蝶戏珠花 | *Viburnum plicatum* Thunb. var. *tomentosum*（Thunb.）Miq. | 灌木 | ● | | | | | |
| 陕西荚蒾 | *Viburnum schensianum* Maxim. | 灌木 | ● | | | | | |
| 茶荚蒾 | *Viburnum setigerum* Hance. | 灌木 | ■ | | | | | |
| 短筒荚蒾 | *Viburnum brevitubum*（Hsu）Hsu. | 灌木 | ■ | + | | | | |
| 短序荚蒾 | *Viburnum brachybotryum* Hemsl. | 灌木 | ■ | | | | | |
| 合轴荚蒾 | *Viburnum sympodiale* Graebn. | 灌木 | ■ | | | | | |
| 黑果荚蒾 | *Viburnum melanocarpum* Hsu. | 灌木 | ■ | | | | | + |
| 球核荚蒾 | *Viburnum propinquum* Hemsl. | 灌木 | ■ | + | + | | | |
| 珊瑚树 | *Viburnum odoratissimum* Ker-Gawl. | 灌木 | ■ | | | | | |
| 烟管荚蒾 | *Viburnum utile* Hemsl. | 灌木 | ■ | | | | | |
| 宜昌荚蒾 | *Viburnum erosum* Thunb. | 灌木 | ■ | | | | | |
| 樟叶荚蒾 | *Viburnum cinnamomifolium* Rehd. | 灌木 | ■ | | | | | |
| 皱叶荚蒾 | *Viburnum rhytidophyllum* Hemsl. | 乔木 | ■ | | + | | | |
| 半边月 | *Weigela japonica* Thunb. var. *sinica*（Rehd.）Bailey | 灌木 | ▼ | | | | | |
| 锦带花 | *Weigela florida*（Bunge）A. DC. | 灌木 | ■ | | | | | |
| 126 败酱科 Valerianaceae | | | | | | | | |
| 斑花败酱 | *Patrinia punctiflora* Hsu et H. J. Wang. | 草本 | ■ | + | | | | |
| 墓头回 | *Patrinia heterophylla* Bunge. | 藤本 | ■ | + | | + | | |
| 攀倒甑 | *Patrinia villosa*（Thunb.）Juss. | 草本 | ■ | + | | | | |
| 窄叶败酱 | *Patrinia heterophylla* Bunge subsp. *angustifolia*（Hemsl.）H. J. Wang. | 草本 | ● | + | | + | | |

续表

| 物种 | 学名 | 生活型 | 数据来源 | 药用 | 观赏 | 食用 | 蜜源 | 工业原料 |
|---|---|---|---|---|---|---|---|---|
| 败酱 | *Patrinia scabiosaefolia* Fisch. ex Trev. | 草本 | ● | | | | | |
| 柔垂缬草 | *Valeriana flaccidissima* Maxim. | 草本 | ● | + | | | | |
| 缬草 | *Valeriana officinalis* L. | 草本 | ● | | | | | |
| 127 川续断科 Dipsacaceae | | | | | | | | |
| 川续断 | *Dipsacus asperoides* C. Y. Cheng et T. M. Ai | 草本 | ▼ | | | | | |
| 双参 | *Triplostegia glandulifera* Wall. ex DC. | 草本 | ● | | | | | |
| 128 葫芦科 Cucurbitaceae | | | | | | | | |
| *冬瓜 | *Benincasa hispida*（Thunb.）Cogn. | 草本 | ● | + | | | | |
| 假贝母 | *Bolbostemma paniculatum*（Maxim.）Franquet. | 草本 | ● | + | | + | | |
| *西瓜 | *Citrullus lanatus*（Thunb.）Matsum. et Nakai. | 草本 | ● | + | | + | | |
| *菜瓜 | *Cucumis melo* L. var. *conomon*（Thunb.）Makino. | 草本 | ● | + | | + | | |
| *黄瓜 | *Cucumis sativus* L. | 草本 | ● | + | | + | | |
| *南瓜 | *Cucurbita moschata*（Duch. ex Lam.）Duch. ex Poiret. | 草本 | ● | + | | | | |
| 绞股蓝 | *Gynostemma pentaphyllum*（Thunb.）Makino. | 草本 | ● | | | | | |
| 心籽绞股蓝 | *Gynostemma cardiospermum* Cogn. ex Oliv. | 草本 | ● | + | | | | |
| 马铜铃 | *Hemsleya graciliflora*（Harms）Cogn. | 草本 | ● | | | | | |
| 雪胆 | *Hemsleya chinensis* Cogn. ex Forbes et Hemsl. | 草本 | ■ | + | + | + | | |
| *葫芦 | *Lagenaria siceraria*（Molina）Standl. | 草本 | ● | + | | + | | |
| *丝瓜 | *Luffa cylindrica*（L.）Roem. | 藤本 | ● | + | | + | | |
| *广东丝瓜 | *Luffa acutangula*（L.）Roem. | 藤本 | ● | + | | + | | |
| *苦瓜 | *Momordica charantia* L. | 草本 | ● | | | | | |
| *四川裂瓜 | *Schizopepon dioicus* Cogn. var. *wilsonii*（Gagnep.）A. M. Lu et Z. Y. Zhang. | 草本 | ● | | | + | | |
| *佛手瓜 | *Sechium edule*（Jacq.）Swartz. | 藤本 | ● | | | | | |
| 大苞赤瓟 | *Thladiantha cordifolia*（Bl.）Cogn. | 草本 | ■ | | | | | |
| 皱果赤瓟 | *Thladiantha henryi* Hemsl. | 藤本 | ● | | | | | |
| 鄂赤瓟 | *Thladiantha oliveri* Cogn. ex Mottet. | 草本 | ■ | | | | | |
| 南赤瓟 | *Thladiantha nudiflora* Hemsl. ex Forbes et Hemsl. | 乔木 | ■ | | | | | |
| 长毛赤瓟 | *Thladiantha villosula* Cogn. | 藤本 | ■ | + | | + | | |
| *蛇瓜 | *Trichosanthes anguina* L. | 藤本 | ● | | | | | |
| 糙点栝楼 | *Trichosanthes dunniana* Levl. | 草本 | ■ | + | | + | | |
| 栝楼 | *Trichosanthes kirilowii* Maxim. | 藤本 | ▼ | + | | + | | |
| 中华栝楼 | *Trichosanthes rosthornii* Harms. | 藤本 | ■ | | | | | |
| 129 桔梗科 Campanulaceae | | | | | | | | |
| 丝裂沙参 | *Adenophora capillaris* Hemsl. | 草本 | ▼ | + | + | + | | |
| 鄂西沙参 | *Adenophora hubeiensis* Hong. | 草本 | ● | + | + | + | | |
| 杏叶沙参 | *Adenophora hunanensis* Nannf. | 草本 | ● | + | + | + | | |
| 湖北沙参 | *Adenophora longipedicellata* Hong. | 草本 | ▼ | + | + | + | | |
| 多毛沙参 | *Adenophora rupincola* Hemsl. | 草本 | ▼ | + | + | + | | |
| 无柄沙参 | *Adenophora stricta* Miq. subsp. *sessilifolia* Hong. | 草本 | ● | + | + | + | | |
| 川西沙参 | *Adenophora aurita* Franch. | 草本 | ■ | + | + | + | | |
| 聚叶沙参 | *Adenophora wilsonii* Nannf. | 草本 | ● | + | + | + | | |
| 轮叶沙参 | *Adenophora tetraphylla*（Thunb.）Fisch. | 草本 | ■ | + | + | + | | |

| 物种 | 学名 | 生活型 | 数据来源 | 药用 | 观赏 | 食用 | 蜜源 | 工业原料 |
|---|---|---|---|---|---|---|---|---|
| 沙参 | *Adenophora stricta* Miq. | 草本 | ■ | | | | | |
| 紫斑风铃草 | *Campanula punctata* Lam. | 草本 | ● | + | | + | | |
| 金钱豹 | *Campanumoea javanica* Bl. | 草本 | ● | + | | + | | |
| 长叶轮钟草 | *Campanumoea lancifolia*（Roxb.）Merr. | 草本 | ● | + | | + | | |
| 心叶党参 | *Codonopsis cordifolioidea* Tsoong | 草本 | ● | + | | + | | |
| 川党参 | *Codonopsis tangshen* Oliv. | 草本 | ● | + | | | | |
| 半边莲 | *Lobelia chinensis* Lour. | 草本 | ● | + | | | | |
| 江南山梗菜 | *Lobelia davidii* Franch. var. *davidii*. | 草本 | ● | + | | | | |
| 西南山梗菜 | *Lobelia sequinii* Levl. et Van. | 草本 | ● | | | | | |
| 袋果草 | *Peracarpa carnosa*（Wall.）Hook. f. et Thoms. | 草本 | ● | + | + | | | |
| 桔梗 | *Platycodon grandiflorus*（Jacq.）A. DC. | 草本 | ▼ | + | | | | |
| 铜锤玉带草 | *Pratia nummularia*（Lam.）A. Br. et Aschers. | 草本 | ▼ | + | | | | |
| 蓝花参 | *Wahlenbergia marginata*（Thunb.）A. DC. | 草本 | ▼ | | | | | |
| 130 菊科 Compositae | | | | | | | | |
| 蓍 | *Achillea millefolium* L. | 草本 | ● | + | | | | |
| 云南蓍 | *Achillea wilsoniana* Heimerl ex Hand.-Mazz. | 草本 | ▼ | | | | | |
| 和尚菜 | *Adenocaulon himalaicum* Edgew. | 草本 | ● | + | | | | |
| 下田菊 | *Adenostemma lavenia*（L.）O. Kuntze. | 草本 | ● | + | | | | |
| 藿香蓟 | *Ageratum conyzoides* L. | 草本 | ● | | | | | |
| 狭叶兔儿风 | *Ainsliaea angustifolia* Hook. f. et Thoms. ex C. B. Clarke. | 草本 | ● | | | | | |
| 云南兔儿风 | *Ainsliaea yunnanensis* Franch. | 草本 | ■ | + | | | | |
| 杏香兔儿风 | *Ainsliaea fragrans* Champ. | 草本 | ● | | | | | |
| 纤枝兔儿风 | *Ainsliaea gracilis* Franch. | 草本 | ● | | | | | |
| 粗齿兔儿风 | *Ainsliaea grossedentata* Franch. | 草本 | ▼ | | | | | |
| 长穗兔儿风 | *Ainsliaea henryi* Diels. | 草本 | ▼ | | | | | |
| 红背兔儿风 | *Ainsliaea rubrifolia* Franch. | 草本 | ● | | | | | |
| 四川兔儿风 | *Ainsliaea sutchuenensis* Franch. | 草本 | ▼ | | | | | |
| 宽叶兔儿风 | *Ainsliaea latifolia*（D. Don）Sch.-Bip. | 草本 | ▼ | | | | | |
| 黄腺香青 | *Anaphalis aureopunctata* Lingelsh et Borza. | 草本 | ● | | | | | |
| 黄腺香青绒毛变种 | *Anaphalis aureopunctata* var. *tomentosa* Hand.-Mazz. | 草本 | ● | | | | | |
| 珠光香青线叶变种 | *Anaphalis margaritacea*（L.）Benth. et Hook. f. var. *japonica*（Sch.-Bip.）Makino. | 草本 | ■ | | + | | | |
| 珠光香青 | *Anaphalis margaritacea*（L.）Benth. et Hook. f. | 草本 | ▼ | | | | | |
| 珠光香青黄褐变种 | *Anaphalis margaritacea* var. *cinnamomea*（DC.）Herd. ex Maxim. | 草本 | ● | | | | | |
| 香青 | *Anaphalis sinica* Hance. | 草本 | ● | + | | | | |
| 粘毛香青 | *Anaphalis bulleyana*（J. F. Jeffr.）Chang. | 草本 | ■ | + | | | | |
| *牛蒡 | *Arctium lappa* L. | 草本 | ▼ | + | | | | |
| 黄花蒿 | *Artemisia annua* L. | 草本 | ● | + | | | | |
| 奇蒿 | *Artemisia anomala* S. Moore. | 草本 | ● | + | | + | | |
| 艾 | *Artemisia argyi* Levl. et Van. | 草本 | ● | | | | | |
| 暗绿蒿 | *Artemisia atrovirens* Hand.-Mazz. | 草本 | ● | + | | + | | |
| 茵陈蒿 | *Artemisia capillaris* Thunb. | 草本 | ● | | | | | |

续表

| 物种 | 学名 | 生活型 | 数据来源 | 药用 | 观赏 | 食用 | 蜜源 | 工业原料 |
|---|---|---|---|---|---|---|---|---|
| 侧蒿 | *Artemisia deversa* Diels. | 草本 | ● | + | | + | | |
| 五月艾 | *Artemisia indica* Willd. | 草本 | ▼ | + | | + | | |
| 牡蒿 | *Artemisia japonica* Kitam. | 草本 | ▼ | + | | | | |
| 西南牡蒿 | *Artemisia parviflora* Buch. | 草本 | ● | + | | | | |
| 白苞蒿 | *Artemisia lactiflora* Wall. ex DC. | 草本 | ▼ | + | | | | |
| 矮蒿 | *Artemisia lancea* Vant. | 草本 | ● | + | | + | | |
| 野艾蒿 | *Artemisia lavandulifolia* DC. | 草本 | ● | + | | | | |
| 魁蒿 | *Artemisia princeps* Pamp. | 草本 | ● | + | | | | |
| 灰苞蒿 | *Artemisia roxburghiana* Bess. | 草本 | ● | + | | + | | |
| 蒌蒿 | *Artemisia selengensis* Van. | 草本 | ● | | | | | |
| 中南蒿 | *Artemisia simulans* Pamp. | 草本 | ● | | | | | |
| 阴地蒿 | *Artemisia sylvatica* Maxim. var. *sylvatica*. | 草本 | ● | + | | | | |
| 南艾蒿 | *Artemisia verlotorum* Lamotte. | 草本 | ● | | | | | |
| 南毛蒿 | *Artemisia chingii* Pamp. | 草本 | ■ | + | | | | |
| 大籽蒿 | *Artemisia sieversiana* Ehrhart ex Willd. | 草本 | ● | + | | | | |
| 野茼蒿 | *Crassocephalum crepidioides*（Benth.）S. Moore | 草本 | ▼ | | | | | |
| 三脉紫菀 | *Aster ageratoides* Turcz. | 草本 | ▼ | + | | | | |
| 翼柄紫菀 | *Aster alatipes* Hemsl. | 草本 | ● | | | | | |
| 小舌紫菀 | *Aster albescens*（DC.）Hand.-Mazz. | 草本 | ● | | | | | |
| 狭叶小舌紫菀 | *Aster albescens*（DC.）Hand.-Mazz. var. *gracilior* Hand.-Mazz. | 草本 | ● | | | | | |
| 川鄂紫菀 | *Aster moupinensis*（Franch.）Hand.-Mazz. | 草本 | ▼ | | | | | |
| 亮叶紫菀 | *Aster nitidus* Chang. | 草本 | ● | | | | | |
| 甘川紫菀 | *Aster smithianus* Hand.-Mazz. | 草本 | ● | + | | | | |
| 紫菀 | *Aster tataricus* L. f. | 草本 | ■ | | | | | |
| 钻叶紫菀 | *Aster subulatus* Michx. | 草本 | ▼ | + | | | | |
| 苍术 | *Atractylodes Lancea*（Thunb.）DC. | 草本 | ● | + | | | | |
| 白术 | *Atractylodes macrocephala* Koidz. | 草本 | ● | | | | | |
| 馥芳艾纳香 | *Blumea aromatica* DC. | 草本 | ■ | + | | | | |
| 婆婆针 | *Bidens bipinnata* L. | 草本 | ▼ | + | | | | |
| 金盏银盘 | *Bidens biternata*（Lour.）Merr. et Sherff. | 草本 | ▼ | + | | | | |
| 大狼杷草 | *Bidens frondosa* L. | 草本 | ● | + | | | | |
| 小花鬼针草 | *Bidens parviflora* Willd. | 草本 | ● | + | | | | |
| 白花鬼针草 | *Bidens pilosa* L. var. *radiata* Sch.-Bip. | 草本 | ● | + | | | | |
| 鬼针草 | *Bidens pilosa* L. | 草本 | ■ | + | | | | |
| 狼杷草 | *Bidens tripartita* L. | 草本 | ● | | + | | | |
| *金盏花 | *Calendula officinalis* L. | 草本 | ● | | + | | | |
| 翠菊 | *Callistephus chinensis*（L.）Nees. | 草本 | ● | + | | | | |
| 天名精 | *Carpesium abrotanoides* L. | 草本 | ▼ | + | | | | |
| 烟管头草 | *Carpesium cernuum* L. | 草本 | ● | | | | | |
| 薄叶天名精 | *Carpesium leptophyllum* Chen et C. M. Hu. | 草本 | ● | | | | | |
| 长叶天名精 | *Carpesium longifolium* Chen et C. M. Hu. | 草本 | ▼ | | | | | |
| 小花金挖耳 | *Carpesium minum* Hemsl. | 草本 | ● | | | | | |
| 四川天名精 | *Carpesium szechuanense* Chen et C. M. Hu. | 草本 | ● | | | | | |

| 物种 | 学名 | 生活型 | 数据来源 | 药用 | 观赏 | 食用 | 蜜源 | 工业原料 |
|---|---|---|---|---|---|---|---|---|
| 暗花金挖耳 | *Carpesium triste* Maxim. | 草本 | ● | | | | | |
| 刺儿菜 | *Cirsium setosum*（Willd.）MB. | 草本 | ▼ | | | | | + |
| 除虫菊 | *Pyrethrum cinerariifolium* Trev. | 草本 | ● | + | + | + | | |
| *菊花 | *Dendranthema morifolium*（Ramat.）Tzvel. | 草本 | ● | + | | | + | |
| *野菊 | *Dendranthema indicum*（L.）Des Moul. | 草本 | ■ | | | | | |
| 贡山蓟 | *Cirsium eriophoroides*（Hook. f.）Petrak. | 草本 | ● | | | | | |
| 等苞蓟 | *Cirsium fargesii*（Franch.）Diels. | 草本 | ● | | | | | |
| 湖北蓟 | *Cirsium hupehense* Pamp. | 草本 | ● | | | | | |
| 蓟 | *Cirsium japonicum* Fisch. ex DC. | 草本 | ▼ | | | | | |
| 马刺蓟 | *Cirsium monocephalum*（Vant.）Lévl. | 草本 | ● | | | | | |
| 小蓟（刺儿菜） | *Cirsium setosum*（Willd.）MB. | 草本 | ■ | | | | | |
| 野蓟 | *Cirsium maackii* Maxim. | 草本 | ■ | + | | | | |
| 小蓬草 | *Conyza canadensis*（L.）Cronq. | 草本 | ● | + | | | | |
| 白酒草 | *Conyza japonica*（Thunb.）Less. | 草本 | ● | + | | | | |
| 香丝草 | *Conyza bonariensis*（L.）Cronq. | 草本 | ● | + | | | | |
| 杯菊 | *Cyathocline purpurea*（Buch.-Ham. ex De Don）O. Kuntze. | 草本 | ● | | + | | | |
| *大丽花 | *Dahlia pinnata* Cav. | 草本 | ▼ | | | | | |
| 甘菊甘野菊变种 | *Dendranthema lavandulifolium*（Fisch. ex Trautv.）Ling & Shih var. *seticuspe* | 草本 | ● | + | | | | |
| 鱼眼草 | *Dichrocephala auriculata*（Thunb.）Druce. | 草本 | ▼ | | | | | |
| 菊叶鱼眼草 | *Dichrocephala chrysanthemifolia* DC. | 草本 | ● | + | | | | |
| 小鱼眼草 | *Dichrocephala benthamii* C. B. Clarke. | 草本 | ▼ | + | | + | | |
| 东风菜 | *Doellingeria scaber*（Thunb.）Nees. | 草本 | ● | | | | | |
| 飞蓬 | *Erigeron acer* L. | 草本 | ● | + | | | | |
| 一年蓬 | *Erigeron annuus*（L.）Pers. | 草本 | ▼ | + | | | | |
| 短葶飞蓬 | *Erigeron breviscapus*（Vant.）Hand.-Mazz. | 草本 | ● | | | | | |
| 太白飞蓬 | *Erigeron taipeiensis* Ling et Y. L. Chen. | 草本 | ● | + | | | | |
| 多须公 | *Eupatorium chinense* L. | 草本 | ● | + | | | | |
| 佩兰 | *Eupatorium fortunei* Turcz. | 草本 | ● | + | | | | |
| 异叶泽兰 | *Eupatorium heterophyllum* DC. | 草本 | ▼ | + | | | | |
| 白头婆 | *Eupatorium japonicum* Thunb. | 草本 | ▼ | + | | | | |
| 大吴风草 | *Farfugium Japonicum*（L. f.）kitam. | 草本 | ▼ | + | | | | |
| 牛膝菊 | *Galinsoga parviflora* Cav. | 草本 | ▼ | + | | | | |
| 鼠麹草 | *Gnaphalium affine* D. Don. | 草本 | ▼ | | | | | |
| 秋鼠麹草 | *Gnaphalium hypoleucum* DC. | 草本 | ▼ | | | | | |
| 细叶鼠麹草 | *Gnaphalium japonicum* Thunb. | 草本 | ● | | | | | |
| 丝棉草 | *Gnaphalium luteoalbum* L. | 草本 | ● | | | | | |
| 南川鼠麹草 | *Gnaphalium nanchuanense* Ling et Tseng. | 草本 | ● | | | | | |
| 匙叶鼠麹草 | *Gnaphalium pensylvanicum* Willd. | 草本 | ■ | | | | | |
| 裸菀 | *Gymnaster piccolii*（Hook. f.）Kitam. | 草本 | ● | | | + | | |
| 红凤菜 | *Gynura bicolor*（Roxb. ex Willd.）DC. | 草本 | ● | | | | | |
| *菊三七 | *Gynura japonica*（Thunb.）Juel. | 草本 | ● | | | | | |
| 泥胡菜 | *Hemistepta lyrata*（Bunge）Bunge. | 草本 | ■ | | + | + | + | |

续表

| 物种 | 学名 | 生活型 | 数据来源 | 药用 | 观赏 | 食用 | 蜜源 | 工业原料 |
|------|------|--------|----------|------|------|------|------|----------|
| *向日葵 | *Helianthus annuus* L. | 草本 | ● | + | | + | | + |
| *菊芋 | *Helianthus tuberosus* L. | 草本 | ▼ | | | | | |
| 狗娃花 | *Heteropappus hispidus*（Thunb.）Less. | 草本 | ▼ | | | | | + |
| 山柳菊 | *Hieracium umbellatum* L. | 草本 | ● | + | | | | |
| 羊耳菊 | *Inula cappa*（Buch.-Ham.）DC. | 草本 | ● | + | | | | |
| 土木香 | *Inula helenium* L. | 草本 | ● | | | | | |
| 湖北旋覆花 | *Inula hupehensis*（Ling）Ling. | 草本 | ● | +. | | | | |
| 旋覆花 | *Inula japonica* Thunb. | 草本 | ● | | | | | |
| 小苦荬 | *Ixeridium dentatum*（Thunb.）Tzvel. | 草本 | ▼ | | | | | |
| 中华小苦荬 | *Ixeridium chinense*（Thunb.）Tzvel. | 草本 | ▼ | | | | | |
| 细叶小苦荬 | *Ixeridium gracile*（DC.）Shih. | 草本 | ▼ | | | | | |
| 窄叶小苦荬 | *Ixeridium gramineum*（Fisch.）Tzvel. | 草本 | ● | + | | | | |
| 抱茎小苦荬 | *Ixeridium sonchifolium*（Maxim.）Shih. | 草本 | ● | | | | | |
| 剪刀股 | *Ixeris japonica*（Burm. f.）Nakai. | 草本 | ● | | | | | |
| 裂叶马兰 | *Kalimeris incisa*（Fisch.）DC. | 草本 | ● | + | | + | | |
| 马兰 | *Kalimeris indica*（L.）Sch.-Bip. | 草本 | ▼ | | | + | | |
| *莴苣 | *Lactuca sativa* L. | 草本 | ● | | | + | | |
| *莴笋 | *Lactuca sativa* L. var. *angustata* Irish ex Bremer. | 草本 | ● | | | | | |
| 六棱菊 | *Laggera alata*（D. Don）Sch.-Bip. ex Oliv. | 草本 | ● | | | | | |
| 稻槎菜 | *Lapsana apogonoides* Maxim. | 草本 | ● | | | | | |
| 大丁草 | *Gerbera anandria*（L.）Sch.-Bip. | 草本 | ● | + | | | | |
| 川甘火绒草 | *Leontopodium chuii* Hond-mazz | 草本 | ▼ | | | | | |
| 矢叶橐吾 | *Ligularia fargesii*（Franch.）Diels | 草本 | ● | | | | | |
| 大黄橐吾 | *Ligularia duciformis*（C. Winkl.）Hand.-Mazz. | 草本 | ● | + | | | | |
| 鹿蹄橐吾 | *Ligularia hodgsonii* Hook. | 草本 | ● | + | | | | |
| 橐吾 | *Ligularia sibirica*（L.）Cass. | 草本 | ● | | | | | |
| 簇梗橐吾 | *Ligularia tenuipes*（Franch.）Diels. | 草本 | ● | | + | | | |
| 齿叶橐吾 | *Ligularia dentata*（A. Gray）Hara. | 草本 | ■ | | | | | |
| 离舌橐吾 | *Ligularia veitchiana*（Hemsl.）Greenm. | 草本 | ■ | | | | | |
| 圆舌粘冠草 | *Myriactis nepalensis* Less. | 草本 | ● | | | | | |
| 粘冠草 | *Myriactis wightii* DC. | 草本 | ● | | | | | |
| 狐狸草 | *Myriactis wallichii* Less. | 草本 | ● | | | | | |
| 羽裂粘冠草 | *Myriactis delevayi* Gagnep. | 草本 | ● | | | | | |
| 裸果羽叶菊 | *Nemosenecio concinus*（Franch.）C. Jeffrey et Y. L. Chen. | 草本 | ● | | | | | |
| 多裂紫菊 | *Notoseris henryi*（Dunn）Shih. | 草本 | ● | | | | | |
| 黑花紫菊 | *Notoseris melanantha*（Franch.）Shih. | 草本 | ● | | | | | |
| 紫菊 | *Notoseris psilolepis* Shih. | 草本 | ● | | | | | |
| 假福王草 | *Paraprenanthes sororia*（Miq.）Shih. | 草本 | ■ | | | | | |
| 三裂假福王草 | *Paraprenanthes multiformis* Shih. | 草本 | ■ | | | | | |
| 林生假福王草 | *Paraprenanthes sylvicola* Shih. | 草本 | ■ | | | | | |
| *黄瓜菜 | *Paraixeris denticulata*（Houtt.）Nakai. | 草本 | ▼ | | | | | |
| 羽裂黄瓜菜 | *Paraixeris pinnatipartita*（Makino.）Tzel | 草本 | ▼ | | | | | |
| 兔儿风蟹甲草 | *Parasenecio ainsliiflorus*（Franch.）Y. L. Chen. | 草本 | ●● | | | | | |

| 物种 | 学名 | 生活型 | 数据来源 | 药用 | 观赏 | 食用 | 蜜源 | 工业原料 |
|---|---|---|---|---|---|---|---|---|
| 紫背蟹甲草 | *Parasenecio ianthophyllus*（Franch.）Y. L. Chen. | 草本 | ● | | | | | |
| 披针叶蟹甲草 | *Parasenecio lancifolius*（Franch.）Y. L. Chen. | 草本 | ● | | | | | |
| 白头蟹甲草 | *Parasenecio leucocephalus*（Franch.）Y. L. Chen. | 草本 | ● | | | | | |
| 深山蟹甲草 | *Parasenecio profundorum*（Dunn）Y. L. Chen. | 草本 | ● | | | | | |
| 红毛蟹甲草 | *Parasenecio rufipilis*（Franch.）Y. L. Chen. | 草本 | ● | | | | | |
| 川鄂蟹甲草 | *Parasenecio vespertilio*（Franch.）Y. L. Chen. | 草本 | ▼ | | | | | |
| 秋海棠叶蟹甲草 | *Parasenecio begoniifolius*（Franch.）Y. L. Chen. | 草本 | ● | | | | | |
| 华帚菊 | *Pertya sinensis* Oliv. | 草本 | ● | + | | + | | |
| 蜂斗菜 | *Petasites japonicus*（Sieb. et Zucc.）Maxim. | 草本 | ● | | | | | |
| 毛连菜 | *Picris hieracioides* L. | 草本 | ● | | | | | |
| 单毛毛连菜 | *Picris hieracioides* L. subsp. *fuscipilosa* Hand.-Mazz. | 草本 | ● | | | | | |
| 多裂福王草 | *Prenanthes macrophylla* Franch. | 草本 | ● | | | | | |
| 福王草 | *Prenanthes tatarinowii* Maxim. | 草本 | ▼ | | | | | |
| 高大翅果菊 | *Pterocypsela elata*（Hemsl.）Shih. | 草本 | ● | | | | | |
| 翅果菊 | *Pterocypsela indica*（L.）Shih. | 草本 | ● | + | | | | |
| 秋分草 | *Rhynchospermum verticillatum* Reinw. | 草本 | ● | | + | | | |
| 金光菊 | *Rudbeckia laciniata* L. | 草本 | ● | | + | | | |
| 黑心金光菊 | *Rudbeckia hirta* L. | 草本 | ● | | | | | |
| 翼柄风毛菊 | *Saussurea alatipes* Hemsl. | 草本 | ● | | | | | |
| 蓟状风毛菊 | *Saussurea carduiformis* Franch. | 草本 | ● | | | | | |
| 翅茎风毛菊 | *Saussurea cauloptera* Hand.-Mazz. | 草本 | ● | | | | | |
| 心叶风毛菊 | *Saussurea cordifolia* Hemsl. | 草本 | ● | + | | | | |
| 三角叶风毛菊 | *Saussurea deltoidea*（DC.）Sch.-Bip. | 草本 | ● | | | | | |
| 东川风毛菊 | *Saussurea dimorphaea* Franch. | 草本 | ● | | | | | |
| 川东风毛菊 | *Saussurea fargesii* Franch. | 草本 | ● | | | | | |
| 城口风毛菊 | *Saussurea flexuosa* Franch. | 草本 | ● | | | | | |
| 风毛菊 | *Saussurea japonica*（Thunb.）DC. | 草本 | ● | | | | | |
| 利马川风毛菊 | *Saussurea leclerei* Lévl. | 草本 | ● | | | | | |
| 带叶风毛菊 | *Saussurea loriformis* W. W. Smith. | 草本 | ● | | | | | |
| 大耳叶风毛菊 | *Saussurea macrota* Franch. | 草本 | ● | | | | | |
| 少花风毛菊 | *Saussurea oligantha* Franch. | 草本 | ● | | | | | |
| 多头风毛菊 | *Saussurea polycephala* Hand.-Mazz. | 草本 | ● | | | | | |
| 尾尖风毛菊 | *Saussurea saligna* Franch. | 草本 | ● | | | | | |
| 四川风毛菊 | *Saussurea sutchuenensis* Franch. | 草本 | ● | | | | | |
| 喜林风毛菊 | *Saussurea stricta* Franch. | 草本 | ● | | | | | |
| 秦岭风毛菊 | *Saussurea tsinlingensis*（X. Y. Wu）Y. S. Chen | 草本 | ● | | | | | |
| 华中雪莲 | *Saussurea veitchiana* Dnunm et Hutch. | 草本 | ▼ | | | | | |
| 额河千里光 | *Senecio argunensis* Turcz. | 草本 | ▼ | | | | | |
| 菊状千里光 | *Senecio laetus* Candolle. | 草本 | ▼ | | | | | |
| 千里光 | *Senecio scandens* Buch.-Ham. ex D. Don. | 草本 | ▼ | | | | | |
| 散生千里光 | *Senecio exul* Hance | 草本 | ▼ | | | | | |
| 缺裂千里光 | *Senecio scandens* Buch.-Ham. ex D. Don var. *incisus* Franch. | 草本 | ● | | | | | |
| 华蟹甲 | *Sinacalia tangutica*（Maxim.）B. Nord. | 草本 | ▼ | | | | | |

续表

| 物种 | 学名 | 生活型 | 数据来源 | 药用 | 观赏 | 食用 | 蜜源 | 工业原料 |
|---|---|---|---|---|---|---|---|---|
| 仙客来蒲儿根 | *Sinosenecio cyclamnifolius*（Franchet）B. Nordenstam | 草本 | ● | | | | | |
| 耳柄蒲儿根 | *Sinosenecio euosmus*（Hand.-Mazz.）*B.* Nord. | 草本 | ▼ | | | | | |
| 蒲儿根 | *Sinosenecio oldhamianus*（Maxim.）B. Nord. | 草本 | ▼ | | | | | |
| 匍枝蒲儿根 | *Sinosenecio globigerus*（C. C. Chang）B. Nordenstam | 草本 | ● | | | | | |
| 单头蒲儿根 | *Sinosenecio hederifolius*（Dunn）B. Nord. | 草本 | ● | ＋ | | | | |
| 豨莶 | *Siegesbeckia orientalis* L. | 草本 | ■ | ＋ | | | | |
| 腺梗豨莶 | *Siegesbeckia pubescons* makono | 草本 | ▼ | | | | | |
| 一枝黄花 | *Solidago decurrens* Lour. | 草本 | ▼ | ＋ | | | | |
| 苦苣菜 | *Sonchus oleraceus* L. | 草本 | ● | ＋ | | | | |
| 苦荬菜 | *Ixeris polycephala* Cass. | 草本 | ● | | | | | |
| 花叶滇苦菜 | *Sonchus asper*（L.）Hill. | 草本 | ● | | | | | |
| 红缨合耳菊 | *Synotis erythropappa*（Bur. et Franch.）C. Jeffrey et Y. L. Chen. | 草本 | ● | | | | | |
| 锯叶合耳菊 | *Synotis nagensium*（C. B. Clarke）C. Jeffreyb et Y. L. Chen. | 草本 | ● | | | | | |
| 山牛蒡 | *Synurus deltoides*（Ait.）Nakai. | 草本 | ● | | ＋ | | | |
| *万寿菊 | *Tagetes erecta* L. | 草本 | ● | | | | | |
| 川甘蒲公英 | *Taraxacum lugubre* Dahlst. | 草本 | ● | ＋ | | | | |
| 蒲公英 | *Taraxacum mongolicum* Hand.-Mazz. | 草本 | ● | ＋ | | ＋ | | |
| 款冬 | *Tussilago farfara* L. | 草本 | ● | | | | | |
| 南漳斑鸠菊 | *Vernonia nantcianensis*（Pamp.）Hand.-Mazz. | 草本 | ● | ＋ | | | | ＋ |
| 苍耳 | *Xanthium sibiricum* Patrin ex Widder | 草本 | ▼ | | | | | |
| 异叶黄鹌菜 | *Youngia heterophylla*（Hemsl.）Babc. et Stebbins | 草本 | ● | | | | | |
| 黄鹌菜 | *Youngia japonica*（L.）DC. | 草本 | ▼ | | | | | |
| 川黔黄鹌菜 | *Youngia rubida* Babcock. | 草本 | ■ | | | | | |
| 羽裂黄鹌菜 | *Youngia paleacea*（Diels）Babcock et Stebbins | 草本 | ● | | | | | |
| 栉齿黄鹌菜 | *Youngia wilsoni*（Babcock）Babcock et Stebbins. | 草本 | ● | | | | | |
| 红果黄鹌菜 | *Youngia erythrocarpa*（Vaniot）Babcock et Stebbins | 草本 | ● | | ＋ | | | |
| 百日菊 | *Zinnia elegans* Jacq. | 草本 | ● | | | | | |
| **单子叶植物纲 Monocotyledoneae** | | | | | | | | |
| **131 香蒲科 Typhaceae** | | | | | | | | |
| 水烛 | *Typha angustifolia* L. | 草本 | ● | ＋ | ＋ | ＋ | | ＋ |
| 香蒲 | *Typha orientalis* Presl. | 草本 | ▼ | | | | | |
| **132 眼子菜科 Potamogetonaceae** | | | | | | | | |
| 眼子菜 | *Potamogeton distinctus* A. Benn. | 草本 | ● | | | | | |
| **133 泽泻科 Alismataceae** | | | | | | | | |
| 窄叶泽泻 | *Alisma canaliculatum* A. Braun et Bouche. | 草本 | ● | ＋ | ＋ | | | |
| 泽泻 | *Alisma plantago-aquatica* L. | 草本 | ● | | | | | |
| 欧洲慈姑 | *Sagittaria sagittifolia* L. | 草本 | ● | | | | | |
| **134 禾本科 Gramineae** | | | | | | | | |
| 华北剪股颖 | *Agrostis clavata* Trin. | 草本 | ■ | | | | | |
| 巨序剪股颖 | *Agrostis gigantea* Roth. | 草本 | ■ | | | | | |
| 疏花剪股颖 | *Agrostis perlaxa* Pilger. | 草本 | ● | | | | | |
| 多花剪股颖 | *Agrostis myriantha* Hook. f. | 草本 | ● | | | | | |

续表

| 物种 | 学名 | 生活型 | 数据来源 | 药用 | 观赏 | 食用 | 蜜源 | 工业原料 |
|---|---|---|---|---|---|---|---|---|
| 看麦娘 | *Alopecurus aequalis* Sobol. | 草本 | ● | | | | | |
| 光稃野燕麦 | *Avena fatua* L. var. *glabrata* Peterm. | 草本 | ● | | | | | |
| 荩草 | *Arthraxon hispidus*（Thunb.）Makino. | 草本 | ▼ | | | | | |
| 匿芒荩草 | *Arthraxon hispidus*（Thunb.）Makino var. *cryptatherus*（Hack.）Honda. | 草本 | ▼ | | | | | |
| 日本看麦娘 | *Alopecurus japonicus* Steud. | 草本 | ▼ | | | | | |
| 茅叶荩草 | *Arthraxon lanceolatus*（Roxb.）Hochst. | 草本 | ● | | | | | |
| 野古草 | *Arundinella anomala* Steud. | 草本 | ● | | | | | |
| 刺芒野古草 | *Arundinella setosa* Trin. | 草本 | ● | | | | | |
| 野燕麦 | *Avena fatua* L. | 草本 | ▼ | | | + | | |
| 燕麦 | *Avena sativa* L. | 草本 | ● | | | | | + |
| 巴山木竹 | *Bashania fargesii*（E. G. Camus）Keng f. et Yi. | 灌木 | ▼ | | + | | | |
| *小琴丝竹 | *Bambusa multiplex*（Lour.）Raeusch. ex Schult. cv. 'Alphonse-Kar' R. A. Young. | 灌木 | ● | | | | | |
| *硬头黄竹 | *Bambusa rigida* Keng et Keng f. | 灌木 | ● | | + | | | |
| 佛肚竹 | *Bambusa ventricosa* McClure. | 灌木 | ● | | | | | |
| 菵草 | *Beckmannia syzigachne*（Steud.）Fern. | 草本 | ● | | | | | + |
| 白羊草 | *Bothriochloa ischaemum*（L.）Keng. | 草本 | ● | | | | | |
| 毛臂形草 | *Brachiaria villosa*（Lam.）A. Camus. | 草本 | ● | | | | | |
| 雀麦 | *Bromus japonicus* Thunb. ex Murr. | 草本 | ● | | | | | |
| 疏花雀麦 | *Bromus remotiflorus*（Steud.）Ohwi. | 草本 | ● | | | | | |
| 拂子茅 | *Calamagrostis epigeios*（L.）Roth. | 草本 | ▼ | | | | | |
| 假苇拂子茅 | *Calamagrostis pseudophragmites*（Hall. f.）Koel. | 草本 | ● | | | | | |
| 硬秆子草 | *Capillipedium assimile*（Steud.）A. Camus. | 草本 | ● | | | | | |
| 细柄草 | *Capillipedium parviflorum*（R. Br.）Stapf. | 草本 | ● | | + | | | |
| 薏苡 | *Coix lacryma-jobi* L. | 草本 | ● | | | | | |
| 虎尾草 | *Chloris virgata* Sw. | 草本 | ■ | | | | | |
| 弓果黍 | *Cyrtococcum patens*（L.）A. Camus. | 草本 | ■ | + | | | | |
| 狗牙根 | *Cynodon dactylon*（L.）Pers. | 草本 | ■ | | | | | |
| 野青茅 | *Deyeuxia arundinacea*（L.）Beauv. | 草本 | ● | | | | | |
| 疏穗野青茅 | *Deyeuxia effusiflora* Rendle. | 草本 | ● | | | | | |
| 纤毛马唐 | *Digitaria ciliaris* var. *ciliaris* | 草本 | ● | | | | | |
| 毛马唐 | *Digitaria chrysoblephara* Fig. | 草本 | ● | | | | | |
| 十字马唐 | *Digitaria cruciata*（Nees）A. Camus. | 草本 | ● | | | | | |
| 止血马唐 | *Digitaria ischaemum*（Schreb.）Schreb. ex Muhl. | 草本 | ● | | | | | |
| 马唐 | *Digitaria sanguinalis*（L.）Scop. | 草本 | ▼ | | | | | |
| 三数马唐 | *Digitaria ternata*（Hochst.）Stapf ex Dyer. | 草本 | ● | | | | | |
| 紫马唐 | *Digitaria violascens* Link. | 草本 | ● | | | | | |
| 光头稗 | *Echinochloa colonum*（L.）Link. | 草本 | ● | | | + | | |
| 穇子 | *Eleusine coracana*（L.）Gaertn. | 草本 | ● | | | | | |
| 稗 | *Echinochloa crusgalli*（L.）Beauv. | 草本 | ● | | | | | |
| 无芒稗 | *Echinochloa crusgalli*（L.）Beauv. var. *mitis*（Pursh）Peterm. | 草本 | ▼ | | | | | |
| 西来稗 | *Echinochloa crusgalli*（L.）Beauv. var. *zelayensis*（H. B. K.）Hitchc. | 草本 | ● | | | | | |

续表

| 物种 | 学名 | 生活型 | 数据来源 | 药用 | 观赏 | 食用 | 蜜源 | 工业原料 |
|---|---|---|---|---|---|---|---|---|
| 旱稗 | *Echinochloa hispidula*（Retz.）Nees. | 草本 | ● | + | | | | |
| 牛筋草 | *Eleusine indica*（L.）Gaertn. | 草本 | ▼ | | | | | |
| 垂穗披碱草 | *Elymus nutans* Griseb. | 草本 | ● | | | | | |
| 老芒麦 | *Elymus sibiricus* L. | 草本 | ● | | | | | |
| 大画眉草 | *Eragrostis cilianensis*（All.）Link. ex Vignclo-Lutati. | 草本 | ● | | | | | |
| 知风草 | *Eragrostis ferruginea*（Thunb.）Beauv. | 草本 | ● | | | | | |
| 黑穗画眉草 | *Eragrostis nigra* Nees ex Steud. | 草本 | ▼ | | | | | |
| 画眉草 | *Eragrostis pilosa*（L.）Beauv. | 草本 | ● | | | | | |
| 小画眉草 | *Eragrostis minor* Host. | 草本 | ● | | | | | |
| 蔗茅 | *Erianthus rufipilus*（Steud.）Griseb. | 草本 | ● | | | + | | |
| 野黍 | *Eriochloa villosa*（Thunb.）Kunth. | 草本 | ● | | | | | + |
| 拟金茅 | *Eulaliopsis binata*（Retz.）C. E. Hubb. | 草本 | ● | | | + | | |
| 箭竹 | *Fargesia spathacea* Franch. | 灌木 | ● | | | + | | |
| 拐棍竹 | *Fargesia robusta* Yi. | 灌木 | ● | | | | | + |
| 黄茅 | *Heteropogon contortus*（L.）Beauv. | 灌木 | ● | | | | | + |
| 丝茅 | *Imperata koenigii*（Retz.）Beauv. | 草本 | ● | | | | | |
| 巴山箬竹 | *Indocalamus bashanensis*（C. D. Chu et C. S. Chao）H. R. Zhao et Y. L. Yang. | 灌木 | ● | | | | | |
| 鄂西箬竹 | *Indocalamus wilsoni*（Rendle）C. S. Chao. | 灌木 | ● | + | | | | |
| 淡竹叶 | *Lophatherum gracile* Brongn. | 灌木 | ● | | | | | |
| 千金子 | *Leptochloa chinensis*（L.）Nees | 草本 | ● | | | | | |
| 广序臭草 | *Melica onoei* Franch. et Sav. | 草本 | ● | | | | | |
| 臭草 | *Melica scabrosa* Trin. | 草本 | ● | | | | | |
| 柔枝莠竹 | *Microstegium vimineum*（Trin.）A. Camus. | 灌木 | ● | | | | | |
| 莠竹 | *Microstegium nodosum*（Kom.）Tzvel. | 灌木 | ● | + | | | | + |
| 五节芒 | *Miscanthus floridulus*（Lab.）Warb. ex Schum. et Laut. | 草本 | ● | | | | | |
| 尼泊尔双药芒 | *Diandranthus nepalensis*（Trin.）L. Liu. | 草本 | ● | | | | | + |
| 芒 | *Miscanthus sinensis* Anderss. | 草本 | ● | | | | | |
| 乱子草 | *Muhlenbergia hugelii* Trinius | 草本 | ● | | | | | |
| 日本乱子草 | *Muhlenbergia japonica* Steud. | 草本 | ● | | | | | |
| 多枝乱子草 | *Muhlenbergia ramosa*（Hack.）Makino. | 草本 | ● | | | + | | |
| 慈竹 | *Neosinocalamus affinis*（Rendle）Keng. | 灌木 | ▼ | | | | | |
| 求米草 | *Oplismenus undulatifolius*（Arduino）Beauv. | 草本 | ● | | | | | |
| 竹叶草 | *Oplismenus compositus*（L.）Beauv. | 草本 | ■ | | | + | | |
| *稻 | *Oryza sativa* L. | 草本 | ● | | | | | |
| 湖北落芒草 | *Oryzopsis henryi*（Rendle）Keng ex P. C. Kuo. | 草本 | ● | | | | | |
| 钝颖落芒草 | *Oryzopsis obtusa* Stapf. | 草本 | ● | | | + | | |
| 稷 | *Panicum miliaceum* L. | 草本 | ● | | | | | |
| 双穗雀稗 | *Paspalum paspaloides*（Michx.）Scribn. | 草本 | ● | | | | | |
| 雀稗 | *Paspalum thunbergii* Kunth ex steud. | 草本 | ● | | | | | + |
| 狼尾草 | *Pennisetum alopecuroides*（L.）Spreng. | 草本 | ● | | | | | |
| 显子草 | *Phaenosperma globosa* Munro ex Benth. | 草本 | ● | | | | | |
| 高山梯牧草 | *Phleum alpinum* L. | 草本 | ▼ | | | | | |

| 物种 | 学名 | 生活型 | 数据来源 | 药用 | 观赏 | 食用 | 蜜源 | 工业原料 |
|---|---|---|---|---|---|---|---|---|
| 鬼蜡烛 | *Phleum paniculatum* Huds. | 草本 | ● | + | | | | + |
| 芦苇 | *Phragmites australis*（Cav.）Trin. ex Steud. | 草本 | ● | | | + | | + |
| 桂竹 | *Phyllostachys bambusoides* Sieb. et Zucc. | 灌木 | ● | | | + | | + |
| 水竹 | *Phyllostachys heteroclada* Oliver. | 灌木 | ● | | + | | | + |
| 紫竹 | *Phyllostachys nigra*（Lodd. ex Lindl.）Munro. | 灌木 | ● | + | | + | | + |
| 毛金竹 | *Phyllostachys nigra*（Lodd. ex Lindl.）Munro var. *henonis*（Mitford）Stapf ex Rendle. | 灌木 | ● | | + | + | | |
| 篌竹 | *Phyllostachys nidularia* Munro. | 灌木 | ● | | | + | | + |
| *毛竹 | *Phyllostachys heterocycla*（Carr.）Mitford cv. Pubescens | 灌木 | ● | | | | | |
| 白顶早熟禾 | *Poa acroleuca* Steud. | 草本 | ● | | | | | |
| 早熟禾 | *Poa annua* L. | 草本 | ● | | | | | |
| 法氏早熟禾 | *Poa faberi* Rendle. | 草本 | ● | | | | | |
| 疑早熟禾 | *Poa incerta* Keng ex L. Liu. | 草本 | ● | | | | | |
| 套鞘早熟禾 | *Poa tunicata* Keng ex C. Ling. | 草本 | ● | + | | | | |
| 金丝草 | *Pogonatherum crinitum*（Thunb.）Kunth. | 草本 | ● | | | | | |
| 金发草 | *Pogonatherum paniceum*（Lam.）Hack. | 草本 | ● | | | | | |
| 棒头草 | *Polypogon fugax* Nees ex Steud. | 草本 | ▼ | | | | | |
| 钙生鹅观草 | *Roegneria calcicola* Keng. | 草本 | ● | | | | | |
| 纤毛鹅观草 | *Roegneria ciliaris*（Trin.）Nevski. | 草本 | ● | | | | | |
| 竖立鹅观草 | *Roegneria japonensis*（Honda）Keng. | 草本 | ● | | | | | |
| 鹅观草 | *Roegneria kamoji* Ohwi. | 草本 | ● | | | | | |
| 肃草 | *Roegneria stricta* Keng. | 草本 | ● | | | | | + |
| 斑茅 | *Saccharum arundinaceum* Retz. | 草本 | ● | | | + | | + |
| *甘蔗 | *Saccharum officinarum* L. | 草本 | ● | | | + | | |
| 菲白竹 | *Sasa fortunei*（Van Houtte）Fiori. | 草本 | ● | | | | | |
| 莩草 | *Setaria chondrachne*（Steud.）Honda. | 草本 | ● | | | | | |
| 大狗尾草 | *Setaria faberii* Herrm. | 草本 | ● | | | | | |
| 西南莩草 | *Setaria forbesiana*（Nees）Hook. f. | 草本 | ● | | | | | |
| 金色狗尾草 | *Setaria glauca*（L.）Beauv. | 草本 | ● | | | + | | |
| 粟 | *Setaria italica*（L.）Beauv. var. *germanica*（Mill.）Schrad. | 草本 | ● | + | | + | | |
| 棕叶狗尾草 | *Setaria palmifolia*（Koen.）Stapf. | 草本 | ▼ | | | + | | |
| 皱叶狗尾草 | *Setaria plicata*（Lam.）T. Cooke. | 草本 | ● | + | | | | + |
| 狗尾草 | *Setaria viridis*（L.）Beauv. | 草本 | ● | | | | | |
| 拟高粱 | *Sorghum propinquum*（Kunth）Hitchc. | 草本 | ● | | | | | + |
| 石茅 | *Sorghum halepense*（L.）Pers. | 草本 | ■ | | | + | | + |
| *高粱 | *Sorghum bicolor*（L.）Moench. | 草本 | ● | | | | | |
| 大油芒 | *Spodiopogon sibiricus* Trin. | 草本 | ● | | | | | |
| 鼠尾粟 | *Sporobolus fertilis*（Steud.）W. D. Clayt. | 草本 | ▼ | | | | | |
| 苞子草 | *Themeda caudata*（Nees）A. Camus. | 草本 | ● | | | | | + |
| 黄背草 | *Themeda japonica*（Willd.）Tanaka. | 草本 | ● | | | | | |
| 中华草沙蚕 | *Tripogon chinensis*（Franch.）Hack. | 草本 | ● | | | | | |
| 三毛草 | *Trisetum bifidum*（Thunb.）Ohwi. | 草本 | ● | | | | | |
| 穗三毛 | *Trisetum spicatum*（L.）Richt. | 草本 | ● | | | | | |

续表

| 物种 | 学名 | 生活型 | 数据来源 | 药用 | 观赏 | 食用 | 蜜源 | 工业原料 |
|---|---|---|---|---|---|---|---|---|
| 西伯利亚三毛草 | *Trisetum sibiricum* Rupr. | 草本 | ● | | | + | | |
| *普通小麦 | *Triticum aestivum* L. | 草本 | ● | | | | | |
| 荻 | *Triarrhena sacchariflora*（Maxim.）Nakai. | 草本 | ■ | | | | | |
| 鄂西玉山竹 | *Yushania confusa*（McClure）Z. P. Wang. | 灌木 | ● | | | + | | |
| 菰 | *Zizania latifolia*（Griseb.）Stapf. | 草本 | ● | | | + | | + |
| *玉蜀黍 | *Zea mays* L. | 草本 | ● | | | | | |
| 135 莎草科 Cyperaceae | | | | | | | | |
| 丝叶球柱草 | *Bulbostylis densa*（Wall.）Hand.-Mzt. | 草本 | ● | | | | | |
| 垂穗薹草 | *Carex brachyathera* Ohwi. | 草本 | ▼ | | | | | |
| 宜昌薹草 | *Carex ascocetra* C. B. Clarke. | 草本 | ● | | | | | |
| 浆果薹草 | *Carex baccans* Nees. | 草本 | ● | | | | | |
| 十字薹草 | *Carex cruciata* Wahlenb. | 草本 | ■ | | | | | |
| 中华薹草 | *Carex chinensis* Retz. | 草本 | ■ | | | | | |
| 长芒薹草 | *Carex gmelinii* Hook. et Arn. | 草本 | ● | | | | | |
| 签草 | *Carex doniana* Spreng. | 草本 | ● | | | | | |
| 川东薹草 | *Carex fargesii* Franch. | 草本 | ● | | | | | |
| 宽叶亲族薹草 | *Carex gentilis* Franch. var. *intermedia* | 草本 | ● | | | | | |
| 大果亲族薹草 | *Carex gentilis* Franch. var. *macrocarpa* | 草本 | ● | | | | | |
| 穹隆薹草 | *Carex gibba* Wahlenb. | 草本 | ● | | | | | |
| 青绿薹草 | *Carex breviculmis* R. Br. | 草本 | ● | | | | | |
| 城口薹草 | *Carex luctuosa* Franch. | 草本 | ● | | | | | |
| 条穗薹草 | *Carex nemostachys* Steud. | 草本 | ● | | | | | |
| 褐红脉薹草 | *Carex nubigena* D. Don subsp. *albata*（Boott）T. Koyama. | 草本 | ● | | | | | |
| 黄绿薹草 | *Carex psychrophila* Nees. | 草本 | ● | | | | | |
| 长颈薹草 | *Carex rhynchophora* Franch. | 草本 | ● | | | | | |
| 点囊薹草 | *Carex rubrobrunnea* C. B. Clarke. | 草本 | ● | | | | | |
| 硬果薹草 | *Carex sclerocarpa* Franch. | 草本 | ▼ | | | | | |
| 近蕨薹草 | *Carex subfilicinoides* Kukenth. | 草本 | ● | | | | | |
| 四川薹草 | *Carex sutchuensis* Franch. | 草本 | ● | | | | | |
| 帚状薹草 | *Carex praelonga* C. B. Clarke. | 草本 | ■ | | + | | | |
| 风车草 | *Cyperus alternifolius* L. | 草本 | ● | | | | | |
| 扁穗莎草 | *Cyperus compressus* L. | 草本 | ● | | | | | |
| 异型莎草 | *Cyperus difformis* L. | 草本 | ● | | | | | |
| 碎米莎草 | *Cyperus iria* L. | 草本 | ● | | | | | |
| 畦畔莎草 | *Cyperus haspan* L. | 草本 | ■ | | | | | |
| 三轮草 | *Cyperus orthostachyus* Franch. et Savat. | 草本 | ■ | + | | | | |
| 香附子 | *Cyperus rotundus* L. | 草本 | ▼ | | | | | |
| 牛毛毡 | *Heleocharis yokoscensis*（Franch. et Savat.）Tang et Wang. | 草本 | ● | | | | | |
| 丛毛羊胡子草 | *Eriophorum comosum* Nees. | 草本 | ● | | | | | |
| 两歧飘拂草 | *Fimbristylis dichotoma*（L.）Vahl. | 草本 | ▼ | | | | | |
| 暗褐飘拂草 | *Fimbristylis fusca*（Nees）Benth. | 草本 | ■ | | | | | |
| 水虱草 | *Fimbristylis miliacea*（L.）Vahl. | 草本 | ● | | | | | |
| 烟台飘拂草 | *Fimbristylis stauntoni* Debeaux et Franch. | 草本 | ■ | + | | | | |

| 物种 | 学名 | 生活型 | 数据来源 | 药用 | 观赏 | 食用 | 蜜源 | 工业原料 |
|---|---|---|---|---|---|---|---|---|
| 高秆珍珠茅 | *Scleria elata* Thw. | 草本 | ■ | | | | | |
| 毛果珍珠茅 | *Scleria herbecarpa* Nees. | 草本 | ■ | | | | | |
| 藨草 | *Scirpus triqueter* L. | 草本 | ■ | | + | | | |
| 水葱 | *Scirpus validus* Vahl. | 草本 | ● | | | | | |
| 水莎草 | *Juncellus serotinus*（Rottb.）C. B. Clarke. | 草本 | ● | | | | | |
| 短叶水蜈蚣 | *Kyllinga brevifolia* Rottb. | 草本 | ▼ | | | | | |
| 水蜈蚣 | *Kyllinga polyphylla* Willd. Ex Kunth | 草本 | ▼ | | | | | |
| 单穗水蜈蚣 | *Kyllinga monocephala* Rottb. | 草本 | ● | | | | | |
| 短叶水蜈蚣 | *Kyllinga brevifolia* Rottb. | 草本 | ■ | | | | | |
| 莎草砖子苗 | *Mariscus cyperinus* Vahl. | 草本 | ● | | | | | |
| 砖子苗 | *Mariscus umbellatus* Vahl. | 草本 | ▼ | | | | | |
| 球穗扁莎 | *Pycreus globosus*（All.）Reichb. | 草本 | ● | | | | | |
| 萤蔺 | *Scirpus juncoides* Roxb. | 草本 | ■ | | | | | |
| 类头状花序藨草 | *Scirpus subcapitatus* Thw. | 草本 | ● | | | | | |
| 136 棕榈科 Palmae | | | | | | | | |
| *鱼尾葵 | *Caryota ochlandra* Hance. | 乔木 | ■ | + | + | | | |
| *棕竹 | *Rhapis excelsa*（Thunb.）Henry ex Rehd. | 灌木 | ● | | + | | | |
| *矮棕竹 | *Rhapis humilis* Bl. | 灌木 | ■ | + | + | + | | |
| *棕榈 | *Trachycarpus fortunei*（Hook.）H. Wendl. | 乔木 | ▼ | | | | | |
| 137 天南星科 Araceae | | | | | | | | |
| 菖蒲 | *Acorus calamus* L. | 草本 | ● | + | + | | | |
| 金钱蒲 | *Acorus gramineus* Soland. | 草本 | ▼ | + | | | | |
| 石菖蒲 | *Acorus tatarinowii* Schott. | 草本 | ● | + | + | | | + |
| 海芋 | *Alocasia macrorrhiza*（Roxburgh）K. Koch. | 草本 | ● | + | | + | | + |
| *魔芋 | *Amorphophallus rivieri* Durieu. | 草本 | ▼ | + | | | | |
| 刺柄南星 | *Arisaema asperatum* N. E. Brown. | 草本 | ● | + | | | | |
| 长耳南星 | *Arisaema auriculatum* Buchet. | 草本 | ● | + | | | | |
| 短苞南星 | *Arisaema brevispathum* Buchet. | 草本 | ● | + | | | | |
| 棒头南星 | *Arisaema clavatum* Buchet. | 草本 | ● | + | | | | |
| 螃蟹七 | *Arisaema fargesii* Buchet. | 草本 | ● | + | | | | |
| 湘南星 | *Arisaema hunanense* Hand.-Mazt. | 草本 | ● | + | | | | |
| 褐斑南星 | *Arisaema meleagris* Buchet. | 草本 | ● | + | | | | |
| 具齿褐斑南星 | *Arisaema meleagris* Buchet var. *sinuatum* | 草本 | ● | + | | | | |
| 驴耳南星 | *Arisaema onoticum* Buchet. | 草本 | ● | + | | | | |
| 黑南星 | *Arisaema rhombiforme* Buchet. | 草本 | ● | + | | | | |
| 灯台莲 | *Arisaema sikokianum* Franch. et Sav. var. *serratum*（Makino）Hand.-Mazt | 草本 | ■ | + | | | | |
| 花南星 | *Arisaema lobatum* Engl. | 草本 | ■ | + | | + | | |
| *芋 | *Colocasia esculenta*（L.）. Schott. | 草本 | ● | + | | | | |
| *龟背竹 | *Monstera deliciosa* Liebm. | 灌木 | ● | + | | | | |
| 犁头尖 | *Typhonium divaricatum*（L.）Decne. | 草本 | ▼ | | + | | | |
| *滴水珠 | *Pinellia cordata* N. E. Brown | 草本 | ● | + | | | | |
| *虎掌 | *Pinellia pedatisecta* Schott | 草本 | ● | + | | | | |

续表

| 物种 | 学名 | 生活型 | 数据来源 | 药用 | 观赏 | 食用 | 蜜源 | 工业原料 |
|---|---|---|---|---|---|---|---|---|
| 半夏 | *Pinellia ternata*（Thunb.）Breit. | 草本 | ● | + | | | | |
| 大薸 | *Pistia stratiotes* L. | 草本 | ▼ | + | | | | |
| 马蹄莲 | *Zantedeschia aethiopica*（L.）Spreng. | 草本 | ● | | | | | |
| 138 浮萍科 Lemnaceae | | | | | | | | |
| 浮萍 | *Lemna minor* L. | 草本 | ● | | | | | |
| 品藻 | *Lemna trisulca* L. | 草本 | ● | + | | | | |
| 紫萍 | *Spirodela polyrrhiza*（L.）Schleid. | 草本 | ● | | | | | |
| 芜萍 | *Wolffia arrhiza*（L.）Wimmer. | 草本 | ● | | | | | |
| 139 鸭跖草科 Commelinaceae | | | | | | | | |
| 饭包草 | *Commelina bengalensis* Linnaeus. | 草本 | ■ | + | | | | |
| 鸭跖草 | *Commelina communis* L. | 草本 | ▼ | | | | | |
| 竹叶子 | *Streptolirion volubile* Edgew. | 草本 | ▼ | + | | | | |
| 杜若 | *Pollia japonica* Thunb. | 草本 | ■ | + | | | | |
| 裸花水竹叶 | *Murdannia nudiflora*（L.）Brenan. | 草本 | ■ | | | | | |
| 牛轭草 | *Murdannia loriformis*（Hassk.）Rolla Rao et Kammathy. | 草本 | ■ | | | | | |
| 140 灯心草科 Juncaceae | | | | | | | | |
| 翅茎灯心草 | *Juncus alatus* Franch. et Savat. | 草本 | ● | | | | | |
| 小灯心草 | *Juncus bufonius* L. | 草本 | ● | | | | | |
| 长柱灯心草 | *Juncus przewalskii* Buchen. | 草本 | ● | + | | | | + |
| 灯心草 | *Juncus effusus* L. | 草本 | ▼ | | | | | |
| 笄石菖 | *Juncus prismatocarpus* R. Br. | 草本 | ● | | | | | |
| 野灯心草 | *Juncus setchuensis* Buchen. | 草本 | ▼ | | | | | |
| 片髓灯心草 | *Juncus inflexus* L. | 草本 | ■ | | | | | |
| 陕甘灯心草 | *Juncus tanguticus* G. Sam. | 草本 | ● | | | | | |
| 141 百合科 Liliaceae | | | | | | | | |
| 无毛粉条儿菜 | *Aletris glabra* Bur. et Franch. | 草本 | ● | | | | | |
| 疏花粉条儿菜 | *Aletris laxiflora* Bur. et Franch. | 草本 | ● | + | | | | |
| 粉条儿菜 | *Aletris spicata*（Thunb.）Franch. | 草本 | ● | | | | | |
| 高山粉条儿菜 | *Aletris alpestris* Diels. | 草本 | ■ | | | | | |
| 狭瓣粉条儿菜 | *Aletris stenoloba* Franch. | 草本 | ● | | | + | | |
| 火葱 | *Allium ascalonicum* L. | 草本 | ● | | | + | | |
| *洋葱 | *Allium cepa* L. | 草本 | ● | | | + | | |
| *薤头 | *Allium chinense* G. Don. | 草本 | ● | | | | | |
| 野葱 | *Allium chrysanthum* Regel. | 草本 | ● | | | | | |
| 天蓝韭 | *Allium cyaneum* Regel. | 草本 | ● | + | | + | | |
| *葱 | *Allium fistulosum* L. | 草本 | ● | | | | | |
| 异梗韭 | *Allium heteronema* Wang et Tang. | 草本 | ● | + | | + | | |
| 薤白 | *Allium macrostemon* Bunge. | 草本 | ● | | | + | | |
| 卵叶韭 | *Allium ovalifolium* Hand.-Mzt. | 草本 | ● | | | + | | |
| 天蒜 | *Allium paepalanthoides* Airy-Shaw. | 草本 | ● | + | | + | | |
| *蒜 | *Allium sativum* L. | 草本 | ● | + | | + | | |
| *韭 | *Allium tuberosum* Rottler ex Sprengle. | 草本 | ▼ | | | | | |
| 合被韭 | *Allium tubiflorum* Rendle. | 草本 | ● | + | | | | |

| 物种 | 学名 | 生活型 | 数据来源 | 药用 | 观赏 | 食用 | 蜜源 | 工业原料 |
|---|---|---|---|---|---|---|---|---|
| *芦荟 | *Aloe vera* var. *chinensis*（Haw.）Berg. | 草本 | ● | + | + | | | |
| *天门冬 | *Asparagus cochinchinensis*（Lour.）Merr. | 草本 | ▼ | + | | | | |
| 羊齿天门冬 | *Asparagus filicinus* D. Don. | 草本 | ▼ | + | | | | |
| 短梗天门冬 | *Asparagus lycopodineus*（Baker）Wang et Tang. | 草本 | ● | | | + | | |
| 石刁柏 | *Asparagus officinalis* L. | 草本 | ● | | + | | | |
| *文竹 | *Asparagus setaceus*（Kunth）. | 草本 | ● | | | | | |
| *丛生蜘蛛抱蛋 | *Aspidistra caespitosa* C. Pei. | 草本 | ● | | | + | | |
| 蜘蛛抱蛋 | *Aspidistra elatior* Blume. | 草本 | ● | + | | | | |
| 大百合 | *Cardiocrinum giganteum*（Wall.）Makino. | 草本 | ● | + | + | | | |
| *吊兰 | *Chlorophytum comosum*（Thunb.）Baker. | 草本 | ● | | | | | |
| 七筋姑 | *Clintonia udensis* Trautv. et Mey. | 草本 | ▼ | | | | | |
| 散斑竹根七 | *Disporopsis aspera*（Hua）Engl. ex Krause. | 草本 | ● | | | | | |
| 深裂竹根七 | *Disporopsis pernyi*（Hua）Diels. | 草本 | ● | + | | | | |
| 万寿竹 | *Disporum cantoniense*（Lour.）Merr. | 草本 | ▼ | | | | | |
| 大花万寿竹 | *Disporum megalanthum* Wang et Tang. | 草本 | ● | + | | | | |
| 长蕊万寿竹 | *Disporum bodinieri*（Levl. et Vaniot.）Wang et Y. C. Tang. | 草本 | ■ | + | | | | |
| 天目贝母 | *Fritillaria monantha* Migo | 草本 | ● | + | | | | |
| 太白贝母 | *Fritillaria taipaiensis* P. Y. Li | 草本 | ● | | | + | | |
| 黄花菜 | *Hemerocallis citrina* Baroni | 草本 | ● | | + | | | |
| 萱草 | *Hemerocallis fulva*（L.）L. | 草本 | ● | | | | | |
| 短柱肖菝葜 | *Heterosmilax yunnanensis* F. T. Wang & T. Tang. | 灌木 | ● | + | + | + | | |
| 肖菝葜 | *Heterosmilax japonica* Kunth | 灌木 | ▼ | | | | | |
| 玉簪 | *Hosta plantaginea*（Lam.）Aschers. | 草本 | ● | | | | | |
| 野百合 | *Lilium brownii* F.E.Br. ex Miellez. | 草本 | ■ | | | | | |
| 湖北百合 | *Lilium henryi* Baker. | 草本 | ● | + | | + | | |
| 百合 | *Lilium brownii* var. *viridulum* Baker | 草本 | ● | | | + | | |
| 川百合 | *Lilium davidii* Duchartre ex Elwes | 草本 | ● | | | | | |
| 绿花百合 | *Lilium fargesii* Franch. | 草本 | ● | + | | + | | + |
| 卷丹 | *Lilium lancifolium* Thunb. | 草本 | ● | | | | | |
| 宜昌百合 | *Lilium leucanthum*（Baker）Baker | 草本 | ● | | | | | |
| 禾叶山麦冬 | *Liriope graminifolia*（L.）Baker. | 草本 | ▼ | | | | | |
| 长梗山麦冬 | *Liriope longipedicellata* Wang et Tang. | 草本 | ● | | | | | |
| 阔叶山麦冬 | *Liriope platyphylla* Wang et Tang. | 草本 | ● | | + | | | |
| 山麦冬 | *Liriope spicata*（Thunb.）Lour. | 草本 | ● | | | | | |
| 短药沿阶草 | *Ophiopogon bockianus* var. *angustifoliatus* Wang et Tang. | 草本 | ● | + | + | | | |
| *沿阶草 | *Ophiopogon bodinieri* Levl. | 草本 | ▼ | + | | | | |
| 长茎沿阶草 | *Ophiopogon chingii* Wang et Tang. | 草本 | ● | | | | | |
| 间型沿阶草 | *Ophiopogon intermedius* D. Don. | 草本 | ● | + | + | | | |
| 麦冬 | *Ophiopogon japonicus*（L. f.）Ker-Gawl. | 草本 | ▼ | + | | | | |
| 巴山重楼 | *Paris bashanensis* Wang et Tang. | 草本 | ● | + | | | | |
| 具柄重楼 | *Paris fargesii* var. *petiolata*（Baker ex C. H. Wright）Wang et Tang. | 草本 | ● | + | | | | |
| 球药隔重楼 | *Paris fargesii* Franch. | 草本 | ● | + | | | | |

续表

| 物种 | 学名 | 生活型 | 数据来源 | 药用 | 观赏 | 食用 | 蜜源 | 工业原料 |
|---|---|---|---|---|---|---|---|---|
| 七叶一枝花 | *Paris polyphylla* Smith | 草本 | ▼ | + | | | | |
| 华重楼 | *Paris polyphylla* Sm. var *chinensis*（Franch.）Hara. | 草本 | ● | + | | | | |
| 狭叶重楼 | *Paris polyphylla* var. *stenophylla* Franch. | 草本 | ● | + | | | | |
| 短梗重楼 | *Paris polyphylla* var. *appendiculata* Hara. | 草本 | ● | | | | | |
| 大盖球子草 | *Peliosanthes macrostegia* Hance. | 草本 | ● | + | | | | |
| 卷叶黄精 | *Polygonatum cirrhifolium*（Wall.）Royle. | 草本 | ● | + | | | | |
| 多花黄精 | *Polygonatum cyrtonema* Hua. | 草本 | ● | + | | | | |
| 距药黄精 | *Polygonatum franchetii* Hua. | 草本 | ● | + | | | | |
| 独花黄精 | *Polygonatum hookeri* Baker. | 草本 | ● | + | | | | |
| 滇黄精 | *Polygonatum kingianum* Coll. et Hemsl. | 草本 | ● | + | | | | |
| 节根黄精 | *Polygonatum nodosum* Hua. | 草本 | ▼ | + | | | | |
| 玉竹 | *Polygonatum odoratum*（Mill.）Druce | 草本 | ● | + | | | | |
| 黄精 | *Polygonatum sibiricum* Redouté. | 草本 | ■ | + | | | | |
| 轮叶黄精 | *Polygonatum verticillatum*（L.）All. | 草本 | ● | + | | | | |
| 湖北黄精 | *Polygonatum zanlanscianense* Pamp. | 草本 | ● | | | | | |
| 管花鹿药 | *Smilacina henryi*（Baker）Wang et Tang. | 草本 | ● | | | | | |
| 鹿药 | *Smilacina japonica* A. Gray. | 草本 | ▼ | | | | | |
| 丽江鹿药 | *Smilacina lichiangensis*（W. W. Sm.）W. W. Sm. | 草本 | ● | | | | | |
| 少叶鹿药 | *Smilacina paniculata*（Baker）Wang et Tang var. *stenoloba*（Franch.）Wang et Tang. | 草本 | ● | | | | | |
| 紫花鹿药 | *Smilacina purpurea* Wall. | 草本 | ● | | | | | |
| 窄瓣鹿药 | *Smilacina paniculata*（Baker）Wang et Tang. | 草本 | ● | | | | | |
| 合瓣鹿药 | *Smilacina tubifera* Batal. | 草本 | ● | | | | | |
| 弯梗菝葜 | *Smilax aberrans* Gagnep. | 灌木 | ● | | | | | |
| 西南菝葜 | *Smilax bockii* T. Koyama | 灌木 | ▼ | + | | | | · |
| 菝葜 | *Smilax china* L. | 灌木 | ▼ | | | | | |
| 银叶菝葜 | *Smilax cocculoides* Warb. | 灌木 | ● | | | | | |
| 托柄菝葜 | *Smilax discotis* Warb. | 灌木 | ● | | | | | |
| 长托菝葜 | *Smilax ferox* Wall. ex Kunth | 灌木 | ● | + | | | | |
| 土茯苓 | *Smilax glabra* Roxb. | 灌木 | ● | | | + | | |
| 黑果菝葜 | *Smilax glaucochina* Warb. | 灌木 | ● | | | | | |
| 马甲菝葜 | *Smilax lanceifolia* Roxb. | 灌木 | ■ | | | | | |
| 小叶菝葜 | *Smilax microphylla* C. H. Wright. | 灌木 | ▼ | | | | | |
| 黑叶菝葜 | *Smilax nigrescens* Wang et Tang ex P. Y. Li. | 灌木 | ● | | | | | |
| 武当菝葜 | *Smilax outanscianensis* Pamp. | 灌木 | ● | | | | | |
| 红果菝葜 | *Smilax polycolea* Warb. | 灌木 | ● | + | | + | | |
| 尖叶牛尾菜 | *Smilax riparia* var. *acuminata*（C. H. Wright）Wang et Tang. | 藤本 | ● | + | | | | |
| 短梗菝葜 | *Smilax scobinicaulis* C. H. Wright | 灌木 | ● | | | | | |
| 鞘柄菝葜 | *Smilax stans* Maxim. | 灌木 | ▼ | | | | | |
| 糙柄菝葜 | *Smilax trachypoda* Norton. | 藤本 | ● | | | | | |
| 三脉菝葜 | *Smilax trinervula* Miq. | 灌木 | ■ | | | | | |
| 油点草 | *Tricyrtis macropoda* Miq. | 草本 | ▼ | | | | | |
| 黄花油点草 | *Tricyrtis maculata*（D. Don）Machride. | 草本 | ▼ | | | | | |

| 物种 | 学名 | 生活型 | 数据来源 | 药用 | 观赏 | 食用 | 蜜源 | 工业原料 |
|---|---|---|---|---|---|---|---|---|
| 宽叶油点草 | *Tricyrtis latifolia* Maxim. | 草本 | ■ | | | | | |
| 岩菖蒲 | *Tofieldia thibetica* Franch. | 草本 | ● | | | | | |
| 开口箭 | *Tupistra chinensis* Baker | 草本 | ● | | | | | |
| 筒花开口箭 | *Tupistra delavayi* Franch. | 草本 | ● | | | | | |
| 毛叶藜芦 | *Veratrum grandiflorum*（Maxim.）Loes. f. | 草本 | ● | | | | | |
| 小花藜芦 | *Veratrum micranthum* Wang et Tang. | 草本 | ● | | | | | |
| 藜芦 | *Veratrum nigrum* L. | 草本 | ● | | | | | |
| 长梗藜芦 | *Veratrum oblongum* Loes. f. | 草本 | ● | + | + | | | |
| *凤尾丝兰 | *Yucca gloriosa* L. | 草本 | ● | | + | + | | |
| *丝兰 | *Yucca smalliana* Fern. | 草本 | ● | | | | | |
| 142 石蒜科 Amaryllidaceae | | | | | | | | |
| *君子兰 | *Clivia miniata* Regel. | 草本 | ● | | + | | | |
| *垂笑君子兰 | *Clivia nobilis* Lindl. | 草本 | ● | | + | | | |
| *文殊兰 | *Crinum asiaticum* L. var. *sinicum*（Roxb. ex Herb.）Baker. | 草本 | ● | | + | + | | |
| *西南文殊兰 | *Crinum latifolium* L. | 草本 | ● | | + | | | |
| *朱顶红 | *Hippeastrum rutilum*（Ker-Gawl.）Herb. | 草本 | ● | | + | | | |
| *花朱顶红 | *Hippeastrum vittatum*（L' Her.）Herb. | 草本 | ● | | + | + | | |
| 忽地笑 | *Lycoris aurea*（L' Her.）Herb. | 草本 | ● | | + | + | | |
| *石蒜 | *Lycoris radiata*（L' Her.）Herb | 草本 | ● | | + | + | | |
| *水仙 | *Narcissus tazetta* L. var. *chinensis* Roem. | 草本 | ● | | + | | | |
| *黄水仙 | *Narcissus pseudonarcissus* L. | 草本 | ● | | + | | | + |
| *晚香玉 | *Polianthes tuberosa* L. | 草本 | ● | | + | | | |
| *葱莲（玉帘） | *Zephyranthes candida*（Lindl.）Herb. | 草本 | ▼ | | + | | | |
| *韭莲 | *Zephyranthes grandiflora* Lindl. | 草本 | ▼ | | | | | |
| 143 薯蓣科 Dioscoreaceae | | | | | | | | |
| 黄独 | *Dioscorea bulbifera* L. | 藤本 | ▼ | + | | | | |
| 圆果三角叶薯蓣 | *Dioscorea deltoidea* Wall. var. *orbiculata* Prain et Burkill. | 藤本 | ■ | + | | + | | |
| 日本薯蓣 | *Dioscorea japonica* Thunb. | 藤本 | ▼ | + | | | | |
| 穿龙薯蓣 | *Dioscorea nipponica* Makino. | 藤本 | ▼ | + | | | | |
| 柴黄姜 | *Dioscorea nipponica* Makino Subsp. *rosthornii*（Prain et Burkill）C. T. Ting. | 藤本 | ● | + | | + | | |
| 薯蓣 | *Dioscorea opposita* Thunb. | 藤本 | ▼ | + | | + | | |
| *参薯 | *Dioscorea alata* L. | 藤本 | ■ | + | | | | |
| 盾叶薯蓣 | *Dioscorea zingiberensis* C. H. Wright. | 藤本 | ▼ | | | + | | |
| 甘薯 | *Dioscorea esculenta*（Lour.）Burkill. | 藤本 | ■ | + | | + | | |
| 褐苞薯蓣 | *Dioscorea persimilis* Prain et Burkill. | 藤本 | ■ | | | | | |
| 毛芋头薯蓣 | *Dioscorea kamoonensis* Kunth. | 藤本 | ■ | + | | | | |
| 三角叶薯蓣 | *Dioscorea deltoidea* Wall. | 藤本 | ■ | + | | | | |
| 山萆薢 | *Dioscorea tokoro* Makino. | 藤本 | ■ | + | | | | |
| 蜀葵叶薯蓣 | *Dioscorea althaeoides* R. Knuth. | 藤本 | ■ | | | | | |
| 五叶薯蓣 | *Dioscorea pentaphylla* L. | 藤本 | ■ | | | | | |
| 144 鸢尾科 Iridaceae | | | | | | | | |
| 番红花 | *Crocus sativus* L. | 草本 | ● | + | + | | | |

| 物种 | 学名 | 生活型 | 数据来源 | 药用 | 观赏 | 食用 | 蜜源 | 工业原料 |
|---|---|---|---|---|---|---|---|---|
| *唐菖蒲 | *Gladiolus gandavensis* Vaniot Houtt. | 草本 | ● | | + | | | |
| 德国鸢尾 | *Iris germanica* L. | 草本 | ● | + | + | | | |
| 蝴蝶花 | *Iris japonica* Thunb. | 草本 | ■ | | | | | |
| 黄花鸢尾 | *Iris wilsonii* C. H. Wright. | 草本 | ■ | | | | | |
| 锐果鸢尾 | *Iris goniocarpa* Baker. | 草本 | ■ | + | | | | |
| 野鸢尾 | *Iris dichotoma* Pall. | 草本 | ■ | | | | | |
| 长柄鸢尾 | *Iris henryi* Baker. | 草本 | ■ | | + | | | + |
| 香雪兰 | *Freesia refracta* Klatt. | 草本 | ● | | | | | |
| 145 百部科 Stemonaceae | | | | | | | | |
| 大百部 | *Stemona tuberosa* Lour. | 草本 | ■ | | | | | |
| 146 芭蕉科 Musaceae | | | | | | | | |
| *芭蕉 | *Musa basjoo* Sieb. | 草本 | ● | | | | | |
| 147 姜科 Zingiberaceae | | | | | | | | |
| 峨眉姜花 | *Hedychium flavescens* Carey ex Roscoe. | 草本 | ■ | | | | | |
| 川东姜 | *Zingiber atrorubens* Gagnep. | 草本 | ● | + | | + | | |
| *姜 | *Zingiber officinale* Rosc. | 草本 | ● | + | | | | |
| *山姜 | *Alpinia japonica*（Thunb.）Miq. | 草本 | ■ | | | | | |
| 148 美人蕉科 Cannaceae | | | | | | | | |
| *蕉芋 | *Canna edulis* Ker. | 草本 | ● | | + | | | |
| *柔瓣美人蕉 | *Canna flaccida* Salisb. | 草本 | ● | | + | | | |
| *大花美人蕉 | *Canna generalis* Bailey. | 草本 | ▼ | + | + | | | + |
| *美人蕉 | *Canna indica* L. | 草本 | ● | | | | | |
| 149 雨久花科 Pontederiaceae | | | | | | | | |
| *梭鱼草 | *pontederia cordata* L. | 草本 | ▼ | | | | | |
| 150 兰科 Orchidaceae | | | | | | | | |
| 头序无柱兰 | *Amitostigma capitatum* T. Tang et F. T. Wang. | 草本 | ● | | | | | |
| 无柱兰 | *Amitostigma gracile*（Bl.）Schltr. | 草本 | ● | | | | | |
| 少花无柱兰 | *Amitostigma parceflorum*（Finet）Schltr. | 草本 | ● | + | | | | |
| 小白及 | *Bletilla formosana*（Hayata）Schltr. | 草本 | ● | + | | | | |
| 黄花白及 | *Bletilla ochracea* Schltr. | 草本 | ● | + | | | | |
| 白及 | *Bletilla striata*（Thunb. ex A. Murray）Rchb. f. | 草本 | ● | | | | | |
| 城口卷瓣兰 | *Bulbophyllum chrondriophorum*（Gagnep.）Seidenf. | 草本 | ● | | | | | |
| 直唇卷瓣兰 | *Bulbophyllum delitescens* Hance. | 草本 | ● | | | | | |
| 广东石豆兰 | *Bulbophyllum kwangtungense* Schltr. | 草本 | ● | | | | | |
| 密花石豆兰 | *Bulbophyllum odoratissimum*（J. E. Smith）Lindl. | 草本 | ● | | | | | |
| 球茎卷瓣兰 | *Bulbophyllum sphaericum* Z. H. Tsi et H. Li. | 草本 | ● | | | | | |
| 泽泻虾脊兰 | *Calanthe alismaefolia* Lindl. | 草本 | ● | | | | | |
| 剑叶虾脊兰 | *Calanthe davidii* Franch. | 草本 | ● | | | | | |
| 天府虾脊兰 | *Calanthe fargesii* Finet. | 草本 | ● | | | | | |
| 流苏虾脊兰 | *Calanthe alpina* Hook. f. ex Lindl. | 草本 | ● | | | | | |
| 细花虾脊兰 | *Calanthe mannii* Hook. f. | 草本 | ● | | | | | |
| 城口虾脊兰 | *Calanthe sacculata* Schltr. var. *tchenkeoutinensis* T. Tang et F. T. Wang. | 草本 | ● | | | | | |

| 物种 | 学名 | 生活型 | 数据来源 | 药用 | 观赏 | 食用 | 蜜源 | 工业原料 |
|---|---|---|---|---|---|---|---|---|
| 三棱虾脊兰 | *Calanthe tricarinata* Lindl. | 草本 | ● | | + | | | |
| 银兰 | *Cephalanthera erecta*（Thunb. ex A. Murray）Bl. | 草本 | ● | | + | | | |
| 金兰 | *Cephalanthera falcata*（Thunb. ex A. Murray）Bl. | 草本 | ● | | | | | |
| 独花兰 | *Changnienia amoena* S. S. Chien. | 草本 | ● | | | | | |
| 凹舌兰 | *Coeloglossum viride*（L.）Hartm. | 草本 | ● | | + | | | |
| 建兰 | *Cymbidium ensifolium*（L.）Sw. | 草本 | ● | | + | | | |
| 蕙兰 | *Cymbidium faberi* Rolfe. | 草本 | ● | | + | | | |
| 春兰 | *Cymbidium goeringii*（Rchb. f.）Rchb. f. | 草本 | ● | | + | | | |
| 对叶杓兰 | *Cypripedium debile* Franch. | 草本 | ● | | + | | | |
| 毛瓣杓兰 | *Cypripedium fargesii* Franch. | 草本 | ● | | + | | | |
| 黄花杓兰 | *Cypripedium flavum* P. F. Hunt et Summerh. | 草本 | ● | | + | | | |
| 毛杓兰 | *Cypripedium franchetii* E. H. Wilson | 草本 | ● | | + | | | |
| 紫点杓兰 | *Cypripedium guttatum* Sw. | 草本 | ● | | + | | | |
| 绿花杓兰 | *Cypripedium henryi* Rolfe. | 草本 | ● | | + | | | |
| 小花杓兰 | *Cypripedium micranthum* Frarch. | 草本 | ● | + | + | | | |
| 细叶石斛 | *Dendrobium hancockii* Rolfe. | 草本 | ● | + | + | | | |
| 石斛 | *Dendrobium nobile* Lindl. | 草本 | ● | | | | | |
| 大叶火烧兰 | *Epipactis mairei* Schltr. | 草本 | ● | | | | | |
| 火烧兰 | *Epipactis helleborine*（L.）Crantz. | 草本 | ■ | | | | | |
| 单叶厚唇兰 | *Epigeneium fargesii*（Finet）Gagnep. | 草本 | ● | | | | | |
| 毛萼山珊瑚 | *Galeola lindleyana*（Hook. f. et Thoms.）Rchb. f. | 草本 | ● | + | | | | |
| 天麻 | *Gastrodia elata* Bl. | 草本 | ● | + | | | | |
| 小斑叶兰 | *Goodyera repens*（L.）R. Br. | 草本 | ● | + | | | | |
| 斑叶兰 | *Goodyera schlechtendaliana* Rchb. f. | 草本 | ● | + | | | | |
| 光萼斑叶兰 | *Goodyera henryi* Rolfe. | 草本 | ● | + | | | | |
| 手参 | *Gymnadenia conopsea*（L.）R. Br. | 草本 | ● | + | | | | |
| 西南手参 | *Gymnadenia orchidis* Lindl. | 草本 | ● | | | | | |
| 雅致玉凤花 | *Habenaria fargesii* Finet. | 草本 | ● | | | | | |
| 粉叶玉凤花 | *Habenaria glaucifolia* Bur. et Franch. | 草本 | ● | | | | | |
| 长苞羊耳蒜 | *Liparis inaperta* Finet. | 草本 | ▼ | | | | | |
| 裂瓣羊耳蒜 | *Liparis fissipetala* Finet. | 草本 | ● | | | | | |
| 羊耳蒜 | *Liparis japonica*（Miq.）Maxim. | 草本 | ● | | | | | |
| 圆唇对叶兰 | *Listera oblata* S. C. Chen. | 草本 | ● | | | | | |
| 花叶对叶兰 | *Listera puberula* Maxim. var. *maculata*（T. Tang et F. T. Wang）S. C. Chen. | 草本 | ● | | | | | |
| 风兰 | *Neofinetia falcata*（Thunb. ex A. Murray）H. H. Hu. | 草本 | ● | | | | | |
| 兜被兰 | *Neottianthe pseudodiphylax*（Kraenzl.）Schltr. | 草本 | ● | | | | | |
| 广布红门兰 | *Orchis chusua* D.Don. | 草本 | ● | | | | | |
| 长叶山兰 | *Oreorchis fargesii* Finet. | 草本 | ● | | | | | |
| 硬叶山兰 | *Oreorchis nana* Schltr. | 草本 | ● | | | | | |
| 山兰 | *Oreorchis patens*（Lindl.）Lindl. | 草本 | ● | | | | | |
| 二叶舌唇兰 | *Platanthera chlorantha* Cust. ex Rchb. | 草本 | ● | | | | | |
| 对耳舌唇兰 | *Platanthera finetiana* Schltr. | 草本 | ● | | | | | |

| 物种 | 学名 | 生活型 | 数据来源 | 药用 | 观赏 | 食用 | 蜜源 | 工业原料 |
|---|---|---|---|---|---|---|---|---|
| 舌唇兰 | *Platanthera japonica*（Thunb. ex A. Marray）Lindl. | 草本 | ● | | | | | |
| 白花独蒜兰 | *Pleione albiflora* Cribb et C. Z. Tang | 草本 | ● | | | | | |
| 独蒜兰 | *Pleione bulbocodioides*（Franch.）Rolfe | 草本 | ▼ | | + | | | |
| 美丽独蒜兰 | *Pleione pleionoides*（Kraenzl. ex Diels.）Braem et H. Mohr. | 草本 | ● | | | | | |
| 朱兰 | *Pogonia japonica* Rchb. f. | 草本 | ● | + | + | | | |
| 绶草 | *Spiranthes sinensis*（Pers.）Ames. | 草本 | ● | | | | | |
| 蜻蜓兰 | *Tulotis fuscescens*（L.）Czer. Addit. et Collig. | 草本 | ● | | | | | |
| 小花蜻蜓兰 | *Tulotis ussuriensis*（Reg. et Maack）H. Hara. | 草本 | ● | | | | | |

| 物种 | 学名 | 生活型 | 数据来源 | 药用 | 观赏 | 食用 | 蜜源 | 工业原料 |
|---|---|---|---|---|---|---|---|---|
| 舌唇兰 | *Platanthera japonica*（Thunb. ex A. Marray）Lindl. | 草本 | ● | | | | | |

# 附表 2  四川花萼山国家级自然保护区样方调查记录表

| 样地号：1 | 调查人：陶建平、郭庆学、伍小刚 | 调查时间：2012 年 10 月 26 日 |
|---|---|---|
| 地点名称：花萼乡 | 地形：山地 | 坡度：20° |
| 样地面积：10m×10m | 坡向：WE30° | 坡位：下坡 |
| 经度：108°10′30″ | 纬度：32°0′10″ | 海拔（m）：686.9 |

植被类型：灌丛

### 灌木层（5m×5m）

| 种号 | 中文名 | 拉丁名 | 株株（丛）数数 | 株高（m） | 冠幅（m×m） |
|---|---|---|---|---|---|
| 1 | 马桑 | *Coriaria nepalensis* | 1 | 2.3 | 2×1 |
| 2 | 构树 | *Broussonetia papyrifera* | 1 | 3.0 | 2×1 |
| 3 | 火棘 | *Pyracantha fortuneana* | 1 | 2.0 | 1.5×2 |
| 4 | 马桑 | *Coriaria nepalensis* | 1 | 2.3 | 2×2 |
| 5 | 火棘 | *Pyracantha fortuneana* | 1 | 1.6 | 2×2 |
| 6 | 川莓 | *Rubus setchuenensis* | 1 | 1.3 | 1×1 |
| 7 | 梅 | *Armeniaca mume* | 1 | 1.5 | 1×1.5 |
| 8 | 水麻 | *Debregeasia orientalis* | 1 | 1.8 | 2×2 |
| 9 | 火棘 | *Pyracantha fortuneana* | 1 | 1.3 | 2×2 |
| 10 | 川莓 | *Rubus setchuenensis* | 1 | 1.6 | 4×4 |

### 草本层（1m×1m）

| 种号 | 中文名 | 拉丁名 | 株（丛）数 | 株高（m） | 盖度（%） |
|---|---|---|---|---|---|
| 1 | 芒 | *Miscanthus sinensis* | 1 | 0.7 | 50 |
| 2 | 蕨（变种） | *Pteridium aquilinum* var. *latiusculum* | 1 | 0.5 | 30 |
| 3 | 鄂西香茶菜 | *Rabdosia henryi* | 1 | 0.5 | 5 |
| 4 | 香青 | *Anaphalis sinica* | 1 | 1.0 | 2 |
| 5 | 野菊 | *Dendranthema indicum* | 1 | 0.2 | 5 |
| 6 | 打破碗花花 | *Anemone hupehensis* | 1 | 0.2 | 10 |
| 7 | 紫菜苔 | *Brassica campestris* | 1 | 1.5 | 30 |

### 灌木层（5m×5m）

| 种号 | 中文名 | 拉丁名 | 株（丛）数 | 株高（m） | 冠幅（m×m） |
|---|---|---|---|---|---|
| 1 | 火棘 | *Pyracantha fortuneana* | 1 | 2.2 | 2×2 |
| 2 | 火棘 | *Pyracantha fortuneana* | 1 | 2.0 | 1.5×0.8 |
| 3 | 火棘 | *Pyracantha fortuneana* | 1 | 1.2 | 0.8×0.8 |
| 4 | 火棘 | *Pyracantha fortuneana* | 1 | 1.3 | 0.5×0.5 |
| 5 | 马桑 | *Coriaria nepalensis* | 1 | 1.5 | 1×1 |
| 6 | 川莓 | *Rubus setchuenensis* | 1 | 0.6 | 4×4 |
| 7 | 梅 | *Armeniaca mume* | 1 | 1.3 | 1×1 |
| 8 | 梅 | *Armeniaca mume* | 1 | 0.4 | 1×1 |
| 9 | 梅 | *Armeniaca mume* | 1 | 2.0 | 2×2 |
| 10 | 水麻 | *Debregeasia orientalis* | 1 | 1.8 | 2×2.5 |

续表

草本层（1m×1m）

| 种号 | 中文名 | 拉丁名 | 株（丛）数 | 株高（m） | 盖度（%） |
|---|---|---|---|---|---|
| 1 | 芒 | *Miscanthus sinensis* | 1 | 0.9 | 30 |
| 2 | 野菊 | *Dendranthema indicum* | 1 | 0.6 | 20 |
| 3 | 蕨（变种） | *Pteridium aquilinum* var. *latiusculum* | 1 | 0.6 | 15 |
| 4 | 芒 | *Miscanthus sinensis* | 1 | 1.5 | 30 |

灌木层（5m×5m）

| 种号 | 中文名 | 拉丁名 | 株（丛）数 | 株高（m） | 冠幅（m×m） |
|---|---|---|---|---|---|
| 1 | 尖叶木姜子 | *Litsea pungens* | 1 | 0.5 | 0.2×0.2 |
| 2 | 尖叶木姜子 | *Litsea pungens* | 1 | 0.4 | 0.2×0.3 |
| 3 | 水麻 | *Debregeasia orientalis* | 1 | 1.8 | 2×2 |
| 4 | 马桑 | *Coriaria nepalensis* | 1 | 2.0 | 3×1 |
| 5 | 水麻 | *Debregeasia orientalis* | 1 | 1.0 | 1×1 |
| 6 | 川莓 | *Rubus setchuenensis* | 1 | 1.0 | 2×3 |
| 7 | 藤构 | *Broussonetia kaempferi* var. *australis* | 1 | 1.5 | 1.2×1 |
| 8 | 火棘 | *Pyracantha fortuneana* | 1 | 0.5 | 2×2 |
| 9 | 川莓 | *Rubus setchuenensis* | 1 | 1.5 | 2×2 |
| 10 | 杭子梢 | *Campylotropis macrocarpa* | 1 | 1.2 | 0.6×0.6 |

草本层（1m×1m）

| 种号 | 中文名 | 拉丁名 | 株（丛）数 | 株高（m） | 盖度（%） |
|---|---|---|---|---|---|
| 1 | 五节芒 | *Miscanthus floridulus* | 1 | 0.6 | 2 |
| 2 | 蕨（变种） | *Pteridium aquilinum* var. *latiusculum* | 1 | 0.6 | 30 |
| 3 | 细叶卷柏 | *Selaginella labordei* | 1 | 0.1 | 15 |
| 4 | 野菊 | *Dendranthema indicum* | 1 | 0.3 | 15 |
| 5 | 打破碗花花 | *Anemone hupehensis* | 1 | 0.2 | 15 |
| 6 | 丝茅 | *Imperata koenigii* | 1 | 0.6 | 20 |

灌木层（5m×5m）

| 种号 | 中文名 | 拉丁名 | 株（丛）数 | 株高（m） | 冠幅（m×m） |
|---|---|---|---|---|---|
| 1 | 马桑 | *Coriaria nepalensis* | 1 | 1.0 | 1×1 |
| 2 | 藤构 | *Broussonetia kaempferi* var. *australis* | 1 | 2.0 | 1.5×1.5 |
| 3 | 藤构 | *Broussonetia kaempferi* var. *australis* | 1 | 2.0 | 1×1 |
| 4 | 构树 | *Broussonetia papyrifera* | 1 | 1.5 | 2×1 |
| 5 | 尖叶木姜子 | *Litsea pungens* | 1 | 0.8 | 0.5×0.5 |
| 6 | 水麻 | *Debregeasia orientalis* | 1 | 2.0 | 2×2 |

草本层（1m×1m）

| 种号 | 中文名 | 拉丁名 | 株（丛）数 | 株高（m） | 盖度（%） |
|---|---|---|---|---|---|
| 1 | 五节芒 | *Miscanthus floridulus* | 1 | 1.2 | 30 |
| 2 | 野菊 | *Dendranthema indicum* | 1 | 0.3 | 20 |
| 3 | 冷水花 | *Pilea notata* | 1 | 0.2 | 35 |
| 4 | 蜂斗菜 | *Petasites japonicus* | 1 | 0.2 | 2 |

续表

| 样地号：2 | | 调查人：陶建平、郭庆学、伍小刚 | | 调查时间：2012 年 10 月 26 日 | |
|---|---|---|---|---|---|
| 地点名称：花萼乡 | | 地形：山地 | | 坡度：15° | |
| 样地面积：10m×10m | | 坡向：WE35° | | 坡位：下坡 | |
| 经度：108°13′51″ | | 纬度：31°56′34″ | | 海拔（m）：743 | |
| 植被类型：灌丛 | | | | | |

**灌木层（5m×5m）**

| 种号 | 中文名 | 拉丁名 | 株（丛）数 | 株高（m） | 冠幅（m×m） |
|---|---|---|---|---|---|
| 1 | 城口黄栌 | *Cotinus coggygria* var. *chengkouensis* | 1 | 0.8 | 2×1 |
| 2 | 柄果海桐 | *Pittosporum podocarpum* | 1 | 0.6 | 1×1 |
| 3 | 城口黄栌 | *Cotinus coggygria* var. *chengkouensis* | 1 | 1.0 | 1×1 |
| 4 | 冬青叶鼠刺 | *Itea ilicifolia* | 1 | 1.0 | 2×1 |
| 5 | 柄果海桐 | *Pittosporum podocarpum* | 1 | 0.8 | 1×1 |
| 6 | 冬青叶鼠刺 | *Itea ilicifolia* | 1 | 2.0 | 2×2 |
| 7 | 小果冬青 | *Ilex micrococca* | 1 | 2.5 | 1.5×1.5 |
| 8 | 冬青叶鼠刺 | *Itea ilicifolia* | 1 | 2.5 | 2.2 |
| 9 | 城口黄栌 | *Cotinus coggygria* var. *chengkouensis* | 1 | 0.8 | 0.5×0.5 |

**草本层（1m×1m）**

| 种号 | 中文名 | 拉丁名 | 株（丛）数 | 株高（m） | 盖度（%） |
|---|---|---|---|---|---|
| 1 | 芒 | *Miscanthus sinensis* | 1 | 0.5 | 15 |
| 2 | 碎米莎草 | *Cyperus iria* | 1 | 0.3 | 15 |
| 3 | 艾 | *Artemisia argyi* | 1 | 0.7 | 2 |
| 4 | 野菊 | *Dendranthema indicum* | 1 | 0.2 | 3 |
| 5 | 狗脊 | *Woodwardia japonica* | 1 | 0.5 | 2 |

**灌木层（5m×5m）**

| 种号 | 中文名 | 拉丁名 | 株（丛）数 | 株高（m） | 冠幅（m×m） |
|---|---|---|---|---|---|
| 1 | 小果蔷薇 | *Rosa cymosa* | 1 | 1.0 | 2×1 |
| 2 | 杭子梢 | *Campylotropis macrocarpa* | 1 | 0.8 | 0.2×0.3 |
| 3 | 柄果海桐 | *Pittosporum podocarpum* | 1 | 0.6 | 1×1 |
| 4 | 冬青叶鼠刺 | *Itea ilicifolia* | 1 | 1.0 | 1.5×1.5 |
| 5 | 城口黄栌 | *Cotinus coggygria* var. *chengkouensis* | 1 | 1.5 | 1×1 |
| 6 | 柏木 | *Cupressus funebris* | 1 | 1.5 | 0.8×0.8 |
| 7 | 柄果海桐 | *Pittosporum podocarpum* | 1 | 1.5 | 2×1 |
| 8 | 长叶水麻 | *Debregeasia longifolia* | 1 | 1.2 | 2×1.5 |
| 9 | 柄果海桐 | *Pittosporum podocarpum* | 2 | 1.0 | 1×1 |

**灌木层（5m×5m）**

| 种号 | 中文名 | 拉丁名 | 株（丛）数 | 株高（m） | 冠幅（m×m） |
|---|---|---|---|---|---|
| 1 | 棕榈 | *Trachycarpus fortunei* | 1 | 1.5 | 1×1 |
| 2 | 柄果海桐 | *Pittosporum podocarpum* | 1 | 1.5 | 1×1 |
| 3 | 小果冬青 | *Ilex micrococca* | 1 | 1.5 | 1×1 |
| 4 | 冬青叶鼠刺 | *Itea ilicifolia* | 1 | 1.5 | 2×2 |
| 5 | 城口黄栌 | *Cotinus coggygria* var. *chengkouensis* | 1 | 2.3 | 2×2 |
| 6 | 柏木 | *Cupressus funebris* | 1 | 3.0 | 1×1 |
| 7 | 柏木 | *Cupressus funebris* | 1 | 4.0 | 1×1 |

续表

| 种号 | 中文名 | 拉丁名 | 株（丛）数 | 株高（m） | 冠幅（m×m） |
|---|---|---|---|---|---|
| 8 | 棕榈 | *Trachycarpus fortunei* | 1 | 1.0 | 1×1 |
| 9 | 杭子梢 | *Campylotropis macrocarpa* | 1 | 1.5 | 1×1 |
| 10 | 柄果海桐 | *Pittosporum podocarpum* | 1 | 1.0 | 1.2×1.2 |

草本层（1m×1m）

| 种号 | 中文名 | 拉丁名 | 株（丛）数 | 株高（m） | 盖度（%） |
|---|---|---|---|---|---|
| 1 | 碎米莎草 | *Cyperus iria* | 1 | 0.6 | 15 |
| 2 | 碎米蕨 | *Cheilosoria mysurensis* | 1 | 0.2 | 3 |
| 3 | 画眉草 | *Eragrostis pilosa* | 1 | 0.3 | 2 |

灌木层（5m×5m）

| 种号 | 中文名 | 拉丁名 | 株（丛）数 | 株高（m） | 冠幅（m×m） |
|---|---|---|---|---|---|
| 1 | 柄果海桐 | *Pittosporum podocarpum* | 1 | 1.5 | 1×2 |
| 2 | 小果冬青 | *Ilex micrococca* | 1 | 1.5 | 1×1 |
| 3 | 冬青叶鼠刺 | *Itea ilicifolia* | 1 | 1.5 | 1×2 |
| 4 | 川莓 | *Rubus setchuenensis* | 1 | 1.0 | 1×1 |
| 5 | 城口黄栌 | *Cotinus coggygria* var. *chengkouensis* | 1 | 1.8 | 1×2 |
| 6 | 小果冬青 | *Ilex micrococca* | 1 | 1.5 | 1×1.2 |
| 7 | 山麻杆 | *Alchornea davidii* | 1 | 1.5 | 1×1 |
| 8 | 小果蔷薇 | *Rosa cymosa* | 1 | 1.6 | 2×2 |
| 9 | 柄果海桐 | *Pittosporum podocarpum* | 2 | 1.3 | 1×1 |
| 10 | 火棘 | *Pyracantha fortuneana* | 1 | 1.4 | 1×1 |
| 11 | 云南勾儿茶 | *Berchemia yunnanensis* | 1 | 1.4 | 1×2 |

草本层（1m×1m）

| 种号 | 中文名 | 拉丁名 | 株（丛）数 | 株高（m） | 盖度（%） |
|---|---|---|---|---|---|
| 1 | 芒 | *Miscanthus sinensis* | 1 | 0.8 | 5 |
| 2 | 风毛菊 | *Saussurea japonica* | 1 | 0.5 | 2 |
| 3 | 野菊 | *Dendranthema indicum* | 1 | 0.3 | 5 |

| 样地号：3 | 调查人：陶建平、郭庆学、伍小刚 | 调查时间：2012 年 10 月 26 日 |
|---|---|---|
| 地点名称：花萼乡 | 地形：山地 | 坡度：20° |
| 样地面积：20m×40m | 坡向：WE30° | 坡位：下坡 |
| 经度：108°14′20″ | 纬度：31°56′39″ | 海拔（m）：813 |
| 植被类型：常绿阔叶林 | | |

乔木层（20m×10m）

| 种号 | 中文名 | 拉丁名 | 株数 | 株高（m） | 胸围（cm） | 冠幅（m×m） |
|---|---|---|---|---|---|---|
| 1 | 城口黄栌 | *Cotinus coggygria* var. *chengkouensis* | 1 | 7 | 27 | 2×3 |
| 2 | 香叶树 | *Lindera communis* | 1 | 6 | 18 | 1.5×1 |
| 3 | 柿 | *Diospyros kaki* | 1 | 7.5 | 34 | 5×4 |
| 4 | 柿 | *Diospyros kaki* | 1 | 8.2 | 31 | 5×2 |
| 5 | 香叶树 | *Lindera communis* | 1 | 7 | 20 | 2×2 |
| 6 | 香叶树 | *Lindera communis* | 1 | 5 | 18 | 2×1 |
| 7 | 香叶子 | *Lindera fragrans* | 1 | 5 | 19 | 1×1 |

灌木层（5m×5m）

| 种号 | 中文名 | 拉丁名 | 株（丛）数 | 株高（m） | 冠幅（m×m） |
|---|---|---|---|---|---|
| 1 | 沙针 | *Osyris wightiana* | 1 | 1.3 | 0.7×1 |
| 2 | 常山 | *Dichroa febrifuga* | 1 | 0.5 | 0.6×0.5 |
| 3 | 山莓 | *Rubus corchorifolius* | 1 | 0.4 | 0.2×0.2 |
| 4 | 五加 | *Acanthopanax gracilistylus* | 1 | 0.8 | 0.5×0.5 |
| 5 | 楤木 | *Aralia chinensis* | 1 | 1.5 | 0.8×0.8 |
| 6 | 沙针 | *Osyris wightiana* | 1 | 0.4 | 0.2×0.2 |
| 7 | 常山 | *Dichroa febrifuga* | 1 | 0.3 | 0.2×0.3 |
| 8 | 常山 | *Dichroa febrifuga* | 1 | 0.5 | 0.2×0.3 |
| 9 | 异叶榕 | *Ficus heteromorpha* | 1 | 4.0 | 2×2 |
| 10 | 异叶梁王茶 | *Nothopanax davidii* | 1 | 0.8 | 1×1 |

乔木层（20m×10m）

| 种号 | 中文名 | 拉丁名 | 株数 | 株高（m） | 胸围（cm） | 冠幅（m×m） |
|---|---|---|---|---|---|---|
| 1 | 香叶树 | *Lindera communis* | 1 | 5 | 12 | 1×1 |
| 2 | 香叶树 | *Lindera communis* | 1 | 7 | 20 | 2×2 |
| 3 | 八角枫 | *Alangium chinense* | 1 | 5 | 18 | 1×1 |
| 4 | 香叶树 | *Lindera communis* | 1 | 6 | 20 | 2×2 |
| 5 | 香叶树 | *Lindera communis* | 1 | 5 | 16 | 1×1 |

灌木层（5m×5m）

| 种号 | 中文名 | 拉丁名 | 株（丛）数 | 株高（m） | 冠幅（m×m） |
|---|---|---|---|---|---|
| 1 | 刺叶冬青 | *Ilex hylonoma* | 1 | 1.3 | 1.5×1 |
| 2 | 荚蒾 | *Viburnum dilatatum* | 1 | 0.6 | 0.2×0.2 |
| 3 | 常山 | *Dichroa febrifuga* | 1 | 0.4 | 0.2×0.3 |
| 4 | 常山 | *Dichroa febrifuga* | 1 | 0.4 | 0.2×0.2 |
| 5 | 沙针 | *Osyris wightiana* | 1 | 0.4 | 0.4×0.2 |
| 6 | 沙针 | *Osyris wightiana* | 1 | 0.3 | 0.2×0.2 |
| 7 | 异叶榕 | *Ficus heteromorpha* | 1 | 2.0 | 1×1 |
| 8 | 润楠 | *Machilus pingii* | 1 | 3.0 | 2×1 |
| 9 | 瑞香 | *Daphne odora* | 1 | 0.7 | 0.3×0.2 |
| 10 | 红果树 | *Stranvaesia davidiana* | 1 | 0.8 | 0.2×0.3 |
| 11 | 棕榈 | *Trachycarpus fortunei* | 1 | 0.3 | 0.5×0.5 |

草本层（1m×1m）

| 种号 | 中文名 | 拉丁名 | 株（丛）数 | 株高（m） | 盖度（%） |
|---|---|---|---|---|---|
| 1 | 狗脊 | *Woodwardia japonica* | 1 | 0.5 | 30 |
| 2 | 蝴蝶花 | *Iris japonica* | 1 | 0.3 | 15 |
| 3 | 葵叶报春 | *Primula malvacea* | 1 | 0.2 | 20 |
| 4 | 禾叶山麦冬 | *Liriope graminifoli* | 1 | 0.2 | 15 |
| 5 | 紫花地丁 | *Viola philippica* | 1 | 0.2 | 1 |

乔木层（20m×10m）

| 种号 | 中文名 | 拉丁名 | 株数 | 株高（m） | 胸围（cm） | 冠幅（m×m） |
|---|---|---|---|---|---|---|
| 1 | 柄果海桐 | *Pittosporum podocarpum* | 1 | 5 | 20 | 2×3 |
| 2 | 小果冬青 | *Ilex micrococca* | 1 | 5 | 22 | 3×3 |
| 3 | 冬青叶鼠刺 | *Itea ilicifolia* | 1 | 7 | 35 | 2×3 |

续表

灌木层（5m×5m）

| 种号 | 中文名 | 拉丁名 | 株（丛）数 | 株高（m） | 冠幅（m×m） |
|------|--------|--------|-----------|-----------|-------------|
| 1 | 四川溲疏 | *Deutzia setchuenensis* | 1 | 1.5 | 2×2 |
| 2 | 香叶树 | *Lindera communis* | 1 | 4.0 | 2×3 |
| 3 | 沙针 | *Osyris wightiana* | 1 | 0.6 | 1×1 |
| 4 | 沙针 | *Osyris wightiana* | 1 | 0.4 | 1×1 |
| 5 | 沙针 | *Osyris wightiana* | 1 | 0.5 | 0.4×0.4 |
| 6 | 常山 | *Dichroa febrifuga* | 1 | 0.4 | 0.2×0.2 |
| 7 | 常山 | *Dichroa febrifuga* | 1 | 0.4 | 0.3×0.3 |

草本层（1m×1m）

| 种号 | 中文名 | 拉丁名 | 株（丛）数 | 株高（m） | 盖度（%） |
|------|--------|--------|-----------|-----------|-----------|
| 1 | 狗脊 | *Woodwardia japonica* | 1 | 0.6 | 40 |
| 2 | 凤尾蕨 | *Pteris cretica* var. *nervosa* | 1 | 0.3 | 5 |
| 3 | 禾叶山麦冬 | *Liriope graminifoli* | 1 | 0.3 | 2 |
| 4 | 天门冬 | *Asparagus cochinchinensis* | 1 | 0.4 | 1 |

乔木层（20m×10m）

| 种号 | 中文名 | 拉丁名 | 株数 | 株高（m） | 胸围（cm） | 冠幅（m×m） |
|------|--------|--------|------|-----------|-----------|-------------|
| 1 | 香叶树 | *Lindera communis* | 1 | 8 | 50 | 4×5 |
| 2 | 香叶树 | *Lindera communis* | 1 | 6 | 20 | 2×1 |
| 3 | 香叶树 | *Lindera communis* | 1 | 5 | 18 | 2×2 |
| 4 | 黄檀 | *Dalbergia hupeana* | 1 | 7 | 45 | 2×2 |

灌木层（5m×5m）

| 种号 | 中文名 | 拉丁名 | 株（丛）数 | 株高（m） | 冠幅（m×m） |
|------|--------|--------|-----------|-----------|-------------|
| 1 | 沙针 | *Osyris wightiana* | 1 | 0.4 | 0.2×0.2 |
| 2 | 沙针 | *Osyris wightiana* | 1 | 1.0 | 1×0.5 |
| 3 | 常山 | *Dichroa febrifuga* | 1 | 0.4 | 0.1×0.1 |
| 4 | 五加 | *Acanthopanax gracilistylus* | 1 | 0.8 | 0.2×0.3 |
| 5 | 五加 | *Acanthopanax gracilistylus* | 1 | 0.3 | 0.2×0.3 |
| 6 | 五加 | *Acanthopanax gracilistylus* | 1 | 0.4 | 0.2×0.2 |
| 7 | 五加 | *Acanthopanax gracilistylus* | 1 | 0.8 | 0.2×0.3 |
| 8 | 五加 | *Acanthopanax gracilistylus* | 1 | 0.2 | 0.2×0.2 |
| 9 | 香叶树 | *Lindera communis* | 1 | 4.0 | 2×1 |
| 10 | 五加 | *Acanthopanax gracilistylus* | 1 | 0.9 | 0.2×0.2 |
| 11 | 五加 | *Acanthopanax gracilistylus* | 1 | 0.5 | 0.2×0.2 |
| 12 | 尾叶冬青 | *Ilex wilsonii* | 1 | 2.0 | 0.5×0.5 |
| 13 | 异叶榕 | *Ficus heteromorpha* | 1 | 2.0 | 1.2×0.3 |
| 14 | 光滑高粱泡 | *Rubus lambertianus* Ser. var. *glaber* Hemsl. | 1 | 0.4 | 0.3×0.2 |
| 15 | 长叶胡颓子 | *Elaeagnus bockii* | 1 | 0.4 | 0.2×0.2 |

草本层（1m×1m）

| 种号 | 中文名 | 拉丁名 | 株（丛）数 | 株高（m） | 盖度（%） |
|------|--------|--------|-----------|-----------|-----------|
| 1 | 雾水葛 | *Pouzolzia zeylanica* | 1 | 0.3 | 5 |
| 2 | 狗脊 | *Woodwardia japonica* | 1 | 0.5 | 4 |
| 3 | 沿阶草 | *Ophiopogon bodinieri* | 1 | 0.3 | 2 |
| 4 | 碎米莎草 | *Cyperus iria* | 1 | 0.3 | 2 |
| 5 | 蝴蝶花 | *Iris japonica* | 1 | 0.3 | 5 |

| 样地号：4 | | 调查人：陶建平、郭庆学、伍小刚 | | 调查时间：2012 年 10 月 27 日 | |
|---|---|---|---|---|---|
| 地点名称：钟家咀 | | 地形：山地 | | 坡度：30° | |
| 样地面积：20m×40m | | 坡向：SN15° | | 坡位：中坡 | |
| 经度：108°09′39″ | | 纬度：32°03′51″ | | 海拔（m）：1182 | |
| 植被类型：暖性针叶林 | | | | | |

乔木层（20m×10m）

| 种号 | 中文名 | 拉丁名 | 株数 | 株高（m） | 胸围（cm） | 冠幅（m×m） |
|---|---|---|---|---|---|---|
| 1 | 柏木 | *Cupressus funebris* | 1 | 12 | 62 | 4×5 |
| 2 | 马尾松 | *Pinus massoniana* | 1 | 4.5 | 41 | 4×3.2 |
| 3 | 马尾松 | *Pinus massoniana* | 1 | 10 | 19 | 1.8×1.4 |
| 4 | 马尾松 | *Pinus massoniana* | 1 | 7.5 | 17 | 2.5×1.2 |
| 5 | 马尾松 | *Pinus massoniana* | 1 | 11 | 53 | 5×3 |
| 6 | 柏木 | *Cupressus funebris* | 1 | 6 | 21 | 1.5×0.8 |
| 7 | 马尾松 | *Pinus massoniana* | 1 | 5.8 | 14 | 1×0.9 |
| 8 | 马尾松 | *Pinus massoniana* | 1 | 9 | 43 | 4×3 |
| 9 | 马尾松 | *Pinus massoniana* | 1 | 5 | 12 | 2×1 |
| 10 | 马尾松 | *Pinus massoniana* | 1 | 5.8 | 14 | 2×0.8 |
| 11 | 马尾松 | *Pinus massoniana* | 1 | 5.3 | 15 | 1×0.5 |
| 12 | 柏木 | *Cupressus funebris* | 1 | 7 | 22 | 2×1.5 |
| 13 | 马尾松 | *Pinus massoniana* | 1 | 11 | 30 | 3.5×1.2 |
| 14 | 马尾松 | *Pinus massoniana* | 1 | 11 | 35 | 3×2 |
| 15 | 杉木 | *Cunninghamia lanceolata* | 1 | 7 | 14 | 2×1 |
| 16 | 川陕鹅耳枥 | *Carpinus fargesiana* | 1 | 6 | 15 | 2.5×1.4 |
| 17 | 柏木 | *Cupressus funebris* | 1 | 8.5 | 33 | 2.5×1.5 |
| 18 | 柏木 | *Cupressus funebris* | 1 | 9 | 39 | 4×3 |
| 19 | 柏木 | *Cupressus funebris* | 1 | 9 | 31 | 4×2 |
| 20 | 马尾松 | *Pinus massoniana* | 1 | 14 | 59 | 5×4 |
| 21 | 柏木 | *Cupressus funebris* | 1 | 13 | 48 | 4×3 |
| 22 | 柏木 | *Cupressus funebris* | 1 | 12 | 43 | 5×3 |
| 23 | 柏木 | *Cupressus funebris* | 1 | 15 | 58 | 6×4 |
| 24 | 马尾松 | *Pinus massoniana* | 1 | 14 | 57 | 6×4.2 |
| 25 | 柏木 | *Cupressus funebris* | 1 | 13 | 57 | 5×3 |
| 26 | 柏木 | *Cupressus funebris* | 1 | 13 | 42 | 4×3 |
| 27 | 柏木 | *Cupressus funebris* | 1 | 10 | 48 | 4×2 |
| 28 | 柏木 | *Cupressus funebris* | 1 | 13 | 46 | 4×4 |

灌木层（5m×5m）

| 种号 | 中文名 | 拉丁名 | 株（丛）数 | 株高（m） | 冠幅（m×m） |
|---|---|---|---|---|---|
| 1 | 柄果海桐 | *Pittosporum podocarpum* | 1 | 0.7 | 0.2×0.2 |
| 2 | 白栎 | *Quercus fabri* | 1 | 0.75 | 0.2×0.2 |
| 3 | 杉木 | *Cunninghamia lanceolata* | 1 | 2.2 | 1.1×1.3 |
| 4 | 铁仔 | *Myrsine africana* | 1 | 0.6 | 0.7×0.75 |
| 5 | 珍珠花 | *Lyonia ovalifolia* | 1 | 1.4 | 0.6×0.4 |
| 6 | 铁仔 | *Myrsine africana* | 1 | 1.4 | 1.1×1.1 |
| 7 | 细枝柃 | *Eurya loquaiana* | 1 | 1.1 | 0.4×0.3 |

续表

灌木层（5m×5m）

| 种号 | 中文名 | 拉丁名 | 株（丛）数 | 株高（m） | 冠幅（m×m） |
|---|---|---|---|---|---|
| 8 | 满山红 | *Rhododendron mariesii* | 1 | 0.8 | 0.5×0.5 |
| 9 | 荚蒾 | *Viburnum dilatatum* | 1 | 1.2 | 0.5×0.3 |
| 10 | 荚蒾 | *Viburnum dilatatum* | 1 | 1.3 | 0.2×0.2 |
| 11 | 荚蒾 | *Viburnum dilatatum* | 1 | 1.1 | 0.5×0.3 |
| 12 | 金佛山荚蒾 | *Viburnum chinshanense* | 1 | 0.9 | 0.4×0.4 |
| 13 | 瑞香 | *Daphne odora* | 1 | 1.8 | 0.8×0.8 |
| 14 | 杉木 | *Cunninghamia lanceolata* | 1 | 1.9 | 1.1×0.8 |
| 15 | 杜鹃 | *Rhododendron simsii* | 1 | 0.8 | 0.9×0.6 |
| 16 | 白栎 | *Quercus fabri* | 1 | 1.1 | 0.7×0.4 |
| 17 | 柏木 | *Cupressus funebris* | 1 | 1.2 | 0.6×0.6 |

草本层（1m×1m）

| 种号 | 中文名 | 拉丁名 | 株（丛）数 | 株高（m） | 盖度（%） |
|---|---|---|---|---|---|
| 1 | 三角叶假冷蕨 | *Pseudocystopteris subtriangularis* | 1 | 0.6 | 20 |
| 2 | 沿阶草 | *Ophiopogon bodinieri* | 1 | 0.4 | 1 |
| 3 | 蝴蝶花 | *Iris japonica* | 1 | 0.3 | 35 |
| 4 | 竹叶草 | *Oplismenus compositus* | 1 | 0.2 | 5 |
| 5 | 紫花地丁 | *Viola philippica* | 1 | 0.2 | 5 |

灌木层（5m×5m）

| 种号 | 中文名 | 拉丁名 | 株（丛）数 | 株高（m） | 冠幅（m×m） |
|---|---|---|---|---|---|
| 1 | 马尾松 | *Pinus massoniana* | 1 | 0.4 | 0.1×0.1 |
| 2 | 异叶榕 | *Ficus heteromorpha* | 1 | 1.3 | 0.5×0.3 |
| 3 | 金佛山荚蒾 | *Viburnum chinshanense* | 1 | 0.7 | 0.3×0.4 |
| 4 | 巴东小檗 | *Berberis henryana* | 1 | 0.5 | 0.2×0.1 |
| 5 | 化香 | *Platycarya strobilacea* | 1 | 0.4 | 0.4×0.1 |
| 6 | 满山红 | *Rhododendron mariesii* | 1 | 0.3 | 0.5×0.3 |
| 7 | 白栎 | *Quercus fabri* | 1 | 0.9 | 0.8×0.4 |
| 8 | 青荚叶 | *Helwingia japonica* | 1 | 1.35 | 0.5×0.2 |
| 9 | 异叶榕 | *Ficus heteromorpha* | 1 | 1.5 | 0.5×0.5 |
| 10 | 川陕鹅耳枥 | *Carpinus fargesiana* | 1 | 4.5 | 2×2 |
| 11 | 柏木 | *Cupressus funebris* | 1 | 4.5 | 3×2 |
| 12 | 杭子梢 | *Campylotropis macrocarpa* | 1 | 0.7 | 0.2×0.3 |
| 13 | 青榨槭 | *Acer davidii* | 1 | 0.9 | 0.5×0.3 |
| 14 | 荚蒾 | *Viburnum dilatatum* | 1 | 1.3 | 0.4×0.3 |
| 15 | 杜鹃 | *Rhododendron simsii* | 1 | 0.3 | 0.2×0.2 |
| 16 | 青荚叶 | *Helwingia japonica* | 1 | 0.9 | 0.3×0.3 |
| 17 | 异叶榕 | *Ficus heteromorpha* | 1 | 1.8 | 0.6×0.3 |
| 18 | 青榨槭 | *Acer davidii* | 1 | 2.4 | 1.2×1.1 |

灌木层（5m×5m）

| 种号 | 中文名 | 拉丁名 | 株（丛）数 | 株高（m） | 冠幅（m×m） |
|---|---|---|---|---|---|
| 1 | 铁仔 | *Myrsine africana* | 1 | 0.6 | 0.2×0.2 |
| 2 | 满山红 | *Rhododendron mariesii* | 1 | 0.8 | 0.2×0.2 |
| 3 | 白栎 | *Quercus fabri* | 1 | 1.4 | 0.7×0.6 |

灌木层（5m×5m）

| 种号 | 中文名 | 拉丁名 | 株（丛）数 | 株高（m） | 冠幅（m×m） |
|---|---|---|---|---|---|
| 4 | 荚蒾 | *Viburnum dilatatum* | 1 | 1.7 | 0.3×0.2 |
| 5 | 杉木 | *Cunninghamia lanceolata* | 1 | 1.3 | 0.8×0.8 |
| 6 | 满山红 | *Rhododendron mariesii* | 1 | 1.7 | 0.9×0.6 |
| 7 | 满山红 | *Rhododendron mariesii* | 1 | 0.9 | 0.3×0.4 |
| 8 | 满山红 | *Rhododendron mariesii* | 1 | 1.0 | 1.1×0.7 |
| 9 | 满山红 | *Rhododendron mariesii* | 1 | 1.4 | 0.7×0.6 |

草本层（1m×1m）

| 种号 | 中文名 | 拉丁名 | 株（丛）数 | 株高（m） | 盖度（%） |
|---|---|---|---|---|---|
| 1 | 狗脊 | *Woodwardia japonica* | 1 | 0.4 | 35 |
| 2 | 紫萁 | *Osmunda japonica* | 1 | 0.5 | 12 |
| 3 | 香青 | *Anaphalis sinica* | 1 | 0.2 | 15 |
| 4 | 芒 | *Miscanthus sinensis* | 1 | 0.4 | 10 |
| 5 | 蝴蝶花 | *Iris japonica* | 1 | 0.3 | 15 |
| 6 | 华南毛蕨 | *Cyclosorus parasiticus* | 1 | 0.2 | 2 |
| 7 | 蛇莓 | *Duchesnea indica* | 1 | 0.1 | 1 |
| 8 | 画眉草 | *Eragrostis pilosa* | 1 | 0.4 | 2 |
| 9 | 建兰 | *Cymbidium ensifolium* | 1 | 0.4 | 1 |

乔木层（20m×10m）

| 种号 | 中文名 | 拉丁名 | 株数 | 株高（m） | 胸围（cm） | 冠幅（m×m） |
|---|---|---|---|---|---|---|
| 1 | 杉木 | *Cunninghamia lanceolata* | 1 | 11 | 77 | 3×3 |
| 2 | 柏木 | *Cupressus funebris* | 1 | 10 | 43 | 3×3 |
| 3 | 杉木 | *Cunninghamia lanceolata* | 1 | 5.3 | 19 | 1×1 |
| 4 | 杉木 | *Cunninghamia lanceolata* | 1 | 7 | 22 | 2×2 |
| 5 | 杉木 | *Cunninghamia lanceolata* | 1 | 7 | 31 | 3×1.8 |
| 6 | 柏木 | *Cupressus funebris* | 1 | 8 | 36 | 3×2 |
| 7 | 柏木 | *Cupressus funebris* | 1 | 9 | 42 | 4×3 |
| 8 | 马尾松 | *Pinus massoniana* | 1 | 8 | 16 | 0.8×0.8 |
| 9 | 马尾松 | *Pinus massoniana* | 1 | 8 | 28.5 | 0.8×0.7 |
| 10 | 马尾松 | *Pinus massoniana* | 1 | 8.2 | 22 | 1×1 |
| 11 | 柏木 | *Cupressus funebris* | 1 | 8.5 | 36 | 3×2 |
| 12 | 毛白杨 | *Populus tomentosa* | 1 | 13 | 43 | 4×4 |

灌木层（5m×5m）

| 种号 | 中文名 | 拉丁名 | 株（丛）数 | 株高（m） | 冠幅（m×m） |
|---|---|---|---|---|---|
| 1 | 珍珠花 | *Lyonia ovalifolia* | 1 | 1.1 | 0.4×0.2 |
| 2 | 柄果海桐 | *Pittosporum podocarpum* | 1 | 0.9 | 0.5×0.5 |
| 3 | 马桑 | *Coriaria nepalensis* | 1 | 0.8 | 0.5×0.2 |
| 4 | 杭子梢 | *Campylotropis macrocarpa* | 1 | 0.4 | 07×0.3 |
| 5 | 绣线菊 | *Spiraea salicifolia* | 1 | 0.2 | 0.2×0.3 |
| 6 | 巴东小檗 | *Berberis henryana* | 1 | 0.4 | 0.2×0.3 |
| 7 | 白栎 | *Quercus fabri* | 1 | 1.0 | 0.6×0.7 |
| 8 | 盐肤木 | *Rhus chinensis* | 1 | 1.2 | 0.2×0.3 |
| 9 | 白栎 | *Quercus fabri* | 1 | 0.6 | 0.4×0.4 |

续表

灌木层（5m×5m）

| 种号 | 中文名 | 拉丁名 | 株（丛）数 | 株高（m） | 冠幅（m×m） |
|---|---|---|---|---|---|
| 10 | 金佛山荚蒾 | *Viburnum chinshanense* | 1 | 0.2 | 0.3×0.3 |
| 11 | 杭子梢 | *Campylotropis macrocarpa* | 1 | 1.4 | 0.2×0.3 |
| 12 | 金佛山荚蒾 | *Viburnum chinshanense* | 1 | 0.8 | 0.3×0.2 |
| 13 | 荚蒾 | *Viburnum dilatatum* | 1 | 0.4 | 0.4×0.5 |
| 14 | 铁仔 | *Myrsine africana* | 1 | 0.4 | 0.4×0.2 |
| 15 | 铁仔 | *Myrsine africana* | 1 | 0.7 | 0.4×0.3 |
| 16 | 异叶梁王茶 | *Nothopanax davidii* | 1 | 1.2 | 0.4×0.5 |
| 17 | 铁仔 | *Myrsine africana* | 1 | 1.0 | 0.6×0.6 |
| 18 | 野花椒 | *Zanthoxylum simulans* | 1 | 0.5 | 0.3×0.3 |
| 19 | 蚌壳花椒 | *Zanthoxylum dissitum* | 1 | 0.8 | 0.2×0.3 |
| 20 | 蚌壳花椒 | *Zanthoxylum dissitum* | 1 | 0.8 | 0.5×0.5 |
| 21 | 粗叶木 | *Lasianthus chinensis* | 1 | 2.0 | 1×1 |
| 22 | 香桦 | *Betula insignis* | 1 | 0.4 | 0.2×0.2 |
| 23 | 金佛山荚蒾 | *Viburnum chinshanense* | 1 | 0.4 | 0.3×0.2 |
| 24 | 荚蒾 | *Viburnum dilatatum* | 1 | 0.6 | 0.4×0.4 |
| 25 | 铁仔 | *Myrsine africana* | 1 | 0.7 | 0.4×0.3 |
| 26 | 柄果海桐 | *Pittosporum podocarpum* | 1 | 0.6 | 0.2×0.3 |
| 27 | 毛白杨 | *Populus tomentosa* | 1 | 1.3 | 0.5×0.4 |
| 28 | 荚蒾 | *Viburnum dilatatum* | 1 | 1.0 | 0.4×0.4 |
| 29 | 满山红 | *Rhododendron mariesii* | 1 | 0.6 | 0.4×0.4 |
| 30 | 棕榈 | *Trachycarpus fortunei* | 1 | 0.7 | 0.6×0.6 |
| 31 | 青荚叶 | *Helwingia japonica* | 1 | 0.9 | 0.4×0.2 |
| 32 | 杨叶木姜子 | *Litsea populifolia* | 1 | 1.4 | 0.7×0.6 |
| 33 | 棕榈 | *Trachycarpus fortunei* | 1 | 1.2 | 0.6×0.6 |
| 34 | 杉木 | *Cunninghamia lanceolata* | 1 | 0.4 | 0.2×0.3 |
| 35 | 柏木 | *Cupressus funebris* | 1 | 1.7 | 0.7×0.6 |
| 36 | 柄果海桐 | *Pittosporum podocarpum* | 1 | 1.7 | 0.6×0.4 |
| 37 | 川陕鹅耳枥 | *Carpinus fargesiana* | 1 | 1.2 | 0.4×0.4 |

草本层（1m×1m）

| 种号 | 中文名 | 拉丁名 | 株（丛）数 | 株高（m） | 盖度（%） |
|---|---|---|---|---|---|
| 1 | 狗脊 | *Woodwardia japonica* | 1 | 0.7 | 7 |
| 2 | 蝴蝶花 | *Iris japonica* | 1 | 0.3 | 20 |
| 3 | 三角叶假冷蕨 | *Pseudocystopteris subtriangularis* | 1 | 0.3 | 1 |
| 4 | 野棉花 | *Anemone tomentosa* | 1 | 0.4 | 3 |
| 5 | 间型沿阶草 | *Ophiopogon intermedius* | 1 | 0.4 | 2 |
| 6 | 蝴蝶花 | *Iris japonica* | 1 | 0.3 | 25 |
| 7 | 画眉草 | *Eragrostis pilosa* | 1 | 0.4 | 15 |
| 8 | 野棉花 | *Anemone tomentosa* | 1 | 0.4 | 5 |

乔木层（20m×10m）

| 种号 | 中文名 | 拉丁名 | 株数 | 株高（m） | 胸围（cm） | 冠幅（m×m） |
|---|---|---|---|---|---|---|
| 1 | 柏木 | *Cupressus funebris* | 1 | 13 | 42 | 4×2.5 |
| 2 | 马尾松 | *Pinus massoniana* | 1 | 7 | 21 | 2×1 |
| 3 | 马尾松 | *Pinus massoniana* | 1 | 11 | 46 | 4×3 |

乔木层（20m×10m）

| 种号 | 中文名 | 拉丁名 | 株数 | 株高（m） | 胸围（cm） | 冠幅（m×m） |
|---|---|---|---|---|---|---|
| 4 | 马尾松 | *Pinus massoniana* | 1 | 13 | 51 | 3×3 |
| 5 | 杉木 | *Cunninghamia lanceolata* | 1 | 9 | 32 | 2×1 |
| 6 | 马尾松 | *Pinus massoniana* | 1 | 13 | 55 | 5×4 |
| 7 | 柏木 | *Cupressus funebris* | 1 | 10 | 37 | 4×3 |
| 8 | 杉木 | *Cunninghamia lanceolata* | 1 | 9 | 31 | 3×3 |
| 9 | 马尾松 | *Pinus massoniana* | 1 | 12 | 43 | 3.5×3 |
| 10 | 马尾松 | *Pinus massoniana* | 1 | 8.5 | 29 | 2×1 |
| 11 | 马尾松 | *Pinus massoniana* | 1 | 11.5 | 48 | 3×2 |
| 12 | 马尾松 | *Pinus massoniana* | 1 | 12 | 40 | 3×2 |
| 13 | 杉木 | *Cunninghamia lanceolata* | 1 | 12 | 42 | 4×1 |
| 14 | 马尾松 | *Pinus massoniana* | 1 | 43 | 42 | 3×3 |
| 15 | 柏木 | *Cupressus funebris* | 1 | 12.8 | 52 | 5×3 |
| 16 | 柏木 | *Cupressus funebris* | 1 | 9 | 29 | 2×1 |
| 17 | 柏木 | *Cupressus funebris* | 1 | 8 | 29 | 1.5×1.5 |
| 18 | 柏木 | *Cupressus funebris* | 1 | 12.8 | 42 | 4×2.5 |
| 19 | 柏木 | *Cupressus funebris* | 1 | 13 | 42 | 4×3 |
| 20 | 马尾松 | *Pinus massoniana* | 1 | 13 | 61 | 5×4 |
| 21 | 杉木 | *Cunninghamia lanceolata* | 1 | 7.5 | 27 | 4×3 |

灌木层（5m×5m）

| 种号 | 中文名 | 拉丁名 | 株（丛）数 | 株高（m） | 冠幅（m×m） |
|---|---|---|---|---|---|
| 1 | 青荚叶 | *Helwingia japonica* | 1 | 0.9 | 0.2×0.3 |
| 2 | 长叶胡颓子 | *Elaeagnus bockii* | 1 | 0.7 | 0.4×0.4 |
| 3 | 化香 | *Platycarya strobilacea* | 1 | 1.2 | 0.4×0.4 |
| 4 | 铁仔 | *Myrsine africana* | 1 | 0.4 | 0.2×0.3 |
| 5 | 四川茶藨子 | *Ribes setchuense* | 1 | 1.2 | 0.6×0.4 |
| 6 | 杉木 | *Cunninghamia lanceolata* | 1 | 3.5 | 1×1 |
| 7 | 铁仔 | *Myrsine africana* | 1 | 0.6 | 0.4×0.4 |
| 8 | 铁仔 | *Myrsine africana* | 1 | 0.5 | 0.2×0.3 |
| 9 | 铁仔 | *Myrsine africana* | 1 | 0.4 | 0.4×0.4 |
| 10 | 铁仔 | *Myrsine africana* | 1 | 0.8 | 1×0.5 |
| 11 | 金佛山荚蒾 | *Viburnum chinshanense* | 1 | 1.0 | 1.5×1.5 |
| 12 | 异叶梁王茶 | *Nothopanax davidii* | 1 | 2.0 | 1×1 |
| 13 | 异叶榕 | *Ficus heteromorpha* | 1 | 2.0 | 1.4×1.4 |
| 14 | 川陕鹅耳枥 | *Carpinus fargesiana* | 1 | 2.0 | .05×0.5 |
| 15 | 铁仔 | *Myrsine africana* | 1 | 1.1 | 1×1 |
| 16 | 棕榈 | *Trachycarpus fortunei* | 1 | 1.5 | 0.5×0.5 |
| 17 | 铁仔 | *Myrsine africana* | 1 | 1.5 | 1×1 |
| 18 | 杉木 | *Cunninghamia lanceolata* | 1 | 2.0 | 1×1 |
| 19 | 细枝柃 | *Eurya loquaiana* | 1 | 2.5 | 1×1.5 |
| 20 | 粗叶榕 | *Ficus hirta* | 1 | 1.2 | 1×1 |
| 21 | 金佛山荚蒾 | *Viburnum chinshanense* | 1 | 1.1 | 1.2×1 |
| 22 | 粗叶榕 | *Ficus hirta* | 1 | 1.7 | 0.5×0.5 |

续表

灌木层（5m×5m）

| 种号 | 中文名 | 拉丁名 | 株（丛）数 | 株高（m） | 冠幅（m×m） |
|---|---|---|---|---|---|
| 23 | 青荚叶 | *Helwingia japonica* | 1 | 1.5 | 0.5×0.5 |
| 24 | 桦叶荚蒾 | *Viburnum betulifolium* | 1 | 4.0 | 1.5×1 |
| 25 | 金佛山荚蒾 | *Viburnum chinshanense* | 1 | 0.9 | 0.4×0.4 |
| 26 | 异叶榕 | *Ficus heteromorpha* | 1 | 1.5 | 0.5×0.5 |
| 27 | 异叶榕 | *Ficus heteromorpha* | 1 | 1.8 | 0.4×0.5 |
| 28 | 青荚叶 | *Helwingia japonica* | 1 | 0.5 | 0.2×0.2 |
| 29 | 白栎 | *Quercus fabri* | 1 | 0.4 | 0.2×0.2 |
| 30 | 冬青叶鼠刺 | *Itea ilicifolia* | 1 | 1.2 | 0.8×0.6 |
| 31 | 铁仔 | *Myrsine africana* | 1 | 0.7 | 1.5×1.5 |
| 32 | 光滑高粱泡 | *Rubus lambertianus* var. *glaber* | 1 | 0.7 | 1.5×0.6 |
| 33 | 卫矛 | *Euonymus alatus* | 1 | 1.7 | 0.4×0.5 |
| 34 | 满山红 | *Rhododendron mariesii* | 1 | 1.5 | 0.6×0.9 |
| 35 | 卫矛 | *Euonymus alatus* | 1 | 2.0 | 0.4×0.4 |
| 36 | 冬青叶鼠刺 | *Itea ilicifolia* | 1 | 0.9 | 0.6×0.8 |
| 37 | 蚌壳花椒 | *Zanthoxylum dissitum* | 1 | 0.5 | 0.2×0.2 |
| 38 | 光滑高粱泡 | *Rubus lambertianus* var. *glaber* | 1 | 0.4 | 0.5×0.2 |
| 39 | 杉木 | *Cunninghamia lanceolata* | 1 | 0.4 | 0.3×0.2 |
| 40 | 细枝柃 | *Eurya loquaiana* | 1 | 0.7 | 0.4×0.4 |
| 41 | 杭子梢 | *Campylotropis macrocarpa* | 1 | 0.9 | 0.2×0.2 |
| 42 | 化香 | *Platycarya strobilacea* | 1 | 1.1 | 0.4×0.4 |

草本层（1m×1m）

| 种号 | 中文名 | 拉丁名 | 株数 | 株高（m） | 盖度（%） |
|---|---|---|---|---|---|
| 1 | 画眉草 | *Eragrostis pilosa* | 1 | 0.3 | 2 |
| 2 | 三角叶假冷蕨 | *Pseudocystopteris subtriangularis* | 1 | 0.1 | 1 |
| 3 | 紫花地丁 | *Viola philippica* | 1 | 0.1 | 1 |
| 4 | 威灵仙 | *Clematis chinensis* | 1 | 0.1 | 1 |

乔木层（20m×10m）

| 种号 | 中文名 | 拉丁名 | 株数 | 株高（m） | 胸围（cm） | 冠幅（m×m） |
|---|---|---|---|---|---|---|
| 1 | 柏木 | *Cupressus funebris* | 1 | 13.5 | 55 | 5×4 |
| 2 | 马尾松 | *Pinus massoniana* | 1 | 10 | 35 | 2×2.5 |
| 3 | 柏木 | *Cupressus funebris* | 1 | 8.5 | 36 | 3.5×3.5 |
| 4 | 马尾松 | *Pinus massoniana* | 1 | 8.5 | 29 | 1.5×1.2 |
| 5 | 槐树 | *Sophora japonica* | 1 | 15 | 60 | 6×5 |
| 6 | 柏木 | *Cupressus funebris* | 1 | 6.5 | 22 | 3×2 |
| 7 | 柏木 | *Cupressus funebris* | 1 | 5.2 | 14 | 2×2 |
| 8 | 柏木 | *Cupressus funebris* | 1 | 11 | 42 | 4×3 |
| 9 | 柏木 | *Cupressus funebris* | 1 | 8 | 25 | 1.5×1.1 |
| 10 | 马尾松 | *Pinus massoniana* | 1 | 9 | 30 | 2×1.5 |
| 11 | 川陕鹅耳枥 | *Carpinus fargesiana* | 1 | 7 | 19 | 3×2 |
| 12 | 马尾松 | *Pinus massoniana* | 1 | 12 | 54 | 4×4 |
| 13 | 马尾松 | *Pinus massoniana* | 1 | 8.5 | 31 | 1×1 |
| 14 | 柏木 | *Cupressus funebris* | 1 | 6.7 | 28 | 1×1 |

乔木层（20m×10m）

| 种号 | 中文名 | 拉丁名 | 株数 | 株高（m） | 胸围（cm） | 冠幅（m×m） |
|---|---|---|---|---|---|---|
| 15 | 马尾松 | *Pinus massoniana* | 1 | 11 | 44 | 4×2.3 |
| 16 | 马尾松 | *Pinus massoniana* | 1 | 11 | 42 | 2×2 |
| 17 | 马尾松 | *Pinus massoniana* | 1 | 13 | 51 | 4×4 |
| 18 | 杉木 | *Cunninghamia lanceolata* | 1 | 12 | 43 | 4×3 |
| 19 | 马尾松 | *Pinus massoniana* | 1 | 14 | 62 | 6×4 |
| 20 | 化香 | *Platycarya strobilacea* | 1 | 7 | 18 | 3×3 |

灌木层（5m×5m）

| 种号 | 中文名 | 拉丁名 | 株（丛）数 | 株高（m） | 冠幅（m×m） |
|---|---|---|---|---|---|
| 1 | 金佛山荚蒾 | *Viburnum chinshanense* | 1 | 1.4 | 0.4×0.3 |
| 2 | 杉木 | *Cunninghamia lanceolata* | 1 | 1.63 | 0.7×0.8 |
| 3 | 铁仔 | *Myrsine africana* | 1 | 0.85 | 0.37×0.23 |
| 4 | 金佛山荚蒾 | *Viburnum chinshanense* | 1 | 1.67 | 0.66×0.48 |
| 5 | 铁仔 | *Myrsine africana* | 1 | 0.6 | 0.2×0.2 |
| 6 | 铁仔 | *Myrsine africana* | 1 | 0.7 | 0.2×0.2 |
| 7 | 棕榈 | *Trachycarpus fortunei* | 1 | 1.3 | 1.2×0.5 |
| 8 | 四川茶藨子 | *Ribes setchuense* | 1 | 1.3 | 1.5×1.6 |
| 9 | 荚蒾 | *Viburnum dilatatum* | 1 | 0.9 | 0.2×0.3 |
| 10 | 铁仔 | *Myrsine africana* | 1 | 0.6 | 0.2×0.3 |
| 11 | 柄果海桐 | *Pittosporum podocarpum* | 1 | 1.4 | 0.6×0.6 |
| 12 | 青荚叶 | *Helwingia japonica* | 1 | 1.8 | 0.8×0.6 |
| 13 | 柄果海桐 | *Pittosporum podocarpum* | 1 | 0.5 | 0.5×0.3 |
| 14 | 柄果海桐 | *Pittosporum podocarpum* | 1 | 0.8 | 0.2×0.3 |
| 15 | 白栎 | *Quercus fabri* | 1 | 0.4 | 0.6×0.6 |
| 16 | 化香 | *Platycarya strobilacea* | 1 | 2.5 | 2×2 |
| 17 | 青荚叶 | *Helwingia japonica* | 1 | 0.8 | 0.2×0.2 |
| 18 | 杉木 | *Cunninghamia lanceolata* | 1 | 1.8 | 0.4×0.5 |
| 19 | 杉木 | *Cunninghamia lanceolata* | 1 | 3.6 | 2×1.5 |
| 20 | 长叶胡颓子 | *Elaeagnus bockii* | 1 | 0.6 | 0.2×0.6 |
| 21 | 满山红 | *Rhododendron mariesii* | 1 | 1.0 | 0.8×0.8 |
| 22 | 铁仔 | *Myrsine africana* | 1 | 0.6 | 0.2×0.3 |
| 23 | 棕榈 | *Trachycarpus fortunei* | 1 | 0.5 | 0.2×0.3 |
| 24 | 青荚叶 | *Helwingia japonica* | 1 | 1.2 | 0.4×0.3 |
| 25 | 杉木 | *Cunninghamia lanceolata* | 1 | 1.2 | 0.4×0.5 |
| 26 | 柄果海桐 | *Pittosporum podocarpum* | 1 | 0.6 | 0.2×0.3 |
| 27 | 青荚叶 | *Helwingia japonica* | 1 | 1.1 | 0.4×0.3 |
| 28 | 青荚叶 | *Helwingia japonica* | 1 | 2.0 | 0.5×0.5 |
| 29 | 柄果海桐 | *Pittosporum podocarpum* | 1 | 2.2 | 0.8×0.6 |
| 30 | 金佛山荚蒾 | *Viburnum chinshanense* | 1 | 2.0 | 2×1 |
| 31 | 柄果海桐 | *Pittosporum podocarpum* | 1 | 2.5 | 2×1 |
| 32 | 异叶榕 | *Ficus heteromorpha* | 1 | 1.7 | 0.4×0.4 |
| 33 | 柄果海桐 | *Pittosporum podocarpum* | 1 | 2.3 | 0.4×0.4 |
| 34 | 荚蒾 | *Viburnum dilatatum* | 1 | 1.0 | 0.5×0.4 |

| 灌木层（5m×5m） | | | | | |
| 种号 | 中文名 | 拉丁名 | 株（丛）数 | 株高（m） | 冠幅（m×m） |
| --- | --- | --- | --- | --- | --- |
| 35 | 异叶榕 | *Ficus heteromorpha* | 1 | 2.5 | 1×1 |
| 36 | 柄果海桐 | *Pittosporum podocarpum* | 1 | 2.2 | 0.4×0.4 |
| 37 | 香桦 | *Betula insignis* | 1 | 3.0 | 1.8×1.5 |
| 38 | 铁仔 | *Myrsine africana* | 1 | 0.4 | 1×1 |
| 39 | 白栎 | *Quercus fabri* | 1 | 0.7 | 1×0.4 |
| 40 | 杉木 | *Cunninghamia lanceolata* | 1 | 1.8 | 0.9×0.9 |
| 41 | 柄果海桐 | *Pittosporum podocarpum* | 1 | 1.4 | 0.8×0.9 |
| 42 | 金佛山荚蒾 | *Viburnum chinshanense* | 1 | 1.0 | 1×1 |
| 43 | 荚蒾 | *Viburnum dilatatum* | 1 | 1.5 | 0.6×0.6 |

| 草本层（1m×1m） | | | | | |
| 种号 | 中文名 | 拉丁名 | 株（丛）数 | 株高（m） | 盖度（%） |
| --- | --- | --- | --- | --- | --- |
| 1 | 狗脊 | *Woodwardia japonica* | 1 | 0.4 | 15 |
| 2 | 紫花地丁 | *Viola philippica* | 1 | 0.1 | 2 |
| 3 | 狗脊 | *Woodwardia japonica* | 1 | 0.4 | 5 |

| | | |
| --- | --- | --- |
| 样地号：5 | 调查人：陶建平、郭庆学、伍小刚 | 调查时间：2012 年 10 月 28 日 |
| 地点名称：钟家咀 | 地形：山地 | 坡度：30° |
| 样地面积：10m×10m | 坡向：SN15° | 坡位：中坡 |
| 经度：108°12′59″ | 纬度：31°58′43″ | 海拔（m）：906m |
| 植被类型：灌丛 | | |

| 灌木层（5m×5m） | | | | | |
| 种号 | 中文名 | 拉丁名 | 株数 | 株高（m） | 冠幅（m×m） |
| --- | --- | --- | --- | --- | --- |
| 1 | 火棘 | *Pyracantha fortuneana* | 1 | 4 | 3×2 |
| 2 | 构树 | *Broussonetia papyrifera* | 1 | 2 | 0.7×0.8 |
| 3 | 构树 | *Broussonetia papyrifera* | 1 | 1.8 | 0.8×0.3 |
| 4 | 三尖杉 | *Cephalotaxus fortunei* | 1 | 1.3 | 0.7×0.8 |
| 5 | 火棘 | *Pyracantha fortuneana* | 1 | 2 | 0.5×0.8 |
| 6 | 荚蒾 | *Viburnum dilatatum* | 1 | 1 | 0.8×0.8 |
| 7 | 长叶水麻 | *Debregeasia longifolia* | 1 | 2.5 | 1.5×1.5 |
| 8 | 腊莲锈球 | *Hydrangea macrophylla* | 1 | 0.8 | 0.3×0.3 |
| 9 | 长叶水麻 | *Debregeasia longifolia* | 1 | 1.6 | 2×1 |
| 10 | 火棘 | *Pyracantha fortuneana* | 1 | 3.6 | 2×1.5 |
| 11 | 飞龙掌血 | *Toddalia asiatica* | 1 | 4 | 3.5×3 |
| 12 | 冬青叶鼠刺 | *Itea ilicifolia* | 1 | 4.2 | 1×0.8 |
| 13 | 冬青叶鼠刺 | *Itea ilicifolia* | 1 | 4.5 | 0.2×0.2 |
| 14 | 盐肤木 | *Rhus chinensis* | 1 | 3 | 1×0.8 |
| 15 | 城口黄栌 | *Cotinus coggygria* var. *chengkouensis* | 1 | 2.5 | 0.3×0.6 |
| 16 | 盐肤木 | *Rhus chinensis* | 1 | 3.7 | 1×0.6 |
| 17 | 盐肤木 | *Rhus chinensis* | 1 | 3.8 | 1×1 |
| 18 | 盐肤木 | *Rhus chinensis* | 1 | 3.1 | 1.5×0.8 |
| 19 | 城口黄栌 | *Cotinus coggygria* var. *chengkouensis* | 1 | 1.0 | 1×0.6 |
| 20 | 飞龙掌血 | *Toddalia asiatica* | 1 | 2 | 1×1.5 |

灌木层（5m×5m）

| 种号 | 中文名 | 拉丁名 | 株（丛）数 | 株高（m） | 冠幅（m×m） |
|---|---|---|---|---|---|
| 21 | 蜡莲绣球 | *Hydrangea strigosa* | 1 | 1.3 | 0.8×0.7 |
| 22 | 荚蒾 | *Viburnum dilatatum* | 1 | 0.8 | 0.3×0.2 |
| 23 | 构树 | *Broussonetia papyrifera* | 1 | 3.0 | 0.8×0.6 |
| 24 | 城口黄栌 | *Cotinus coggygria* var. *chengkouensis* | 1 | 0.8 | 0.6×0.8 |
| 25 | 冬青叶鼠刺 | *Itea ilicifolia* | 1 | 1.7 | 1×0.5 |
| 26 | 火棘 | *Pyracantha fortuneana* | 1 | 2.2 | 1.5×1 |
| 27 | 马桑 | *Coriaria nepalensis* | 1 | 1 | 0.8×0.8 |
| 28 | 马桑 | *Coriaria nepalensis* | 1 | 1 | 0.6×0.8 |
| 29 | 长叶水麻 | *Debregeasia longifolia* | 1 | 2.5 | 1.8×1 |
| 30 | 柄果海桐 | *Pittosporum podocarpum* | 1 | 0.8 | 0.5×0.5 |
| 31 | 飞龙掌血 | *Toddalia asiatica* | 1 | 1 | 1×1 |
| 32 | 金佛山荚蒾 | *Viburnum chinshanense* | 1 | 3 | 2×1 |
| 33 | 女贞 | *Ligustrumlucidum* | 1 | 1.5 | 1×1.7 |
| 34 | 蜡莲绣球 | *Hydrangea strigosa* | 1 | 0.5 | 0.2×0.2 |

草本层（1m×1m）

| 种号 | 中文名 | 拉丁名 | 株（丛）数 | 株高（m） | 盖度（%） |
|---|---|---|---|---|---|
| 1 | 蝴蝶花 | *Iris japonica* | 1 | 0.4 | 35 |
| 2 | 江南卷柏 | *Selaginella moellendorffii* | 1 | 1 | 13 |
| 3 | 狗脊 | *Woodwardia japonica* | 1 | 0.4 | 3 |
| 4 | 野棉花 | *Anemone tomentosa* | 1 | 0.2 | 1 |
| 5 | 贯众 | *Cyrtomium fortunei* | 1 | 0.3 | 1 |
| 6 | 蜘蛛抱蛋 | *Aspidistra elatior* | 1 | 1.3 | 2 |

灌木层（5m×5m）

| 种号 | 中文名 | 拉丁名 | 株（丛）数 | 株高（m） | 冠幅（m×m） |
|---|---|---|---|---|---|
| 1 | 飞龙掌血 | *Toddalia asiatica* | 1 | 02 | 2×2 |
| 2 | 火棘 | *Pyracantha fortuneana* | 1 | 2.7 | 2×1.3 |
| 3 | 火棘 | *Pyracantha fortuneana* | 1 | 2.5 | 1×1 |
| 4 | 火棘 | *Pyracantha fortuneana* | 1 | 3.2 | 1×1.5 |
| 5 | 火棘 | *Pyracantha fortuneana* | 1 | 0.8 | 0.8×0.3 |
| 6 | 火棘 | *Pyracantha fortuneana* | 1 | 1.3 | 2×0.9 |
| 7 | 火棘 | *Pyracantha fortuneana* | 1 | 1.3 | 0.8×0.7 |
| 8 | 盐肤木 | *Rhus chinensis* | 1 | 1.5 | 1×0.8 |
| 9 | 毛叶木姜子 | *Litsea mollis* | 1 | 3.3 | 1×1 |
| 10 | 猫儿屎 | *Decaisnea insignis* | 1 | 1.4 | 1×0.8 |
| 11 | 荚蒾 | *Viburnum dilatatum* | 1 | 1.8 | 1×1 |
| 12 | 火棘 | *Pyracantha fortuneana* | 1 | 1.9 | 2×1.8 |
| 13 | 荚蒾 | *Viburnum dilatatum* | 1 | 0.9 | 0.2×0.3 |
| 14 | 小花八角 | *Illicium micranthum* | 1 | 1.5 | 0.9×0.4 |
| 15 | 荚蒾 | *Viburnum dilatatum* | 1 | 1.3 | 0.3×0.4 |
| 16 | 飞龙掌血 | *Toddalia asiatica* | 1 | 1.5 | 1.5×1.5 |
| 17 | 荚蒾 | *Viburnum dilatatum* | 1 | 1.6 | 0.5×0.5 |
| 18 | 冬青叶鼠刺 | *Itea ilicifolia* | 1 | 14.7 | 2×1.5 |

灌木层（5m×5m）

| 种号 | 中文名 | 拉丁名 | 株（丛）数 | 株高（m） | 冠幅（m×m） |
|---|---|---|---|---|---|
| 19 | 铁仔 | *Myrsine africana* | 1 | 1.1 | 0.9×0.9 |
| 20 | 荚蒾 | *Viburnum dilatatum* | 1 | 3 | 2×1 |
| 21 | 铁仔 | *Myrsine africana* | 1 | 1.8 | 0.9×1 |
| 22 | 铁仔 | *Myrsine africana* | 1 | 1.0 | 0.8×0.7 |
| 23 | 女贞 | *Ligustrum lucidum* | 1 | 1.3 | 0.8×0.7 |
| 24 | 荚蒾 | *Viburnum dilatatum* | 1 | 0.7 | 0.3×0.3 |
| 25 | 荚蒾 | *Viburnum dilatatum* | 1 | 1.0 | 1×0.8 |
| 26 | 金佛山荚蒾 | *Viburnum chinshanense* | 1 | 1.3 | 1×0.7 |
| 27 | 柄果海桐 | *Pittosporum podocarpum* | 1 | 1.2 | 0.7×0.2 |
| 28 | 铁仔 | *Myrsine africana* | 1 | 1.2 | 0.4×0.6 |
| 29 | 女贞 | *Ligustrum lucidum* | 1 | 0.5 | 0.5×0.4 |
| 30 | 槐树 | *Sophora japonica* | 1 | 1.0 | 0.6×0.7 |
| 31 | 飞龙掌血 | *Toddalia asiatica* | 1 | 0.7 | 1.2×1 |
| 32 | 飞龙掌血 | *Toddalia asiatica* | 1 | 1.2 | 1×1 |
| 33 | 冬青叶鼠刺 | *Itea ilicifolia* | 1 | 0.8 | 0.4×0.3 |
| 34 | 柄果海桐 | *Pittosporum podocarpum* | 1 | 1.8 | 1×0.6 |
| 35 | 金佛山荚蒾 | *Viburnum chinshanense* | 1 | 2.0 | 1×1 |
| 36 | 野花椒 | *Zanthoxylum simulans* | 1 | 2.3 | 1×0.5 |
| 37 | 异叶梁王茶 | *Nothopanax davidii* | 1 | 3 | 3×2.5 |
| 38 | 金佛山荚蒾 | *Viburnum chinshanense* | 1 | 2 | 2×1.5 |
| 39 | 野花椒 | *Zanthoxylum simulans* | 1 | 1.5 | 1×0.3 |
| 40 | 山合欢 | *Albizia kalkora* | 1 | 0.5 | 0.3×0.2 |

草本层（1m×1m）

| 种号 | 中文名 | 拉丁名 | 株（丛）数 | 株高（m） | 盖度（%） |
|---|---|---|---|---|---|
| 1 | 蝴蝶花 | *Iris japonica* | 1 | 0.2 | 25 |
| 2 | 狗脊 | *Woodwardia japonica* | 1 | 0.3 | 17 |
| 3 | 淫羊霍 | *Epimedium sagittatum* | 1 | 0.3 | 3 |
| 4 | 蛇根草 | *Ophiorrhiza mungos* | 1 | 0.3 | 30 |
| 5 | 野棉花 | *Anemone tomentosa* | 1 | 0.2 | 1 |
| 6 | 假福王草 | *Paraprenanthes sororia* | 1 | 0.2 | 1 |

灌木层（5m×5m）

| 种号 | 中文名 | 拉丁名 | 株（丛）数 | 株高（m） | 冠幅（m×m） |
|---|---|---|---|---|---|
| 1 | 假奓包叶 | *Discocleidion rufescens* | 1 | 1.4 | 1.5×1 |
| 2 | 火棘 | *Pyracantha fortuneana* | 1 | 3.2 | 2×1 |
| 3 | 异叶梁王茶 | *Nothopanax davidii* | 1 | 2.5 | 1×1 |
| 4 | 金佛山荚蒾 | *Viburnum chinshanense* | 1 | 1.4 | 1×0.4 |
| 5 | 荚蒾 | *Viburnum dilatatum* | 1 | 0.8 | 0.5×0.4 |
| 6 | 荚蒾 | *Viburnum dilatatum* | 1 | 2.7 | 1×0.8 |
| 7 | 异叶梁王茶 | *Nothopanax davidii* | 1 | 0.6 | 0.2×0.2 |
| 8 | 冬青叶鼠刺 | *Itea ilicifolia* | 1 | 2.2 | 0.5×1.2 |
| 9 | 火棘 | *Pyracantha fortuneana* | 1 | 4.0 | 1×1 |
| 10 | 火棘 | *Pyracantha fortuneana* | 1 | 1.4 | 1×1 |

| 种号 | 中文名 | 拉丁名 | 株（丛）数 | 株高（m） | 冠幅（m×m） |
|---|---|---|---|---|---|
| | | 灌木层（5m×5m） | | | |
| 11 | 铁仔 | *Myrsine africana* | 1 | 1 | 0.7×0.2 |
| 12 | 冬青叶鼠刺 | *Itea ilicifolia* | 1 | 1.8 | 3×3 |
| 13 | 女贞 | *Ligustrum lucidum* | 1 | 1 | 0.7×0.2 |
| 14 | 荚蒾 | *Viburnum dilatatum* | 1 | 0.8 | 0.3×0.8 |
| 15 | 城口黄栌 | *Cotinus coggygria* var. *chengkouensis* | 1 | 1.2 | 0.5×0.5 |
| 16 | 城口黄栌 | *Cotinus coggygria* var. *chengkouensis* | 1 | 2.5 | 1.2×1.2 |
| 17 | 城口黄栌 | *Cotinus coggygria* var. *chengkouensis* | 1 | 3.5 | 1.5×1.4 |
| 18 | 铁仔 | *Myrsine africana* | 1 | 1.2 | 0.3×0.3 |
| 19 | 铁仔 | *Myrsine africana* | 1 | 1.3 | 0.3×0.4 |
| 20 | 铁仔 | *Myrsine africana* | 1 | 0.6 | 0.5×0.4 |
| 21 | 柄果海桐 | *Pittosporum podocarpum* | 1 | 1.2 | 0.3×0.2 |
| 22 | 卫矛 | *Euonymus alatus* | 1 | 0.9 | 0.1×0.2 |
| 23 | 香叶树 | *Lindera communis* | 1 | 0.6 | 0.4×0.5 |
| 24 | 马桑 | *Coriaria nepalensis* | 1 | 2.5 | 1×1.5 |
| 25 | 海金子 | *Pittosporum illicioides* | 1 | 0.5 | 0.2×0.2 |
| 26 | 野花椒 | *Zanthoxylum simulans* | 1 | 0.5 | 0.3×0.4 |
| 27 | 马棘 | *Indigofera pseudotinctoria* | 1 | | |
| 28 | 中华青荚叶 | *Helwingia chinensis* | 1 | 1.3 | 0.5×0.8 |
| 29 | 中华青荚叶 | *Helwingia chinensis* | 1 | 0.7 | 0.2×0.4 |
| 30 | 金佛山荚蒾 | *Viburnum chinshanense* | 1 | 1 | 0.5×0.5 |

| 种号 | 中文名 | 拉丁名 | 株（丛）数 | 株高（m） | 盖度（%） |
|---|---|---|---|---|---|
| | | 草本层（1m×1m） | | | |
| 1 | 狗脊 | *Woodwardia japonica* | 1 | 0.3 | 35 |
| 2 | 蝴蝶花 | *Iris japonica* | 1 | 0.2 | 32 |
| 3 | 淫羊霍 | *Epimedium sagittatum* | 1 | 0.2 | 2 |
| 4 | 三角叶假冷蕨 | *Pseudocystopteris subtriangulari* | 1 | 0.3 | 2 |
| 5 | 平肋书带蕨 | *Vittaria fudzinoi* | 1 | 0.2 | 3 |
| 6 | 野棉花 | *Anemone tomentosa* | 1 | 0.4 | 1 |
| 7 | 天门冬 | *Asparagus cochinchinensis* | 1 | 0.3 | 1 |

| 种号 | 中文名 | 拉丁名 | 株（丛）数 | 株高（m） | 冠幅（m×m） |
|---|---|---|---|---|---|
| | | 灌木层（5m×5m） | | | |
| 1 | 紫荆 | *Cercis chinensis* | 1 | 3 | 1×1 |
| 2 | 紫荆 | *Cercis chinensis* | 1 | 3.2 | 1.5×2 |
| 3 | 城口黄栌 | *Cotinus coggygria* var. *chengkouensis* | 1 | 2.3 | 1×1 |
| 4 | 城口黄栌 | *Cotinus coggygria* var. *chengkouensis* | 1 | 2.5 | 1×1.2 |
| 5 | 火棘 | *Pyracantha fortuneana* | 1 | 1.2 | 0.5×0.3 |
| 6 | 菱叶海桐 | *Pittosporum truncatum* | 1 | 1.2 | 0.5×0.5 |
| 7 | 野花椒 | *Zanthoxylum simulans* | 1 | 1 | 0.8×0.8 |
| 8 | 金佛山荚蒾 | *Viburnum chinshanense* | 1 | 1.3 | 0.3×0.1 |
| 9 | 铁仔 | *Myrsine africana* | 1 | 0.6 | 0.3×0.5 |
| 10 | 菱叶海桐 | *Pittosporum truncatum* | 1 | 0.3 | 0.2×0.2 |
| 11 | 铁仔 | *Myrsine africana* | 1 | 0.6 | 0.6×0.6 |

灌木层（5m×5m）

| 种号 | 中文名 | 拉丁名 | 株（丛）数 | 株高（m） | 冠幅（m×m） |
|---|---|---|---|---|---|
| 12 | 荚蒾 | *Viburnum dilatatum* | 1 | 0.6 | 0.6×0.7 |
| 13 | 青榨槭 | *Acer davidii* | 1 | 0.8 | 0.2×0.2 |
| 14 | 火棘 | *Pyracantha fortuneana* | 1 | 3.1 | 3×2.5 |
| 15 | 川陕鹅耳枥 | *Carpinus fargesiana* | 1 | 3.0 | 1.2×1 |
| 16 | 冬青叶鼠刺 | *Itea ilicifolia* | 1 | 1.8 | 1.7×1 |
| 17 | 荚蒾 | *Viburnum dilatatum* | 1 | 1.5 | 0.7×0.7 |
| 18 | 冬青叶鼠刺 | *Itea ilicifolia* | 1 | 1.7 | 1×0.8 |
| 19 | 金佛山荚蒾 | *Viburnum chinshanense* | 1 | 0.7 | 0.5×0.3 |
| 20 | 金佛山荚蒾 | *Viburnum chinshanense* | 1 | 0.6 | 0.8×0.8 |
| 21 | 女贞 | *Ligustrum lucidum* | 1 | 0.6 | 0.2×0.2 |
| 22 | 中华青荚叶 | *Helwingia chinensis* | 1 | 0.7 | 0.3×0.2 |
| 23 | 中华青荚叶 | *Helwingia chinensis* | 1 | 1.2 | 0.6×0.4 |
| 24 | 异叶梁王茶 | *Helwingia chinensis* | 1 | 0.6 | 0.2×0.2 |
| 25 | 女贞 | *Ligustrum lucidum* | 1 | 1.5 | 0.3×0.2 |
| 26 | 卫矛 | *Euonymus alatus* | 1 | 1.3 | 1.5×1.5 |
| 27 | 金佛山荚蒾 | *Viburnum chinshanense* | 1 | 1.3 | 1.8×1.2 |
| 28 | 火棘 | *Pyracantha fortuneana* | 1 | 4.8 | 1.5×1.5 |
| 29 | 火棘 | *Pyracantha fortuneana* | 1 | 3.0 | 2.5×2 |
| 30 | 城口黄栌 | *Cotinus coggygria* var. *chengkouensis* | 1 | 3 | 1.5×1.8 |
| 31 | 火棘 | *Pyracantha fortuneana* | 1 | 3 | 2×1.5 |
| 32 | 杠柳 | *Periploca sepium* | 1 | — | — |
| 33 | 川陕鹅耳枥 | *Carpinus fargesiana* | 1 | 4.2 | 3×3 |
| 34 | 花椒簕 | *Zanthoxylum cuspidatum* | 1 | 1.2 | 0.5×0.5 |
| 35 | 花椒簕 | *Zanthoxylum cuspidatum* | 1 | 1.6 | 0.6×1 |
| 36 | 川陕鹅耳枥 | *Carpinus fargesiana* | 1 | 3.5 | 1.5×1 |
| 37 | 柏木 | *Cupressus funebris* | 1 | 5 | 2×2 |
| 38 | 柄果海桐 | *Pittosporum podocarpum* | 1 | 1.7 | 0.5×0.5 |
| 39 | 勾儿茶 | *Berchemia sinica* | 1 | 1.4 | 1×0.5 |
| 40 | 金佛山荚蒾 | *Viburnum chinshanense* | 1 | 0.7 | 0.7×0.2 |
| 41 | 化香 | *Platycarya strobilacea* | 1 | 1 | 0.5×0.7 |

草本层（1m×1m）

| 种号 | 中文名 | 拉丁名 | 株数 | 株高（m） | 盖度（%） |
|---|---|---|---|---|---|
| 1 | 来江藤 | *Brandisia hancei* | 1 | 0.8 | 25 |
| 2 | 风毛菊 | *Saussurea japonica* | 1 | 0.7 | 2 |
| 3 | 蝴蝶花 | *Iris japonica* | 1 | 0.2 | 38 |
| 4 | 狗脊 | *Woodwardia japonica* | 1 | 0.4 | 8 |
| 5 | 平肋书带蕨 | *Vittaria fudzinoi* | 1 | 0.3 | 3 |
| 6 | 天门冬 | *Asparagus cochinchinensis* | 1 | 0.4 | 2 |
| 7 | 淫羊藿 | *Epimedium sagittatum* | 1 | 0.1 | 1 |

续表

| 样地号：6 | | 调查人：陶建平、郭庆学、伍小刚 | | 调查时间：2013 年 7 月 12 日 | |
|---|---|---|---|---|---|
| 地点名称：廖家河 | | 地形：山谷 | | 坡度：30° | |
| 样地面积：20m×20m | | 坡向：SN15° | | 坡位：中坡 | |
| 经度：108°07′39″ | | 纬度：32°06′54″ | | 海拔（m）：1453 | |
| 植被类型：针阔混交林 | | | | | |

乔木层（20m×20m）

| 种号 | 中文名 | 拉丁名 | 株数 | 株高（m） | 胸围（cm） | 冠幅（m×m） |
|---|---|---|---|---|---|---|
| 1 | 华山松 | *Pinus armandii* | 1 | 15 | 54 | 2×2 |
| 2 | 华山松 | *Pinus armandii* | 1 | 14 | 90 | 3×3 |
| 3 | 华山松 | *Pinus armandii* | 1 | 13 | 97 | 3×2 |
| 4 | 华山松 | *Pinus armandii* | 1 | 13 | 81 | 2×2.5 |
| 5 | 华山松 | *Pinus armandii* | 1 | 13 | 53 | 2×3 |
| 6 | 西南樱桃 | *Cerasus duclouxii* | 1 | 8 | 24 | 3×2 |
| 7 | 细枝柃 | *Eurya loquaiana* | 1 | 6 | 21 | 3×3 |
| 8 | 华山松 | *Pinus armandii* | 1 | 14 | 60 | 4×3 |
| 9 | 华山松 | *Pinus armandii* | 1 | 13 | 40 | 3×3 |
| 10 | 华山松 | *Pinus armandii* | 1 | 11 | 23 | 3×2.5 |
| 11 | 华山松 | *Pinus armandii* | 1 | 14 | 76 | 3×3 |
| 12 | 华山松 | *Pinus armandii* | 1 | 8 | 24 | 1.5×1.1 |
| 13 | 华山松 | *Pinus armandii* | 1 | 10 | 39 | 1.5×1 |
| 14 | 华山松 | *Pinus armandii* | 1 | 9 | 20 | 1×1 |
| 15 | 华山松 | *Pinus armandii* | 1 | 13 | 74 | 2×2 |
| 16 | 华山松 | *Pinus armandii* | 1 | 14 | 75 | 2×2 |
| 17 | 杨叶木姜子 | *Litsea populifolia* | 1 | 6 | 22 | 2×3 |
| 18 | 西南樱桃 | *Cerasus duclouxii* | 1 | 6 | 18 | |
| 19 | 华山松 | *Pinus armandii* | 1 | 10 | 50 | 4×3 |
| 20 | 华山松 | *Pinus armandii* | 1 | 10 | 35 | 3×3 |
| 21 | 华山松 | *Pinus armandii* | 1 | 12 | 60 | 4×4 |
| 22 | 华山松 | *Pinus armandii* | 1 | 10 | 50 | 4×4 |
| 23 | 华山松 | *Pinus armandii* | 1 | 8 | 20 | 2×2 |
| 24 | 华山松 | *Pinus armandii* | 1 | 8 | 30 | 2×3 |
| 25 | 华山松 | *Pinus armandii* | 1 | 9 | 25 | 2×2 |
| 26 | 华山松 | *Pinus armandii* | 1 | 6 | 18 | 1.5×1.5 |
| 27 | 西南樱桃 | *Cerasus duclouxii* | 1 | 5 | 10 | 2×1 |

灌木层（5m×5m）

| 种号 | 中文名 | 拉丁名 | 株（丛）数 | 株高（m） | 冠幅（m×m） |
|---|---|---|---|---|---|
| 1 | 川陕鹅耳枥 | *Carpinus fargesiana* | 1 | 2 | 1×2 |
| 2 | 川陕鹅耳枥 | *Carpinus fargesiana* | 1 | 4 | 2×2 |
| 3 | 溲疏 | *Deutzia scabra* | 1 | 1 | 1×1 |
| 4 | 青荚叶 | *Helwingia japonica* | 1 | 1 | 0.8×0.6 |
| 5 | 四川槭 | *Acer sutchuenense* | 1 | 1.5 | 1×1 |
| 6 | 城口黄栌 | *Cotinus coggygria* | 1 | 0.5 | 0.5×0.4 |

续表

#### 草本层（1m×1m）

| 种号 | 中文名 | 拉丁名 | 株数 | 株高（m） | 盖度（%） |
|---|---|---|---|---|---|
| 1 | 红蓼 | *Polygonum orientale* | 1 | 0.3 | 20 |
| 2 | 苎麻 | *Boehmeria nivea* | 1 | 0.1 | 2 |
| 3 | 野棉花 | *Anemone vitifolia* | 1 | 0.15 | 20 |

#### 灌木层（5m×5m）

| 种号 | 中文名 | 拉丁名 | 株数 | 株高（m） | 冠幅（m×m） |
|---|---|---|---|---|---|
| 1 | 桦叶荚蒾 | *Viburnum betulifolium* | 1 | 1 | 2×3 |
| 2 | 异叶榕 | *Ficus heteromorpha* | 1 | 1 | 0.5×0.5 |
| 3 | 山梅花 | *Philadelphus incanus* | 1 | 4 | 1×2 |
| 4 | 桑 | *Morus alba* | 1 | 3 | 1×2 |
| 5 | 宜昌胡颓子 | *Elaeagnus henryi* | 1 | 1 | 0.2×0.3 |
| 6 | 四川茶藨子 | *Ribes setchuense* | 1 | 1 | 0.4×0.2 |

#### 草本层（1m×1m）

| 种号 | 中文名 | 拉丁名 | 株数 | 株高（m） | 盖度（%） |
|---|---|---|---|---|---|
| 1 | 橐吾 | *Ligularia sibirica* | 1 | 0.2 | 15% |
| 2 | 山麦冬 | *Liriope spicata* | 1 | 0.3 | 50% |
| 3 | 丝茅 | *Imperata koenigii* | 1 | 0.3 | 2% |
| 4 | 南艾蒿 | *Artemisia verlotorum* | 1 | 0.3 | 20% |

| 样地号：7 | 调查人：陶建平、郭庆学、伍小刚 | 调查时间：2013 年 7 月 12 日 |
|---|---|---|
| 地点名称：廖家河 | 地形：山谷 | 坡度：30° |
| 样地面积：20m×20m | 坡向：SN15° | 坡位：中坡 |
| 经度：108°09′34″ | 纬度：32°06′15″ | 海拔（m）：2139 |
| 植被类型：常绿阔叶林 | | |

#### 乔木层（20m×20m）

| 种号 | 中文名 | 拉丁名 | 株数 | 株高（m） | 胸围（cm） | 冠幅（m×m） |
|---|---|---|---|---|---|---|
| 1 | 川榛 | *Corylus heterophylla* var. *sutchuenensis* | 1 | 7 | 66 | 5×3 |
| 2 | 陇东海棠 | *Malus kansuensis* | 1 | 8 | 67 | 5×5 |
| 3 | 川榛 | *Corylus heterophylla* var. *sutchuenensis* | 1 | 7 | 60 | 5×4 |
| 4 | 宜昌胡颓子 | *Elaeagnus henryi* | 1 | 7 | 47 | 2×3 |
| 5 | 宜昌胡颓子 | *Elaeagnus henryi* | 1 | 7 | 67 | 3×4 |
| 6 | 陇东海棠 | *Malus kansuensis* | 1 | 5 | 23 | 2×3 |
| 7 | 宜昌胡颓子 | *Elaeagnus henryi* | 1 | 5 | 27 | 1×1.5 |
| 8 | 披针叶榛 | *Corylus fargesii* Schneid. | 1 | 7 | 66 | 4×3 |
| 9 | 五裂槭 | *Acer oliverianum* | 1 | 6 | 18 | 2×1 |
| 10 | 五裂槭 | *Acer oliverianum* | 1 | 10 | 87 | 6×3 |
| 11 | 川榛 | *Corylus heterophylla* var. *sutchuenensis* | 1 | 8 | 60 | 4×3 |
| 12 | 陇东海棠 | *Malus kansuensis* | 1 | 10 | 120 | 8×5 |
| 13 | 鹅耳枥 | *Carpinus turczaninowii* | 1 | 10 | 101 | 6×5 |
| 14 | 西南樱桃 | *Cerasus duclouxii* | 1 | 6 | 38 | 4×2.5 |
| 15 | 陇东海棠 | *Malus kansuensis* | 1 | 7 | 57 | 3×3 |
| 16 | 川榛 | *Corylus heterophylla* var. *sutchuenensis* | 1 | 5 | 38 | 2×2 |
| 17 | 川榛 | *Corylus heterophylla* var. *sutchuenensis* | 1 | 11 | 71 | 4×4 |

续表

| 乔木层（20m×20m） | | | | | | |
|---|---|---|---|---|---|---|
| 种号 | 中文名 | 拉丁名 | 株数 | 株高（m） | 胸围（cm） | 冠幅（m×m） |
| 18 | 西南樱桃 | *Cerasus duclouxii* | 1 | 11 | 134 | 7×7 |
| 19 | 鹅耳枥 | *Carpinus turczaninowii* | 1 | 8 | 42 | 3×3 |
| 20 | 川榛 | *Corylus heterophylla* var. *sutchuenensis* | 1 | 7 | 66 | 3×4 |
| 21 | 西南樱桃 | *Cerasus duclouxii* | 1 | 6.5 | 58 | 2×3 |
| 22 | 川榛 | *Corylus heterophylla* var. *sutchuenensis* | 1 | 7 | 66 | 5×3 |

| 灌木层（5m×5m） | | | | | |
|---|---|---|---|---|---|
| 种号 | 中文名 | 拉丁名 | 株（丛）数 | 株高（m） | 冠幅（m×m） |
| 1 | 五裂槭 | *Acer oliverianum* | 1 | 1 | 1.2×1 |
| 2 | 川榛 | *Corylus heterophylla* var. *sutchuenensis* | 1 | 1 | 0.91×1.4 |
| 3 | 桦叶荚蒾 | *Viburnum betulifolium* | 1 | 1.8 | 1.50×1.30 |
| 4 | 川榛 | *Corylus heterophylla* var. *sutchuenensis* | 1 | 1.7 | 1.45×1.2 |
| 5 | 川榛 | *Corylus heterophylla* var. *sutchuenensis* | 1 | 0.5 | 0.5×0.4 |
| 6 | 城口小檗 | *Berberis daiana* | 1 | 1.65 | 1.2×1.3 |
| 7 | 荚蒾 | *Viburnum dilatatum* | 1 | 0.9 | 0.5×0.5 |
| 8 | 城口小檗 | *Berberis daiana* | 1 | 1.7 | 1.7×1.5 |
| 9 | 绣线菊 | *Spiraea salicifolia* | 1 | 0.8 | 0.8×0.5 |
| 10 | 绣线菊 | *Spiraea salicifolia* | 1 | 0.9 | 0.4×0.5 |
| 11 | 五裂槭 | *Acer oliverianum* | 1 | 0.6 | 1×0.4 |
| 12 | 金山荚蒾 | *Viburnum chinshanense* | 1 | 0.4 | 0.7×0.5 |
| 13 | 城口小檗 | *Berberis daiana* | 1 | 1 | 1.2×0.9 |
| 14 | 川榛 | *Corylus heterophylla* var. *sutchuenensis* | 1 | 0.1 | 0.3×0.08 |
| 15 | 杨叶木姜子 | *Litsea populifolia* | 1 | 0.7 | 0.7×0.5 |
| 16 | 直角荚蒾 | *Viburnum foetidum* var. *rectangulatum* | 1 | 1.8 | 1.5×1.4 |

| 草本层（2m×2m） | | | | | |
|---|---|---|---|---|---|
| 种号 | 中文名 | 拉丁名 | 株（丛）数 | 株高（m） | 盖度（%） |
| 1 | 糙苏 | *Phlomis umbrosa* | 1 | 0.3 | 10 |
| 2 | 大叶金腰 | *Chrysosplenium macrophyllum* | 1 | 0.03 | 70 |
| 3 | 牡蒿 | *Artemisia japonica* | 1 | 0.2 | 2 |
| 4 | 一年蓬 | *Erigeron annuus* | 1 | 0.15 | 3 |
| 5 | 金星蕨 | *Parathelypteris glanduligera* | 1 | 0.3 | 3 |
| 6 | 狗牙根 | *Cynodon dactylon* | 1 | 0.2 | 5 |
| 7 | 泥胡菜 | *Hemistepta lyrata* | 1 | 0.15 | 10 |
| 8 | 繁缕 | *Stellaria media* | 1 | 0.1 | 1 |
| 9 | 冷水花 | *Pilea notata* | 1 | 0.15 | 5 |
| 10 | 半夏 | *Pinellia ternata* | 1 | 0.03 | 1 |
| 11 | 马蹄芹 | *Dickinsia hydrocotyloides* | 1 | 0.4 | 5 |
| 12 | 黄连 | *Coptis chinensis* | 1 | 0.3 | 5 |
| 13 | 狗牙根 | *Cynodon dactylon* | 1 | 0.3 | 8 |
| 14 | 繁缕 | *Stellaria media* | 1 | 0.3 | 3 |
| 15 | 半夏 | *Pinellia ternata* | 1 | 0.15 | 2 |
| 16 | 婆婆纳 | *Veronica didyma* | 1 | 0.1 | 1 |
| 17 | 石竹 | *Dianthus chinensis* | 1 | 0.2 | 3 |

续表

| 样地号：8 | 调查人：陶建平、钱风、伍小刚 | 调查时间：2013 年 7 月 14 日 |
|---|---|---|
| 地点名称：九龙池 | 地形：山谷 | 坡度：30° |
| 样地面积：20m×20m | 坡向：SN15° | 坡位：下坡 |
| 经度：108°10′35″ | 纬度：32°06′21″ | 海拔（m）：2222 |
| 植被类型：阔叶林 | | |

乔木层（20m×20m）

| 种号 | 中文名 | 拉丁名 | 株数 | 株高（m） | 胸围（cm） | 冠幅（m×m） |
|---|---|---|---|---|---|---|
| 1 | 四川杜鹃 | *Rhododendron sutchuenense* | 1 | 9 | 25 | 2×3 |
| 2 | 腺萼马银花 | *Rhododendron bachii* | 1 | 8 | 40 | 5×2 |
| 3 | 四川杜鹃 | *Rhododendron sutchuenense* | 1 | 10 | 38 | 2×3 |
| 4 | 四川杜鹃 | *Rhododendron sutchuenense* | 1 | 10 | 40 | 3×3 |
| 5 | 腺萼马银花 | *Rhododendron bachii* | 1 | 12 | 45 | 5×4 |
| 6 | 太白深灰槭 | *Acer caesium* subsp. *giraldii* | 1 | 13 | 50 | 3×4 |
| 7 | 椴树 | *Tilia tuan* | 1 | 5 | 10 | 1×1 |
| 8 | 山杨 | *Populus davidiana* | 1 | 5 | 12 | 1×2 |
| 9 | 椴树 | *Tilia tuan* | 1 | 12 | 40 | 3×5 |
| 10 | 四川杜鹃 | *Rhododendron sutchuenense* | 1 | 8 | 25 | 2×2 |
| 11 | 四川杜鹃 | *Rhododendron sutchuenense* | 1 | 9 | 30 | 2×2 |
| 12 | 四川杜鹃 | *Rhododendron sutchuenense* | 1 | 9 | 30 | 2×2 |
| 13 | 四川杜鹃 | *Rhododendron sutchuenense* | 1 | 10 | 35 | 6×5 |
| 14 | 四川杜鹃 | *Rhododendron sutchuenense* | 1 | 8 | 25 | 2×2 |
| 15 | 四川杜鹃 | *Rhododendron sutchuenense* | 1 | 8 | 25 | 2×4 |
| 16 | 四川杜鹃 | *Rhododendron sutchuenense* | 1 | 10 | 34 | 2×4 |
| 17 | 太白深灰槭 | *Acer caesium* subsp. *giraldii* | 1 | 12 | 25 | 2×3 |
| 18 | 四川杜鹃 | *Rhododendron sutchuenense* | 1 | 12 | 40 | 4×4 |
| 19 | 四川杜鹃 | *Rhododendron sutchuenense* | 1 | 12 | 40 | 4×4 |
| 20 | 四川杜鹃 | *Rhododendron sutchuenense* | 1 | 12 | 40 | 4×4 |
| 21 | 四川杜鹃 | *Rhododendron sutchuenense* | 1 | 12 | 40 | 4×4 |
| 22 | 椴树 | *Tilia tuan* | 1 | 12 | 68 | 4×5 |
| 23 | 四川杜鹃 | *Rhododendron sutchuenense* | 1 | 8 | 25 | 4×4 |

灌木层（5m×5m）

| 种号 | 中文名 | 拉丁名 | 株（丛）数 | 株高（m） | 冠幅（m×m） |
|---|---|---|---|---|---|
| 1 | 山杨 | *Populus davidiana* | 1 | 2.5 | 2×2 |
| 2 | 箭竹 | *Fargesia spathacea* | 1 | 1.2 | |
| 3 | 山杨 | *Populus davidiana* | 1 | 1.5 | 1×1 |
| 4 | 安坪十大功劳 | *Mahonia eurybracteata* subsp. *ganpinensis* | 1 | 0.4 | 0.2×0.4 |

草本层（1m×1m）

| 种号 | 中文名 | 拉丁名 | 株（丛）数 | 株高（m） | 盖度（%） |
|---|---|---|---|---|---|
| 1 | 毛杓兰 | *Cypripedium franchetii* | 1 | 0.2 | 20 |
| 2 | 多花繁缕 | *Stellaria nipponica* Ohwi. | 1 | 0.05 | 8 |
| 3 | 沿阶草 | *Ophiopogon bodinieri* | 1 | 0.08 | 2 |
| 4 | 华重楼 | *Paris polyphylla* | 1 | 0.10 | 2 |

续表

| 样地号：9 | 调查人：陶建平、郭庆学、伍小刚 | 调查时间：2013 年 7 月 12 日 |
|---|---|---|
| 地点名称：九龙池 | 地形：山地 | 坡度：10° |
| 样地面积：20m×20m | 坡向：WS15° | 坡位：上坡 |
| 经度：108°11′31″ | 纬度：32°05′53″ | 海拔（m）：2195 |
| 植被类型：阔叶林 | | |

乔木层（20m×20m）

| 种号 | 中文名 | 拉丁名 | 株数 | 株高（m） | 胸围（cm） | 冠幅（m×m） |
|---|---|---|---|---|---|---|
| 1 | 湖北山楂 | *Crataegus wilsonii* | 1 | 6 | 61 | 4×5 |
| 2 | 尾叶樱桃 | *Cerasus dielsiana* | 1 | 6.5 | 58 | 3×4 |
| 3 | 宜昌胡颓子 | *Elaeagnus henryi* | 1 | 5.5 | 87 | 3×3 |
| 4 | 宜昌胡颓子 | *Elaeagnus henryi* | 1 | 5 | 45 | 3×2 |
| 5 | 尾叶樱桃 | *Cerasus dielsiana* | 1 | 5 | 45 | 3×2 |
| 6 | 尾叶樱桃 | *Cerasus dielsiana* | 1 | 5 | 34 | 3×2 |
| 7 | 野山楂 | *Crataegus cuneata* Sieb. | 1 | 6 | 72 | 5×3 |
| 8 | 尾叶樱桃 | *Cerasus dielsiana* | 1 | 5 | 33 | 2×2 |
| 9 | 湖北山楂 | *Crataegus wilsonii* | 1 | 8 | 58 | 3×5 |
| 10 | 宜昌胡颓子 | *Elaeagnus henryi* | 1 | 6 | 43 | 3×2 |
| 11 | 湖北山楂 | *Crataegus wilsonii* | 1 | 8 | 58 | 3×4 |
| 12 | 山梅花 | *Philadelphus incanus* | 1 | 5 | 30 | 2×2 |
| 13 | 湖北山楂 | *Crataegus wilsonii* | 1 | 5 | 23 | 3×1 |
| 14 | 湖北山楂 | *Crataegus wilsonii* | 1 | 5 | 35 | 3×5 |
| 15 | 湖北山楂 | *Crataegus wilsonii* | 1 | 5 | 50 | 3×5 |
| 16 | 湖北山楂 | *Crataegus wilsonii* | 1 | 8 | 108 | 6×5 |

灌木层（5m×5m）

| 种号 | 中文名 | 拉丁名 | 株（丛）数 | 株高（m） | 冠幅（m×m） |
|---|---|---|---|---|---|
| 1 | 城口小檗 | *Berberis daiana* | 1 | 1.6 | 0.8×0.8 |
| 2 | 城口小檗 | *Berberis daiana* | 1 | 2 | 1.5×1.5 |
| 3 | 卫矛 | *Euonymus alatus* | 1 | 1.8 | 1.2×1.5 |
| 4 | 卫矛 | *Euonymus alatus* | 1 | 3 | 1×2 |
| 5 | 城口小檗 | *Berberis daiana* | 1 | 1 | 0.8×0.8 |
| 6 | 城口小檗 | *Berberis daiana* | 1 | 0.5 | 0.5×0.3 |
| 7 | 城口小檗 | *Berberis daiana* | 1 | 1.7 | 0.4×0.5 |
| 8 | 荚蒾 | *Viburnum dilatatum* | 1 | 1.8 | 3×2 |
| 9 | 巴东荚蒾 | *Viburnum henryi* | 1 | 3 | 2×1 |
| 10 | 小蜡 | *Ligustrum sinense* | 1 | 3 | 2×1 |
| 11 | 川陕鹅耳枥 | *Carpinus fargesiana* | 1 | 3 | 0.5×0.5 |
| 12 | 小蜡 | *Ligustrum sinense* | 1 | 2 | 1×2 |
| 13 | 城口小檗 | *Berberis daiana* | 1 | 2 | 0.8×1 |
| 14 | 绣线菊 | *Spiraea salicifolia* | 1 | 1.2 | 1.8×1.5 |
| 15 | 绣线菊 | *Spiraea salicifolia* | 1 | 0.6 | 0.3×0.4 |
| 16 | 城口小檗 | *Berberis daiana* | 1 | 1.7 | 0.8×0.8 |
| 17 | 绣线菊 | *Spiraea salicifolia* | 1 | 0.8 | 1×0.8 |

续表

草本层（1m×1m）

| 种号 | 中文名 | 拉丁名 | 株（丛）数 | 株高（m） | 盖度（%） |
|------|--------|--------|-----------|-----------|-----------|
| 1 | 戟叶蓼 | *Polygonum thunbergii* | 1 | 0.4 | 80 |
| 2 | 糙苏 | *Phlomis umbrosa* | 1 | 0.4 | 5 |
| 3 | 南艾蒿 | *Artemisia verlotorum* | 1 | 0.3 | 2 |
| 4 | 花南星 | *Arisaema lobatum* | 1 | 0.5 | 2 |

| 样地号：10 | 调查人：陶建平、钱凤、伍小刚 | 调查时间：2013 年 7 月 15 日 |
|-----------|------------------------------|------------------------------|
| 地点名称：野猪槽 | 地形：山地 | 坡度：10° |
| 样地面积：20m×20m | 坡向：WS15° | 坡位：上坡 |
| 经度：108°9′8″ | 纬度：32°05′45″ | 海拔（m）：1999.5 |

植被类型：阔叶林

乔木层（20m×20m）

| 种号 | 中文名 | 拉丁名 | 株数 | 株高（m） | 胸围（cm） | 冠幅（m×m） |
|------|--------|--------|------|-----------|------------|-------------|
| 1 | 川陕鹅耳枥 | *Carpinus fargesiana* | 1 | 13 | 50 | 2×3 |
| 2 | 川陕鹅耳枥 | *Carpinus fargesiana* | 1 | 13 | 40 | 4×3 |
| 3 | 川陕鹅耳枥 | *Carpinus fargesiana* | 1 | 13 | 40 | 3×3 |
| 4 | 川陕鹅耳枥 | *Carpinus fargesiana* | 1 | 10 | 50 | 2×2 |
| 5 | 川陕鹅耳枥 | *Carpinus fargesiana* | 1 | 12 | 40 | 2×2 |
| 6 | 川陕鹅耳枥 | *Carpinus fargesiana* | 1 | 5 | 38 | 6×8 |
| 7 | 西南卫矛 | *Euonymus hamiltonianus* | 1 | 7 | 10 | 2×3 |
| 8 | 宜昌胡颓子 | *Elaeagnus henryi* | 1 | 7 | 30 | 4×4 |

灌木层（5m×5m）

| 种号 | 中文名 | 拉丁名 | 株（丛）数 | 株高（m） | 冠幅（m×m） |
|------|--------|--------|-----------|-----------|-------------|
| 1 | 陕西卫矛 | *Euonymus schensianus* | 1 | 2 | 2×2 |
| 2 | 陕西卫矛 | *Euonymus schensianus* | 1 | 3 | 2×3 |
| 3 | 西南卫矛 | *Euonymus hamiltonianus* | 1 | 1.5 | 0.5×0.8 |
| 4 | 刺鼠李 | *Rhamnus dumetorum* | 1 | 1 | 0.8×0.8 |
| 5 | 陕西卫矛 | *Euonymus schensianus* | 1 | 1.8 | 1×0.5 |

草本层（1m×1m）

| 种号 | 中文名 | 拉丁名 | 株（丛）数 | 株高（m） | 盖度（%） |
|------|--------|--------|-----------|-----------|-----------|
| 1 | 南川鼠尾草 | *Salvia nanchuanensis* | 1 | 0.6 | 30 |
| 2 | 活血丹 | *Glechoma longituba* | 1 | 0.1 | 30 |
| 3 | 丛枝蓼 | *Polygonum posumbu* | 1 | 0.2 | 5 |
| 4 | 藿香 | *Agastache rugosa* | 1 | 0.2 | 50 |
| 5 | 华北剪股颖 | *Agrostis clavata* | 1 | 0.2 | 3 |
| 6 | 丛枝蓼 | *Polygonum posumbu* | 1 | 0.2 | 30 |
| 7 | 凤仙花 | *Impatiens balsamina* | 1 | 0.2 | 2 |

| 样地号：11 | 调查人：陶建平、钱凤、伍小刚 | 调查时间：2013 年 7 月 15 日 |
|---|---|---|
| 地点名称：野猪槽 | 地形：山地 | 坡度：13° |
| 样地面积：20m×40m | 坡向：WS15° | 坡位：下坡 |
| 经度：108°09′13″ | 纬度：32°05′37″ | 海拔（m）：1879 |
| 植被类型：阔叶林 | | |

乔木层 1（20m×20m）

| 种号 | 中文名 | 拉丁名 | 株数 | 株高（m） | 胸围（cm） | 冠幅（m×m） |
|---|---|---|---|---|---|---|
| 1 | 包果柯 | *Lithocarpus cleistocarpus* | 1 | 13 | 73 | 5×5 |
| 2 | 包果柯 | *Lithocarpus cleistocarpus* | 1 | 14 | 73 | 5×3 |
| 3 | 川陕鹅耳枥 | *Carpinus fargesiana* | 1 | 6.5 | 21 | 2×2 |
| 4 | 扇叶槭 | *Acer flabellatum* | 1 | 14 | 53 | 5×5 |
| 5 | 扇叶槭 | *Acer flabellatum* | 1 | 8 | 32 | 4×4 |
| 6 | 扇叶槭 | *Acer flabellatum* | 1 | 7.5 | 40 | 5×4 |
| 7 | 扇叶槭 | *Acer flabellatum* | 1 | 6 | 22 | 2×2 |
| 8 | 扇叶槭 | *Acer flabellatum* | 1 | 7 | 32 | 2×2 |
| 9 | 扇叶槭 | *Acer flabellatum* | 1 | 9 | 39 | 3×3 |
| 10 | 扇叶槭 | *Acer flabellatum* | 1 | 6 | 22 | 2×1.5 |
| 11 | 扇叶槭 | *Acer flabellatum* | 1 | 15 | 53 | 6×6 |
| 12 | 灯台树 | *Bothrocaryum controversum* | 1 | 10 | 95 | 5×5 |
| 13 | 扇叶槭 | *Acer flabellatum* | 1 | 11 | 54 | 6×5 |
| 14 | 桦树 | *Betula* | 1 | 13 | 53 | 4×4 |
| 15 | 扇叶槭 | *Acer flabellatum* | 1 | 12 | 65 | 5×5 |
| 16 | 西南樱桃 | *Cerasus duclouxii* | 1 | 14 | 55 | 5×5 |
| 17 | 包果柯 | *Lithocarpus cleistocarpus* | 1 | 10 | 35 | 3×3 |
| 18 | 灯台树 | *Bothrocaryum controversum* | 1 | 13 | 43 | 4×4 |
| 19 | 西南樱桃 | *Cerasus duclouxii* | 1 | 8 | 35 | 3×4 |
| 20 | 西南樱桃 | *Cerasus duclouxii* | 1 | 8 | 35 | 3×4 |
| 21 | 川滇高山栎 | *Quercus aquifolioides* | 1 | 5.5 | 18 | 2×2 |
| 22 | 扇叶槭 | *Acer flabellatum* | 1 | 12 | 38 | 3×4 |
| 23 | 胡颓子 | *Elaeagnus pungens* | 1 | 5 | 21 | 2×1 |
| 24 | 扇叶槭 | *Acer flabellatum* | 1 | 13 | 49 | 5×5 |
| 25 | 青榨槭 | *Acer davidii* | 1 | 11 | 56 | 4×4 |
| 26 | 西南樱桃 | *Cerasus duclouxii* | 1 | 13 | 53 | 4×5 |
| 27 | 包果柯 | *Lithocarpus cleistocarpus* | 1 | 13 | 73 | 5×5 |

乔木层 2（20m×20m）

| 1 | 川陕鹅耳枥 | *Carpinus fargesiana* | 1 | 10 | 44 | 4×4 |
|---|---|---|---|---|---|---|
| 2 | 扇叶槭 | *Acer flabellatum* | 1 | 11 | 39 | 3×2 |
| 3 | 扇叶槭 | *Acer flabellatum* | 1 | 7.5 | 19 | 2×3 |
| 4 | 西南樱桃 | *Cerasus duclouxii* | 1 | 9.5 | 37 | 4×3 |
| 5 | 扇叶槭 | *Acer flabellatum* | 1 | 9 | 53 | 6×5 |
| 6 | 扇叶槭 | *Acer flabellatum* | 1 | 11 | 50 | 5×5 |
| 7 | 扇叶槭 | *Acer flabellatum* | 1 | 10 | 35 | 3×3 |
| 8 | 西南樱桃 | *Cerasus duclouxii* | 1 | 11 | 58 | 5×5 |
| 9 | 扇叶槭 | *Acer flabellatum* | 1 | 6 | 29 | 3×3 |

续表

乔木层 1（20m×20m）

| 种号 | 中文名 | 拉丁名 | 株数 | 株高（m） | 胸围（cm） | 冠幅（m×m） |
|---|---|---|---|---|---|---|
| 10 | 川陕鹅耳枥 | *Carpinus fargesiana* | 1 | 8 | 35 | 3×3.5 |
| 11 | 扇叶槭 | *Acer flabellatum* | 1 | 7 | 32 | 4×3 |
| 12 | 扇叶槭 | *Acer flabellatum* | 1 | 6.5 | 30 | 3×4 |
| 13 | 高山栎 | *Quercus semecarpifolia* | 1 | 7.5 | 38 | 4×3 |
| 14 | 扇叶槭 | *Acer flabellatum* | 1 | 6 | 35 | 4×3 |
| 15 | 扇叶槭 | *Acer flabellatum* | 1 | 5.5 | 19 | 1.5×2 |

续表

# 附表3 四川花萼山国家级自然保护区昆虫名录

| 序号 | 目名 | 科名 | 中文种名（拉丁学名） | 最新发现时间/年份 | 数量状况 | 数据来源 |
|---|---|---|---|---|---|---|
| 1 | 蜉蝣目 | 四节蜉科 Baetidae | 黑脉假二翅蜉 Pseudocloeon nigrovena Gui et al | 2013年 | + | 标本 |
| 2 | 蜉蝣目 | 四节蜉科 Baetidae | 紫假二翅蜉 Pseudocloeon purpurara Gui et al | 2014年 | + | 标本 |
| 3 | 蜉蝣目 | 扁蜉科 Heptageniidae | 红斑似动蜉 Cinygmina rubromaceta Lou et al | 2013年 | ++ | 标本 |
| 4 | 蜉蝣目 | 扁蜉科 Heptageniidae | 透明高翔蜉 Epeorus pellucidus（Bodsky） | 2013年 | + | 标本 |
| 5 | 蜻蜓目 | 色蟌科 Calopterygidae | 华红基色蟌（赤基丽色蟌）Archineura incarnate Karsch | 2014年 | + | 标本 |
| 6 | 蜻蜓目 | 色蟌科 Calopterygidae | 透顶单脉色蟌 Matrona basilaris Sely | 2013年 | + | 标本 |
| 7 | 蜻蜓目 | 色蟌科 Calopterygidae | 褐翅眉色蟌 Matrona basilaris nigipectus Selys | 2000年 | | 文献 |
| 8 | 蜻蜓目 | 扇蟌科 Platycnemidae | 六斑长腹扇蟌 Coeliccia sexmaculatus Wang | 2000年 | | 文献 |
| 9 | 蜻蜓目 | 蟌科 Coenagrionidae | 日本黄蟌 Ceriagrion nipponicum Asahina | 2013年 | + | 标本 |
| 10 | 蜻蜓目 | 溪蟌科 Epallagidae | 蓝斑溪蟌 Anisopleura furcata Selys | 2013年 | ++ | 标本 |
| 11 | 蜻蜓目 | 蜓科 Aeschnoidae | 黑纹伟蜓 Anax nigrofasciatus Oguma | 2013年 | + | 标本 |
| 12 | 蜻蜓目 | 蜻科 Libellulidae | 夏赤蜻 Sympetrum darwinianum Selys | 2013年 | + | 标本 |
| 13 | 蜻蜓目 | 蜻科 Libellulidae | 褐顶赤蜻 Sympetrum infuscatum Selys | 2013年 | ++ | 标本 |
| 14 | 蜻蜓目 | 蜻科 Libellulidae | 大赤蜻 Sympetrum baccha Selys | 2012年 | + | 标本 |
| 15 | 蜻蜓目 | 蜻科 Libellulidae | 旭光赤蜻 Sympetrum hypomelas Selys | 2014年 | + | 标本 |
| 16 | 蜻蜓目 | 蜻科 Libellulidae | 狭腹灰蜻 Orthetrum sabina Drury | 2013年 | + | 标本 |
| 17 | 蜻蜓目 | 蜻科 Libellulidae | 白尾灰蜻 Orthetrum albistylum Selys | 2013年 | ++ | 标本 |
| 18 | 蜻蜓目 | 蜻科 Libellulidae | 异色灰蜻 Orthetrum melania Selys | 2014年 | + | 标本 |
| 19 | 蜻蜓目 | 蜻科 Libellulidae | 庆褐蜻 Trithemis festiva Rambur | 2014年 | + | 标本 |
| 20 | 蜻蜓目 | 蜻科 Libellulidae | 黄蜻 Pantala flavescens Fabricius | 2013年 | + | 标本 |
| 21 | 蜻蜓目 | 蜻科 Libellulidae | 六斑曲缘蜻 Palpopleura sex-maculata Fabricius | 2013年 | + | 标本 |
| 22 | 蜻蜓目 | 蜻科 Libellulidae | 红蜻 Crocothemis servilia Drury | 2006年 | | 文献 |
| 23 | 襀翅目 | 襀科 Perlidae | 新襀 Neoperla sp. | 2013年 | + | 标本 |
| 24 | 缨翅目 | 蓟马科 Thripidae | 豆条蓟马 Hercothrips fasciatus Pergande | 2006年 | | 文献 |
| 25 | 缨翅目 | 蓟马科 Thripidae | 烟蓟马 Thrips tabaci Lindeman | 2006年 | | 文献 |
| 26 | 螳螂目 | 花螳科 Hymenopodidae | 透翅眼斑螳 Creobroter vitripennis Bei-Beier | 2014年 | + | 标本 |
| 27 | 螳螂目 | 长颈螳科 Vatidae | 中华屏顶螳 Kishinouyeum sinensae Ouchi | 2014年 | + | 标本 |
| 28 | 螳螂目 | 螳科 Mantidae | 枯叶大刀螳 Tenodera aridifolia（Stoll） | 2014年 | + | 标本 |
| 29 | 螳螂目 | 螳科 Mantidae | 中华大刀螳 Tenodera sinensis Saussure | 2012年 | + | 标本 |
| 30 | 螳螂目 | 螳科 Mantidae | 中华斧螳 Hierodula chinensis Werner | 2014年 | + | 标本 |
| 31 | 螳螂目 | 螳科 Mantidae | 广斧螳 Hierodula patellifera Serville | 2014年 | + | 标本 |
| 32 | 螳螂目 | 螳科 Mantidae | 棕静螳 Statilia maculate Thunberg | 2014年 | + | 标本 |
| 33 | 螳螂目 | 螳科 Mantidae | 绿静螳 Statilia nemoralis（Saussure） | 2013年 | + | 标本 |
| 34 | 蜥目 | 蜥科 Phasmatidae | 四川无肛䗛 Paraentoria sichuanensis Chen et He. | 2014年 | + | 标本 |
| 35 | 革翅目 | 肥螋科 Anisolabididae | 方肥螋 Anisolabis quadrata Liu | 2014年 | + | 标本 |
| 36 | 革翅目 | 螴螋科 Labiduridae | 慈螋 Eparachus insignis（de Haen） | 2012年 | + | 标本 |
| 37 | 蜚蠊目 | 蜚蠊科 Blattidae | 东方蜚蠊 Blatta orientalis Linnaeus | 2014年 | + | 标本 |
| 38 | 直翅目 | 锥头蝗科 Pyrgomorphidae | 短额负蝗 Atractomorpha sinensis I.Bolivar | 2014年 | + | 标本 |

| 序号 | 目名 | 科名 | 中文种名（拉丁学名） | 最新发现时间/年份 | 数量状况 | 数据来源 |
|---|---|---|---|---|---|---|
| 39 | 直翅目 | 锥头蝗科 Pyrgomorphidae | 短翅负蝗 *Atractomorpha crenulata*（Fribcius） | 2006 年 | | 文献 |
| 40 | 直翅目 | 斑腿蝗科 Catantopidae | 斑角蔗蝗 *Hieroglyphus annulicornis*（Shiraki） | 2006 年 | | 文献 |
| 41 | 直翅目 | 斑腿蝗科 Catantopidae | 小稻蝗 *Oxya intricate*（Stal） | 2012 年 | + | 标本 |
| 42 | 直翅目 | 斑腿蝗科 Catantopidae | 中华稻蝗 *Oxya chinensis*（Thunberg） | 2014 年 | + | 标本 |
| 43 | 直翅目 | 斑腿蝗科 Catantopidae | 山稻蝗 *Oxya agavisa* Tsai | 2013 年 | + | 标本 |
| 44 | 直翅目 | 斑腿蝗科 Catantopidae | 微翅小蹦蝗 *Pedopodisma microptera* Zhang | 2012 年 | + | 标本 |
| 45 | 直翅目 | 斑腿蝗科 Catantopidae | 黄山小蹦蝗 *Pedopodisma huangshana* Huang | 2006 年 | | 文献 |
| 46 | 直翅目 | 斑腿蝗科 Catantopidae | 棉蝗 *Chondracris rosea rosea* De Geer | 2014 年 | + | 标本 |
| 47 | 直翅目 | 斑腿蝗科 Catantopidae | 日本黄脊蝗 *Patanga japonica*（Bolivar） | 2006 年 | | 文献 |
| 48 | 直翅目 | 斑腿蝗科 Catantopidae | 四川卵翅蝗 *Caryanda methiola* Chang | 2014 年 | + | 标本 |
| 49 | 直翅目 | 斑腿蝗科 Catantopidae | 四川凸额蝗 *Traulia orientalis szetshuanensis* Ramme | 2014 年 | + | 标本 |
| 50 | 直翅目 | 斑腿蝗科 Catantopidae | 云贵素木蝗 *Shirakiacris yunkweiensis*（Chang） | 2014 年 | + | 标本 |
| 51 | 直翅目 | 斑腿蝗科 Catantopidae | 长翅素木蝗 *Shirakiacris shirakii*（I.Bolivar） | 2012 年 | + | 标本 |
| 52 | 直翅目 | 斑腿蝗科 Catantopidae | 峨嵋腹露蝗 *Fruhstorferiola omei*（Rehn et Rehn） | 2014 年 | + | 标本 |
| 53 | 直翅目 | 斑腿蝗科 Catantopidae | 短星翅蝗 *Calliptamns abbreviatus* Ikonn | 2014 年 | + | 标本 |
| 54 | 直翅目 | 斑腿蝗科 Catantopidae | 短角外斑腿蝗 *Xenocatantops brachycerus* Willemse | 2013 年 | + | 标本 |
| 55 | 直翅目 | 斑翅蝗科 Oedipodidae | 云斑车蝗 *Gastrimargus marmoratus*（Thunberg） | 2006 年 | | 文献 |
| 56 | 直翅目 | 斑翅蝗科 Oedipodidae | 中华越北蝗 *Tonkinacris sinensis* Chane | 2014 年 | + | 标本 |
| 57 | 直翅目 | 斑翅蝗科 Oedipodidae | 红胫小车蝗 *Oedaleus manjius* Chang | 2014 年 | + | 标本 |
| 58 | 直翅目 | 斑翅蝗科 Oedipodidae | 黄胫小车蝗 *Oedaleus infernalis infernalis* Saussure | 2013 年 | + | 标本 |
| 59 | 直翅目 | 斑翅蝗科 Oedipodidae | 花胫绿纹蝗 *Aiolopus tamulus*（Fabricius） | 2014 年 | + | 标本 |
| 60 | 直翅目 | 斑翅蝗科 Oedipodidae | 红胫踵蝗 *Pternoscirta pulchripes* Uvarov | 2012 年 | + | 标本 |
| 61 | 直翅目 | 网翅蝗科 Arcypteridae | 大青脊竹蝗 *Ceracris nigricornis laeta*（I.Bol.） | 2014 年 | + | 标本 |
| 62 | 直翅目 | 网翅蝗科 Arcypteridae | 青脊竹蝗 *Ceracris nigricornis* Walker | 2012 年 | + | 标本 |
| 63 | 直翅目 | 网翅蝗科 Arcypteridae | 黄脊竹蝗 *Ceracris kiangsu* Tsai. | 2014 年 | + | 标本 |
| 64 | 直翅目 | 网翅蝗科 Arcypteridae | 隆额网翅蝗 *Arcyptera coreana* Shiraki | 2014 年 | + | 标本 |
| 65 | 直翅目 | 网翅蝗科 Arcypteridae | 四川凹背蝗 *Ptygonotus sichuanensis* Zheng | 2006 年 | | 文献 |
| 66 | 直翅目 | 剑角蝗科 Arcypteridae | 中华剑角蝗 *Acrida cinerca*（Thunberg） | 2006 年 | | 文献 |
| 67 | 直翅目 | 菱蝗科 Tetrigidae | 小菱蝗 *Acrydium japonicum* Bolivar | 2006 年 | | 文献 |
| 68 | 直翅目 | 蚱科 Tetrigidae | 秦岭蚱 *Tetrix qinlingensis* Zheng et Huo | 2014 年 | + | 标本 |
| 69 | 直翅目 | 蚱科 Tetrigidae | 乳源蚱 *Tetrix ruyuanensis* Liang | 2014 年 | + | 标本 |
| 70 | 直翅目 | 蚱科 Tetrigidae | 日本蚱 *Tetrix Japonica*（Bolivar） | 2013 年 | ++ | 标本 |
| 71 | 直翅目 | 枝背蚱科 Cladonotidae | 短翅悠背蚱 *Euparatettix brachyptera* Zheng et Mao | 2012 年 | + | 标本 |
| 72 | 直翅目 | 露螽科 Phaneropteridae | 中华半掩耳螽 *Hemielmaea chinensis* Brunner | 2014 年 | + | 标本 |
| 73 | 直翅目 | 露螽科 Phaneropteridae | 日本条螽 *Ducetia japonica* Thunberg | 2014 年 | + | 标本 |
| 74 | 直翅目 | 露螽科 Phaneropteridae | 黑角露螽 *Phaneroptera nigroantennata* Burnner von Wattenwy | 2014 年 | + | 标本 |
| 75 | 直翅目 | 露螽科 Phaneropteridae | 截叶糙颈螽 *Ruidocollaris truncatolobata*（Brunner） | 2014 年 | + | 标本 |
| 76 | 直翅目 | 露螽科 Phaneropteridae | 中华糙颈螽 *Ruidocollaris sinensis* Liu C.X.et Kang | 2014 年 | + | 标本 |
| 77 | 直翅目 | 露螽科 Phaneropteridae | 短裂掩耳螽 *Elimaea*（*Rhaelimara*）*brevifissa* Liu et L | 2014 年 | + | 标本 |
| 78 | 直翅目 | 露螽科 Phaneropteridae | 大掩耳螽 *Elimaea*（*Rhaelimara*）*maja* Gorochov | 2014 年 | + | 标本 |
| 79 | 直翅目 | 露螽科 Phaneropteridae | 四刺掩耳螽 *Elimaea*（*Rhaelimara*）*quadrispina* Liu | 2014 年 | + | 标本 |
| 80 | 直翅目 | 露螽科 Phaneropteridae | 万宁掩耳螽 *Elimaea*（*E.*）*wanningensis* Liu | 2014 年 | + | 标本 |

| 序号 | 目名 | 科名 | 中文种名（拉丁学名） | 最新发现时间/年份 | 数量状况 | 数据来源 |
|---|---|---|---|---|---|---|
| 81 | 直翅目 | 露螽科 Phaneropteridae | 显沟平背螽 *Isopsera sulcata* Bei-Bienko | 2014 年 | + | 标本 |
| 82 | 直翅目 | 草螽科 Conocephalidae | 黑胫沟额螽 *Ruspolia lineosa*（Walker） | 2014 年 | + | 标本 |
| 83 | 直翅目 | 草螽科 Conocephalidae | 长瓣草螽 *Conocephalus gladiatus*（Redtenbacher） | 2014 年 | + | 标本 |
| 84 | 直翅目 | 螽斯科 Tettigoniidae | 中华螽斯 *Tettigonia chinensis* Willemse | 2014 年 | + | 标本 |
| 85 | 直翅目 | 驼螽科 Rhaphidophoridae | 温室灶螽 *Tachycines asynamorus* Adelung | 2014 年 | + | 标本 |
| 86 | 直翅目 | 纺织娘科 Mecopodidae | 日本纺织娘 *Mecopoda nipponensi*（De Haan） | 2014 年 | + | 标本 |
| 87 | 直翅目 | 草螽科 Conocephalidae | 日本似织螽 *Hexacentrus japonicus* Kamy | 2014 年 | + | 标本 |
| 88 | 直翅目 | 纺织娘科 Mecopodidae | 纺织娘 *Mecopoda elongate*（Linnaeus） | 2014 年 | + | 标本 |
| 89 | 直翅目 | 蝼蛄科 Gryllotalpidae | 东方蝼蛄 *Gryllotlpa orientalis* Burmeistr | 2012 年 | + | 标本 |
| 90 | 直翅目 | 蝼蛄科 Gryllotalpidae | 非洲蝼蛄 *Gryllotalapa africana* Palisot de Beauvois | 2006 年 | | 文献 |
| 91 | 直翅目 | 蟋蟀科 Gryllidae | 油葫芦 *Gryllulus testaceus* Walker | 2014 年 | + | 标本 |
| 92 | 直翅目 | 蟋蟀科 Gryllidae | 黄脸油葫芦 *Teleogryllus emma* Ohmachi et Matsuura | 2014 年 | + | 标本 |
| 93 | 直翅目 | 蟋蟀科 Gryllidae | 黑脸油葫芦 *Teleogryllus occipitalis*（Serville） | 2014 年 | + | 标本 |
| 94 | 直翅目 | 蟋蟀科 Gryllidae | 小棺头蟋 *Loxoblemmus aomoriensis* Shiraki | 2013 年 | + | 标本 |
| 95 | 直翅目 | 蟋蟀科 Gryllidae | 多伊棺头蟋 *Loxoblemmus doentzi* Stein | 2014 年 | + | 标本 |
| 96 | 直翅目 | 蟋蟀科 Gryllidae | 迷卡斗蟋 *Velarifictorus micado*（Saussure） | 2014 年 | + | 标本 |
| 97 | 直翅目 | 蟋蟀科 Gryllidae | 云南茨娓蟋 *Zvenella yunnana*（Gorochov） | 2014 年 | + | 标本 |
| 98 | 直翅目 | 蛉蟋科 Trigonidiidae | 阔胸拟蛉蟋 *Paratrigonidium transversum* Shiraki | 2013 年 | + | 标本 |
| 99 | 同翅目 | 蝉科 Cicadidae | 松寒蝉 *Meimuna opalifera*（Walker） | 2014 年 | + | 标本 |
| 100 | 同翅目 | 蝉科 Cicadidae | 窄瓣寒蝉 *Meimuna microdon*（Walker） | 2014 年 | + | 标本 |
| 101 | 同翅目 | 蝉科 Cicadidae | 蟪蛄 *Platypleura kaempferi*（Fabricius） | 2014 年 | + | 标本 |
| 102 | 同翅目 | 蝉科 Cicadidae | 瓣马蝉 *Platyomia radna*（Distant） | 2014 年 | + | 标本 |
| 103 | 同翅目 | 蝉科 Cicadidae | 蚱蝉 *Pomponia linearis*（Walker） | 2013 年 | + | 标本 |
| 104 | 同翅目 | 蝉科 Cicadidae | 鸣鸣蝉 *Oncotympana maculaticollis*（Motschulsky） | 2014 年 | + | 标本 |
| 105 | 同翅目 | 蝉科 Cicadidae | 日本螗蝉 *Tanna japonensis*（Distant） | 2014 年 | + | 标本 |
| 106 | 同翅目 | 蝉科 Cicadidae | 蚱蝉 *Cryptotympana atrata*（Fabricius） | 2012 年 | + | 标本 |
| 107 | 同翅目 | 蝉科 Cicadidae | 黄蚱蝉 *Cryptotympana mandarina* Distant | 2014 年 | + | 标本 |
| 108 | 同翅目 | 蝉科 Cicadidae | 黑蚱蝉 *Cryptotympana atrata* Fabricius | 2000 年 | | 文献 |
| 109 | 同翅目 | 蝉科 Cicadidae | 草蝉 *Mogannia hebes* Walker | 2000 年 | | 文献 |
| 110 | 同翅目 | 蝉科 Cicadidae | 合哑蝉 *Karenia caelatata* Distant | 2014 年 | + | 采集 |
| 111 | 同翅目 | 蝉科 Cicadidae | 黑安蝉 *Chremistica nigra* Chen | 2014 年 | + | 标本 |
| 112 | 同翅目 | 蝉科 Cicadidae | 三瘤蝉 *Inthaxara olivacea* Chen | 2014 年 | + | 采集 |
| 113 | 同翅目 | 角蝉科 Membracidae | 黑角蝉 *Gargara genistae* Fabricius | 2000 年 | | 文献 |
| 114 | 同翅目 | 蛾蜡蝉科 Flatidae | 晨星娥蜡蝉 *Cryptoflato guttularis*（Walker） | 2014 年 | + | 标本 |
| 115 | 同翅目 | 广蜡蝉科 Ricaniidae | 阔带宽广蜡蝉 *Pochazia confuse* Distant | 2014 年 | + | 标本 |
| 116 | 同翅目 | 蜡蝉科 Fulgoridae | 斑衣蜡蝉 *Lycorma delicatula*（White） | 2012 年 | + | 标本 |
| 117 | 同翅目 | 叶蝉科 Cicadellidae | 橙带突额叶蝉 *Gunungidia aurantiifasciata*（Jacobi） | 2014 年 | + | 标本 |
| 118 | 同翅目 | 叶蝉科 Cicadellidae | 纹带尖头叶蝉 *Yanocephalus vanonis*（Matsumura） | 2014 年 | + | 标本 |
| 119 | 同翅目 | 叶蝉科 Cicadellidae | 条沙叶蝉 *Psammotettix striatus*（Linnaeus） | 2014 年 | + | 标本 |
| 120 | 同翅目 | 叶蝉科 Cicadellidae | 黑尾叶蝉 *Nephotettix cincticeps*（Uhler） | 2006 年 | | 文献 |
| 121 | 同翅目 | 叶蝉科 Cicadellidae | 两点黑尾叶蝉 *Nephotettix virescens*（Distant） | 2014 年 | + | 标本 |
| 122 | 同翅目 | 叶蝉科 Cicadellidae | 棉叶蝉 *Empoasca biguttula* Shiraki | 2000 年 | | 文献 |

续表

| 序号 | 目名 | 科名 | 中文种名（拉丁学名） | 最新发现时间/年份 | 数量状况 | 数据来源 |
|---|---|---|---|---|---|---|
| 123 | 同翅目 | 叶蝉科 Cicadellidae | 小绿叶蝉 *Empoasca flavescens* Fabricius | 2000 年 | | 文献 |
| 124 | 同翅目 | 叶蝉科 Cicadellidae | 白翅叶蝉 *Thaia rubiginosa* Kouh | 2014 年 | + | 标本 |
| 125 | 同翅目 | 叶蝉科 Cicadellidae | 黑尾大叶蝉 *Bothrogonia ferruginea*（Fabricius） | 2000 年 | + | 标本 |
| 126 | 同翅目 | 叶蝉科 Cicadellidae | 大青叶蝉 *Cicadella viridis*（Limaeus） | 2000 年 | | 文献 |
| 127 | 同翅目 | 叶蝉科 Cicadellidae | 金翅大叶蝉 *Cicadella bellona* Distant | 2014 年 | + | 标本 |
| 128 | 同翅目 | 沫蝉科 Cercopidae | 白带沫蝉 *Cercopis intermedia* Uhler | 2000 年 | | 文献 |
| 129 | 同翅目 | 沫蝉科 Cercopidae | 黑斑丽沫蝉 *Cosmoscarta dorsimacula* Walker | 2014 年 | + | 标本 |
| 130 | 同翅目 | 沫蝉科 Cercopidae | 二带丽沫蝉 *Cosmoscara mandarina* Distant | 2014 年 | + | 标本 |
| 131 | 同翅目 | 殃叶蝉科 Euscelidae | 二点叶蝉 *Macrostele fasciifrons*（Stal） | 2006 年 | | 文献 |
| 132 | 同翅目 | 飞虱科 Delphacidae | 灰飞虱 *Laodelphax atriatellus*（Fallen） | 2006 年 | | 文献 |
| 133 | 同翅目 | 飞虱科 Delphacidae | 稻褐飞虱 *Nilaparvata bakeri*（Muir） | 2006 年 | | 文献 |
| 134 | 同翅目 | 飞虱科 Delphacidae | 白背飞虱 *Sogatella furcifera*（Horvath） | 2006 年 | | 文献 |
| 135 | 同翅目 | 粉虱科 Aleyrodidae | 黑刺粉虱 *Aleurocanthua spiniferus*（Quaintance） | 2006 年 | | 文献 |
| 136 | 同翅目 | 粉虱科 Aleyrodidae | 烟粉虱 *Bemisia tabaci* Gennadius | 2006 年 | | 文献 |
| 137 | 同翅目 | 粉虱科 Aleyrodidae | 橘黄粉虱 *Dialeurodes citri*（Ashmead） | 2006 年 | | 文献 |
| 138 | 同翅目 | 蚜科 Aphididae | 豆蚜 *Aphis craccivora* Koch | 2006 年 | | 文献 |
| 139 | 同翅目 | 蚜科 Aphididae | 棉蚜 *Aphis gossypii* Glover | 2006 年 | | 文献 |
| 140 | 同翅目 | 蚜科 Aphididae | 大麻疣蚜 *Diphorodon cannabis*（Passerini） | 2006 年 | | 文献 |
| 141 | 同翅目 | 蚜科 Aphididae | 菜缢管蚜 *Lipaphis erysimi*（Kaltenbach） | 2006 年 | | 文献 |
| 142 | 同翅目 | 蚜科 Aphididae | 桃蚜 *Myzus persicae* Sulzer | 2006 年 | | 文献 |
| 143 | 同翅目 | 瘿绵蚜科 Pemphigidae | 角倍蚜 *Schlechtendalia chinensis*（Bdl1） | 2014 年 | + | 标本 |
| 144 | 同翅目 | 蜡蚧科 Coccidae | 角蜡蚧 *Ceroplastes ceriferus*（Anderson） | 2006 年 | | 文献 |
| 145 | 同翅目 | 蜡蚧科 Coccidae | 红蜡蚧 *Ceroplastes rubens* Maskell | 2006 年 | | 文献 |
| 146 | 同翅目 | 蜡蚧科 Coccidae | 白蜡虫 *Ericerus pe-la*（Chavannes） | 2006 年 | | 文献 |
| 147 | 同翅目 | 盾蚧科 Diaspididae | 黑点蚧 *Parlatoria zizyphus*（Lucas） | 2006 年 | | 文献 |
| 148 | 半翅目 | 兜蝽科 Dinidoridae | 细角瓜蝽 *Megymenum gracilicorne* Dallas | 2013 年 | + | 标本 |
| 149 | 半翅目 | 兜蝽科 Dinidoridae | 九香虫 *Aspongophus chinensis* Dallas | 2006 年 | | 文献 |
| 150 | 半翅目 | 蝽科 Pentatomidae | 弗氏尖头麦蝽 *Aelia fieberi*（Scott） | 2013 年 | + | 标本 |
| 151 | 半翅目 | 蝽科 Pentatomidae | 尖角普蝽 *Priassus spiniger* Haglund | 2013 年 | + | 标本 |
| 152 | 半翅目 | 蝽科 Pentatomidae | 突蝽 *Udonga spinidens* Distant | 2014 年 | + | 标本 |
| 153 | 半翅目 | 蝽科 Pentatomidae | 伊蝽 *Brachynema ishiharai*（Scott） | 2013 年 | + | 标本 |
| 154 | 半翅目 | 蝽科 Pentatomidae | 宽胫格蝽 *Cappaea tibialis* Hsiao et Cheng | 2013 年 | + | 标本 |
| 155 | 半翅目 | 蝽科 Pentatomidae | 库厉蝽 *Eocanthecona kyushuensis*（Walker） | 2014 年 | + | 标本 |
| 156 | 半翅目 | 蝽科 Pentatomidae | 长叶蝽 *Amyntor obscurus* Dallas | 2013 年 | + | 标本 |
| 157 | 半翅目 | 蝽科 Pentatomidae | 绿滇蝽 *Tachengia viridula* Hsiao et Cheng | 2014 年 | + | 标本 |
| 158 | 半翅目 | 蝽科 Pentatomidae | 斑须蝽 *Dolyeoris bacearus*（Linnaeus） | 2006 年 | | 文献 |
| 159 | 半翅目 | 蝽科 Pentatomidae | 麻皮蝽 *Erthesina fullo*（Thunberg） | 2006 年 | | 文献 |
| 160 | 半翅目 | 蝽科 Pentatomidae | 弯角蝽 *Lelia decernpuntata* Motschulsky | 2013 年 | + | 标本 |
| 161 | 半翅目 | 蝽科 Pentatomidae | 辉蝽 *Carbula obtusangula* Reuter | 2013 年 | + | 标本 |
| 162 | 半翅目 | 蝽科 Pentatomidae | 薄蝽 *Brachymna tenuis* Stali | 2013 年 | + | 标本 |
| 163 | 半翅目 | 蝽科 Pentatomidae | 绿岱蝽 *Dalpada smargdina*（Walker） | 2014 年 | ++ | 标本 |
| 164 | 半翅目 | 蝽科 Pentatomidae | 珀蝽 *Plautia fimbriata*（Fabricius） | 2014 年 | + | 标本 |

| 序号 | 目名 | 科名 | 中文种名（拉丁学名） | 最新发现时间/年份 | 数量状况 | 数据来源 |
|------|------|------|---------------------|------------------|---------|---------|
| 165 | 半翅目 | 蝽科 Pentatomidae | 伪扁二星蝽 Eysarcoris fallax（Linnaeus） | 2013 年 | + | 标本 |
| 166 | 半翅目 | 蝽科 Pentatomidae | 二星蝽 Eysarcoris guttiger Thunberg | 2006 年 | | 文献 |
| 167 | 半翅目 | 蝽科 Pentatomidae | 尖角二星蝽 Eysarcoris parvus Uhler | 2013 年 | + | 标本 |
| 168 | 半翅目 | 蝽科 Pentatomidae | 稻绿蝽全绿型 Nezara viridula forma smaragdula（Fabricius） | 2014 年 | + | 标本 |
| | 半翅目 | 蝽科 Pentatomidae | 稻绿蝽黄肩型 Nezara viridula forma torquata（Fabricius） | 2014 年 | +++ | 标本 |
| 169 | 半翅目 | 蝽科 Pentatomidae | 茶翅蝽 Halyomorpha picus（Fabricius） | 2006 年 | | 文献 |
| 170 | 半翅目 | 蝽科 Pentatomidae | 蓝蝽 Zicrona caerula（Linnaeus） | 2006 年 | | 文献 |
| 171 | 半翅目 | 土蝽科 Cydnidae | 日本朱土蝽 Parasiracha japonensis（Scott）） | 2006 年 | | 文献 |
| 172 | 半翅目 | 猎蝽科 Reduviidae | 素猎蝽 Epidaus famulus（Stal） | 2014 年 | + | 标本 |
| 173 | 半翅目 | 猎蝽科 Reduviidae | 暗素猎蝽 Epidaus nebulo（Stal） | 2014 年 | + | 标本 |
| 174 | 半翅目 | 猎蝽科 Reduviidae | 齿塔猎蝽 Tapirocoris dentus Hsiao et Ren | 2014 年 | + | 标本 |
| 175 | 半翅目 | 猎蝽科 Reduviidae | 红缘猛猎蝽 Sphedanolestes gularis Hsiao | 2014 年 | + | 标本 |
| 176 | 半翅目 | 猎蝽科 Reduviidae | 黑红猎蝽 Haematoloecha nigrorufa（Stal） | 2006 年 | | 文献 |
| 177 | 半翅目 | 猎蝽科 Reduviidae | 日月盗猎蝽 Pirates arcutus Stal | 2006 年 | | 文献 |
| 178 | 半翅目 | 龟蝽科 Plataspidae | 筛豆龟蝽 Megacopta cribraria（Fabricius） | 2014 年 | + | 标本 |
| 179 | 半翅目 | 异蝽科 Urostylidae | 斑娇异蝽 Urostylis tricarinata Maa | 2014 年 | + | 标本 |
| 180 | 半翅目 | 异蝽科 Urostylidae | 红足壮异蝽 Urochela quadrinotata Reuter | 2013 年 | + | 标本 |
| 181 | 半翅目 | 同蝽科 Acanthosomatidae | 伊锥同蝽 Sastragala esaki Hasegawa | 2014 年 | + | 标本 |
| 182 | 半翅目 | 同蝽科 Acanthosomatidae | 宽狭同蝽 Acanthosoma labiduroidae Jakovlev | 2013 年 | + | 标本 |
| 183 | 半翅目 | 盾蝽科 Scutellerdae | 全绿宽盾蝽 Poecilocoris lewisi（Dcistant） | 2006 年 | | 文献 |
| 184 | 半翅目 | 缘蝽科 Coreidae | 一点同缘蝽 Homoeocerus unipunctatus（Thunberg） | 2014 年 | + | 标本 |
| 185 | 半翅目 | 缘蝽科 Coreidae | 黑边同缘蝽 Homoeocerus siniolus（Thunberg） | 2014 年 | + | 标本 |
| 186 | 半翅目 | 缘蝽科 Coreidae | 瘤缘蝽 Acanthocoris scaber（Linneus） | 2014 年 | + | 标本 |
| 187 | 半翅目 | 缘蝽科 Coreidae | 长肩棘缘蝽 Cletus trigonus（Thunberg） | 2014 年 | + | 标本 |
| 188 | 半翅目 | 缘蝽科 Coreidae | 黄伊缘蝽 Aeschyntelus chinensis Dallas | 2006 年 | | 文献 |
| 189 | 半翅目 | 缘蝽科 Coreidae | 红背安缘蝽 Anoplocnemis phasiana Fabricius | 2006 年 | | 文献 |
| 190 | 半翅目 | 缘蝽科 Coreidae | 稻棘缘蝽 Cletus punctiger（Dallas） | 2006 年 | | 文献 |
| 191 | 半翅目 | 缘蝽科 Coreidae | 黑竹缘蝽 Notobitus meleagris（Fabricius） | 2014 年 | + | 标本 |
| 192 | 半翅目 | 缘蝽科 Coreidae | 异足缘蝽 Notobitus sexguttatus Westwood | 2014 年 | + | 标本 |
| 193 | 半翅目 | 蛛缘蝽科 Alydidae | 异稻缘蝽 Leptocorisa varicornis（Fabricius） | 2014 年 | + | 标本 |
| 194 | 半翅目 | 蛛缘蝽科 Alydidae | 点蜂缘蝽 Riptortus pedestris Fabricius | 2006 年 | | 文献 |
| 195 | 半翅目 | 蛛缘蝽科 Alydidae | 条蜂缘蝽 Riptortus linearis Fabricius | 2014 年 | + | 标本 |
| 196 | 半翅目 | 网蝽科 Tingidae | 茶树茶网蝽 Stephanitis chinensis Drake | 2006 年 | | 文献 |
| 197 | 半翅目 | 盲蝽科 Miridae | 黑肩绿盲蝽 Cyrtorrhinus lividipennis Reuter | 2006 年 | | 文献 |
| 198 | 半翅目 | 花蝽科 Anthocoridae | 微小花蝽 Orius minutus（Linnaeus） | 2006 年 | | 文献 |
| 199 | 半翅目 | 红蝽科 Pyrrhocoridae | 二斑红蝽 Physopelta cincticollis（Fabricius） | 2014 年 | + | 标本 |
| 200 | 半翅目 | 红蝽科 Pyrrhocoridae | 四斑红蝽 Physopelta quadriguttata Bergroth | 2014 年 | + | 标本 |
| 201 | 半翅目 | 红蝽科 Pyrrhocoridae | 颈红蝽 Antilochus coquebertii Fabricius | 2014 年 | + | 标本 |
| 202 | 半翅目 | 黾蝽科 Gerridae | 水黾 Aquarius paludum Fabricius | 2014 年 | + | 标本 |
| 203 | 半翅目 | 蝎蝽科 Nepidae | 日本长蝎蝽 Leuotrephes japonensis Scott | 2012 年 | + | 标本 |
| 204 | 半翅目 | 蝎蝽科 Nepidae | 中华螳蝎蝽 Ranatra chinensis Mayr | 2014 年 | + | 标本 |
| 205 | 半翅目 | 仰蝽科 Notonectidae | 小仰蝽 Anisops fieberi Kirkaldy | 2012 年 | + | 标本 |

续表

| 序号 | 目名 | 科名 | 中文种名（拉丁学名） | 最新发现时间/年份 | 数量状况 | 数据来源 |
|---|---|---|---|---|---|---|
| 206 | 半翅目 | 仰蝽科 Notonectidae | 黑纹仰蝽 Notonecta chinensis Fallou | 2014 年 | + | 标本 |
| 207 | 广翅目 | 齿蛉科 Corydalidae | 东方巨齿蛉 Acanthacorydalis orientalis（Mclachlan） | 2014 年 | + | 标本 |
| 208 | 广翅目 | 齿蛉科 Corydalidae | 花边星齿蛉 Protohermes costalis（Walker） | 2006 年 | | 文献 |
| 209 | 广翅目 | 齿蛉科 Corydalidae | 星齿蛉 Protohermes grandis Thunberg | 2006 年 | | 文献 |
| 210 | 广翅目 | 齿蛉科 Corydalidae | 基黄星齿蛉 Protohermes basiflavus Yang | 2014 年 | + | 标本 |
| 211 | 广翅目 | 齿蛉科 Corydalidae | 黑头斑鱼蛉 Neochauliodes nigris Liu & Yang | 2014 年 | + | 标本 |
| 212 | 脉翅目 | 草蛉科 Chrysopidae | 大草蛉 Chrysopa pallens（Rambur） | 2006 年 | | 文献 |
| 213 | 脉翅目 | 草蛉科 Chrysopidae | 四星草蛉 Chrysopa cognata McLachlan | 2014 年 | + | 标本 |
| 214 | 脉翅目 | 草蛉科 Chrysopidae | 中华通草蛉 Chrysoperla sinica（Tjeder） | 2006 年 | | 文献 |
| 215 | 脉翅目 | 褐蛉科 Hemerobiidae | 全北褐蛉 Hemerobius humuli Linnaeus | 2014 年 | + | 标本 |
| 216 | 脉翅目 | 蚁蛉科 Myrmeleonidae | 三峡东蚁蛉 Euroleon sanxianus Yang | 2014 年 | + | 标本 |
| 217 | 鞘翅目 | 虎甲科 Cicindelidae | 银纹小虎甲 Cicindela haleen Bates | 2014 年 | + | 标本 |
| 218 | 鞘翅目 | 虎甲科 Cicindelidae | 中华虎甲 Cieindela chnensis Degeer | 2014 年 | + | 标本 |
| 219 | 鞘翅目 | 虎甲科 Cicindelidae | 多型虎甲铜翅亚种 Cicindela hybrida transbaicalica Motschulsky | 2014 年 | + | 标本 |
| 220 | 鞘翅目 | 虎甲科 Cicindelidae | 金斑虎甲 Cicindela aurulenta Fabricius | 2014 年 | + | 标本 |
| 221 | 鞘翅目 | 步甲科 Carabidae | 大阪气步甲 Brachinus osakaensis Nakane | 2006 年 | | 文献 |
| 222 | 鞘翅目 | 步甲科 Carabidae | 黄边青步甲 Chlaenius cicumdatus Brullé | 2014 年 | + | 标本 |
| 223 | 鞘翅目 | 步甲科 Carabidae | 小黄缘步甲 Chlaenius circumdatus Brulle | 2006 年 | | 文献 |
| 224 | 鞘翅目 | 步甲科 Carabidae | 大青步甲 Chlaenius costiger Chaudoir | 2006 年 | | 文献 |
| 225 | 鞘翅目 | 步甲科 Carabidae | 后黄斑青步甲 Chlaenius posticalis Motsch. | 2006 年 | | 文献 |
| 226 | 鞘翅目 | 步甲科 Carabidae | 黄边大步甲 Chlaenius spoliatus Rossi | 2006 年 | | 文献 |
| 227 | 鞘翅目 | 步甲科 Carabidae | 宽边青步甲 Chlaenius circumductus Brulle | 2006 年 | | 文献 |
| 228 | 鞘翅目 | 步甲科 Carabidae | 双斑青步甲 Chlaenius bioculatus Morawitz | 2013 年 | + | 标本 |
| 229 | 鞘翅目 | 步甲科 Carabidae | 中华婪步甲 Harpalus sinicus Hope | 2006 年 | | 文献 |
| 230 | 鞘翅目 | 步甲科 Carabidae | 大劫步甲 Lesticus magnus Motsch. | 2006 年 | | 文献 |
| 231 | 鞘翅目 | 步甲科 Carabidae | 小偏须步甲 Microcosmodes flavopilosus Laferte | 2006 年 | | 文献 |
| 232 | 鞘翅目 | 步甲科 Carabidae | 黄缘狭胸步甲 Stenolophus agonoides Bates | 2014 年 | + | 标本 |
| 233 | 鞘翅目 | 步甲科 Carabidae | 肖毛婪步甲 Harpalus jureceki（Jedlicka） | 2014 年 | + | 标本 |
| 234 | 鞘翅目 | 步甲科 Carabidae | 谷婪步甲 Harpalus calceatus Duftschmid | 2014 年 | + | 标本 |
| 235 | 鞘翅目 | 步甲科 Carabidae | 大星步甲 Calosoma maximoviczi Morawitz | 2013 年 | + | 标本 |
| 236 | 鞘翅目 | 龙虱科 Dytiscidae | 黄缘龙虱 Cybister japonicus Shap | 2014 年 | + | 标本 |
| 237 | 鞘翅目 | 龙虱科 Dytiscidae | 锦龙虱 Hydaticus bowringi Shap | 2014 年 | + | 标本 |
| 238 | 鞘翅目 | 龙虱科 Dytiscidae | 灰龙虱 Eretes sticticus Linne | 2013 年 | + | 标本 |
| 239 | 鞘翅目 | 龙虱科 Dytiscidae | 异爪麻点龙虱 Rhantus pulverosus Stepheas | 2014 年 | ++ | 标本 |
| 240 | 鞘翅目 | 牙甲科 Hydrochidae | 尖土巨牙甲 Hydrophilus acuninatus Motschulsky | 2014 年 | + | 标本 |
| 241 | 鞘翅目 | 牙甲科 Hydrochidae | 小牙甲 Hydrophilus affinis Sharp | 2014 年 | + | 标本 |
| 242 | 鞘翅目 | 天牛科 Cerambycidae | 星天牛 Anoplophora chinensis（Forster） | 2000 年 | | 文献 |
| 243 | 鞘翅目 | 天牛科 Cerambycidae | 桃红颈天牛 Aromia bungii Faldermann | 2000 年 | | 文献 |
| 244 | 鞘翅目 | 天牛科 Cerambycidae | 竹虎天牛 Chlorophorus annularis（Fabricius） | 2000 年 | | 文献 |
| 245 | 鞘翅目 | 天牛科 Cerambycidae | 栗山天牛 Massicu raddei（Blessig） | 2000 年 | | 文献 |
| 246 | 鞘翅目 | 天牛科 Cerambycidae | 苎麻天牛 Paraglenea fortunei Saunders | 2000 年 | | 文献 |
| 247 | 鞘翅目 | 天牛科 Cerambycidae | 合欢双条天牛 Xystrocera globosa Oliver | 2000 年 | | 文献 |

续表

| 序号 | 目名 | 科名 | 中文种名（拉丁学名） | 最新发现时间/年份 | 数量状况 | 数据来源 |
|---|---|---|---|---|---|---|
| 248 | 鞘翅目 | 天牛科 Cerambycidae | 桑天牛 *Apriona germari*（Hope） | 2014 年 | + | 标本 |
| 249 | 鞘翅目 | 天牛科 Cerambycidae | 锈色粒肩天牛 *Apriona swainsoni*（Hope） | 2014 年 | + | 标本 |
| 250 | 鞘翅目 | 天牛科 Cerambycidae | 黑尾丽天牛 *Rosalia fornosa* Pic | 2014 年 | + | 标本 |
| 251 | 鞘翅目 | 天牛科 Cerambycidae | 橙斑白条天牛 *Batocera davidis* Deyrolle | 2014 年 | + | 标本 |
| 252 | 鞘翅目 | 天牛科 Cerambycidae | 双斑锦天牛 *Acalolepta sublusca*（Thomson） | 2014 年 | + | 标本 |
| 253 | 鞘翅目 | 天牛科 Cerambycidae | 栗灰锦天牛 *Acalolepta degener*（Bates） | 2014 年 | + | 标本 |
| 254 | 鞘翅目 | 天牛科 Cerambycidae | 松墨天牛 *Monochamus atternatus*（Hope） | 2014 年 | + | 标本 |
| 255 | 鞘翅目 | 天牛科 Cerambycidae | 瘤筒天牛 *Linda femorata*（Chevrolat） | 2014 年 | + | 标本 |
| 256 | 鞘翅目 | 叶甲科 Chrysomelidae | 蒿金叶甲 *Chrusolina aurichalcea*（Mannerheim） | 2014 年 | + | 标本 |
| 257 | 鞘翅目 | 叶甲科 Chrysomelidae | 膨宽缘萤叶甲 *Pseudosepharia dilatipennis*（Fairmaire） | 2014 年 | + | 标本 |
| 258 | 鞘翅目 | 叶甲科 Chrysomelidae | 水麻波叶甲 *Potaninia assamensis* Bates | 2014 年 | + | 标本 |
| 259 | 鞘翅目 | 叶甲科 Chrysomelidae | 黄守瓜 *Aulacophora femoralis* Weise | 2006 年 | | 文献 |
| 260 | 鞘翅目 | 叶甲科 Chrysomelidae | 印度黄守瓜 *Aulacophora indica*（Gmelin） | 2014 年 | + | 标本 |
| 261 | 鞘翅目 | 叶甲科 Chrysomelidae | 黑足黄守瓜 *Aulacohora nigripennis* Motschulsky | 2014 年 | + | 标本 |
| 262 | 鞘翅目 | 叶甲科 Chrysomelidae | 菜无缘叶甲 *Colaphellus bowringii* Baly | 2006 年 | | 文献 |
| 263 | 鞘翅目 | 肖叶甲科 Eumolpidae | 粉筒胸叶甲 *Lypesthes ater*（Motschulsky） | 2006 年 | | 文献 |
| 264 | 鞘翅目 | 负泥虫科 Crioceridae | 长腿水叶甲 *Donacia provosti* Fairmaire | 2006 年 | | 文献 |
| 265 | 鞘翅目 | 负泥虫科 Crioceridae | 水稻负泥虫 *Oulema oryzae*（Kuwayama） | 2006 年 | | 文献 |
| 266 | 鞘翅目 | 隐翅虫科 Staphylinidae | 青翅蚁形隐翅虫 *Paederus fuscipes* Curtis | 2006 年 | | 文献 |
| 267 | 鞘翅目 | 大蕈甲科 Erotylidae | 斑胸大蕈甲 *Encaustes cruenta* MacLeay | 2014 年 | + | 标本 |
| 268 | 鞘翅目 | 花萤科 Cantharidae | 赤胸花萤 *Cantharis curtata* Kies | 2014 年 | + | 标本 |
| 269 | 鞘翅目 | 叩甲科 Elateridae | 大叩甲 *Agrypnus politus* Candeze | 2014 年 | + | 标本 |
| 270 | 鞘翅目 | 叩甲科 Elateridae | 双瘤槽缝叩甲 *Agrypnus*（*Agrypnus*）*bipapulatus*（Candeze） | 2014 年 | + | 标本 |
| 271 | 鞘翅目 | 叩甲科 Elateridae | 木棉梳角叩甲 *Pectocera fortunei* Gandeze | 2014 年 | + | 标本 |
| 272 | 鞘翅目 | 叩甲科 Elateridae | 筛胸梳爪叩甲 *Melanotus*（*Spheniscosomus*）*cribricollis*（Faldermann） | 2014 年 | + | 标本 |
| 273 | 鞘翅目 | 葬甲科 Silphidae | 大葬甲 *Necrophorus japonicus* Harold | 2014 年 | + | 标本 |
| 274 | 鞘翅目 | 葬甲科 Silphidae | 尼负葬甲 *Necrophorus nepalensis*（Hope） | 2014 年 | + | 标本 |
| 275 | 鞘翅目 | 葬甲科 Silphidae | 黑负葬甲 *Necrophorus concolor* Kraatz | 2014 年 | + | 标本 |
| 276 | 鞘翅目 | 伪叶甲 Lagriidae | 杨氏彩伪叶甲 *Mimoborchmannia yangi* Merkl et Chen | 2014 年 | + | 标本 |
| 277 | 鞘翅目 | 金龟科 Scarabaeidae | 戴联蜣螂 *Sisyphus davidis* Fairmaire | 2014 年 | + | 标本 |
| 278 | 鞘翅目 | 金龟科 Scarabaeidae | 短凯蜣螂 *Caccobius brevis* Waterhouse | 2014 年 | + | 标本 |
| 279 | 鞘翅目 | 粪金龟科 Geotrupidae | 波笨粪金龟 *Lethrus potanini* Jakovle | 2014 年 | + | 标本 |
| 280 | 鞘翅目 | 芫菁科 Meloidae | 毛胫豆芫菁 *Epicauta tibialis* Waterhouse | 2014 年 | ++ | 标本 |
| 281 | 鞘翅目 | 犀金龟科 Dynastidae | 蒙瘤犀金龟 *Trichogomaphus mongol* Arrow | 2014 年 | + | 标本 |
| 282 | 鞘翅目 | 犀金龟科 Dynastidae | 阔胸禾犀金龟 *Pentodon mongolicus* Motschulsky | 2014 年 | + | 标本 |
| 283 | 鞘翅目 | 鳃金龟科 Melolonthidae | 莱雪鳃金龟 *Chioneosoma reitteri* Semenov | 2014 年 | + | 标本 |
| 284 | 鞘翅目 | 鳃金龟科 Melolonthidae | 鲜黄鳃金龟 *Metabolus impressifrons* Fai-rmaire | 2014 年 | + | 标本 |
| 285 | 鞘翅目 | 鳃金龟科 Melolonthidae | 小黄鳃金龟 *Metabolus flavescens* Brenske | 2014 年 | + | 标本 |
| 286 | 鞘翅目 | 鳃金龟科 Melolonthidae | 暗黑鳃金龟 *Holotrichia parallela* Motschulsky | 2006 年 | | 文献 |
| 287 | 鞘翅目 | 鳃金龟科 Melolonthidae | 二色希鳃金龟 *Hilyotrogus bicolorelus*（Heyden） | 2014 年 | + | 标本 |
| 288 | 鞘翅目 | 鳃金龟科 Melolonthidae | 黑绒鳃金龟 *Serica orientalis* Motschulsky | 2006 年 | | 文献 |
| 289 | 鞘翅目 | 花金龟科 Cetoniidae | 铜花金龟 *Rhomborrhina japonica*（Hope） | 2014 年 | + | 标本 |

续表

| 序号 | 目名 | 科名 | 中文种名（拉丁学名） | 最新发现时间/年份 | 数量状况 | 数据来源 |
|---|---|---|---|---|---|---|
| 290 | 鞘翅目 | 花金龟科 Cetoniidae | 铜绿星花金龟 Protaetia（Potosia）metallica Herbst | 2014 年 | ++ | 标本 |
| 291 | 鞘翅目 | 丽金龟科 Rutelidae | 光盾弧丽金龟 Popillia laeviscutala Lin | 2014 年 | + | 标本 |
| 292 | 鞘翅目 | 丽金龟科 Rutelidae | 棉花弧丽金龟 Popillia mutans Newmen | 2014 年 | + | 标本 |
| 293 | 鞘翅目 | 丽金龟科 Rutelidae | 多色异丽金龟 Anomala chamaeleon Fairmaire | 2014 年 | + | 标本 |
| 294 | 鞘翅目 | 丽金龟科 Rutelidae | 黄褐异丽金龟 Anomala exoleta Fald | 2014 年 | + | 标本 |
| 295 | 鞘翅目 | 丽金龟科 Rutelidae | 铜绿异丽金龟 Anomala corpulenta Motschulsky | 2013 年 | ++ | 标本 |
| 296 | 鞘翅目 | 丽金龟科 Rutelidae | 弱脊异丽金龟 Anomala sulcipennis Faldermann | 2014 年 | + | 标本 |
| 297 | 鞘翅目 | 丽金龟科 Rutelidae | 大绿异丽金龟 Anomala virens Lin | 2013 年 | + | 标本 |
| 298 | 鞘翅目 | 丽金龟科 Rutelidae | 蒙古异丽金龟 Anomala mongolica Faldermann | 2014 年 | + | 标本 |
| 299 | 鞘翅目 | 丽金龟科 Rutelidae | 浅褐彩丽金龟 Mimela testaceoviridis Blanchard | 2012 年 | + | 标本 |
| 300 | 鞘翅目 | 丽金龟科 Rutelidae | 亮绿彩丽金龟 Mimela splendens Gyllenhal | 2014 年 | + | 标本 |
| 301 | 鞘翅目 | 丽金龟科 Rutelidae | 蓝边矛丽金龟 Callistethua plagiicollis Fairmaire | 2006 年 | | 文献 |
| 302 | 鞘翅目 | 丽金龟科 Rutelidae | 毛斑喙丽金龟 Adoretus tenuimaculatus Waterhouse | 2014 年 | + | 标本 |
| 303 | 鞘翅目 | 丽金龟科 Rutelidae | 斑喙丽金龟 Adoretus tenuimaculatus Waterhouse | 2006 年 | | 文献 |
| 304 | 鞘翅目 | 丽金龟科 Rutelidae | 绿腿丽金龟 Anomala chamaeleon Fairmaire | 2006 年 | | 文献 |
| 305 | 鞘翅目 | 丽金龟科 Rutelidae | 铜绿丽金龟 Anomala corpulenta Motschulsky | 2006 年 | | 文献 |
| 306 | 鞘翅目 | 锹甲科 Lucanidae | 巨扁锹甲 Serrognathus titanus（Boisduval） | 2014 年 | + | 标本 |
| 307 | 鞘翅目 | 锹甲科 Lucanidae | 缝前锹甲 Prosopocoilus suturalis（Olivier） | 2014 年 | + | 标本 |
| 308 | 鞘翅目 | 锹甲科 Lucanidae | 斑股锹甲 Lucanus maculifemoratus Motschulsky | 2014 年 | + | 标本 |
| 309 | 鞘翅目 | 锹甲科 Lucanidae | 黄褐前凹锹甲 Prosopocoilus blanchardi（Parry） | 2014 年 | + | 标本 |
| 310 | 鞘翅目 | 锹甲科 Lucanidae | 弓齿黑锹甲 Rhaetulus screnatus Mizunuma et Nagai | 2014 年 | + | 标本 |
| 311 | 鞘翅目 | 瓢虫科 Coccinellidae | 十斑大瓢虫 Anisolemnia dilatata（Fabricius） | 2006 年 | | 文献 |
| 312 | 鞘翅目 | 瓢虫科 Coccinellidae | 四斑月瓢虫 Chilomenes quadriplagiata（Swartz） | 2006 年 | | 文献 |
| 313 | 鞘翅目 | 瓢虫科 Coccinellidae | 宽缘唇瓢虫 Chilocorus rufitarsus Motschulsky | 2006 年 | | 文献 |
| 314 | 鞘翅目 | 瓢虫科 Coccinellidae | 七星瓢虫 Coccinella septempunctata Linnaeus | 2006 年 | | 文献 |
| 315 | 鞘翅目 | 瓢虫科 Coccinellidae | 异色瓢虫 Harmonia axyridis（Pallas） | 2014 年 | + | 标本 |
| 316 | 鞘翅目 | 瓢虫科 Coccinellidae | 素鞘菌瓢虫 Illeis dimidiate（Fabricius） | 2000 年 | | 文献 |
| 317 | 鞘翅目 | 瓢虫科 Coccinellidae | 狭叶菌瓢虫 Illeis confuse Silvestri | 2014 年 | + | 标本 |
| 318 | 鞘翅目 | 瓢虫科 Coccinellidae | 稻红瓢虫 Micraspis discolor（Fabricius） | 2006 年 | | 文献 |
| 319 | 鞘翅目 | 瓢虫科 Coccinellidae | 龟纹瓢虫 Propylaea japonica（THhunberg） | 2006 年 | | 文献 |
| 320 | 鞘翅目 | 瓢虫科 Coccinellidae | 四斑广盾瓢虫 Platynaspis maculosa Weise | 2014 年 | + | 标本 |
| 321 | 鞘翅目 | 瓢虫科 Coccinellidae | 纤丽瓢虫 Harmonia sedecinotata（Fabricius） | 2006 年 | | 文献 |
| 322 | 鞘翅目 | 瓢虫科 Coccinellidae | 黄斑盘瓢虫 Lemnia saucia（Mulsant） | 2014 年 | + | 标本 |
| 323 | 鞘翅目 | 瓢虫科 Coccinellidae | 红星盘瓢虫 Phrynocaeia congener（Billberg） | 2014 年 | + | 标本 |
| 324 | 鞘翅目 | 瓢虫科 Coccinellidae | 菱斑巧瓢虫 Synharmonia conglopata（Linnaeus） | 2006 年 | | 文献 |
| 325 | 鞘翅目 | 瓢虫科 Coccinellidae | 隐斑瓢虫 Hamonia yedoensis（Takizawa） | 2014 年 | + | 标本 |
| 326 | 鞘翅目 | 瓢虫科 Coccinellidae | 变斑隐势瓢虫 Cryptogonus orbiculus Gyllenhal | 2014 年 | + | 标本 |
| 327 | 鞘翅目 | 瓢虫科 Coccinellidae | 长斑中齿瓢虫 Myzia oblongoguttata（Linnaeus） | 2014 年 | + | 标本 |
| 328 | 鞘翅目 | 瓢虫科 Coccinellidae | 四斑裸瓢 Calvia muiri Timberlake | 2014 年 | + | 标本 |
| 329 | 鞘翅目 | 瓢虫科 Coccinellidae | 华裸瓢虫 Calvia chinensis（Mulsant） | 2014 年 | + | 标本 |
| 330 | 鞘翅目 | 瓢虫科 Coccinellidae | 三纹裸瓢虫 Calvia championorum Booth | 2014 年 | + | 标本 |
| 331 | 鞘翅目 | 铁甲科 Hispidae | 甘薯台叶甲 Taiwania circumdata（Herbst） | 2006 年 | | 文献 |

| 序号 | 目名 | 科名 | 中文种名（拉丁学名） | 最新发现时间/年份 | 数量状况 | 数据来源 |
|---|---|---|---|---|---|---|
| 332 | 鞘翅目 | 铁甲科 Hispidae | 甘薯腊龟甲 Laccoptera quadrimaculata | 2014 年 | + | 标本 |
| 333 | 鞘翅目 | 象甲科 Curculionidae | 长足大竹象 Cyrtrachelus buqueti Guer | 2014 年 | + | 标本 |
| 334 | 鞘翅目 | 象甲科 Curculionidae | 长实光洼象 Gasteroclisus rlapperichi Voss | 2014 年 | + | 标本 |
| 335 | 鞘翅目 | 象甲科 Curculionidae | 中华卷叶象 Apoderus erythropterus Redt | 2006 年 | | 文献 |
| 336 | 鞘翅目 | 象甲科 Curculionidae | 棉小卵象 Calomycterus obconicus Chao | 2006 年 | | 文献 |
| 337 | 鞘翅目 | 象甲科 Curculionidae | 稻象虫 Echinocnemus squameus Billberg | 2006 年 | | 文献 |
| 338 | 鞘翅目 | 象甲科 Curculionidae | 大绿象 Hypomeces squmosus Herbst | 2006 年 | | 文献 |
| 339 | 鞘翅目 | 象甲科 Curculionidae | 大灰象 Sympiezomias velatus Chevrolat | 2006 年 | | 文献 |
| 340 | 鞘翅目 | 皮蠹科 Dermestidae | 螺蛸皮蠹 Thaumagiossa ovivorus Matsumurs et Yokoyama | 2006 年 | | 文献 |
| 341 | 长翅目 | 蝎蛉科 Panorpidae | 斑点蝎蛉 Panorpa stigmosa Zhou | 2014 年 | + | 标本 |
| 342 | 毛翅目 | 纹石蛾科 Hydropsychidae | 多型绿纹石蛾 polymorphanius astictus Navas | 2014 年 | + | 标本 |
| 343 | 毛翅目 | 长角石蛾科 Leptoceridae | 杨氏突长角石蛾 Ceraclea（Athripsodina）yangi（Mosely） | 2013 年 | ++ | 采集 |
| 344 | 毛翅目 | 细翅石蛾科 Molannida | 暗褐细翅石蛾 Molanna moesta Banks | 2014 年 | + | 标本 |
| 345 | 毛翅目 | 角石蛾科 Stenopsychidae | 四川山角石蛾 Stenopsyche sichuanensis Tian et Zhen | 2013 年 | + | 标本 |
| 346 | 鳞翅目 | 木蠹蛾科 Cossidae | 芳香木蠹蛾 Cossus cossus Linnaeus | 2014 年 | + | 标本 |
| 347 | 鳞翅目 | 木蠹蛾科 Cossidae | 咖啡豹蠹蛾 Zeuzera coffeae Nietner | 2014 年 | + | 标本 |
| 348 | 鳞翅目 | 麦蛾科 Gelechiidae | 马铃薯麦蛾 Gnorimoschema operculella Zeller | 2006 年 | | 文献 |
| 349 | 鳞翅目 | 麦蛾科 Gelechiidae | 棉红铃虫 Pectinophora gossypiella（Saunders） | 2006 年 | | 文献 |
| 350 | 鳞翅目 | 麦蛾科 Gelechiidae | 麦蛾 Sitotroga cerealella（Olivier） | 2006 年 | | 文献 |
| 351 | 鳞翅目 | 卷蛾科 Tortricidae | 梨小食心虫 Grapholitha molesta Busck | 2006 年 | | 文献 |
| 352 | 鳞翅目 | 卷蛾科 Tortrictidae | 豆小卷蛾 Matsumuraeses pkaseoli Matsumura | 2006 年 | | 文献 |
| 353 | 鳞翅目 | 螟蛾科 Pyralidae | 竹螟 Algedonia ceclesalis（Walker） | 2006 年 | | 文献 |
| 354 | 鳞翅目 | 螟蛾科 Pyralidae | 稻筒巢螟 Ancylolomia japonica（Kollar） | 2006 年 | | 文献 |
| 355 | 鳞翅目 | 螟蛾科 Pyralidae | 二化螟 Chilo suppressalis（Walker） | 2006 年 | | 文献 |
| 356 | 鳞翅目 | 螟蛾科 Pyralidae | 金边白螟 Cirrhochrista brizoalis（Walker） | 2006 年 | | 文献 |
| 357 | 鳞翅目 | 螟蛾科 Pyralidae | 稻纵卷叶螟 Cnaphalocrocis medinalis（Guenee） | 2006 年 | | 文献 |
| 358 | 鳞翅目 | 螟蛾科 Pyralidae | 桑螟 Diaphania pyloalis（Walker） | 2006 年 | | 文献 |
| 359 | 鳞翅目 | 螟蛾科 Pyralidae | 梨大食心虫 Nephopteryx pirivorella Matsumura | 2006 年 | | 文献 |
| 360 | 鳞翅目 | 螟蛾科 Pyralidae | 亚洲玉米螟 Ostrinia furnacalis（Guenee） | 2006 年 | | 文献 |
| 361 | 鳞翅目 | 螟蛾科 Pyralidae | 三化螟 Tryporyza incertulas（Walker） | 2006 年 | | 文献 |
| 362 | 鳞翅目 | 螟蛾科 Pyralidae | 金双点螟 Orybina flaviplaga（Walker） | 2014 年 | + | 标本 |
| 363 | 鳞翅目 | 螟蛾科 Pyralidae | 艳双点螟 Orybina regalis（Leech） | 2014 年 | + | 标本 |
| 364 | 鳞翅目 | 螟蛾科 Pyralidae | 桃蛀野螟 Dichocrocis punctiferalis（Guenée） | 2014 年 | + | 标本 |
| 365 | 鳞翅目 | 螟蛾科 Pyralidae | 黄翅缀叶野螟 Botyodes diniasalis（Walker） | 2014 年 | + | 标本 |
| 366 | 鳞翅目 | 螟蛾科 Pyralidae | 大黄缀叶野螟 Botyodes principalis（Leech） | 2014 年 | ++ | 标本 |
| 367 | 鳞翅目 | 螟蛾科 Pyralidae | 橙黑纹野螟 Tyspanodes striata（Butler） | 2014 年 | + | 标本 |
| 368 | 鳞翅目 | 螟蛾科 Pyralidae | 黑脉厚须螟 Propachys nigrivena（Waiker） | 2014 年 | + | 标本 |
| 369 | 鳞翅目 | 螟蛾科 Pyralidae | 金黄镰翅野螟 Circobotys aurealis（Leech） | 2014 年 | + | 标本 |
| 370 | 鳞翅目 | 螟蛾科 Pyralidae | 四斑绢野螟 Diaphania quadrimaculalis（Bremer et Grey） | 2014 年 | + | 标本 |
| 271 | 鳞翅目 | 螟蛾科 Pyralidae | 白蜡绢野螟 Diaphania nigropunctalis（Bremer） | 2014 年 | + | 标本 |
| 372 | 鳞翅目 | 螟蛾科 Pyralidae | 绿翅绢野螟 Diaphania angustalis（Snellen） | 2014 年 | + | 标本 |
| 373 | 鳞翅目 | 螟蛾科 Pyralidae | 大白斑野螟 Polythlipta liquidalis（Leech） | 2014 年 | + | 标本 |

续表

| 序号 | 目名 | 科名 | 中文种名（拉丁学名） | 最新发现时间/年份 | 数量状况 | 数据来源 |
|---|---|---|---|---|---|---|
| 374 | 鳞翅目 | 网蛾科 Thyrididae | 银线网蛾 *Rhodoneura yunnana* Chu et Wang | 2014 年 | + | 标本 |
| 375 | 鳞翅目 | 网蛾科 Thyrididae | 树形网蛾 *Rhodoneura aurea*（Butler） | 2014 年 | + | 标本 |
| 376 | 鳞翅目 | 圆钩蛾科 Cyclidiidae | 洋麻圆钩蛾 *Cyclidia substigmaria*（Hübner） | 2014 年 | + | 标本 |
| 377 | 鳞翅目 | 钩蛾科 Drepanidae | 中华豆斑钩蛾 *Auzata chinensis*（Leech） | 2014 年 | ++ | 标本 |
| 378 | 鳞翅目 | 钩蛾科 Drepanidae | 哑铃带钩蛾 *Macrocilis mysticata*（Walker） | 2014 年 | + | 标本 |
| 379 | 鳞翅目 | 钩蛾科 Drepanidae | 网卑钩蛾 *Belalbara acuminate*（Leech） | 2014 年 | + | 标本 |
| 380 | 鳞翅目 | 钩蛾科 Drepanidae | 珊瑚树钩蛾 *Psiloreta turpis*（Butler） | 2014 年 | + | 标本 |
| 381 | 鳞翅目 | 钩蛾科 Drepanidae | 中华大窗钩蛾 *Macrauzata maxima chinensis* Inoue | 2014 年 | + | 标本 |
| 382 | 鳞翅目 | 钩蛾科 Drepanidae | 双线钩蛾 *Nordstroemia grisearia*（Staudinger） | 2014 年 | ++ | 标本 |
| 383 | 鳞翅目 | 钩蛾科 Drepanidae | 缘点线钩蛾 *Nordstroemia bicostata opalescens*（Oberthur） | 2014 年 | + | 标本 |
| 384 | 鳞翅目 | 钩蛾科 Drepanidae | 豆点丽钩蛾 *Callidrepana gemina gemina* Waston | 2014 年 | +++ | 标本 |
| 385 | 鳞翅目 | 钩蛾科 Drepanidae | 黄带山钩蛾 *Oreta pulchripes*（Butler） | 2014 年 | + | 标本 |
| 386 | 鳞翅目 | 钩蛾科 Drepanidae | 宏山钩蛾 *Oreta hoenei* Watsoacn | 2014 年 | + | 标本 |
| 387 | 鳞翅目 | 刺蛾科 Limacodidae | 中国绿刺蛾 *Parasa sinica* Moore | 2014 年 | + | 标本 |
| 388 | 鳞翅目 | 刺蛾科 Limacodidae | 迹斑绿刺蛾 *Parasa pastoralis*（Butler） | 2014 年 | + | 标本 |
| 389 | 鳞翅目 | 刺蛾科 Limacodidae | 丽绿刺蛾 *Parasa lepida*（Cramer） | 2014 年 | + | 标本 |
| 390 | 鳞翅目 | 刺蛾科 Limacodidae | 黄刺蛾 *Cnidocampa flavescens*（Walker） | 2014 年 | + | 标本 |
| 391 | 鳞翅目 | 刺蛾科 Limacodidae | 白痣姹刺蛾 *Chalcocelis albiguttata*（Snellen） | 2014 年 | + | 标本 |
| 392 | 鳞翅目 | 刺蛾科 Limacodidae | 灰双线刺蛾 *Cani bilineata*（Walker） | 2014 年 | + | 标本 |
| 393 | 鳞翅目 | 刺蛾科 Limacodidae | 显脉球须刺蛾 *Scopelodes venosa kwangtungensis* Hering | 2014 年 | + | 标本 |
| 394 | 鳞翅目 | 刺蛾科 Limacodidae | 绒刺蛾 *Phocoderma velutina* Koller | 2014 年 | + | 标本 |
| 395 | 鳞翅目 | 刺蛾科 Limacodidae | 扁刺蛾 *Thosea sinensis*（Walker） | 2000 年 | | 标本 |
| 396 | 鳞翅目 | 波纹蛾科 Thyatiridae | 大波纹蛾 *Macrothyatira flavida*（Bremer） | 2014 年 | + | 标本 |
| 397 | 鳞翅目 | 波纹蛾科 Thyatiridae | 粉太波纹蛾 *Tethea consimilis*（Warren） | 2014 年 | +++ | 标本 |
| 398 | 鳞翅目 | 波纹蛾科 Thyatiridae | 陕箩波纹蛾 *Gaurena fletcheri* Werny | 2014 年 | + | 标本 |
| 399 | 鳞翅目 | 尺蛾科 Geometridae | 茶尺蠖 *Boarmia obligua hypulina* Wehrli | 2006 年 | | 文献 |
| 400 | 鳞翅目 | 尺蛾科 Geometridae | 大造桥虫 *Ascotis selenaria*（Schiffermuller et Denis） | 2006 年 | | 文献 |
| 401 | 鳞翅目 | 尺蛾科 Geometridae | 桑尺蠖 *Phthonandria atrilineata*（Butler） | 2006 年 | | 文献 |
| 402 | 鳞翅目 | 尺蛾科 Geometridae | 彩青尺蛾 *Chlormachia gavissima aphrodite* Prou | 2014 年 | + | 标本 |
| 403 | 鳞翅目 | 尺蛾科 Geometridae | 中国巨青尺蛾 *Limbatochlamys rothorni* Rothschild | 2014 年 | + | 标本 |
| 404 | 鳞翅目 | 尺蛾科 Geometridae | 黄幅射尺蛾 *Iotaphora iridicolor*（Butler） | 2014 年 | +++ | 标本 |
| 405 | 鳞翅目 | 尺蛾科 Geometridae | 萝藦艳青尺蛾 *Agathia carissima*（Butler） | 2014 年 | + | 标本 |
| 406 | 鳞翅目 | 尺蛾科 Geometridae | 肾纹绿尺蛾 *Comibaena procumbaria* Pryer | 2014 年 | + | 标本 |
| 407 | 鳞翅目 | 尺蛾科 Geometridae | 镶纹绿尺蛾 *Comibaena subhyalina* Warren | 2014 年 | + | 标本 |
| 408 | 鳞翅目 | 尺蛾科 Geometridae | 柿星尺蛾 *Percnia giraffata*（Guenée） | 2014 年 | ++ | 标本 |
| 409 | 鳞翅目 | 尺蛾科 Geometridae | 四星尺蛾 *Ophthalmodes irroraria* Bremer et Grey | 2014 年 | + | 标本 |
| 410 | 鳞翅目 | 尺蛾科 Geometridae | 枵星尺蛾 *Arichanna jaguararia*（Guenée） | 2014 年 | + | 标本 |
| 411 | 鳞翅目 | 尺蛾科 Geometridae | 黄星尺蛾 *Arichanna melanaria fraterna*（Butler） | 2014 年 | + | 标本 |
| 412 | 鳞翅目 | 尺蛾科 Geometridae | 枯叶尺蛾 *Gandaritis flavata sinicaria*（Leech） | 2014 年 | + | 标本 |
| 413 | 鳞翅目 | 尺蛾科 Geometridae | 木樽尺蠖 *Culcula panterinaria* Bremer et Grey | 2014 年 | + | 标本 |
| 414 | 鳞翅目 | 尺蛾科 Geometridae | 丝棉木金星尺蛾 *Calospilos suspecta* Warren | 2014 年 | +++ | 标本 |
| 415 | 鳞翅目 | 尺蛾科 Geometridae | 四川尾尺蛾 *Ourapteryx ebuleata szechuana*（wehrhi） | 2014 年 | ++++ | 标本 |

| 序号 | 目名 | 科名 | 中文种名（拉丁学名） | 最新发现时间/年份 | 数量状况 | 数据来源 |
|------|------|------|---------------------|-----------------|---------|---------|
| 416 | 鳞翅目 | 尺蛾科 Geometridae | 双云尺蛾 *Biston comitata* Warren | 2014 年 | ++ | 标本 |
| 417 | 鳞翅目 | 尺蛾科 Geometridae | 北京尺蛾 *Epipristis transiens* Sterneck | 2014 年 | + | 标本 |
| 418 | 鳞翅目 | 尺蛾科 Geometridae | 贡尺蛾 *Gonodontis aurata* Prout | 2014 年 | + | 标本 |
| 419 | 鳞翅目 | 尺蛾科 Geometridae | 中国虎尺蛾 *Xanthabraxas heminata*（Guenée） | 2014 年 | + | 标本 |
| 420 | 鳞翅目 | 尺蛾科 Geometridae | 橄璃尺蛾 *Krananda oliveomarginata* Swinhoe | 2014 年 | + | 标本 |
| 421 | 鳞翅目 | 尺蛾科 Geometridae | 玻璃尺蛾 *Krananda semihyalina*（Moore） | 2014 年 | + | 标本 |
| 422 | 鳞翅目 | 尺蛾科 Geometridae | 达尺蛾 *Dalima apicata eoa* Wehrli | 2014 年 | + | 标本 |
| 423 | 鳞翅目 | 尺蛾科 Geometridae | 粉红边尺蛾 *Leptomiza crenularia*（Leech） | 2014 年 | + | 标本 |
| 424 | 鳞翅目 | 尺蛾科 Geometridae | 黑星白尺蛾 *Metapercnia* sp. | 2014 年 | + | 标本 |
| 425 | 鳞翅目 | 尺蛾科 Geometridae | 黑玉臂尺蛾 *Xandrames dholaria* Moore | 2014 年 | + | 标本 |
| 426 | 鳞翅目 | 尺蛾科 Geometridae | 钩嘴尺蛾 Acrodontis aenigma hunana Wehrli | 2014 年 | + | 标本 |
| 427 | 鳞翅目 | 尺蛾科 Geometridae | 树形尺蛾 Erebomorpha consors（Butler） | 2014 年 | + | 标本 |
| 428 | 鳞翅目 | 尺蛾科 Geometridae | 默尺蛾 *Medasima corticaria photina* Wehrli | 2014 年 | + | 标本 |
| 429 | 鳞翅目 | 舟蛾科 Notodontidae | 黑蕊舟蛾 *Dudusa sphingiformis* Moore | 2014 年 | + | 标本 |
| 430 | 鳞翅目 | 舟蛾科 Notodontidae | 著蕊舟蛾 *Dudusa nobilis*（Walker） | 2014 年 | + | 标本 |
| 431 | 鳞翅目 | 舟蛾科 Notodontidae | 剑心银斑舟蛾 *Tarsolepis remicauda* Butler | 2014 年 | + | 标本 |
| 432 | 鳞翅目 | 舟蛾科 Notodontidae | 钩翅舟蛾 *Gangarides dharma* Moore | 2014 年 | + | 标本 |
| 433 | 鳞翅目 | 舟蛾科 Notodontidae | 核桃美舟蛾 *Uropyia meticulodina*（Oberthür） | 2014 年 | ++ | 标本 |
| 434 | 鳞翅目 | 舟蛾科 Notodontidae | 云舟蛾 *Neopheosia fasciata*（Moore） | 2014 年 | + | 标本 |
| 435 | 鳞翅目 | 舟蛾科 Notodontidae | 三线雪舟蛾 *Gazalina chrysolopha*（Kollar） | 2014 年 | + | 标本 |
| 436 | 鳞翅目 | 舟蛾科 Notodontidae | 大新二尾舟蛾 *Cerura tattakana* Matsumura | 2014 年 | + | 标本 |
| 437 | 鳞翅目 | 舟蛾科 Notodontidae | 苹掌舟蛾 *Pnalera flavescens*（Bremer et Grey） | 2014 年 | + | 标本 |
| 438 | 鳞翅目 | 舟蛾科 Notodontidae | 栎掌舟蛾 *Pnalera assimilis*（Bremer et Grey） | 2014 年 | ++ | 标本 |
| 439 | 鳞翅目 | 舟蛾科 Notodontidae | 灰掌舟蛾 *Pnalera torpida*（Walker） | 2014 年 | + | 标本 |
| 440 | 鳞翅目 | 舟蛾科 Notodontidae | 刺槐掌舟蛾 *Phalera birmicola* Bryk | 2014 年 | ++ | 标本 |
| 441 | 鳞翅目 | 舟蛾科 Notodontidae | 刺桐掌舟蛾 *Phalera raya* Moore | 2014 年 | + | 标本 |
| 442 | 鳞翅目 | 舟蛾科 Notodontidae | 梨威舟蛾 *Wilemanus bidentatus*（Wilerman） | 2014 年 | + | 标本 |
| 443 | 鳞翅目 | 舟蛾科 Notodontidae | 点舟蛾 *Stigmatophorina hammamelis* Mell | 2014 年 | + | 标本 |
| 444 | 鳞翅目 | 舟蛾科 Notodontidae | 仿白边舟蛾 *Paranerice hoenei* Kiriakoff | 2014 年 | + | 标本 |
| 445 | 鳞翅目 | 舟蛾科 Notodontidae | 锯齿星舟蛾 *Euhampsonia serratifera* Sugi | 2014 年 | + | 标本 |
| 446 | 鳞翅目 | 舟蛾科 Notodontidae | 黄二星舟蛾 *Euhampsonia cristata*（Butler） | 2014 年 | ++ | 标本 |
| 447 | 鳞翅目 | 舟蛾科 Notodontidae | 银二星舟蛾 *Euhampsonia splendida*（Oberthür） | 2014 年 | + | 标本 |
| 448 | 鳞翅目 | 舟蛾科 Notodontidae | 茅莓蚁舟蛾 *Stauropus basalis* Moore | 2014 年 | + | 标本 |
| 449 | 鳞翅目 | 舟蛾科 Notodontidae | 伪奇舟蛾 *Allata*（*Pseudallata*）*laticostalis*（Hampson） | 2014 年 | + | 标本 |
| 450 | 鳞翅目 | 舟蛾科 Notodontidae | 歧怪舟蛾 *Hagapterys kisludai* Nakamura | 2014 年 | + | 标本 |
| 451 | 鳞翅目 | 舟蛾科 Notodontidae | 暗齿舟蛾 *Scotodonta tenebrosa*（Moore） | 2014 年 | + | 标本 |
| 452 | 鳞翅目 | 舟蛾科 Notodontidae | 著内斑舟蛾 *Peridea aliena*（Staudinger） | 2014 年 | + | 标本 |
| 453 | 鳞翅目 | 舟蛾科 Notodontidae | 艳金舟蛾 *Spatalia doerriesi* Graeser | 2014 年 | + | 标本 |
| 454 | 鳞翅目 | 舟蛾科 Notodontidae | 黑带新林舟蛾 *Neodrymonia*（*libido*）*voluptuosa*（Bryk） | 2014 年 | + | 标本 |
| 455 | 鳞翅目 | 舟蛾科 Notodontidae | 黄拟皮舟蛾 *Besaia*（*Mimopydna*）*sikkima sikkima*（Moore） | 2014 年 | + | 标本 |
| 456 | 鳞翅目 | 舟蛾科 Notodontidae | 浅黄箩舟蛾 *Ceira postfusca*（Kiriakoff） | 2014 年 | + | 标本 |
| 457 | 鳞翅目 | 毒蛾科 Lymantriidae | 栎毒蛾 *Lymantria mathura* Moore | 2014 年 | + | 标本 |

续表

| 序号 | 目名 | 科名 | 中文种名（拉丁学名） | 最新发现时间/年份 | 数量状况 | 数据来源 |
|---|---|---|---|---|---|---|
| 458 | 鳞翅目 | 毒蛾科 Lymantriidae | 枫毒蛾 *Lymantria umbrifera* Willemen | 2014 年 | ++ | 标本 |
| 459 | 鳞翅目 | 毒蛾科 Lymantriidae | 肾毒毒蛾 *Ciuna locuples*（Kalker） | 2014 年 | + | 标本 |
| 460 | 鳞翅目 | 毒蛾科 Lymantriidae | 苔棕毒蛾 *Ilema eurydice*（Butler） | 2014 年 | + | 标本 |
| 461 | 鳞翅目 | 毒蛾科 Lymantriidae | 茶白毒蛾 *Arctornis alba*（Bremer） | 2014 年 | + | 标本 |
| 462 | 鳞翅目 | 毒蛾科 Lymantriidae | 叉斜带毒蛾 *Numenes separate*（Leech） | 2014 年 | + | 标本 |
| 463 | 鳞翅目 | 毒蛾科 Lymantriidae | 白斜带毒蛾 *Numenes albofascia*（Leech） | 2014 年 | + | 标本 |
| 464 | 鳞翅目 | 毒蛾科 Lymantriidae | 豆盗毒蛾 *Porthesia piperita*（Oberthür） | 2014 年 | ++ | 标本 |
| 465 | 鳞翅目 | 毒蛾科 Lymantriidae | 黑褐盗毒蛾 *Porthesia atereta* Collenette | 2000 年 | | 文献 |
| 466 | 鳞翅目 | 毒蛾科 Lymantriidae | 二点黄毒蛾 *Euproctis stenosacea* Collenette | 2014 年 | + | 标本 |
| 467 | 鳞翅目 | 毒蛾科 Lymantriidae | 脉黄毒蛾 *Euproctis albovenosa*（Semper） | 2014 年 | + | 标本 |
| 468 | 鳞翅目 | 毒蛾科 Lymantriidae | 茶黄毒蛾 *Euproctis pseudoconspersa* Strand | 2014 年 | + | 标本 |
| 469 | 鳞翅目 | 毒蛾科 Lymantriidae | 折带黄毒蛾 *Euproctis flava*（Bremer） | 2014 年 | + | 标本 |
| 470 | 鳞翅目 | 毒蛾科 Lymantriidae | 皎星黄毒蛾 *Euproctis bimaculata*（Walker） | 2014 年 | + | 标本 |
| 471 | 鳞翅目 | 毒蛾科 Lymantriidae | 乌桕黄毒蛾 *Euproctis bipunctapex*（Hampson） | 2006 年 | | 文献 |
| 472 | 鳞翅目 | 灯蛾科 Arctiidae | 黑轴美苔蛾 *Miltochrista stibivenata* Hampson | 2014 年 | + | 标本 |
| 473 | 鳞翅目 | 灯蛾科 Arctiidae | 异美苔蛾 *Miltochrista aberans*（Butler） | 2014 年 | + | 标本 |
| 474 | 鳞翅目 | 灯蛾科 Arctiidae | 之美苔蛾 *Miltochrista ziczac*（Walker） | 2006 年 | | 文献 |
| 475 | 鳞翅目 | 灯蛾科 Arctiidae | 优美苔蛾 *Miltochrista striata* Bremer et Grey | 2012 年 | + | 标本 |
| 476 | 鳞翅目 | 灯蛾科 Arctiidae | 优雪苔蛾 *Cyana hamata*（Walker） | 2006 年 | | 文献 |
| 477 | 鳞翅目 | 灯蛾科 Arctiidae | 明雪苔蛾 *Cyana phaedra*（Leech） | 2006 年 | | 文献 |
| 478 | 鳞翅目 | 灯蛾科 Arctiidae | 黄雪苔蛾 *Cyana dohertyi* Elwes | 2014 年 | + | 标本 |
| 479 | 鳞翅目 | 灯蛾科 Arctiidae | 天目雪苔蛾 *Cyana tienmushanensis*（Reich） | 2014 年 | + | 标本 |
| 480 | 鳞翅目 | 灯蛾科 Arctiidae | 血红雪苔蛾 *Cyana sanguinea* Bremer et Grey | 2014 年 | + | 标本 |
| 481 | 鳞翅目 | 灯蛾科 Arctiidae | 灰土苔蛾 *Eilema griseola* Hübner | 2014 年 | + | 标本 |
| 482 | 鳞翅目 | 灯蛾科 Arctiidae | 乌土苔蛾 *Eilema ussrica*（Daniel） | 2014 年 | ++ | 标本 |
| 483 | 鳞翅目 | 灯蛾科 Arctiidae | 黄土苔蛾 *Eilema nigripoda*（Bremer） | 2014 年 | + | 标本 |
| 484 | 鳞翅目 | 灯蛾科 Arctiidae | 粉鳞土苔蛾 *Eilema moorei*（Leech） | 2014 年 | + | 标本 |
| 485 | 鳞翅目 | 灯蛾科 Arctiidae | 白黑瓦苔蛾 *Vamuna ramelana* Moore | 2014 年 | ++++ | 标本 |
| 486 | 鳞翅目 | 灯蛾科 Arctiidae | 头褐荷苔蛾 *Ghoria collitoides*（Butler） | 2014 年 | + | 标本 |
| 487 | 鳞翅目 | 灯蛾科 Arctiidae | 乌闪网苔蛾 *Macrobrochis staudingeri*（Apheraky） | 2014 年 | ++ | 标本 |
| 488 | 鳞翅目 | 灯蛾科 Arctiidae | 四点苔蛾 *Lithosia quadra*（Linnaeus） | 2014 年 | + | 标本 |
| 489 | 鳞翅目 | 灯蛾科 Arctiidae | 圆斑苏苔蛾 *Thysanoptyx signata*（Walker） | 2014 年 | + | 标本 |
| 490 | 鳞翅目 | 灯蛾科 Arctiidae | 长斑苏苔蛾 *Thysanoptyx tetragona*（Walker） | 2014 年 | + | 标本 |
| 491 | 鳞翅目 | 灯蛾科 Arctiidae | 肖浑黄灯蛾 *Rhyparioides amurensis*（Bremer） | 2014 年 | + | 标本 |
| 492 | 鳞翅目 | 灯蛾科 Arctiidae | 八点灰灯蛾 *Creatonotos transiens*（Walker） | 2014 年 | + | 标本 |
| 493 | 鳞翅目 | 灯蛾科 Arctiidae | 姬白望灯蛾 *Lemyra rhodophila*（Walker） | 2014 年 | + | 标本 |
| 494 | 鳞翅目 | 灯蛾科 Arctiidae | 白雪灯蛾 *Chionarctia nivea* Ménétriès | 2014 年 | + | 标本 |
| 495 | 鳞翅目 | 灯蛾科 Arctiidae | 洁白雪灯蛾 *Chionarctia pura*（Leech） | 2006 年 | | 文献 |
| 496 | 鳞翅目 | 灯蛾科 Arctiidae | 尘污灯蛾 *Spilarctia oblique*（Koller） | 2006 年 | | 文献 |
| 497 | 鳞翅目 | 灯蛾科 Arctiidae | 黑须污灯蛾 *Spilarctia casigneta*（Koller） | 2014 年 | + | 标本 |
| 498 | 鳞翅目 | 灯蛾科 Arctiidae | 净污灯蛾 *Spilarctia alba*（Bremer et Grey） | 2014 年 | + | 标本 |
| 499 | 鳞翅目 | 灯蛾科 Arctiidae | 人纹污灯蛾 *Spilarcti subcarnea*（Walker） | 2014 年 | + | 标本 |

| 序号 | 目名 | 科名 | 中文种名（拉丁学名） | 最新发现时间/年份 | 数量状况 | 数据来源 |
|---|---|---|---|---|---|---|
| 500 | 鳞翅目 | 灯蛾科 Arctiidae | 大丽灯蛾 Aglaomorpha histrio Walker | 2014 年 | + | 标本 |
| 501 | 鳞翅目 | 灯蛾科 Arctiidae | 首丽灯蛾 Aglaomorpha principalie Kollar | 2014 年 | + | 标本 |
| 502 | 鳞翅目 | 灯蛾科 Arctiidae | 粉蝶灯蛾 Nyctemera adversata Sthaller | 2014 年 | + | 标本 |
| 503 | 鳞翅目 | 灯蛾科 Arctiidae | 华虎灯蛾 Calpenia zerenaria Oberthür | 2014 年 | + | 标本 |
| 504 | 鳞翅目 | 鹿蛾科 Amatidae | 透新鹿蛾黑翅亚种 Caeneressa diphana muirheadi（Feler） | 2014 年 | ++ | 标本 |
| 505 | 鳞翅目 | 鹿蛾科 Amatidae | 蜀鹿蛾 Amata davidi（Poujade） | 2014 年 | + | 标本 |
| 506 | 鳞翅目 | 夜蛾科 Noctuidae | 后夜蛾 Trisuloides sericea Brutler | 2014 年 | + | 标本 |
| 507 | 鳞翅目 | 夜蛾科 Noctuidae | 异后夜蛾 Trisuloides variegate（Moore） | 2014 年 | + | 标本 |
| 508 | 鳞翅目 | 夜蛾科 Noctuidae | 黄后夜蛾 Trisuloides subflava Wileman | 2014 年 | + | 标本 |
| 509 | 鳞翅目 | 夜蛾科 Noctuidae | 白斑后夜蛾 Trisuloides c-album Leech | 2014 年 | + | 标本 |
| 510 | 鳞翅目 | 夜蛾科 Noctuidae | 缤夜蛾 Moma alpium（Osbeck） | 2014 年 | + | 标本 |
| 511 | 鳞翅目 | 夜蛾科 Noctuidae | 梨剑纹夜蛾 Acronicta rumicis（Linnaeus） | 2006 年 | | 文献 |
| 512 | 鳞翅目 | 夜蛾科 Noctuidae | 黑条翠夜蛾 Diphtherocome marmorea（Leech） | 2014 年 | + | 标本 |
| 513 | 鳞翅目 | 夜蛾科 Noctuidae | 棉铃虫 Heliothis armigera（Hübner） | 2006 年 | | 文献 |
| 514 | 鳞翅目 | 夜蛾科 Noctuidae | 大地老虎 Agrotis tokionis Butler | 2006 年 | | 文献 |
| 515 | 鳞翅目 | 夜蛾科 Noctuidae | 小地老虎 Agrotis ypsilon（Rottemberg） | 2006 年 | | 文献 |
| 516 | 鳞翅目 | 夜蛾科 Noctuidae | 焰色狼夜蛾 Ochropleura flammatra（Denis et Schiffermüller） | 2014 年 | + | 标本 |
| 517 | 鳞翅目 | 夜蛾科 Noctuidae | 八字地老虎 Xestia c-nigrum（Linnaeus） | 2006 年 | | 文献 |
| 518 | 鳞翅目 | 夜蛾科 Noctuidae | 甘蓝夜蛾 Mamestra brassicae（Linnaeus） | 2006 年 | | 文献 |
| 519 | 鳞翅目 | 夜蛾科 Noctuidae | 掌夜蛾 Tiracola plagiata（Walker） | 2014 年 | ++ | 标本 |
| 520 | 鳞翅目 | 夜蛾科 Noctuidae | 白点粘夜蛾 Leucania loreyi（Duponchel） | 2006 年 | | 文献 |
| 521 | 鳞翅目 | 夜蛾科 Noctuidae | 粘虫 Pseudaletia separata Walker | 2006 年 | | 文献 |
| 522 | 鳞翅目 | 夜蛾科 Noctuidae | 白斑胖夜蛾 Orthogonia canimaculata Warren | 2014 年 | + | 标本 |
| 523 | 鳞翅目 | 夜蛾科 Noctuidae | 白斑锦夜蛾 Euplexia albovittatab Moore | 2014 年 | + | 标本 |
| 524 | 鳞翅目 | 夜蛾科 Noctuidae | 折线激夜蛾 Oroplexia retrahens（Walker） | 2014 年 | + | 标本 |
| 525 | 鳞翅目 | 夜蛾科 Noctuidae | 散纹夜蛾 Callopistria juventina（Stoll） | 2014 年 | + | 标本 |
| 526 | 鳞翅目 | 夜蛾科 Noctuidae | 间纹炫夜蛾 Actinotia intermediate（Bremer） | 2014 年 | + | 标本 |
| 527 | 鳞翅目 | 夜蛾科 Noctuidae | 斜纹夜蛾 Spodoptera litura（Fabricius） | 2006 年 | | 文献, |
| 528 | 鳞翅目 | 夜蛾科 Noctuidae | 稻蛀茎夜蛾 Sesamia inferens（Walker） | 2006 年 | | 文献 |
| 529 | 鳞翅目 | 夜蛾科 Noctuidae | 丹月明夜蛾 Sphragifera sigillata Menetres | 2014 年 | ++ | 标本 |
| 530 | 鳞翅目 | 夜蛾科 Noctuidae | 日月明夜蛾 Sphragifera biplagiata（Walker） | 2014 年 | + | 标本 |
| 531 | 鳞翅目 | 夜蛾科 Noctuidae | 鼎点金刚钻 Earias cupreoviridis Walker | 2006 年 | | 文献 |
| 532 | 鳞翅目 | 夜蛾科 Noctuidae | 红衣夜蛾 Clethrophora distincta（Leech） | 2014 年 | + | 标本 |
| 533 | 鳞翅目 | 夜蛾科 Noctuidae | 旋夜蛾 Eligma narcissus（Cramer） | 2014 年 | + | 标本 |
| 534 | 鳞翅目 | 夜蛾科 Noctuidae | 霜夜蛾 Gelastocera exusta Butler | 2006 年 | | 文献 |
| 535 | 鳞翅目 | 夜蛾科 Noctuidae | 谐夜蛾 Emmelia trabealis scopoli | 2006 年 | | 文献 |
| 536 | 鳞翅目 | 夜蛾科 Noctuidae | 稻螟蛉夜蛾 Naranga aenescens Moore | 2006 年 | | 文献 |
| 537 | 鳞翅目 | 夜蛾科 Noctuidae | 柳裳夜蛾 Catocala electa（Vieweg） | 2014 年 | + | 标本 |
| 538 | 鳞翅目 | 夜蛾科 Noctuidae | 意光裳夜蛾 Ephesia ella（Butler） | 2014 年 | + | 标本 |
| 539 | 鳞翅目 | 夜蛾科 Noctuidae | 鸽光裳夜蛾 Ephesia columbina（Leech） | 2014 年 | + | 标本 |
| 540 | 鳞翅目 | 夜蛾科 Noctuidae | 苎麻夜蛾 Arcte coerula（Guenee） | 2014 年 | + | 标本 |
| 541 | 鳞翅目 | 夜蛾科 Noctuidae | 玉边目夜蛾 Erebus albicinctus Kollar | 2014 年 | + | 标本 |

续表

| 序号 | 目名 | 科名 | 中文种名（拉丁学名） | 最新发现时间/年份 | 数量状况 | 数据来源 |
|---|---|---|---|---|---|---|
| 542 | 鳞翅目 | 夜蛾科 Noctuidae | 毛魔目夜蛾 Erebus pilosa（Leech） | 2014 年 | + | 标本 |
| 543 | 鳞翅目 | 夜蛾科 Noctuidae | 环夜蛾 Spirama retorta（Clerck） | 2014 年 | + | 标本 |
| 544 | 鳞翅目 | 夜蛾科 Noctuidae | 玫瑰巾夜蛾 Dysgonia arctotaenia（Guenée） | 2014 年 | + | 标本 |
| 545 | 鳞翅目 | 夜蛾科 Noctuidae | 石榴巾夜蛾 Dysgonia stuposa（Fabricius） | 2013 年 | + | 标本 |
| 546 | 鳞翅目 | 夜蛾科 Noctuidae | 霉巾夜蛾 Dysgoniaa maturate Walker | 2014 年 | ++ | 标本 |
| 547 | 鳞翅目 | 夜蛾科 Noctuidae | 肾巾夜蛾 Dysgonia praetermissa（Warren） | 2014 年 | + | 标本 |
| 548 | 鳞翅目 | 夜蛾科 Noctuidae | 分夜蛾 Trigonodes hyppasia（Cramer） | 2014 年 | + | 标本 |
| 549 | 鳞翅目 | 夜蛾科 Noctuidae | 小造桥虫 Anomis flava Fabricius | 2006 年 | | 文献 |
| 550 | 鳞翅目 | 夜蛾科 Noctuidae | 超桥夜蛾 Anomis fulvida Guenee | 2014 年 | ++ | 标本 |
| 551 | 鳞翅目 | 夜蛾科 Noctuidae | 棘翅夜蛾 Scoliopteryx libatrix（Linnaeus） | 2014 年 | + | 标本 |
| 552 | 鳞翅目 | 夜蛾科 Noctuidae | 白线篦夜蛾 Episparis liturata Fabricius | 2014 年 | + | 标本 |
| 553 | 鳞翅目 | 夜蛾科 Noctuidae | 凡艳叶夜蛾 Eudocima fullonica（Clerck） | 2014 年 | + | 标本 |
| 554 | 鳞翅目 | 夜蛾科 Noctuidae | 锯线荣夜蛾 Gloriana dentilinea（Leech） | 2014 年 | + | 标本 |
| 555 | 鳞翅目 | 夜蛾科 Noctuidae | 木叶夜蛾 Xylophylla punctifascia Leech | 2014 年 | + | 标本 |
| 556 | 鳞翅目 | 夜蛾科 Noctuidae | 斜线关夜蛾 Artena dotata（Fabricius） | 2014 年 | + | 标本 |
| 557 | 鳞翅目 | 夜蛾科 Noctuidae | 青安钮夜蛾 Anua tirhaca（Cramer） | 2014 年 | + | 标本 |
| 558 | 鳞翅目 | 夜蛾科 Noctuidae | 白点朋闪夜蛾 Hypersypnoides astrigera（Butler） | 2013 年 | + | 标本 |
| 559 | 鳞翅目 | 夜蛾科 Noctuidae | 三斑蕊夜蛾 Cymatophoropsis trimaculata（Bremer） | 2013 年 | + | 标本 |
| 560 | 鳞翅目 | 夜蛾科 Noctuidae | 大斑蕊夜蛾 Cymatophoropsis unca（Houlbert） | 2013 年 | + | 标本 |
| 561 | 鳞翅目 | 夜蛾科 Noctuidae | 斜线哈夜蛾 Hamodes butleri（Leech） | 2014 年 | + | 标本 |
| 562 | 鳞翅目 | 夜蛾科 Noctuidae | 齿斑畸夜蛾 Borsippa quadrilineata（Walker） | 2014 年 | + | 标本 |
| 563 | 鳞翅目 | 夜蛾科 Noctuidae | 蓝条夜蛾 Ischyja manlia（Cramer） | 2014 年 | + | 标本 |
| 564 | 鳞翅目 | 夜蛾科 Noctuidae | 寒锉夜蛾 Blasticorhinus ussuriensis Bremer | 2014 年 | + | 标本 |
| 565 | 鳞翅目 | 夜蛾科 Noctuidae | 朴变色夜蛾 Hypopyra feniseca Guenée | 2013 年 | + | 标本 |
| 566 | 鳞翅目 | 夜蛾科 Noctuidae | 鳞眉夜蛾 Pangrapta squamea（Leech） | 2014 年 | + | 标本 |
| 567 | 鳞翅目 | 夜蛾科 Noctuidae | 白肾夜蛾 Edessena gentiusalis Walker | 2013 年 | + | 标本 |
| 568 | 鳞翅目 | 夜蛾科 Noctuidae | 钩白肾夜蛾 Edessena hamada Felder et Rogenhofer | 2014 年 | + | 标本 |
| 569 | 鳞翅目 | 夜蛾科 Noctuidae | 壶夜蛾 Calyptra thalictri（Borkhausen） | 2014 年 | + | 标本 |
| 570 | 鳞翅目 | 夜蛾科 Noctuidae | 平嘴壶夜蛾 Calyptra lata（Butler） | 2013 年 | + | 标本 |
| 571 | 鳞翅目 | 夜蛾科 Noctuidae | 旗析夜蛾 Sypnoides mandarna（Leech） | 2014 年 | + | 标本 |
| 572 | 鳞翅目 | 夜蛾科 Noctuidae | 中金弧夜蛾 Diachrysia intermixta Warren | 2012 年 | + | 标本 |
| 573 | 鳞翅目 | 夜蛾科 Noctuidae | 白线尖须夜蛾 Bleptina albolinealis Leech | 2014 年 | + | 标本 |
| 574 | 鳞翅目 | 夜蛾科 Noctuidae | 银锭夜蛾 Macdunnoughia crassisigna Warren | 2014 年 | + | 标本 |
| 575 | 鳞翅目 | 夜蛾科 Noctuidae | 红腹秃翅夜蛾 Calesia haemorrhoa Guenée | 2014 年 | + | 标本 |
| 576 | 鳞翅目 | 夜蛾科 Noctuidae | 胸须夜蛾 Cidariplura gladiata Butler | 2014 年 | + | 标本 |
| 577 | 鳞翅目 | 虎蛾科 Agaristidae | 黄修虎蛾 Sarbanissa flavida（Leech） | 2014 年 | + | 标本 |
| 578 | 鳞翅目 | 虎蛾科 Agaristidae | 小修虎蛾 Sarbanissa mandarina（Leech） | 2013 年 | +++ | 标本 |
| 579 | 鳞翅目 | 虎蛾科 Agaristidae | 艳修虎蛾 Sarbanissa venusta Leech | 2013 年 | ++ | 标本 |
| 580 | 鳞翅目 | 天蛾科 Sphingidae | 芝麻鬼脸天蛾 Acherontia styx Westwood | 2013 年 | + | 标本 |
| 581 | 鳞翅目 | 天蛾科 Sphingidae | 白薯天蛾 Herse convolvuli Linnaeus | 2014 年 | ++ | 标本 |
| 582 | 鳞翅目 | 天蛾科 Sphingidae | 绒星天蛾 Dolbina tancrei Staudinger | 2006 年 | | 文献 |
| 583 | 鳞翅目 | 天蛾科 Sphingidae | 鹰翅天蛾 Oxyambulyx ochracea（Butler） | 2014 年 | + | 标本 |

| 序号 | 目名 | 科名 | 中文种名（拉丁学名） | 最新发现时间/年份 | 数量状况 | 数据来源 |
|---|---|---|---|---|---|---|
| 584 | 鳞翅目 | 天蛾科 Sphingidae | 大背天蛾 *Meganoton analis*（Felder） | 2014 年 | + | 标本 |
| 585 | 鳞翅目 | 天蛾科 Sphingidae | 洋槐天蛾 *Clanis deucalion*（Walker） | 2014 年 | + | 标本 |
| 586 | 鳞翅目 | 天蛾科 Sphingidae | 南方豆天蛾 *Clanis bilineata bilineata*（Walker） | 2014 年 | | 标本 |
| 587 | 鳞翅目 | 天蛾科 Sphingidae | 豆天蛾 *Clanis bilineata*（Walker） | 2006 年 | + | 文献 |
| 588 | 鳞翅目 | 天蛾科 Sphingidae | 齿翅三线天蛾 *Polyptychus dentatus* Gramer | 2014 年 | + | 标本 |
| 589 | 鳞翅目 | 天蛾科 Sphingidae | 北方蓝目天蛾 *Smerithus planus alticola* Clark | 2014 年 | + | 标本 |
| 590 | 鳞翅目 | 天蛾科 Sphingidae | 盾天蛾 *Phyllosphingia dissimilis dissimilis* Bremer | 2014 年 | + | 标本 |
| 591 | 鳞翅目 | 天蛾科 Sphingidae | 紫光盾天蛾 *Phyllosphingia dissimilis sinensis* Jordan | 2014 年 | ++ | 标本 |
| 592 | 鳞翅目 | 天蛾科 Sphingidae | 葡萄天蛾 *Ampelophaga rubiginosa rubiginosa* Bremer et Grey | 2014 年 | ++ | 标本 |
| 593 | 鳞翅目 | 天蛾科 Sphingidae | 缺角天蛾 *Acosmeryx castanea* Jordan et Rothschild | 2014 年 | + | 标本 |
| 594 | 鳞翅目 | 天蛾科 Sphingidae | 椴六点天蛾 *Marumba dyras*（Walker） | 2014 年 | + | 标本 |
| 595 | 鳞翅目 | 天蛾科 Sphingidae | 栗六点天蛾 *Marumba sperchius* Ménéntriés | 2014 年 | ++ | 标本 |
| 596 | 鳞翅目 | 天蛾科 Sphingidae | 梨六点天蛾 *Marumba gaschkewitschi complacens* walke | 2014 年 | + | 标本 |
| 597 | 鳞翅目 | 天蛾科 Sphingidae | 构月天蛾 *Paeum colligate* Walker | 2013 年 | + | 标本 |
| 598 | 鳞翅目 | 天蛾科 Sphingidae | 月天蛾 *Parum porphyria* Butler | 2013 年 | + | 标本 |
| 599 | 鳞翅目 | 天蛾科 Sphingidae | 白肩天蛾 *Rhagastis mongoliana mongoliana*（Butler） | 2014 年 | + | 标本 |
| 600 | 鳞翅目 | 天蛾科 Sphingidae | 青背长喙天蛾 *Macroglossum bombylans*（Boisduval） | 2014 年 | + | 标本 |
| 601 | 鳞翅目 | 天蛾科 Sphingidae | 黑长喙天蛾 *Macroglossum pyrrhosticta*（Butler） | 2013 年 | + | 标本 |
| 602 | 鳞翅目 | 天蛾科 Sphingidae | 平背天蛾 *Cechenena minor*（Butler） | 2014 年 | + | 标本 |
| 603 | 鳞翅目 | 天蛾科 Sphingidae | 条背天蛾 *Cechenena lineosa*（Walker） | 2014 年 | ++ | 标本 |
| 604 | 鳞翅目 | 天蛾科 Sphingidae | 木蜂天蛾 *Sataspes tagalica tagalica* Boisduval | 2014 年 | + | 标本 |
| 605 | 鳞翅目 | 蚕蛾科 Bombycidae | 家蚕蛾 *Bomyux mori* Linnaus | 2006 年 | | 文献 |
| 606 | 鳞翅目 | 蚕蛾科 Bombycidae | 野蚕蛾 *Theophila mandarina* Moore | 2014 年 | + | 标本 |
| 607 | 鳞翅目 | 蚕蛾科 Bombycidae | 白弧野蚕蛾 *Theophila albicurva* Chu et Waing | 2014 年 | + | 标本 |
| 608 | 鳞翅目 | 蚕蛾科 Bombycidae | 直线野蚕蛾 *Theophila religiosa* Helfer | 2014 年 | + | 标本 |
| 609 | 鳞翅目 | 蚕蛾科 Bombycidae | 多齿翅蚕蛾 *Oberthüeria caeca*（Oberthür） | 2014 年 | + | 标本 |
| 610 | 鳞翅目 | 蚕蛾科 Bombycidae | 钩翅赭蚕蛾 *Mustilia sphingiformis* Moore | 2014 年 | + | 标本 |
| 611 | 鳞翅目 | 蚕蛾科 Bombycidae | 桑横蚕蛾 *Rondotia menciana* Moore | 2014 年 | + | 标本 |
| 612 | 鳞翅目 | 大蚕蛾科 Saturniidae | 樗蚕 *Philosamia cynthia* Walkeri et Felder | 2014 年 | ++ | 标本 |
| 613 | 鳞翅目 | 大蚕蛾科 Saturniidae | 绿尾大蚕蛾 *Actias selenen ningpoana* Felder | 2014 年 | + | 标本 |
| 614 | 鳞翅目 | 大蚕蛾科 Saturniidae | 红尾大蚕蛾 *Actias rhodopneuma* Rober | 2006 年 | | 文献 |
| 615 | 鳞翅目 | 大蚕蛾科 Saturniidae | 银杏大蚕蛾 *Dictyoploca japonica* Woore | 2014 年 | + | 标本 |
| 616 | 鳞翅目 | 大蚕蛾科 Saturniidae | 后目大蚕蛾 *Dictyoploca simla* Westwood | 2014 年 | + | 标本 |
| 617 | 鳞翅目 | 大蚕蛾科 Saturniidae | 黄豹大蚕蛾 *Loepa katinka* Westwood | 2014 年 | + | 标本 |
| 618 | 鳞翅目 | 笋纹蛾科 Brahmaeidae | 枯球笋纹蛾 *Brahmophthalma wallichii*（Gray） | 2013 年 | + | 标本 |
| 619 | 鳞翅目 | 枯叶蛾科 Lasiocampida | 云南松毛虫 *Dentrolimus grisea*（Moore） | 2014 年 | + | 标本 |
| 620 | 鳞翅目 | 枯叶蛾科 Lasiocampida | 马尾松毛虫 *Dendrolimus punctata punctata*（Walker） | 2014 年 | ++ | 标本 |
| 621 | 鳞翅目 | 枯叶蛾科 Lasiocampida | 斜纹枯叶蛾 *Euthrix orboy orboy* Zolotuhin | 2014 年 | + | 标本 |
| 622 | 鳞翅目 | 枯叶蛾科 Lasiocampida | 竹纹枯叶蛾 *Euthrix laeta*（Walker） | 2014 年 | + | 标本 |
| 623 | 鳞翅目 | 枯叶蛾科 Lasiocampida | 栗黄枯叶蛾 *Trabala vishnou vishnou*（Lefebure） | 2014 年 | ++ | 标本 |
| 624 | 鳞翅目 | 枯叶蛾科 Lasiocampida | 苹枯叶蛾 *Odonestis pruni* Linnaeus | 2014 年 | + | 标本 |
| 625 | 鳞翅目 | 枯叶蛾科 Lasiocampida | 松栎枯叶蛾 *Paralebeda plagifera*（Walker） | 2014 年 | + | 标本 |

| 序号 | 目名 | 科名 | 中文种名（拉丁学名） | 最新发现时间/年份 | 数量状况 | 数据来源 |
|---|---|---|---|---|---|---|
| 626 | 鳞翅目 | 枯叶蛾科 Lasiocampida | 秦岭小毛虫 *Cosmotriche monotona*（F.Daniel） | 2013 年 | + | 标本 |
| 627 | 鳞翅目 | 枯叶蛾科 Lasiocampida | 缘褐枯叶蛾 *Gastropacha xenopates wilemani* Tams | 2013 年 | + | 标本 |
| 628 | 鳞翅目 | 带蛾科 Eupterotidae | 褐带蛾 *Palirisa cervina* Moore. | 2013 年 | + | 标本 |
| 629 | 鳞翅目 | 带蛾科 Eupterotidae | 褐斑带蛾 *Apha subdives* Walker | 2014 年 | + | 标本 |
| 630 | 鳞翅目 | 凤蝶科 Papilionidae | 宽尾凤蝶 *Agehana elwesi*（Leech） | 2014 年 | + | 标本 |
| 631 | 鳞翅目 | 凤蝶科 Papilionidae | 麝凤蝶 *Byasa alcinous*（Klug） | 2014 年 | + | 标本 |
| 632 | 鳞翅目 | 凤蝶科 Papilionidae | 蓝凤蝶 *Papilio protenor* Cramer | 2014 年 | + | 标本 |
| 633 | 鳞翅目 | 凤蝶科 Papilionidae | 多型凤蝶 *Papilio memnon* Linnaeus | 2006 年 | | 文献 |
| 634 | 鳞翅目 | 凤蝶科 Papilionidae | 玉带凤蝶 *Papilio polytes* Linnaeus | 2006 年 | | 文献 |
| 635 | 鳞翅目 | 凤蝶科 Papilionidae | 红基美凤蝶 *Papilio alcmenor* Felder | 2014 年 | + | 标本 |
| 636 | 鳞翅目 | 凤蝶科 Papilionidae | 碧翠凤蝶 *Papilio bianor*（Cramer） | 2014 年 | ++ | 标本 |
| 637 | 鳞翅目 | 凤蝶科 Papilionidae | 牛郎凤蝶 *Papilio bootes* Westwood | 2014 年 | + | 标本 |
| 638 | 鳞翅目 | 凤蝶科 Papilionidae | 柑橘凤蝶 *Papilio xuthus*（Linnaeus） | 2014 年 | ++ | 标本 |
| 639 | 鳞翅目 | 凤蝶科 Papilionidae | 金凤蝶 *Papilio machaon* Linnaeus | 2006 年 | | 文献 |
| 640 | 鳞翅目 | 粉蝶科 Pieridae | 黑角方粉蝶 *Dercas lycorias*（Doubleday） | 2014 年 | + | 标本 |
| 641 | 鳞翅目 | 粉蝶科 Pieridae | 橙黄豆粉蝶 *Colias fieldii* Ménériès | 2014 年 | + | 标本 |
| 642 | 鳞翅目 | 粉蝶科 Pieridae | 豆粉蝶 *Colias hyale*（Linnaeus） | 2006 年 | | 文献 |
| 643 | 鳞翅目 | 粉蝶科 Pieridae | 宽边黄粉蝶 *Eurema hecabe*（Linnaeus） | 2014 年 | +++ | 标本 |
| 644 | 鳞翅目 | 粉蝶科 Pieridae | 圆翅钩粉蝶 *Gonepterys amintha* Blanchard | 2014 年 | + | 标本 |
| 645 | 鳞翅目 | 粉蝶科 Pieridae | 菜粉蝶 *Pieris rapae*（Linnaeus） | 2014 年 | +++ | 标本 |
| 646 | 鳞翅目 | 粉蝶科 Pieridae | 黑纹粉蝶 *Pieris melete* Ménériès | 2014 年 | ++ | 标本 |
| 647 | 鳞翅目 | 粉蝶科 Pieridae | 东方菜粉蝶 *Pieris canidia*（Sparrman） | 2014 年 | +++ | 标本 |
| 648 | 鳞翅目 | 环蝶科 Amathusiidae | 双星箭环蝶 *Stichophthalma neumogeni* Leech | 2014 年 | + | 标本 |
| 649 | 鳞翅目 | 眼蝶科 Satyridae | （稻）暮眼蝶 *Melanitis leda*（Linnaeus） | 2014 年 | + | 标本 |
| 650 | 鳞翅目 | 眼蝶科 Satyridae | 蒙链荫眼蝶 *Neope muirheadi* Felder | 2006 年 | | 文献 |
| 651 | 鳞翅目 | 眼蝶科 Satyridae | 稻眉眼蝶 *Mycalesis gotama* Moore | 2006 年 | | 文献 |
| 652 | 鳞翅目 | 眼蝶科 Satyridae | 白条黛眼蝶 *Lethe albolineata*（Poujade） | 2014 年 | + | 标本 |
| 653 | 鳞翅目 | 眼蝶科 Satyridae | 白带黛眼蝶 *Lethe confusa*（Aurivillius） | 2014 年 | + | 标本 |
| 654 | 鳞翅目 | 眼蝶科 Satyridae | 玉带黛眼蝶 *Lethe verma* Kollar | 2014 年 | + | 标本 |
| 655 | 鳞翅目 | 眼蝶科 Satyridae | 蛇神黛眼蝶 *Lethe satyrina* Butler | 2014 年 | ++ | 标本 |
| 656 | 鳞翅目 | 眼蝶科 Satyridae | 连斑矍眼蝶 *Ypthima sakra* Moore | 2014 年 | + | 标本 |
| 657 | 鳞翅目 | 眼蝶科 Satyridae | 东亚矍眼蝶 *Ypthima motschulskyi*（Bremer et Grey） | 2014 年 | + | 标本 |
| 658 | 鳞翅目 | 眼蝶科 Satyridae | 星矍眼蝶 *Ypthima asterope* Klug | 2006 年 | | 文献 |
| 659 | 鳞翅目 | 眼蝶科 Satyridae | 曼丽白眼蝶 *Melanargia meridonalis* Felder | 2014 年 | + | 标本 |
| 660 | 鳞翅目 | 蛱蝶科 Nymphalidae | 黄帅蛱蝶 *Sephisa princeps*（Fixsen） | 2014 年 | + | 标本 |
| 661 | 鳞翅目 | 蛱蝶科 Nymphalidae | 秀蛱蝶 *Pseudergolis wedah*（Kollar） | 2014 年 | + | 标本 |
| 662 | 鳞翅目 | 蛱蝶科 Nymphalidae | 黄铜翠蛱蝶 *Euthalia nara* Moore | 2014 年 | + | 标本 |
| 663 | 鳞翅目 | 蛱蝶科 Nymphalidae | 扬眉线蛱蝶 *Limenitis helmanni* Lederer | 2014 年 | + | 标本 |
| 664 | 鳞翅目 | 蛱蝶科 Nymphalidae | 玉杵带蛱蝶 *Athyma jina* Moore | 2014 年 | + | 标本 |
| 665 | 鳞翅目 | 蛱蝶科 Nymphalidae | 小环蛱蝶 *Neptis sappho*（Pallas） | 2014 年 | + | 标本 |
| 666 | 鳞翅目 | 蛱蝶科 Nymphalidae | 中环蛱蝶 *Neptis hylas*（Linnaeus） | 2014 年 | ++ | 标本 |
| 667 | 鳞翅目 | 蛱蝶科 Nymphalidae | 链环蛱蝶 *Neptis pryeri*（Butler） | 2014 年 | + | 标本 |

续表

| 序号 | 目名 | 科名 | 中文种名（拉丁学名） | 最新发现时间/年份 | 数量状况 | 数据来源 |
|---|---|---|---|---|---|---|
| 668 | 鳞翅目 | 蛱蝶科 Nymphalidae | 枯叶蛱蝶 *Kallima inachus* Doubleday | 2014 年 | + | 标本 |
| 669 | 鳞翅目 | 蛱蝶科 Nymphalidae | 大红蛱蝶 *Vanessa indica*（Herbst） | 2014 年 | + | 标本 |
| 670 | 鳞翅目 | 蛱蝶科 Nymphalidae | 小红蛱蝶 *Vanessa cardui*（Linnaeus） | 2014 年 | ++ | 标本 |
| 671 | 鳞翅目 | 蛱蝶科 Nymphalidae | 琉璃蛱蝶 *Kaniska canace*（Linnaeus） | 2014 年 | + | 标本 |
| 672 | 鳞翅目 | 蛱蝶科 Nymphalidae | 翠蓝眼蛱蝶 *Junonia orithya*（Linnaeus） | 2014 年 | + | 标本 |
| 673 | 鳞翅目 | 蛱蝶科 Nymphalidae | 散纹盛蛱蝶 *Symbrenthia lilaea*（Hewitson） | 2014 年 | + | 标本 |
| 674 | 鳞翅目 | 珍蝶科 Acraeidae | 苎麻珍蝶 *Acraea issoria* Hubner | 2014 年 | + | 标本 |
| 675 | 鳞翅目 | 喙蝶科 Libytheidae | 朴喙蝶 *Libythea celtis* Laicharting | 2014 年 | + | 标本 |
| 676 | 鳞翅目 | 蚬蝶科 Riodinidae | 波蚬蝶 *Zemeros flegyas*（Cramer） | 2014 年 | ++ | 标本 |
| 677 | 鳞翅目 | 蚬蝶科 Riodinidae | 无尾蚬蝶 *Dodona durga*（Kollar） | 2014 年 | + | 标本 |
| 678 | 鳞翅目 | 灰蝶科 Lycaenidae | 豆粒银线灰蝶 *Spindasis syama*（Horssfied） | 2014 年 | + | 标本 |
| 679 | 鳞翅目 | 灰蝶科 Lycaenidae | 酢浆灰蝶 *Pseudozizeeria maha*（Kollar） | 2014 年 | +++ | 标本 |
| 680 | 鳞翅目 | 灰蝶科 Lycaenidae | 蓝灰蝶 *Everes argiades*（Pallas） | 2014 年 | + | 标本 |
| 681 | 鳞翅目 | 灰蝶科 Lycaenidae | 点玄灰蝶 *Tongeia filicaudis*（Pryer） | 2014 年 | ++ | 标本 |
| 682 | 鳞翅目 | 灰蝶科 Lycaenidae | 琉璃灰蝶 *Celastrina argiola*（Linnaeus） | 2014 年 | + | 标本 |
| 683 | 鳞翅目 | 灰蝶科 Lycaenidae | 吉灰蝶 *Zizeeria karsandra*（Moore） | 2014 年 | + | 标本 |
| 684 | 鳞翅目 | 弄蝶科 Hesperiidae | 飒弄蝶 *Satarupa gopala* Moore | 2006 年 | | 文献 |
| 685 | 鳞翅目 | 弄蝶科 Hesperiidae | 黄斑蕉弄蝶 *Erionota torus* Evans | 2014 年 | + | 标本 |
| 686 | 鳞翅目 | 弄蝶科 Hesperiidae | 黑弄蝶 *Daimao tethys* Ménétriès | 2014 年 | ++ | 标本 |
| 687 | 鳞翅目 | 弄蝶科 Hesperiidae | 黄赭弄蝶 *Ochlodes crataeis*（Leech） | 2014 年 | + | 标本 |
| 688 | 鳞翅目 | 弄蝶科 Hesperiidae | 白斑赭弄蝶 *Ochlodes subhyalina*（Bremer et Grey） | 2014 年 | + | 标本 |
| 689 | 鳞翅目 | 弄蝶科 Hesperiidae | 直纹稻弄蝶 *Parnara guttata* Bremer et Grey | 2006 年 | | 文献 |
| 690 | 鳞翅目 | 弄蝶科 Hesperiidae | 隐纹谷弄蝶 *Pelopidas mathias* Fbricius | 2014 年 | + | 标本 |
| 691 | 鳞翅目 | 弄蝶科 Hesperiidae | 中华谷弄蝶 *Pelopidas sinensis*（Mabille） | 2014 年 | ++ | 标本 |
| 692 | 鳞翅目 | 弄蝶科 Hesperiidae | 豹弄蝶 *Thymelicus leoninus*（Futler） | 2014 年 | ++ | 标本 |
| 693 | 双翅目 | 水虻科 Stratiomyidae | 金黄指突水虻 *Pteocas surifer*（Walker） | 2006 年 | | 文献 |
| 694 | 双翅目 | 舞虻科 Empididae | 东方长头舞虻 *Dolichocephala orientalis* Yang，Zhu et An | 2014 年 | + | 标本 |
| 695 | 双翅目 | 蜂虻科 Bombyliidae | 大蜂虻 *Bombylius major* Linnaeus | 2014 年 | + | 标本 |
| 696 | 双翅目 | 大蚊科 Tipulidae | 劲大蚊 *Tipula preapotens* Wiedemann | 2006 年 | | 文献 |
| 697 | 双翅目 | 大蚊科 Tipulidae | 稻根大蚊 *Tipula praepotens* Wiedemann | 2014 年 | + | 标本 |
| 698 | 双翅目 | 大蚊科 Tipulidae | 斑大蚊 *Tipula coquilletti* Enderlein | 2014 年 | + | 标本 |
| 699 | 双翅目 | 毛蚊科 Bibionidae | 黑毛蚊 *Penthetria melanaspis* Wied | 2014 年 | + | 标本 |
| 700 | 双翅目 | 瘿蚊科 Cecidomyiidae | 麦红吸浆虫 *Sitodiplosis mosellana*（Gehin） | 2006 年 | | 文献 |
| 701 | 双翅目 | 水蝇科 Ephydridae | 麦鞘毛眼水蝇 *Hydrellia chinensis* Qi et li | 2006 年 | | 文献 |
| 702 | 双翅目 | 寄蝇科 Tachinidae | 尖音狭颊寄蝇 *Carcelia bomobylans* Robineau-Desvoidy | 2006 年 | | 文献 |
| 703 | 双翅目 | 寄蝇科 Tachinidae | 隔离狭颊寄蝇 *Carcelia excise*（Fallen） | 2014 年 | + | 标本 |
| 704 | 双翅目 | 寄蝇科 Tachinidae | 梳胫饰腹寄蝇 *Blepharipa schineri* Walker | 2006 年 | | 文献 |
| 705 | 双翅目 | 寄蝇科 Tachinidae | 蚕饰腹寄蝇 *Blepharipa zebina*（Walker） | 2006 年 | | 文献 |
| 706 | 双翅目 | 寄蝇科 Tachinidae | 稻苞虫赛寄蝇 *Pseudoperichaeta insidiosa* Robineau-Desvoidy | 2006 年 | | 文献 |
| 707 | 双翅目 | 寄蝇科 Tachinidae | 玉米螟历寄蝇 *Lydella grisescens* Robineau-Desvoidy | 2006 年 | | 文献 |
| 708 | 双翅目 | 寄蝇科 Tachinidae | 伞裙追寄蝇 *Exorista civilis* Rondani | 2006 年 | | 文献 |
| 709 | 双翅目 | 寄蝇科 Tachinidae | 日本追寄蝇 *Exorista japonica* Tyler-Townsend | 2006 年 | | 文献 |

续表

| 序号 | 目名 | 科名 | 中文种名（拉丁学名） | 最新发现时间/年份 | 数量状况 | 数据来源 |
|---|---|---|---|---|---|---|
| 710 | 双翅目 | 寄蝇科 Tachinidae | 粘虫缺须寄蝇 Peleteria varia（Fabricius） | 2006 年 | | 文献 |
| 711 | 双翅目 | 寄蝇科 Tachinidae | 蓝黑栉寄蝇 Pales pavida（Mgigen） | 2006 年 | + | 标本 |
| 712 | 双翅目 | 长足寄蝇科 Dexiidae | 银颜筒寄蝇 Clytho argentea Egger | 2006 年 | | 文献 |
| 713 | 双翅目 | 食蚜蝇科 Syrphidae | 巨斑边食蚜蝇 Didea fasciata Macquart | 2006 年 | | 文献 |
| 714 | 双翅目 | 食蚜蝇科 Syrphidae | 四条食蚜蝇 Paragus quadrifasciatus Meigen | 2006 年 | | 文献 |
| 715 | 双翅目 | 食蚜蝇科 Syrphidae | 秦巴细腹蚜蝇 Sphaerophoria qinbaensis Huo et Ren | 2006 年 | + | 标本 |
| 716 | 双翅目 | 食蚜蝇科 Syrphidae | 黄色细腹蚜蝇 Sphaerophoria flavescentis Huo | 2006 年 | + | 标本 |
| 717 | 双翅目 | 食蚜蝇科 Syrphidae | 长小食蚜蝇 Sphaerophoria cylindrical Say | 2006 年 | | 文献 |
| 718 | 双翅目 | 食蚜蝇科 Syrphidae | 短翅细腹食蚜蝇 Sphaerophoria scripta（Linnaeus） | 2006 年 | | 文献 |
| 719 | 双翅目 | 食蚜蝇科 Syrphidae | 凹带食蚜蝇 Syrphus nitens Zetterstedt | 2006 年 | | 文献 |
| 720 | 双翅目 | 食蚜蝇科 Syrphidae | 狭带食蚜蝇 Syrphus serarius Wiedemann | 2006 年 | | 文献 |
| 721 | 双翅目 | 食蚜蝇科 Syrphidae | 黑足蚜蝇 Syrphus vitripennis Meigen | 2006 年 | ++ | 采集 |
| 722 | 双翅目 | 食蚜蝇科 Syrphidae | 四斑食蚜蝇 Xanthandrus comtus Harris | 2006 年 | | 文献 |
| 723 | 双翅目 | 食蚜蝇科 Syrphidae | 黑带食蚜蝇 Epistrophe balteata DeGerr | 2006 年 | | 文献 |
| 724 | 双翅目 | 食蚜蝇科 Syrphidae | 短刺刺腿食蚜蝇 Ischiodon scutellaris Fabricius | 2006 年 | | 文献 |
| 725 | 双翅目 | 食蚜蝇科 Syrphidae | 梯斑黑食蚜蝇 Melanostoma scalare Fabricius | 2006 年 | | 文献 |
| 726 | 双翅目 | 食蚜蝇科 Syrphidae | 林优蚜蝇 Eupeodes silvaticus He | 2014 年 | +++ | 标本 |
| 727 | 双翅目 | 食蚜蝇科 Syrphidae | 宽带优蚜蝇 Eupeodes confrater（Wiedemann） | 2014 年 | + | 标本 |
| 728 | 双翅目 | 食蚜蝇科 Syrphidae | 爪哇柄角蚜蝇 Monoceromyia javana（Wiedemann） | 2014 年 | + | 标本 |
| 729 | 双翅目 | 食蚜蝇科 Syrphidae | 黑胫异蚜蝇 Allograpta nigritibia Huo | 2014 年 | +++ | 标本 |
| 730 | 双翅目 | 食蚜蝇科 Syrphidae | 斑翅蚜蝇 Dideopsis aegrotus（Fabricius） | 2014 年 | + | 标本 |
| 731 | 双翅目 | 食蚜蝇科 Syrphidae | 羽芒宽盾蚜蝇 Phytomia zonata（Fabricius） | 2014 年 | + | 标本 |
| 732 | 双翅目 | 食蚜蝇科 Syrphidae | 中宽墨管蚜蝇 Mesembrius amplintersitus Huo | 2014 年 | + | 标本 |
| 733 | 双翅目 | 食蚜蝇科 Syrphidae | 长尾管蚜蝇 Eristalis tenax（Linnaeus） | 2014 年 | ++ | 标本 |
| 734 | 双翅目 | 食蚜蝇科 Syrphidae | 亮黑斑眼蚜蝇 Eristalinus tarsalis（Macquart） | 2014 年 | + | 标本 |
| 735 | 双翅目 | 食蚜蝇科 Syrphidae | 日本黑蚜蝇 Cheilosia josankeiana（Shiraki） | 2014 年 | + | 标本 |
| 736 | 双翅目 | 食蚜蝇科 Syrphidae | 侧斑直脉蚜蝇 Dideoides latus（Coqeillett） | 2014 年 | + | 标本 |
| 737 | 双翅目 | 食蚜蝇科 Syrphidae | 石恒斑目蚜蝇 Lathyrophthalmus ishigakiensis Shiraki | 2014 年 | ++ | 标本 |
| 738 | 双翅目 | 食蚜蝇科 Syrphidae | 黑蜂蚜蝇 Volucella nigricans Coquillett | 2014 年 | + | 标本 |
| 739 | 双翅目 | 食蚜蝇科 Syrphidae | 凹角蜂蚜蝇 Volucella inanoides Herve-Bazin | 2014 年 | + | 标本 |
| 740 | 双翅目 | 食蚜蝇科 Syrphidae | 熊蜂蚜蝇 Volucella bombylans（Linnaeus） | 2014 年 | ++ | 标本 |
| 741 | 双翅目 | 丽蝇科 Calliphoridae | 丝光绿蝇 Lucilia sericata（Meigen） | 2014 年 | + | 标本 |
| 742 | 膜翅目 | 胡蜂科 Vespoidae | 变侧异腹胡蜂 Parapolybia varia（Fabricius） | 2014 年 | + | 标本 |
| 743 | 膜翅目 | 胡蜂科 Vespoidae | 约马蜂 Polistes jokahamae（Radoszkowski） | 2014 年 | + | 标本 |
| 744 | 膜翅目 | 胡蜂科 Vespoidae | 日本马蜂 Polistes japonicus Smith | 2014 年 | ++ | 标本 |
| 745 | 膜翅目 | 胡蜂科 Vespoidae | 镶黄蜾蠃 Eumenes（Oreumenes）decoratus Smith | 2014 年 | + | 标本 |
| 746 | 膜翅目 | 胡蜂科 Vespoidae | 米蜾蠃 Eumenes micado Cameron | 2014 年 | + | 标本 |
| 747 | 膜翅目 | 胡蜂科 Vespoidae | 丽喙蜾蠃 Pararrhynchium ornatum（Fabricius） | 2014 年 | + | 标本 |
| 748 | 膜翅目 | 胡蜂科 Vespoidae | 墨胸胡蜂 Vespa nigrithorax Buysson | 2014 年 | + | 标本 |
| 749 | 膜翅目 | 胡蜂科 Vespoidae | 拟大胡蜂 Vespa analis nigrans Buysson | 2014 年 | ++ | 标本 |
| 750 | 膜翅目 | 胡蜂科 Vespoidae | 金环胡蜂 Vespa mandarinia mandarinia Smith | 2014 年 | + | 标本 |
| 751 | 膜翅目 | 胡蜂科 Vespoidae | 黄边胡蜂 Vespa crabroniformis Smith | 2014 年 | + | 标本 |

续表

| 序号 | 目名 | 科名 | 中文种名（拉丁学名） | 最新发现时间/年份 | 数量状况 | 数据来源 |
|---|---|---|---|---|---|---|
| 752 | 膜翅目 | 胡蜂科 Vespoidae | 北方黄胡蜂 *Vespula rufa*（Linnaeus） | 2014 年 | ++ | 标本 |
| 753 | 膜翅目 | 土蜂科 Scolidae | 金毛长腹土蜂 *Campsomeris prismatica* Smith | 2014 年 | + | 标本 |
| 754 | 膜翅目 | 土蜂科 Scolidae | 白毛长腹土蜂 *Campsomeris annulata* Fabricius | 2014 年 | + | 标本 |
| 755 | 膜翅目 | 姬蜂科 Ichneumonidae | 甘蓝夜蛾拟瘦姬蜂 *Netelia*（*Netelia*）*ocellaris*（Thomson） | 2014 年 | ++ | 标本 |
| 756 | 膜翅目 | 姬蜂科 Ichneumonidae | 负泥虫沟姬蜂 *Bathythrix kuwanae* Viereck | 2006 年 | | 文献 |
| 757 | 膜翅目 | 姬蜂科 Ichneumonidae | 稻苞虫凹眼沟姬蜂 *Casinaria cloacae* Sonan | 2006 年 | | 文献 |
| 758 | 膜翅目 | 姬蜂科 Ichneumonidae | 夹色姬蜂 *Centeterus alternecoloratus* Cushman | 2006 年 | | 文献 |
| 759 | 膜翅目 | 姬蜂科 Ichneumonidae | 螟蛉悬茧姬蜂 *Charops bicolor* Szepligeti | 2006 年 | | 文献 |
| 760 | 膜翅目 | 姬蜂科 Ichneumonidae | 野蚕黑瘤姬蜂 *Coccygomimus luctuosus*（Smith） | 2006 年 | | 文献 |
| 761 | 膜翅目 | 姬蜂科 Ichneumonidae | 稻苞虫黑瘤姬蜂 *Coccygomimus parnarae*（Viereck） | 2014 年 | + | 标本 |
| 762 | 膜翅目 | 姬蜂科 Ichneumonidae | 食蚜蝇姬蜂 *Diplozon laetatorius*（Fabricius） | 2014 年 | + | 标本 |
| 763 | 膜翅目 | 姬蜂科 Ichneumonidae | 螟黑钝唇姬蜂 *Eriborus sinicus*（Hoimgren） | 2006 年 | | 文献 |
| 764 | 膜翅目 | 姬蜂科 Ichneumonidae | 大螟钝唇姬蜂 *Eriborus terebrans* Gravenhorst | 2006 年 | | 文献 |
| 765 | 膜翅目 | 姬蜂科 Ichneumonidae | 横带沟姬蜂 *Goryphus basilaris* Holmgren | 2006 年 | | 文献 |
| 766 | 膜翅目 | 姬蜂科 Ichneumonidae | 黑尾姬蜂 *Ischnojoppa luteator*（Fabricius） | 2006 年 | | 文献 |
| 767 | 膜翅目 | 姬蜂科 Ichneumonidae | 螟蛉瘤姬蜂 *Itoplectis naranyae*（Ashmead） | 2006 年 | | 文献 |
| 768 | 膜翅目 | 姬蜂科 Ichneumonidae | 盘背菱室姬蜂 *Mesochorus disciterus* Say | 2006 年 | | 文献 |
| 769 | 膜翅目 | 姬蜂科 Ichneumonidae | 黄眶离缘姬蜂 *Trathala flavor-orbitalis*（Cameron） | 2006 年 | | 文献 |
| 770 | 膜翅目 | 姬蜂科 Ichneumonidae | 粘虫白星姬蜂 *Vulgichneumon leucaniae* Uchida | 2006 年 | | 文献 |
| 771 | 膜翅目 | 姬蜂科 Ichneumonidae | 松毛虫黑点瘤姬蜂 *Xanthopimpla pedatoi* Fabricius | 2006 年 | | 文献 |
| 772 | 膜翅目 | 姬蜂科 Ichneumonidae | 光蝇蛹姬蜂（蝇蛹沟姬蜂）*Atractodes gravidus* Gravenhorst | 2006 年 | | 文献 |
| 773 | 膜翅目 | 姬蜂科 Ichneumonidae | 花胸姬蜂 *Gotra octocinctus*（Ashmead） | 2006 年 | | 文献 |
| 774 | 膜翅目 | 姬蜂科 Ichneumonidae | 稻毛虫花茧姬蜂 *Hyposoter* sp. | 2006 年 | | 文献 |
| 775 | 膜翅目 | 姬蜂科 Ichneumonidae | 盘背菱室姬蜂 *Mesochorus discitergus*（Say） | 2006 年 | | 文献 |
| 776 | 膜翅目 | 姬蜂科 Ichneumonidae | 玉米螟厚唇姬蜂 *Phaeogenes eguchii* Uchida | 2006 年 | | 文献 |
| 777 | 膜翅目 | 姬蜂科 Ichneumonidae | 趋稻厚唇姬蜂 *Phaeogenes* sp. | 2006 年 | | 文献 |
| 778 | 膜翅目 | 茧蜂科 Braconidae | 弄蝶绒茧蜂 *Apanteles baoris* Wilkinson | 2006 年 | | 文献 |
| 779 | 膜翅目 | 茧蜂科 Braconidae | 纵卷叶螟绒茧蜂 *Apanteles cypris* Nixon | 2006 年 | | 文献 |
| 780 | 膜翅目 | 茧蜂科 Braconidae | 菜粉蝶绒茧蜂 *Apanteles glomeratus*（Linnaeus） | 2006 年 | | 文献 |
| 781 | 膜翅目 | 茧蜂科 Braconidae | 粘虫绒茧蜂 *Apanteles kariyai* Watanabe | 2006 年 | | 文献 |
| 782 | 膜翅目 | 茧蜂科 Braconidae | 螟蛉绒茧蜂 *Apanteles ruficrus*（Haliday） | 2006 年 | | 文献 |
| 783 | 膜翅目 | 茧蜂科 Braconidae | 螟黑纹茧蜂 *Bracon isomera*（Cushman） | 2006 年 | | 文献 |
| 784 | 膜翅目 | 茧蜂科 Braconidae | 螟甲腹茧蜂 *Chelonus munakatae* Munakata | 2006 年 | | 文献 |
| 785 | 膜翅目 | 茧蜂科 Braconidae | 夜蛾小腹茧蜂 *Microgaster globatus*（Linnaeus） | 2006 年 | | 文献 |
| 786 | 膜翅目 | 茧蜂科 Braconidae | 稻螟小腹茧蜂 *Microgaster russata*（Haliday） | 2006 年 | | 文献 |
| 787 | 膜翅目 | 茧蜂科 Braconidae | 中华曲脉茧蜂 *Distilirella sinica* He | 2014 年 | ++ | 标本 |
| 788 | 膜翅目 | 蚜茧蜂科 Aphidiidae | 燕麦蚜茧蜂 *Aphidius avenae* Haliday | 2006 年 | | 文献 |
| 789 | 膜翅目 | 蚜茧蜂科 Aphidiidae | 烟蚜茧蜂 *Aphidius gifuensis* Ashmead | 2006 年 | | 文献 |
| 790 | 膜翅目 | 蚜茧蜂科 Aphidiidae | 麦芽茧蜂 *Ephedrus plagiator*（Nees） | 2006 年 | | 文献 |
| 791 | 膜翅目 | 小蜂科 Chalcididae | 无脊大腿小蜂 *Brachymeria excarinata* Gahan | 2006 年 | | 文献 |
| 792 | 膜翅目 | 小蜂科 Chalcididae | 广大腿小蜂 *Brachymeria lasus*（Walker） | 2006 年 | | 文献 |
| 793 | 膜翅目 | 广肩小蜂科 Eurytomidae | 粘虫广肩小蜂 *Eurytoma verticillati*（Fabricius） | 2006 年 | | 文献 |

续表

| 序号 | 目名 | 科名 | 中文种名（拉丁学名） | 最新发现时间/年份 | 数量状况 | 数据来源 |
|---|---|---|---|---|---|---|
| 794 | 膜翅目 | 姬小蜂科 Eulophidae | 稻苞虫羽角姬小蜂 *Dimmokia parnarae* Chu et Liao | 2006 年 | | 文献 |
| 795 | 膜翅目 | 姬小蜂科 Eulophidae | 稻苞虫腹柄姬小蜂 *Pediobius mitsukurii* Ashmead | 2006 年 | | 文献 |
| 796 | 膜翅目 | 长尾小蜂科 Torymidae | 中华螳小蜂 *Podagrion mantis* Ashmead | 2006 年 | | 文献 |
| 767 | 膜翅目 | 扁股小蜂科 Elasmidae | 白足扁股小蜂 *Elasmus corbetti* Ferriere | 2006 年 | | 文献 |
| 798 | 膜翅目 | 扁股小蜂科 Elasmidae | 菲岛扁股小蜂 *Elasmus philippinensis* Ashmead | 2006 年 | | 文献 |
| 799 | 膜翅目 | 金小蜂科 Pteromalidae | 稻苞虫金小蜂 *Trichomalopsis apanteles*（Crawford） | 2006 年 | | 文献 |
| 800 | 膜翅目 | 金小蜂科 Pteromalidae | 负泥虫金小蜂 *Trichomalopsis shriakii* Crawford | 2006 年 | | 文献 |
| 801 | 膜翅目 | 跳小蜂科 Encyrtidae | 软蚧扁角跳小蜂 *Anicetus annulatus* Timberlake | 2006 年 | | 文献 |
| 802 | 膜翅目 | 赤眼蜂科 Trichogrammatid | 拟澳赤眼蜂 *Trichogramma confusum* Viggiani | 2006 年 | | 文献 |
| 803 | 膜翅目 | 赤眼蜂科 Trichogrammatidae | 稻螟赤眼蜂 *Trichogramma japonicus* Ashmead | 2006 年 | | 文献 |
| 804 | 膜翅目 | 赤眼蜂科 Trichogrammatidae | 松毛虫赤眼蜂 *Trichogramma dendrolimi* Matsumura | 2006 年 | | 文献 |
| 805 | 膜翅目 | 缘腹卵蜂科 Scelionidae | 等腹黑卵蜂 *Telenomus cirphivorus* Liu | 2006 年 | | 文献 |
| 806 | 膜翅目 | 缘腹卵蜂科 Scelionidae | 稻苞虫黑卵蜂 *Telenomus parnarae* Chen et Wu | 2006 年 | | 文献 |
| 807 | 膜翅目 | 分盾细蜂科 Ceraphronidae | 菲岛黑蜂 *Ceraphron manilae* Ashmead | 2006 年 | | 文献 |
| 808 | 膜翅目 | 细蜂科 Proctotrupidae | 瓢虫细蜂 *Proctotrypes scymni* Ashmead | 2006 年 | | 文献 |
| 809 | 膜翅目 | 泥蜂科 Sphecidae | 黑小唇泥蜂 *Larra carbonaria* Smith | 2014 年 | ++ | 标本 |
| 810 | 膜翅目 | 蜜蜂科 Apidae | 炎熊蜂 *Bombus ardens*（Smith） | 2014 年 | + | 标本 |
| 811 | 膜翅目 | 蜜蜂科 Apidae | 暗翅无刺蜂 *Trigona*（*Heterotrigona*）*vidua* Lepeletier | 2014 年 | + | 标本 |
| 812 | 膜翅目 | 蜜蜂科 Apidae | 东方蜜蜂中华亚种 *Apis*（*Sigmatapis*）*cerana cerana* Fabricius | 2014 年 | +++ | 标本 |
| 813 | 膜翅目 | 蜜蜂科 Apidae | 光腹原木蜂 *Proxylocopa nitidiventris*（Smith） | 2014 年 | + | 标本 |
| 814 | 膜翅目 | 条蜂科 Anthophoridae | 北方条蜂 *Anthophora*（*Anthomegilla*）*arctic* Morawitz | 2014 年 | + | 标本 |
| 815 | 膜翅目 | 条蜂科 Anthophoridae | 黑白条蜂 *Anthophora*（*P.*）*erschowi* Fedtschenko | 2014 年 | + | 标本 |
| 816 | 膜翅目 | 条蜂科 Anthophoridae | 黄熊木蜂 *Xylocopa appendiculata* Smith | 2014 年 | ++ | 标本 |
| 817 | 膜翅目 | 条蜂科 Anthophoridae | 中华木蜂 *Xylocopa*（*Koptortosoma*）*sinensis* Smith | 2014 年 | + | 标本 |
| 818 | 膜翅目 | 条蜂科 Anthophoridae | 赤足木蜂 *Xylocopa*（*Mimoxylocopa*）*rufipes* Smith | 2014 年 | + | 标本 |
| 819 | 膜翅目 | 条蜂科 Anthophoridae | 中华绒木蜂 *Xylocopa*（*Bombiaxylocopa*）*chinensis* Friese | 2014 年 | ++ | 标本 |
| 820 | 膜翅目 | 条蜂科 Anthophoridae | 熊无垫蜂 *Amegilla*（*Glossamegilla*）*pseudobomboides*（Meade-Wald） | 2014 年 | + | 标本 |

注："+++"为优势种，"++"为常见种，"+"为少见种。

# 附表 4 四川花萼山国家级自然保护区软体动物名录

| 序号 | 目 | 科名 | 中文种名 | 拉丁学名 | 最新发现时间/年份 | 数量状况 | 数据来源 |
|---|---|---|---|---|---|---|---|
| 1 | 中腹足目 | 膀胱螺科 | 泉膀胱螺 | *Physa fontinalis*（Linnaeus） | 2014 | + | 标本 |
| 2 | 中腹足目 | 田螺科 | 中国圆田螺 | *Cipangopaludina chinensis*（Gray） | 2014 | + | 标本 |
| 3 | 中腹足目 | 环口螺科 | 高大环口螺 | *Cyclophorus exaltatus*（Pfeiffer） | 2012 | ++ | 标本 |
| 4 | 中腹足目 | 环口螺科 | 大扁褶口螺 | *Ptychopoma expoliatum expoliatum*（Heude） | 2012 | + | 标本 |
| 5 | 中腹足目 | 环口螺科 | 小扁褶口螺 | *Ptychopoma vestitum*（Heude） | 2014 | + | 标本 |
| 6 | 中腹足目 | 环口螺科 | 狭窄圆螺 | *Cyclotus stenomphalus*（Heude） | 2013 | + | 标本 |
| 7 | 中腹足目 | 环口螺科 | 扁圆盘螺 | *Discus potanini*（Moellendorff） | 2012 | + | 标本 |
| 8 | 基眼目 | 椎实螺科 | 椭圆萝卜螺 | *Radix swinhoei*（H.Adams） | 2013 | + | 标本 |
| 9 | 基眼目 | 椎实螺科 | 尖萝卜螺 | *Radix acuminate* Lamarck | 2013 | + | 标本 |
| 10 | 基眼目 | 椎实螺科 | 截口土蜗 | *Galba truncatula*（Müller） | 2014 | + | 标本 |
| 11 | 柄眼目 | 烟管螺科 | 尖真管螺 | *Euphaedusa aculus aculus*（Benson） | 2012 | + | 标本 |
| 12 | 柄眼目 | 钻螺科 | 细长钻螺 | *Opeas gracile*（Hutton） | 2012 | + | 标本 |
| 13 | 柄眼目 | 拟阿勇蛞蝓科 | 猛巨楯蛞蝓 | *Macrochlamys rejecta*（Pfeiffer） | 2012 | + | 标本 |
| 14 | 柄眼目 | 拟阿勇蛞蝓科 | 迟缓巨楯蛞蝓 | *Macrochlamys segnis*（Pilsbry） | 2012 | + | 标本 |
| 15 | 柄眼目 | 拟阿勇蛞蝓科 | 扁形巨楯蛞蝓 | *Macrochlamys planula*（Heude） | 2013 | + | 标本 |
| 16 | 柄眼目 | 拟阿勇蛞蝓科 | 光滑巨楯蛞蝓 | *Macrochlamys superlita superlita*（Morelet） | 2012 | + | 标本 |
| 17 | 柄眼目 | 拟阿勇蛞蝓科 | 小溪巨楯蛞蝓 | *Macrochlamys riparius*（Heude） | 2012 | ++ | 标本 |
| 18 | 柄眼目 | 拟阿勇蛞蝓科 | 小丘恰里螺 | *Kaliella munipurensis*（Godwin-Austen） | 2013 | + | 标本 |
| 19 | 柄眼目 | 坚齿螺科 | 美青小丽螺 | *Ganesella lepidostola*（Heude） | 2014 | + | 标本 |
| 20 | 柄眼目 | 巴蜗牛科 | 中国大脐蜗牛 | *Aegista chinensis*（Philippi） | 2014 | + | 标本 |
| 21 | 柄眼目 | 巴蜗牛科 | 欧氏大脐蜗牛 | *Aegista aubryana* Heude | 2014 | + | 标本 |
| 22 | 柄眼目 | 巴蜗牛科 | 湖北大脐蜗牛 | *Aegista hupeana*（Gredler） | 2012 | + | 标本 |
| 23 | 柄眼目 | 巴蜗牛科 | 嫩大脐蜗牛 | *Aegista tenerrima* Moellendorff | 2012 | ++ | 标本 |
| 24 | 柄眼目 | 巴蜗牛科 | 同型巴蜗牛 | *Bradybaena similaris*（Ferussac） | 2014 | + | 标本 |
| 25 | 柄眼目 | 巴蜗牛科 | 短旋巴蜗牛 | *Bradybaena brevispira*（H.Adams） | 2014 | + | 标本 |
| 26 | 柄眼目 | 巴蜗牛科 | 松山巴蜗牛 | *Bradybaena*（*Bradybaena*）*sueshanensis* Pilsbry | 2012 | + | 标本 |
| 27 | 柄眼目 | 巴蜗牛科 | 平顶巴蜗牛 | *Bradybaena strictotaenia* Moellendorff | 2012 | + | 标本 |
| 28 | 柄眼目 | 巴蜗牛科 | 灰尖巴蜗牛 | *Bradybaena*（*Acusta*）*ravida ravida*（Benson） | 2014 | ++ | 标本 |
| 29 | 柄眼目 | 巴蜗牛科 | 细纹灰尖巴蜗牛 | *Bradybaena*（*Acusta*）*ravida redfirldi*（Pfeiffer） | 2014 | + | 标本 |
| 30 | 柄眼目 | 巴蜗牛科 | 江西鞭巴蜗牛 | *Mastigeulota kiangsinensis*（Martens） | 2013 | + | 标本 |
| 31 | 柄眼目 | 巴蜗牛科 | 粗纹华蜗牛 | *Cathaica*（*Cathaica*）*constantinae*（H.Adams） | 2014 | + | 标本 |
| 32 | 柄眼目 | 巴蜗牛科 | 格锐华蜗牛 | *Cathaica*（*Cathaica*）*giraudeliana*（Heude） | 2014 | + | 标本 |
| 33 | 柄眼目 | 巴蜗牛科 | 扁平毛蜗牛 | *Trichochloritis submissa*（Deshayes） | 2013 | + | 标本 |
| 34 | 柄眼目 | 巴蜗牛科 | 假穴环肋螺 | *Plectotropis pseudopatula* Moellendorff | 2014 | + | 标本 |
| 35 | 柄眼目 | 巴蜗牛科 | 微小环肋螺 | *Plectotropis minima* Pilshry | 2013 | + | 标本 |
| 36 | 柄眼目 | 巴蜗牛科 | 易碎环肋螺 | *Plectotropis sterilis*（Heude） | 2013 | + | 标本 |
| 37 | 柄眼目 | 巴蜗牛科 | 分开射带蜗牛 | *Laeocathaica distinguenda*（Moellendorff） | 2012 | + | 标本 |
| 38 | 柄眼目 | 巴蜗牛科 | 假拟锥螺 | *Pseudobuliminus*（*Pseudobuliminus*）*buliminus*（Heude） | 2012 | + | 标本 |
| 39 | 柄眼目 | 蛞蝓科 | 双线嗜粘液蛞蝓 | *Philomycus bilineatus*（Benson） | 2014 | + | 标本 |

注："++"为常见种，"+"为少见种。

# 附表5 四川花萼山国家级自然保护区脊椎动物名录

| 序号 | 目 | 科 | 中文种名 | 拉丁种名 | 最新发现时间/年份 | 数量状况 | 数据来源 |
|---|---|---|---|---|---|---|---|
| 1 | 食虫目 | 猬科 | 东北刺猬 | *Erinaceus amurensis* | 2006 | +++ | 原科考报告，2006 |
| 2 | 食虫目 | 鼹科 | 鼩鼹 | *Uropsilus soricipes* | 2006 | ++ | 原科考报告，2006 |
| 3 | 食虫目 | 鼹科 | 甘肃鼹 | *Scapanulus oweni* | 2006 | ++ | 原科考报告，2006 |
| 4 | 食虫目 | 鼩鼱科 | 北小麝鼩 | *Crocidura suaveolens* | 2006 | ++ | 原科考报告，2006 |
| 5 | 食虫目 | 鼩鼱科 | 灰麝鼩 | *Crocidura attenuata* | 2006 | +++ | 原科考报告，2006 |
| 6 | 食虫目 | 鼩鼱科 | 微尾鼩 | *Anourosorex squamipes* | 2014 | +++ | 四川资源动物志-第一卷，1984；原科考报告，2006；野外考察见到，2014 |
| 7 | 翼手目 | 假吸血蝠科 | 印度假吸血蝠 | *Megaderma lyra* | 2006 | ++ | 原科考报告，2006 |
| 8 | 翼手目 | 菊头蝠科 | 鲁氏菊头蝠 | *Rhinolophus rouxi* | 2006 | ++ | 原科考报告，2006 |
| 9 | 翼手目 | 菊头蝠科 | 中菊头蝠 | *Rhinolophus affinis* | 2013 | ++ | 原科考报告，2006；野外考察见到，2013 |
| 10 | 翼手目 | 菊头蝠科 | 大菊头蝠 | *Rhinolophus luctus* | 2013 | ++ | 原科考报告，2006；野外考察见到，2013 |
| 11 | 翼手目 | 蹄蝠科 | 大蹄蝠 | *Hipposideros armiger* | 2013 | +++ | 四川资源动物志-第一卷，1984；原科考报告，2006；野外考察见到，2013 |
| 12 | 翼手目 | 蹄蝠科 | 普氏蹄蝠 | *Hipposideros pratti* | 2006 | ++ | 四川资源动物志-第一卷，1984；原科考报告，2006 |
| 13 | 翼手目 | 蝙蝠科 | 北京鼠耳蝠 | *Myotis pequinius* | 2006 | ++ | 原科考报告，2006 |
| 14 | 翼手目 | 蝙蝠科 | 萨氏伏翼 | *Hypsugo savii* | 2013 | ++ | 原科考报告，2006；野外考察见到，2013 |
| 15 | 翼手目 | 蝙蝠科 | 印度伏翼 | *Pipistrellus coromandra* | 2006 | ++ | 原科考报告，2006 |
| 16 | 翼手目 | 蝙蝠科 | 普通伏翼 | *Pipistrellus pipistrellus* | 2013 | ++ | 原科考报告，2006；野外考察见到，2013 |
| 17 | 灵长目 | 猴科 | 猕猴 | *Macaca mulatta* | 2014 | ++ | 四川资源动物志-第一卷，1984；原科考报告，2006；访问保护区管理人员，2014 |
| 18 | 食肉目 | 犬科 | 豺 | *Cuon alpinus* | 2006 | + | 四川资源动物志-第一卷，1984；原科考报告，2006 |
| 19 | 食肉目 | 犬科 | 狼 | *Canis lupus* | 2006 | ++ | 四川资源动物志-第一卷，1984；原科考报告，2006 |
| 20 | 食肉目 | 犬科 | 貉 | *Nyctereutes procyonoides* | 2006 | ++ | 四川资源动物志-第一卷，1984；原科考报告，2006 |
| 21 | 食肉目 | 犬科 | 赤狐 | *Vulpes vulpes* | 2006 | ++ | 四川资源动物志-第一卷，1984；原科考报告，2006 |
| 22 | 食肉目 | 熊科 | 黑熊 | *Ursus thibetanus* | 2014 | ++ | 四川资源动物志-第一卷，1984；原科考报告，2006；访问保护区管理人员，2014 |
| 23 | 食肉目 | 鼬科 | 黄喉貂 | *Martes flavigula* | 2006 | ++ | 四川资源动物志-第一卷，1984；原科考报告，2006 |
| 24 | 食肉目 | 鼬科 | 黄鼬 | *Mustela sibirca* | 2006 | ++ | 原科考报告，2006 |
| 25 | 食肉目 | 鼬科 | 黄腹鼬 | *Mustela kathiah* | 2006 | ++ | 原科考报告，2006 |
| 26 | 食肉目 | 鼬科 | 鼬獾 | *Melogale moschata* | 2013 | ++ | 原科考报告，2006；野外考察见到，2013 |
| 27 | 食肉目 | 鼬科 | 猪獾 | *Arctonyx collaris* | 2006 | ++ | 原科考报告，2006 |
| 28 | 食肉目 | 鼬科 | 水獭 | *Lutra lutra* | 2006 | + | 原科考报告，2006 |
| 29 | 食肉目 | 灵猫科 | 大灵猫 | *Viverra zibetha* | 2006 | + | 原科考报告，2006 |
| 30 | 食肉目 | 灵猫科 | 斑林狸 | *Prionodon pardicolor* | 1984 | ++ | 四川资源动物志-第一卷，1984 |
| 31 | 食肉目 | 灵猫科 | 果子狸 | *Paguma larvata* | 2006 | ++ | 原科考报告，2006；访问保护区管理人员，2014 |
| 32 | 食肉目 | 猫科 | 金猫 | *Pardofelis temminckii* | 2006 | + | 四川资源动物志-第一卷，1984；原科考报告，2006 |

| 序号 | 目 | 科 | 中文种名 | 拉丁种名 | 最新发现时间/年份 | 数量状况 | 数据来源 |
|---|---|---|---|---|---|---|---|
| 33 | 食肉目 | 猫科 | 豹猫 | *Prionailurus bengalensis* | 2006 | ++ | 原科考报告，2006 |
| 34 | 食肉目 | 猫科 | 金钱豹 | *Panthera pardus* | 1984 | + | 四川资源动物志-第一卷，1984 |
| 35 | 食肉目 | 猫科 | 云豹 | *Neofelis nebulosa* | 2006 | + | 原科考报告，2006 |
| 36 | 偶蹄目 | 猪科 | 野猪 | *Sus scrofa* | 2014 | +++ | 四川资源动物志-第一卷，1984；原科考报告，2006；访问保护区管理人员，2014 |
| 37 | 偶蹄目 | 麝科 | 林麝 | *Moschus berezovskii* | 2014 | + | 原科考报告，2006；访问保护区管理人员，2014 |
| 38 | 偶蹄目 | 鹿科 | 赤麂 | *Muntiacus vaginalis* | 2009 | ++ | 达州日报，2009 |
| 39 | 偶蹄目 | 鹿科 | 小麂 | *Muntiacus reevesi* | 2006 | ++ | 原科考报告，2006 |
| 40 | 偶蹄目 | 鹿科 | 毛冠鹿 | *Elaphodus cephalophus* | 2014 | ++ | 四川资源动物志-第一卷，1984；原科考报告，2006；访问保护区管理人员，2014 |
| 41 | 偶蹄目 | 鹿科 | 水鹿 | *Cervus unicolor* | 2006 | ++ | 原科考报告，2006 |
| 42 | 偶蹄目 | 鹿科 | 狍 | *Capreolus pygargus* | 2006 | ++ | 原科考报告，2006 |
| 43 | 偶蹄目 | 牛科 | 鬣羚 | *Capricornis sumatraensis* | 2014 | ++ | 原科考报告，2006；访问保护区管理人员，2014 |
| 44 | 偶蹄目 | 牛科 | 斑羚 | *Naemorhedus goral* | 2014 | + | 四川资源动物志-第一卷，1984；原科考报告，2006；访问保护区管理人员，2014 |
| 45 | 啮齿目 | 松鼠科 | 岩松鼠 | *Sciurotamias davidianus* | 2014 | +++ | 四川资源动物志-第一卷，1984；野外考察见到，2014 |
| 46 | 啮齿目 | 松鼠科 | 隐纹花松鼠 | *Tamiops swinhoei* | 2013 | +++ | 原科考报告，2006；野外考察见到，2013 |
| 47 | 啮齿目 | 松鼠科 | 赤腹松鼠 | *Callosciurus erythraeus* | 2013 | +++ | 原科考报告，2006；野外考察见到，2013 |
| 48 | 啮齿目 | 松鼠科 | 红颊长吻松鼠 | *Dremomys rufigenis* | 2006 | ++ | 原科考报告，2006 |
| 49 | 啮齿目 | 松鼠科 | 珀氏长吻松鼠 | *Dremomys pernyi* | 2013 | +++ | 四川资源动物志-第一卷，1984；原科考报告，2006；野外考察见到，2013 |
| 50 | 啮齿目 | 松鼠科 | 复齿鼯鼠 | *Trogopterus xanthipes* | 2013 | ++ | 四川资源动物志-第一卷，1984；原科考报告，2006；访问保护区管理人员，2013 |
| 51 | 啮齿目 | 松鼠科 | 红白鼯鼠 | *Petaurista alborufus* | 2006 | +++ | 原科考报告，2006 |
| 52 | 啮齿目 | 松鼠科 | 灰头小鼯鼠 | *Petaurista caniceps* | 2006 | +++ | 四川资源动物志-第一卷，1984；原科考报告，2006 |
| 53 | 啮齿目 | 仓鼠科 | 黑腹绒鼠 | *Eothenomys melanogaster* | 2006 | +++ | 原科考报告，2006 |
| 54 | 啮齿目 | 鼠科 | 巢鼠 | *Micromys minutus* | 1984 | +++ | 四川资源动物志-第一卷，1984 |
| 55 | 啮齿目 | 鼠科 | 黑线姬鼠 | *Apodemus agrarius* | 2013 | +++ | 四川资源动物志-第一卷，1984；原科考报告，2006；野外考察见到，2013 |
| 56 | 啮齿目 | 鼠科 | 中华姬鼠 | *Apodemus draco* | 1983 | +++ | 四川资源动物志-第一卷，1984 |
| 57 | 啮齿目 | 鼠科 | 小林姬鼠 | *Apodemus sylvaticus* | 2006 | ++ | 原科考报告，2006 |
| 58 | 啮齿目 | 鼠科 | 大林姬鼠 | *Apodemus peninsulae* | 2006 | +++ | 原科考报告，2006 |
| 59 | 啮齿目 | 鼠科 | 褐家鼠 | *Rattus norvegicus* | 2014 | +++ | 四川资源动物志-第一卷，1984；原科考报告，2006；野外考察见到，2014 |
| 60 | 啮齿目 | 鼠科 | 黄胸鼠 | *Rattus tanezumi* | 2014 | +++ | 四川资源动物志-第一卷，1984；原科考报告，2006；野外考察见到，2014 |
| 61 | 啮齿目 | 鼠科 | 针毛鼠 | *Niviventer fulvscens* | 2006 | +++ | 四川资源动物志-第一卷，1984；原科考报告，2006 |
| 62 | 啮齿目 | 鼠科 | 北社鼠 | *Niviventer confucianus* | 2006 | +++ | 原科考报告，2006 |
| 63 | 啮齿目 | 鼠科 | 白腹巨鼠 | *Leopoldamys edwardsi* | 2014 | +++ | 四川资源动物志-第一卷，1984；访问保护区管理局人员，2014 |
| 64 | 啮齿目 | 鼠科 | 小家鼠 | *Mus musculus* | 2014 | +++ | 四川资源动物志-第一卷，1984；原科考报告，2006；野外考察见到，2014 |
| 65 | 啮齿目 | 鼹型鼠科 | 罗氏鼢鼠 | *Eospalax rothschildi* | 2006 | +++ | 原科考报告，2006 |
| 66 | 啮齿目 | 鼹型鼠科 | 中华竹鼠 | *Rhizomys sinensis* | 2014 | +++ | 原科考报告，2006；访问保护区管理人员，2014 |
| 67 | 啮齿目 | 豪猪科 | 中国豪猪 | *Hystrix hodgsoni* | 2014 | ++ | 原科考报告，2006；访问保护区管理人员，2014 |

续表

| 序号 | 目 | 科 | 中文种名 | 拉丁种名 | 最新发现时间/年份 | 数量状况 | 数据来源 |
|---|---|---|---|---|---|---|---|
| 68 | 兔形目 | 鼠兔科 | 藏鼠兔 | *Ochotona thibetana* | 2006 | +++ | 原科考报告，2006 |
| 69 | 兔形目 | 兔科 | 蒙古兔 | *Lepus tolai* | 2014 | +++ | 原科考报告，2006；野外考察见到，2014 |
| 70 | 鹳形目 | 鹭科 | 苍鹭 | *Ardea cinerea* | 2014 | ++ | 原科考报告，2006；野外考察见到，2014 |
| 71 | 鹳形目 | 鹭科 | 白鹭 | *Egretta garzetta* | 2014 | ++ | 四川鸟类原色图鉴，1993；原科考报告，2006；野外考察见到，2014 |
| 72 | 鹳形目 | 鹭科 | 牛背鹭 | *Bubulcus ibis* | 2014 | + | 原科考报告，2006；野外考察见到，2014 |
| 73 | 鹳形目 | 鹭科 | 池鹭 | *Ardeola bacchus* | 2014 | + | 四川鸟类原色图鉴，1993；原科考报告，2006；野外考察见到，2014 |
| 74 | 鹳形目 | 鹭科 | 绿鹭 | *Butorides striata* | 2006 | + | 四川省大巴山、米仓山鸟类调查报告，1986；四川鸟类原色图鉴，1993；原科考报告，2006 |
| 75 | 鹳形目 | 鹭科 | 夜鹭 | *Nycticorax nycticorax* | 2014 | ++ | 原科考报告，2006；野外考察见到，2014 |
| 76 | 鹳形目 | 鹭科 | 栗苇鳽 | *Ixobrychus cinnamomeus* | 2006 | + | 原科考报告，2006 |
| 77 | 雁形目 | 鸭科 | 赤麻鸭 | *Tadorna ferruginea* | 2006 | ++ | 原科考报告，2006 |
| 78 | 雁形目 | 鸭科 | 绿翅鸭 | *Anas crecca* | 2006 | ++ | 原科考报告，2006 |
| 79 | 雁形目 | 鸭科 | 白眉鸭 | *Anas querquedula* | 2006 | ++ | 原科考报告，2006 |
| 80 | 隼形目 | 鹰科 | 黑冠鹃隼 | *Aviceda leuphotes* | 2014 | + | 四川资源动物志-鸟类，1985；四川省大巴山、米仓山鸟类调查报告，1986；四川鸟类原色图鉴，1993；野外考察见到，2014 |
| 81 | 隼形目 | 鹰科 | 黑鸢 | *Milvus migrans* | 2014 | + | 四川资源动物志-鸟类，1985；原科考报告，2006；野外考察见到，2014 |
| 82 | 隼形目 | 鹰科 | 白腹鹞 | *Circus spilonotus* | 2006 | + | 原科考报告，2006 |
| 83 | 隼形目 | 鹰科 | 凤头鹰 | *Accipiter trivirgatus* | 2006 | + | 原科考报告，2006 |
| 84 | 隼形目 | 鹰科 | 赤腹鹰 | *Accipiter soloensis* | 2006 | + | 原科考报告，2006 |
| 85 | 隼形目 | 鹰科 | 松雀鹰 | *Accipiter virgatus* | 1993 | + | 四川省大巴山、米仓山鸟类调查报告，1986；四川鸟类原色图鉴，1993 |
| 86 | 隼形目 | 鹰科 | 雀鹰 | *Accipiter nisus* | 2006 | + | 四川资源动物志-鸟类，1985；四川省大巴山、米仓山鸟类调查报告，1986；四川鸟类原色图鉴，1993；原科考报告，2006 |
| 87 | 隼形目 | 鹰科 | 苍鹰 | *Accipiter gentilis* | 2006 | + | 原科考报告，2006 |
| 88 | 隼形目 | 鹰科 | 普通𫛭 | *Buteo buteo* | 2006 | + | 原科考报告，2006 |
| 89 | 隼形目 | 鹰科 | 金雕 | *Aquila chrysaetos* | 2006 | + | 四川资源动物志-鸟类，1985；四川鸟类原色图鉴，1993；原科考报告，2006 |
| 90 | 隼形目 | 鹰科 | 白腹隼雕 | *Hieraaetus fasciata* | 2014 | + | 访问保护区管理人员，2014 |
| 91 | 隼形目 | 隼科 | 红隼 | *Falco tinnunculus* | 2006 | + | 原科考报告，2006 |
| 92 | 隼形目 | 隼科 | 燕隼 | *Falco subbuteo* | 2006 | + | 原科考报告，2006 |
| 93 | 鸡形目 | 雉科 | 灰胸竹鸡 | *Bambusicola thoracicus* | 2014 | +++ | 四川省大巴山、米仓山鸟类调查报告，1986；四川鸟类原色图鉴，1993；原科考报告，2006；野外考察见到，2014 |
| 94 | 鸡形目 | 雉科 | 红腹角雉 | *Tragopan temminckii* | 2013 | + | 原科考报告，2006；访问管理局人员，2013 |
| 95 | 鸡形目 | 雉科 | 勺鸡 | *Pucrasia macrolopha* | 2006 | + | 四川省大巴山、米仓山鸟类调查报告，1986；四川鸟类原色图鉴，1993；原科考报告，2006 |
| 96 | 鸡形目 | 雉科 | 白冠长尾雉 | *Syrmaticus reevesii* | 2006 | + | 四川资源动物志-鸟类，1985；四川鸟类原色图鉴，1993 |
| 97 | 鸡形目 | 雉科 | 环颈雉 | *Phasianus colchicus* | 2014 | +++ | 大巴山地区的鸟类区系调查研究，1962；四川资源动物志-鸟类，1985；四川省大巴山、米仓山鸟类调查报告，1986；原科考报告，2006；野外考察见到，2014；访问保护区管理人员，2014 |
| 98 | 鸡形目 | 雉科 | 红腹锦鸡 | *Chrysolophus pictus* | 2012 | ++ | 四川资源动物志-鸟类，1985；原科考报告，2006；野外考察见到，2012 |

续表

| 序号 | 目 | 科 | 中文种名 | 拉丁种名 | 最新发现时间/年份 | 数量状况 | 数据来源 |
|---|---|---|---|---|---|---|---|
| 99 | 鹤形目 | 秧鸡科 | 白胸苦恶鸟 | *Amaurornis phoenicurus* | 2006 | + | 大巴山地区的鸟类区系调查研究，1962；四川资源动物志-鸟类，1985；四川省大巴山、米仓山鸟类调查报告，1986；四川鸟类原色图鉴，1993；原科考报告，2006 |
| 100 | 鹤形目 | 秧鸡科 | 董鸡 | *Gallicrex cinerea* | 2006 | + | 四川资源动物志-鸟类，1985；四川省大巴山、米仓山鸟类调查报告，1986；四川鸟类原色图鉴，1993；原科考报告，2006 |
| 101 | 鹤形目 | 秧鸡科 | 黑水鸡 | *Gallinula chloropus* | 2006 | + | 原科考报告，2006 |
| 102 | 鹤形目 | 秧鸡科 | 白骨顶 | *Fulica atra* | 2006 | ++ | 原科考报告，2006 |
| 103 | 鸻形目 | 鹮嘴鹬科 | 鹮嘴鹬 | *Ibidorhyncha struthersii* | 1993 | + | 四川资源动物志-鸟类，1985；四川鸟类原色图鉴，1993 |
| 104 | 鸻形目 | 鸻科 | 灰鸻 | *Pluvialis squatarola* | 2006 | + | 原科考报告，2006 |
| 105 | 鸻形目 | 鸻科 | 剑鸻 | *Charadrius hiaticula* | 2006 | ++ | 大巴山地区的鸟类区系调查研究，1962；四川资源动物志-鸟类，1985；四川省大巴山、米仓山鸟类调查报告，1986；四川鸟类原色图鉴，1993；原科考报告，2006 |
| 106 | 鸻形目 | 鸻科 | 金眶鸻 | *Charadrius dubius* | 2012 | +++ | 四川省大巴山、米仓山鸟类调查报告，1986；原科考报告，2006；野外考察见到，2012 |
| 107 | 鸻形目 | 鹬科 | 丘鹬 | *Scolopax rusticola* | 2013 | ++ | 四川资源动物志-鸟类，1985；原科考报告，2006；野外考察见到，2013 |
| 108 | 鸻形目 | 鹬科 | 白腰草鹬 | *Tringa ochropus* | 2014 | ++ | 四川资源动物志-鸟类，1985；四川省大巴山、米仓山鸟类调查报告，1986；四川鸟类原色图鉴，1993；原科考报告，2006；野外考察见到，2014 |
| 109 | 鸻形目 | 鹬科 | 林鹬 | *Tringa glareola* | 2006 | ++ | 原科考报告，2006 |
| 110 | 鸻形目 | 鹬科 | 矶鹬 | *Actitis hypoleucos* | 2014 | +++ | 四川省大巴山、米仓山鸟类调查报告，1986；原科考报告，2006；野外考察见到，2014 |
| 111 | 鸽形目 | 鸠鸽科 | 山斑鸠 | *Streptopelia orientalis* | 2014 | +++ | 大巴山地区的鸟类区系调查研究，1962；四川省大巴山、米仓山鸟类调查报告，1986；原科考报告，2006；野外考察见到，2014 |
| 112 | 鸽形目 | 鸠鸽科 | 火斑鸠 | *Streptopelia tranquebarica* | 2006 | ++ | 四川省大巴山、米仓山鸟类调查报告，1986；原科考报告，2006 |
| 113 | 鸽形目 | 鸠鸽科 | 珠颈斑鸠 | *Streptopelia chinensis* | 2014 | +++ | 大巴山地区的鸟类区系调查研究，1962；四川资源动物志-鸟类，1985；四川省大巴山、米仓山鸟类调查报告，1986；四川鸟类原色图鉴，1993；原科考报告，2006；野外考察见到，2014 |
| 114 | 鸽形目 | 鸠鸽科 | 红翅绿鸠 | *Treron sieboldii* | 2006 | + | 原科考报告，2006 |
| 115 | 鹃形目 | 杜鹃科 | 红翅凤头鹃 | *Clamator coromandus* | 2006 | + | 四川省大巴山、米仓山鸟类调查报告，1986；四川鸟类原色图鉴，1993；原科考报告，2006 |
| 116 | 鹃形目 | 杜鹃科 | 大鹰鹃 | *Cuculus sparverioides* | 2012 | ++ | 四川资源动物志-鸟类，1985；四川鸟类原色图鉴，1993；原科考报告，2006；野外考察见到，2012 |
| 117 | 鹃形目 | 杜鹃科 | 四声杜鹃 | *Cuculus micropterus* | 2014 | + | 四川资源动物志-鸟类，1985；四川鸟类原色图鉴，1993；原科考报告，2006；野外考察见到，2014 |
| 118 | 鹃形目 | 杜鹃科 | 大杜鹃 | *Cuculus canorus* | 2013 | ++ | 大巴山地区的鸟类区系调查研究，1962；四川资源动物志-鸟类，1985；四川省大巴山、米仓山鸟类调查报告，1986；四川鸟类原色图鉴，1993；原科考报告，2006；野外考察见到，2013 |
| 119 | 鹃形目 | 杜鹃科 | 中杜鹃 | *Cuculus saturatus* | 2014 | + | 原科考报告，2006；访问保护区管理人员，2014 |
| 120 | 鹃形目 | 杜鹃科 | 小杜鹃 | *Cuculus poliocephalus* | 2006 | + | 四川资源动物志-鸟类，1985；四川省大巴山、米仓山鸟类调查报告，1986；四川鸟类原色图鉴，1993；原科考报告，2006 |
| 121 | 鹃形目 | 杜鹃科 | 翠金鹃 | *Chrysococcyx maculatus* | 2013 | + | 原科考报告，2006；野外考察见到，2013 |
| 122 | 鹃形目 | 杜鹃科 | 乌鹃 | *Surniculus dicruroides* | 2006 | + | 四川省大巴山、米仓山鸟类调查报告，1986；四川鸟类原色图鉴，1993；原科考报告，2006 |

续表

| 序号 | 目 | 科 | 中文种名 | 拉丁种名 | 最新发现时间/年份 | 数量状况 | 数据来源 |
|---|---|---|---|---|---|---|---|
| 123 | 鹃形目 | 杜鹃科 | 噪鹃 | *Eudynamys scolopacea* | 2014 | ++ | 四川资源动物志-鸟类，1985；四川省大巴山、米仓山鸟类调查报告，1986；四川鸟类原色图鉴，1993；原科考报告，2006；野外考察见到，2014 |
| 124 | 鸮形目 | 鸱鸮科 | 领角鸮 | *Otus lettia* | 2006 | + | 原科考报告，2006 |
| 125 | 鸮形目 | 鸱鸮科 | 雕鸮 | *Bubo bubo* | 2006 | + | 四川资源动物志-鸟类，1985；四川省大巴山、米仓山鸟类调查报告，1986；四川鸟类原色图鉴，1993；原科考报告，2006 |
| 126 | 鸮形目 | 鸱鸮科 | 黄腿渔鸮 | *Ketupa flavipes* | 1993 | + | 四川省大巴山、米仓山鸟类调查报告，1986；四川鸟类原色图鉴，1993 |
| 127 | 鸮形目 | 鸱鸮科 | 斑头鸺鹠 | *Glaucidium cuculoides* | 2006 | + | 四川资源动物志-鸟类，1985；四川省大巴山、米仓山鸟类调查报告，1986；四川鸟类原色图鉴，1993；原科考报告，2006 |
| 128 | 鸮形目 | 鸱鸮科 | 鹰鸮 | *Ninox scutulata* | 2006 | + | 大巴山地区的鸟类区系调查研究，1962；四川资源动物志-鸟类，1985；四川省大巴山、米仓山鸟类调查报告，1986；四川鸟类原色图鉴，1993；原科考报告，2006 |
| 129 | 夜鹰目 | 夜鹰科 | 普通夜鹰 | *Caprimulgus indicus* | 2006 | + | 四川资源动物志-鸟类，1985；四川鸟类原色图鉴，1993；原科考报告，2006 |
| 130 | 雨燕目 | 雨燕科 | 短嘴金丝燕 | *Aerodramus brevirostris* | 2006 | +++ | 大巴山地区的鸟类区系调查研究，1962；四川省大巴山、米仓山鸟类调查报告，1986；四川鸟类原色图鉴，1993；原科考报告，2006 |
| 131 | 佛法僧目 | 翠鸟科 | 普通翠鸟 | *Alcedo atthis* | 2013 | +++ | 大巴山地区的鸟类区系调查研究，1962；四川资源动物志-鸟类，1985；四川省大巴山、米仓山鸟类调查报告，1986；原科考报告，2006；野外考察见到，2013 |
| 132 | 佛法僧目 | 翠鸟科 | 蓝翡翠 | *Halcyon pileata* | 2006 | + | 四川省大巴山、米仓山鸟类调查报告，1986；四川鸟类原色图鉴，1993；原科考报告，2006 |
| 133 | 佛法僧目 | 翠鸟科 | 冠鱼狗 | *Megaceryle lugubris* | 2014 | ++ | 四川省大巴山、米仓山鸟类调查报告，1986；四川鸟类原色图鉴，1993；原科考报告，2006；野外考察见到，2014 |
| 134 | 佛法僧目 | 佛法僧科 | 三宝鸟 | *Eurystomus orientalis* | 2013 | + | 大巴山地区的鸟类区系调查研究，1962；四川资源动物志-鸟类，1985；四川省大巴山、米仓山鸟类调查报告，1986；四川鸟类原色图鉴，1993；原科考报告，2006；野外考察见到，2013 |
| 135 | 戴胜目 | 戴胜科 | 戴胜 | *Upupa epops* | 2012 | +++ | 原科考报告，2006；野外考察见到，2012 |
| 136 | 䴕形目 | 啄木鸟科 | 斑姬啄木鸟 | *Picumnus innominatus* | 2012 | ++ | 四川资源动物志-鸟类，1985；四川省大巴山、米仓山鸟类调查报告，1986；四川鸟类原色图鉴，1993；原科考报告，2006；野外考察见到，2012 |
| 137 | 䴕形目 | 啄木鸟科 | 星头啄木鸟 | *Dendrocopos canicapillus* | 2012 | ++ | 四川资源动物志-鸟类，1985；四川省大巴山、米仓山鸟类调查报告，1986；四川鸟类原色图鉴，1993；原科考报告，2006；野外考察见到，2012 |
| 138 | 䴕形目 | 啄木鸟科 | 棕腹啄木鸟 | *Dendrocopos hyperythrus* | 2006 | ++ | 原科考报告，2006 |
| 139 | 䴕形目 | 啄木鸟科 | 赤胸啄木鸟 | *Dendrocopos cathpharius* | 2006 | ++ | 四川鸟类原色图鉴，1993；原科考报告，2006 |
| 140 | 䴕形目 | 啄木鸟科 | 大斑啄木鸟 | *Dendrocopos major* | 2006 | ++ | 大巴山地区的鸟类区系调查研究，1962；四川省大巴山、米仓山鸟类调查报告，1986；四川鸟类原色图鉴，1993；原科考报告，2006 |
| 141 | 䴕形目 | 啄木鸟科 | 黑啄木鸟 | *Dryocopus martius* | 1986 | ++ | 大巴山地区的鸟类区系调查研究，1962；四川资源动物志-鸟类，1985；四川省大巴山、米仓山鸟类调查报告，1986 |
| 142 | 䴕形目 | 啄木鸟科 | 灰头绿啄木鸟 | *Picus canus* | 2014 | ++ | 四川鸟类原色图鉴，1993；野外考察见到，2014 |
| 143 | 雀形目 | 百灵科 | 小云雀 | *Alauda gulgula* | 2006 | + | 四川资源动物志-鸟类，1985；四川省大巴山、米仓山鸟类调查报告，1986；四川鸟类原色图鉴，1993；原科考报告，2006 |

| 序号 | 目 | 科 | 中文种名 | 拉丁种名 | 最新发现时间/年份 | 数量状况 | 数据来源 |
|---|---|---|---|---|---|---|---|
| 144 | 雀形目 | 燕科 | 家燕 | *Hirundo rustica* | 2014 | ++ | 大巴山地区的鸟类区系调查研究，1962；四川资源动物志-鸟类，1985；四川省大巴山、米仓山鸟类调查报告，1986；四川鸟类原色图鉴，1993；原科考报告，2006；野外考察见到，2014 |
| 145 | 雀形目 | 燕科 | 金腰燕 | *Cecropis daurica* | 2013 | ++++ | 大巴山地区的鸟类区系调查研究，1962；四川资源动物志-鸟类，1985；四川省大巴山、米仓山鸟类调查报告，1986；四川鸟类原色图鉴，1993；原科考报告，2006；野外考察见到，2013 |
| 146 | 雀形目 | 燕科 | 毛脚燕 | *Delichon urbicum* | 2006 | ++ | 四川省大巴山、米仓山鸟类调查报告，1986；原科考报告，2006 |
| 147 | 雀形目 | 燕科 | 烟腹毛脚燕 | *Delichon dasypus* | 1993 | ++ | 四川鸟类原色图鉴，1993 |
| 148 | 雀形目 | 鹡鸰科 | 山鹡鸰 | *Dendronanthus indicus* | 2012 | ++ | 大巴山地区的鸟类区系调查研究，1962；四川资源动物志-鸟类，1985；四川省大巴山、米仓山鸟类调查报告，1986；四川鸟类原色图鉴，1993；原科考报告，2006；野外考察见到，2012 |
| 149 | 雀形目 | 鹡鸰科 | 白鹡鸰 | *Motacilla alba* | 2013 | ++++ | 大巴山地区的鸟类区系调查研究，1962；四川资源动物志-鸟类，1985；四川省大巴山、米仓山鸟类调查报告，1986；原科考报告，2006；野外考察见到，2013 |
| 150 | 雀形目 | 鹡鸰科 | 黄头鹡鸰 | *Motacilla citreola* | 2006 | ++ | 大巴山地区的鸟类区系调查研究，1962；四川省大巴山、米仓山鸟类调查报告，1986；原科考报告，2006 |
| 151 | 雀形目 | 鹡鸰科 | 灰鹡鸰 | *Motacilla cinerea* | 2014 | +++ | 大巴山地区的鸟类区系调查研究，1962；四川资源动物志-鸟类，1985；四川省大巴山、米仓山鸟类调查报告，1986；四川鸟类原色图鉴，1993；原科考报告，2006；野外考察见到，2014 |
| 152 | 雀形目 | 鹡鸰科 | 田鹨 | *Anthus richardi* | 2006 | ++ | 四川鸟类原色图鉴，1993；原科考报告，2006 |
| 153 | 雀形目 | 鹡鸰科 | 树鹨 | *Anthus hodgsoni* | 2012 | + | 四川资源动物志-鸟类，1985；四川省大巴山、米仓山鸟类调查报告，1986；四川鸟类原色图鉴，1993；原科考报告，2006；野外考察见到，2012 |
| 154 | 雀形目 | 鹡鸰科 | 粉红胸鹨 | *Anthus roseatus* | 2014 | ++ | 原科考报告，2006；野外考察见到，2014 |
| 155 | 雀形目 | 鹡鸰科 | 水鹨 | *Anthus spinoletta* | 2006 | ++ | 大巴山地区的鸟类区系调查研究，1962；原科考报告，2006 |
| 156 | 雀形目 | 山椒鸟科 | 暗灰鹃鵙 | *Coracina melaschistos* | 2014 | ++ | 大巴山地区的鸟类区系调查研究，1962；四川资源动物志-鸟类，1985；四川省大巴山、米仓山鸟类调查报告，1986；四川鸟类原色图鉴，1993；原科考报告，2006；野外考察见到，2014 |
| 157 | 雀形目 | 山椒鸟科 | 粉红山椒鸟 | *Pericrocotus roseus* | 2006 | ++ | 四川省大巴山、米仓山鸟类调查报告，1986；原科考报告，2006 |
| 158 | 雀形目 | 山椒鸟科 | 小灰山椒鸟 | *Pericrocotus cantonensis* | 1962 | + | 大巴山地区的鸟类区系调查研究，1962 |
| 159 | 雀形目 | 山椒鸟科 | 长尾山椒鸟 | *Pericrocotus ethologus* | 2012 | +++ | 大巴山地区的鸟类区系调查研究，1962；四川资源动物志-鸟类，1985；四川省大巴山、米仓山鸟类调查报告，1986；四川鸟类原色图鉴，1993；原科考报告，2006；野外考察见到，2012 |
| 160 | 雀形目 | 山椒鸟科 | 短嘴山椒鸟 | *Pericrocotus brevirostris* | 1985 | ++ | 四川资源动物志-鸟类，1985 |
| 161 | 雀形目 | 鹎科 | 领雀嘴鹎 | *Spizixos semitorques* | 2013 | ++++ | 大巴山地区的鸟类区系调查研究，1962；四川资源动物志-鸟类，1985；四川省大巴山、米仓山鸟类调查报告，1986；四川鸟类原色图鉴，1993；原科考报告，2006；野外考察见到，2013 |
| 162 | 雀形目 | 鹎科 | 黄臀鹎 | *Pycnonotus xanthorrhous* | 2013 | ++++ | 大巴山地区的鸟类区系调查研究，1962；四川资源动物志-鸟类，1985；四川省大巴山、米仓山鸟类调查报告，1986；四川鸟类原色图鉴，1993；原科考报告，2006；野外考察见到，2013 |
| 163 | 雀形目 | 鹎科 | 白头鹎 | *Pycnonotus sinensis* | 2013 | ++++ | 大巴山地区的鸟类区系调查研究，1962；四川资源动物志-鸟类，1985；四川鸟类原色图鉴，1993；原科考报告，2006；野外考察见到，2013 |

续表

| 序号 | 目 | 科 | 中文种名 | 拉丁种名 | 最新发现时间/年份 | 数量状况 | 数据来源 |
|---|---|---|---|---|---|---|---|
| 164 | 雀形目 | 鹎科 | 绿翅短脚鹎 | *Hypsipetes mcclellandii* | 2013 | +++ | 四川资源动物志-鸟类，1985；四川省大巴山、米仓山鸟类调查报告，1986；原科考报告，2006；野外考察见到，2013 |
| 165 | 雀形目 | 鹎科 | 黑短脚鹎 | *Hypsipetes leucocephalus* | 2012 | +++ | 四川资源动物志-鸟类，1985；四川省大巴山、米仓山鸟类调查报告，1986；四川鸟类原色图鉴，1993；野外考察见到，2012 |
| 166 | 雀形目 | 伯劳科 | 虎纹伯劳 | *Lanius tigrinus* | 2012 | ++ | 大巴山地区的鸟类区系调查研究，1962；四川资源动物志-鸟类，1985；四川省大巴山、米仓山鸟类调查报告，1986；四川鸟类原色图鉴，1993；野外考察见到，2012 |
| 167 | 雀形目 | 伯劳科 | 红尾伯劳 | *Lanius cristatus* | 2014 | ++ | 四川资源动物志-鸟类，1985；四川省大巴山、米仓山鸟类调查报告，1986；四川鸟类原色图鉴，1993；原科考报告，2006；野外考察见到，2014 |
| 168 | 雀形目 | 伯劳科 | 棕背伯劳 | *Lanius schach* | 2014 | +++ | 大巴山地区的鸟类区系调查研究，1962；四川资源动物志-鸟类，1985；四川省大巴山、米仓山鸟类调查报告，1986；原科考报告，2006；野外考察见到，2014 |
| 169 | 雀形目 | 黄鹂科 | 黑枕黄鹂 | *Oriolus chinensis* | 2006 | ++ | 大巴山地区的鸟类区系调查研究，1962；四川资源动物志-鸟类，1985；四川省大巴山、米仓山鸟类调查报告，1986；四川鸟类原色图鉴，1993；原科考报告，2006 |
| 170 | 雀形目 | 卷尾科 | 黑卷尾 | *Dicrurus macrocercus* | 2014 | ++ | 大巴山地区的鸟类区系调查研究，1962；四川资源动物志-鸟类，1985；四川省大巴山、米仓山鸟类调查报告，1986；四川鸟类原色图鉴，1993；原科考报告，2006；野外考察见到，2014 |
| 171 | 雀形目 | 卷尾科 | 灰卷尾 | *Dicrurus leucophaeus* | 2013 | ++ | 大巴山地区的鸟类区系调查研究，1962；四川资源动物志-鸟类，1985；四川省大巴山、米仓山鸟类调查报告，1986；四川鸟类原色图鉴，1993；原科考报告，2006；野外考察见到，2013 |
| 172 | 雀形目 | 卷尾科 | 发冠卷尾 | *Dicrurus hottentottus* | 2014 | ++ | 大巴山地区的鸟类区系调查研究，1962；四川资源动物志-鸟类，1985；四川省大巴山、米仓山鸟类调查报告，1986；四川鸟类原色图鉴，1993；野外考察见到，2014 |
| 173 | 雀形目 | 椋鸟科 | 八哥 | *Acridotheres cristatellus* | 2014 | ++ | 四川省大巴山、米仓山鸟类调查报告，1986；原科考报告，2006；野外考察见到，2014 |
| 174 | 雀形目 | 椋鸟科 | 丝光椋鸟 | *Sturnus sericeus* | 2014 | ++++ | 大巴山地区的鸟类区系调查研究，1962；四川资源动物志-鸟类，1985；四川省大巴山、米仓山鸟类调查报告，1986；四川鸟类原色图鉴，1993；原科考报告，2006；野外考察见到，2014 |
| 175 | 雀形目 | 鸦科 | 松鸦 | *Garrulus glandarius* | 2014 | +++ | 四川资源动物志-鸟类，1985；四川省大巴山、米仓山鸟类调查报告，1986；四川鸟类原色图鉴，1993；原科考报告，2006；野外考察见到，2014 |
| 176 | 雀形目 | 鸦科 | 红嘴蓝鹊 | *Urocissa erythrorhyncha* | 2014 | +++ | 大巴山地区的鸟类区系调查研究，1962；四川资源动物志-鸟类，1985；四川省大巴山、米仓山鸟类调查报告，1986；原科考报告，2006；野外考察见到，2014 |
| 177 | 雀形目 | 鸦科 | 喜鹊 | *Pica pica* | 2014 | +++ | 大巴山地区的鸟类区系调查研究，1962；四川资源动物志-鸟类，1985；四川省大巴山、米仓山鸟类调查报告，1986；原科考报告，2006；野外考察见到，2014 |
| 178 | 雀形目 | 鸦科 | 星鸦 | *Nucifraga caryocatactes* | 2014 | +++ | 大巴山地区的鸟类区系调查研究，1962；四川资源动物志-鸟类，1985；四川省大巴山、米仓山鸟类调查报告，1986；四川鸟类原色图鉴，1993；原科考报告，2006；野外考察见到，2014 |
| 179 | 雀形目 | 鸦科 | 大嘴乌鸦 | *Corvus macrorhynchos* | 2012 | +++ | 大巴山地区的鸟类区系调查研究，1962；四川资源动物志-鸟类，1985；四川省大巴山、米仓山鸟类调查报告，1986；四川鸟类原色图鉴，1993；原科考报告，2006；野外考察见到，2012 |

| 序号 | 目 | 科 | 中文种名 | 拉丁种名 | 最新发现时间/年份 | 数量状况 | 数据来源 |
|---|---|---|---|---|---|---|---|
| 180 | 雀形目 | 鸦科 | 白颈鸦 | *Corvus pectoralis* | 2013 | ++ | 四川资源动物志-鸟类，1985；四川省大巴山、米仓山鸟类调查报告，1986；四川鸟类原色图鉴，1993；原科考报告，2006；野外考察见到，2013 |
| 181 | 雀形目 | 河乌科 | 褐河乌 | *Cinclus pallasii* | 2013 | ++ | 四川资源动物志-鸟类，1985；四川省大巴山、米仓山鸟类调查报告，1986；四川鸟类原色图鉴，1993；原科考报告，2006；野外考察见到，2013 |
| 182 | 雀形目 | 鹪鹩科 | 鹪鹩 | *Troglodytes troglodytes* | 2014 | ++ | 访问保护区管理人员，2014 |
| 183 | 雀形目 | 岩鹨科 | 棕胸岩鹨 | *Prunella strophiata* | 2014 | ++ | 访问保护区管理人员，2014 |
| 184 | 雀形目 | 鸫科 | 红喉歌鸲 | *Luscinia calliope* | 1986 | ++ | 四川省大巴山、米仓山鸟类调查报告，1986 |
| 185 | 雀形目 | 鸫科 | 蓝歌鸲 | *Luscinia cyane* | 1993 | ++ | 四川资源动物志-鸟类，1985；四川鸟类原色图鉴，1993 |
| 186 | 雀形目 | 鸫科 | 红胁蓝尾鸲 | *Tarsiger cyanurus* | 2014 | ++ | 四川资源动物志-鸟类，1985；四川鸟类原色图鉴，1993；原科考报告，2006；野外考察见到，2014 |
| 187 | 雀形目 | 鸫科 | 鹊鸲 | *Copsychus saularis* | 2014 | +++ | 四川资源动物志-鸟类，1985；四川省大巴山、米仓山鸟类调查报告，1986；原科考报告，2006；野外考察见到，2014 |
| 188 | 雀形目 | 鸫科 | 黑喉红尾鸲 | *Phoenicurus hodgsoni* | 2014 | ++ | 原科考报告，2006；野外考察见到，2014 |
| 189 | 雀形目 | 鸫科 | 北红尾鸲 | *Phoenicurus auroreus* | 2013 | ++++ | 四川资源动物志-鸟类，1985；四川省大巴山、米仓山鸟类调查报告，1986；四川鸟类原色图鉴，1993；原科考报告，2006；野外考察见到，2013 |
| 190 | 雀形目 | 鸫科 | 蓝额红尾鸲 | *Phoenicurus frontalis* | 2013 | ++ | 四川资源动物志-鸟类，1985；原科考报告，2006；野外考察见到，2013 |
| 191 | 雀形目 | 鸫科 | 红尾水鸲 | *Rhyacornis fuliginosa* | 2013 | +++ | 大巴山地区的鸟类区系调查研究，1962；四川资源动物志-鸟类，1985；四川省大巴山、米仓山鸟类调查报告，1986；原科考报告，2006；野外考察见到，2013 |
| 192 | 雀形目 | 鸫科 | 白顶溪鸲 | *Chaimarrornis leucocephalus* | 2013 | ++ | 四川资源动物志-鸟类，1985；四川省大巴山、米仓山鸟类调查报告，1986；四川鸟类原色图鉴，1993；原科考报告，2006；野外考察见到，2013 |
| 193 | 雀形目 | 鸫科 | 白腹短翅鸲 | *Hodgsonius phaenicuroides* | 1986 | ++ | 大巴山地区的鸟类区系调查研究，1962；四川省大巴山、米仓山鸟类调查报告，1986 |
| 194 | 雀形目 | 鸫科 | 白尾地鸲 | *Cinclidium leucurum* | 1993 | ++ | 大巴山地区的鸟类区系调查研究，1962；四川省大巴山、米仓山鸟类调查报告，1986；四川鸟类原色图鉴，1993 |
| 195 | 雀形目 | 鸫科 | 小燕尾 | *Enicurus scouleri* | 2013 | ++ | 四川资源动物志-鸟类，1985；四川省大巴山、米仓山鸟类调查报告，1986；原科考报告，2006；野外考察见到，2013 |
| 196 | 雀形目 | 鸫科 | 白额燕尾 | *Enicurus leschenaulti* | 2014 | ++ | 大巴山地区的鸟类区系调查研究，1962；四川资源动物志-鸟类，1985；四川省大巴山、米仓山鸟类调查报告，1986；四川鸟类原色图鉴，1993；原科考报告，2006；野外考察见到，2014 |
| 197 | 雀形目 | 鸫科 | 黑喉石䳭 | *Saxicola torquata* | 2012 | ++ | 四川省大巴山、米仓山鸟类调查报告，1986；原科考报告，2006；野外考察见到，2012 |
| 198 | 雀形目 | 鸫科 | 灰林䳭 | *Saxicola ferreus* | 2014 | ++ | 大巴山地区的鸟类区系调查研究，1962；四川资源动物志-鸟类，1985；四川省大巴山、米仓山鸟类调查报告，1986；四川鸟类原色图鉴，1993；原科考报告，2006；野外考察见到，2014 |
| 199 | 雀形目 | 鸫科 | 栗腹矶鸫 | *Monticola rufiventris* | 2014 | ++ | 访问保护区管理人员，2014 |
| 200 | 雀形目 | 鸫科 | 蓝矶鸫 | *Monticola solitarius* | 2014 | +++ | 大巴山地区的鸟类区系调查研究，1962；四川资源动物志-鸟类，1985；四川省大巴山、米仓山鸟类调查报告，1986；四川鸟类原色图鉴，1993；原科考报告，2006；野外考察见到，2014 |

续表

| 序号 | 目 | 科 | 中文种名 | 拉丁种名 | 最新发现时间/年份 | 数量状况 | 数据来源 |
|---|---|---|---|---|---|---|---|
| 201 | 雀形目 | 鸫科 | 紫啸鸫 | *Myophonus caeruleus* | 2014 | +++ | 四川资源动物志-鸟类，1985；四川省大巴山、米仓山鸟类调查报告，1986；原科考报告，2006；野外考察见到，2014 |
| 202 | 雀形目 | 鸫科 | 白眉地鸫 | *Zoothera sibirica* | 2006 | ++ | 四川省大巴山、米仓山鸟类调查报告，1986；四川鸟类原色图鉴，1993；原科考报告，2006 |
| 203 | 雀形目 | 鸫科 | 长尾地鸫 | *Zoothera dixoni* | 2006 | ++ | 原科考报告，2006 |
| 204 | 雀形目 | 鸫科 | 乌鸫 | *Turdus merula* | 2014 | +++ | 原科考报告，2006；野外考察见到，2014 |
| 205 | 雀形目 | 鸫科 | 灰头鸫 | *Turdus rubrocanus* | 2014 | ++ | 原科考报告，2006；访问保护区管理人员，2014 |
| 206 | 雀形目 | 鸫科 | 白腹鸫 | *Turdus pallidus* | 2006 | ++ | 四川省大巴山、米仓山鸟类调查报告，1986；原科考报告，2006 |
| 207 | 雀形目 | 鸫科 | 斑鸫 | *Turdus eunomus* | 2006 | ++ | 原科考报告，2006 |
| 208 | 雀形目 | 鹟科 | 乌鹟 | *Muscicapa sibirica* | 1993 | ++ | 四川资源动物志-鸟类，1985；四川省大巴山、米仓山鸟类调查报告，1986；四川鸟类原色图鉴，1993 |
| 209 | 雀形目 | 鹟科 | 白眉姬鹟 | *Ficedula zanthopygia* | 2014 | ++ | 大巴山地区的鸟类区系调查研究，1962；四川资源动物志-鸟类，1985；四川省大巴山、米仓山鸟类调查报告，1986；四川鸟类原色图鉴，1993；原科考报告，2006；野外考察见到，2014 |
| 210 | 雀形目 | 鹟科 | 红胸姬鹟 | *Ficedula parva* | 2006 | ++ | 四川省大巴山、米仓山鸟类调查报告，1986；四川鸟类原色图鉴，1993；原科考报告，2006 |
| 211 | 雀形目 | 鹟科 | 灰蓝姬鹟 | *Ficedula tricolor* | 2006 | + | 大巴山地区的鸟类区系调查研究，1962；四川省大巴山、米仓山鸟类调查报告，1986；四川鸟类原色图鉴，1993；原科考报告，2006 |
| 212 | 雀形目 | 鹟科 | 白腹蓝姬鹟 | *Cyanoptila cyanomelana* | 2006 | + | 四川省大巴山、米仓山鸟类调查报告，1986；原科考报告，2006 |
| 213 | 雀形目 | 鹟科 | 铜蓝鹟 | *Eumyias thalassinus* | 2014 | ++ | 四川资源动物志-鸟类，1985；四川省大巴山、米仓山鸟类调查报告，1986；四川鸟类原色图鉴，1993；原科考报告，2006；野外考察见到，2014 |
| 214 | 雀形目 | 鹟科 | 棕腹大仙鹟 | *Niltava davidi* | 2006 | ++ | 原科考报告，2006 |
| 215 | 雀形目 | 鹟科 | 蓝喉仙鹟 | *Cyornis rubeculoides* | 2006 | ++ | 四川省大巴山、米仓山鸟类调查报告，1986；四川鸟类原色图鉴，1993；原科考报告，2006 |
| 216 | 雀形目 | 鹟科 | 方尾鹟 | *Culicicapa ceylonensis* | 2014 | +++ | 大巴山地区的鸟类区系调查研究，1962；四川资源动物志-鸟类，1985；四川省大巴山、米仓山鸟类调查报告，1986；原科考报告，2006；野外考察见到，2014 |
| 217 | 雀形目 | 王鹟科 | 寿带 | *Terpsiphone paradisi* | 2014 | ++ | 大巴山地区的鸟类区系调查研究，1962；四川资源动物志-鸟类，1985；四川省大巴山、米仓山鸟类调查报告，1986；四川鸟类原色图鉴，1993；原科考报告，2006；野外考察见到，2014 |
| 218 | 雀形目 | 画眉科 | 黑脸噪鹛 | *Garrulax perspicillatus* | 2006 | ++ | 原科考报告，2006 |
| 219 | 雀形目 | 画眉科 | 白喉噪鹛 | *Garrulax albogularis* | 2012 | ++ | 大巴山地区的鸟类区系调查研究，1962；四川资源动物志-鸟类，1985；四川省大巴山、米仓山鸟类调查报告，1986；四川鸟类原色图鉴，1993；原科考报告，2006；野外考察见到，2012 |
| 220 | 雀形目 | 画眉科 | 黑领噪鹛 | *Garrulax pectoralis* | 2012 | ++ | 四川省大巴山、米仓山鸟类调查报告，1986；四川鸟类原色图鉴，1993；原科考报告，2006；野外考察见到，2012 |
| 221 | 雀形目 | 画眉科 | 山噪鹛 | *Garrulax davidi* | 2006 | + | 原科考报告，2006 |
| 222 | 雀形目 | 画眉科 | 灰翅噪鹛 | *Garrulax cineraceus* | 1986 | + | 四川省大巴山、米仓山鸟类调查报告，1986 |
| 223 | 雀形目 | 画眉科 | 斑背噪鹛 | *Garrulax lunulatus* | 2014 | ++ | 大巴山地区的鸟类区系调查研究，1962；四川资源动物志-鸟类，1985；四川省大巴山、米仓山鸟类调查报告，1986；四川鸟类原色图鉴，1993；野外考察见到，2012；访问保护区管理人员，2014 |

续表

| 序号 | 目 | 科 | 中文种名 | 拉丁种名 | 最新发现<br>时间/年份 | 数量状况 | 数据来源 |
|---|---|---|---|---|---|---|---|
| 224 | 雀形目 | 画眉科 | 画眉 | *Garrulax canorus* | 2014 | ++ | 大巴山地区的鸟类区系调查研究，1962；四川资源动物志-鸟类，1985；四川省大巴山、米仓山鸟类调查报告，1986；四川鸟类原色图鉴，1993；原科考报告，2006；野外考察见到，2014 |
| 225 | 雀形目 | 画眉科 | 白颊噪鹛 | *Garrulax sannio* | 2013 | ++++ | 大巴山地区的鸟类区系调查研究，1962；四川资源动物志-鸟类，1985；四川鸟类原色图鉴，1993；原科考报告，2006；野外考察见到，2013 |
| 226 | 雀形目 | 画眉科 | 橙翅噪鹛 | *Garrulax elliotii* | 2012 | ++++ | 大巴山地区的鸟类区系调查研究，1962；四川资源动物志-鸟类，1985；四川省大巴山、米仓山鸟类调查报告，1986；四川鸟类原色图鉴，1993；原科考报告，2006；野外考察见到，2012 |
| 227 | 雀形目 | 画眉科 | 棕颈钩嘴鹛 | *Pomatorhinus ruficollis* | 2013 | +++ | 大巴山地区的鸟类区系调查研究，1962；四川资源动物志-鸟类，1985；四川省大巴山、米仓山鸟类调查报告，1986；四川鸟类原色图鉴，1993；原科考报告，2006；野外考察见到，2013 |
| 228 | 雀形目 | 画眉科 | 小鳞胸鹪鹛 | *Pnoepyga pusilla* | 1993 | + | 四川鸟类原色图鉴，1993 |
| 229 | 雀形目 | 画眉科 | 红头穗鹛 | *Stachyris ruficeps* | 2014 | ++++ | 四川资源动物志-鸟类，1985；四川省大巴山、米仓山鸟类调查报告，1986；四川鸟类原色图鉴，1993；原科考报告，2006；野外考察见到，2014 |
| 230 | 雀形目 | 画眉科 | 矛纹草鹛 | *Babax lanceolatus* | 2012 | +++ | 大巴山地区的鸟类区系调查研究，1962；四川资源动物志-鸟类，1985；四川省大巴山、米仓山鸟类调查报告，1986；四川鸟类原色图鉴，1993；原科考报告，2006；野外考察见到，2012 |
| 231 | 雀形目 | 画眉科 | 红嘴相思鸟 | *Leiothrix lutea* | 2013 | ++++ | 大巴山地区的鸟类区系调查研究，1962；四川资源动物志-鸟类，1985；四川省大巴山、米仓山鸟类调查报告，1986；四川鸟类原色图鉴，1993；原科考报告，2006；野外考察见到，2013 |
| 232 | 雀形目 | 画眉科 | 淡绿鵙鹛 | *Pteruthius xanthochlorus* | 1993 | ++ | 四川鸟类原色图鉴，1993 |
| 233 | 雀形目 | 画眉科 | 金胸雀鹛 | *Alcippe chrysotis* | 2006 | ++ | 大巴山地区的鸟类区系调查研究，1962；四川资源动物志-鸟类，1985；四川省大巴山、米仓山鸟类调查报告，1986；四川鸟类原色图鉴，1993；原科考报告，2006 |
| 234 | 雀形目 | 画眉科 | 棕头雀鹛 | *Alcippe ruficapilla* | 2013 | + | 四川资源动物志-鸟类，1985；四川省大巴山、米仓山鸟类调查报告，1986；四川鸟类原色图鉴，1993；原科考报告，2006；野外考察见到，2013 |
| 235 | 雀形目 | 画眉科 | 褐头雀鹛 | *Alcippe cinereiceps* | 2014 | ++ | 大巴山地区的鸟类区系调查研究，1962；四川省大巴山、米仓山鸟类调查报告，1986；访问保护区管理人员，2014 |
| 236 | 雀形目 | 画眉科 | 褐顶雀鹛 | *Alcippe brunnea* | 1986 | + | 四川省大巴山、米仓山鸟类调查报告，1986 |
| 237 | 雀形目 | 画眉科 | 灰眶雀鹛 | *Alcippe morrisonia* | 2013 | ++ | 四川资源动物志-鸟类，1985；四川省大巴山、米仓山鸟类调查报告，1986；野外考察见到，2013 |
| 238 | 雀形目 | 画眉科 | 白领凤鹛 | *Yuhina diademata* | 2012 | +++ | 大巴山地区的鸟类区系调查研究，1962；四川资源动物志-鸟类，1985；四川省大巴山、米仓山鸟类调查报告，1986；四川鸟类原色图鉴，1993；原科考报告，2006；野外考察见到，2012 |
| 239 | 雀形目 | 画眉科 | 黑颏凤鹛 | *Yuhina nigrimenta* | 2012 | ++ | 四川省大巴山、米仓山鸟类调查报告，1986；四川鸟类原色图鉴，1993；原科考报告，2006；野外考察见到，2012 |
| 240 | 雀形目 | 鸦雀科 | 红嘴鸦雀 | *Conostoma oemodium* | 1993 | ++ | 大巴山地区的鸟类区系调查研究，1962；四川省大巴山、米仓山鸟类调查报告，1986；四川鸟类原色图鉴，1993 |
| 241 | 雀形目 | 鸦雀科 | 三趾鸦雀 | *Paradoxornis paradoxus* | 1993 | ++ | 四川省大巴山、米仓山鸟类调查报告，1986；四川鸟类原色图鉴，1993 |
| 242 | 雀形目 | 鸦雀科 | 白眶鸦雀 | *Paradoxornis conspicillatus* | 2006 | + | 大巴山地区的鸟类区系调查研究，1962；四川省大巴山、米仓山鸟类调查报告，1986；四川鸟类原色图鉴，1993；原科考报告，2006 |

续表

| 序号 | 目 | 科 | 中文种名 | 拉丁种名 | 最新发现时间/年份 | 数量状况 | 数据来源 |
|---|---|---|---|---|---|---|---|
| 243 | 雀形目 | 鸦雀科 | 棕头鸦雀 | *Paradoxornis webbianus* | 2013 | +++ | 大巴山地区的鸟类区系调查研究，1962；四川资源动物志-鸟类，1985；四川省大巴山、米仓山鸟类调查报告，1986；四川鸟类原色图鉴，1993；原科考报告，2006；野外考察见到，2013 |
| 244 | 雀形目 | 扇尾莺科 | 棕扇尾莺 | *Cisticola juncidis* | 2006 | ++ | 原科考报告，2006 |
| 245 | 雀形目 | 扇尾莺科 | 山鹪莺 | *Prinia crinigera* | 2006 | ++ | 大巴山地区的鸟类区系调查研究，1962；四川省大巴山、米仓山鸟类调查报告，1986；原科考报告，2006 |
| 246 | 雀形目 | 莺科 | 短翅树莺 | *Cettia diphone* | 2006 | ++ | 大巴山地区的鸟类区系调查研究，1962；四川省大巴山、米仓山鸟类调查报告，1986；四川鸟类原色图鉴，1993；原科考报告，2006 |
| 247 | 雀形目 | 莺科 | 强脚树莺 | *Cettia fortipes* | 2014 | +++ | 大巴山地区的鸟类区系调查研究，1962；四川资源动物志-鸟类，1985；四川省大巴山、米仓山鸟类调查报告，1986；四川鸟类原色图鉴，1993；原科考报告，2006；野外考察见到，2014 |
| 248 | 雀形目 | 莺科 | 异色树莺 | *Cettia flavolivacea* | 2006 | + | 大巴山地区的鸟类区系调查研究，1962；四川省大巴山、米仓山鸟类调查报告，1986；四川鸟类原色图鉴，1993；原科考报告，2006 |
| 249 | 雀形目 | 莺科 | 黄腹树莺 | *Cettia acanthizoides* | 2014 | ++ | 大巴山地区的鸟类区系调查研究，1962；四川省大巴山、米仓山鸟类调查报告，1986；野外考察见到，2014 |
| 250 | 雀形目 | 莺科 | 棕顶树莺 | *Cettia brunnifrons* | 2006 | ++ | 四川鸟类原色图鉴，1993；原科考报告，2006 |
| 251 | 雀形目 | 莺科 | 斑胸短翅莺 | *Bradypterus thoracicus* | 2006 | + | 大巴山地区的鸟类区系调查研究，1962；四川省大巴山、米仓山鸟类调查报告，1986；四川鸟类原色图鉴，1993；原科考报告，2006 |
| 252 | 雀形目 | 莺科 | 棕褐短翅莺 | *Bradypterus luteoventris* | 2006 | + | 四川省大巴山、米仓山鸟类调查报告，1986；四川鸟类原色图鉴，1993；原科考报告，2006 |
| 253 | 雀形目 | 莺科 | 噪苇莺 | *Acrocephalus stentoreus* | 1993 | ++ | 四川鸟类原色图鉴，1993 |
| 254 | 雀形目 | 莺科 | 褐柳莺 | *Phylloscopus fuscatus* | 2006 | +++ | 四川省大巴山、米仓山鸟类调查报告，1986；四川鸟类原色图鉴，1993；原科考报告，2006 |
| 255 | 雀形目 | 莺科 | 黄腹柳莺 | *Phylloscopus affinis* | 2012 | +++ | 原科考报告，2006；野外考察见到，2012 |
| 256 | 雀形目 | 莺科 | 棕腹柳莺 | *Phylloscopus subaffinis* | 2012 | ++++ | 大巴山地区的鸟类区系调查研究，1962；四川资源动物志-鸟类，1985；四川省大巴山、米仓山鸟类调查报告，1986；四川鸟类原色图鉴，1993；原科考报告，2006；野外考察见到，2012 |
| 257 | 雀形目 | 莺科 | 棕眉柳莺 | *Phylloscopus armandii* | 2006 | ++ | 四川省大巴山、米仓山鸟类调查报告，1986；四川鸟类原色图鉴，1993；原科考报告，2006 |
| 258 | 雀形目 | 莺科 | 橙斑翅柳莺 | *Phylloscopus pulcher* | 2006 | ++ | 大巴山地区的鸟类区系调查研究，1962；四川省大巴山、米仓山鸟类调查报告，1986；四川鸟类原色图鉴，1993；原科考报告，2006 |
| 259 | 雀形目 | 莺科 | 黄腰柳莺 | *Phylloscopus proregulus* | 2006 | +++ | 原科考报告，2006 |
| 260 | 雀形目 | 莺科 | 黄眉柳莺 | *Phylloscopus inornatus* | 2014 | ++ | 大巴山地区的鸟类区系调查研究，1962；四川省大巴山、米仓山鸟类调查报告，1986；原科考报告，2006；野外考察见到，2014 |
| 261 | 雀形目 | 莺科 | 暗绿柳莺 | *Phylloscopus trochiloides* | 2006 | ++ | 大巴山地区的鸟类区系调查研究，1962；四川资源动物志-鸟类，1985；四川省大巴山、米仓山鸟类调查报告，1986；四川鸟类原色图鉴，1993；原科考报告，2006 |
| 262 | 雀形目 | 莺科 | 乌嘴柳莺 | *Phylloscopus magnirostris* | 2012 | ++ | 大巴山地区的鸟类区系调查研究，1962；四川省大巴山、米仓山鸟类调查报告，1986；野外考察见到，2012 |
| 263 | 雀形目 | 莺科 | 冕柳莺 | *Phylloscopus coronatus* | 1986 | + | 大巴山地区的鸟类区系调查研究，1962；四川省大巴山、米仓山鸟类调查报告，1986 |
| 264 | 雀形目 | 莺科 | 冠纹柳莺 | *Phylloscopus reguloides* | 2014 | ++ | 大巴山地区的鸟类区系调查研究，1962；四川资源动物志-鸟类，1985；四川省大巴山、米仓山鸟类调查报告，1986；四川鸟类原色图鉴，1993；原科考报告，2006；野外考察见到，2014 |

| 序号 | 目 | 科 | 中文种名 | 拉丁种名 | 最新发现时间/年份 | 数量状况 | 数据来源 |
|---|---|---|---|---|---|---|---|
| 265 | 雀形目 | 莺科 | 黄胸柳莺 | *Phylloscopus cantator* | 1986 | + | 四川省大巴山、米仓山鸟类调查报告，1986 |
| 266 | 雀形目 | 莺科 | 金眶鹟莺 | *Seicercus burkii* | 2014 | ++ | 大巴山地区的鸟类区系调查研究，1962；四川资源动物志-鸟类，1985；四川省大巴山、米仓山鸟类调查报告，1986；四川鸟类原色图鉴，1993；原科考报告，2006；野外考察见到，2014 |
| 267 | 雀形目 | 莺科 | 棕脸鹟莺 | *Abroscopus albogularis* | 2006 | +++ | 四川省大巴山、米仓山鸟类调查报告，1986；原科考报告，2006 |
| 268 | 雀形目 | 绣眼鸟科 | 红胁绣眼鸟 | *Zosterops erythropleurus* | 2006 | ++ | 原科考报告，2006 |
| 269 | 雀形目 | 绣眼鸟科 | 暗绿绣眼鸟 | *Zosterops japonicus* | 2014 | +++ | 大巴山地区的鸟类区系调查研究，1962；四川资源动物志-鸟类，1985；四川省大巴山、米仓山鸟类调查报告，1986；四川鸟类原色图鉴，1993；原科考报告，2006；野外考察见到，2014 |
| 270 | 雀形目 | 长尾山雀科 | 红头长尾山雀 | *Aegithalos concinnus* | 2013 | ++++ | 大巴山地区的鸟类区系调查研究，1962；四川资源动物志-鸟类，1985；四川省大巴山、米仓山鸟类调查报告，1986；四川鸟类原色图鉴，1993；原科考报告，2006；野外考察见到，2013 |
| 271 | 雀形目 | 长尾山雀科 | 银脸长尾山雀 | *Aegithalos fuliginosus* | 2006 | ++ | 大巴山地区的鸟类区系调查研究，1962；四川省大巴山、米仓山鸟类调查报告，1986；四川鸟类原色图鉴，1993；原科考报告，2006 |
| 272 | 雀形目 | 山雀科 | 煤山雀 | *Parus ater* | 2006 | ++ | 大巴山地区的鸟类区系调查研究，1962；四川省大巴山、米仓山鸟类调查报告，1986；四川鸟类原色图鉴，1993；原科考报告，2006 |
| 273 | 雀形目 | 山雀科 | 黑冠山雀 | *Parus rubidiventris* | 1986 | ++ | 四川省大巴山、米仓山鸟类调查报告，1986 |
| 274 | 雀形目 | 山雀科 | 黄腹山雀 | *Parus venustulus* | 2013 | +++ | 四川资源动物志-鸟类，1985；四川省大巴山、米仓山鸟类调查报告，1986；四川鸟类原色图鉴，1993；原科考报告，2006；野外考察见到，2013 |
| 275 | 雀形目 | 山雀科 | 大山雀 | *Parus major* | 2013 | ++++ | 大巴山地区的鸟类区系调查研究，1962；四川资源动物志-鸟类，1985；四川省大巴山、米仓山鸟类调查报告，1986；原科考报告，2006；野外考察见到，2013 |
| 276 | 雀形目 | 山雀科 | 绿背山雀 | *Parus monticolus* | 2013 | ++++ | 大巴山地区的鸟类区系调查研究，1962；四川资源动物志-鸟类，1985；四川省大巴山、米仓山鸟类调查报告，1986；四川鸟类原色图鉴，1993；野外考察见到，2013 |
| 277 | 雀形目 | 鳾科 | 普通鳾 | *Sitta europaea* | 2006 | ++ | 四川资源动物志-鸟类，1985；四川省大巴山、米仓山鸟类调查报告，1986；四川鸟类原色图鉴，1993；原科考报告，2006 |
| 278 | 雀形目 | 旋壁雀科 | 红翅旋壁雀 | *Tichodroma muraria* | 2014 | ++ | 原科考报告，2006；野外考察见到，2014 |
| 279 | 雀形目 | 啄花鸟科 | 红胸啄花鸟 | *Dicaeum ignipectus* | 1993 | + | 四川资源动物志-鸟类，1985；四川省大巴山、米仓山鸟类调查报告，1986；四川鸟类原色图鉴，1993 |
| 280 | 雀形目 | 花蜜鸟科 | 蓝喉太阳鸟 | *Aethopyga gouldiae* | 2012 | + | 大巴山地区的鸟类区系调查研究，1962；四川资源动物志-鸟类，1985；四川省大巴山、米仓山鸟类调查报告，1986；四川鸟类原色图鉴，1993；原科考报告，2006；野外考察见到，2012 |
| 281 | 雀形目 | 雀科 | 山麻雀 | *Passer rutilans* | 2013 | ++++ | 大巴山地区的鸟类区系调查研究，1962；四川资源动物志-鸟类，1985；四川省大巴山、米仓山鸟类调查报告，1986；四川鸟类原色图鉴，1993；原科考报告，2006；野外考察见到，2013 |
| 282 | 雀形目 | 雀科 | 麻雀 | *Passer montanus* | 2014 | +++ | 大巴山地区的鸟类区系调查研究，1962；四川资源动物志-鸟类，1985；四川省大巴山、米仓山鸟类调查报告，1986；原科考报告，2006；野外考察见到，2014 |
| 283 | 雀形目 | 梅花雀科 | 白腰文鸟 | *Lonchura striata* | 2014 | ++++ | 大巴山地区的鸟类区系调查研究，1962；四川资源动物志-鸟类，1985；四川省大巴山、米仓山鸟类调查报告，1986；四川鸟类原色图鉴，1993；原科考报告，2006；野外考察见到，2014 |

| 序号 | 目 | 科 | 中文种名 | 拉丁种名 | 最新发现时间/年份 | 数量状况 | 数据来源 |
|---|---|---|---|---|---|---|---|
| 284 | 雀形目 | 燕雀科 | 燕雀 | *Fringilla montifringilla* | 2013 | ++++ | 野外考察见到，2013 |
| 285 | 雀形目 | 燕雀科 | 普通朱雀 | *Carpodacus erythrinus* | 2006 | ++ | 四川资源动物志-鸟类，1985；四川省大巴山、米仓山鸟类调查报告，1986；四川鸟类原色图鉴，1993；原科考报告，2006 |
| 286 | 雀形目 | 燕雀科 | 酒红朱雀 | *Carpodacus vinaceus* | 2014 | ++ | 四川省大巴山、米仓山鸟类调查报告，1986；野外考察见到，2014 |
| 287 | 雀形目 | 燕雀科 | 金翅雀 | *Carduelis sinica* | 2014 | ++++ | 大巴山地区的鸟类区系调查研究，1962；四川资源动物志-鸟类，1985；四川省大巴山、米仓山鸟类调查报告，1986；四川鸟类原色图鉴，1993；原科考报告，2006；野外考察见到，2014 |
| 288 | 雀形目 | 燕雀科 | 灰头灰雀 | *Pyrrhula erythaca* | 2012 | ++ | 原科考报告，2006；野外考察见到，2012 |
| 289 | 雀形目 | 燕雀科 | 黑头蜡嘴雀 | *Eophona personata* | 2014 | ++ | 原科考报告，2006；野外考察见到，2012；访问保护区管理人员，2014 |
| 290 | 雀形目 | 鹀科 | 凤头鹀 | *Melophus lathami* | 1993 | ++ | 四川资源动物志-鸟类，1985；四川鸟类原色图鉴，1993 |
| 291 | 雀形目 | 鹀科 | 蓝鹀 | *Latoucheornis siemsseni* | 2006 | + | 大巴山地区的鸟类区系调查研究，1962；四川资源动物志-鸟类，1985；四川省大巴山、米仓山鸟类调查报告，1986；四川鸟类原色图鉴，1993；原科考报告，2006 |
| 292 | 雀形目 | 鹀科 | 灰眉岩鹀 | *Emberiza godlewskii* | 2014 | +++ | 野外考察见到，2012；访问保护区管理人员，2014 |
| 293 | 雀形目 | 鹀科 | 三道眉草鹀 | *Emberiza cioides* | 2014 | ++++ | 大巴山地区的鸟类区系调查研究，1962；四川资源动物志-鸟类，1985；四川省大巴山、米仓山鸟类调查报告，1986；四川鸟类原色图鉴，1993；原科考报告，2006；野外考察见到，2014 |
| 294 | 雀形目 | 鹀科 | 栗耳鹀 | *Emberiza fucata* | 2014 | +++ | 大巴山地区的鸟类区系调查研究，1962；四川省大巴山、米仓山鸟类调查报告，1986；野外考察见到，2014 |
| 295 | 雀形目 | 鹀科 | 小鹀 | *Emberizapusilla* | 2014 | ++++ | 四川资源动物志-鸟类，1985；四川省大巴山、米仓山鸟类调查报告，1986；原科考报告，2006；野外考察见到，2014 |
| 296 | 雀形目 | 鹀科 | 黄喉鹀 | *Emberiza elegans* | 2013 | ++++ | 大巴山地区的鸟类区系调查研究，1962；四川资源动物志-鸟类，1985；四川省大巴山、米仓山鸟类调查报告，1986；四川鸟类原色图鉴，1993；原科考报告，2006；野外考察见到，2013 |
| 297 | 雀形目 | 鹀科 | 灰头鹀 | *Emberiza spodocephala* | 2006 | ++ | 大巴山地区的鸟类区系调查研究，1962；原科考报告，2006 |
| 298 | 龟鳖目 | 鳖科 | 中华鳖 | *Pelodiscus sinensis* | 2006 | + | 原科考报告，2006 |
| 299 | 龟鳖目 | 地龟科（龟科） | 乌龟 | *Mauremys reevesii* | 2006 | + | 四川资源动物志，1982；原科考报告，2006 |
| 300 | 有鳞目 | 壁虎科 | 蹼趾壁虎 | *Gekko subpalmatus* | 2014 | ++ | 原科考报告，2006；野外调查见到，2014 |
| 301 | 有鳞目 | 鬣蜥科 | 米仓山攀蜥（米仓山龙蜥） | *Japalura micangshanensis* | 2006 | ++ | 原科考报告，2006 |
| 302 | 有鳞目 | 鬣蜥科 | 丽纹攀蜥（丽纹龙蜥） | *Japalura splendida* | 2006 | ++ | 原科考报告，2006 |
| 303 | 有鳞目 | 蜥蜴科 | 峨眉草蜥（峨眉地蜥） | *Takydromus intermedius* | 2012 | ++ | 野外调查，2012 |
| 304 | 有鳞目 | 蜥蜴科 | 北草蜥 | *Takydromus septentrionalis* | 2014 | ++ | 四川资源动物志，1982；四川爬行类原色图鉴，2003；原科考报告，2006；野外调查见到，2014 |
| 305 | 有鳞目 | 石龙子科 | 黄纹石龙子 | *Plestiodon capito* | 2006 | + | 四川资源动物志，1982；四川爬行类原色图鉴，2003；原科考报告，2006 |
| 306 | 有鳞目 | 石龙子科 | 蓝尾石龙子 | *Plestiodon elegans* | 2006 | + | 四川资源动物志，1982；四川爬行类原色图鉴，2003；原科考报告，2006 |
| 307 | 有鳞目 | 石龙子科 | 铜蜓蜥 | *Sphenomorphus indicus* | 2014 | +++ | 四川爬行类原色图鉴，2003；原科考报告，2006；野外调查见到，2014 |
| 308 | 有鳞目 | 闪皮蛇科 | 黑脊蛇 | *Achalinus spinalis* | 2006 | ++ | 四川爬行类原色图鉴，2003；原科考报告，2006 |
| 309 | 有鳞目 | 游蛇科 | 锈链腹链蛇 | *Amphiesma craspedogaster* | 2006 | ++ | 四川爬行类原色图鉴，2003；原科考报告，2006 |
| 310 | 有鳞目 | 游蛇科 | 翠青蛇 | *Cyclophiops major* | 2014 | +++ | 四川资源动物志，1982；四川爬行类原色图鉴，2003；原科考报告，2006；野外调查见到，2014 |

续表

| 序号 | 目 | 科 | 中文种名 | 拉丁种名 | 最新发现时间/年份 | 数量状况 | 数据来源 |
|---|---|---|---|---|---|---|---|
| 311 | 有鳞目 | 游蛇科 | 赤链蛇 | *Lycodon rufozonatum* | 2014 | +++ | 四川资源动物志，1982；四川爬行类原色图鉴，2003；原科考报告，2006；野外调查见到，2014 |
| 312 | 有鳞目 | 游蛇科 | 王锦蛇 | *Elaphe carinata* | 2014 | +++ | 四川爬行类原色图鉴，2003；原科考报告，2006；野外调查见到，2014 |
| 313 | 有鳞目 | 游蛇科 | 玉斑蛇（玉斑锦蛇） | *Euprepiophis mandarinus* | 2012 | ++ | 原科考报告，2006；野外调查见到，2012 |
| 314 | 有鳞目 | 游蛇科 | 紫灰蛇（紫灰锦蛇） | *Oreocryptophis porphyraceus* | 2006 | +++ | 原科考报告，2006 |
| 315 | 有鳞目 | 游蛇科 | 灰腹绿蛇（灰腹绿锦蛇） | *Rhadinophis frenatus* | 2012 | ++ | 野外调查见到，2012 |
| 316 | 有鳞目 | 游蛇科 | 黑眉晨蛇（黑眉锦蛇） | *Orthriophis taeniurus* | 2014 | +++ | 四川资源动物志，1982；四川爬行类原色图鉴，2003；原科考报告，2006；野外调查见到，2014 |
| 317 | 有鳞目 | 游蛇科 | 黑背链蛇（黑背白环蛇） | *Lycodon ruhstrati* | 2006 | +++ | 原科考报告，2006 |
| 318 | 有鳞目 | 游蛇科 | 大眼斜鳞蛇 | *Pseudoxenodon macrops* | 2014 | ++ | 四川爬行类原色图鉴，2003；原科考报告，2006；野外调查见到，2014 |
| 319 | 有鳞目 | 游蛇科 | 颈槽蛇 | *Rhabdophis nuchalis* | 2006 | ++ | 四川爬行类原色图鉴，2003；原科考报告，2006 |
| 320 | 有鳞目 | 游蛇科 | 虎斑颈槽蛇 | *Rhabdophis tigrinus* | 2014 | +++ | 四川爬行类原色图鉴，2003；原科考报告，2006；野外调查见到，2014 |
| 321 | 有鳞目 | 游蛇科 | 黑头剑蛇 | *Sibynophis chinensis* | 2006 | ++ | 四川爬行类原色图鉴，2003；原科考报告，2006 |
| 322 | 有鳞目 | 游蛇科 | 乌华游蛇 | *Sinonatrix percarinata* | 2014 | +++ | 四川爬行类原色图鉴，2003；原科考报告，2006；野外调查见到，2014 |
| 323 | 有鳞目 | 游蛇科 | 乌梢蛇 | *Ptyas dhumnades* | 2014 | +++ | 四川爬行类原色图鉴，2003；原科考报告，2006；野外调查见到，2014 |
| 324 | 有鳞目 | 蝰科 | 短尾蝮 | *Gloydius brevicaudus* | 2013 | +++ | 四川爬行类原色图鉴，2003；原科考报告，2006；野外调查见到，2013 |
| 325 | 有鳞目 | 蝰科 | 菜花原矛头蝮 | *Protobothrops jerdonii* | 2014 | +++ | 四川爬行类原色图鉴，2003；原科考报告，2006；野外调查见到，2013 |
| 326 | 有鳞目 | 蝰科 | 原矛头蝮 | *Protobothrops mucrosquamatus* | 2013 | +++ | 四川爬行类原色图鉴，2003；原科考报告，2006；野外调查见到，2013 |
| 327 | 有鳞目 | 蝰科 | 福建绿蝮（福建竹叶青蛇） | *Viridovipera stejnegeri* | 2006 | + | 原科考报告，2006 |
| 328 | 有尾目 | 小鲵科 | 秦巴巴鲵 | *Liua tsinpaensis* | 2014 | ++ | 秦岭及大巴山地区两栖爬行动物调查，1966；原科考报告，2006；中央电视台国际频道栏目《走遍中国》，2014 |
| 329 | 有尾目 | 小鲵科 | 巫山巴鲵 | *Liua shihi* | 2012 | ++ | 四川资源动物志-两栖类，1982；四川两栖类原色图鉴，2001；中国两栖动物及其分布彩色图鉴，2012 |
| 330 | 有尾目 | 隐鳃鲵科 | 大鲵 | *Andrias davidianus* | 2006 | + | 原科考报告，2006 |
| 331 | 无尾目 | 角蟾科 | 南江角蟾 | *Megophrys nankiangensis* | 2006 | ++ | 原科考报告，2006 |
| 332 | 无尾目 | 角蟾科 | 巫山角蟾 | *Megophrys wushanensis* | 2006 | + | 原科考报告，2006 |
| 333 | 无尾目 | 蟾蜍科 | 中华蟾蜍华西亚种 | *Bufo gargarizans andrewsi* | 2012 | ++ | 秦岭及大巴山地区两栖爬行动物调查，1966；四川两栖类原色图鉴，2001；原科考报告，2006；野外考察，2012 |
| 334 | 无尾目 | 蟾蜍科 | 中华蟾蜍指名亚种 | *Bufo gargarizans gargarizans* | 2012 | ++ | 秦岭及大巴山地区两栖爬行动物调查，1966；四川两栖类原色图鉴，2001；原科考报告，2006；野外考察，2012 |
| 335 | 无尾目 | 雨蛙科 | 秦岭雨蛙 | *Hyla tsinlingensis* | 2014 | ++ | 四川两栖类原色图鉴，2001；原科考报告，2006；野外考察，2014 |
| 336 | 无尾目 | 蛙科 | 峨眉林蛙 | *Rana omeimontis* | 2012 | + | 原科考报告，2006；野外考察，2012 |
| 337 | 无尾目 | 蛙科 | 中国林蛙 | *Rana chensinensis* | 2014 | + | 秦岭及大巴山地区两栖爬行动物调查，1966；四川资源动物志-两栖类，1982；四川两栖类原色图鉴，2001；原科考报告，2006；野外考察，2014 |
| 338 | 无尾目 | 蛙科 | 高原林蛙 | *Rana kukunoris* | 2013 | ++ | 野外考察，2013 |
| 339 | 无尾目 | 蛙科 | 黑斑侧褶蛙 | *Pelophylax nigromaculatus* | 2014 | ++ | 秦岭及大巴山地区两栖爬行动物调查，1966；四川两栖类原色图鉴，2001；原科考报告，2006；野外考察，2014 |

| 序号 | 目 | 科 | 中文种名 | 拉丁种名 | 最新发现时间/年份 | 数量状况 | 数据来源 |
|---|---|---|---|---|---|---|---|
| 340 | 无尾目 | 蛙科 | 弹琴蛙 | *Nidirana adenopleura* | 2006 | ++ | 原科考报告，2006 |
| 341 | 无尾目 | 蛙科 | 仙琴蛙 | *Nidirana daunchina* | 2006 | ++ | 原科考报告，2006 |
| 342 | 无尾目 | 蛙科 | 沼蛙 | *Boulengerana guentheri* | 2014 | ++ | 原科考报告，2006；野外考察，2014 |
| 343 | 无尾目 | 蛙科 | 绿臭蛙 | *Odorrana margaretae* | 2013 | ++ | 原科考报告，2006；野外考察，2013 |
| 344 | 无尾目 | 蛙科 | 光雾臭蛙 | *Odorrana kuangwuensis* | 2013 | ++ | 野外考察，2013 |
| 345 | 无尾目 | 蛙科 | 花臭蛙 | *Odorrana schmackeri* | 2013 | ++ | 秦岭及大巴山地区两栖爬行动物调查，1966；四川资源动物志-两栖类，1982；四川两栖类原色图鉴，2001；原科考报告，2006；野外考察，2013 |
| 346 | 无尾目 | 蛙科 | 崇安湍蛙 | *Amolops chunganensis* | 2014 | ++ | 四川资源动物志-两栖类，1982；原科考报告，2006；野外考察，2014 |
| 347 | 无尾目 | 蛙科 | 棘皮湍蛙 | *Amolops granulosus* | 2012 | + | 四川资源动物志-两栖类，1982；四川两栖类原色图鉴，2001；原科考报告，2006；中国两栖动物及其分布彩色图鉴，2012 |
| 348 | 无尾目 | 叉舌蛙科 | 泽陆蛙 | *Fejervarya multistriata* | 2014 | + | 秦岭及大巴山地区两栖爬行动物调查，1966；四川两栖类原色图鉴，2001；原科考报告，2006；；野外考察，2014 |
| 349 | 无尾目 | 叉舌蛙科 | 棘腹蛙 | *Quasipaa boulengeri* | 2013 | + | 四川两栖类原色图鉴，2001；原科考报告，2006；野外考察，2013 |
| 350 | 无尾目 | 叉舌蛙科 | 隆肛蛙 | *Feirana quadranus* | 2014 | + | 秦岭及大巴山地区两栖爬行动物调查，1966；四川资源动物志-两栖类，1982；四川两栖类原色图鉴，2001；原科考报告，2006；中国两栖动物及其分布彩色图鉴，2012；野外考察，2014 |
| 351 | 无尾目 | 树蛙科 | 斑腿泛树蛙 | *Polypedates megacephalus* | 2014 | ++ | 原科考报告，2006；野外考察，2014 |
| 352 | 无尾目 | 树蛙科 | 经甫树蛙 | *Rhacophorus chenfui* | 2014 | | 野外考察，2014 |
| 353 | 无尾目 | 姬蛙科 | 合征姬蛙 | *Microhyla mixtura* | 2014 | ++ | 秦岭及大巴山地区两栖爬行动物调查，1966；四川资源动物志-两栖类，1982；四川两栖类原色图鉴，2001；原科考报告，2006；中国两栖动物及其分布彩色图鉴，2012；野外考察，2014 |
| 354 | 无尾目 | 姬蛙科 | 饰纹姬蛙 | *Microhyla ornata* | 2014 | ++ | 秦岭及大巴山地区两栖爬行动物调查，1966；四川两栖类原色图鉴，2001；原科考报告，2006；野外考察，2014 |
| 355 | 鲤形目 | 条鳅科 | 红尾荷马条鳅 | *Homatula variegata* | 2014 | +++ | 标本；原科考报告，2006 |
| 356 | 鲤形目 | 条鳅科 | 勃氏高原鳅 | *Triplophysa bleekeri* | 2014 | ++ | 标本；原科考报告，2006 |
| 357 | 鲤形目 | 沙鳅科 | 中华华沙鳅 | *Sinibotia superciliaris* | 2014 | ++ | 标本；原科考报告，2006 |
| 358 | 鲤形目 | 沙鳅科 | 宽体华沙鳅 | *Sinibotia reevesae* | 2014 | ++ | 标本；原科考报告，2006 |
| 359 | 鲤形目 | 沙鳅科 | 花斑副沙鳅 | *Parabotia fasciata* | 2014 | ++ | 标本；原科考报告，2006 |
| 360 | 鲤形目 | 沙鳅科 | 扁尾薄鳅 | *Leptobotia tientaiensis* | 2010 | + | 照片 |
| 361 | 鲤形目 | 花鳅科 | 中华花鳅 | *Cobitis sinensis* | 2006 | + | 原科考报告，2006 |
| 362 | 鲤形目 | 花鳅科 | 泥鳅 | *Misgurnus anguillicaudatus* | 2014 | + | 标本 |
| 363 | 鲤形目 | 鲤科 | 宽鳍鱲 | *Zacco platypus* | 2014 | ++++ | 标本；原科考报告，2006 |
| 364 | 鲤形目 | 鲤科 | 马口鱼 | *Opsariichthys bidens* | 2014 | ++ | 标本；原科考报告，2006 |
| 365 | 鲤形目 | 鲤科 | 拉氏鱥 | *Rhynchocypris lagowskii* | 2014 | ++ | 标本；原科考报告，2006 |
| 366 | 鲤形目 | 鲤科 | 草鱼 | *Ctenopharyngodon idella* | 2014 | ++ | 标本；原科考报告，2006 |
| 367 | 鲤形目 | 鲤科 | 伍氏华鳊 | *Sinibrama wui* | 2014 | ++ | 标本；原科考报告，2006 |
| 368 | 鲤形目 | 鲤科 | 鳘 | *Hemiculter leucsculus* | 2014 | +++ | 标本；原科考报告，2006 |
| 369 | 鲤形目 | 鲤科 | 张氏鳘 | *Hemiculter tchangi* | 2014 | +++ | 标本；原科考报告，2006 |
| 370 | 鲤形目 | 鲤科 | 厚颌鲂 | *Megalobrama pellegrini* | 2006 | + | 原科考报告，2006 |
| 371 | 鲤形目 | 鲤科 | 唇䱻 | *Hemibarbus labeo* | 2014 | ++ | 标本；原科考报告，2006 |
| 372 | 鲤形目 | 鲤科 | 花䱻 | *Hemibarbus maculatus* | 2013 | ++ | 标本；原科考报告，2006 |
| 373 | 鲤形目 | 鲤科 | 麦穗鱼 | *Pseudorasbora parva* | 2014 | +++ | 标本；原科考报告，2006 |
| 374 | 鲤形目 | 鲤科 | 华鳈 | *Sarcocheilichthys sinensis* | 2014 | ++ | 标本；原科考报告，2006 |

续表

| 序号 | 目 | 科 | 中文种名 | 拉丁种名 | 最新发现时间/年份 | 数量状况 | 数据来源 |
|---|---|---|---|---|---|---|---|
| 375 | 鲤形目 | 鲤科 | 嘉陵颌须鮈 | *Gnathopogon herzensteini* | 2014 | ++ | 标本；原科考报告，2006 |
| 376 | 鲤形目 | 鲤科 | 银鮈 | *Squalidus argentatus* | 2014 | ++ | 标本；原科考报告，2006 |
| 377 | 鲤形目 | 鲤科 | 吻鮈 | *Rhinogobio typus* | 2014 | ++ | 标本；原科考报告，2006 |
| 378 | 鲤形目 | 鲤科 | 乐山小鳔鮈 | *Microphysogobio kiatingensis* | 2006 | + | 原科考报告，2006 |
| 379 | 鲤形目 | 鲤科 | 似鮈 | *Pseudogobio vaillanti* | 2006 | + | 原科考报告，2006 |
| 380 | 鲤形目 | 鲤科 | 蛇鮈 | *Saurogobio dabryi* | 2014 | ++ | 标本；原科考报告，2006 |
| 381 | 鲤形目 | 鲤科 | 南方鳅鮀 | *Gobiobotia meridionalis* | 2006 | + | 原科考报告，2006 |
| 382 | 鲤形目 | 鲤科 | 云南光唇鱼 | *Acrossocheilus yunnanensis* | 2014 | ++ | 标本；原科考报告，2006 |
| 383 | 鲤形目 | 鲤科 | 宽口光唇鱼 | *Acrossocheilus monticola* | 2014 | ++ | 原科考报告，2006 |
| 384 | 鲟形目 | 鲤科 | 多鳞白甲鱼 | *Onychostoma macrolepis* | 2014 | +++ | 标本；原科考报告，2006 |
| 385 | 鲤形目 | 鲤科 | 华孟加拉鲮 | *Bangana rendahli* | 2006 | + | 原科考报告，2006 |
| 386 | 鲤形目 | 鲤科 | 齐口裂腹鱼 | *Schizothorax prenanti* | 2014 | ++ | 标本；原科考报告，2006 |
| 387 | 鲤形目 | 鲤科 | 中华裂腹鱼 | *Schizothorax sinensis* | 2006 | + | 原科考报告，2006 |
| 388 | 鲤形目 | 鲤科 | 异唇裂腹鱼 | *Schizothorax heterochilus* | 2006 | + | 原科考报告，2006 |
| 389 | 鲤形目 | 鲤科 | 重口裂腹鱼 | *Schizothorax davidi* | 2006 | + | 原科考报告，2006 |
| 390 | 鲤形目 | 鲤科 | 岩原鲤 | *Procypris rabaudi* | 2006 | + | 原科考报告，2006 |
| 391 | 鲤形目 | 鲤科 | 鲤 | *Cyprinus carpio* | 2014 | ++ | 标本；原科考报告，2006 |
| 392 | 鲤形目 | 鲤科 | 鲫 | *Carassius auratus* | 2014 | +++ | 标本；原科考报告，2006 |
| 393 | 鲤形目 | 爬鳅科 | 犁头鳅 | *Lepturichthys fimbriata* | 2014 | ++ | 标本；原科考报告，2006 |
| 394 | 鲤形目 | 爬鳅科 | 中华金沙鳅 | *Jinshaia sinensis* | 2006 | + | 原科考报告，2006 |
| 395 | 鲤形目 | 爬鳅科 | 四川华吸鳅 | *Sinogastromyzon szechuanensis* | 2014 | ++ | 标本；原科考报告，2006 |
| 396 | 鲤形目 | 爬鳅科 | 西昌华吸鳅 | *Sinogastromyzon sichangensis* | 2014 | ++ | 标本；原科考报告，2006 |
| 397 | 鲤形目 | 爬鳅科 | 峨眉后平鳅 | *Metahomaloptera omeiensis* | 2014 | +++ | 标本；原科考报告，2006 |
| 398 | 鲇形目 | 鲿科 | 瓦氏拟鲿 | *Pseudobagrus vachellii* | 2014 | ++ | 标本；原科考报告，2006 |
| 399 | 鲇形目 | 鲿科 | 粗唇拟鲿 | *Pseudobagrus crassilabris* | 2013 | ++ | 标本；原科考报告，2006 |
| 400 | 鲇形目 | 鲿科 | 叉尾拟鲿 | *Pelteobagrus eupogon* | 2013 | ++ | 标本；原科考报告，2006 |
| 401 | 鲇形目 | 鲿科 | 乌苏拟鲿 | *Pelteobagrus ussuriensis* | 2014 | ++ | 标本；原科考报告，2006 |
| 402 | 鲇形目 | 鲿科 | 凹尾拟鲿 | *Pseudobagrus emarginatus* | 2006 | + | 原科考报告 2006 |
| 403 | 鲇形目 | 鲿科 | 细体拟鲿 | *Pseudobagrus pratti* | 2006 | + | 原科考报告 2006 |
| 404 | 鲇形目 | 鲿科 | 大鳍鳠 | *Hemibagrus macropterus* | 2014 | ++ | 标本；原科考报告，2006 |
| 405 | 鲇形目 | 鲇科 | 鲇 | *Silurus asotus* | 2014 | ++ | 标本；原科考报告，2006 |
| 406 | 鲇形目 | 鲇科 | 大口鲇 | *Silurus meridionalis* | 2014 | ++ | 标本；原科考报告，2006 |
| 407 | 鲇形目 | 钝头鮠科 | 拟缘鱼央 | *Liobagrus marginatoides* | 2006 | + | 原科考报告 2006 |
| 408 | 鲇形目 | 鮡科 | 福建纹胸鮡 | *Glyptothorax fokiensis* | 2014 | ++ | 标本；原科考报告，2006 |
| 409 | 合鳃鱼目 | 合鳃鱼科 | 鳝鱼 | *Monopterus albus* | 2014 | + | 标本；原科考报告，2006 |
| 410 | 鲈形目 | 真鲈科 | 大眼鳜 | *Siniperca kneri* | 2014 | ++ | 标本；原科考报告，2006 |
| 411 | 鲈形目 | 真鲈科 | 斑鳜 | *Siniperca scherzeri* | 2014 | ++ | 标本；原科考报告，2006 |
| 412 | 鲈形目 | 沙塘鳢科 | 小黄黝鱼 | *Micropercops swinhonis* | 2014 | ++ | 标本；原科考报告，2006 |
| 413 | 鲈形目 | 虾虎鱼科 | 波氏吻虾虎鱼 | *Rhinogobius cliffordpopei* | 2014 | ++ | 标本；原科考报告，2006 |
| 414 | 鲈形目 | 虾虎鱼科 | 子陵吻虾虎鱼 | *Rhinogobius giurinus* | 2014 | ++ | 标本；原科考报告，2006 |

注：“++++”为广布种，“+++”为优势种，“++”为常见种，“+”为少见种

# 附　图　1

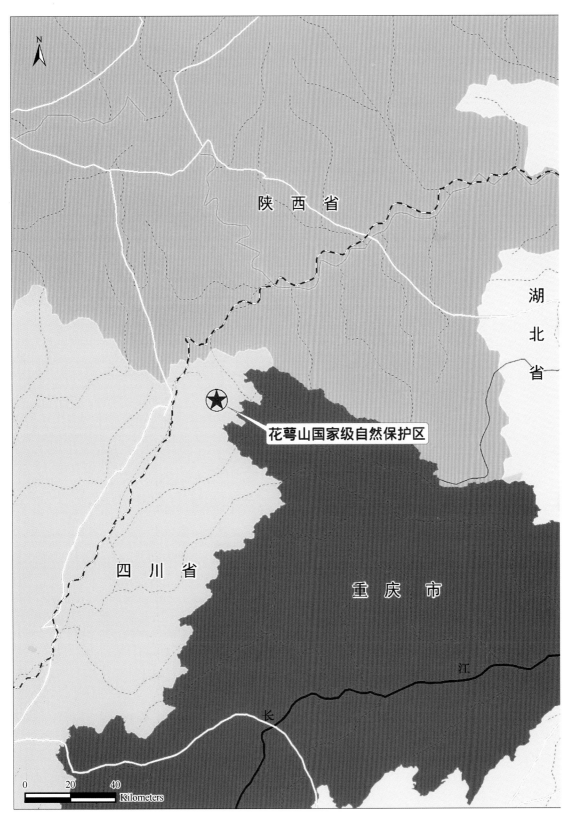

陕西省

湖北省

花萼山国家级自然保护区

四川省

重庆市

江

长

0　20　40
Kilometers

四川花萼山国家级自然保护区位置图

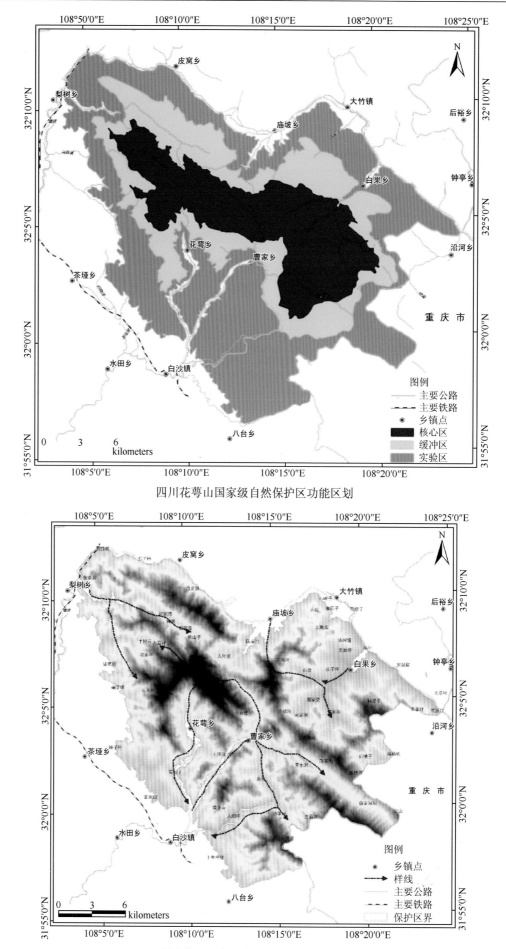

四川花萼山国家级自然保护区功能区划

四川花萼山国家级自然保护区考察路线图

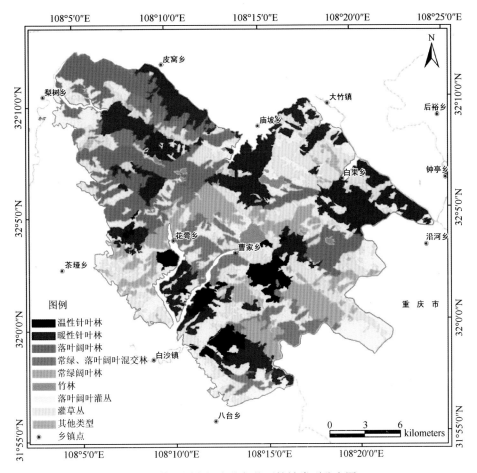

四川花萼山国家级自然保护区植被类型分布图

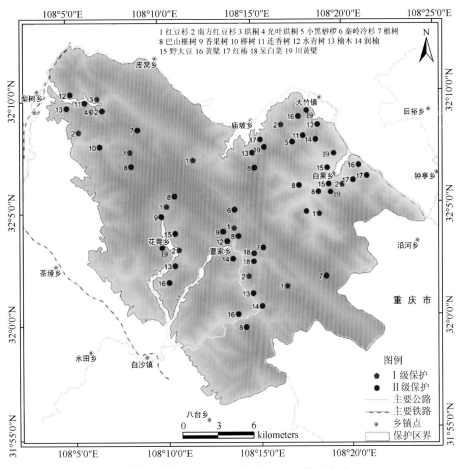

四川花萼山国家级自然保护区保护植物分布图

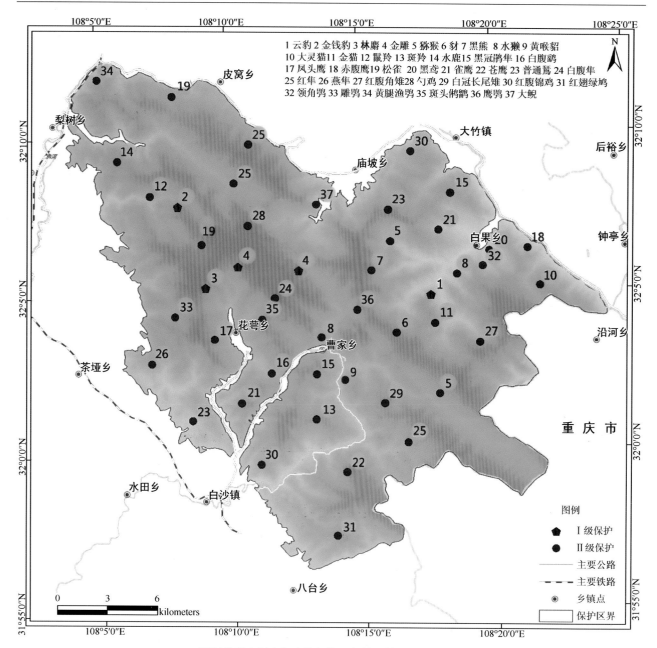

四川花萼山国家级自然保护区保护动物分布示意图

# 附 图 2

景观

森林生态系统

针阔混交林

矮林

针叶林

灌丛

灌丛

亚高山草甸

草丛

# 附 图 3

绒毛鬼伞 *Lacrymaria lacrymabunda*

红毛盾盘菌 *Scutellinia scutellata*

大白菇 *Russula delica*

云芝栓孔菌 *Trametes versicolor*

粘盖乳牛肝菌 *Suillus bovinus*

黄褐多孔菌 *Picipes badius*

小孢密枝瑚菌 *Ramaria bourdotiana*

漏斗鸡油菌 *Craterellus tubaeformis*

毛木耳 *Auricularia nigricans*

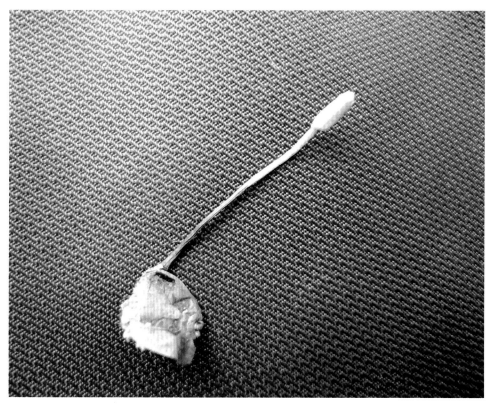

垂头虫草 *Ophiocordyceps nutans*

# 附 图 4

木鳖子 *Momordica cochinchinensis*

桔梗 *Platycodon grandiflorus*

玉簪 *Hosta plantaginea*

齿叶橐吾 *Ligularia dentata*

线叶柄果海桐 *Pittosporum podocarpum* var. angustatum

瞿麦 *Dianthus superbus*

大车前 *Plantago major*

川党参 *Codonopsis tangshen*

三叶木通 *Akebia trifoliata*

一把伞南星 *Arisaema erubescens*

猫儿屎 *Decaisnea insignis*

小花八角 *Illicium micranthum*

小果润楠 *Machilus microcarpa*

三桠乌药 *Lindera obtusiloba*

水红木 *Viburnum cylindricum*

火棘 *Pyracantha fortuneana*

桦叶荚蒾 *Viburnum betulifolium*

领春木 *Euptelea pleiospermum*

红花龙胆 *Gentiana rhodantha*

海州常山 *Clerodendrum trichotomum*

扁秆藨草 *Scirpus planiculmis*

香蒲 *Typha orientalis*

灯笼树 *Enkianthus chinensis*

云南勾儿茶 *Berchemia yunnanensis*

野大豆 *Glycine soja*

南方红豆杉 *Taxus chinensis var. mairei*

金钱槭 *Dipteronia sinensis*

香果树 *Emmenopterys henryi*

光叶珙桐 *Davidia involucrata var. vilmoriniana*

连香树 *Cercidiphyllum japonicum*

# 附 图 5

泽陆蛙 *Fejervarya multistriata*

隆肛蛙 *Feirana quadranus*

绿臭蛙 *Odorrana margaretae*

玉斑蛇 *Euprepiophis mandarinus*

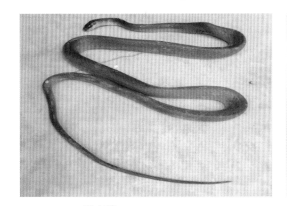

翠青蛇 *Cyclophiops major*

蓝额红尾鸲 *Phoenicurus frontalis*

金腰燕 *Cecropis daurica*

小燕尾 *Enicurus scouleri*

绿背山雀 *Parus monticolus*

喜鹊 *Pica pica*

小鹀 *Emberiza pusilla*

绿翅短脚鹎 *Hypsipetes mcclellandii*

燕雀 *Fringilla montifringilla*

领雀嘴鹎 *Spizixos semitorques*

棕头鸦雀 *Paradoxornis webbianus*

红胁蓝尾鸲 *Tarsiger Cganurus*

星鸦 *Nucifraga caryocatactes*

黄喉鹀 *Emberiza elegans*

黄臀鹎 *Pycnonotus xanthorrhous*

白鹡鸰 *Motacilla alba*

大嘴乌鸦 *Corvus macrorhynchos*

褐河乌 *Cinclus pallasii*

红尾水鸲 *Rhyacornis fuliginosa*

岩松鼠 *Sciurotamias davidianus*